U0793179

"十二五"职业教育国家规划教材
经全国职业教育教材审定委员会审定
国家示范院校教改成果教材
国家级精品资源共享课配套教材

建筑制图

第3版

编　著　刘志麟　姜爱玲　王桂利
申淑荣　谭婧婧　杨志刚
葛雪华　范宣波　孙　刚
秦风硕　于全发　刘丰贤
主　审　黄春蕾

机械工业出版社

本书为“十二五”职业教育国家规划教材，经全国职业教育教材审定委员会审定。

本书是根据教育部制定的高职高专院校“工程制图课程教学基本要求”，采用最新颁布的国家标准并融合了国家精品课程“建筑制图”的部分成果编写的。本书主要介绍了绘图与识图导读、制图的基本知识与技能、正投影原理及其应用、工程中的标高投影、建筑形体的表达方法、透视图的画法、阴影的画法、识读与绘制建筑施工图、识读与绘制结构施工图、识读钢结构图与施工翻样、识读设备施工图、土建 CAD 绘图技法、识读公路桥隧与涵洞工程图、识读水利工程图。

本书突出职业教育特色，在内容编排上图文并重，以图助文，是一本科普化的制图教材。在图样选用过程中，注意继承与创新相结合，注重“以人为本”的读图提示。书中有适用于建筑不同专业方向的图样。与本书配套的《建筑制图习题集》也同时出版发行。

本书可作为高职高专层次建筑工程专业制图教材，也可供工程监理、工程造价、物业管理、建筑工程管理、道路桥梁、港口码头、城市规划、建筑学、地下建筑、工程测量、室内装饰、建筑工程设备安装等专业使用，还可作为相关工程技术人员的参考用书。

为方便教学，本书配备电子课件等教学资源。凡选用本书作为教材的教师均可登录机械工业出版社教育服务网 www. cmpedu. com 注册后免费下载。如有问题请致信 cmpgaozhi@sina. com，或致电 010-88379375 联系营销人员。

图书在版编目（CIP）数据

建筑制图/刘志麟等编著. —3 版. —北京：机械工业出版社，2015. 12（2023. 9 重印）

“十二五”职业教育国家规划教材　经全国职业教育教材审定委员会审定　国家示范院校教改成果教材　国家级精品资源共享课配套教材

ISBN 978-7-111-52175-4

Ⅰ. ①建…　Ⅱ. ①刘…　Ⅲ. ①建筑制图－高等职业教育－教材　Ⅳ. ①TU204

中国版本图书馆 CIP 数据核字（2015）第 270734 号

机械工业出版社（北京市百万庄大街 22 号　邮政编码 100037）

策划编辑：赵志鹏　责任编辑：赵志鹏　于伟蓉

责任校对：佟瑞鑫　封面设计：鞠　杨

责任印制：张　博

北京建宏印刷有限公司印刷

2023 年 9 月第 3 版第 7 次印刷

184mm×260mm · 23 印张 · 1 插页 · 565 千字

标准书号：ISBN 978-7-111-52175-4

定价：55. 00 元

电话服务		网络服务
客服电话：010-88361066		机　工　官　网：www. cmpbook. com
010-88379833		机　工　官　博：weibo. com/cmp1952
010-68326294		金　　书　　网：www. golden-book. com
封底无防伪标均为盗版		机工教育服务网：www. cmpedu. com

第3版前言

为适应和推广建筑工程领域的新知识、新技术、新工艺，执行新的规范、新的工程质量验收标准，推行国家示范院校建设的成果，特修订《建筑制图》一书。

本书是国家精品课程建设的成果，结合了国家级精品资源共享课的建设要求。同时，本书在修订过程中汲取“校企合作和工学结合的人才培养模式”深化改革成果，遵循能力培养和知识积累的教育规律，不断创新教学形式，注重职业能力拓展训练。

本次修订保留了前两版的特点：

1. 适应面广。从“大建筑”专业要求的图学能力出发，既涵盖画法几何、三面正投影、六面正投影、第三角投影、标高投影、透视阴影等投影理论，又包容建筑施工图、结构施工图、装饰施工图、给水排水施工图、采暖施工图、智能建筑的综合布线图、水利工程图、道路桥梁图等，是一部面向“大建筑”的通用教材。

2. 适用性强。为方便读者使用，书中选用图样来自于经典工程，并附注说明主要技术信息，便于读者提高识图能力。每章前设置的技能要求和知识要点栏目，以及每章后设置的能力拓展训练栏目，旨在帮助读者更快地了解和掌握所学的知识。

3. 注重学法指导。职业能力包括专业能力、方法能力、社会能力三个要素，三要素的整合结果决定着个体在动态变化的职业生涯中的可持续发展能力。本书既保留了专业图学能力评价体系供读者参考，也设计了包含认知、技能、情感三个领域内容的学习自测表供读者拓展提高。

4. 创新卡通式编排。保留 Auto CAD2008 经典版本的精髓要求，增添卡通式绘图技巧说明，注重计算机绘图思想传承，而且全书选用的实例图样相互贯通，让读者自始至终都能训练空间思维能力和图样表达能力。

参与本书第 3 版修订的人员具体分工如下：

日照职业技术学院刘志麟主持全面修订。第 1、2、3、5 章由日照职业技术学院刘志麟、日照市河山中心校刘丰贤修订；第 4、13 章由日照职业技术学院姜爱玲、申淑荣，日照市城乡建设勘探测绘院有限公司王桂利修订；第 6、7 章由日照职业技术学院谭婧婧、山东外国语职业学院秦风硕修订；第 8 章由日照职业技术学院范宣波修订；第 9 章由日照职业技术学院杨志刚修订；第 10 章由山东水利职业学院于全发修订；第 11 章由日照职业技术学院葛雪华修订；第 12 章由日照职业技术学院孙刚修订；第 14 章由日照市城乡建设勘探测绘院有限公司王桂利修订。重庆建筑工程职业学院黄春蕾审阅了全书，并提出许多宝贵意见。

本书在修订过程中，采用了有关设计单位提供的资料，还借鉴了许多兄弟院校老师的成果，在此一并致谢。

与之配套的《建筑制图习题集（第 3 版）》同时出版。

本版修订在机械工业出版社崔占军、赵志鹏两位编辑的高度关注下校正了原书的不足与错误，但仍难免有错漏之处，恳请广大读者提出宝贵意见。

编著者

目　录

第1章　绘图与识图导读

技能要求

1. 说出本课程的作用和性质
2. 写出本课程的任务
3. 说出本课程的学习要求和评价方法
4. 画出本课程的学习计划图

知识要点

工程图、职业能力、绘图能力、识图能力、图纸折叠与装订、图纸归档、图纸编号、学习要求、学习方法。

1.1　本课程的作用、性质和任务

在建筑工程中，无论是工厂、住宅还是剧院等其他建筑，从设计到施工建造，各阶段都离不开工程图纸或图样（简称工程图）。工程图实际上是一种工程上专用的图解文字。任何一项工程，都不可能用写文章的形式将它描述清楚。一套图纸或图样可以借助一系列图形和符号，并加以数字、字母的标注及必要的文字说明，来表示出建筑物的形状、大小、各部分的相互位置关系、所需的材料、数量以及对施工技术的要求，这样的图纸或图样就称为工程图。工程图被喻为“工程界语言”。从事建筑工程的人员如果不懂这门“语言”，就会是一个“图盲”，在工作中将寸步难行。

1. 图纸与图样的定义　图样是指根据投影原理、标准或有关规定表示工程对象，并有必要的技术说明的图。图纸是指用标明尺寸的图形和文字来说明工程建筑、机械、设备等的结构、形状、尺寸及其他要求的一种技术文件。经研究《技术图样与图形绘制标准》等有关标准技术文件，技术交流用“图样”更准确一些，或者说范围更广，例如根据技术图纸“放样”，计算机绘制的图样。

2. 工程图的应用　在设计阶段，设计人员用工程图来表达对某项工程的设计思想；审批工程设计方案时，工程图是研究和审批的对象，它也是技术人员交流设计思想的工具；在施工阶段，工程图是施工的根据，是编制施工计划、编制工程项目预算、准备施工所需的材料以及施工组织所必须依据的技术资料。

3. 工程图的绘制原理　工程图是按照一定的投影法和图示法，同时遵守国家制定的制图标准中有关规定绘出的。

本书前7章介绍绘制原理及制图标准，它属于画法几何部分。画法几何被喻为“工程界语言”的“语法”，主要研究在平面上表示空间几何形体的图示法和在平面上解决空间几何问题的图解法，为绘制和阅读工程图提供理论基础。

本书第8章、9章、10章、11章、13章、14章主要介绍工程图的图示方法、图示特点及图示内容，它的实践性较强。学习过程中只有多读图、多画图才能掌握工程图这门“工程界语言”。

本书第12章介绍AutoCAD绘图基础，这是目前建筑界通用的功能较强的图形软件。近年来，计算机技术的迅速发展，促进了建筑CAD的广泛运用。作为建筑工程技术人员，必须以崭新的姿态面对这种新技术的冲击，即认真学习和积极使用新技术，让AutoCAD为工作带来效益。

4. 建筑制图课程的主要任务　建筑制图在高等工业技术教育中属于技术基础课，其主要任务是：

（1）讲授各种投影法的基本理论及其应用（正投影法、斜投影法、中心投影法），主要是正投影法的应用。

（2）讲授建筑工程制图国家标准规定的有关内容和规定。

（3）讲授建筑工程图的图示方法、图示内容，培养绘制和阅读工程图的能力。

（4）讲授计算机绘图的基本方法，培养计算机绘图的初步能力。

（5）培养认真细致、一丝不苟的工作作风。

1.2　制图与识图能力评价

1.2.1　“建筑制图”课程培养的职业能力

1. 课程定位　“建筑制图”是土建类专业进行岗位能力培养一门技术基础课。它集理论与实践为一体，是学生将来直接用于建筑土建、装饰、设备工程施工与管理、工程监理、建筑设计、招标投标报价等岗位工作中识图和绘图的实用技术，同时满足后续专业课程（房屋建筑构造、建筑施工技术、钢筋混凝土结构等）学习需要。根据建筑工程技术领域和施工员、质量员、试验员、资料员、预算员、监理员等岗位的任职要求，参照国家制图员职业资格标准，以工作过程为导向，改革课程体系和教学内容；会同企业技术人员，精心设计实训项目，理论以“必需、够用”为度，强化实践能力培养，彻底打破工程图学的学科体系，构建理论与实践一体化课程。

2. “建筑制图”培养的职业能力　“建筑制图”培养的职业能力及所需理论基础见图1-1。

3. 职业关键能力

1）能够主动学习新技术、新知识的能力，跟随国家制图标准中修订内容及时更新。

2）能够理论与实践相结合，自主学习新的绘图软件，提高计算机绘图能力。

3）工作中具有团结合作和各工种技术协作能力。

4）具备为客户负责，一丝不苟的敬业能力。

1.2.2　“建筑制图”课程等级评定

“建筑制图”课程培养的绘图和识图能力是学生上岗前应具有的胜任施工现场测量、工程监理、工程造价、工程施工等工作的技术能力和素质的总和。绘图和识图能力应通过学校实训或校外实践训练形成。

识图的本质是在掌握基本知识的前提下，对图的理解和分析，学生在第一学期学习

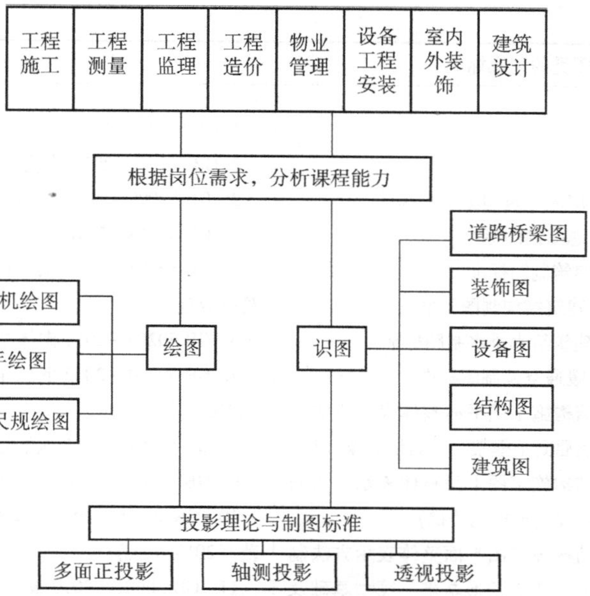

图 1-1 “建筑制图”培养的职业能力及所需理论基础

“建筑制图”，没有任何专业知识，所以必须增强学生课外观察和相关专业书的阅读，从而提高学生识图能力。

为了促进绘图和识图能力的形成，“建筑制图”课程等级评定采用表 1-1 方式考核，相关的观察和阅读建议见表 1-2。

表 1-1 “建筑制图”课程等级评定

专项能力 / 分值	读图（40%）	画图（40%）	观察（10%）	读书（10%）	小计	总考评等级说明
过程考评分						
过程加权分						
备注	90～100 分为优秀；76～89 分为良好；60～75 分为达标；60 分以下为不达标。					

表 1-2 观察和阅读建议

观察项目	阅读书目
1. 教学楼的功能分区	1. 土木工程制图
2. 不同结构类型的餐厅	2. 钢筋混凝土结构
3. 多功能报告厅装饰	3. 计算机绘图
4. 基础施工现场	4. 工程造价
5. 各种类型的楼梯	5. 建筑设计
6. 室内给水排水设施	6. 物业管理
7. 供暖管道及设备	7. 工程监理
8. 空调（大型公共场所的空调布局）	8. 装饰类
9. 道路、桥梁、涵洞	9. 采暖、通风、空调
10. 港口码头	10. 钢结构
11. 图书馆	11. 综合布线
12. 博物馆	12. 道路桥梁
13. 体育馆	13. 智能建筑
14. 剧场	14. 建筑节能
15. 汽车站	15. 屋顶花园
16. 火车站	16. 立体绿化
17. 框架结构施工现场	17. 太阳能房屋
18. 智能建筑	18. 绿色建筑

（续）

有关制图类的国家标准	规范规程
1. GB/T 50001—2010 房屋建筑制图统一标准 2. GB/T 50103—2010 总图制图标准 3. GB/T 50104—2010 建筑制图标准 4. GB/T 50105—2010 建筑结构制图标准 5. GB/T 50106—2010 建筑给水排水制图标准 6. GB/T 50114—2010 暖通空调制图标准 7. 11G101—1 混凝土结构施工图平面整体表示方法制图规则和构造详图（现浇混凝土框架、剪力墙、梁、板） 8. 11G101—2 混凝土结构施工图平面整体表示方法制图规则和构造详图（现浇混凝土板式楼梯） 9. 11G101—3 混凝土结构施工图平面整体表示方法制图规则和构造详图（独立基础、条形基础、筏型基础及桩基承台） 10. GB 50034—2013 建筑照明设计标准 11. SL 73.3—2013 水利水电工程制图标准勘测图 12. GB/T 50314—2006 智能建筑设计标准 13. GB/T 50340—2003 老年人居住建筑设计标准 14. GB 50413—2007 城市抗震防灾规划标准 15. JGJ 26—2010 严寒和寒冷地区居住建筑节能设计标准 16. GB 50189—2005 公共建筑节能设计标准	1. GB 50011—2010 建筑抗震设计规范 2. GB 50057—2010 建筑物防雷设计规范 3. GB 50099—2011 中小学校设计规范 4. GB 50118—2010 民用建筑隔声设计规范 5. GB 50185—2010 工业设备及管道绝热工程施工质量验收规范 6. GB 50203—2011 砌体结构工程施工质量验收规范 7. GB 50204—2002 混凝土结构工程施工质量验收规范（2010 年版） 8. GB 50208—2011 地下防水工程质量验收规范 9. GB 50209—2010 建筑地面工程施工质量验收规范 10. GB 50325—2010 民用建筑工程室内环境污染控制规范（2013 年版） 11. GB 50601—2010 建筑物防雷工程施工与质量验收规范 12. GB 50720—2011 建设工程施工现场消防安全技术规范 13. JGJ 3—2011 高层建筑混凝土结构技术规程 14. JGJ 7—2010 空间网格结构技术规程 15. JGJ 82—2011 钢结构高强度螺栓连接技术规程 16. JGJ 85—2010 预应力筋用锚具、夹具和连接器应用技术规程 17. GB 50015—2003 建筑给水排水设计规范（2009 年版） 18. GJJ/T 29—2010 建筑排水塑料管道工程技术规程

1.2.3 图学专项能力分解

建筑专业图学能力结构分解表及绘图、识图专项能力评价指标见表 1-3 ~ 表 1-5。

表 1-3 建筑专业图学能力结构分解

职业能力	专项能力	能力要求
绘图	徒手绘图	线条基本平直；线型粗细分明；图样符合比例；图面整洁；布图匀称
	手工尺规绘图	表达完整；内容正确；作图准确；尺寸齐全；图线分明；图例正确；字体端正；布图匀称；图面整洁
	计算机绘图	会用绘图命令画图；掌握编辑命令完善图样；灵活运用显示命令；掌握常用文件管理命令；会调用图幅；能设置当前图层；准确进行尺寸标注
识图	建筑施工图	看懂平面布局、剖面位置；看懂外墙装饰和建筑物外形；看懂垂直空间分隔及楼梯；看懂屋顶形式

（续）

职业能力	专项能力	能力要求
识图	结构施工图	能画出模板翻样图；能列出型钢及连接板等构配件表
	设备施工图	能根据媒体的流向（水、电、气等）列出主要设备表
	装饰施工图	根据装饰图列出装饰材料备料单
	道路桥梁施工图	能识读与绘制道路平面图与路线图、桥隧与涵洞工程图
	港口码头施工图	能识读与绘制港口总平面图、码头断面图

表 1-4 绘图专项能力评价指标

评价项目	评价内容	评价指标	权重分值	评价说明
徒手绘图	1. 门窗详图 2. 基础详图 3. 建筑材料图例 4. 屋顶平面图 5. 砌块排列图	线条基本平直 线型粗细分明 图样符合比例 图面整洁 布图匀称	20	平日自我评价和小组评价可以十分制或百分制积累
手工尺规绘图	1. 三面正投影图 2. 剖面图 3. 断面图 4. 轴测图 5. 阳台平面图 6. 传达室立面图 7. 楼梯剖面图 8. 板的局部配筋图 9. 装饰节点图 10. 涵洞施工图 11. 港口码头断面图 12. 透视图 13. 阴影	表达完整 内容正确 作图准确 尺寸齐全 图线分明 图例正确 字体端正 布图匀称 符合比例 图面整洁	40	考评时以规定时间内完成一幅图达标为准，具体画哪一幅图届时随机抽取 最终评价以师生共同组成的评价小组进行
用计算机绘图	1. 学校大门平面图 2. 门窗立面图 3. 楼梯扶手断面图 4. 楼梯平面图 5. 阳台平面图 6. 厨房平面图 7. 卫生间平面图 8. 门窗表 9. 建筑平面图 10. 楼梯间剖面图	会用绘图命令画图 会用编辑命令完善图样 灵活运用显示命令 灵活运用常用文件管理命令 会调用图幅 能设置当前图层 准确进行尺寸标注	40	要形成良好的绘图习惯，掌握绘图要领 只要掌握了绘图基本方法和技巧，就能触类旁通，绘制各种建筑施工图

表 1-5　识图专项能力评价指标

评价项目	评价内容	评价指标	权重分值	评价说明
建筑施工图	平面图	看懂平面布局、剖面位置等施工信息	50	1. 注重过程质量评价，每个评价项目都有相应时间要求及主要知识点测试题 2. 评价时，设置与职业要求一致的诚信、爱岗敬业和团队协作的题目，评价是否具备社会工作能力，如获取信息能力、安全意识、遵纪守法、创新意识等
	立面图	看懂外墙装饰和建筑物外形等施工信息		
	剖面图	看懂垂直空间分隔、楼梯、屋顶形式等施工信息		
结构施工图	钢筋混凝土结构图	能画出模板翻样图、钢筋翻样图等	50	
	钢结构图	能列出型钢、连接板等构配件表		
设备施工图	1. 给水排水施工图 2. 电气施工图 3. 暖通、空调施工图 4. 综合布线施工图	能根据媒体的流向（水、电、气等）列出设备表以便设备安装	50	
装饰施工图	墙面、顶棚、地面图	根据装饰图列出装饰材料备料单等服务施工	50	
	灯饰图			
	艺术品布局图			
道路与桥梁施工图	路线施工图	看懂道路、标高、宽度、坡度、隧道、涵洞的位置和相应尺度等技术信息	50	
	桥梁施工图			
	隧道与涵洞施工图			
港口与码头施工图	码头总平面图	看懂码头形状及细部构造尺寸等技术信息	50	
	码头纵断面图			
	码头横断面图			
备注	能将主要专业知识应用于相应的技能即为达标，否则为不达标			针对不同专业倾向采用不同图样测试能力是否达标

1.3　图档管理

图档管理（也称图样管理或图纸管理）是一项重要的技术档案管理工作，包含图纸复制与修复、图纸的折叠与装订、图纸的归档与保管、图纸的使用及软件管理等环节。一个项目的设计图纸少则几十张，多则上百、上千甚至上万张，这样多的图纸如果没有统一严格的管理制度，其结果是不堪想象的。图纸的科学化管理应当树立为工程技术人员服务的观点，在保证图纸的完整性、系统性、长效性和流通性的前提下，应尽可能为工程技术人员的查询和阅读提供方便。

1.3.1　图纸复制

生产现场和技术交流活动中使用的工程图纸，都是由底图或原图复制而成的复制图。一般情况下，底图或原图都存放在档案室。常见复制图纸的方法有以下几种。

1. 重氮型晒图法　重氮型晒图法用于由硫酸纸做底图的场合。先把晒图纸（重氮感光纸）放在底图下面，然后压紧曝光。由于晒图纸是蓝色，通常把这项工作称为“晒蓝”，而把晒成的图纸称为蓝图。

2. 静电复印法　由于计算机绘图技术的发展，一般由计算机绘制出产品的原图，然后再进行复制，从而得到供生产和技术交流用的图纸。所以，静电复印方法是当前图纸复印中采用较多的方法之一。

3. 缩微复制法　将图纸用摄影方法高倍缩小记录在缩微胶片上，制成卷式或片式缩微品。通过专用的胶片阅读复印机即可将缩微影像放大到屏幕上阅读，也可以经放大复印成供工程中使用的复制图纸。由于缩微技术具有存储密度大，便于长期保管以及自动检索复制等优点，目前正被广泛用于档案、情报资料和图书馆的管理中。

在复制图纸时应根据实际需要使用相应的复制设备，并且在操作前认真阅读使用说明书和操作规程，严禁盲目开启复印设备。

1.3.2　图纸的折叠与装订

1. 折叠图纸的基本要求　对技术图样的复制图无论是采用手工折叠，还是采用机器折叠都必须符合如下的基本要求：

1）折叠后的图纸幅面一般应有 A4（210mm × 297mm）或 A3（297mm × 420mm）的规格；对于需要装订成册又无装订边的复制图，折叠后的尺寸可以是 190mm × 297 mm 或 297mm × 400mm，粘贴上装订胶带后仍应具有 A4 或 A3 的规格。

2）不论采用何种折叠方法，折叠后图纸的标题栏都应露在右下角外面，以便查阅。

3）根据需要，可按标准规定任选一种折叠方法。经过复制的图纸一般都需经折叠后放在卷、册、袋或盒内保存，也可以装订成册保存。折叠时，图纸正面应折向外方，并以手风琴式的方法折叠，不可反折或卷筒式折叠。

2. 图纸折叠方法　复制图的折叠方法可有多种形式，并由 GB/T 10609.3—2009《技术制图　复制图的折叠方法》加以规定。不同折叠方法的文字说明见表 1-6。有装订边且需装订成册的复制图折叠成 A3 幅面的方法见表 1-7，折叠成 A4 幅面的方法见表 1-8。

表 1-6　复制图的折叠方法

<table>
<tr><th colspan="2">要　求</th><th>折叠方法</th><th>说　明</th></tr>
<tr><td rowspan="2">需装订成册的复制图</td><td>有装订边的复制图</td><td>首先沿标题栏的短边方向折叠，然后沿标题栏的长边方向折叠，并在复制图的左上角折出三角形的藏边，最后折成 A4 或 A3 的规格，使标题栏露在外面</td><td rowspan="2">有装订边且需装订成册的复制图，折叠成 A3 幅面的方法见表 1-7，折叠成 A4 幅面的方法见表 1-8；其他均见 GB/T 10609.3—2009《技术制图　复制图的折叠方法》</td></tr>
<tr><td>无装订边的复制图</td><td>首先沿标题栏的短边方向折叠，然后沿标题栏的长边方向折叠成 190mm × 297mm 或 297mm × 400mm 的规格，使标题栏露在外面，并粘贴上装订胶带</td></tr>
</table>

（续）

要求		折叠方法	说明
不装订成册的复制图	第一种折叠方法	首先沿标题栏的长边方向折叠，然后沿标题栏的短边方向折叠成 A4 或 A3 的规格，使标题栏露在外面	有装订边且需装订成册的复制图，折叠成 A3 幅面的方法见表 1-7，折叠成 A4 幅面的方法见表 1-8；其他均见 GB/T 10609.3—2009《技术制图　复制图的折叠方法》
	第二种折叠方法	首先沿标题栏的短边方向折叠，然后沿标题栏的长边方向折叠成 A4 或 A3 的规格，使标题栏露在外面	
加长幅面复制图	需装订成册的加长幅面复制图	1. 有装订边的加长幅面复制图 当标题栏位于复制图的长边时，可将复制图的长边部分先折出 210mm（对 A4）或 420mm（对 A3），再将其余部分折成等于或小于 185mm（对 A4）或 395mm（对 A3）的尺寸，使标题栏露在外面 当标题栏位于复制图的短边上时，可将加长复制图的长边部分折成等于或小于 297mm 的尺寸，使标题栏露在外面 2. 无装订边的加长幅面复制图 当标题栏位于复制图的长边上时，可将复制图的长边部分折叠成等于或小于 190mm（对 A4）或 400mm（对 A3）的尺寸，使标题栏露在外面 当标题栏位于复制图的短边上时，可将加长复制图的长边部分折叠成等于或小于 297mm 的尺寸，使标题栏露在外面	
	不需装订成册的加长幅面复制图	当标题栏位于复制图的长边上时，可将复制图的长边部分折叠成等于或小于 210mm（对 A4）或 420mm（对 A3）的尺寸，使标题栏露在外面 当标题栏位于复制图的短边上时，可将加长复制图的长边部分折叠成等于或小于 297mm 的尺寸，使标题栏露在外面	

表 1-7　有装订边且需装订成册的复制图折叠成 A3 幅面的方法

图幅	标题栏方位	
	在复制图的长边上	在复制图的短边上
A0	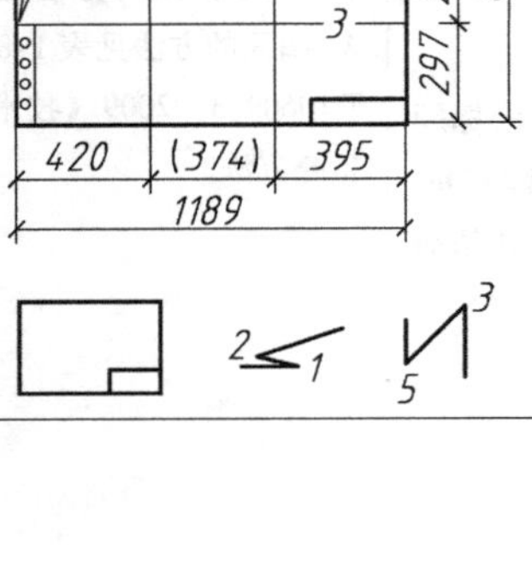	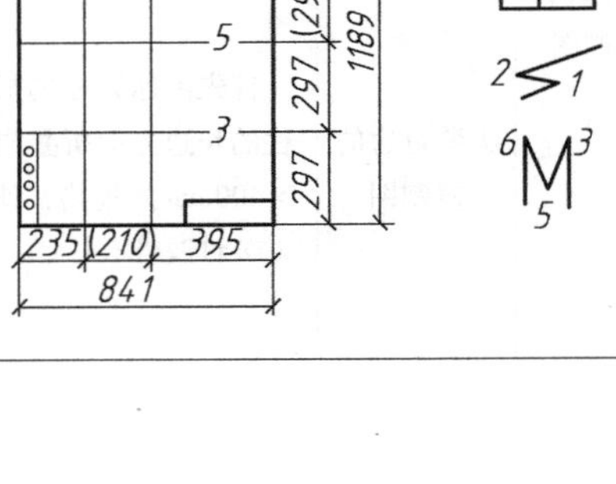

（续）

图幅	标 题 栏 方 位	
	在复制图的长边上	在复制图的短边上
A1	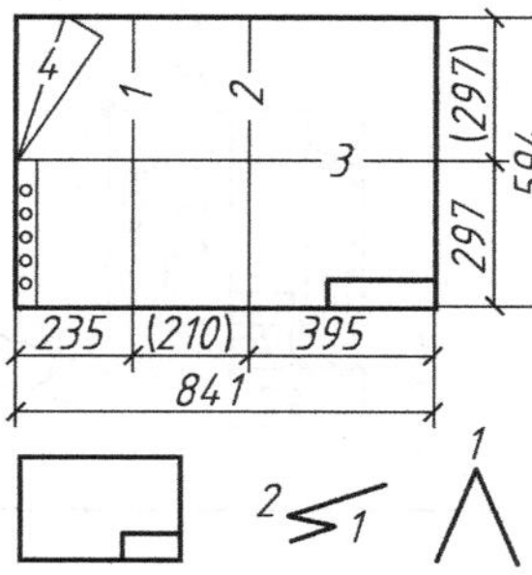	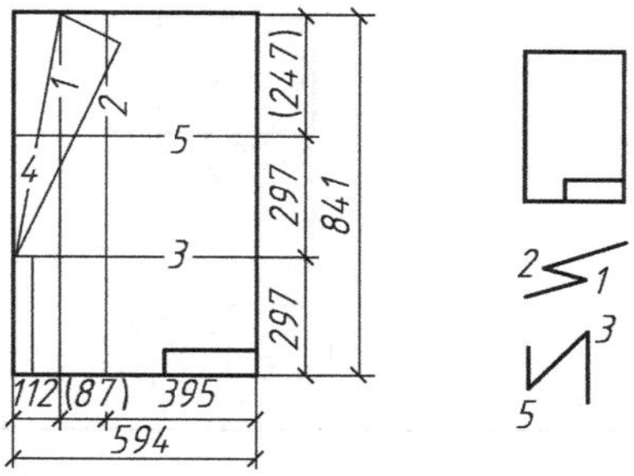
A2	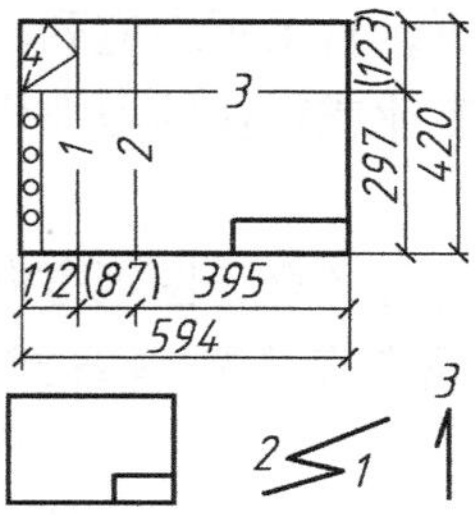	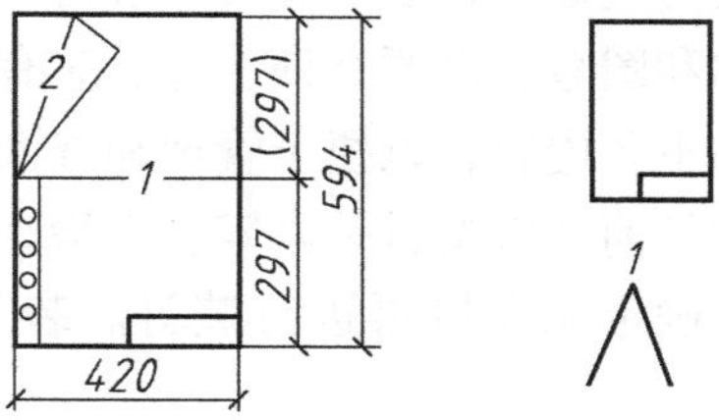

表 1-8　有装订边且需装订成册的复制图折叠成 A4 幅面的方法

图幅	标 题 栏 方 位	
	在复制图的长边上	在复制图的短边上
A0	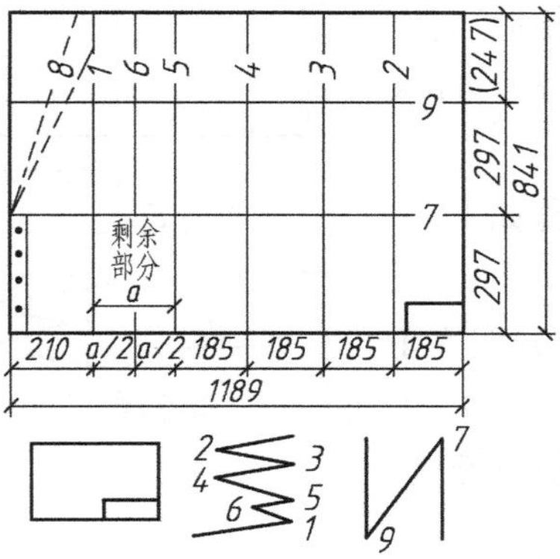	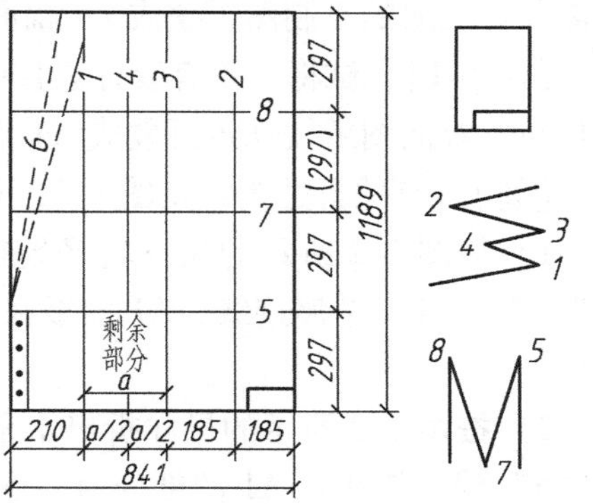
A2	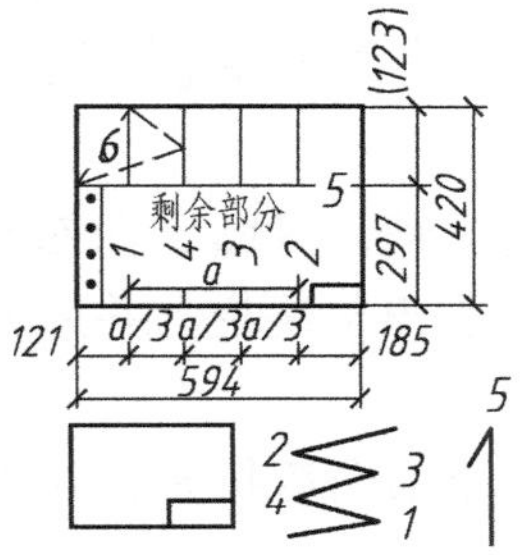	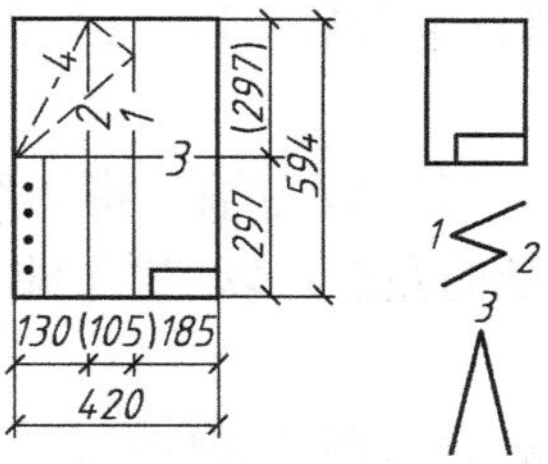

（续）

图幅	标 题 栏 方 位	
	在复制图的长边上	在复制图的短边上
A3	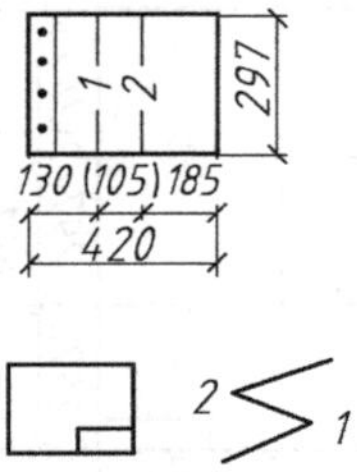	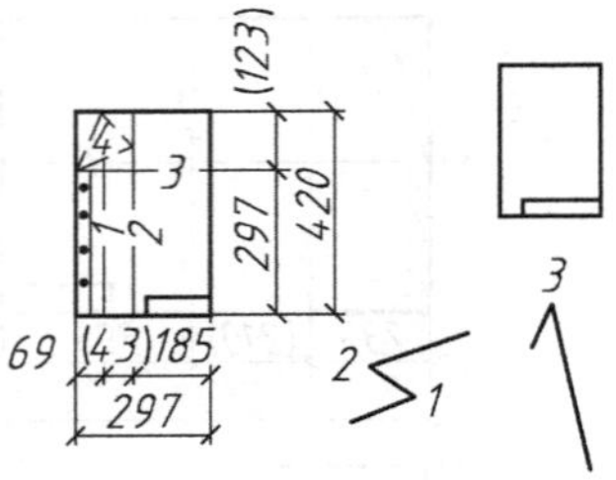

3. 图纸装订的方法　折叠好的图纸应当按专业要求装订成册。对于有装订边的图纸应当在装订边处进行装订。装订成册的图纸每册应有目录页，目录页中应列出本册中每张图纸的名称和图号，以便查询。每册应有封面，封面上应按专业或行业的习惯用恰当的名称注明本册的主要内容，以便于管理和查询。

装订前，应按目录内容认真检查每张图纸，看图纸是否齐全，图纸方向是否正确，有无破损，确定无误后再进行装订。装订成册的图纸应按规定存入资料室或档案室，并摆放整齐。

装订图纸尽量用棉线，并加装封皮。折叠后的图纸右边变厚，左边的装订边处变薄，故应在左边加进厚纸条，使左右两边厚度基本相同，再进行装订。

对于无装订边的图纸，一般不进行装订。如果需要装订，也应按有装订边图纸的方法进行装订，装订位置应在图纸的左边，尽量不要影响或损坏图纸上的内容。有装订边需装订成册的复制图折叠成 A4 幅面的方法见表 1-7。

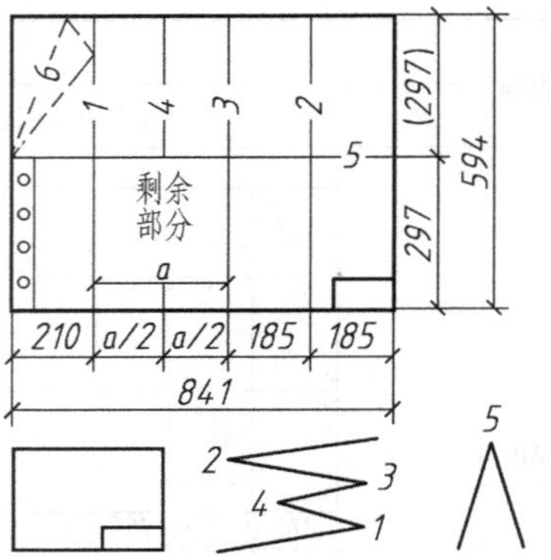

图 1-2　折叠成 A4 幅面图纸的方法

［**例 1-1**］　试将一张有装订边且横放的 A1（841mm × 594mm）幅面图纸按规定折叠成 A4 幅面的大小。

［**解**］　有关折叠规定见图 1-2，具体操作步骤如下：

1）按图 1-2 所示的尺寸轻轻地折出竖直方向的“1”“2”“3”“4”条痕迹线，A1 图纸在水平方向被分成 5 个部分。

2）按图 1-2 所示的尺寸折出水平方向的 1 条痕迹线，即“5”线，该线将 A1 图纸分为上下两部分。

3）按图 1-2 所示的尺寸“297”在图纸左上角处折出三角形的藏边线“6”。

4）确认无误后，以“6”线为轴，将图纸沿藏边线在图纸左上角处向右折出三角形的藏边。

5）以“1”线为轴，将图纸向左折；以“4”线为轴，将图纸向右折；以“3”线为轴，将图纸向左折；以“2”线为轴，将图纸向右折。露出标题栏，并用力将图纸沿竖直方向压平。

6）以水平方向的痕迹线“5”为轴，将图纸的上半部向后折叠，并压平。至此，折叠工作完成。

此过程既保证了装订边在左边，又使标题栏露在外边，完全符合国家标准的规定。

1.3.3 图纸的归档、保管和修复

1. 图纸的归档范围

1）复制图。由底图或原图经过复制的复制图是正式的技术文件，它保留原有的基础面貌并反映技术的修改和变化过程。复制图应当和有关的技术文字材料一起整理装订，以便于保管和日常借阅时使用。因此，复制图应当作为主要的技术资料存档。

2）底图。底图是原始的正式文件，底图上有设计者和有关负责人的签字，准确可靠，同时兼备复制图样的作用，所以也应当妥善归档保存。

3）原图。用于复制图样或描绘底图的原图有三种：第一种是勘察、测绘制成的硬板原图，它精密、准确，不易变形，应当作为技术档案保存；第二种是设计人员使用计算机绘制的设计原图，它同底图的作用一样，不仅准确可靠，而且兼备复制图样的作用，所以同样应当妥善归档保存；第三种原图是设计工作中产生的铅笔图，其内容已经反映在底图或复制图中，一般不必存档。但是某些具有历史意义或某些著名人物的设计原图，可以作为技术档案保存。

2. 归档时间及份数　根据每个设计部门图样形成的特点和本部门的工作情况，本着集中统一管理，便于安全、保密，有利于工作利用等要求，应当按规定做到随时归档和定时归档。

一般来说，专业设计部门可在一个项目设计完毕审批复制后，将该项目有关的图样、资料归档；建筑施工单位可在工程竣工交接验收后，将本工程有关的图样、资料归档；厂矿企业的产品图样、资料，应当在产品试制完毕，正式投产后归档；地质、勘探和测绘的图样、资料，应当在一项勘测任务完成并作出总结报告后一并归档，如延长时间也可分段归档；水文气象部门的图样、资料，可以一年归档一次。

复制图一般应完整地归档一份，重要的和使用频繁的图纸，为防止借阅过程中可能出现的污损破坏，应复制两份以上归档保存。

归档的图纸必须收集齐全，不能出现遗漏。归档时，应编制移交目录，按目录点清。交接双方应在目录上签字。

3. 图纸的保管　对已经归档的图纸进行妥善保管，是每位资料管理人员应尽的职责，技术档案出现差错，不仅会给生产带来影响，造成不应有的经济损失，严重的还会造成不良的政治影响。

对图纸的保管可以从以下几方面进行。

1）成套图纸必须编制索引总目标，注明归档时间、总登记号、上架位置、张数、来源以及备注等，以便借阅查找，同时减少入库者盲目翻阅查找而带来的损坏。

2）底图一般禁止折叠存放，宜装入大纸袋中，并平放在多层底图柜内。为保护底图，可沿周边折成双层，并用缝纫机线钉一道线。对于使用频繁的底图，可采用预先复制备份底图的办法，用备份底图复制蓝图。

3）为保证成套图纸的完整性，复制图一般复制两套，一套折叠装订成册供存档用，另一套折叠装入盒内或袋内供借阅者借阅。存档时应注意去掉复制图上的金属针（回形针、大头针等），以防日久腐蚀。

4）存放图纸的档案库房应防潮、防水以及防日光直接照射。室内的温度一般应保持在

14～24℃之间，空气的相对湿度应保持在45%～60%。

5）严格制定借阅、归还和清点制度，保证图纸资料的完整性。

4. 底图的修复　尽管底图严格保管，但天长日久，底图还会因老化而变脆或因借阅次数过多而发生破损或产生皱褶。为此，了解一些底图修复的方法是有益的。

（1）硬化底图的处理。对于硬化、发黑、发脆的底图。可用排笔在铺平的底图上均匀地涂上一层化学纯甘油，晒干后可以恢复底图的柔软性。

（2）抽皱底图的展平。底图受潮后纤维伸长，干燥后因纤维收缩不均而出现抽皱现象。抽皱的底图必须展平后才能使用，否则，晒出的蓝图会失真，底图也容易破损。底图展平的方法有以下三种：

1）烫平法。将抽皱处的底图背面用水均匀喷湿，然后将图面向下铺平，并放在平滑干燥的平台上，然后在图纸上再盖上一层干净的白纸，最后用温热电熨斗熨平。

2）晒图辊压平。将抽皱处的底图背面用水均匀喷湿，然后送入晒图机以慢速辊压并烘干，一次压烘不平再压，直至伸平为止。

3）压力机压平。底图大面积抽皱时，可将其背面喷湿，然后将其夹在两张有一定厚度的垫纸中间，用压力机加压一昼夜即可压平。

1.3.4 使用软件管理图纸

随着绘图软件功能的不断完善和提高，可使用绘图软件对已有图纸进行管理。图纸管理系统是一个独立的应用程序，它可以对成套图纸按指定的路径自动搜索文件、提取数据、分析数据，进行编辑、查询、统计，还可以通过多个视图显示图纸的结构、标题栏、明细表信息和预览图形。

图纸管理是一项技术性很强的工作，不仅需要掌握图纸的有关知识，还要有较熟练的计算机操作技能。希望读者加强自己的专业图纸知识的修养以及操作技能的训练。图纸管理系统中的对话框很多，内容也较复杂，读者在打开某个对话框以后，应先认真观察，然后思考要解决的问题，最后再操作。技能训练不可操之过急，每次操作不必演练所有功能，可以先练习一两项，以后再逐步增加，这样可以增强信心，提高学习效率。

1.3.5 图纸分类及编号

建筑工程一般包括建造房屋、道路、桥梁、隧道、水利工程、地下建筑等多种工程。因此，建筑图纸的种类也是多种多样。但无论哪种工程，在设计阶段都是首先要绘制出许多张图纸（图样）来表达设计思想，选择和确定设计方案；在施工阶段则按选定的图纸编制施工计划、准备施工材料、组织建筑施工。

1. 建筑工程图的分类　初步设计的文件一般应包括设计说明书、设计图纸、主要设备及材料表和工程概算书等四部分组成，其编排顺序为：

1）封面。

2）扉页。

3）初步设计文件目录。

4）设计说明书。

5）图纸。

6）主要设备及材料表。

7）工程概算书。

施工图按工种分类，一般可分为：

1）建筑施工图，简称建施。它包括首页图、总平面图、平面图、立面图、剖面图和详图等。

2）结构施工图，简称结施。它包括基础平面图、结构布置平面图、各构件的结构详图等。

3）设备施工图，简称设施。它包括各种设备（给水排水、暖通空调、电气）布置的平面图、系统图和详图等。

2. 建筑工程图的编号　建筑工程图纸的种类比机械工程图纸的种类要多得多，其用途也各不相同。为了管理好建筑工程图纸，必须对图纸进行合理的分类编号。

建筑工程图纸的编号与机械工程图纸编号相比要灵活得多。并且，各设计单位在多年的设计工作中形成了各自的编号制度和方法，加之各设计单位承担的工程大小差别很大，因此编号的方法也各不相同。

1）对于大的建筑工程，图纸的分类编号一般是按隶属关系的顺序编号进行编排的（图1-3）。具体的编排顺序为：工程代号－项目代号－设计阶段（初步设计、技术设计、施工图设计）－专业（建筑施工，结构施工，设备安装即给水排水、暖通空调、电气等施工）图纸号。

2）对于一般小的工程，图纸的分类编号也是按隶属关系的顺序编号进行编排的（图1-4），但内容上要简单一些。具体的编号顺序为：工程代号－专业（建筑施工，结构施工，设备安装即给水排水、暖通空调、电气等施工）－图纸号。

例如：

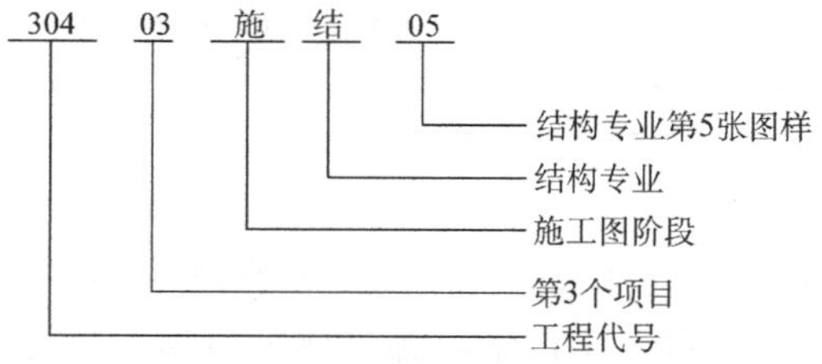

图1-3　大型工程图纸的分类编号

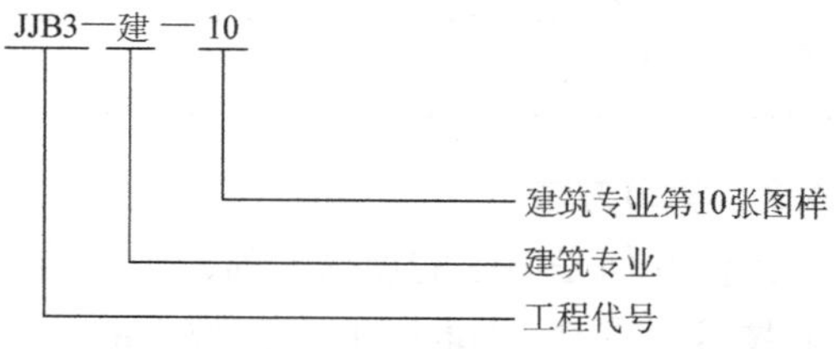

图1-4　小型工程图纸的分类编号

1.4　学习要求和方法

1.4.1　学习要求

学习建筑制图的任务主要是培养识读和绘制工程图的基本技能，为学习建筑施工、建筑工程概预算、建筑设备、土力学及地基基础等专业课作准备，还为房屋建筑学、钢筋混凝土结构及砌体结构、钢结构等课程设计及毕业设计打下必要的基础；具备计算机绘图的初步技能，可为毕业后适应工程需要和进一步学习打下基础。

学生学完本课程应达到以下要求：

1）掌握正投影、轴测投影、透视投影的基本理论和作图方法，能根据需要画出相应图样。

2）能用作图方法解决空间度量问题和定位问题。

3）能正确使用绘图工具画出符合制图标准的工程图。

4）会用计算机绘制建筑施工图。

5）掌握徒手作图技巧。

6）正确地识读一般建筑工程图。

学习本课程的过程中应对照《制图员国家职业标准》，不断加强职业能力的修养。土建类制图员技能要求见表 1-9。

表 1-9 《制图员国家职业标准》土建类制图员技能要求

<table>
<tr><th>项目 \ 等级</th><th>初　级</th><th colspan="2">中　级</th><th>高　级</th></tr>
<tr><td rowspan="3">专业图纸绘制和阅读</td><td rowspan="2">识别并绘制常用建筑材料图例</td><td colspan="2" rowspan="2">识别常用建筑构、配件的代号</td><td>绘制钢筋混凝土结构图</td></tr>
<tr><td>绘制钢结构图</td></tr>
<tr><td>绘制和阅读单层房屋的建筑施工图</td><td colspan="2">绘制和阅读楼房的建筑施工图</td><td>绘制和阅读单层房屋的建筑施工草图</td></tr>
<tr><td>计算机绘图</td><td>用一种软件绘制简单二维图
用打印机或绘图机输出图样</td><td colspan="2">绘制简单二维专业图</td><td>绘制房屋建筑施工图</td></tr>
<tr><td rowspan="4">立体图的描绘</td><td rowspan="2">描绘墨线图</td><td rowspan="2">描图</td><td>描绘斜二测图</td><td rowspan="2">绘制轴测图</td></tr>
<tr><td>描绘正二测图</td></tr>
<tr><td rowspan="2">描绘正等轴测图</td><td rowspan="2">绘制轴测图</td><td>绘制形体的正等轴测图</td><td>绘制房屋透视图</td></tr>
<tr><td>绘制形体剖切形式的正等轴测图</td><td>绘制正等轴测剖视图</td></tr>
<tr><td>图档管理</td><td>图纸折叠：按要求折叠图纸
图纸装订：按要求将图纸装订成册</td><td colspan="2">使用软件对成套图纸进行管理</td><td>对成套图纸进行分类、编号</td></tr>
</table>

1.4.2 学习方法

画法几何是制图的理论基础，比较抽象而且理论系统性较强。制图是投影理论的运用，专业技术要求高。AutoCAD 是新技术的运用，实践性较强。不论学习哪一部分内容，都必须完成一系列的绘图作业方能领会其内容实质。但若讲究学习方法，就能达到事半功倍的效果。

1）要下工夫培养空间想象能力，即从二维的平面图形能想象出三维形体的形状，这是初学制图的第一道难关。开始可用纸板自制三面投影箱，用纸当作平面、笔当作线条、橡皮当作点、书本或水杯等当作物体来演示，加强图物对照的感性认识。以后可借助日常生活中的教学楼、图书馆、公寓、餐厅等建筑形体，掌握点、线、面、体的投影特性。但要逐步减少使用实物，直至可以完全依赖自己的空间想象能力看懂三面投影图。

2）做作业或练习时，要画图与读图相结合。每一道题都根据自己的想象徒手画出立体图，再将立体图与三面投影图相对照，观察是否相符。坚持这种做法，会加快培养和提高空间想象力。

3）在专业识图与制图时，会遇到许多新知识点，这是学习本课程的第二道难关。为此，应首先认真学习国家制图标准中的有关规定，熟记各种代号和图例的含义；其次，利用业余时间多观察建筑物的造型、装饰、结构做法及设备安装方法。只有这样在读图和绘图时才能理论联系实际，较好地掌握各种工程图纸的图示特点和图示内容。

4）计算机绘图部分，看书容易画图难，这是学习本课程的第三道难关。攻克这道难关只有靠上机实践，反复从绘制一些简单的建筑施工图做起，反复练习，培养实际操作能力。

5）要注重自学能力的培养。学生毕业后踏入工作岗位，还需学习的知识很多，所以大学期间一定要练就较强的自学能力。能力的培养是通过训练和实践完成的，具体体现在：课前预习做相应知识的准备，课中带着疑难问题听讲，课后通过进一步查阅资料、参观、讨论和做练习等验证书中知识。每章的复习思考题和自测表是专为培养自学能力而设置的。大学生只有具备较强的自主学习能力，才能不断地更新知识。

6）培养认真负责、一丝不苟的工作作风。建筑图纸是施工的根据，往往由于图纸上一条线的疏忽或一个数字的差错，就造成返工和损失。因此，从初学制图开始，就要严格要求，力求画出的图符合国家制图标准。良好的职业道德和敬业精神体现在所画的每条线及标注的每个字符上，所以初学者一定要加强平时的素质训练。

能力拓展训练题

1. 请列出本章的知识点和技能点网络图。
2. 对照课程等级评定要求，列出学习计划。
3. 尝试图纸的折叠与装订。
4. 依据本章介绍的课程任务和学习要求，徒手勾勒出自己的学习计划想象图。
5. 如何在学习过程中培养认真负责、一丝不苟的工作作风？

学习自测表（填写示例）

层次 领域	初级		中级		高级	
认知	了解	课程等级如何评定	运用	联系图纸分类方法与前期分类知识	综合	依据学习要求列出自己的学习计划
技能	模仿	图纸折叠、装订	应用	图纸分类、编号、图纸归档	创造	将中学阶段的学习方法和大学课程结合探索新方法
情感	激情	参照课程等级评定立志取得优秀	心境	在每个专业能力点学习时注意积累	热情	生活中保持对图纸（图样）的兴趣

第 2 章　制图的基本知识与技能

技能要求

1. 说出制图要领。
2. 备齐常用的绘图工具并练习正确使用。
3. 说出 GB/T 50001—2010《房屋建筑制图统一标准》关于图幅、图框、标题栏、比例、图线的规定。
4. 规范书写长仿宋字。
5. 规范标注。
6. 练习基本的几何作图法，绘制各种形体的尺寸。
7. 练习徒手画图，体验画图要领。

知识要点

制图要领、绘图工具、图幅、图框、标题栏、比例、图线、长仿宋字、尺寸标注。

2.1　制图基本要求

学习制图须先做一些制图基本知识与技能的初步准备，为后期学习制图理论和专业制图打好基础。这一章简要介绍常用绘图工具和仪器的使用方法、建筑制图标准的有关规定、几何图形的画法和徒手作图技巧。

工程图是为表达设计思想、交流技术、表明施工要求而存在的，这就要求图形正确无误、明了易懂。此外还有一个必须注意的问题是，要提供给对方一张整洁、干净并具有美感的图样。因此要掌握如下的制图要领。

1）将手洗干净，图脏的根本原因是手脏。制图时应经常使手保持干净、清爽，而且，对手腕及胳膊肘会触碰到的图形，应当用保护纸将其盖住。

2）保持用具清洁。制图用尺脏了，图面也会马上变脏，所以要经常用干净的软布擦净尺面，不使用时，要将丁字尺装在尺套中挂起来，以防止变形。其他用具也同样要求保持清洁。

3）及时扫掉橡皮的微粉细屑。尽量不使用橡皮，不得已时要使用擦图片，并将橡皮屑从图面上扫掉，否则，剩下的一点点残屑也会使图面污染。并且擦去后应马上修正好，养成不拖拉的好习惯。只有这样才能提高绘图速度和质量。

4）整理好绘图工具和操作环境。在操作过程中用具丢失，或者在图板上堆放各种东西，将会影响绘图者的情绪和精神状态，所以要保持工作环境的有序和整洁。

5）遵循作图顺序，提高绘图效率。建议采用如下所述的顺序作图。

① 先上后下，丁字尺一次平移而下。

② 先左后右，三角板一次平移而右。

③ 先曲后直，用直线容易准确地连接曲线。

④ 先细后粗。铅笔粗线易污图面，墨线粗线不容易干，先画细线不影响绘图进度。

6）掌握徒手作图技巧。工程师记录平日观察结果和经历、表现自己的构思、与同行交流概念时，常利用铅笔或钢笔徒手绘图。徒手绘图是一种最直接有效、最直观的方法，它并不简单地是一项技巧，同时也是一项人类的认知活动，包括了对空间尺寸和相互关系的视觉感知、构思、判断和推理。所以应加强训练徒手绘图技巧。

7）学会卷图，实现清晰阅图的技巧。如果画面向内卷图，图样展开后产生的翘曲会影响阅图的视线；将图样的面朝外卷图，那么图样向外侧翘曲就不再阻挡阅图视线了（图 2-1）。

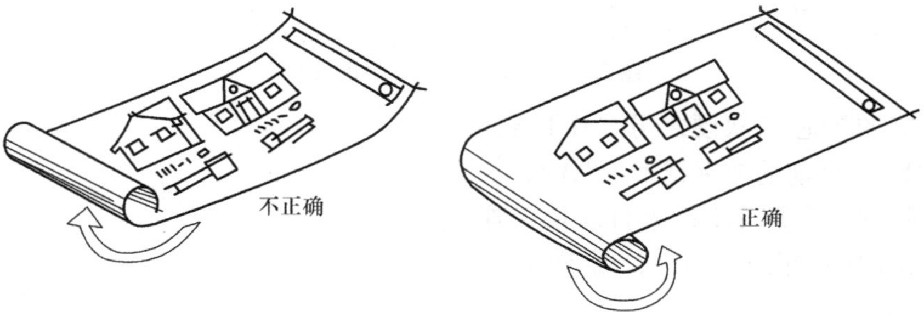

图 2-1　图面内卷和外卷的对比

制图是一种可以传达专用信息的视图，图上要清楚地说明物体的尺寸、构成和安装等准确的特点。制图是最后实现设计的工具，可以用来作为施工和制造的指导，因此，绘制的图样要符合基本的规定和准则。通常，制图员绘制的专业图样被称为施工图或建筑结构图，这种图样既可以帮助设计者完善构思，又可以为施工人员提供由建筑物或室内环境物理结构的确切参数。绘制建筑施工图需要非常用心，不仅要保证建筑结构图画得干净、简洁和准确，还要保证线形均匀，以及尺寸标注和说明清楚。

有些工程图看上去使人赏心悦目，而有些图使人感到呆板无趣。这主要取决于图面的深浅对比。所以，绘图时要精心考虑线的粗细、图的密度、数字及文字的质量与大小等因素。只有布置均衡，制成的图才能产生美感。初学者要尽量多实践、多研究，除此别无捷径。

2.2　常用绘图工具和仪器

在绘制工程图样时，熟悉常用绘图工具和仪器，掌握其正确的使用方法，是提高绘图水平和保证绘图质量的前提。

1. 图板、丁字尺和三角板　图板是铺贴图纸用的，其表面应平滑光洁。图板的左侧边为丁字尺的导边，应平直光滑。丁字尺和三角板是最常用的绘图工具，其使用要领见图 2-2。

2. 铅笔　绘制工程图样应使用绘图铅笔。铅笔线要求光滑、粗细均匀、交接正确。绘图铅笔宜削成如图 2-3 所示的形状。

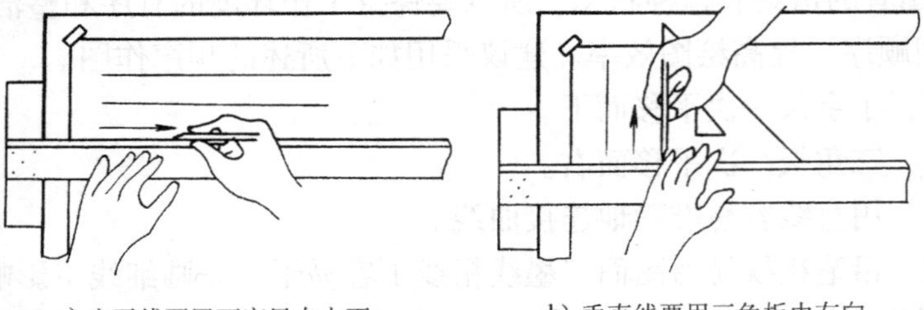

a) 水平线要用丁字尺自上而下移动，由左向右画线　　b) 垂直线要用三角板由左向右移动，自下而上画线

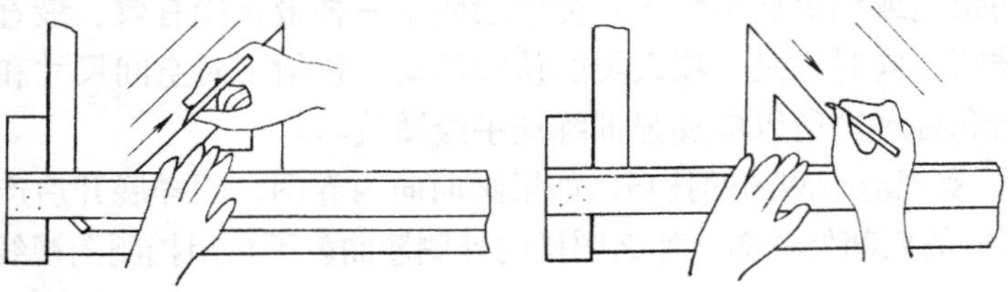

c) 丁字尺头要紧靠图板左侧的导边，不可在其他侧边使用　　d) 三角板必须紧靠丁字尺尺身的工作边

图 2-2　丁字尺和三角板的使用

绘图铅笔的铅芯有软硬之分，H 代表硬，B 代表软，H、B 之前的数字越大表明硬、软度越大。建筑制图中常用 2H 铅笔打底稿、画细线，用 HB 铅笔画中粗线和写字，用 2B 铅笔画粗线，见图 2-4。

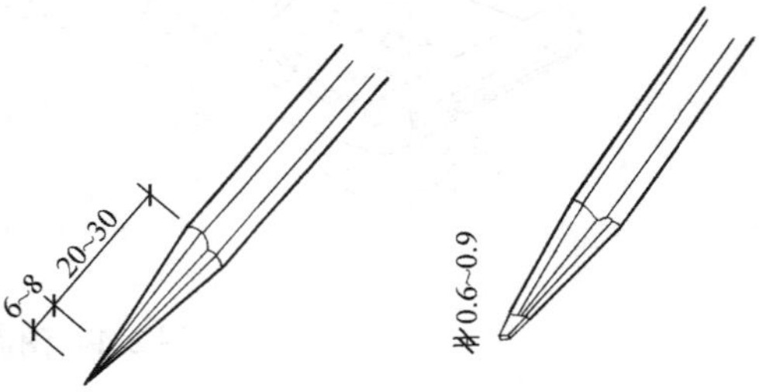

a) 画底稿用铅笔　　b) 描粗线条用铅笔

图 2-3　铅笔的削法

3. 直线笔、针管笔　直线笔又称为鸭嘴笔，使用绘图墨水来绘制不同粗细的直线（图 2-5a）针管笔似所用钢笔，灌用碳素墨水，可用来代替直线笔画各种粗细的直线，使用较方便（图 2-5b）。

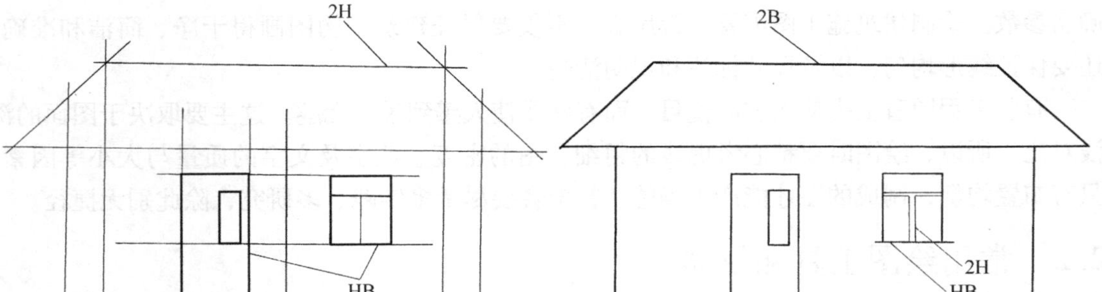

图 2-4　铅笔线作图示范

4. 圆规与分规　圆规用来画圆和圆弧，画图时应尽量使钢针和铅芯都垂直于纸面，且钢针的台阶与铅芯尖平齐，使用方法见图 2-6。

分规主要用来量取线段长度、等分线段，使用时分规的两个针尖应调整平齐。分规的用法见图 2-7。

5. 比例尺　比例尺是用来缩小（或放大）图形用的。常用的两种比例尺见图 2-8。

（1）米制比例尺。每套米制比例尺的刻度和标尺间距都是 1mm 和 1mm 的倍数。普通的米制比例尺包括：1∶5，1∶50，1∶500，1∶10，1∶100，1∶1000，1∶20 和 1∶200 等。

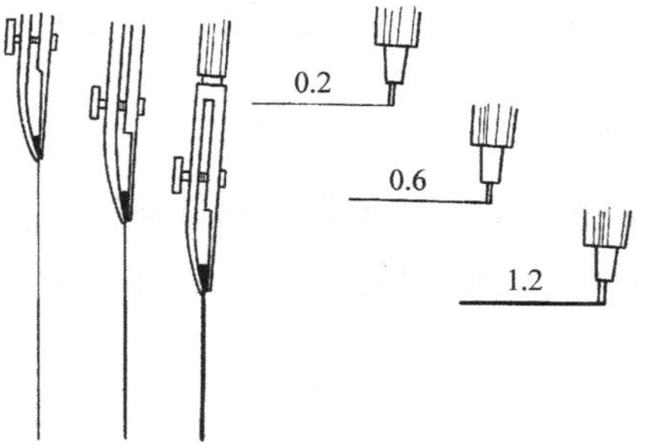

a) 直线笔　　b) 针管笔

图 2-5　直线笔及针管笔

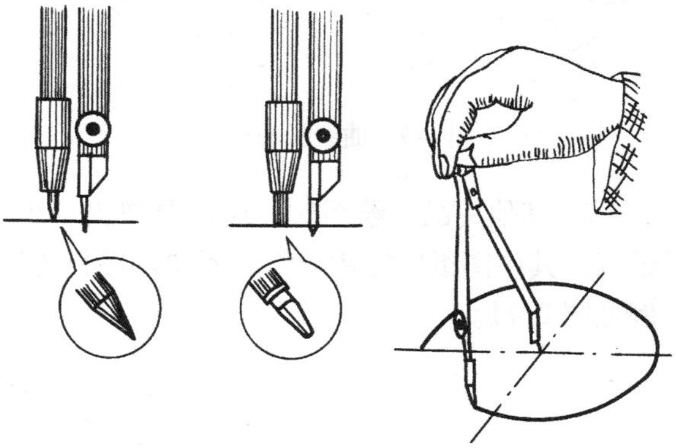

a) 打底稿用铅芯　b) 加深图线用铅芯　c) 画圆的方法

图 2-6　圆规的用法

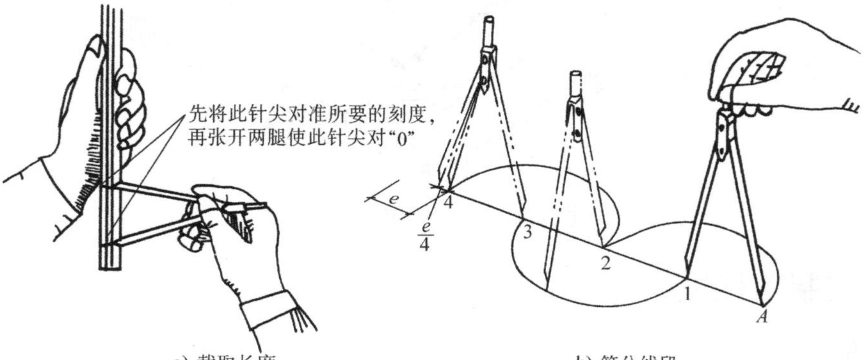

a) 截取长度　　b) 等分线段

图 2-7　分规的用法

e—任何需要等分的数值

（2）数字比例尺。在传统绘图过程中，可利用比例把真实的尺寸缩小到在图纸上方便处理的尺寸。在电子绘图过程中，可以输入真实的尺寸，但是应该弄清楚显示器上显示的图形的尺寸和打印机或者绘图仪打印的图纸尺寸间的关系。

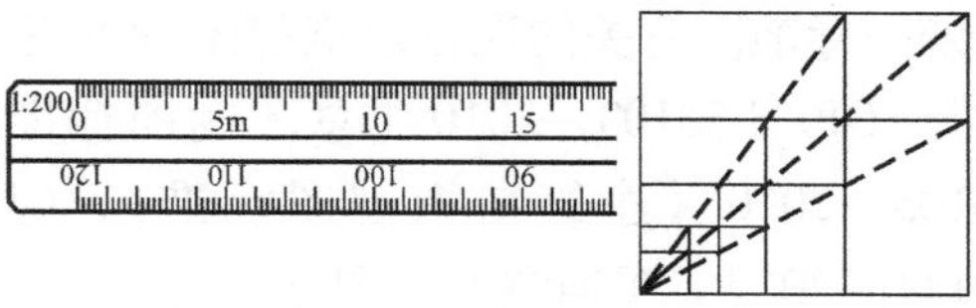

a) 米制比例尺　　b) 数字比例尺

图 2-8　比例尺

应当注意的是，不管画图时采用何种比例，在图纸上标注的尺寸数字应为实际尺寸，与比例无关。

6. 曲线板　曲线板用来画非圆直线。作图时，应先徒手将曲线上各点轻轻连接起来，然后，从一端开始选择曲线板上与所画曲线吻合的部分，沿曲线板逐段画出，每画一段时，至少应有三个点与曲线板与某一段重合，并与上次画出的曲线段重合一部分，以保证曲线圆滑，连接见图 2-9。

7. 擦图片　擦图片上有各种不同尺寸和形状的孔洞，用来限制被擦除的范围，见图

2-10。使用擦图片能非常有效地保护图纸表面。

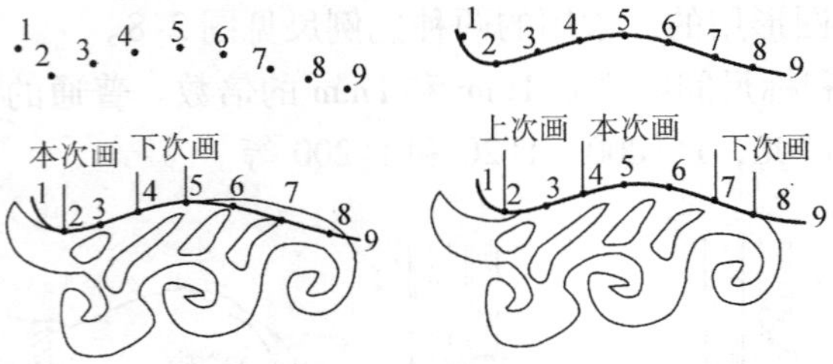

图 2-9　曲线板的用法

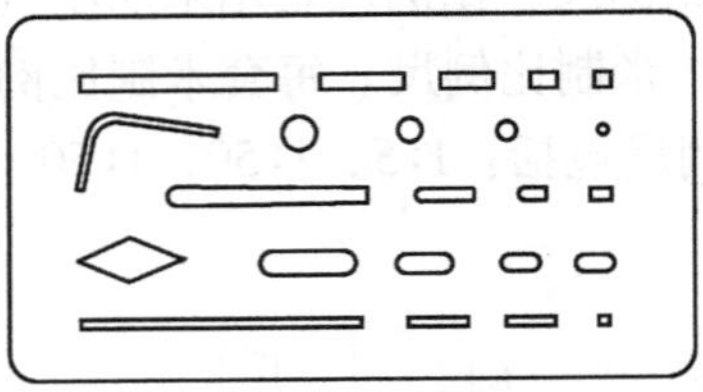

图 2-10　擦图片

8. 其他用品　绘图时，还需要橡皮、小刀、量角器、毛刷、胶带纸和修磨铅芯的细砂纸等。其中图纸固定用胶带，不要用图钉等以免阻碍丁字尺和三角板滑动。图纸固定方法示例见图 2-11。

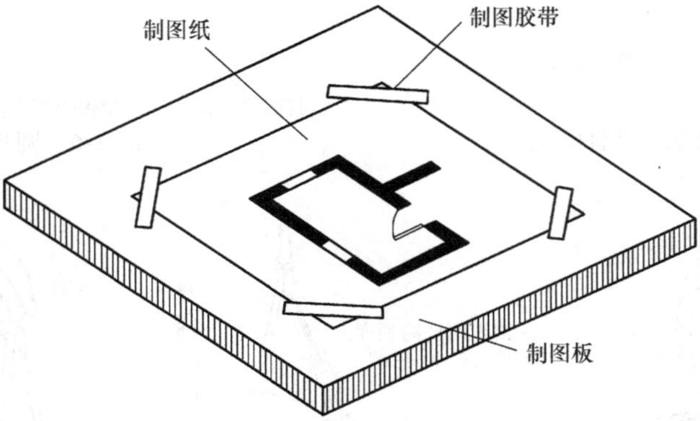

图 2-11　图纸固定方法示例

2.3　国家制图标准

2.3.1　简介

工程图样是工程界的技术语言，为了使建筑图纸规格统一，图面简洁清晰，符合施工要求，利于技术交流，必须在图样的画法、图纸、字体、尺寸标注、采用的符号等各方面有一个统一标准。有关的现行建筑制图标准有六个：GB/T 50001—2010《房屋建筑制图统一标准》、GB/T 50103—2010《总图制图标准》、GB/T 50104—2010《建筑制图标准》、GB/T 50105—2010《建筑结构制图标准》、GB/T 50106—2010《给水排水制图标准》、GB/T 50114—2010《暖通空调制图标准》。

标准对施工图中常用的图纸幅面、比例、字体、图线（线型）、尺寸标注等内容作了具体规定，本节简要介绍《房屋建筑制图统一标准》中的十项内容，以及技术制图标准化体系和结构（图 2-12）。其余内容将在后续章节中结合专业图样的识读与绘制详细介绍。

2.3.2　《房屋建筑制图统一标准》的主要内容

《房屋建筑制图统一标准》主要有以下 14 个方面的内容：

1. 总则　规定了本标准的适应范围。

2. 术语　规定了制图中规范用语。

3. 图纸幅面规格与图纸编排顺序　规定了图纸幅面的格式、尺寸要求、标题栏、会签

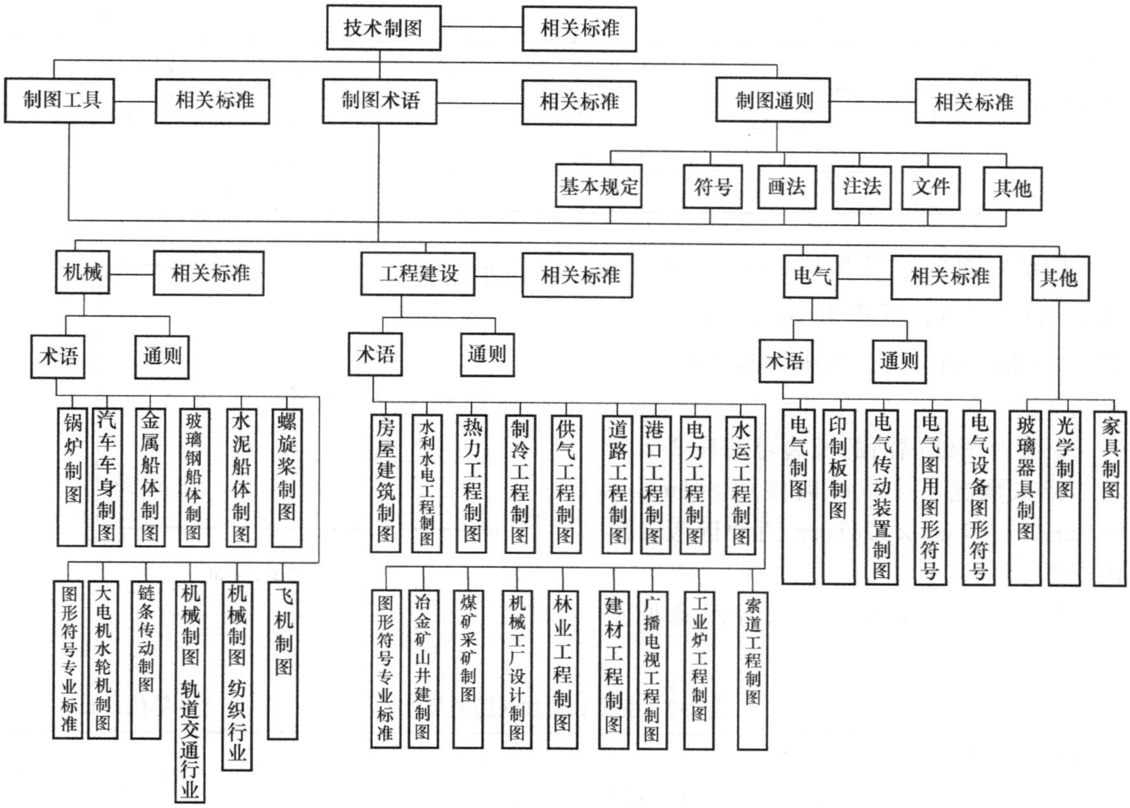

图 2-12 技术制图标准化体系和结构

栏的位置及图纸编排的顺序。

4. 图线 规定了图线的线型、线宽及用途。
5. 字体 规定了图纸上的文字、数字、字母、符号的书写要求和规则。
6. 比例 规定了比例的系列和用法。
7. 符号 对图面符号作了统一的规定。
8. 定位轴线 规定了定位轴线的绘制方法和编写方法。
9. 常用建筑材料图例 规定了常用建筑材料的统一画法。
10. 图样画法 规定了图样的投影法、图样布置、断面图与剖面图、轴测图等的画法。
11. 尺寸标注 规定了标注尺寸的方法。
12. 计算机制图文件 规定了图纸编号，图纸文件命名，制图文件夹的使用与管理等。
13. 计算机制图文件图层 规定了图层命名格式及中英文的专业代码。
14. 计算机制图规则 规定了制图的方向、坐标系、布局、比例等要求。

2.3.3 图纸幅面、图框、标题栏

1. 图纸幅面 凡设计用图纸的大小，都必须符合表 2-1 的规定。

表 2-1 图幅尺寸 （单位：mm）

幅面代号 / 尺寸代号	A0	A1	A2	A3	A4
$b \times l$	841 × 1189	594 × 841	420 × 594	297 × 420	210 × 297

（续）

尺寸代号 \ 幅面代号	A0	A1	A2	A3	A4
c	10			5	
a	25				

图纸幅面尺寸相当于$\sqrt{2}$系列，即 $l = \sqrt{2}b$。A0 号图幅的面积为 $1m^2$，A1 号幅面是 A0 号幅面的 $1/\sqrt{2}$，其他幅面依此类推，见图 2-13。

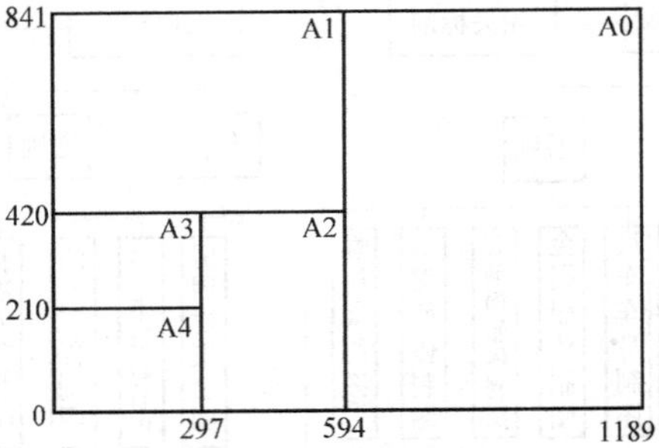

图 2-13　图纸幅面

必要时图纸幅面的长边可按表 2-2 加长，特殊情况下，还可以使用 841mm × 891mm、1189mm × 1261mm 两种近似方形的图纸。

图纸加长方向和加长尺寸示意见图 2-14。

表 2-2　图纸长边加长后的尺寸　（单位：mm）

幅面代号	长边尺寸	长边加长后尺寸
A0	1189	1486　1635　1783　1932　2080　2230　2387
A1	841	1051　1261　1471　1682　1892　2102
A2	594	743　891　1041　1189　1338　1486　1635　1783　1932　2080
A3	420	630　841　1051　1261　1471　1682　1892

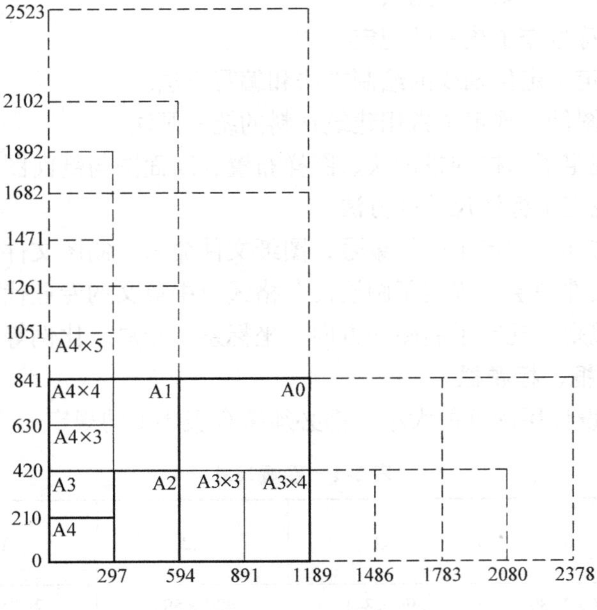

图 2-14　图纸加长示意

2. 图框规格　规定每张图样都要画出图框，图框线用粗实线绘制。图纸分横式和立式两种，见图 2-15。

3. 标题栏　规定每张图样都要在图框内右下角画出标题栏，位置和格式见图 2-15，设计用标题栏尺寸和分隔见图 2-16a、b，制图作业的标题栏见图 2-16c。

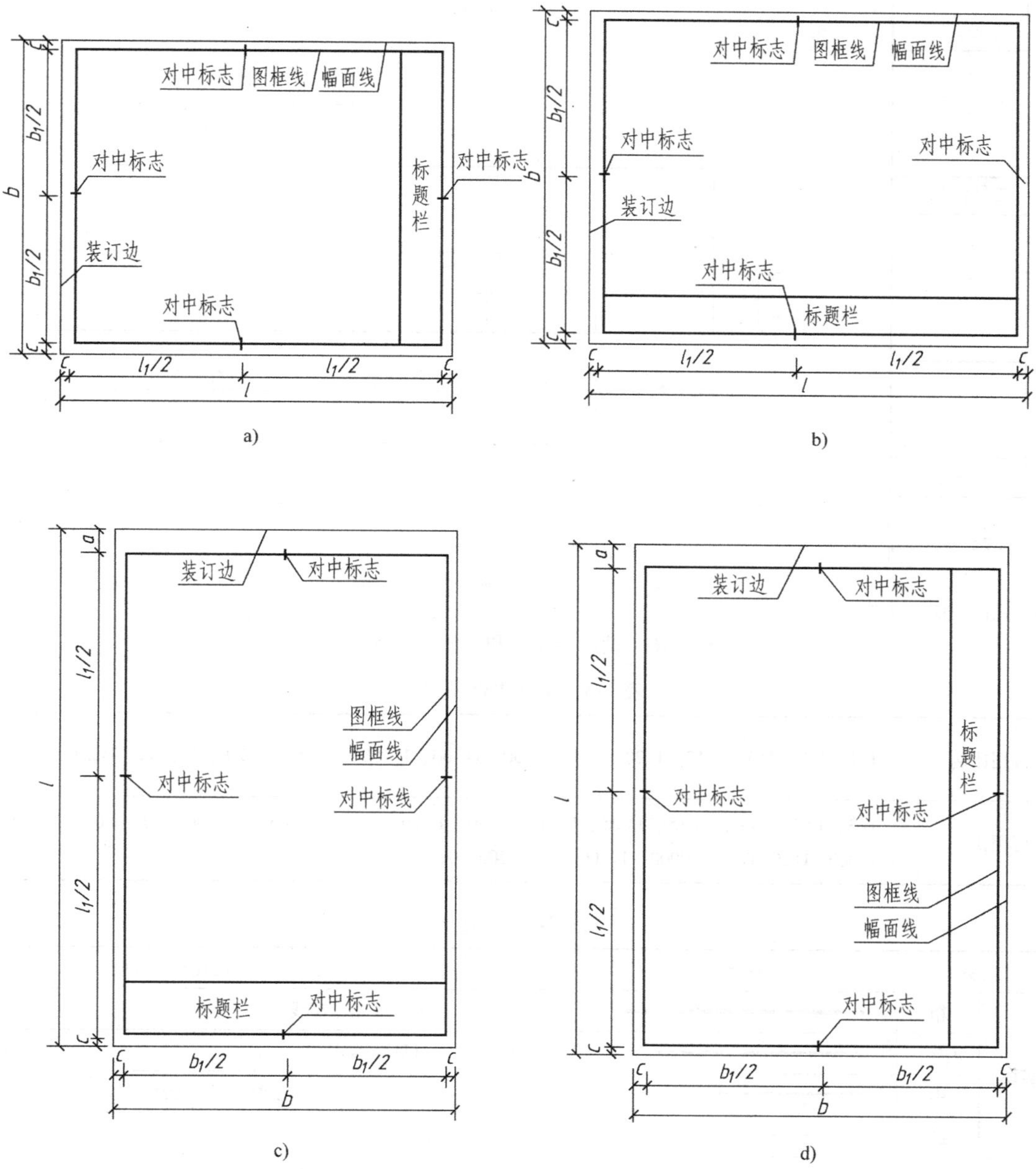

图 2-15　图幅、图框

2.3.4　比例

比例是图中图形与其实物相应要素的线性尺寸之比。工程中使用比例见表 2-3。

2.3.5　图线

制图中图线的基本规格见表 2-4。

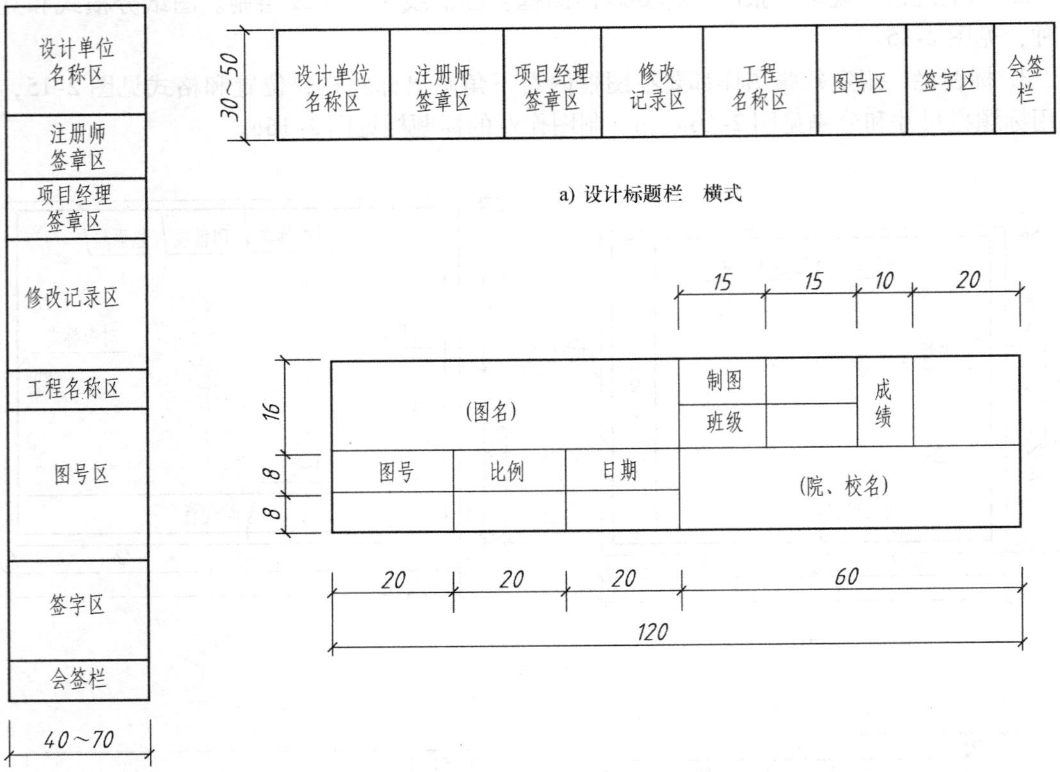

a) 设计标题栏 横式

b) 设计标题栏 竖式

c) 制图作业用标题栏

图 2-16 设计标题栏和绘图作业标题栏

表 2-3 工程中使用比例

常用比例	1:1、1:2、1:5、1:10、1:20、1:30、1:50、1:100、1:150、1:200、1:500、1:1000、1:2000
可用比例	1:3、1:4、1:6、1:15、1:25、1:40、1:60、1:80、1:250、1:300、1:400、1:600、1:5000、1:10000、1:20000、1:50000、1:100000、1:200000

表 2-4 图线

名称		线型	线宽	用途和线段长及间隔说明
实线	粗		b	主要可见轮廓线
	中粗		$0.7b$	可见轮廓线
	中		$0.5b$	可见轮廓线、尺寸图、变更云线
	细		$0.25b$	图例填充线、家具线
虚线	粗		b	见各有关专业制图标准 实线段长 4～6mm，间隔 1mm
	中粗		$0.7b$	不可见轮廓线
	中		$0.5b$	不可见轮廓线、图例线
	细		$0.25b$	图例填充线、家具线

（续）

名称		线型	线宽	用途和线段及间隔说明
单点长画线	粗		b	见各有关专业制图标准 实线段长 15 ~ 30mm，间隔 3mm
	中		0.5b	见各有关专业制图标准
	细		0.25b	中心线、对称线、轴线等 实线段长 15 ~ 30mm，间隔 3mm
双点长画线	粗		b	见各有关专业制图标准 实线段长 15 ~ 20mm，间隔 5mm
	中		0.5b	见各有关专业制图标准
	细		0.25b	假想轮廓线、成型前原始轮廓线
折断线	细		0.25b	断开界线
波浪线	细		0.25b	断开界线

制图中常用线型示例见图 2-17。虚线相交的画法见图 2-18。

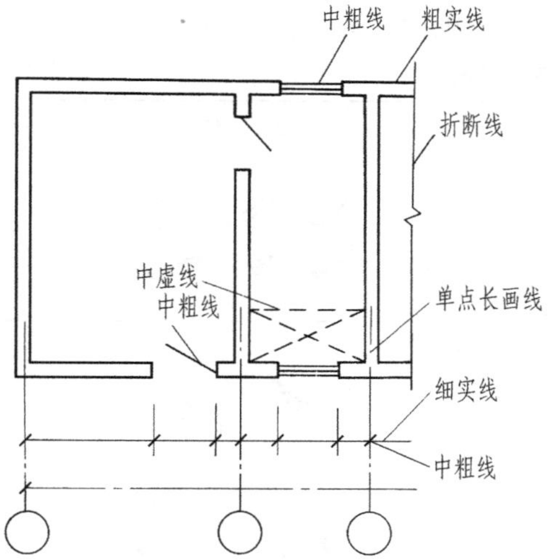

图 2-17　制图中常用线型示例

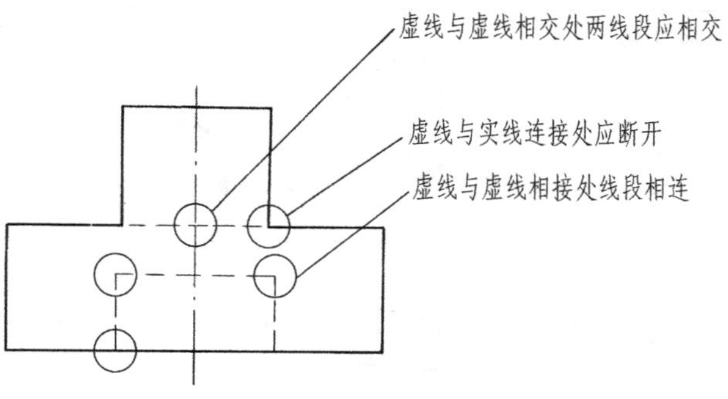

图 2-18　虚线相交的画法

图线以可见轮廓线的粗度 b 为标准，按《建筑制图标准》规定，图线 b 采用（单位：mm）1.4、1.0、0.7、0.5、0.35、0.25、0.18、0.13 八种线宽。画图时，根据图样的复杂程度和比例大小，选用不同的线宽组，见表 2-5。

表 2-5　线条宽度表

线宽比	线宽组/mm			
b	1.4	1.0	0.7	0.5
0.7*b*	1.0	0.7	0.5	0.35
0.5*b*	0.7	0.5	0.35	0.25
0.25*b*	0.35	0.25	0.18	0.13

在同一张图纸内，相同比例的图，应选用相同的线宽组。同类线应粗细一致。

图框线、标题栏分格线的宽度见表 2-6。

表 2-6　图框线、标题栏分格线宽度　（单位：mm）

幅面代号	图框线	标题栏外框线	标题栏分格线、会签栏线
A0、A1	*b*	0.5*b*	0.25*b*
A2、A3、A4	*b*	0.7*b*	0.35*b*

2.3.6　字体

1. 汉字　图样中的汉字，应采用国家正式公布的简化字，并用长仿宋体书写。国家标准对文字（汉字、数字、字母）的大小规定了六种号数。字体的号数以字体的高度（单位为 mm）表示，六种字号为 20、14、10、7、5、3.5。如需写更大的字，其高度应按$\sqrt{2}$的比值递增，详见表 2-7。

表 2-7　长仿宋体的字高、宽尺寸　（单位：mm）

字高（字号）	20	14	10	7	5	3.5
字宽	14	10	7	5	3.5	2.5

长仿宋体汉字基本笔画有点、横、竖、撇、捺、挑、钩、折等，见表 2-8。

表 2-8　长仿宋体汉字基本笔画写法

基本笔画	写　法	基本笔画	写　法
点	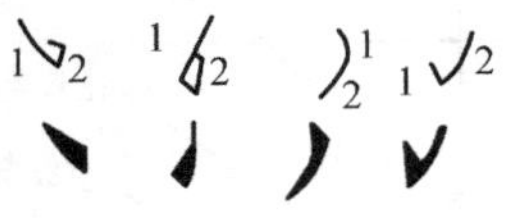	捺	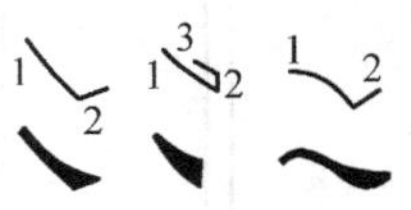
横		挑	
竖	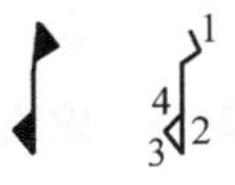	钩	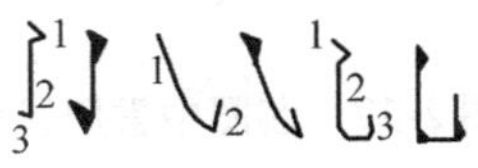
撇	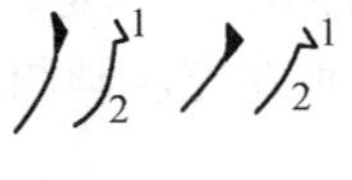	折	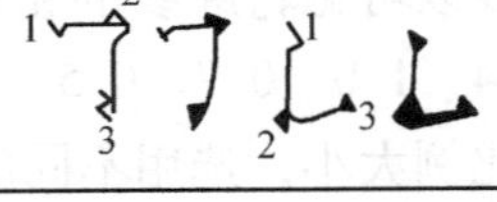

概括长仿宋体汉字的书写要领是：笔画要横平竖直，起落有锋；字形结构要排列匀称，除了日、月、口等少数字以外，绝大多数字，要注意满格书写。长仿宋体字例见图 2-19。

10 号

排列整齐字体端正笔画清晰注意起落

7 号

字体笔画基本上是横平竖直结构匀称写字前先画好格子

5 号

阿拉伯数字拉丁字母罗马数字和汉字并列书写时它们的字高比汉字高小

3.5 号

大学系专业班级绘制描图审核校对序号名称材料件数备注比例重共第张工程种类设计负责人平立

剖侧切截断面轴测示意主俯仰前后左右视向东西南北中心内外高低顶底长宽厚尺寸分厘毫米矩方

图 2-19　长仿宋体字例

2. 字母、数字　字母和数字分直体和斜体两种，斜体字与右侧水平线的夹角为 75°，书写字母及数字的字高应不小于 2.5mm，书写规则见表 2-9，字例见图 2-20。

表 2-9　拉丁字母、阿拉伯数字与罗马数字的书写规则

书写格式	字体	窄字体
大写字母高度	h	h
小写字母高度（上下均无延伸）	$\frac{7}{10}h$	$\frac{10}{14}h$
小写字母伸出的头部或尾部	$\frac{3}{10}h$	$\frac{4}{14}h$
笔画宽度	$\frac{1}{10}h$	$\frac{1}{14}h$
字母间距	$\frac{2}{10}h$	$\frac{2}{14}h$
上下行基准线的最小间距	$\frac{15}{10}h$	$\frac{21}{14}h$
词间距	$\frac{6}{10}h$	$\frac{6}{14}h$

2.3.7　尺寸标注

用图线画出的图样只能表示物体的形状，只有标注尺寸才能确定其大小。尺寸标注的四要素及线型要求见图 2-21，尺寸标注的正误对照见表 2-10。

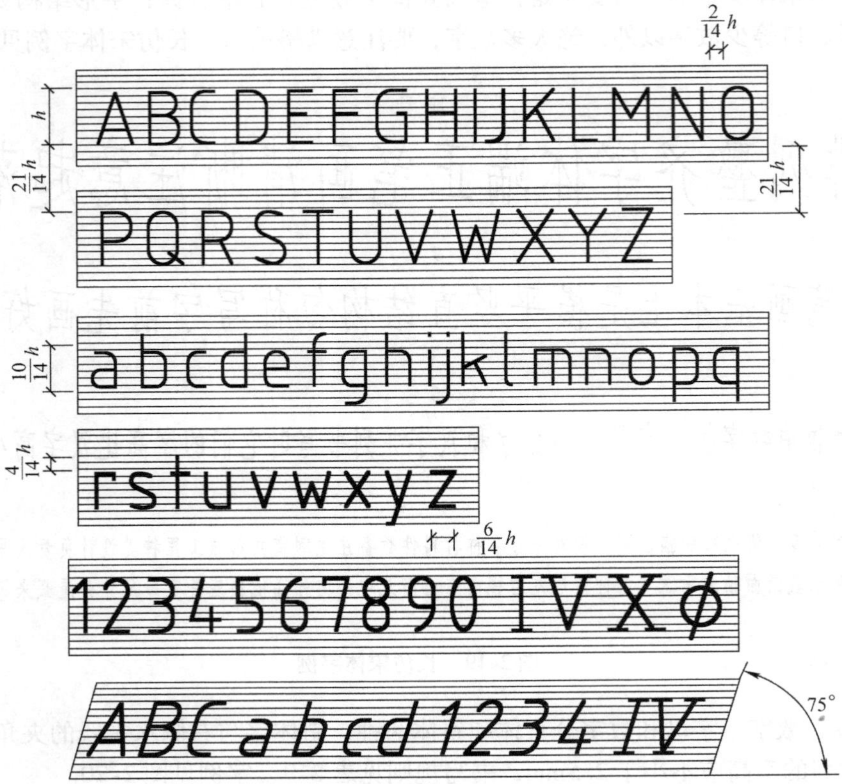

图 2-20　拉丁字母、阿拉伯数字与罗马数字字例

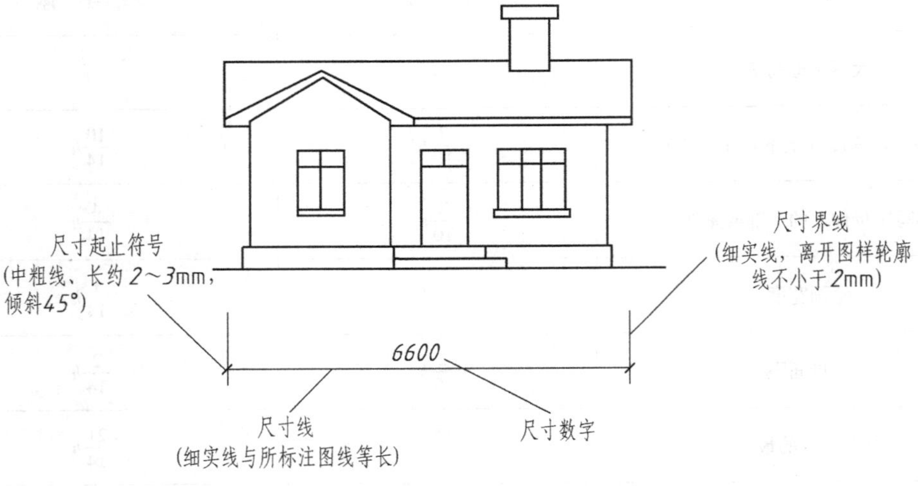

图 2-21　尺寸标注四要素

圆、圆弧、球、角度、弦长、弧长的尺寸标注及坡度、箭头的画法见图 2-22。等长尺寸、单线图、相同要素、非圆曲线的尺寸标注见图 2-23。

表 2-10　尺寸标注的正误对照

正确注法	错误注法及原因说明
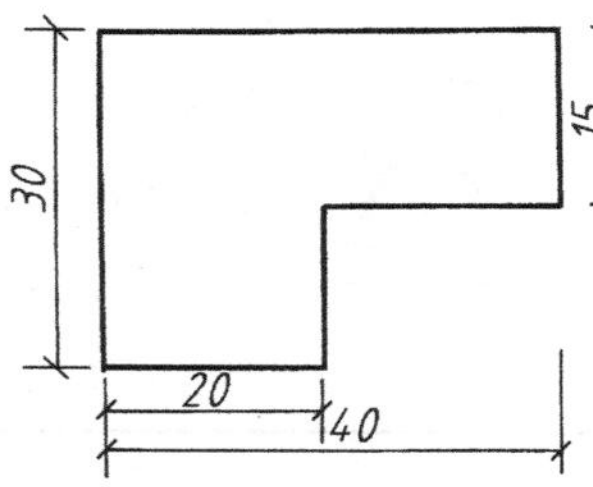	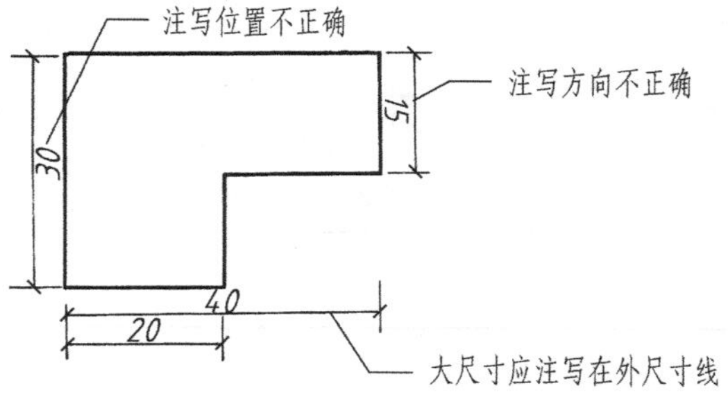
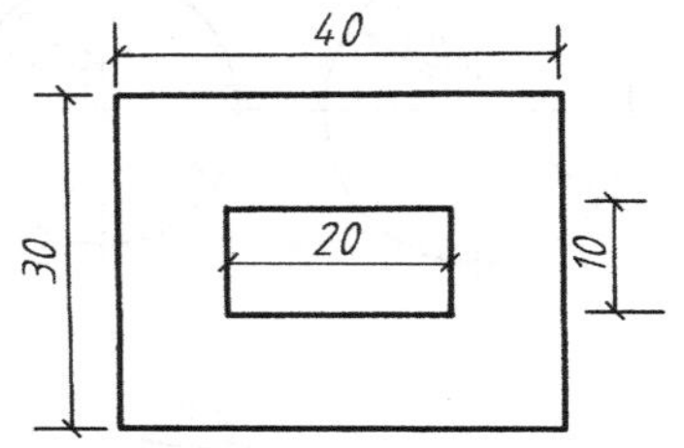	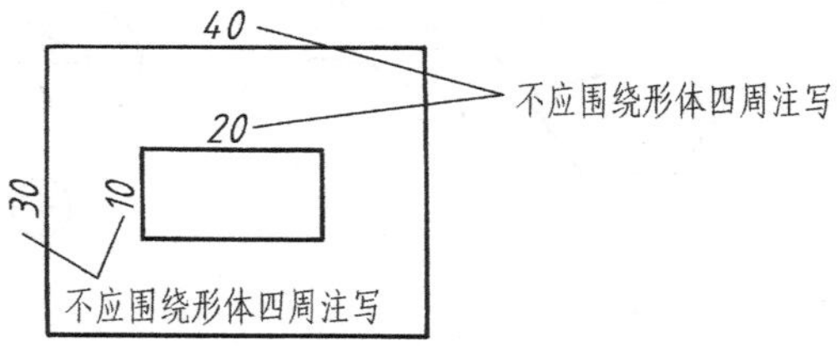
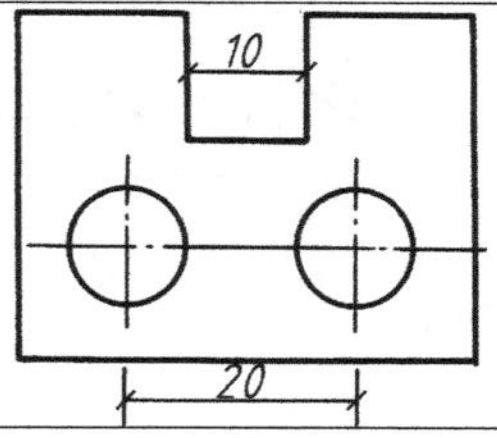	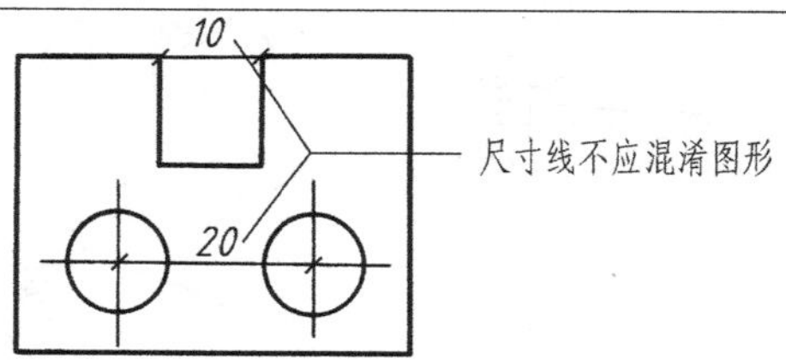
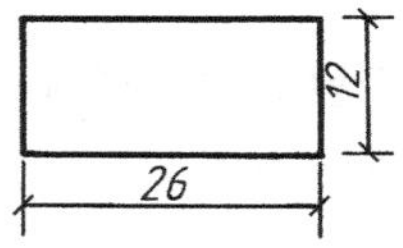	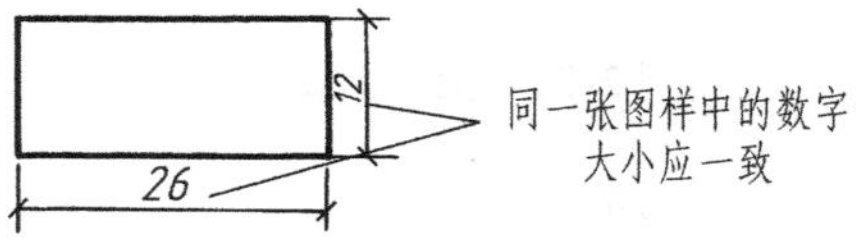
	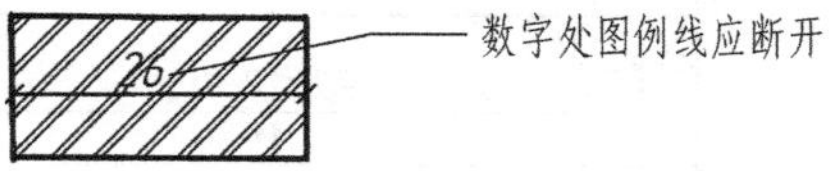
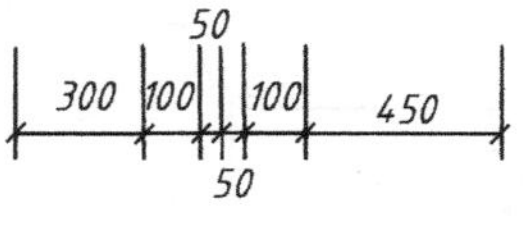	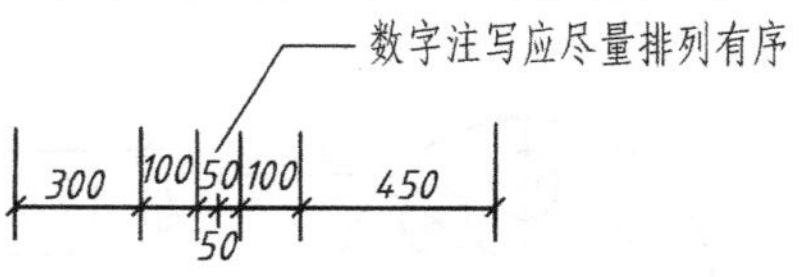
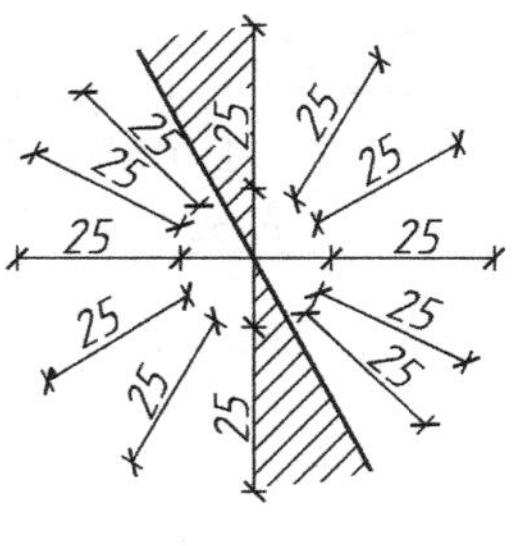	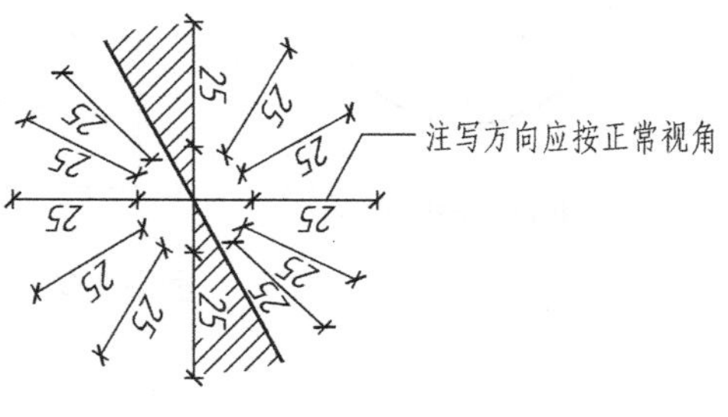

（续）

正确注法	错误注法及原因说明
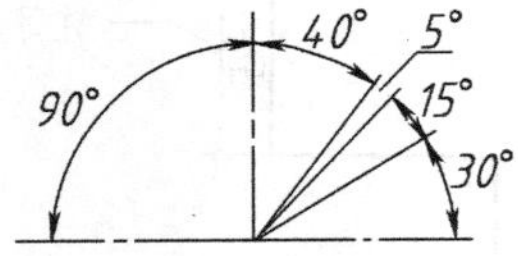	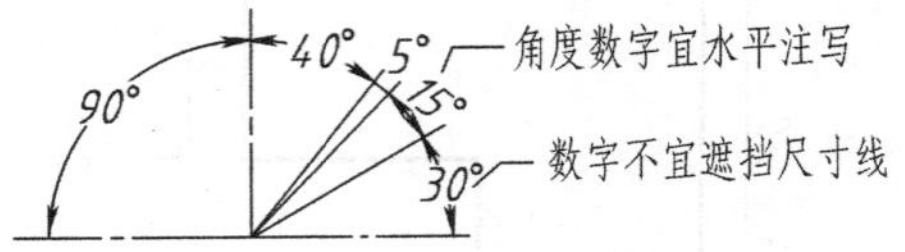

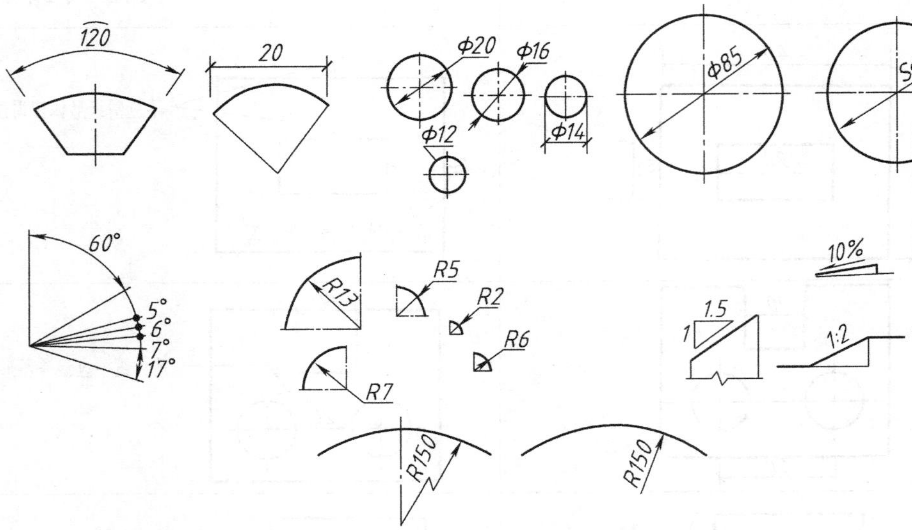

图 2-22　圆、圆弧、球、角度、弦长、弧长的尺寸标注及坡度、箭头的画法

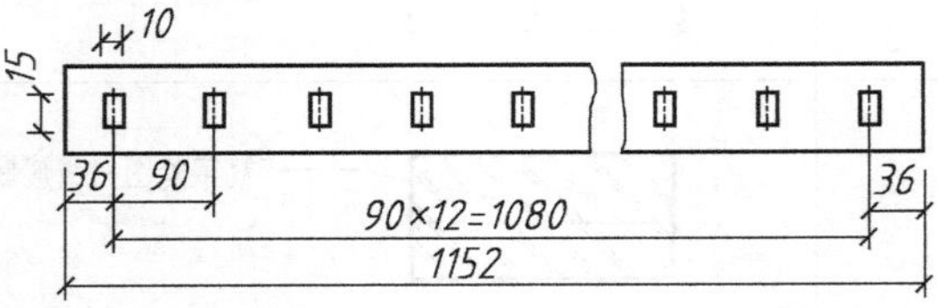

a) 等长尺寸标注

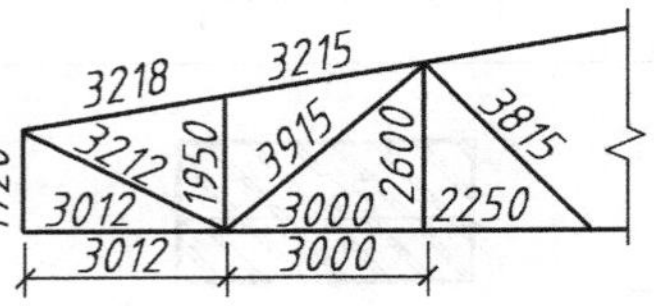

b) 单线图尺寸标注

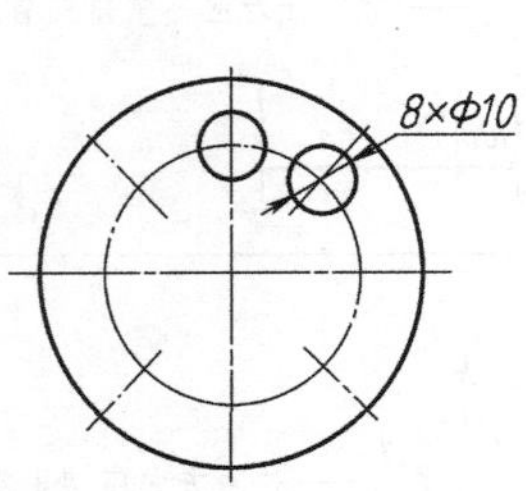

c) 相同要素的尺寸标注

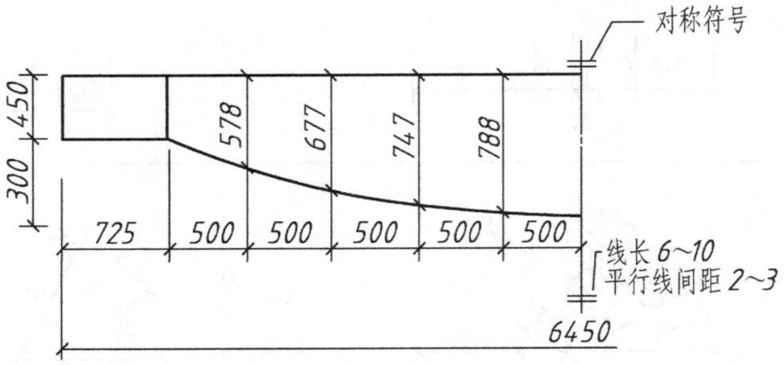

d) 非圆曲线的尺寸标注

图 2-23　几种尺寸的标注

2.4 几何作图

几何作图在建筑制图中应用甚广，设计人员学会几何作图，可以提高制图的准确性和速度，保证制图的质量；施工人员掌握几何作图的画法，可有效地安排施工平面及放构件大样等。

2.4.1 常用的线段、角的等分法（见表2-11）

表2-11 常用的线段、角的等分法

等分	作图步骤
直线的垂直平分	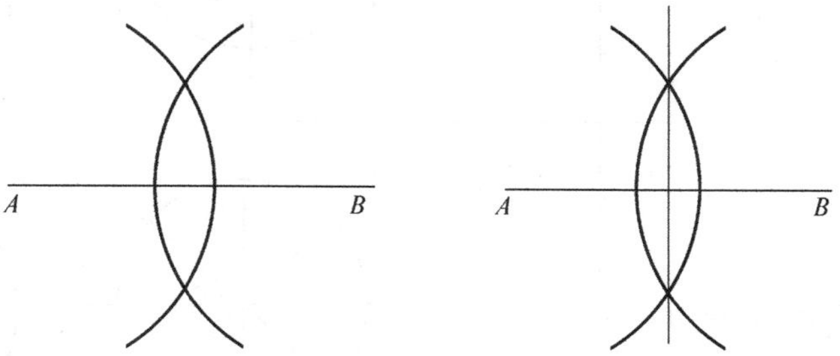
线段的任意等分	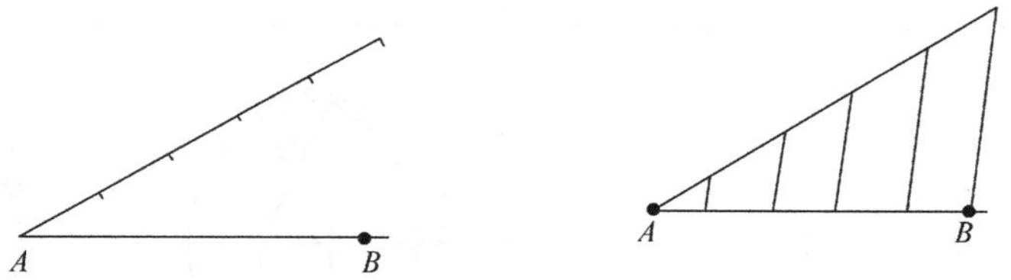
两平行线间任意等分	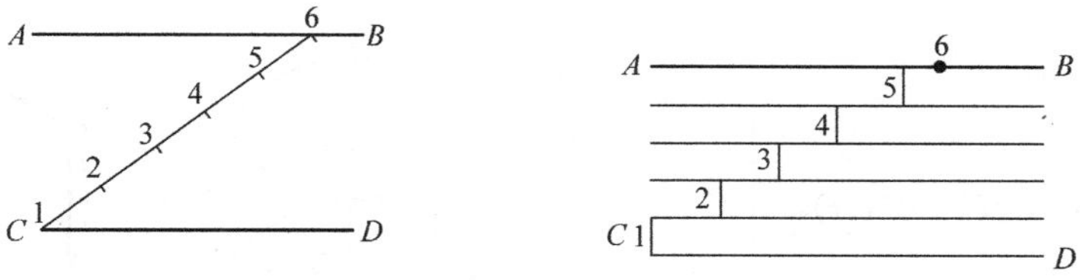
角的二等分	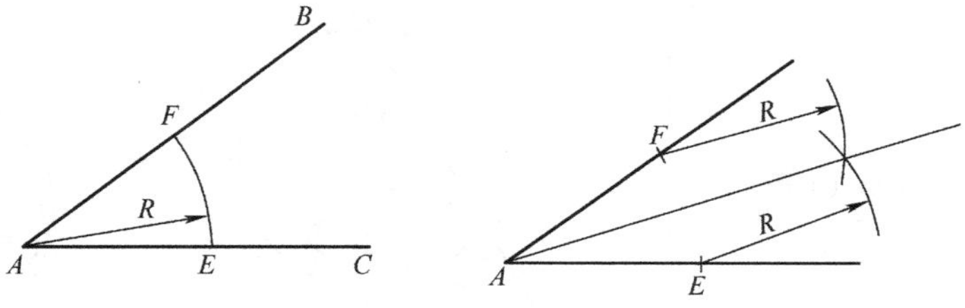

2.4.2 常用的圆内接正多边形的作图（见表2-12）

表2-12 常用的圆内接正多边形的作图

圆内接正多边形	作图步骤
圆内接正三边形（三等分）	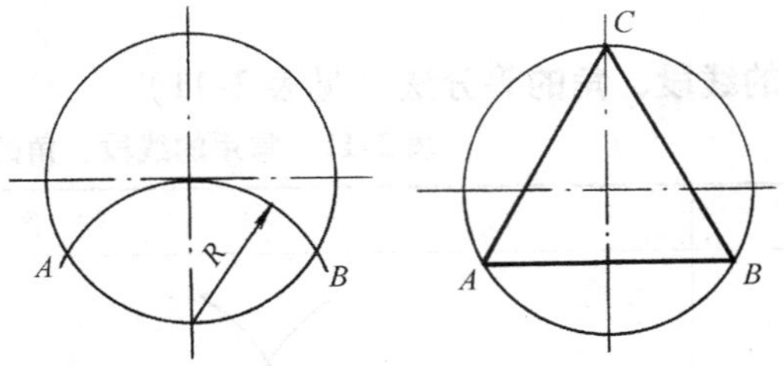
圆内接正四边形（四等分）	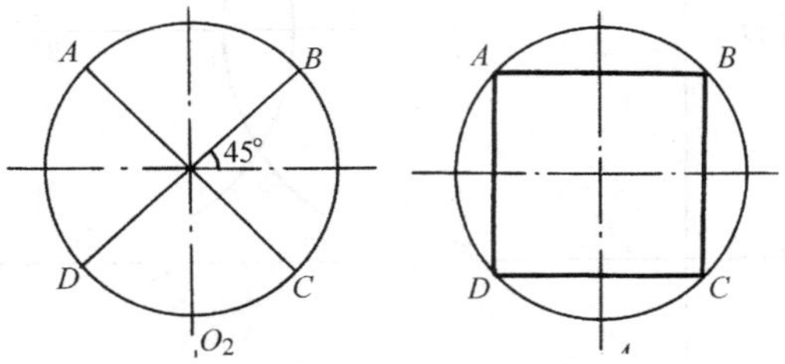
圆内接正五边形（五等分）	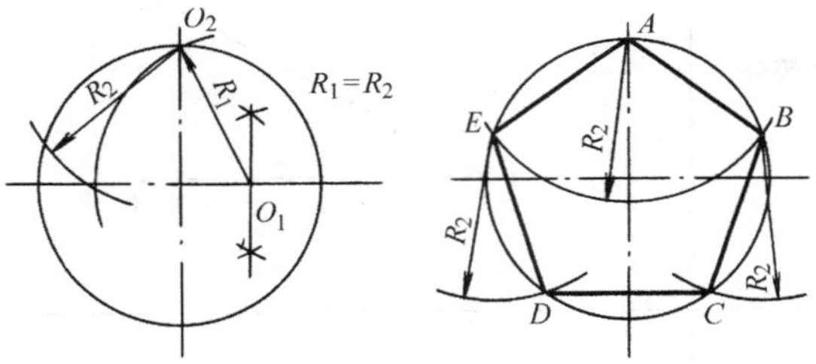
圆内接正六边形（六等分）	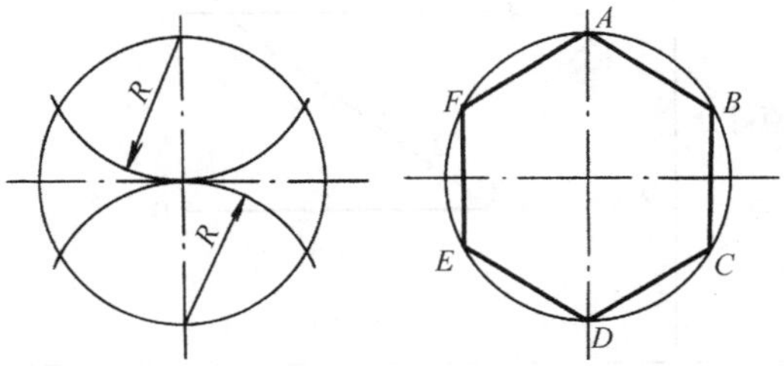
圆内接正七边形（七等分）	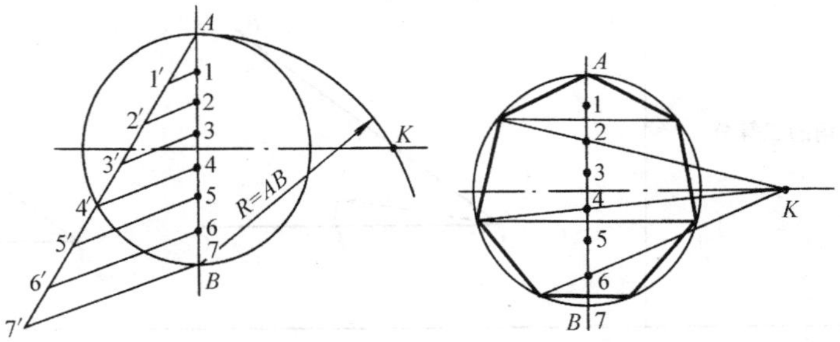

2.4.3 圆弧连接的作图（见表 2-13）

表 2-13 各种形式的圆弧连接

形式	作图步骤
两直线间的圆弧连接	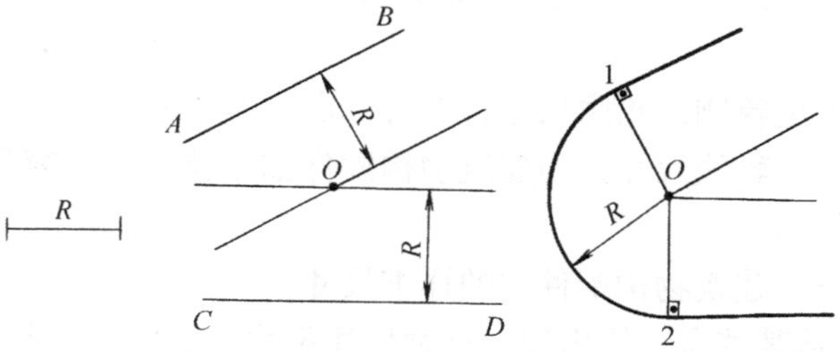
直线与圆弧间的圆弧连接	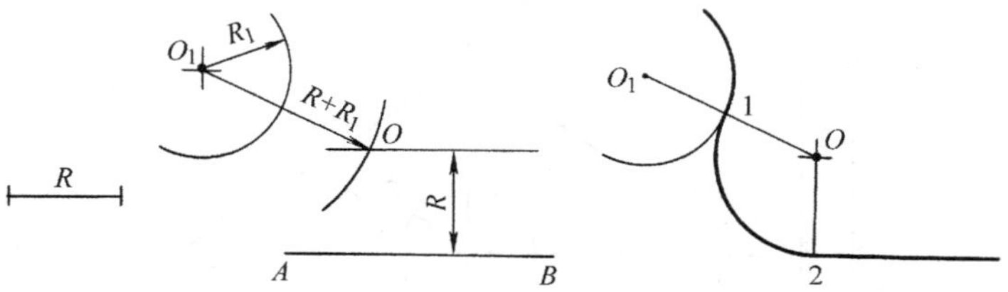
一圆弧外切两圆弧连接	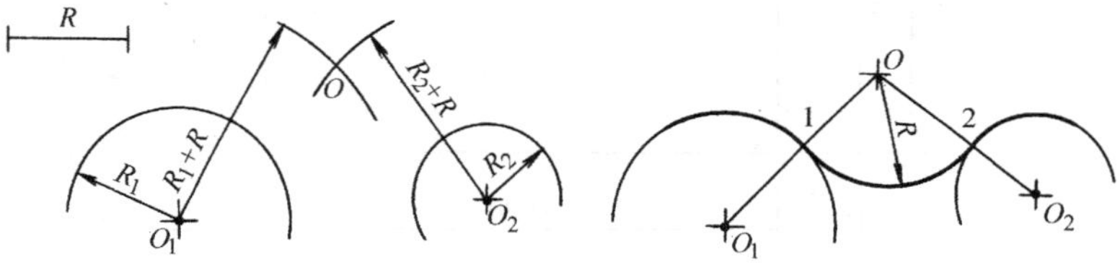
一圆弧内切两圆弧连接	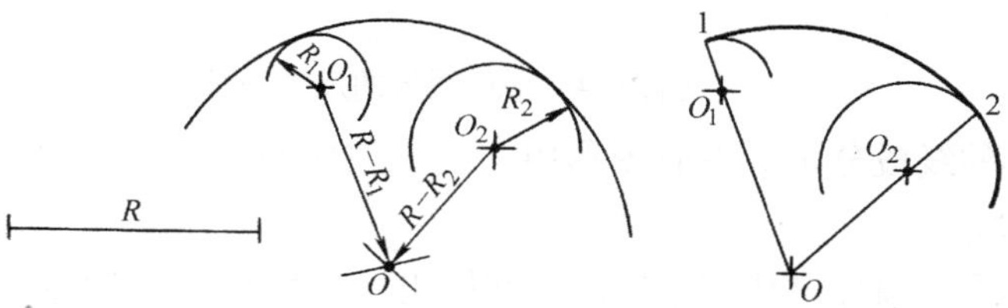
一圆弧内外切两圆弧连接	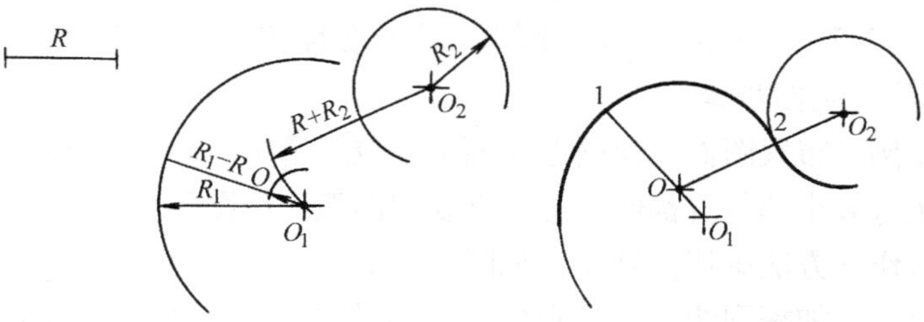

2.4.4 平面图形画法分析

绘制平面图形前，要对平面图进行尺寸分析和线段分析，从而知道哪些线段可以直接画出，哪些线段要根据几何条件画出，这样便能正确地确定画图步骤。

1. 平面图形的尺寸分析　平面图形的尺寸按其作用分为总尺寸和定位尺寸、细部尺寸三种，并定义：

1）总尺寸——建筑物外轮廓尺寸，即若干定位尺寸之和。

2）定位尺寸——轴线尺寸，即建筑物构配件如墙体、门、窗等，相应于轴线或其他构配件确定位置的尺寸。

3）细部尺寸——建筑物构配件中的详细尺寸。

定位尺寸都是从某些点、线出发，这种标注尺寸起始位置的点、线叫作尺寸基准。通常以对称图形的对称线、较大圆的圆心及较长的直线作尺寸基准。详细区分见图 2-24。

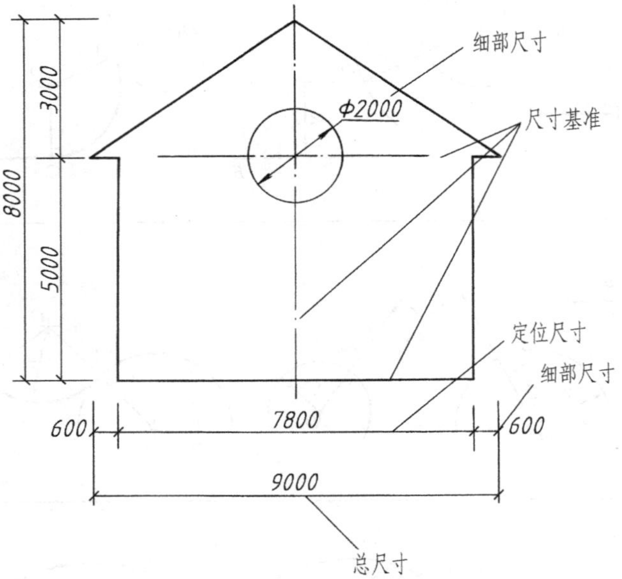

图 2-24　平面图形的尺寸分析

2. 平面图形的线段分析　平面图形中，线段按所注尺寸和线段间的连接关系可分为已知线段、连接线段。

（1）已知线段。细部尺寸和定位尺寸都标出的线段称为已知线段，如图 2-25 中的 $\phi30$ 圆弧。

（2）连接线段。只有细部尺寸而无定位尺寸，一般要根据连接条件来确定的线段称为连接线段，如图 2-25 中的 $R30$、$R60$ 圆弧和立交公路边的三角带。

3. 平面图形的画图步骤

1）选定比例，布置图面，使图形在图纸上位置适中，并画基准线。

2）画出所有大小和位置都能确定的直线和圆弧，见图 2-26a。

3）用几何作图方法画连接圆弧，见图 2-26b。

4）整理全图，加深图线，并分别标注细部尺寸和定位尺寸，见图 2-26c。

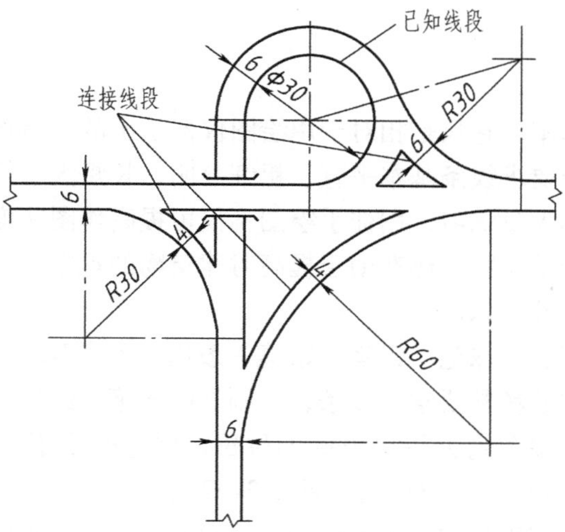

图 2-25　平面图形的线段分析

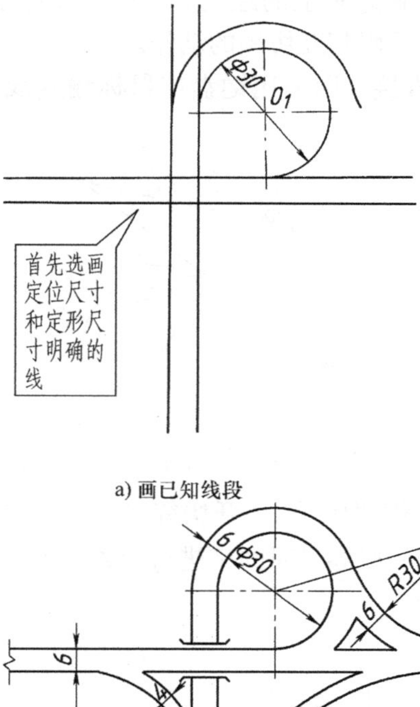

a) 画已知线段

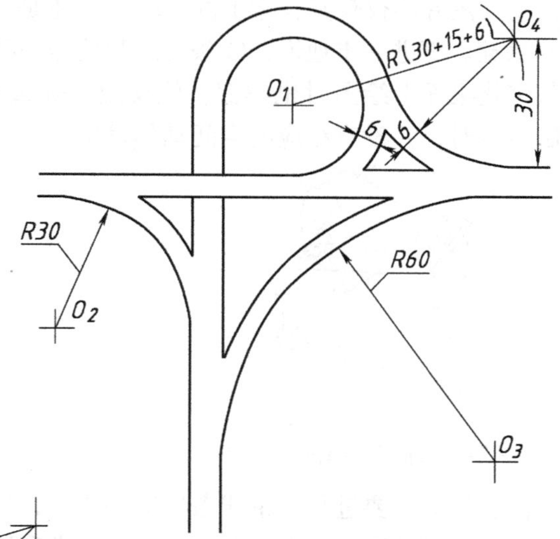

b) 画连接线段

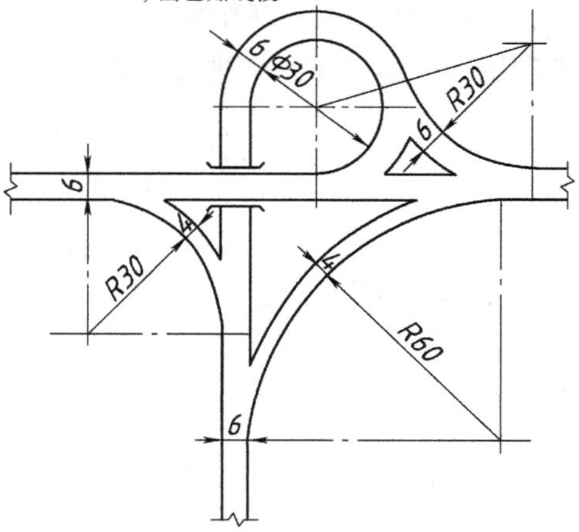

c) 完成全图

图 2-26　立交桥平面画图步骤

2.5 徒手绘图

2.5.1 作用与要求

徒手绘出的图称为草图。它只是相对于用绘图仪器绘出的工具图而言。草图中的“草”字绝不是潦草。草图同样要求线条基本平直、粗细分明、长短大致符合比例。

学习建筑制图需要作大量练习，用徒手绘图不仅可提高作图速度，同时可加快空间思维能力的形成。经常练习徒手绘图，还有助于提高对建筑物的观察、分析和表达能力，为后续课程的学习积累丰富的感性知识。

画草图的工具有钢笔、圆珠笔、铅笔。铅笔一般用 HB 或 B，铅笔笔芯要削长一点，笔芯不要过尖。建筑绘图中的精髓要素是线条，控制好绘图笔是绘制出质量好且宽度适当的线条的关键。绘图时手应该握在笔尖往上 2cm 的位置，握笔时手不要太靠近笔尖。不要将笔捏得太紧，见图 2-27a。绘图时手要放松，见图 2-27b。

用手臂和手而不只是用手指控制笔的移动。绘图时手拖动墨水笔或铅笔，但不要像打乒乓球那样推笔杆。眼睛应往前看线条预期的终点，见图 2-28。

用铅笔绘图并不仅仅是视觉上的经验，它还是一种触觉上的经验。绘图时要体会对纸、绘图板的感觉。更进一步地说，线条的绘制就是一种手眼相互协调的动作。

在数字化桌面上绘图时也类似，但反应没那么直接，因为用键盘或鼠标输入线条的坐标，绘制线条时，并没有相应的空间动作发生。

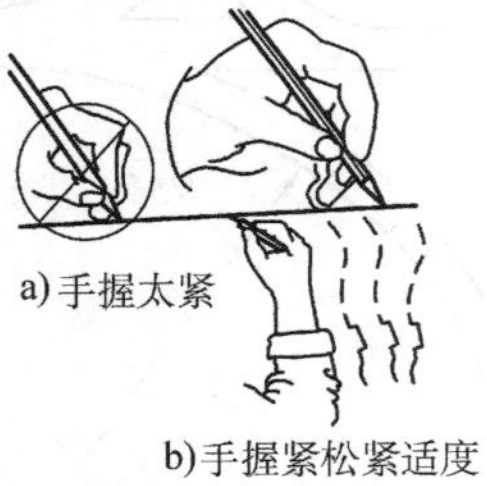

图 2-27　徒手绘图时的姿势

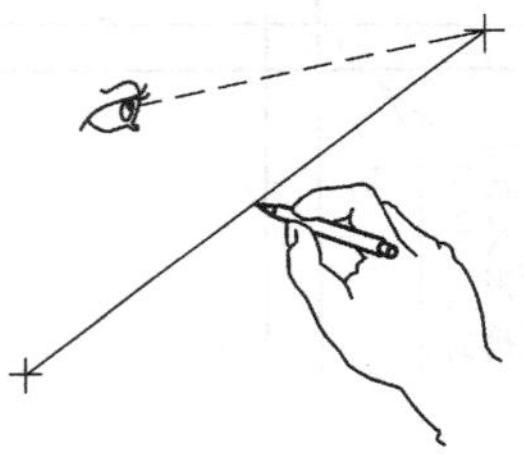

图 2-28　徒手绘图时眼与手的配合

学习徒手绘图，要进行大量线条的徒手练习，俗称“练手”。开始练习时可以在格纸上画，利用方格控制并逐步掌握方向。之后应经常利用一些零星时间来进行线条练习，以熟练并摆脱格纸。线条练习见图 2-29。

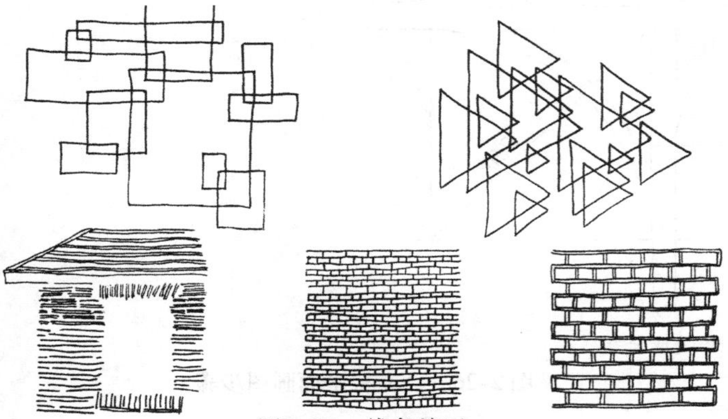

图 2-29　线条练习

2.5.2 画法要领

1. 直线的画法

1）运笔要放松，眼看线尾，一次一条线，切忌分小段往复描绘。

2）过长的线可断开少许，分段再画；线条搭接易出小点。

3）宁可局部小弯，但求整体平直。

2. 角度的画法　画 90°、45°、30°、60°角及斜线的方法见图 2-30。

图 2-30　角度及斜线画法

3. 圆的画法　画圆时先定圆心，小圆可分两半，两笔画成。大圆要按半径大小画出其外接正方形，以此作为辅助线，根据半径定出 8 个点，然后逐段连线，见图 2-31。

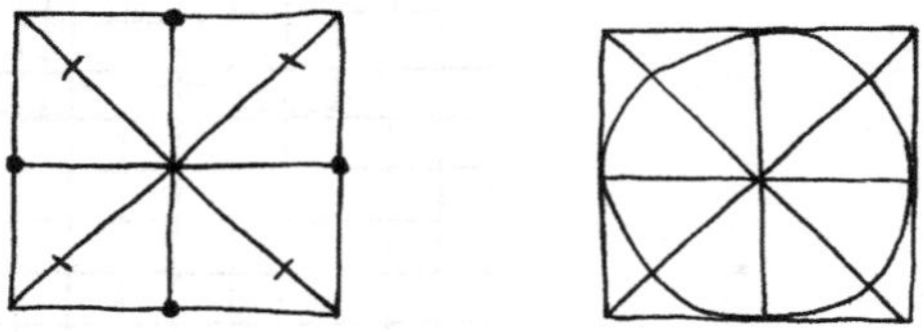

图 2-31　大圆的徒手画法

4. 组合体的画法　画组合体的立体草图时，应先分析它的形状，把它看成是由若干几何体组成的，明确形体再进行绘制，见图 2-32。

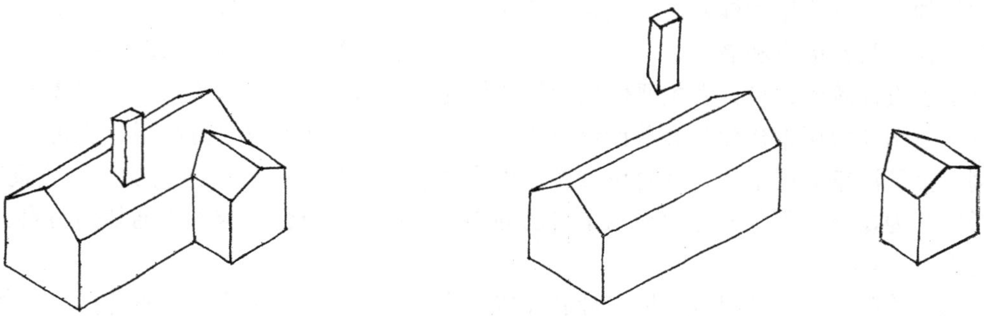

图 2-32　形体分析

画图时，将能反映组合体特征的面摆在前面，画出能看清全貌的立体图。画法要领如下：

1）定出组合体的长、宽、高三个方向，高度方向的线均画成铅垂线，长、宽方向的线均画成与水平线成 30°方向的斜线。

2）组合体上互相平行的直线，在立体图上仍然互相平行。

3）不平行于长、宽、高的斜线，先定出它的两个端点，然后连线。

作图前，应仔细分析形体，掌握好大致比例关系，选择合适的作图顺序，完成全图，见图 2-33。

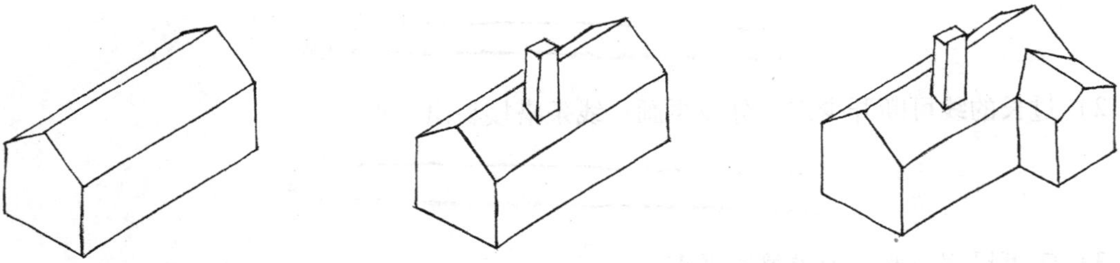

图 2-33　画立体图步骤

刚开始练习草图时可以在方格网上画，见图 2-34 。

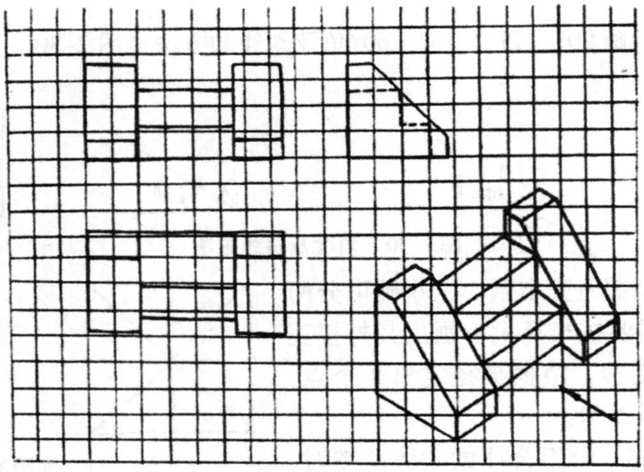

图 2-34　徒手画草图

2.5.3　草图在工程中的应用

设计师和工程所用图样是由表达某一具体含义的线、图案、符号等图形语言组成的。就像绘画语言、写作语言和肢体语言一样，图形语言有自己特定的使用领域。在设计领域里，特别是初步设计阶段，设计者主要使用建筑图作为发展和交流构思的手段。如图 2-35 所示，初步设计草图通常用来构建和完善设计思想。初步的设计草图经反复推敲后，就可绘制成一定比例、重墨渲染的展示图，这时设计者可以借助各类图样与其他人进行交流。由此可见，设计者以图为媒介，不仅充分地显示了自己的创意，还可以方便地与人沟通如何将自己的设计转化为现实。

构思完善阶段的草图可以帮助设计者完成工作，使问题的解决方案可视化。设计者利用许多不同类型的图样来酝酿和实现他们创新构思。这类图样是从各个视角，以速写的形式绘制出来的（图 2-36）。通常这种类型的图样是不向外展示的，设计者仅用这些草图来推敲自己的构思方案。设计草图并不是设计的最终方案，但是设计者可以借助它对方案进行筛选，或从中萃取精华的理念。这些图有助于记录设计者二维和三维的设计思路。这些概念式的草图和图样是一系列设计步骤中的一部分，设计步骤也被称为设计过程（图 2-37）。

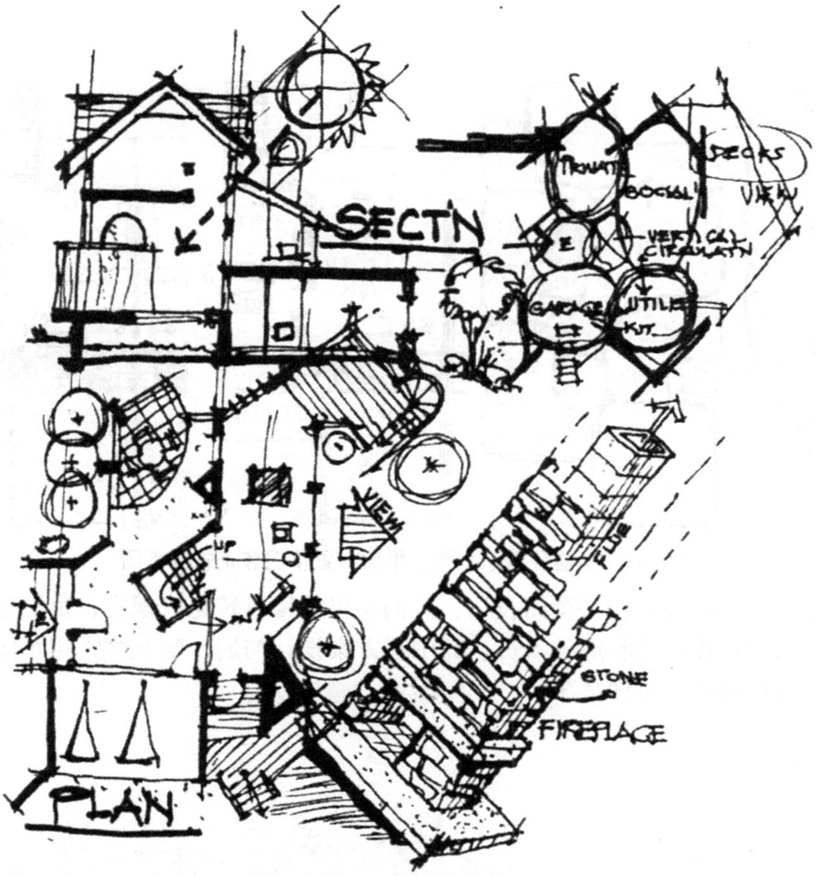

图 2-35　设计工程功能的分析草图

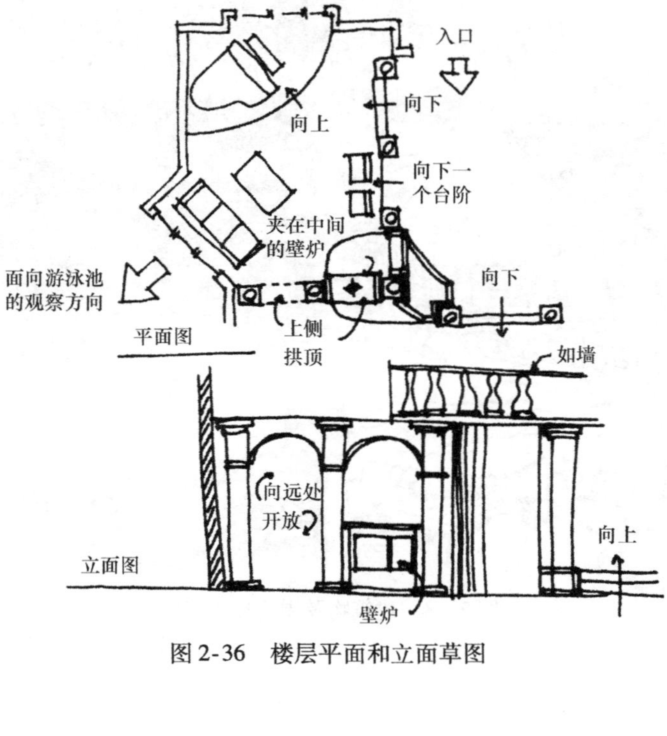

图 2-36　楼层平面和立面草图

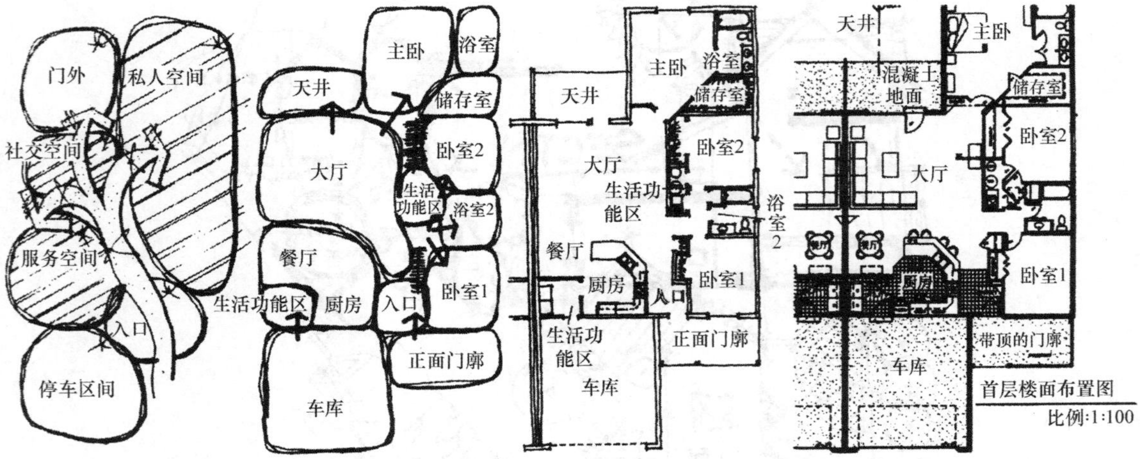

图 2-37　功能分析示意图、平面布置草图和正式施工图

建筑师大多具有高超的徒手画图技巧，他们不仅把构思转化成现实，也能把设计和规划理念、施工技术信息传达给相应的人员。其中在方案设计初期，建筑师常用草图向顾客展示建筑物与周边环境效果，见图 2-38。

图 2-38　建筑物及周边环境草图

能力拓展训练题

1. 请列出本章的知识点和技能点网络图。
2. 尝试用丁字尺和三角板配合画出 15°、75°、105° 等角度的斜线及相应的平行线、垂直线。
3. 徒手画出一幢建筑物立体图，总结画图要领。
4. 画平面图形时，如何使连接线段与已知线段准确连接？
5. 用绘图工具抄绘练习册中 2 ~5 张线型练习图样，力求符合国家制图标准，注意及时总结作图经验和教训。

学习自测表（填写示例）

层次 领域	初级		中级		高级	
认知	了解	制图标准 作图方法	运用	掌握徒手作图方法，学习几何作图	综合	掌握制图标准与几何作图间的联系
技能	模仿	画图框 标题栏 会签栏 写长仿宋字	应用	用制图标准中规定的线型画图样	创造	结合制图标准徒手画立交桥、门窗等图样
情感	激情	迫切地想了解国家有关制图方面的标准	心境	愿意在后期学习制图的过程中学习标准、遵守标准	热情	中学时期学习的几何知识如今派上用场，可见知识积累的重要性，每天学一些新知识就能增长智慧

第3章　正投影原理及其应用

技能要求

1. 说出投影图的形成及工程常用的投影图。
2. 说出平行投影特性。
3. 分析立体、平面、直线、点的空间分布规律及其与投影的关联。
4. 画出平面体和常用曲面体的投影图。
5. 分析投影面平行面和垂直面的投影特征。
6. 分析投影面平行线和垂直线的投影特征。
7. 说出组合体三面投影图的形体分析和线面分析区别。
8. 画出工程中常用的曲面投影。
9. 分析投影变换与展开图的联系。

知识要点

投影图平行投影特征、三面投影图中“三等关系”、正平面、水平面、侧平面、正垂面、铅垂面、侧垂面、正平线、水平线、侧平线、正垂线、铅垂线、侧垂线、重影点、积聚性、形体分析法、线面分析法、截交线、相贯线、空间交叉直线、锥状面、柱状面、双面抛物面、圆柱螺旋面、单叶双曲回转面、换面法、旋转法、展开图。

3.1　工程上常用的投影法

3.1.1　投影的形成与分类

1. 投影的形成　从日常生活中可以看到，在阳光照射下，一棵树、一幢楼等都会在地面上或墙面上投下它的影子；在室内，灯光照射桌子时，会在地板上产生它的影子（图3-1）。影子是在有光线、形体和承影面（承受影子的平面）的条件下产生的。形体在光线的照射下所得到的影子是灰黑的一片，它只能反映出形体的轮廓，而不能表达出形体的真面目（图3-2a）。假定光线从规定的方向投射出来，同时假定光线能透过形体而不能透过形体的各个棱线，则形体的各个棱点和棱线都会在承影面上投下影子，这样组成的影子称为投影（图3-2b）。用平面图形表示形体的形状和大小的方法称为投影法。投影的形成见图3-3。

2. 投影法的分类　投影法是研究投射线、形体、投影面三者的关系的。随着三者的相互变化，则会产生各种投影法（见表3-1和图3-4）。

（1）中心投影。投影中心距离投影面为有限远时，发出锥状的投射线，用这些投射线作出的形体的投影，称为中心投影，见图 3-5a。

（2）平行投影。当投影中心 S 移至无限远处时，投射线可看成是按一定的方向平行地投射下来的。用平行投射线作出形体的投影，称为平行投影。平行投影的大小与形体离投影面的距离远近无关。

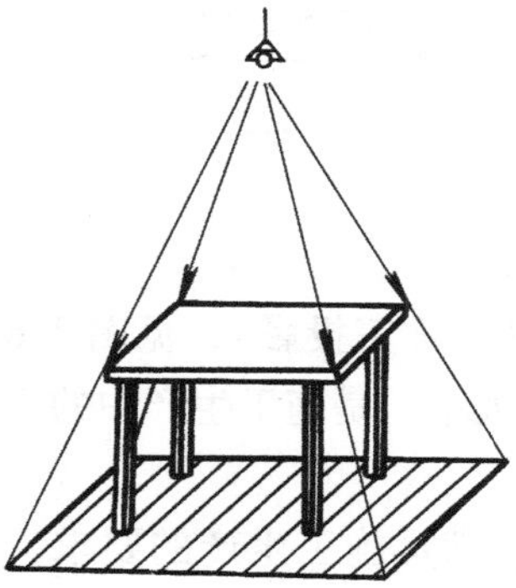

图 3-1　桌子的影子

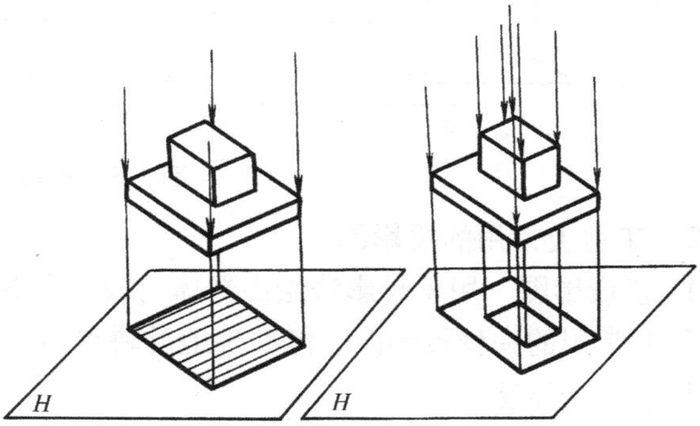

a) 影子　　b) 投影

图 3-2　影子和投影

表 3-1　投影分类

<table>
<tr><th></th><th colspan="2">投　影　法</th><th>应用类型</th><th colspan="3">图　　种</th></tr>
<tr><td rowspan="5">投影</td><td colspan="2">中心投影（法）</td><td>透视投影</td><td colspan="2">一点透视
两点透视
三点透视</td><td>透视图</td></tr>
<tr><td rowspan="4">平行投影（法）</td><td>斜平行投影</td><td>斜轴测投影</td><td colspan="2">正面斜轴测
水平斜轴测</td><td rowspan="2">轴测图</td></tr>
<tr><td rowspan="3">正投影（法）</td><td>正轴测投影</td><td colspan="2">正等测
正二测
正三测</td></tr>
<tr><td>多面正投影</td><td>多面视图</td><td>平面图
立面图
剖面图</td><td>建筑图</td></tr>
<tr><td>标高投影</td><td colspan="3">地形图</td></tr>
</table>

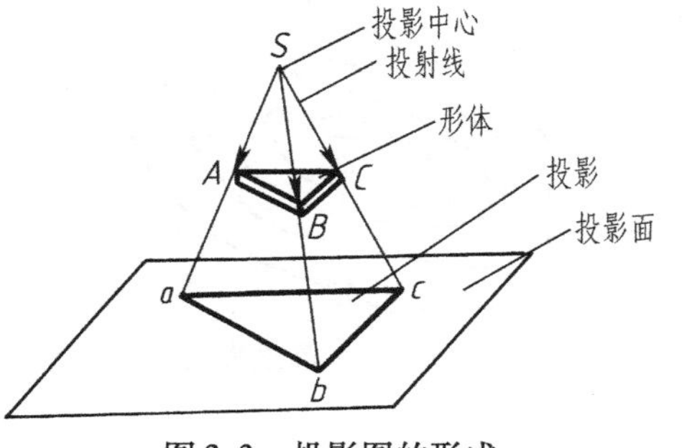

图 3-3　投影图的形成

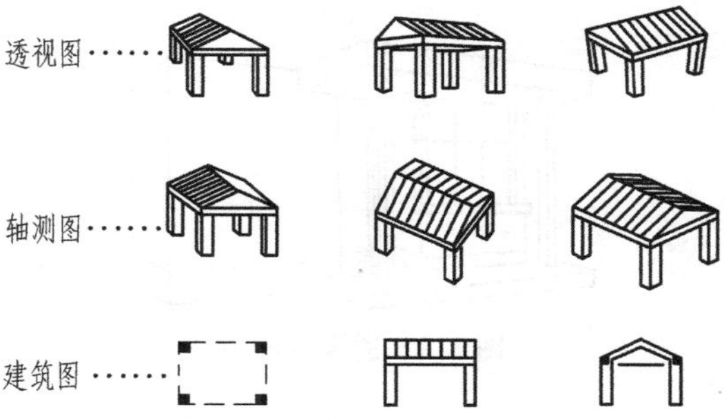

图 3-4　投影图举例

1）正投影。投射线垂直于投影面时，所作出形体的平行投影，称为正投影，见图 3-5b。正投影是平行投影的特例，它能反映形体的真实形状，房屋施工图基本上都是用正投影法绘制的，所以正投影是学习投影理论的重点。

2）斜投影。投射线倾斜于投影面时，所作出形体的平行投影，称为斜投影，见图3-5c。

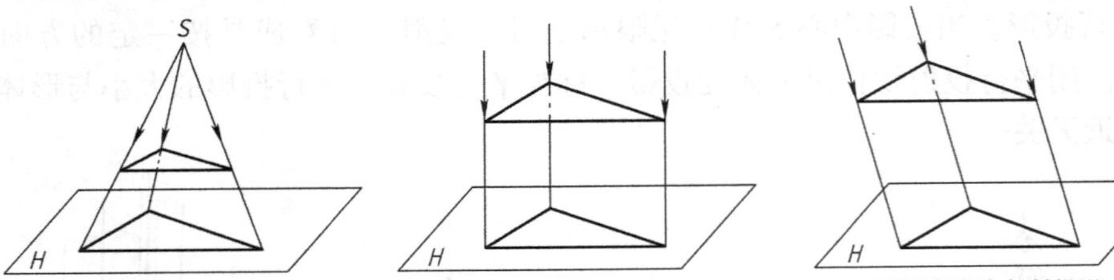

a)中心投影　　b)平行投影中的正投影　　c)平行投影中的斜投影

图 3-5　投影方法

3.1.2　工程上常用的投影图

1. 正投影图　用正投影法绘出形体的投影称为正投影图（简称正投影），见图 3-6。它是工程上常用的一种投影图，能准确地反映空间形体的形状和大小，是施工生产中的主要图样，但缺乏立体感。

2. 轴测投影图　轴测投影图有立体感，但度量性差，不能满足施工生产的要求，只能作为辅助图样，见图 3-7。

3. 透视投影图　它有明显的立体感，见图 3-8，是利用中心投影法画出的，与照片相似，但度量性差，作图繁杂，只能作辅助图样。

4. 标高投影图　它是利用正投影法画出的单面投影图，在其上注明标高数据，是绘制地形图等高线的主要方法，见图 3-9。

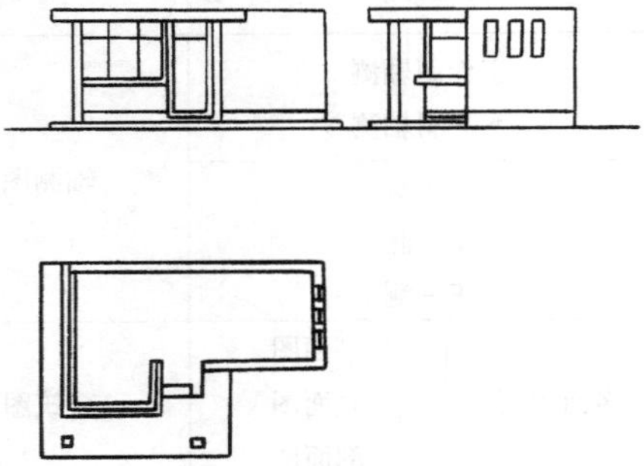

图 3-6　第三角正投影图

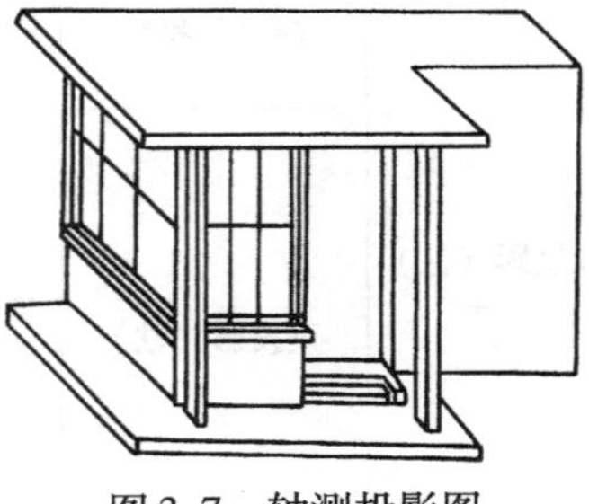

图 3-7　轴测投影图

图 3-8　透视投影图

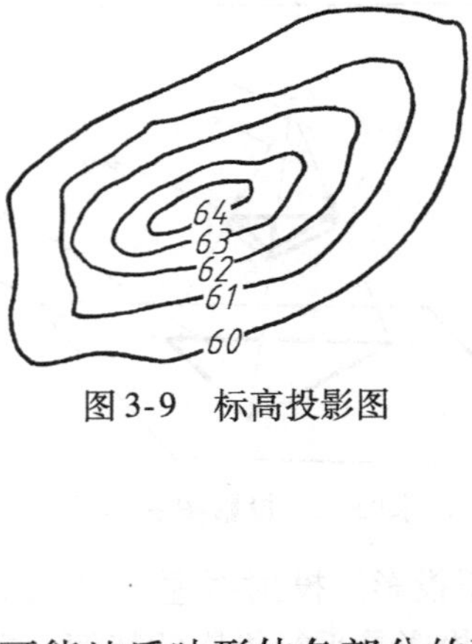

图 3-9　标高投影图

3.2　基本几何元素的正投影

3.2.1　正投影体系

施工图是施工操作的依据，图纸中的所有图样应尽可能地反映形体各部分的形状和大小。如果一个形体只向一个投影面投影，就只能反映它一个面的形状和大小。如图 3-10 所示，空间两个不同形体，它们同向一个投影面投影，其投影图都是相同的，但该投影是不能反映两个形体的真实情况的。

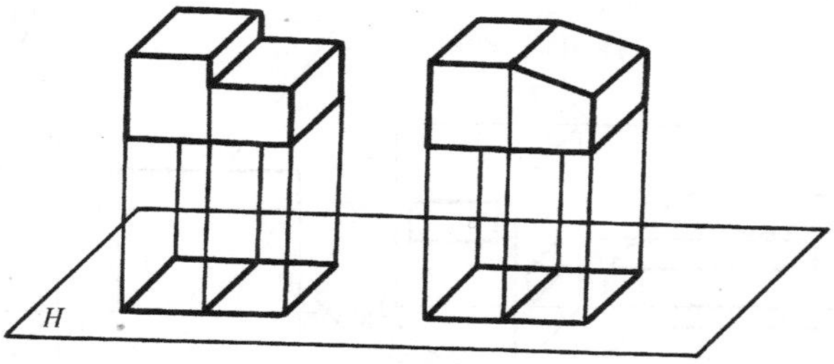

图 3-10　形体的一个投影不能确定其空间形状

如果一个形体只向两个投影面投射，就只能反映它两个面的形状和大小，也不能完整地表示出它的形体和大小。如图 3-11 所示，空间三个不同形体，它们同向两个投影面投影，其两个投影图都是相同的，却不能反映出三个形体的真实情况。

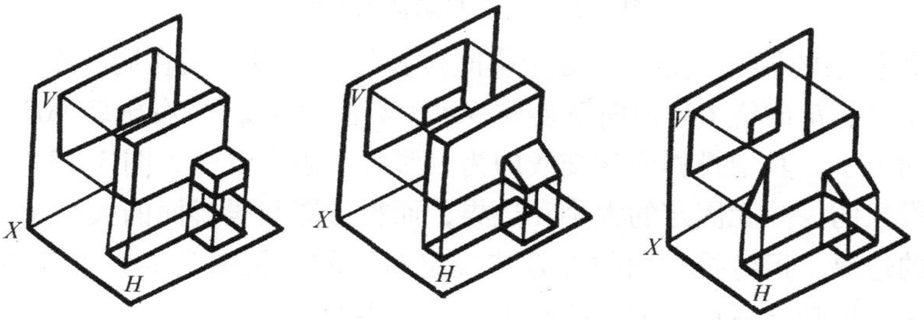

a) 长方体与长方体组合体　b) 长方体与三角形组合体　c) 三角形与三角形组合体

图 3-11　两投影相同的不同组合形体

如将形体放在三个相互垂直的投影面之间，由此可得到形体三个不同方向的正投影图，就能确定形体的形状，见图 3-12。

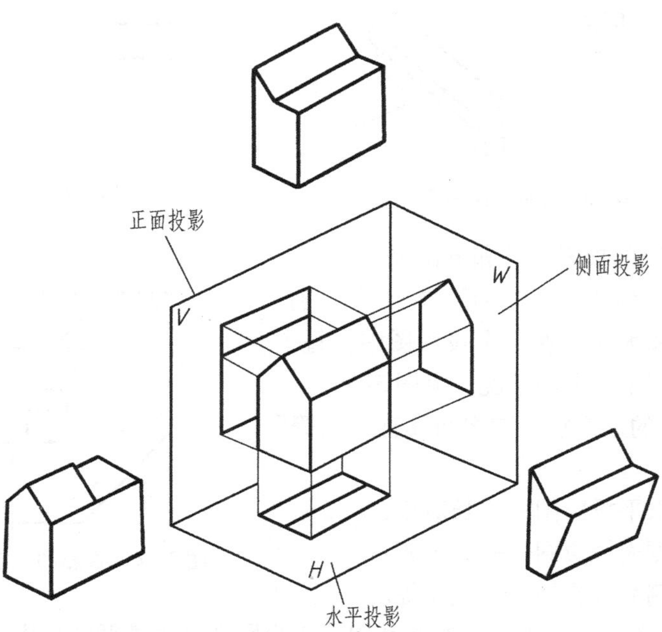

图 3-12　四棱柱体的三个不同方向的正投影图

1. 三面投影体系的建立　三个相互垂直的投影面，构成了三面投影体系，见图 3-13。

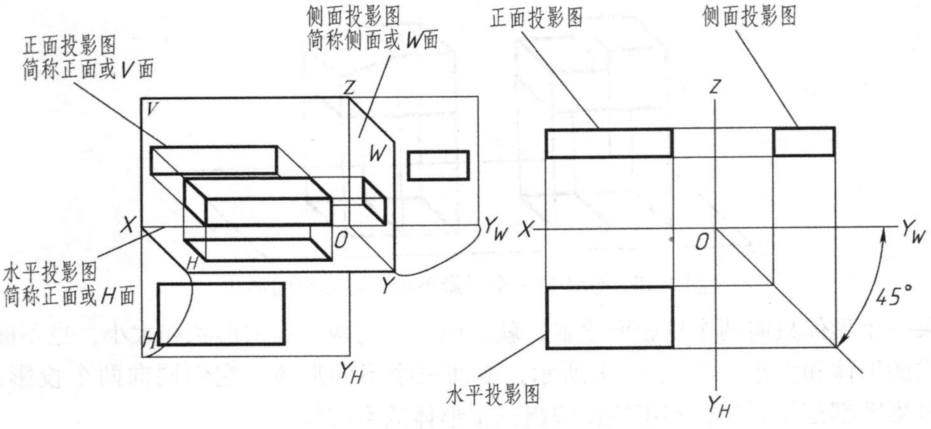

图 3-13　三面投影体系的展开

2. 三面投影体系的展开　为了把处于空间位置的三个投影面在同一个平面上表示出来，规定 V 面保持不动，H 面绕 OX 轴向下旋转 90°，W 面绕 Z 轴向右旋转 90°，则它们就和 V 面在同一个平面上了，其中投影面相交线即为投影轴，表示方法见图 3-13。

投影面是设想的，并无固定的大小和边界，而投影图与投影面的大小无关，作图时可以不画出投影面的边界，但各投影面位置是按规定布局的，见图 3-14。在工程图样中投影轴一般也不画出来，但初学者可用细实线画出，见图 3-15。

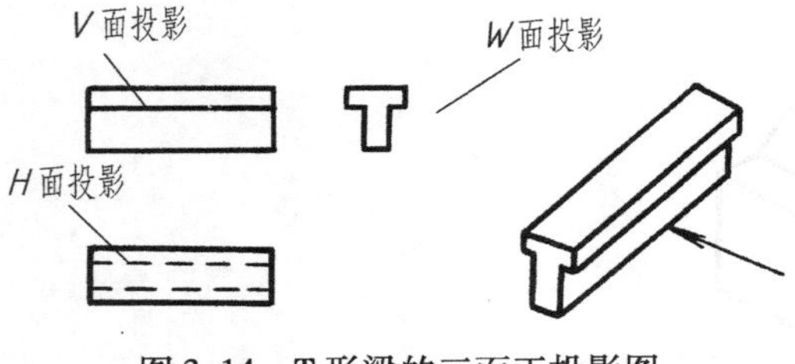

图 3-14　T 形梁的三面正投影图

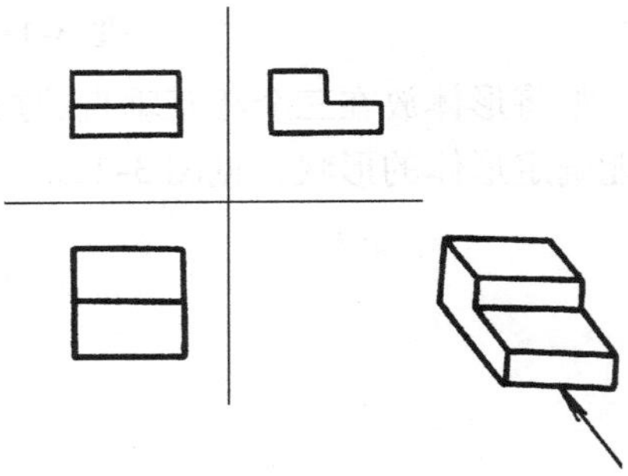

图 3-15　踏步的三面正投影图

3. 三面正投影图的投影关系和方位关系

1）任何一个形体都有上、下、左、右、前、后六个方向的形状和大小。在三个投影图中，每个投影图各反映其中四个方向的情况，见图 3-16。

2）同一个形体的三个投影图之间具有“三等”关系：

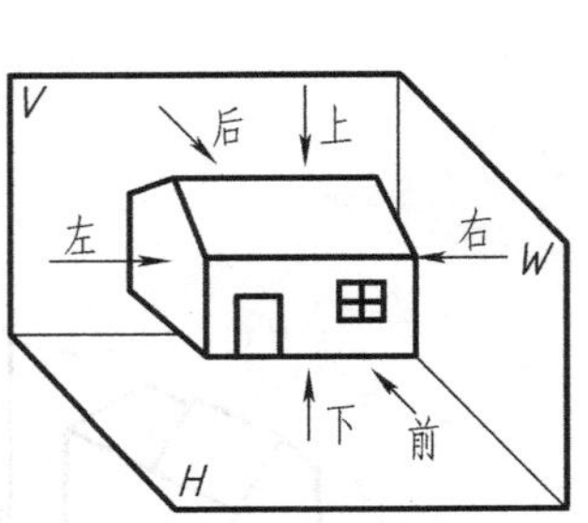

图 3-16　投影图上形体方向的反映

正面投影图和水平投影图——长对正；

正面投影图和侧面投影图——高平齐；

水平投影图和侧面投影图——宽相等。

“长对正、高平齐、宽相等”是绘制和识读正投影图必须遵循的投影规律。

4. 三面投影图的作图

1）根据形体三个投影图之间的“三等”关系，画投影图具体步骤见图 3-17。

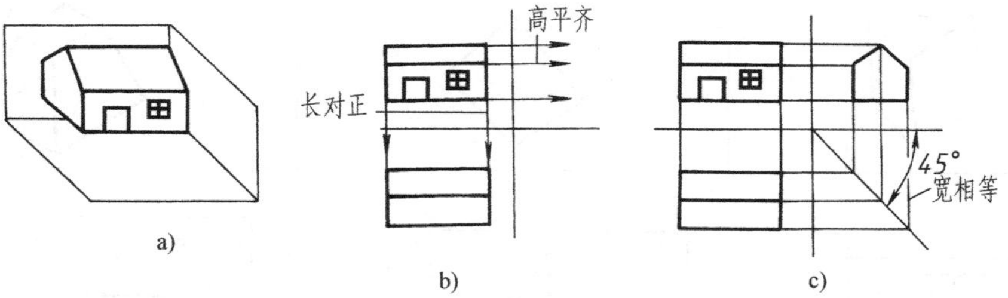

图 3-17　三面正投影图的绘制

2）标注三面正投影图中的点、线、面用符号。为了作图准确和便于校核，形体上的点、线、面用符号（字母或数字）标注见图 3-18。

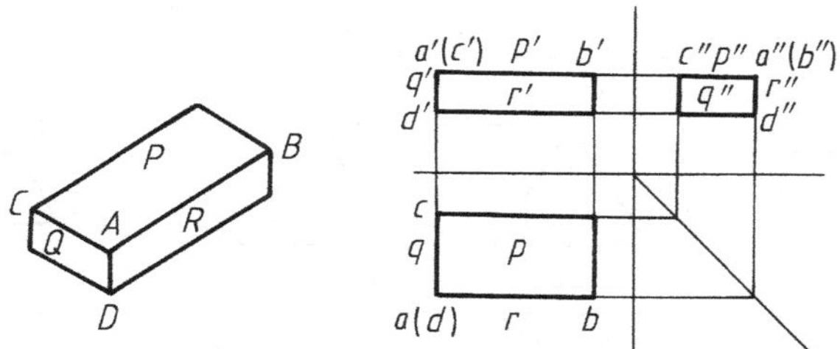

图 3-18　点、线、面符号标注

3.2.2　平面体的投影

不同的建筑物，都是由一些基本形体（即简单几何体）所组成。例如，纪念碑可以看成由棱锥、棱台和若干棱柱所组成，见图 3-19a；水塔可以看成由球、圆柱、圆台（圆锥体）等所组成，见图 3-19b。只要熟练地掌握基本形体投影图的画法和读法，复杂建筑形体投影图的画法和读法就迎刃而解。

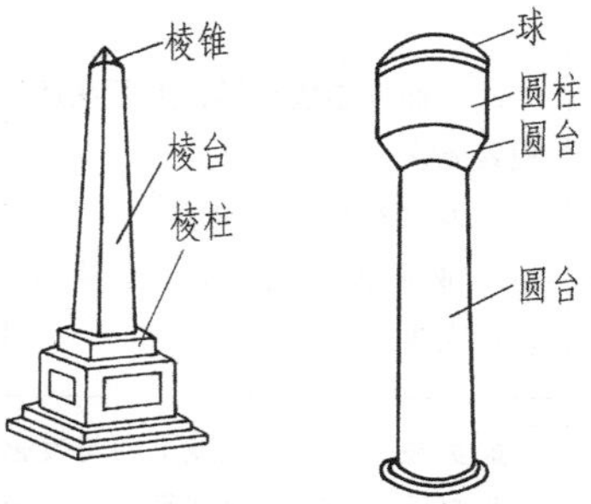

a) 纪念碑　　b) 水塔

图 3-19　建筑形体的组成

基本形体按其表面的几何性质，可分为平面体和曲面体两大类。

由若干平面所围成的立体，称为平面立体。工程上常见的平面体有棱柱、棱锥、棱台等。

1. 平面体的投影特性　平面体投影实质上是点、直线、平面投影的集合，因此分析围成平面体表面的点、线、面对投影面的相对位置及其投影特性，对正确识读平面体投影图十分重要。表 3-2 中列出了三种常见的平面体及其投影特性。

2. 空间平面的投影　空间平面在三面投影体系中根据平面与投影面的相对位置不同分为一般位置平面、投影面垂直面和投影面平行面三种类型，其投影特性分别见表3-3、表3-4。

3. 空间直线的投影　空间直线在三面投影体系中根据其与投影面的相对位置可分为一般位置直线，投影面垂直线和投影面平行线三种类型，其投影特性分别见表 3-5、表 3-6。

表 3-2　平面体的投影

名称	棱 柱	棱 锥	棱 台
实例	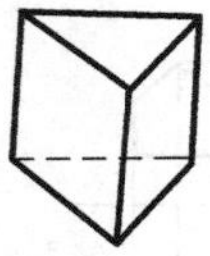	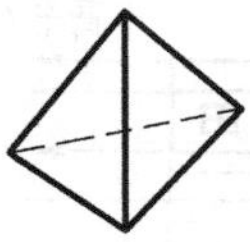	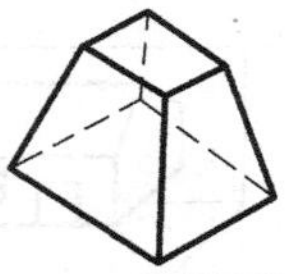
直观图	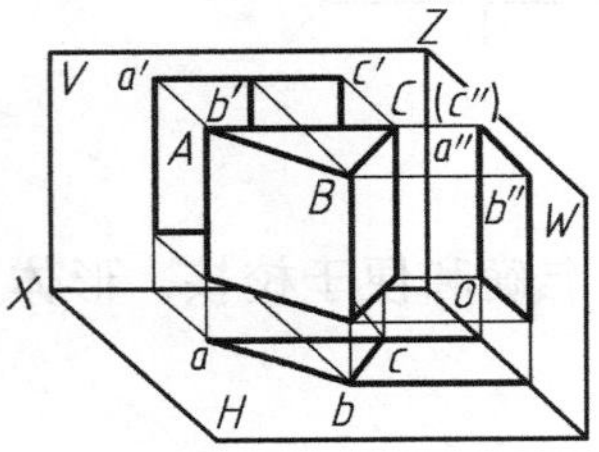	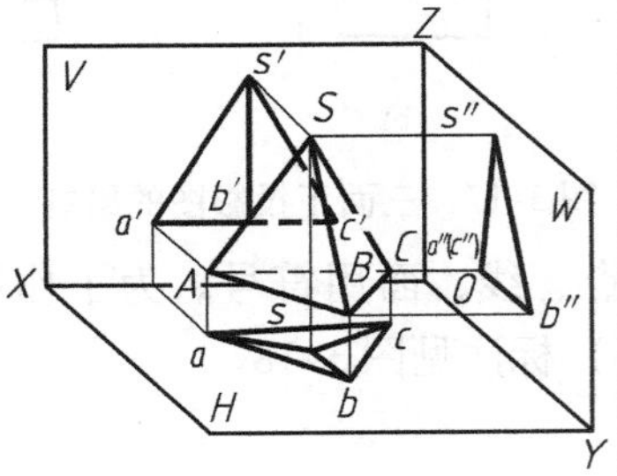	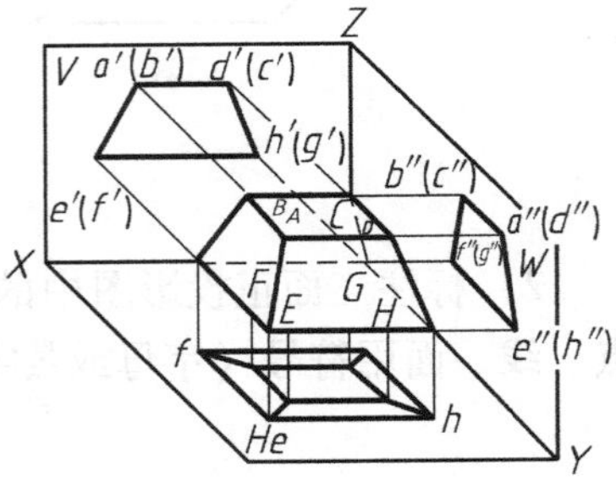
投影图	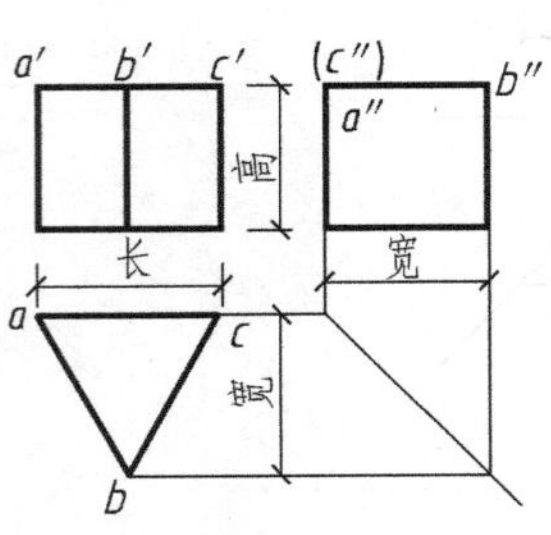	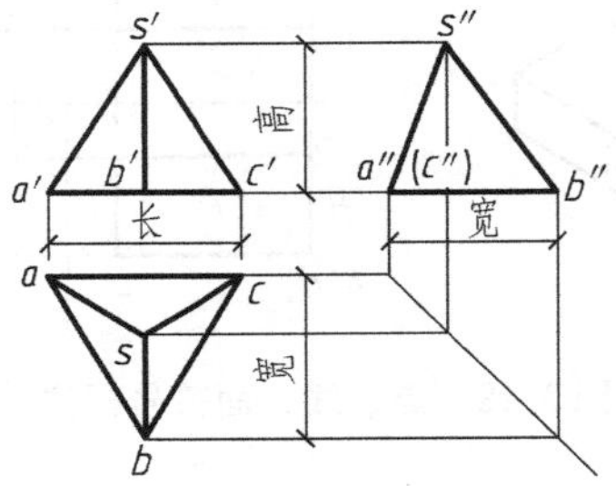	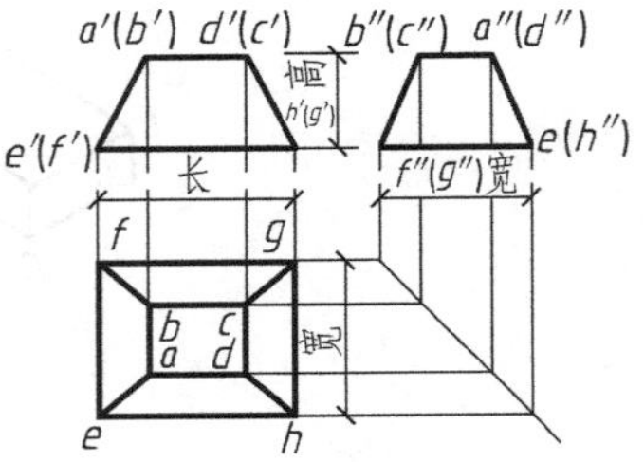
投影特性	1. *V* 面投影成矩形，上下底面积聚成线 2. *H* 面积聚成三角形 3. *W* 面投影成矩形，后棱面积聚成线	1. *V* 面投影成三角形，锥底积聚成线 2. *H* 面无积聚性，反映锥底实形 3. *W* 面投影成三角形，后棱面具有积聚性	1. *V* 面投影成梯形，左、右棱面及上、下台面有积聚性 2. *H* 面投影反映上、下台面实形 3. *W* 面投影成梯形，前、后棱面及上、下台面有积聚性
备注	显实性——当直线或平面与投影面平行时，则其投影显示实际形状 积聚性——当直线或平面与投影面垂直时，则其投影积聚为点或直线 变形性——当直线或平面既不平行也不垂直于投影面时，其投影发生变形		

表 3-3　投影面垂直面的投影

名称	铅垂面	正垂面	侧垂面
直观图	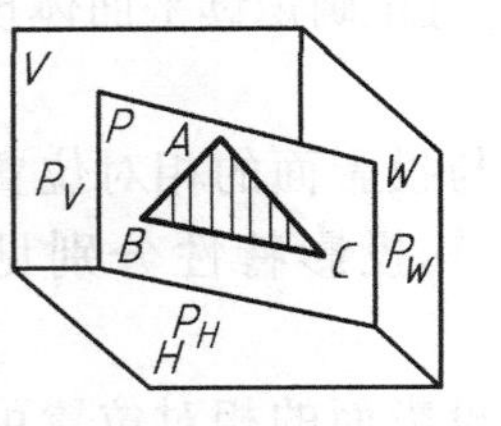	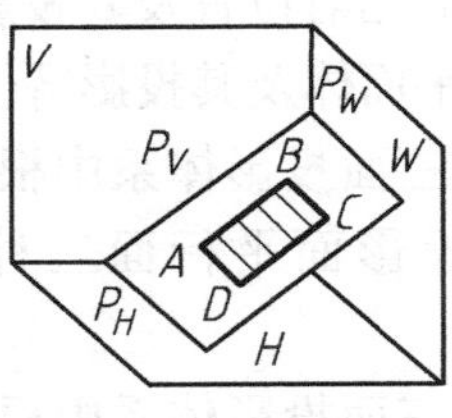	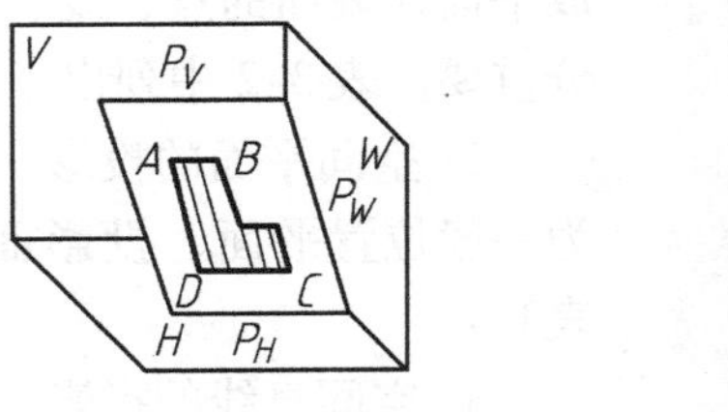

（续）

名称	铅垂面	正垂面	侧垂面
投影图	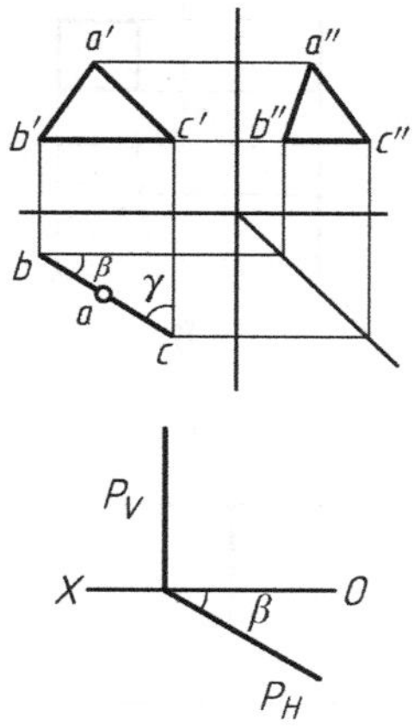	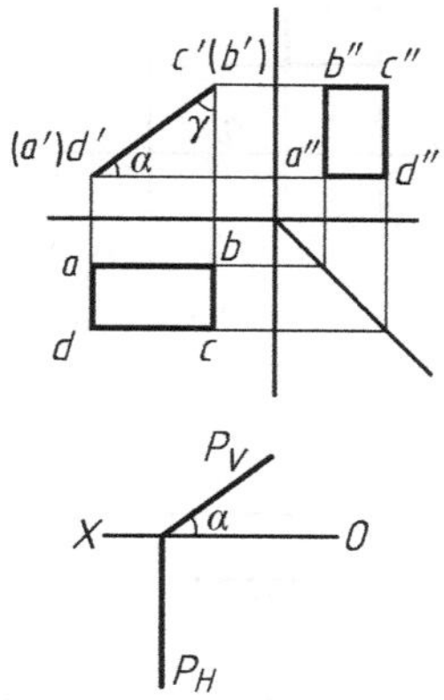	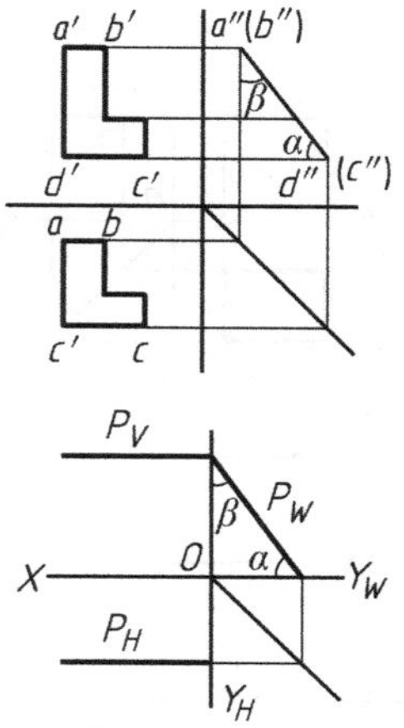
投影特性	1. *H* 面投影积聚成线，它与投影轴的夹角为 β 与 γ 2. *V* 面和 *W* 面投影均为类似形	1. *V* 面投影积聚成线，它与投影轴的夹角为 α 与 γ 2. *H* 面投影和 *W* 面投影均为类似形	1. *W* 面投影积聚成线，它与投影轴的夹角为 α 与 β 2. *V* 面投影与 *H* 面投影均为类似形
备注	投影面的垂直面在形体中的位置示例 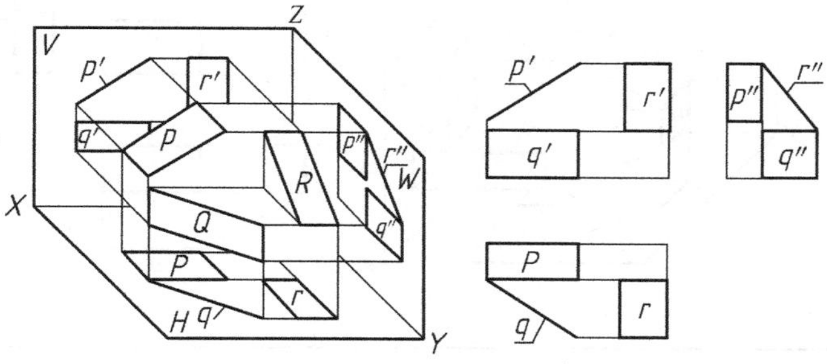		

表 3-4　投影面平行面的投影

名称	水平面	正平面	侧平面
直观图	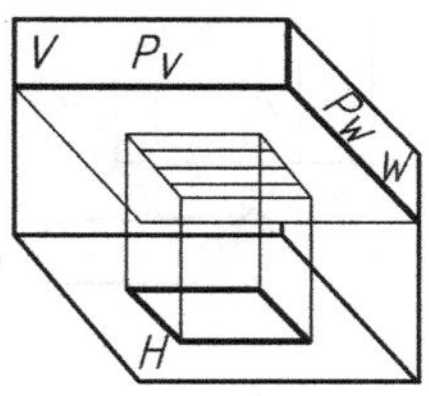	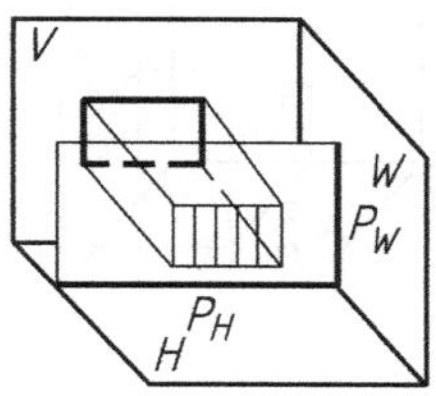	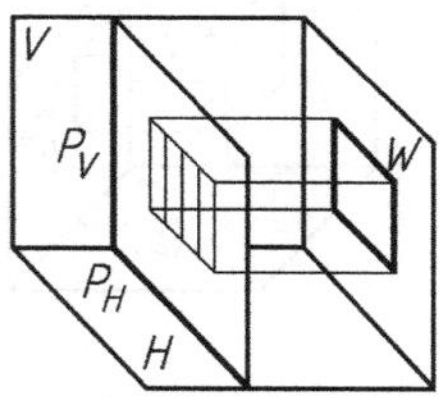

（续）

名称	水平面	正平面	侧平面
投影图	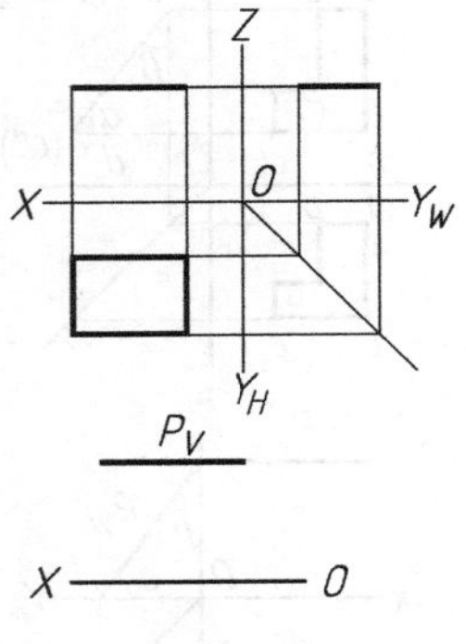	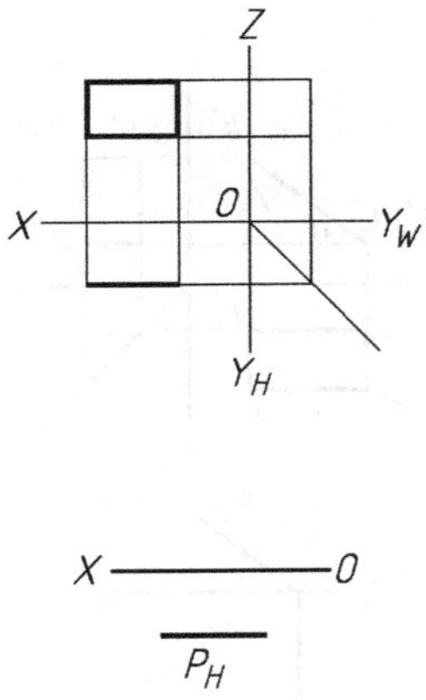	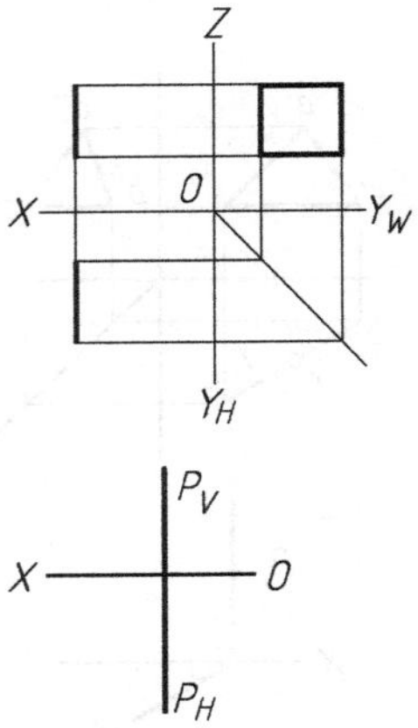
投影特性	1. *H* 面投影反映实形 2. *V* 面投影和 *W* 面投影均积聚成线 3. 正面迹线 P_V 平行于 *OX* 轴，具有积聚性	1. *V* 面投影反映实形 2. *H* 面投影和 *W* 面投影均积聚成线 3. 水平迹线 P_H 平行于 *OX* 轴，具有积聚性	1. *W* 面投影反映实形 2. *V* 面投影和 *H* 面投影均积聚成线 3. 正面迹线 P_V 与水平迹线 P_H 与 *OX* 轴垂直成一直线，均具有积聚性
备注	投影面的平行面在形体中的位置示例： 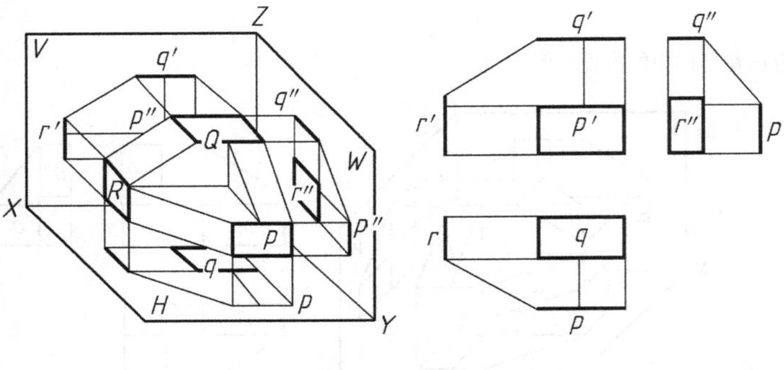		

表 3-5　投影面垂直线的投影

名称	铅垂线	正垂线	侧垂线
直观图	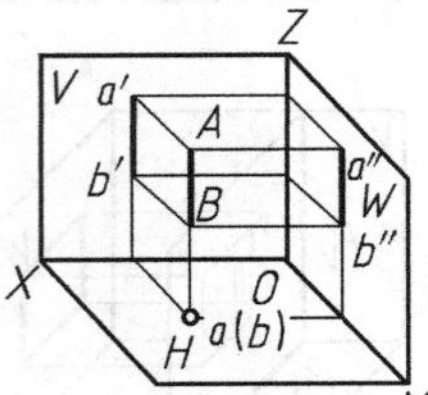	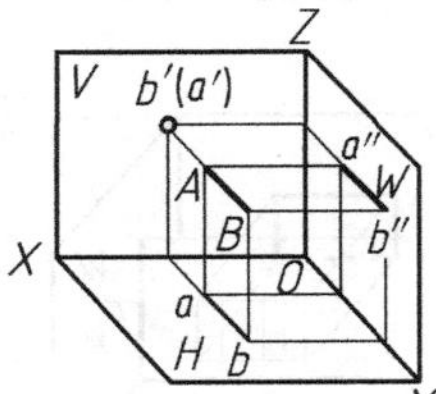	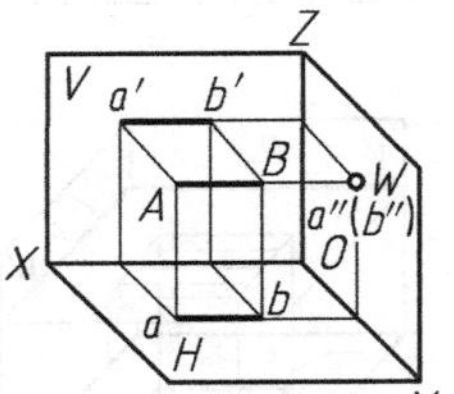

（续）

名称	铅垂线	正垂线	侧垂线
投影图	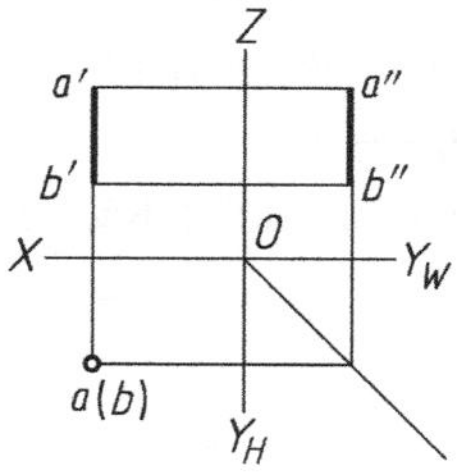	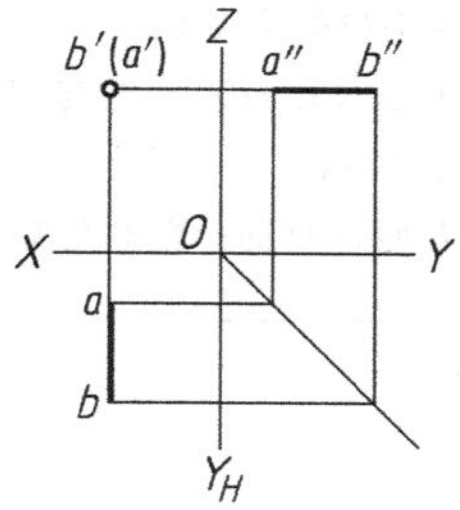	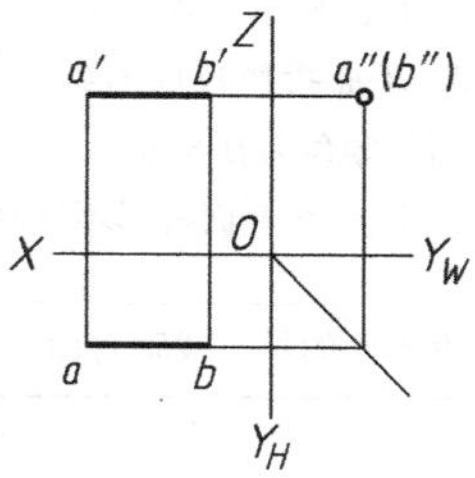
投影特性	1. *H* 面投影积聚成一点 2. *V* 面投影和 *W* 面投影分别垂直于 *X* 轴和 Y_W 轴，即均为竖线，且反映实长	1. *V* 面投影积聚成一点 2. *H* 面投影垂直于 *X* 轴，为竖线；*W* 面投影垂直于 *Z* 轴，为横线；两者均反映实长	1. *W* 面投影积聚成一点 2. *V* 面投影和 *H* 面投影分别垂直于 *Z* 轴和 Y_H 轴，即为横线，且反映实长
备注	投影面的垂直线在形体中的位置示例 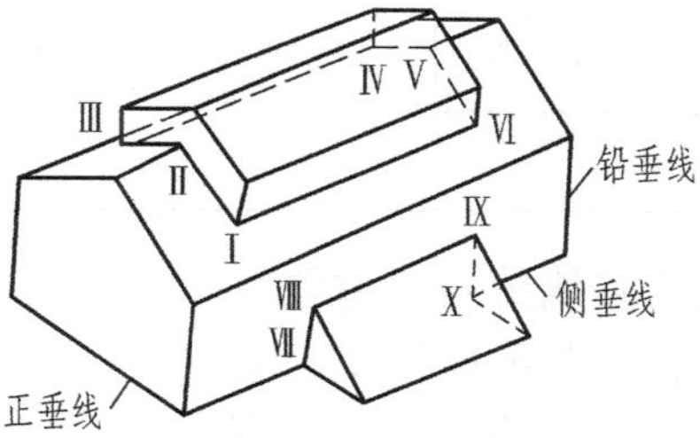		

表 3-6　投影面平行线的投影

名称	水平线	正平线	侧平线
直观图	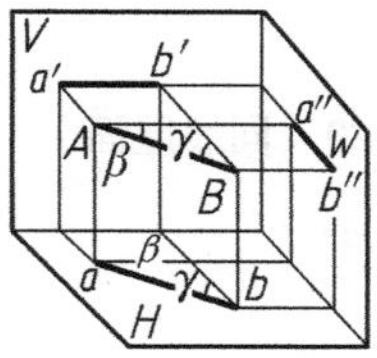	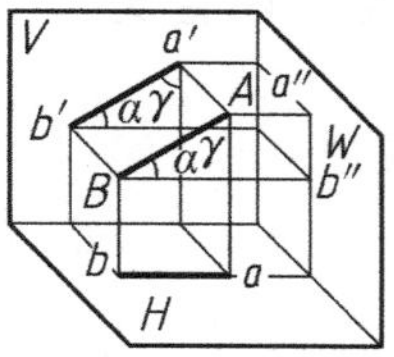	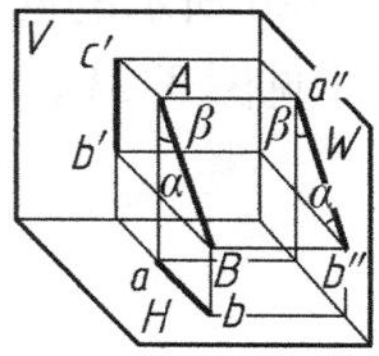
投影图	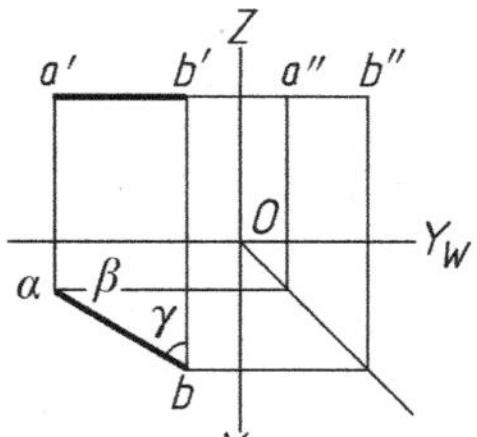	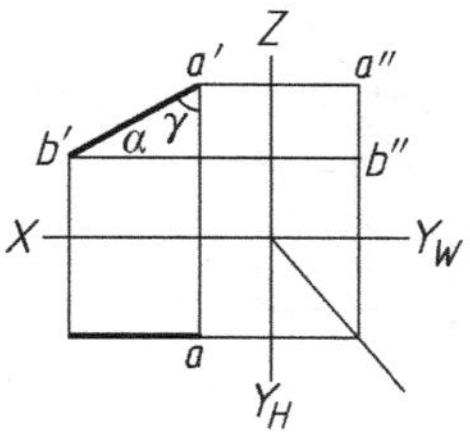	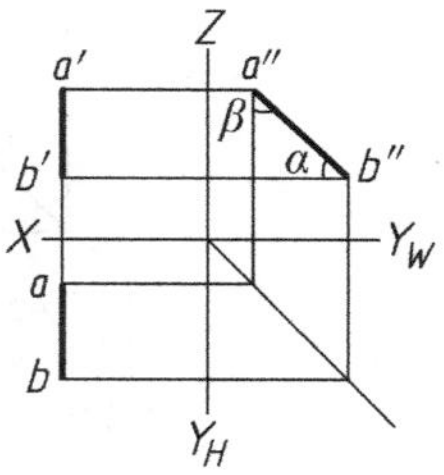

（续）

名称	水平线	正平线	侧平线
投影特性	1. *H* 面投影反映实长 2. *H* 面投影反映直线与 *V* 面、*W* 面的倾角为 β 与 γ 3. *V* 面和 *W* 面投影不反映实长	1. *V* 面投影反映实长 2. *V* 面投影反映直线与 *H* 面、*W* 面倾角为 α、γ 3. *H* 面和 *W* 面投影不反映实长	1. *W* 面投影反映实长 2. *W* 面投影反映直线与 *H* 面、*V* 面的倾角为 α 与 β 3. *H* 面和 *V* 面投影不反映实长
备注	投影面的平行线垂直面在形体中的位置示例 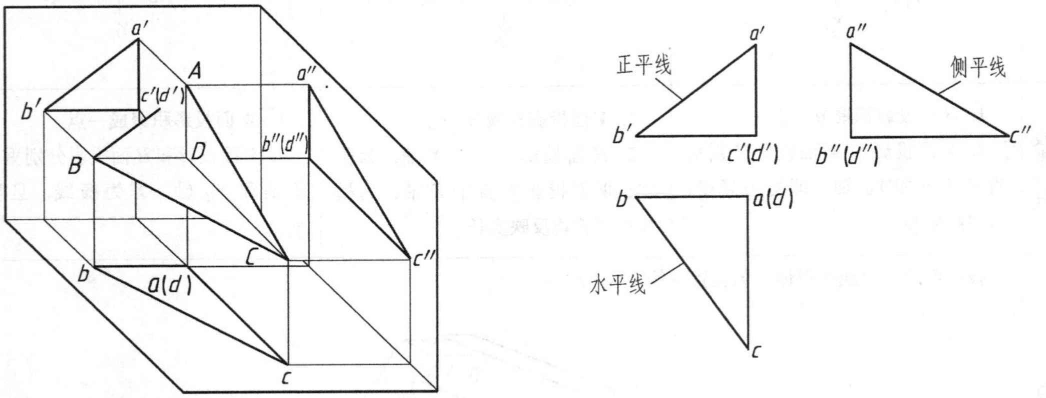		

4. 两直线的相对位置　两直线的相对位置有三种：平行、相交、交叉。平行直线和相交两直线分别位于同一平面上，是共面直线；交叉两直线彼此既不平行，又不相交，它们不在同一平面上，称为异面直线，也称为空间交错直线。如图 3-20 所示，斜脊线 *AE* 和屋脊线 *GH* 是异面直线，而 *AE* 与 *AB* 是共面直线。

以图 3-20 所示的同坡屋面为例，空间两直线的投影规律见图 3-21。

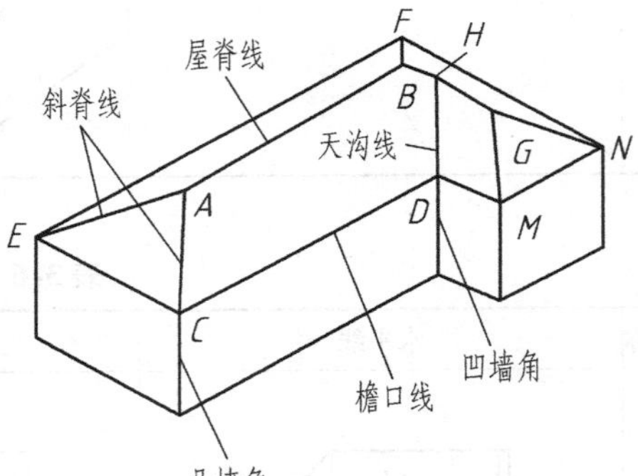

图 3-20　同坡屋面

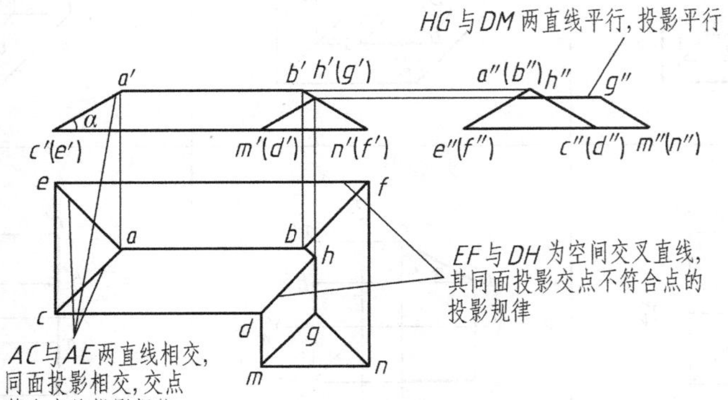

图 3-21　同坡屋面投影

5. 重影点和积聚性

（1）重影点。当空间两点位于同一条投影线上时，则该两点投影重合，投影重合点称为重影点。以沿投影方向观察为依据，距离投影面远的点称为可见点，距离投影面近的点称为不可见点。在投影图中，将不可见点的投影加括号表示。如图 3-22 所示，*C*、*D* 两点对 *V* 面而言即为重影点。

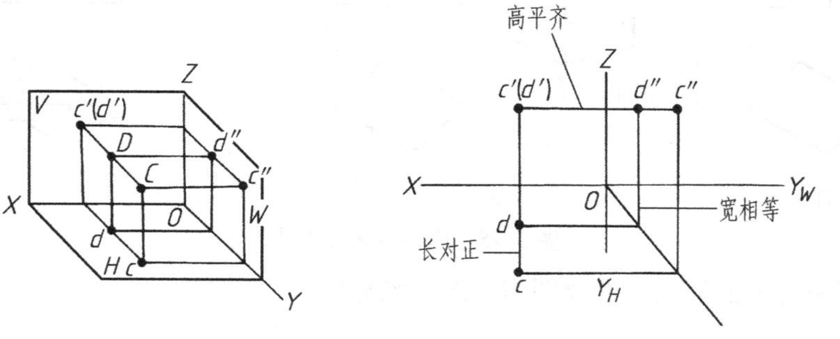

图 3-22　重影点

（2）积聚性。直线或平面在它所垂直的投影面上的投影积聚为一点或直线，称平行投影的积聚性，见图 3-23。

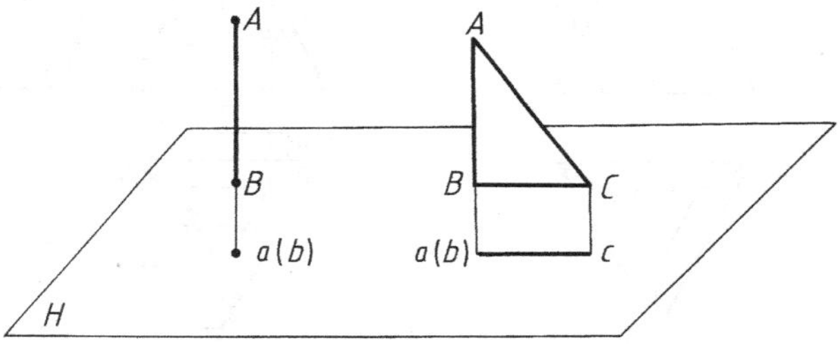

图 3-23　直线和平面的积聚性

6. 平面体投影图的画法　以正四棱锥体为例，介绍平面体投影图的画法。已知正四棱锥底面的长宽和棱锥高的数值，作四棱锥投影图的方法和步骤见图 3-24。

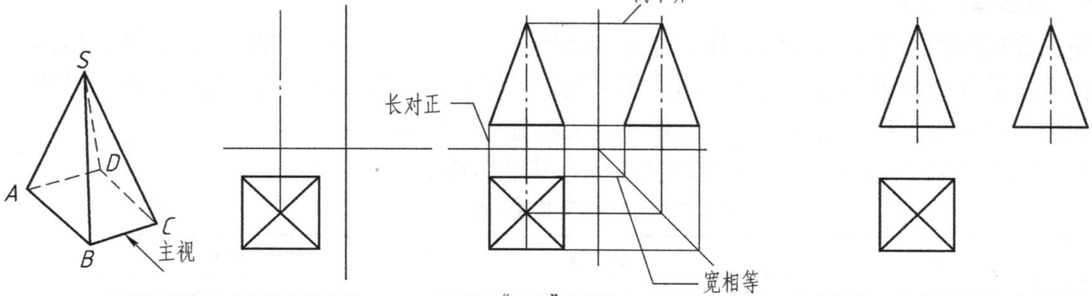

a) 根据底边尺寸绘 *H* 面投影图　b) 根据“三等”关系作出 *V*、*W* 面投影　c) 加深图线，将形体轴线用细单点长画线表示

图 3-24　正四棱锥体的投影作图

下面举例说明求平面体表面上点与直线的方法。

［例 3-1］　画出四棱柱 *W* 面投影及其表面上 *A* 和 *B* 点的 *H*、*W* 面投影。

［解］　四棱柱表面取点的读图与作图步骤见图 3-25。

［例 3-2］　已知三棱台表面上 *A* 点的 *H* 面投影 *a* 和线段 *BC* 的 *V* 面投影 $b'c'$，画出其他

两面投影。

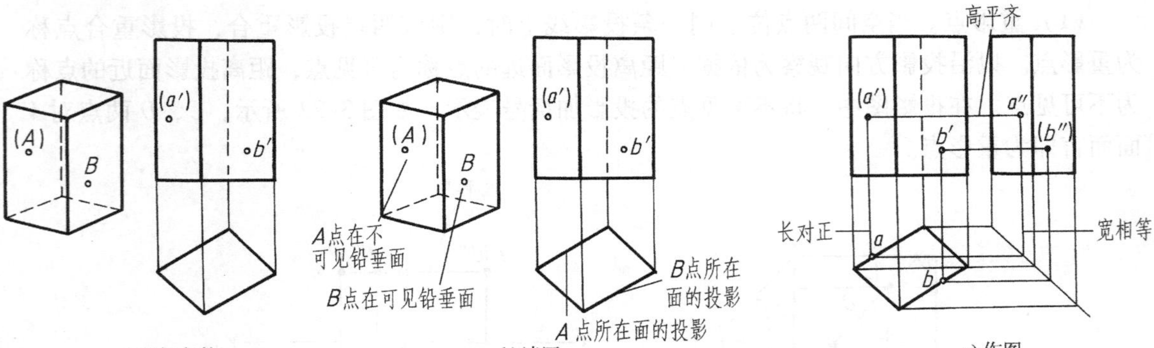

a) 已知条件　　b) 读图　　c) 作图

图 3-25　四棱柱表面取点

［解］　三棱台表面取点线的读图与作图步骤见图 3-26。

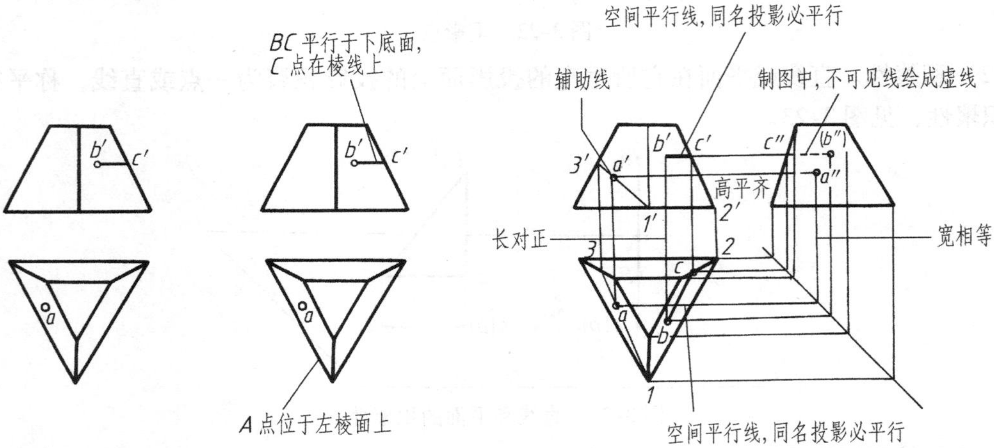

a) 已知条件　　b) 读图　　c) 作图

图 3-26　三棱台表面取点、线

3.2.3　曲面体的投影

由曲面或曲面与平面围成的立体，称为曲面体。常见的曲面体有圆柱体、圆锥体、球体等。曲面体的曲面部分都是由直线或曲线作母线绕一轴旋转而形成的，也称为回转体。母线在曲面上的任何位置称为素线，母线上任一点的轨迹称为纬圆。

1. 曲面体的投影特性　三种常见的曲面体及其投影特征见表 3-7。

表 3-7　曲面体及其投影特征

名称	圆柱体	圆锥体	球体
形成	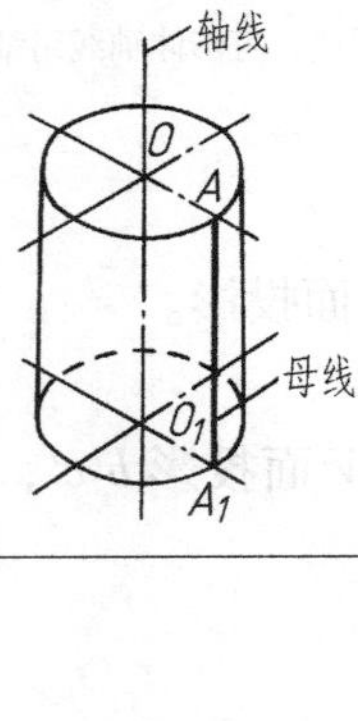	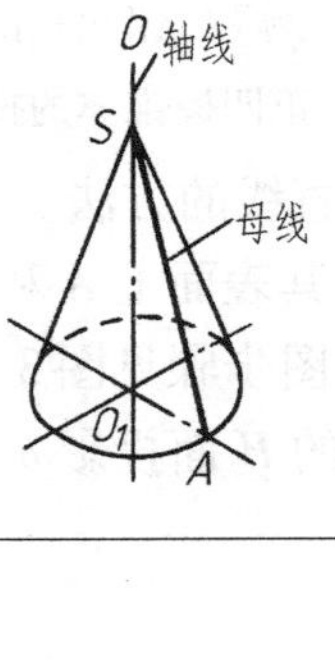	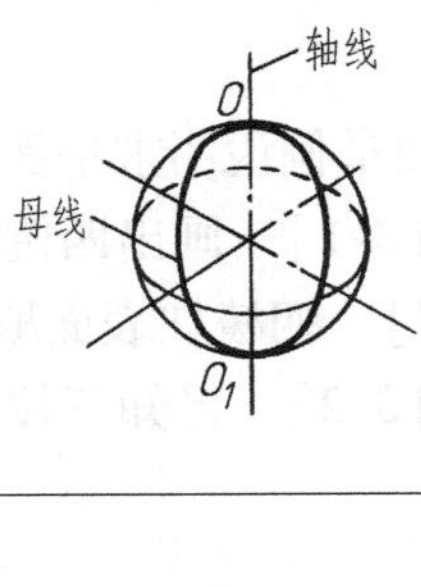

（续）

名称	圆柱体	圆锥体	球体
直观图	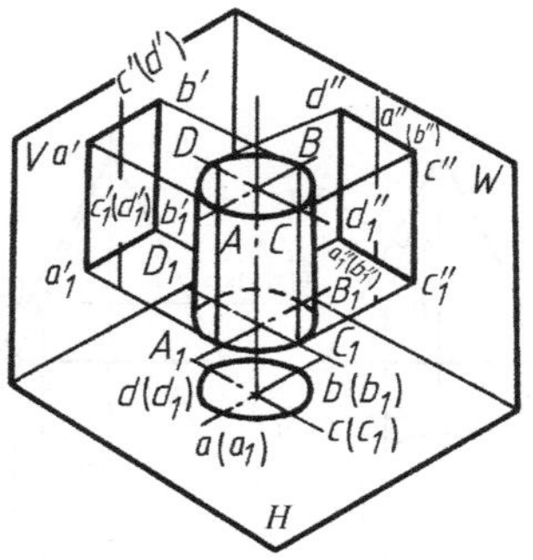	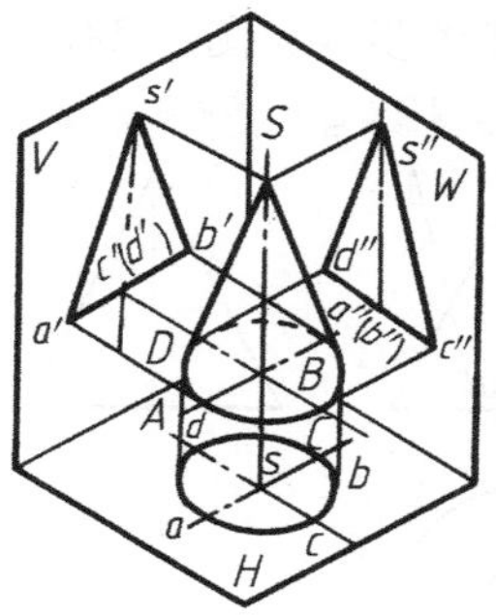	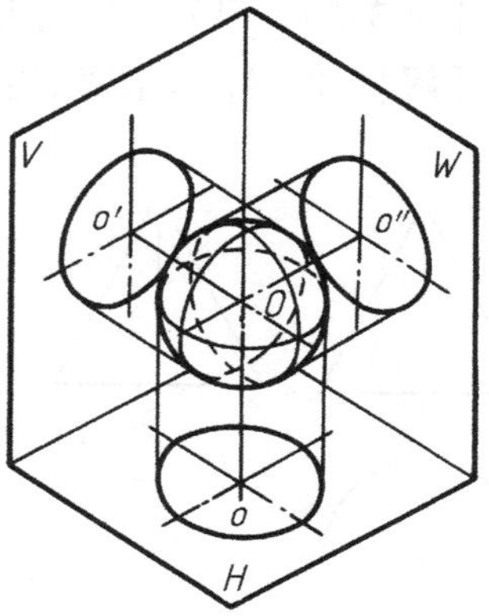
投影图	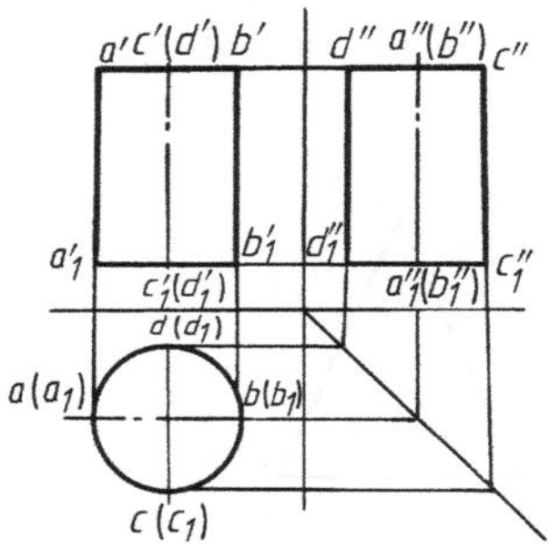	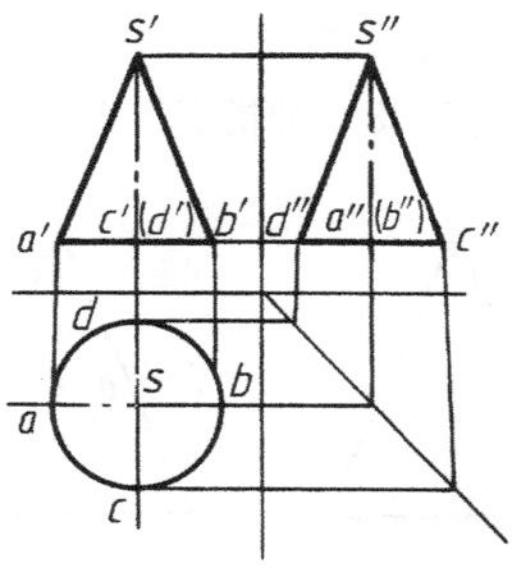	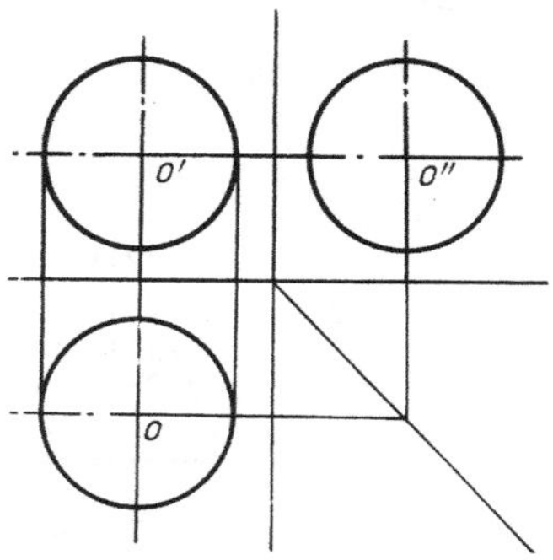
投影特性	1. *V* 面投影成矩形，矩形反映左右素线及柱面上下底圆的位置 2. *H* 面投影积聚成圆 3. *W* 面投影成矩形，矩形反映前后素线及柱面上下底圆的位置	1. *V* 面投影成等腰三角形，反映左、右素线及锥底；锥底圆积聚成直线 2. *H* 面投影无积聚性，圆反映锥底实形 3. *W* 面投影成等腰三角形，反映前后素线及锥底；锥底圆积聚成直线	*V* 面、*H* 面、*W* 面全部投影成与球等直径的圆

2. 曲面体表面上的点、线　曲面体表面上的点必定在曲面体的一素线或一纬圆上。当曲面体具有积聚投影时，曲面上的点投影必在同面积聚投影上。

［**例 3-3**］　已知圆柱面上 *A*、*B*、*C* 三点的 *V* 面投影，画出它们的 *H*、*W* 面投影。

［**解**］　圆柱面上取点的读图与作图步骤见图 3-27。

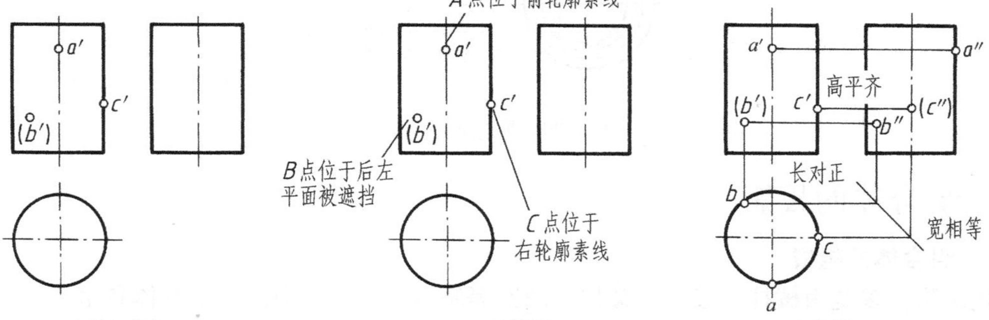

a) 已知条件　　b) 读图　　c) 作图

图 3-27　圆柱面上取点

[例 3-4] 已知圆锥面上 *A* 点的投影 a'，画出它的水平投影 a 和侧面投影 a''。

[解] 圆锥面上取点的读图与作图步骤见图 3-28。

[例 3-5] 已知圆锥面上的曲线 *AC* 的正面投影 $a'c'$，画出其另两个投影。

[解] 圆锥面上作线的读图与作图步骤见图 3-29。

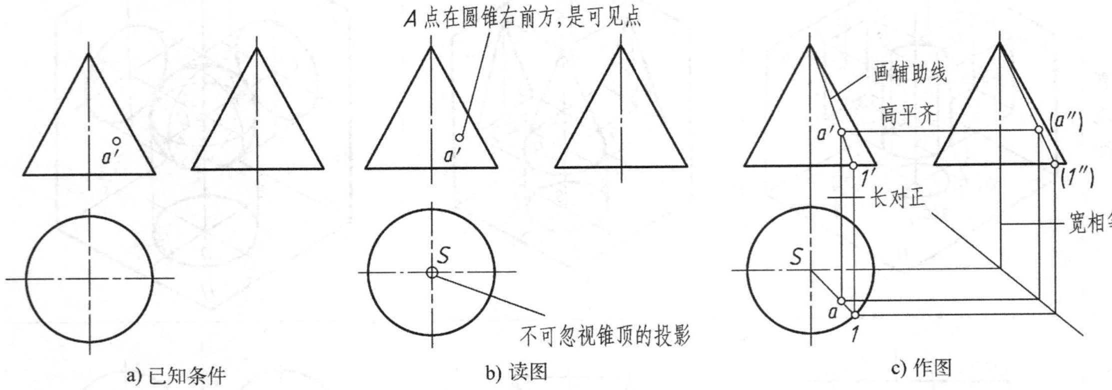

图 3-28 圆锥面上取点

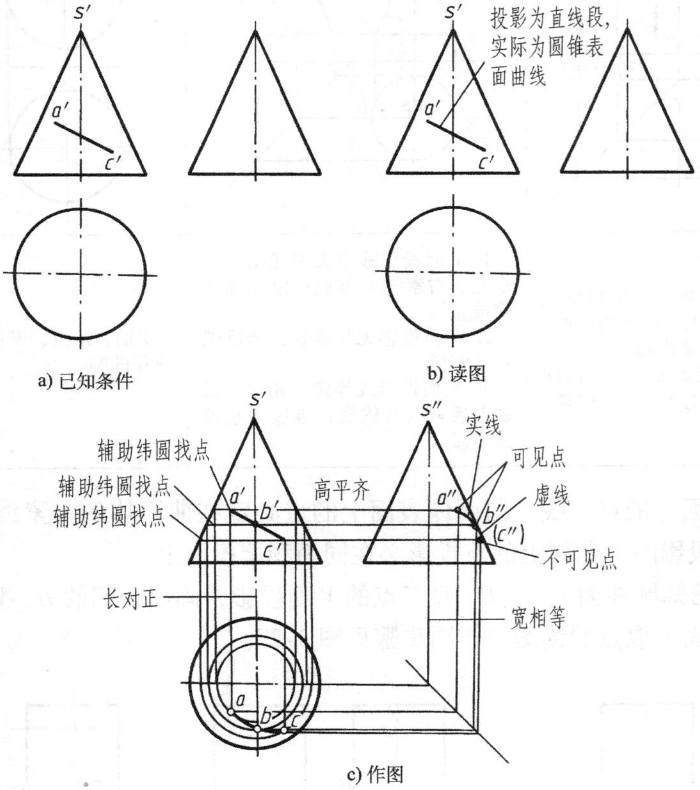

图 3-29 圆锥面上作线

3.3 组合体的投影

3.3.1 组合体的组成

建筑物大多是由棱柱、棱锥、圆柱、圆锥等基本形体组合而成。组合体是由若干基本形体组合而成的形体。其按组合特点，分为切割型、叠加型和综合型三大类。

1. 切割型　组合体是由基本几何体切割而成。

切割型组合体可看成用一个或几个切平面将基本形体割去某些部分而形成，如图 3-30 所示的木榫可以看作是一个四棱柱切割掉两个小四棱柱而成。这就遇到了平面与立体相交的问题。平面与立体相交，如同平面截切立体，此平面称为截平面，所得的交线称为截交线，由截交线围成的平面图形称为截面或断面，见图 3-31。

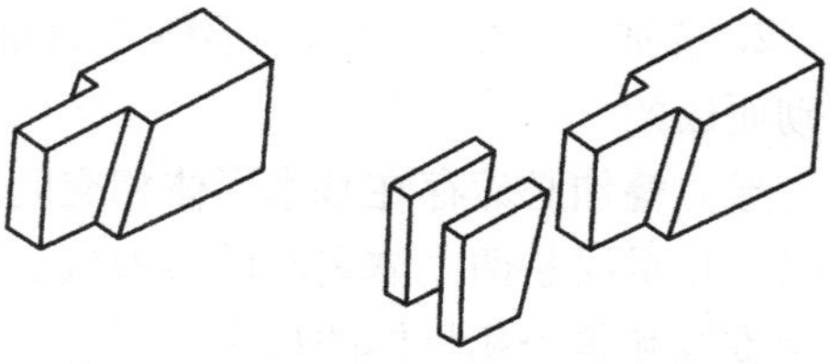

a)　　b)

图 3-30　切割型组合体

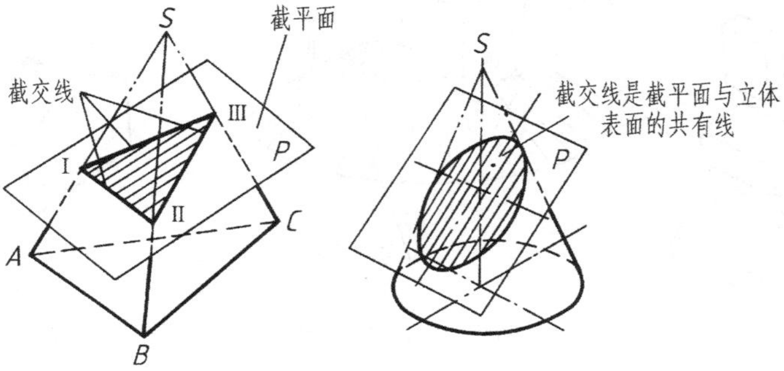

a)　　b)

图 3-31　截平面与截交线

平面与圆锥相交时，根据截平面与圆锥的相对位置，圆锥面上的截交线有表 3-8 所示的五种情况。

表 3-8　圆锥面上的截交线

截平面位置	垂直于圆锥轴线	倾斜于圆锥轴线、与素线都相交	平行于一条素线	平行于两条素线	通过锥顶
立体图	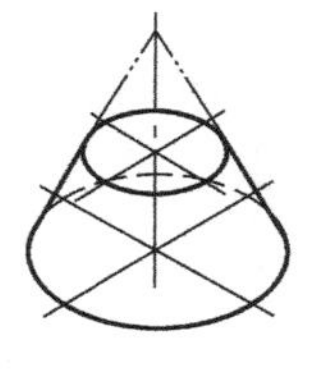	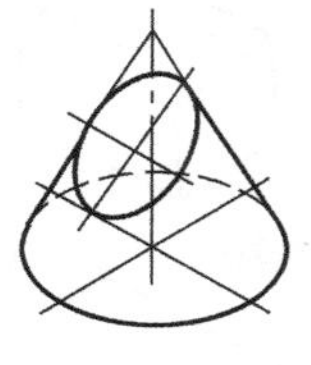	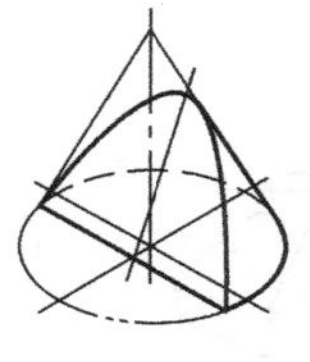	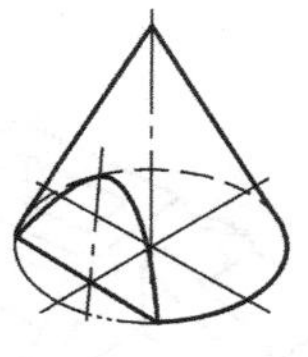	
投影图	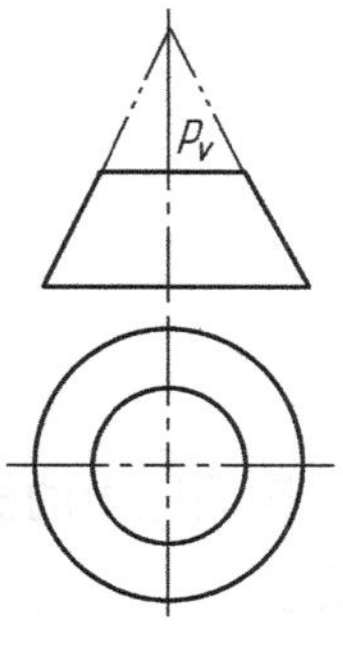	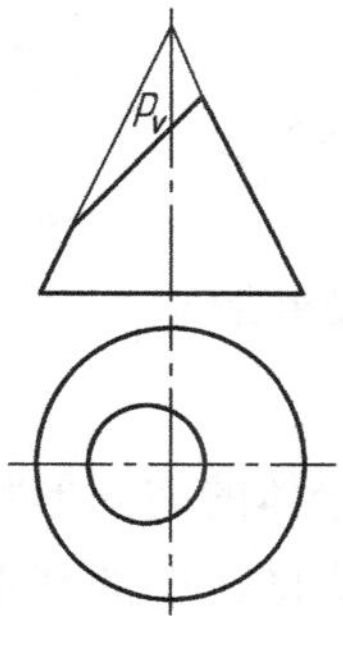	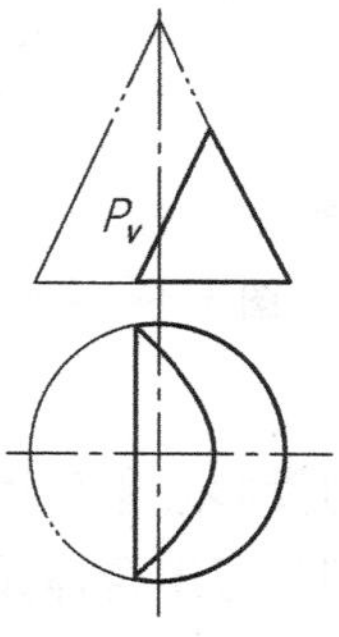	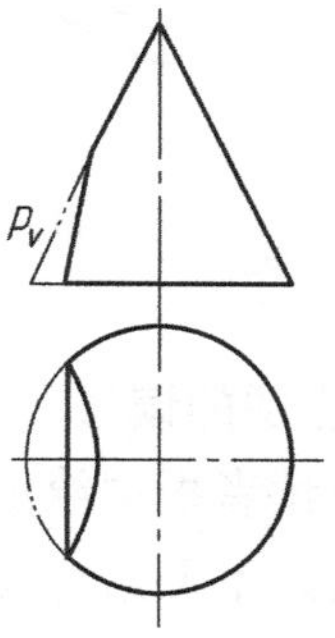	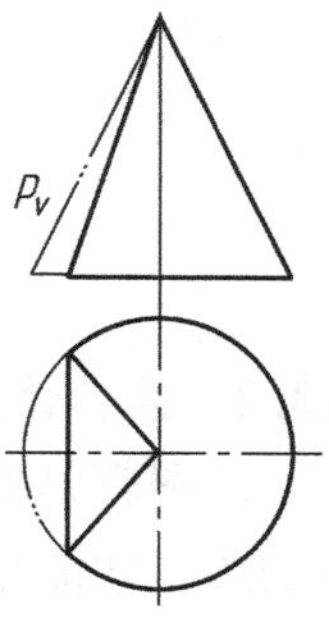
截交线	圆	椭圆	抛物线	双曲线	过锥顶的两条直线

研究平面与立体相交的目的在于清晰地表现出建筑物、配件的形状，以保证施工的正确性。欲求断面投影，实质上是求截交线投影。因此，在实际作图中经常采用线面交点法或辅

助平面法，求出截平面与立体表面的共有点和共有线。

2. 叠加型　由几个基本形体叠加而成。如图 3-32 所示的基础可看成是由三块四棱柱体叠砌而成的。

形体叠加必然存在基本形体相交问题。相交的两立体又称为相贯体，它们的交线称为相贯线。相贯线是两立体表面的共有线，见图 3-33。两立体相交的问题，主要就是作出它们的相贯线和整个相贯体的投影。

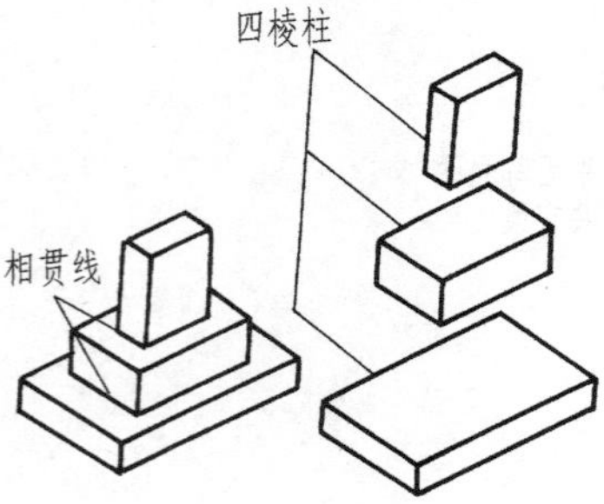

图 3-32　叠加型组合体

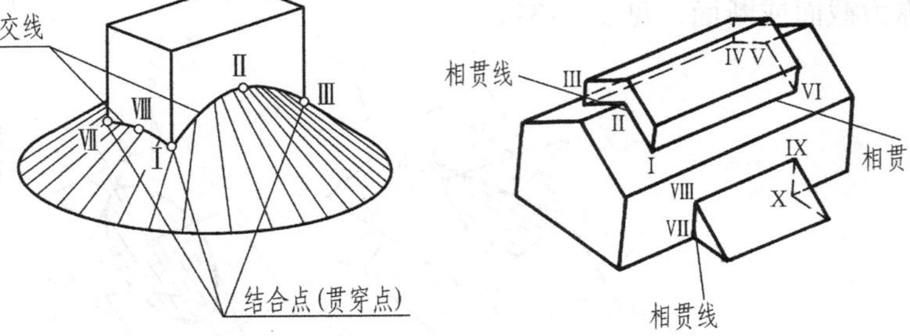

a) 平面立体和曲面立体相贯　b) 平行体与平面体相贯

图 3-33　相贯线

3. 综合型　既有叠加又有切割两种形式的组合。如图 3-34 所示的肋式杯形基础，可以看成由四棱柱底板、中间四棱柱（在其正中挖去一楔形块）和六块梯形块组成。

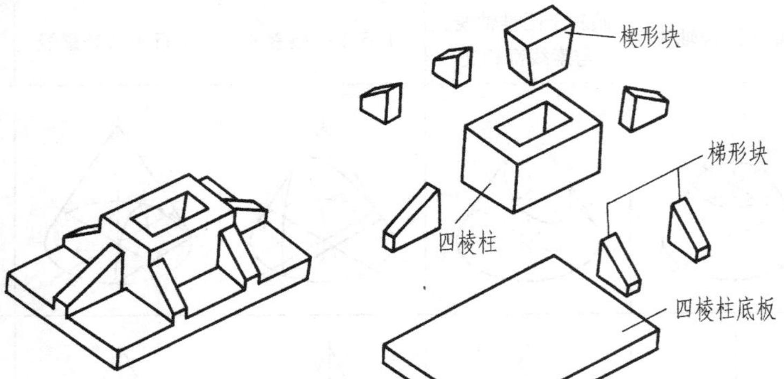

a) 立体图　b) 拆分图

图 3-34　综合型组合体

3.3.2　组合体投影图的读法

读图就是要求读者根据绘出的投影想象出组合体的空间形状。读图能力的提高要通过大量的练习才能见效。下面结合实例学习组合体投影图读图的基本方法。

1. 分析投影图，抓住特征　绘图时，一般是将最能反映形体特征的图作为主要投影图，因此读图时也要从此入手。但形体每部分的形状和位置的特征，不可能全部集中于一个投影图中表示出来，所以一定要联系其他投影图一起分析，这样才能正确地想象出整个形体的形状和结构，如图 3-35 所示的杯形基础。

2. 形体分析和线面分析　组合体由一些基本形体组合而成，因此其投影图必然呈现出一些线框的组合图形。识读组合体投影图时，在已经明确了各投影图之间的关系，抓住了特征投影图的基础上，就要运用形体分析法和线面分析法来综合识图。

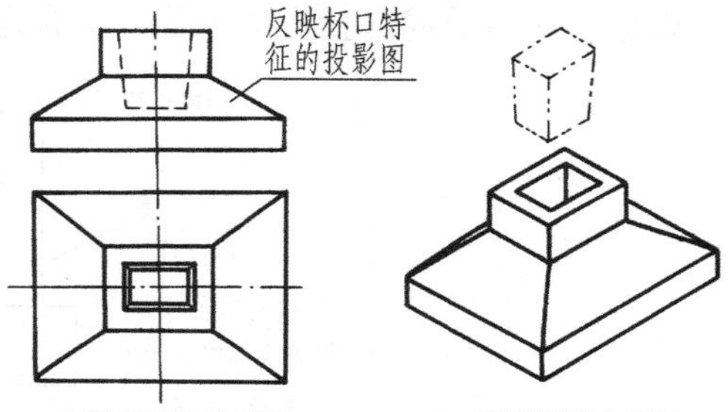

a) 杯形基础投影图　b) 杯形基础立体图

图 3-35　杯形基础

（1）形体分析法。根据形体的投影图，分析由哪些基本形体组成，它们的相对位置如何，然后再把它们拼装起来，去掉重复的部分，从而可构思出该形体的整体形状。形体分析法读图示例见图 3-36。

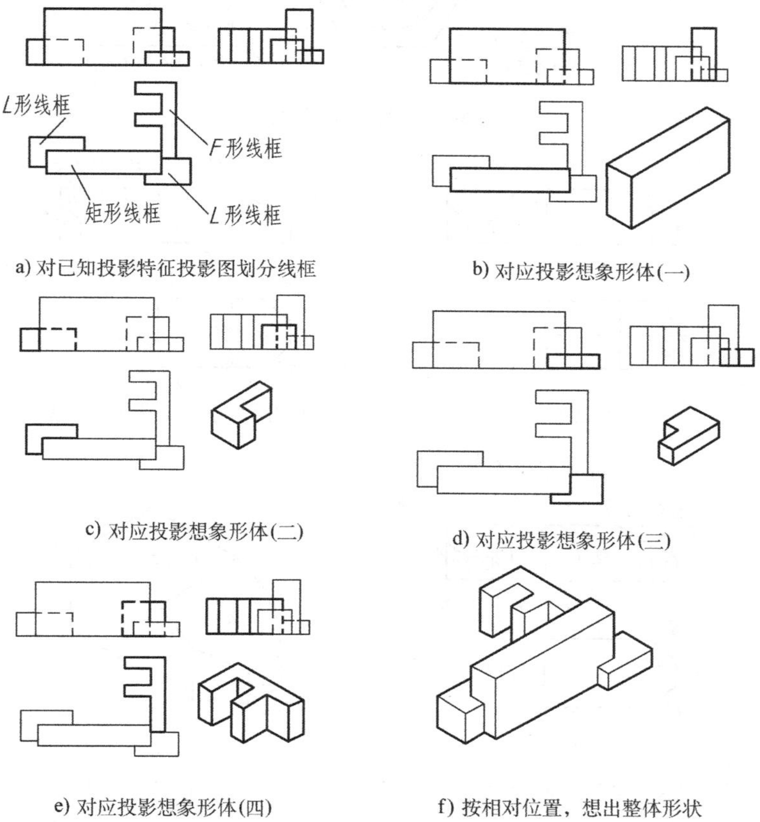

a) 对已知投影特征投影图划分线框　b) 对应投影想象形体(一)

c) 对应投影想象形体(二)　d) 对应投影想象形体(三)

e) 对应投影想象形体(四)　f) 按相对位置，想出整体形状

图 3-36　形体分析法

（2）线面分析法。所谓线面分析法，就是分析建筑物上某些表面及其表面交线的空间形状和位置，从而在形体分析法的基础上，帮助想象建筑物的整体形状。具体说就是以线、面的投影特征为基础，根据投影图中线段和线框的投影特点，明确它们的空间形状和位置，综合起来，想象出整个形体的空间形状。利用线面分析法读图，关键在于正确读懂图中每条图线和每个线框所代表的意义。当投影图不易分成几个部分，或部分投影比较复杂时，可采用线面分析法读图。线面分析法读图示例见图 3-37 和图 3-38。

在组合体读图时，形体分析法和线面分析法的运用不是孤立的，是相辅相成的，可以单独应用，也可以综合起来应用。一般是以形体分析为主，综合线面分析，结合想象得出组合体的全貌。

以交梁楼盖的局部投影图为例，综合运用投影规律读图步骤见图 3-39。

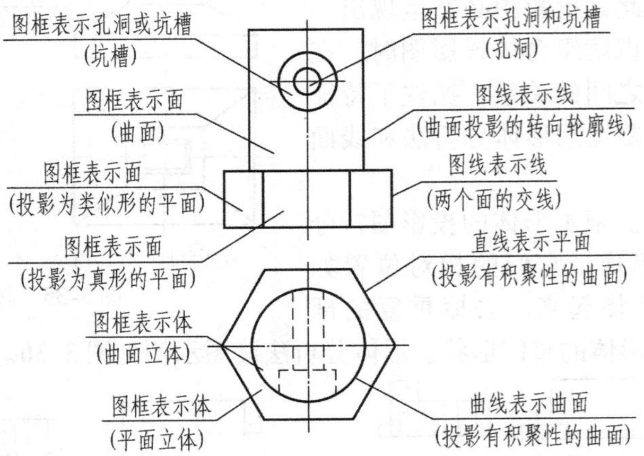

图 3-37　图线与图含义

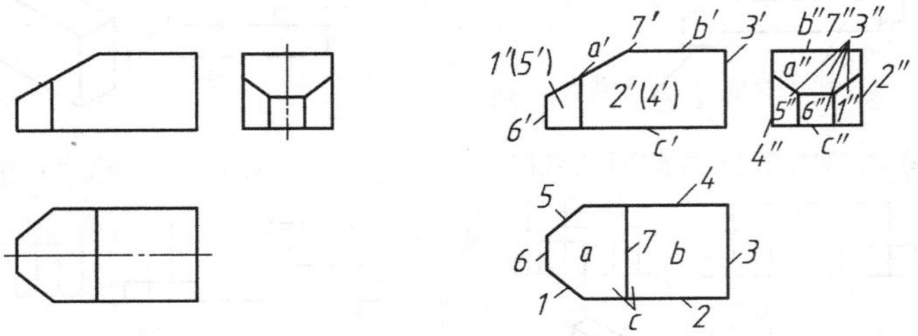

a) 已知条件　　　　b) 对已知条件划分图框和图线

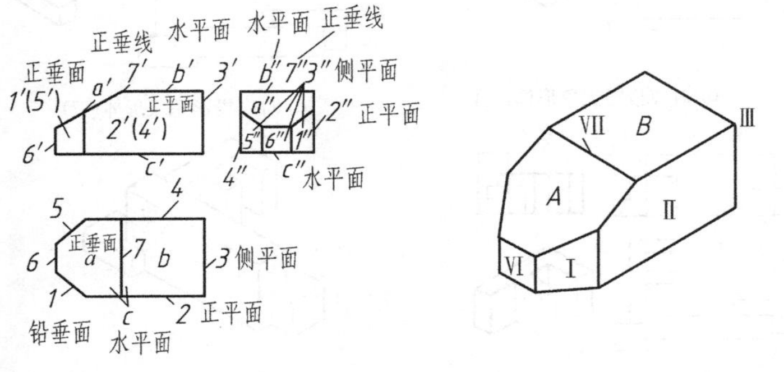

c) 分析图框和图线的含义　　　　d) 想象组合体的形状

图 3-38　用线面分析法辅助读组合体的视图

3.3.3　组合体投影图的画法

下面以日常生活中的台阶为例，介绍画组合体投影图的方法和步骤。

1. 形体分析　用形体分析的方法，可以把台阶看成是由三块四棱柱的踏步板和一块五棱柱的栏板叠加在一起的组合体，见图 3-40。

2. 确定特征投影面　作图之前，一般将最能反映形体特征的图作为主要投影面，并尽可能使其平行于投影面，使得到的投影能反映实形。

3. 具体作图步骤（见图 3-41）

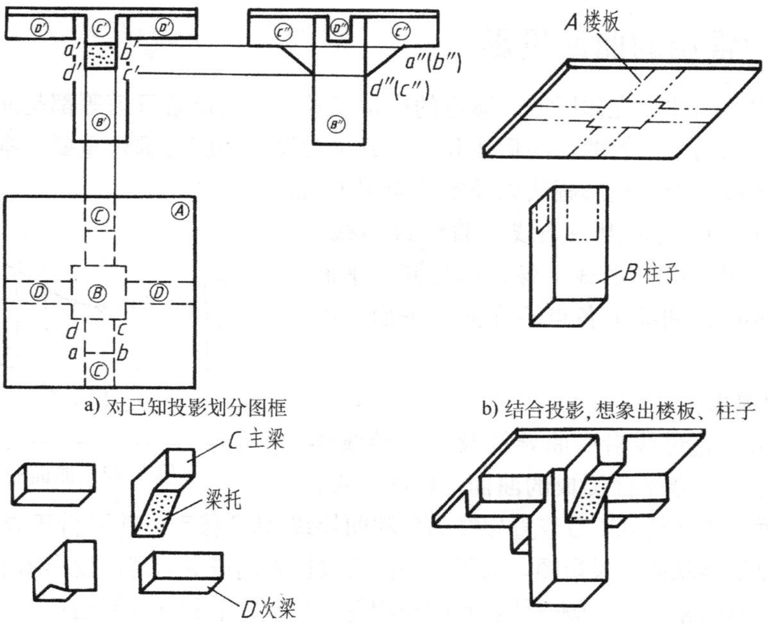

a) 对已知投影划分图框　　b) 结合投影，想象出楼板、柱子

c) 根据线面分析，想象出主梁、次梁及梁托　　d) 交梁楼盖局部立体图

图 3-39　交梁楼盖的读图

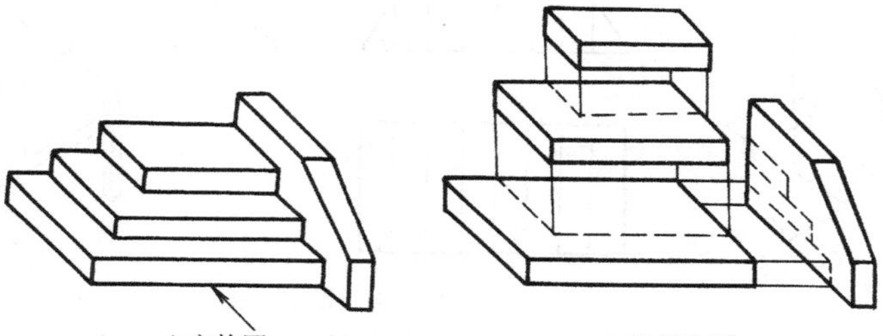

a) 立体图　　b) 拆分图

图 3-40　台阶的形体分析

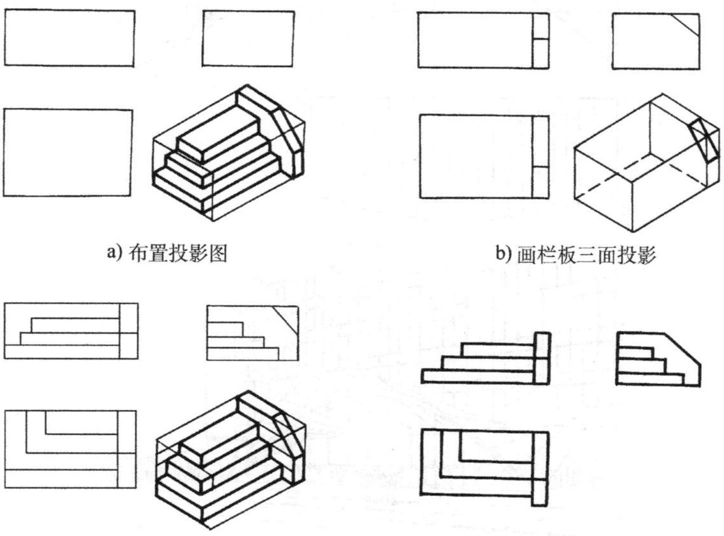

a) 布置投影图　　b) 画栏板三面投影

c) 画台阶三面投影　　d) 加深图线完成全图

图 3-41　作台阶投影图的方法和步骤

3.4 工程中常用的曲面投影

建筑工程中的圆柱、壳体屋盖、隧道的拱顶以及常见的设备管道等都是曲面体。曲面体中的主要部分为曲面，了解曲面的形成和图示方法对设计和施工都很重要，本节着重研究几种常用曲面的形成规则、投影画法以及实际应用等问题。

工程中常用的曲面是由一条线（直线或曲线）运动形成的，见图3-42。曲线上各点都在同一平面上的称为平面曲线；曲线上各点不在同一平面上的称为空间曲线。

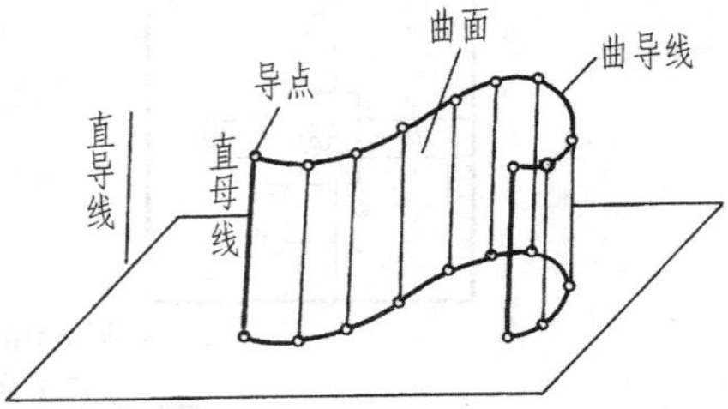

图3-42　曲面的形成

3.4.1 锥状面屋面

锥状面是由一直母线沿一曲导线及一直导线移动，同时又平行于一导平面形成的曲面。如图3-43a所示，该锥状面是直母线 *AM* 沿着直导线 *MN* 和曲导线 *ABC* 移动，并平行于导平面 *W* 而形成的。图3-43b是该锥状面的投影图。为了使曲面的投影表达得更清楚，投影图上还画出了曲面上若干条素线，这些素线均为侧平线，且间距相等。建筑物上的锥状屋面见图3-43c和图3-44。

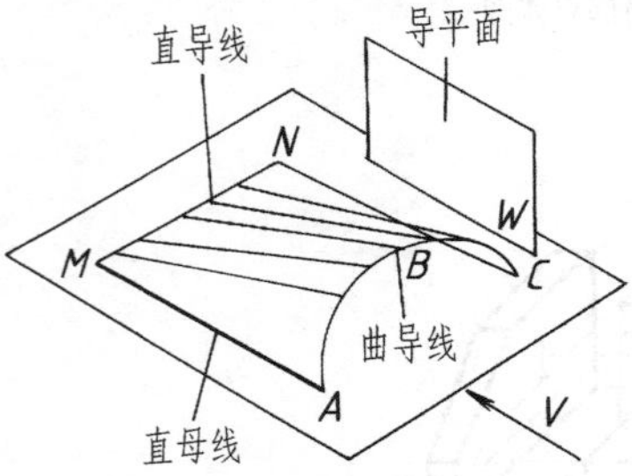

a) 锥状面的形成

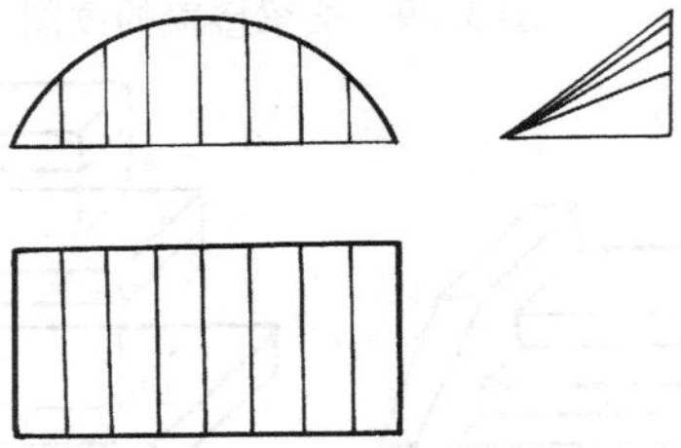

b) 三面投影图

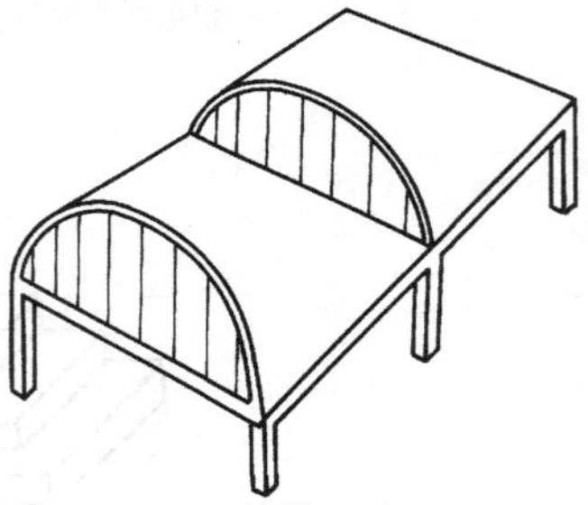

c) 锥状屋面

图3-43　锥状面的形成、投影图画法及工程实例

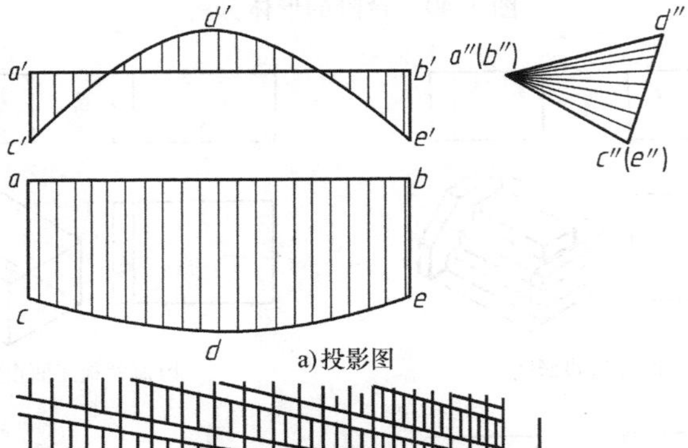

a) 投影图

b) 用作屋面的锥状面示例

图3-44　锥状面及其应用示例

3.4.2 柱状面

柱状面是由一直母线沿两曲导线移动，同时又平行于一导平面形成的曲面。如图3-45a所示，该柱状面是直母线*AD*沿着两曲导线*ABC*和*DEF*移动且平行于导平面*P*而形成的。图3-45b是该柱状面的投影图，曲面上画出了一系列的素线。柱状面应用于屋面的实例见图3-45c。

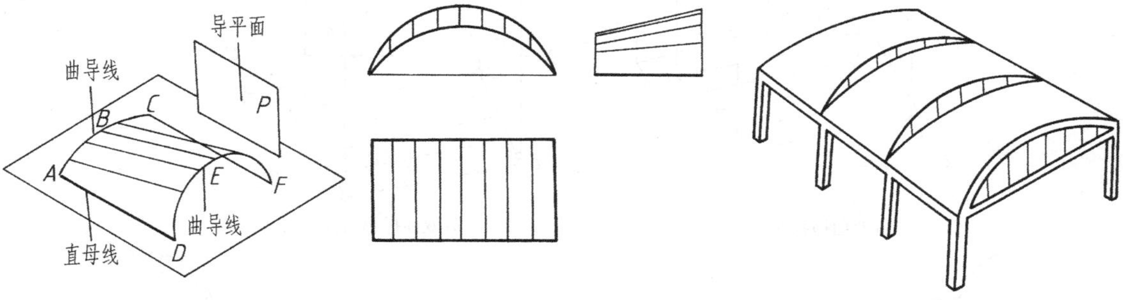

a) 柱状面的形成　b) 三面投影图　c) 柱状面应用实例

图3-45　柱状面的形成、投影图画法及工程实例

3.4.3 双曲抛物面

直母线沿着两交错的直导线移动，且始终平行于一导平面而形成的曲面，称为双曲抛物面或翘平面（图3-46和图3-47）。

如图3-47a所示的双曲抛物面是由直母线*AC*沿着两交错直导线*AB*和*CD*移动，且平行于导平面*P*而形成的。图3-47b是该双曲抛物面的投影图。投影图中导平面*P*是铅垂面，素线的*H*面投影应平行于*P*平面的*H*面投影，作出若干条素线的*V*面投影后，还应画出*V*面投影的轮廓线，即作与各素线均相切的包络线，得到一条抛物线。

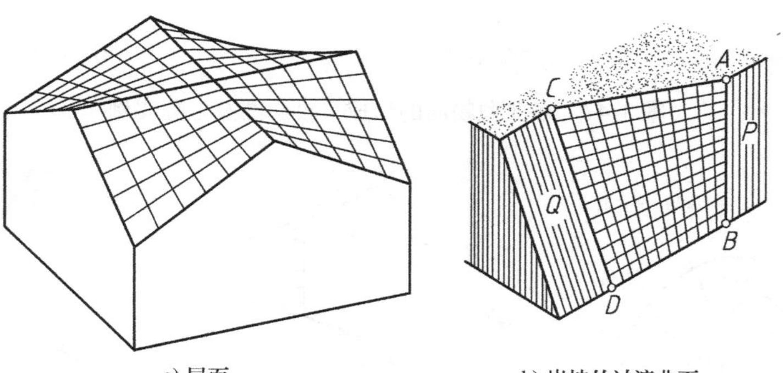

a) 屋面　b) 岸坡的过渡曲面

图3-46　双曲抛物面的应用示例

3.4.4 圆柱螺旋面

圆柱螺旋面分为斜圆柱螺旋面与平圆柱螺旋面。这里主要研究平圆柱螺旋面（简称平螺旋面）的形成及画法。平螺旋面又可分实心和空心两种形式。平螺旋面与同轴小圆柱相交即得空心平螺旋面。一直母线沿一圆柱螺旋线及该螺旋线的轴线移动，同时直母线平行于与轴线垂直的导平面所形成的曲面，称为螺旋面。根据螺旋面的形成规律可知，它应属于锥状面的范畴，是锥状面的特例，见图3-48。

实际工程中，旋转楼梯与楼梯扶手都是由平螺旋面组成的立体，其投影图画法见图3-49。

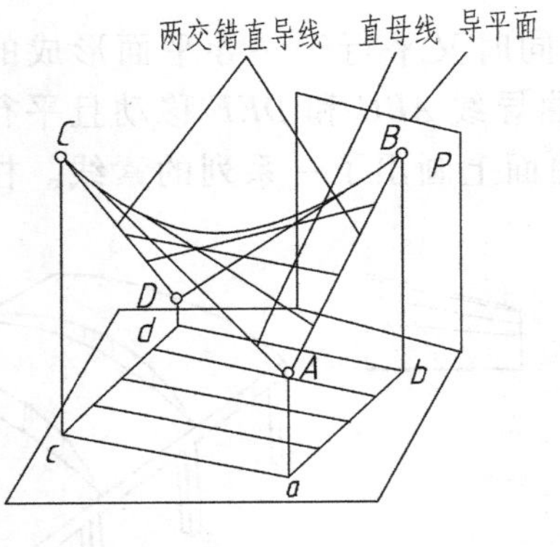

a) 双曲抛物面的形成

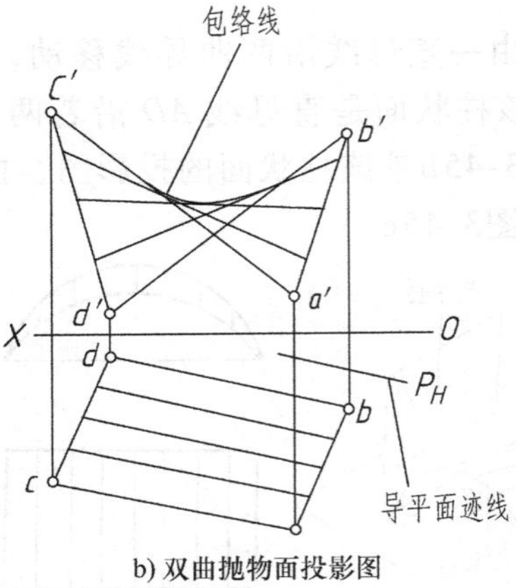

b) 双曲抛物面投影图

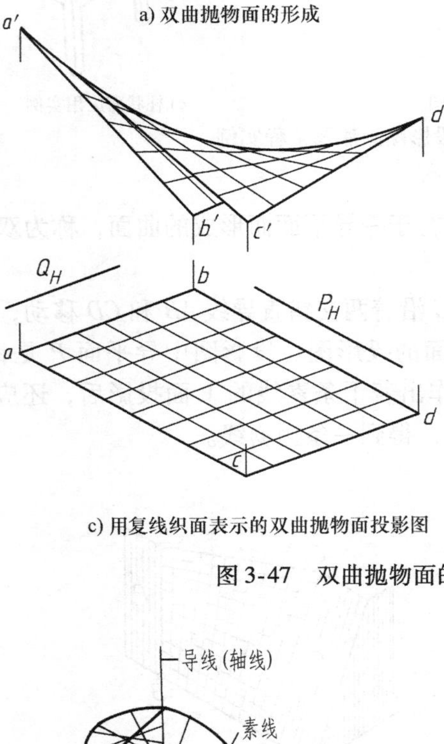

c) 用复线织面表示的双曲抛物面投影图

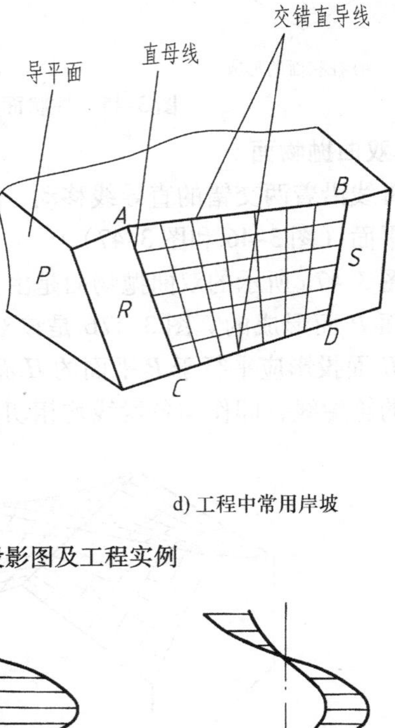

d) 工程中常用岸坡

图 3-47　双曲抛物面的形成、投影图及工程实例

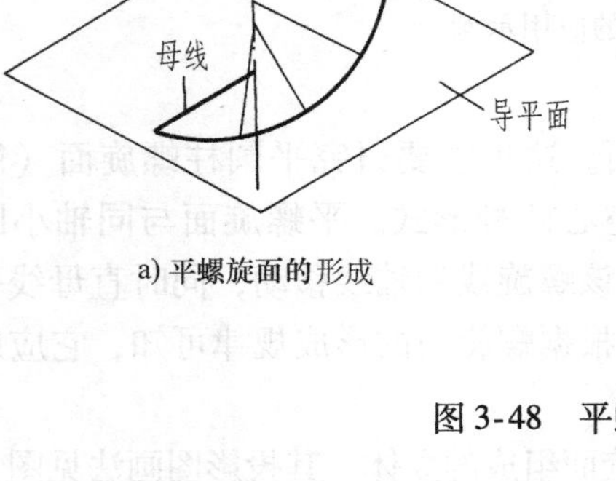

a) 平螺旋面的形成

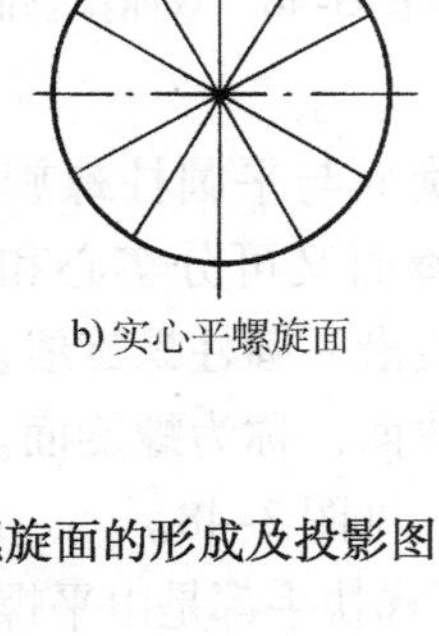

b) 实心平螺旋面

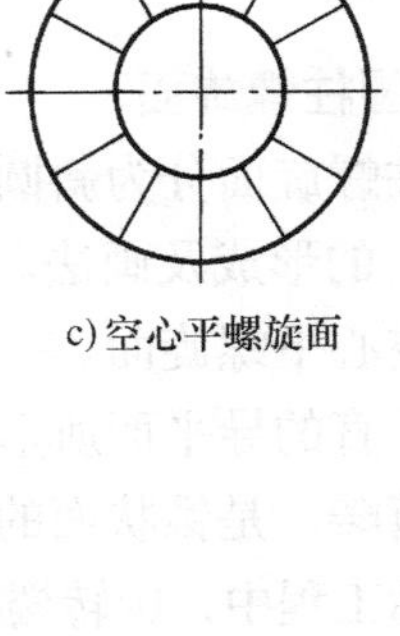

c) 空心平螺旋面

图 3-48　平螺旋面的形成及投影图

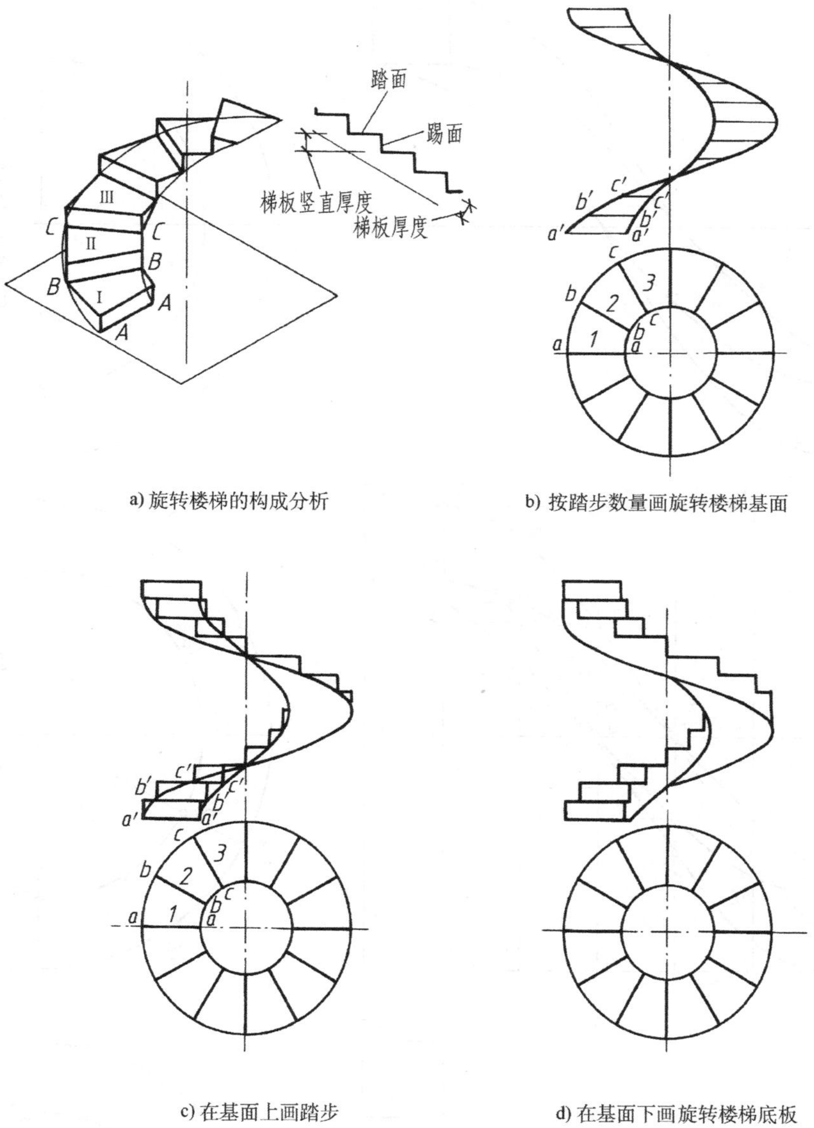

a) 旋转楼梯的构成分析　b) 按踏步数量画旋转楼梯基面

c) 在基面上画踏步　d) 在基面下画旋转楼梯底板

图 3-49　旋转楼梯的构成及投影图画法

［例 3-6］　已知一段螺旋方管的水平投影和方管断面，画出螺旋方管的正立面投影。

［解］　螺旋方管正立面投影图的读图与作图步骤见图 3-50。

［例 3-7］　已知一段旋转楼梯的平面投影和踏步高，画出该段沿圆柱旋转的楼梯正立面投影。

［解］　旋转楼梯正立面投影图的读图与作图步骤见图 3-51。

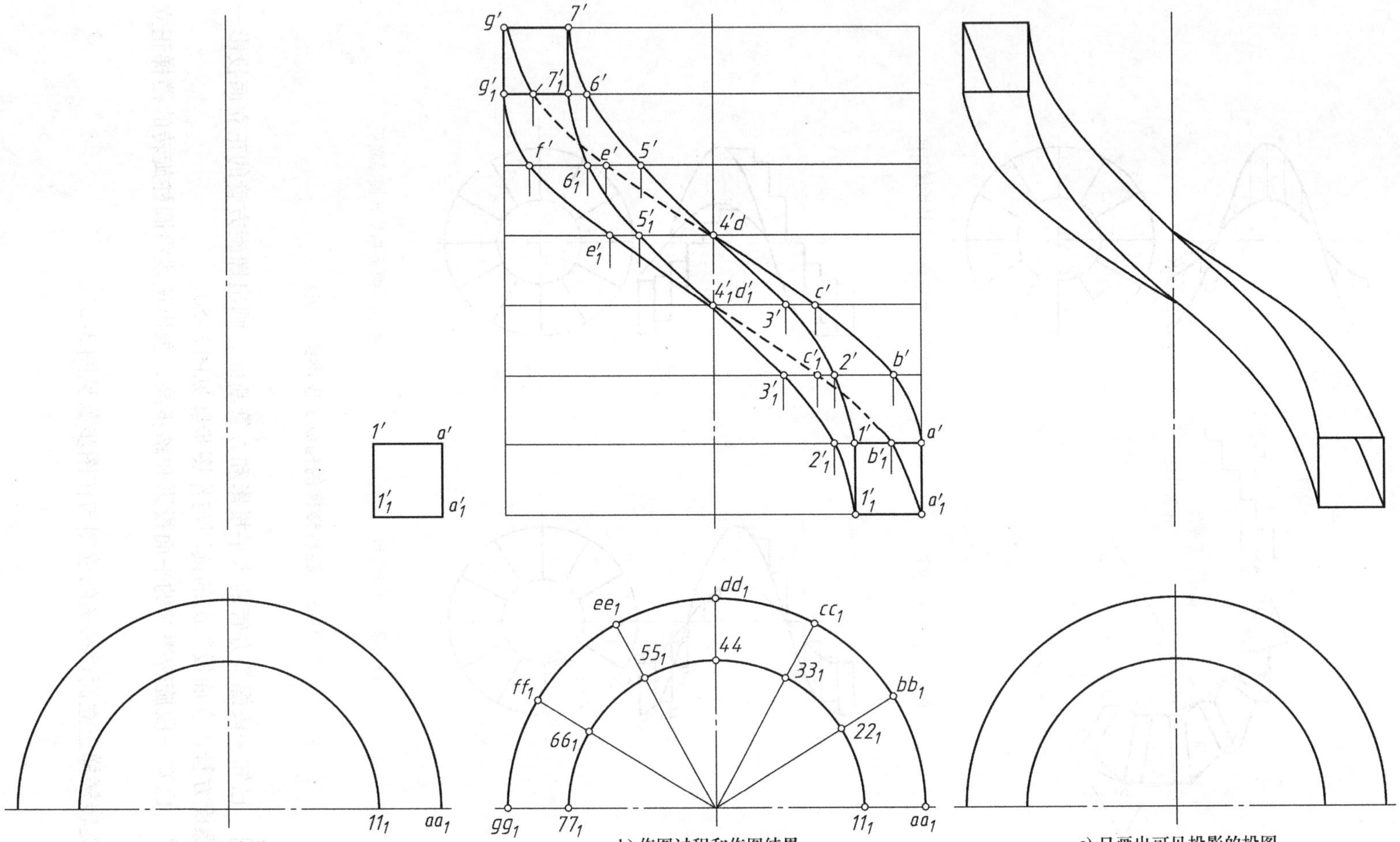

a) 已知条件　　b) 作图过程和作图结果　　c) 只画出可见投影的投图

图 3-50　螺旋方管的正面投影图绘制

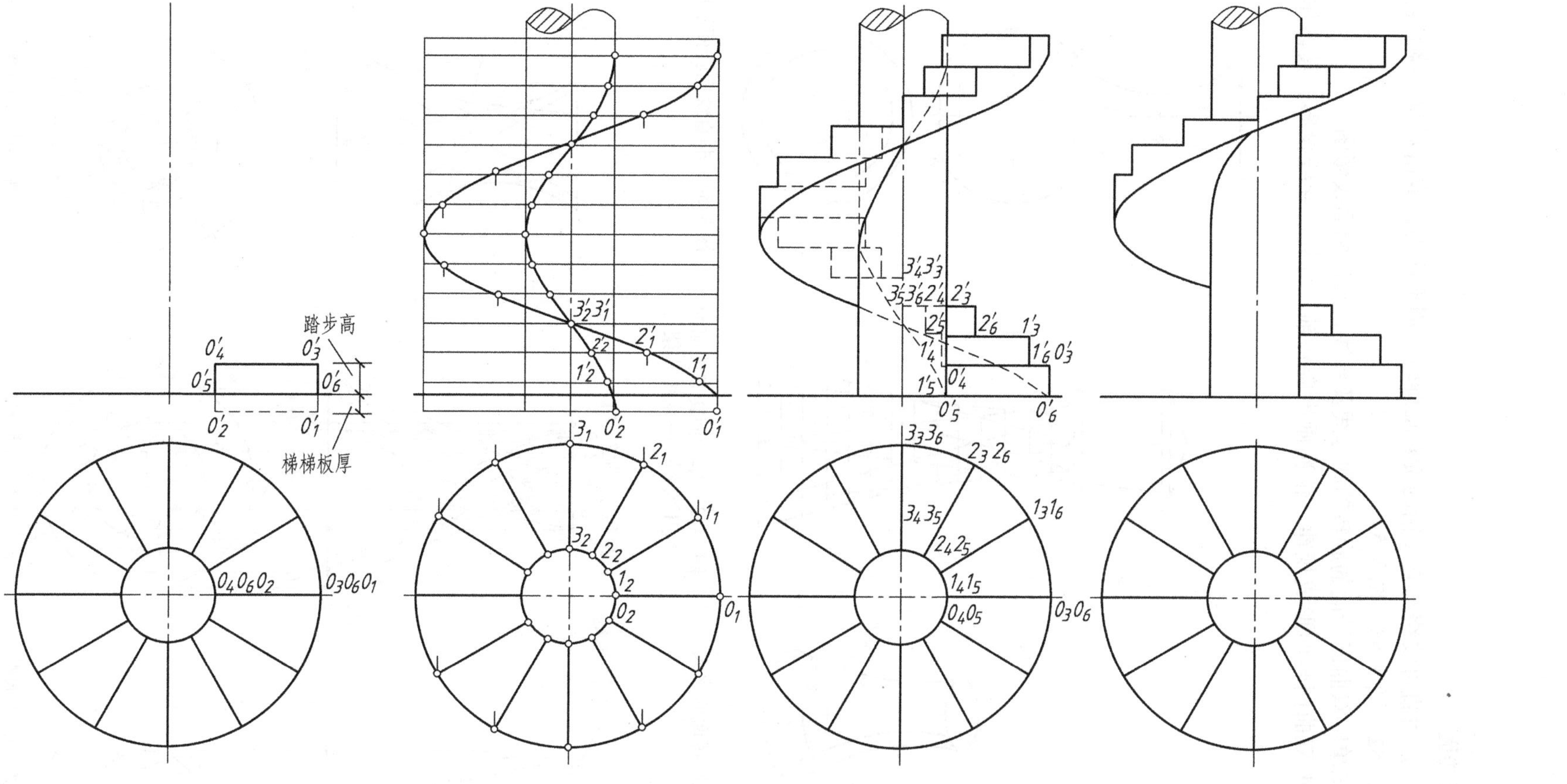

a) 已知条件　　b) 作大小柱面和楼梯板底面　　c) 完成楼梯板，作出踏步(作图结果)　　d) 只画出可见投影的投影图

图 3-51　旋转楼梯的正立面投影图绘制

3.4.5 单叶双曲回转面

单叶双曲回转面是由直母线绕与它交错的旋转轴旋转一周形成的，或由双曲线绕旋转轴旋转形成的，见图 3-52、图 3-53、图 3-54。

[例 3-8] 已知单叶双曲回转面的旋转轴和母线及导线，画出两面投影图。

[解] 遵循单叶双曲回转面形成规律，依次画出旋转轴、母线、导线投影，具体作图步骤见图 3-55。

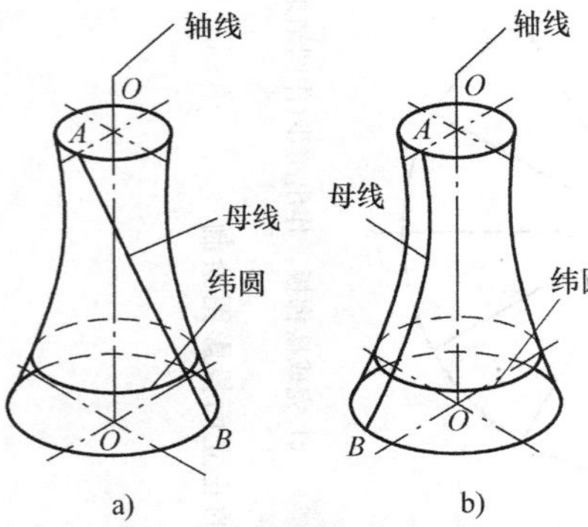

图 3-52 单叶双曲回转面的形成

图 3-53 单叶回转双曲面的应用实例——水塔构架

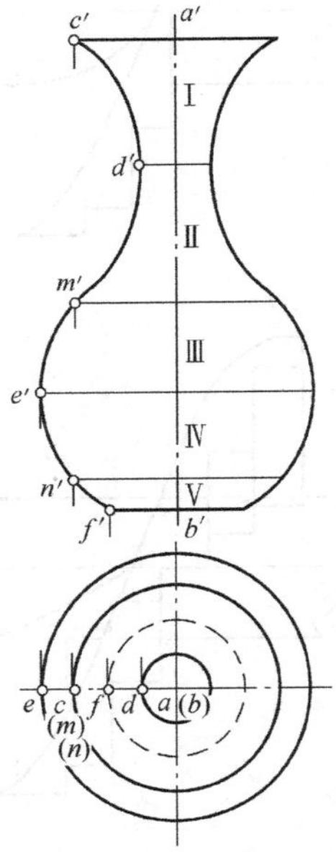

图 3-54 非直纹回转面示例

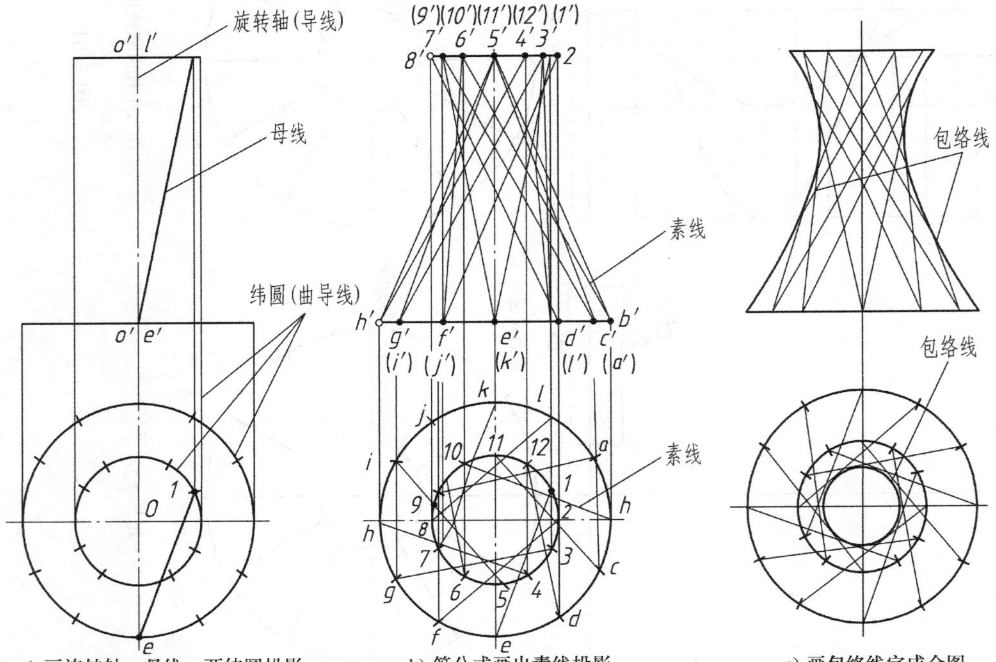

a) 画旋转轴、母线、两纬圆投影　　b) 等分式画出素线投影　　c) 画包络线完成全图

图 3-55 单叶双曲回转面的作图方法

3.5 展开图

将形体的表面真实形状和大小依次毗连地画在一个平面上，这种平面图形称为表面展开图，简称展开图。

如图3-56所示，把圆柱沿一条素线截开并把它依次摊平在平面上，就得到该圆柱的展开图。

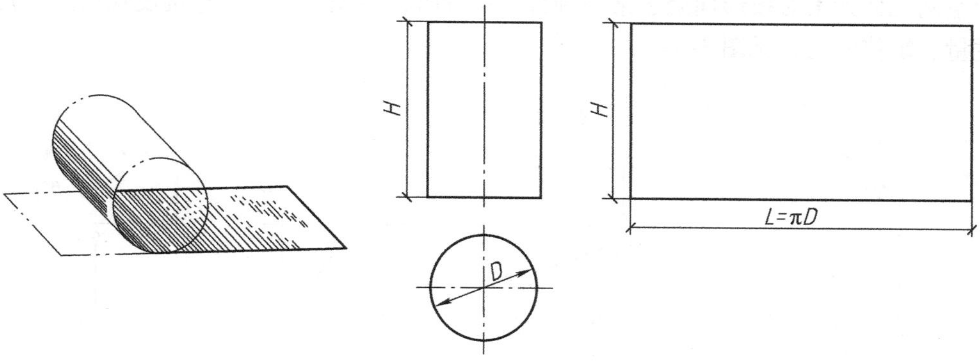

a) 正圆柱管的展开示意图　b) 投影图　c) 展开图

图3-56　圆柱管的展开

展开图在工程上应用极为广泛，如图3-57所示是一种除尘设备——冲洗除尘器，它的外形是用金属薄板制成圆台、圆柱、弯管和变形接头，再用铆接、焊接或咬口连接将它们组合而成。图3-58所示为屋檐雨水管，它的外形是用白铁皮制成的圆柱、圆锥等，然后采用

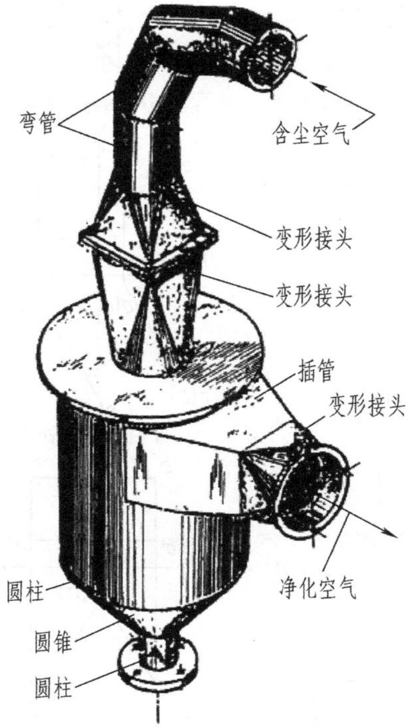

图3-57　冲洗除尘器

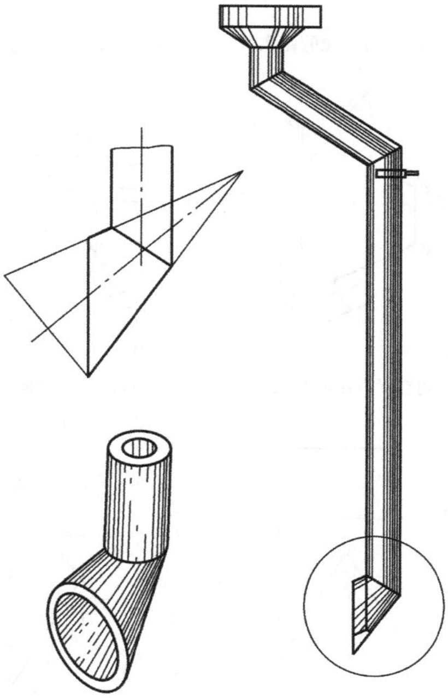

图3-58　屋檐雨水管

咬口连接而成。在制造时，先在金属薄板上按实际尺寸绘出展开图，然后截开下料加工。

在建筑施工中，会经常遇到形体表面展开问题。例如有一些特殊造型的混凝土构件，所用的模板在制作前就要画出构件各个部分的表面展开图（即放样），然后依次下料制作，连接成形。所以了解和掌握形体表面的展开图作法是十分必要的。

下面介绍投影变换，为求形体的展开图打下基础。

3.5.1 投影变换的概念

当空间几何元素对投影面处于某一种特殊位置时，在投影图上能直接反映出这些几何元素的度量、定位问题，见图3-59。

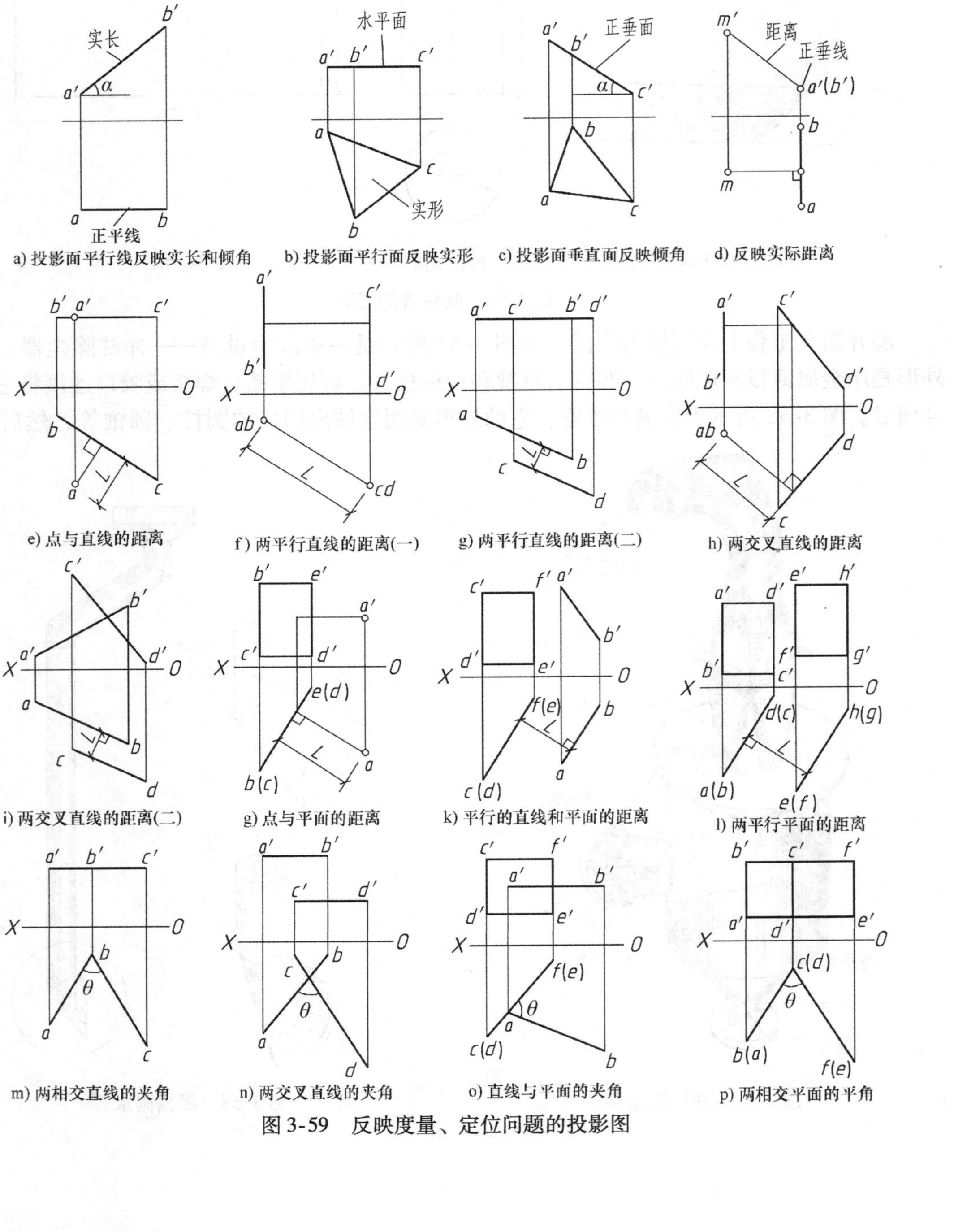

图3-59 反映度量、定位问题的投影图

当投影图中不能直接反映出空间几何元素的度量和定位问题时，通常是设法改变空间几何元素与投影面的相对位置，使它们相互间处于某一特殊位置，从而使空间几何元素的度量问题或定位问题得到简化和解决，这就是投影变换。

投影变换的方法有两种：变换投影面法（简称换面法）和旋转几何元素法（简称旋转法）。

1）空间几何元素不动，对投影面进行更换，称为换面法，见图3-60a。

2）投影面不动，将空间几何元素绕轴旋转，称为旋转法，见图3-60b。

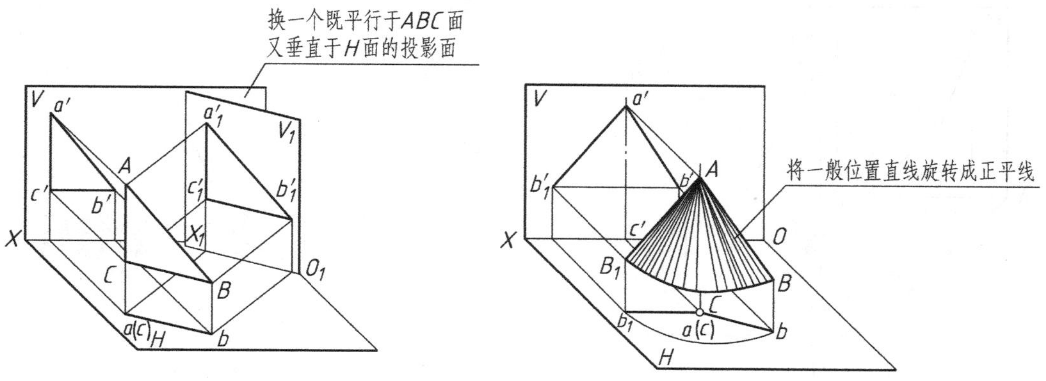

a) 换面法　　b) 旋转法

图3-60　两种常用的投影变换方法

3.5.2　换面法

1. 换面法的基本原理　如图3-61所示，在 H、V 投影体系中，空间 A 点在 H、V 投影面上的投影为 a、a'，现在用新的投影面 V_1 代替 V 面，V_1 面与 H 面的交线为 O_1X_1，空间 A 点在 V_1 面上的投影为 a'_1。

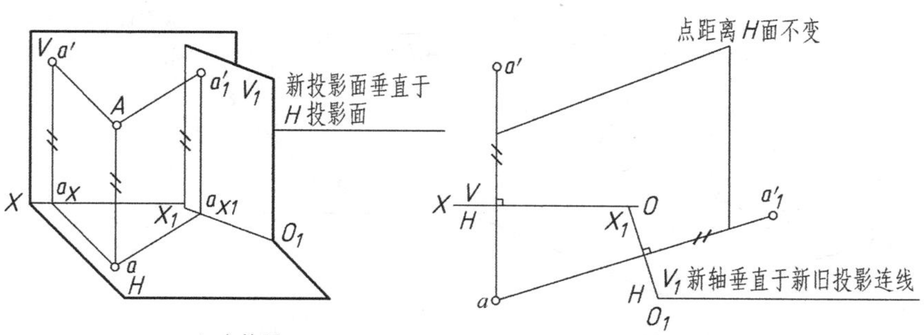

a) 立体图　　b) 换面投影

图3-61　点的变换的投影作图

1）确立新的投影面代替旧的投影面时，新投影面必须满足以下两个条件：

① 新投影面必须垂直于一个旧有投影面。

② 新投影面必须和空间几何元素处于有利于解题的位置。

2）新旧投影间的规律（见图3-61）：

① 新投影和未被替代面的投影的连线垂直于新轴，即 $aa'_1 \perp O_1X_1$。

② 新投影至新轴之距等于被代替的旧投影至旧轴之距。这是因为在整个换面过程中，H 面始终未动，故点 A 至 H 面之距是一个恒值，见图3-61。

③ 在变换过程中，两个投影面必须保留其中一个换掉另一个投影面，不可同时用两个新投影面代替两个旧投影面。

2. 基本作图方法　换面法有六种基本作图方法：

（1）一般位置直线变换成投影面的平行线。H、V 两面体系中有一般位置直线 AB，为了使 AB 变换成投影面平行线，若能用一个既平行于 AB 又垂直于 H 面的 V_1 面更换 V 面，即可达到目的。按投影面平行线的投影特征，具体作图步骤见图 3-62。

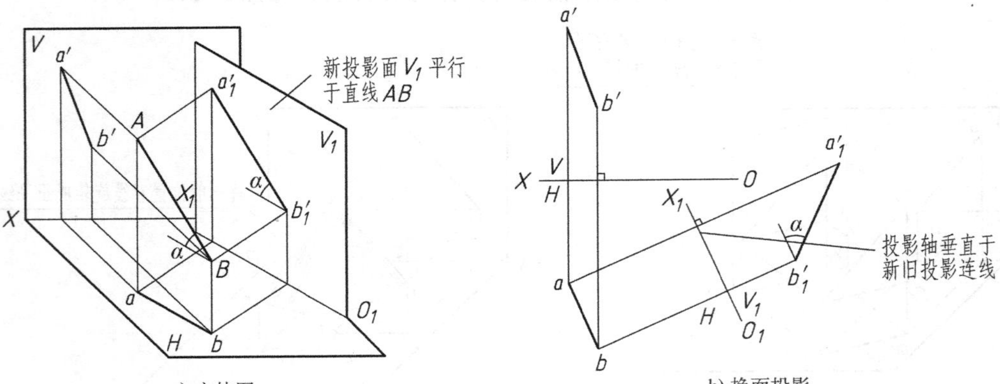

a) 立体图　　b) 换面投影

图 3-62　一般位置直线变换成投影面的平行线

（2）投影面的平行线变换成投影面的垂直线。在 V、H 两面投影体系中，AB 为一条正平线，选择一新投影面 H_1，使 H_1 面 ⊥ V 面，则直线 AB 成为 H_1 面的垂直线，AB 在 H_1 面的投影积聚为一点，具体作图步骤见图 3-63。

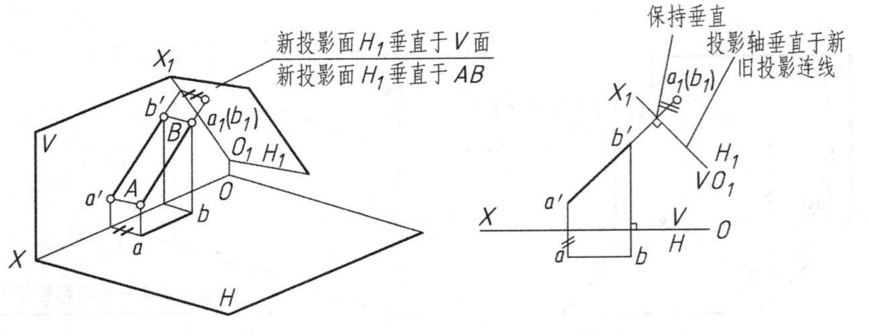

a) 立体图　　b) 换面投影

图 3-63　投影面平行线变换成投影面的垂直线

（3）一般位置直线变换成投影面垂直线。这可以通过两次换面达到：先将一般位置直线变换成投影面平行线，再将投影面平行线变换成投影面垂直线。

如图 3-64 所示，在 H、V 原投影面体系中有一般位置直线 AB，要将它换成新的投影面垂直线。设新投影面垂直于 AB，由于 AB 是一般位置直线，所以它的垂直面一定是一般位置平面，既不垂直于 H 面，又不垂直于 V 面，因此，通过一次换面不能将一般位置直线变换成投影面垂直线。但可连续进行上述情况（1）和情况（2）的变换：先将一般位置直线变换成投影面平行线，然后再将投影面平行线变换成投影面垂直线。具体作图过程见图 3-64。

（4）一般位置平面变换成投影面垂直面。这可通过一次换面达到。新投影轴应与平面上平行于原有投影面的直线的原有投影相垂直。

如图 3-65a 所示，*H*、*V* 两面体系中有一个一般位置的三角形 *ABC*，现要加设一个既与三角形 *ABC* 平面垂直，又与 *H* 面或 *V* 面相垂直的新投影面，这通过一次换面就可达到。仍如图 3-65a 所示，在三角形 *ABC* 平面上任取一条水平线，例如 *AD*，则与它相垂直的平面就既垂直于三角形平面，又垂直于 *H* 面，于是就可用这样的一个平面作为新投影面 V_1 来更换 *V* 面，将这个一般位置的三角形 *ABC* 变换成 *H*、V_1 新投影面体系中的 V_1 面垂直面。在 *H*、V_1 新投影面体系中，按投影面垂直面的投影特性，新投影轴 O_1X_1 应与 *ad* 相垂直，具体的位置可按需任意选定。一般位置平面变成投影面垂直面的具体作图过程见图 3-65b。

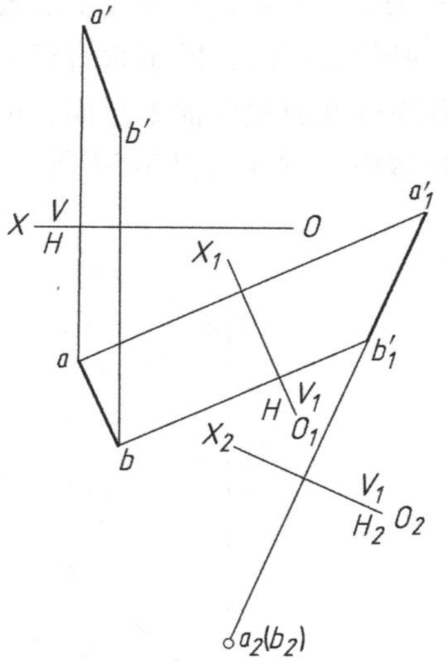

图 3-64　一般位置直线变换成投影面垂直线

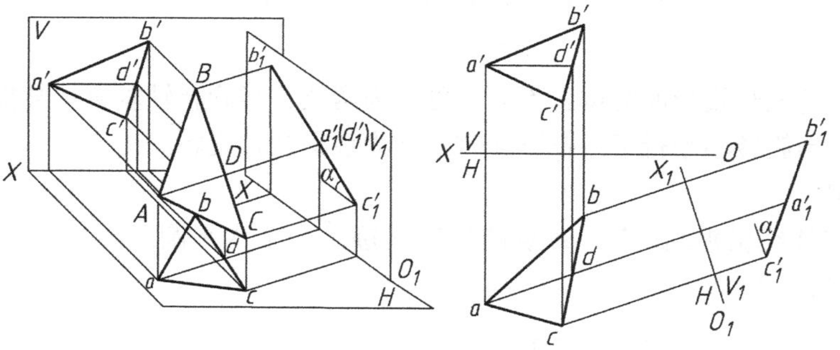

a) 立体图　　　　b) 投影图

图 3-65　一般位置平面变换成投影面（V_1 面）垂直面

（5）投影面垂直面变换成投影面平行面。这可通过一次换面达到。新投影轴应平行于这个平面的有积聚性的原有投影。

如图 3-66 所示，在 *H*、*V* 原投影面体系中有处于正垂面位置的三角形 *ABC*，因为平行于三角形 *ABC* 的平面也垂直于 *V* 面，用一个这样的平面作为新投影面 H_1 来更换 *H* 面，将三角形 *ABC* 变换为 H_1、*V* 新投影面体系中的 H_1 面平行面。在 H_1、*V* 新投影面体系中，按投影面平行面的投影特性，新投影轴应与三角形 *ABC* 的有积聚性的原有投影 $a'b'c'$ 相平行。具体作图过程见图 3-66。

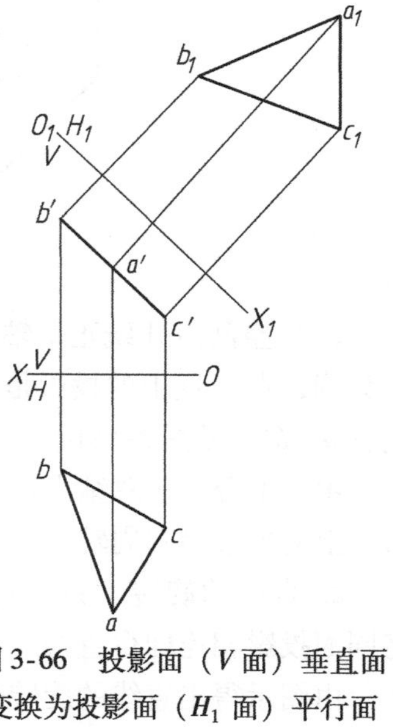

图 3-66　投影面（*V* 面）垂直面变换为投影面（H_1 面）平行面

（6）一般位置平面变换为投影面平行面。这可通过两次换面达到：先将一般位置平面变换成投影面垂直面，再将投影面垂直面变换成投影面平行面。

如图 3-67 所示，在 *H*、*V* 原投影面体系中有一般位置的

三角形 ABC，要将它变换成新的投影面平行面。设新投影面平行于三角形 ABC，则这个平面也是一般位置平面，既不垂直于 H 面，也不垂直于 V 面，因此，通过一次换面不能将一般位置平面变换成投影面平行面，但连续进行上述情况（4）和情况（5）的变换就可达到目的。具体作图过程如图 3-67 所示。

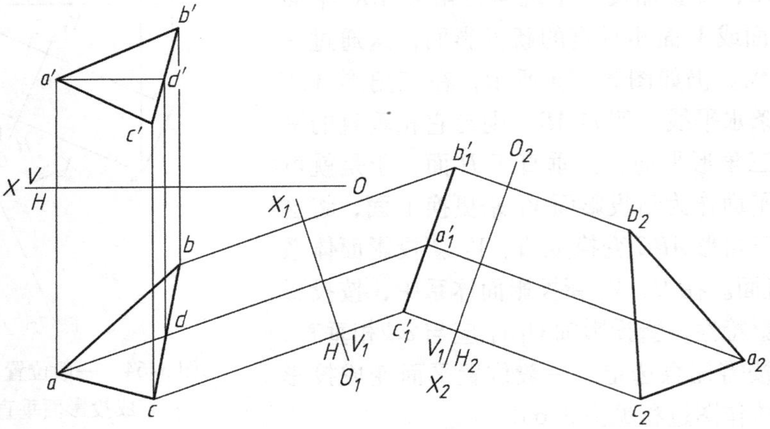

图 3-67　一般位置平面变换成投影面（H_2 面）平行面

3.5.3　旋转法

旋转法按旋转轴与投影面的位置不同，可分为两类：当旋转轴垂直于某投影面时，称为绕垂直轴旋转；当旋转轴平行于某投影面时，称为绕平行轴旋转。

1. 点的旋转

（1）空间点 A 绕铅垂轴旋转。A 点的运动轨迹是一个水平圆，圆半径等于 A 点到旋转轴的距离，见图 3-68。

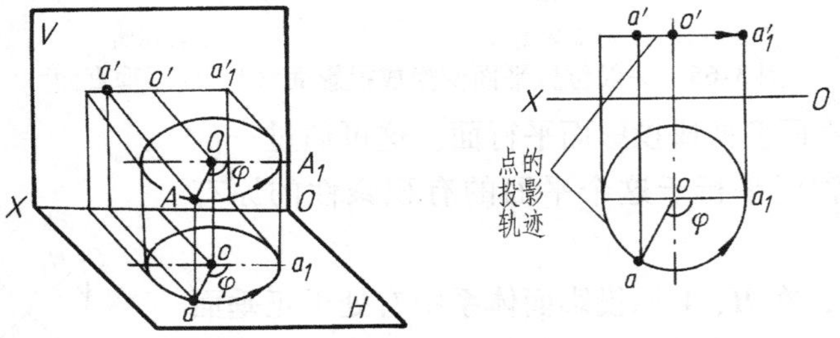

a) 立体图　　b) 旋转投影

图 3-68　点绕铅垂轴旋转

（2）空间点 A 绕正垂轴旋转。当空间点 A 绕正垂轴旋转时，其运动轨迹在 V 面上的投影为圆，在 H 面上的投影是平行于 OX 的直线段。当点 A 旋转 θ 角到 B 时，同样可求出其新投影 b、b'，见图 3-69b。

由以上分析可总结出点的旋转规律：当点绕垂直于某投影面的轴线旋转时，此点在该投影面上的投影沿圆周转动，另一投影在平行于投影轴的直线上平移。

2. 直线的旋转　只要将直线的两端点绕同轴同向同角度旋转，作出它们的新投影后，将同面投影相连即得直线旋转后的新投影，见图 3-70。

由图示得出直线的旋转规律：当直线绕垂直于某投影面的轴旋转时，其在该投影面上的

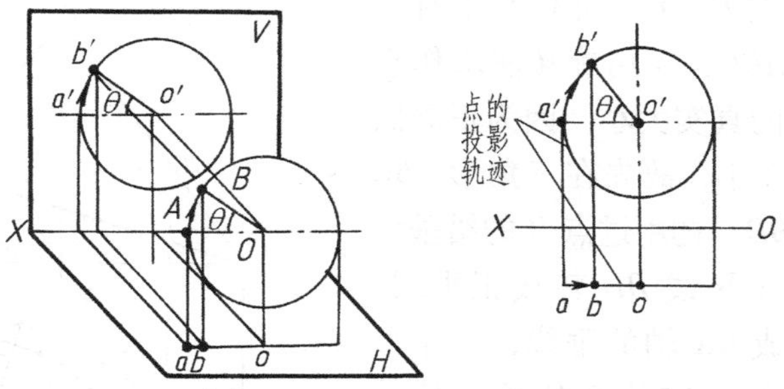

a) 立体图　　b) 旋转投影图

图 3-69　点绕正垂轴旋转

投影长度不变，且其对该投影面的倾角也不变（图 3-70）。

3. 平面的旋转　只需将平面内不在同一直线上的三点，如三角形的三个顶点，按同轴同向同角度旋转，作出它们的新投影后将同面投影相连，即得平面的新投影，见图 3-71。

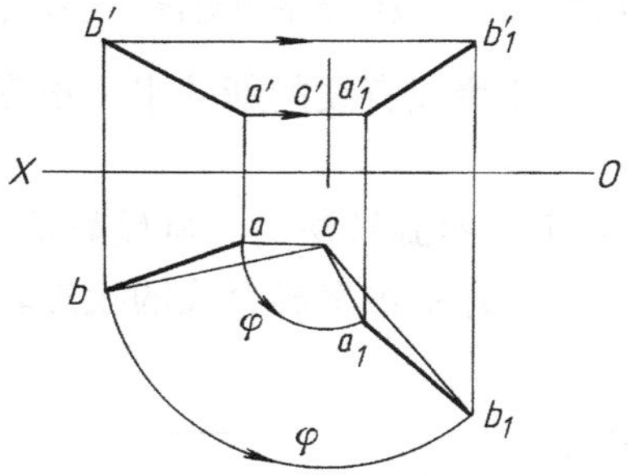

图 3-70　直线的旋转

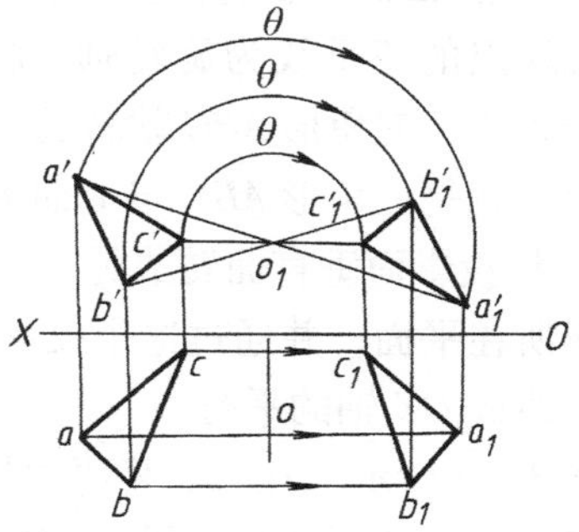

图 3-71　平面的旋转

4. 基本作图方法　旋转法有六种基本作图方法，这里仅图示一次旋转作图方法。

（1）将一般位置直线旋转成投影面平行线。以铅垂线为轴，采用一次旋转法，可将一般位置直线旋转成正平线，其 V 面投影反映实长和 α 角，见图 3-72。

（2）将投影面平行线旋转成投影面垂直线。以正垂线为旋转轴，采用一次旋转法，可将正平线旋转成铅垂线，其 H 面投影积聚为一点，见图 3-73。

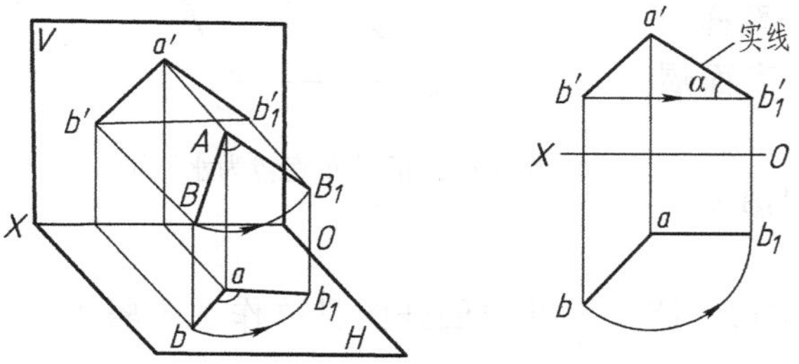

a) 立体图　　b) 旋转投影图

图 3-72　一般位置直线旋转为正平线

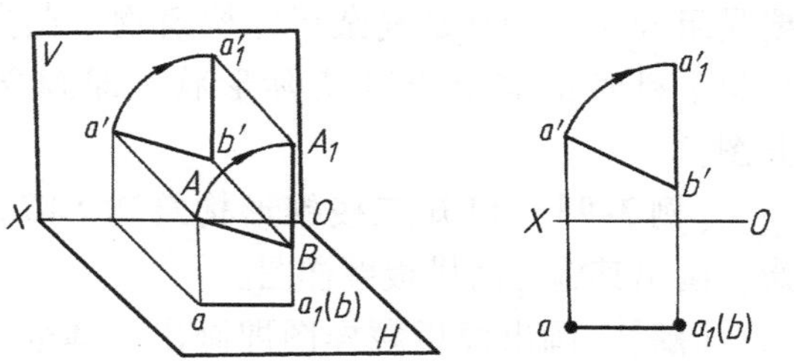

a) 立体图　　b) 旋转投影图

图 3-73　正平线旋转为铅垂线

（3）将一般位置平面旋转成某一投影面的垂直面。采用一次旋转法时，必须在该平面上取一条平行于另一投影面的直线；旋转轴应垂直于这个投影面，且通过所作的投影面平行线的端点；并先将这条投影面平行线反映真长的投影转成 OX 轴的垂线。

如图 3-74 所示，在 H、V 两面体系中有一个一般位置的三角形 ABC，需用旋转法求作它与投影面 H 的倾角 α 的真实大小。因为正垂面能反映倾角 α 的真实大小，故先在三角形 ABC 平面上取一条水平线 BD，选用过点 B 的铅垂线为旋转轴，欲将这条水平线 BD 转成正垂线，则其水平投影必先转成 OX 轴的垂线，三角形 ABC 平面就转成正垂面，它的新位置三角形 A_1BC_1 的积聚成一直线的正面投影 $a'_1b'c'_1$ 就反映三角形 ABC 平面与 H 面的倾角 α 的真实大小。具体作图过程见图 3-74。

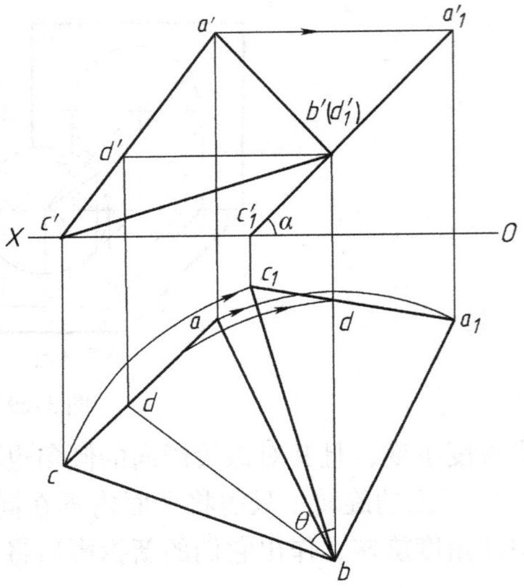

图 3-74　一般位置平面旋转为正垂面

若需求作三角形 ABC 与 V 面的倾角 β，则先应在三角形 ABC 平面上作正平线，取过所作的正平线端点的正垂线为旋转轴，将这条正平线转成铅垂线，三角形 ABC 就转成铅垂面新位置了，它的积聚成直线的新的水平投影与 OX 轴的夹角，就是三角形 ABC 与 V 面的倾角 β。

(4) 将投影面垂直面转成另一投影面的平行面。采用一次旋转法时，旋转轴应垂直于积聚投影所在平面，并通过这个投影面垂直面上的任一点；先将积聚成直线的投影转成 OX 轴的平行线或 OZ 轴的平行线。

如图 3-75 所示，在 H、V 两面体系中有一个处于正垂面位置的三角形 ABC，需用旋转法求作它的真形。取过任一顶点 C 的正垂线为旋转轴，将它转到处于水平面新位置的三角形 A_1B_1C，则它的新的正面投影一定成为一条水平线，而它的新的水平投影就反映三角形 ABC 的真实形状。具体作图过程见图 3-75。

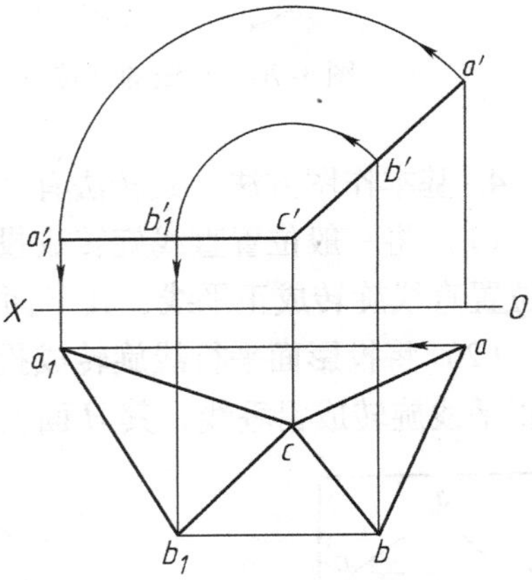

图 3-75　正垂面旋转为水平面

3.5.4 实际工程展开图应用举例

实际工程操作时，不论是建筑物还是构造物，只要是组合体，特别是复杂形体构筑物，在模板翻样或材料下料时都需要求其实际形状，即画立体表面展开图。

[例 3-9]　已知三棱锥形构筑物 $SABC$ 的两面投影，画出其施工时模板翻样图。

[解]　画出模板翻样图即画出立体表面实形。该三棱锥的展开图具体作图步骤见图 3-76。

由例 3-9 的分析可知，由于棱锥的侧面都是三角形，只要求出各侧棱和底边的实长就可以绘出棱锥表面的展开图，因此，这种方法通常称三角形法。

[例 3-10]　已知三棱柱式落水管的两面投影，要求在镀锌薄钢板上画下料线。

[解]　在镀锌薄钢板上画下料线，即要求画出该三棱柱的表面展开图，具体操作步骤见图 3-77。

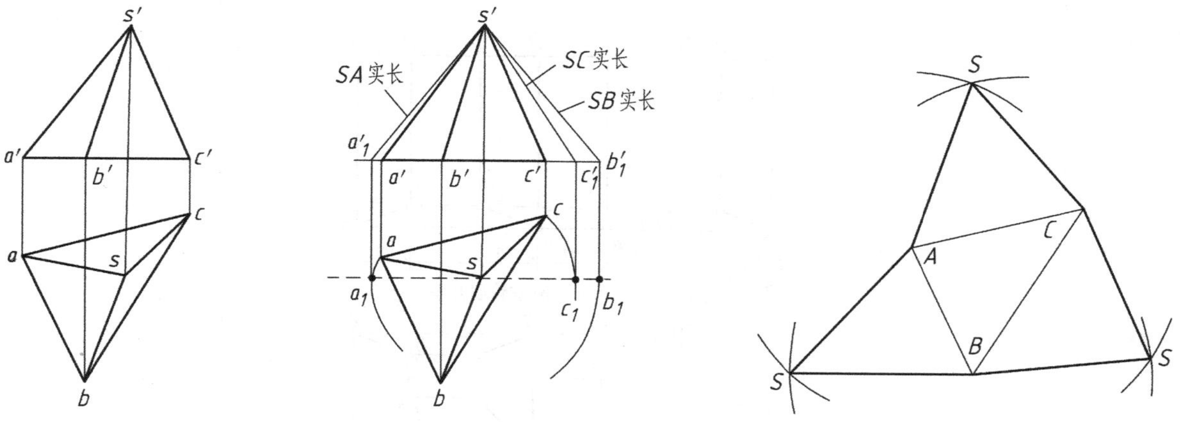

a) 已知　　b) 以铅垂线为轴，将棱线旋转成正平线(立体图)　　c) 实形展开(旋转投影图)

图 3-76　三棱锥的展开图

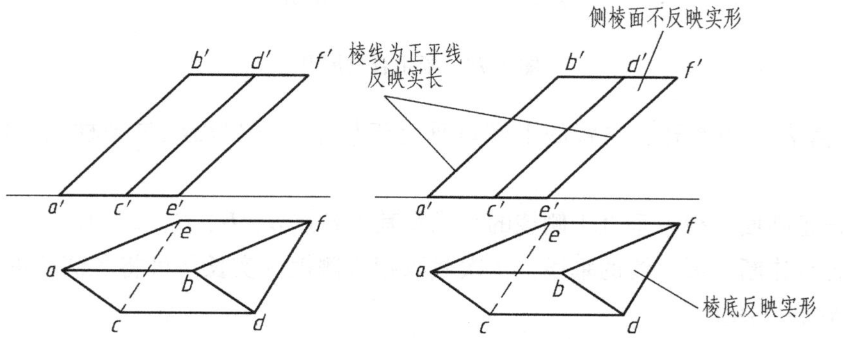

a) 已知　　b) 读图

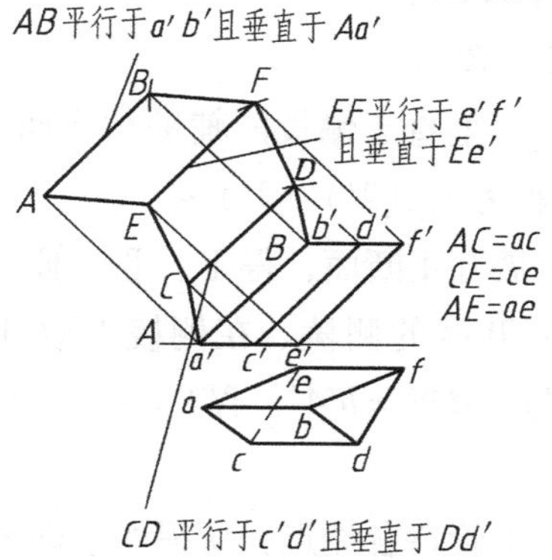

c) 作图

图 3-77　三棱柱的展开图

由例 3-10 可知，当棱柱的棱线为投影面平行线时，可以这些棱线为轴，连续旋转各棱面，使它们依次平行于同一投影面，画出这些棱面的实形，即得其展开图，这种方法通常称侧滚法，其实质为绕投影面平行轴进行旋转。

［例 3-11］ 已知水管落水端的两面投影面如图 3-78a 所示，试画出两节雨水管的展开图。

［解］ 从投影图可知，立管和斜管的形体都是截头的四棱柱，上下两管的正断面形状大小相等，各侧棱实长均在 *V*、*H* 投影上反映，展开时可用正断面法分别展开。具体作图步骤如下：

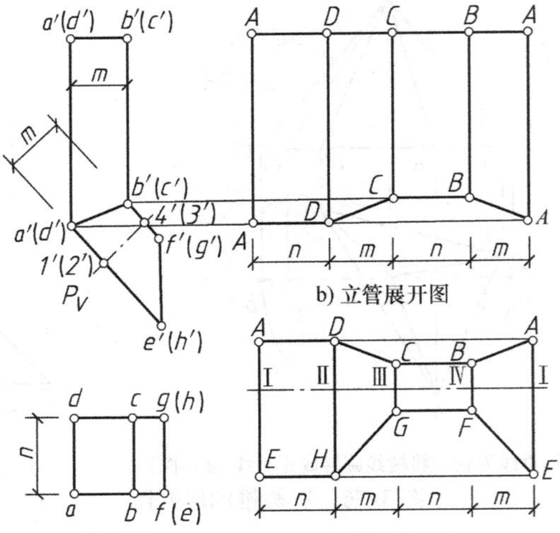

a) 投影图　b) 立管展开图　c) 斜管展开图

图 3-78　雨水管的展开

(1) 立管表面的展开。立管的上端口垂直于柱轴，端口面就是棱柱的正断面（图 3-78b）。

1）展开正断面，得一垂直于侧棱的直线及其上各点 A、D、C、B、A。

2）过各点作断面展开线的垂线，依次截取相应侧棱的实长。可将各侧棱的实长直接从 V 投影平移到展开图上。

3）顺次连接各侧棱下端点 A、D、C、B、A，得展开图。

(2) 斜管表面的展开（图 3-78c）。

1）在斜管中间任意位置作一垂直于侧棱的辅助截平面 P，即图 3-78 所示的 P_V，截得正断面ⅠⅡⅢⅣ，它的 V 面投影为 1′（2′）（3′）4′。

2）根据正断面各边实长，展开正断面，得Ⅰ、Ⅱ、Ⅲ、Ⅳ各点。

3）过各点作垂直于断面展开线的侧棱。在侧棱上取 AⅠ $=a'1'$，Ⅰ$E=1'e'$，DⅡ $=$（d'）（2′），Ⅱ$H=$（2′）（h'），BⅣ $=b'4'$，Ⅳ$F=4'f'$……依次得 A、D、C、B、A 和 E、H、G、F、E 各点。

4）分别以线段依次连接上下管口各端点，所得图形即为所求展开图。

上述方法由于分别作出两管的展开图，在下料时板材耗费不够经济。

如果先将斜管扳成铅直的位置，然后使它绕管轴转 180°，便可与立管接成一根直管（图 3-79）。由于两管正断面相等，从图 3-80 可知，转身前 $\angle\alpha+\angle\gamma=180°$，而 $\angle\alpha=\angle\beta$，转身后 $\angle\beta+\angle\gamma=180°$，所以下管转身后必然可以与上管连接成一根直管。这种方法称为转身法。它的适用条件是上下两管的正断面相等，而且正断面是中心对称图形。

上下两管接成一直管后，可用侧滚法将其表面及面上的两管连接线一次展开，所得展开图见图 3-80，下料时留下的边角料，显然比两管单独展开时要少些。

[例 3-12]　棱台表面的展开。图 3-81 所示的水斗是由 4 个等腰梯形平面围成的棱台，

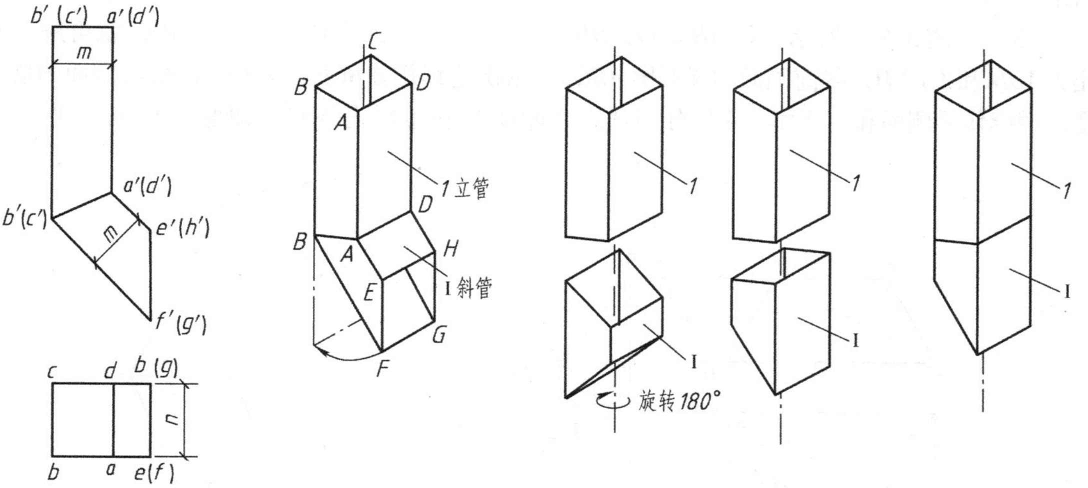

a) 雨水管投影图　　b) 将斜管扳直　　c) 将斜管旋转180°　　d) 接成一根直管

图 3-79　转身法示意图

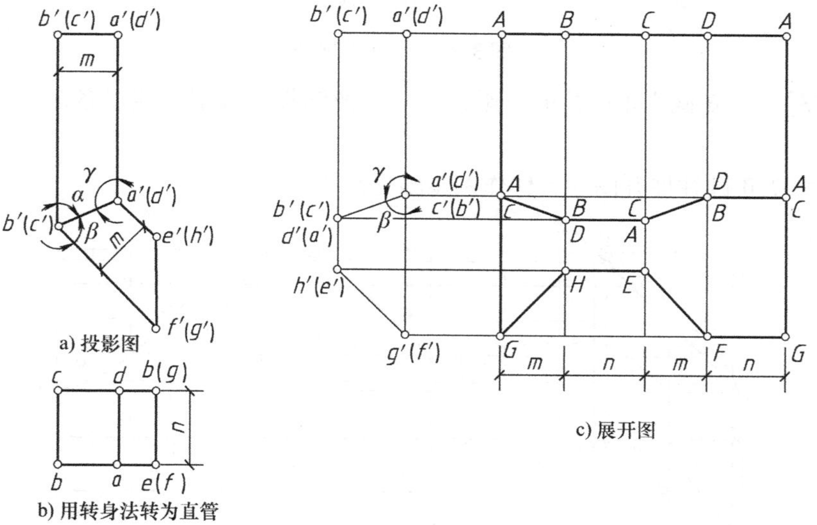

a) 投影图

b) 用转身法转为直管

c) 展开图

图 3-80　雨水管的展开

试作出它的展开图。

[解]　为了作出该水斗的展开图，必须先求出这 4 个梯形平面的实形（其中前、后两个梯形相同，左、右两个梯形相同）。

求梯形平面的实形时，可以把每个梯形分为 2 个三角形，只要求出三角形三条边的实长，就可以得到三角形的实形。依次连续作出 8 个三角形的实形，就可得到这个水斗的展开图。水斗展开图的作图步骤如下：

（1）在图 3-81 的 H 投影上，把前面的一个梯形分成 abd 和 bcd 两个三角形，把右边的一个梯形分成 bce 及 bef 两个三角形。其中边长 ab、cd 和 bf、ce 分别等于 AB、CD 和 BF、CE 的实长。

（2）用直角三角形法求得三角形另外几条边 BC、BD 和 BE 的实长 B_1C_1、B_1D_1 和 B_1E_1

(图 3-81b)。

(3) 按图 3-81c 所示，取 $AB=ab$，$BD=B_1D_1$，$AD=BC=B_1C_1$，$DC=dc$，就可顺次画出△*ABD* 和△*BCD*，得前侧面的展开图 *ABCD*。依次连续作△*BCE* 和△*BEF*，得右侧面的展开图。继续作后侧面和左侧面，它们分别是前侧面和右侧面的全等图形，即得水斗的展开图。

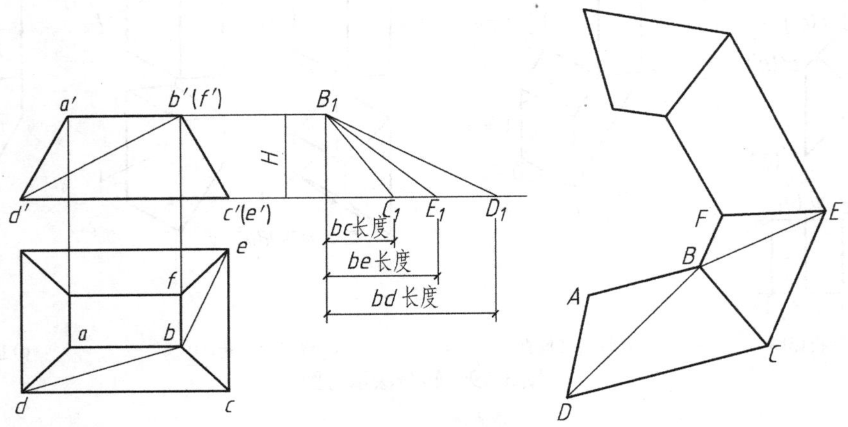

a) 投影图　　a) 直角三角形法求实长　　c) 展开图

图 3-81　水斗的展开

[例 3-13]　已知截头正圆柱的投影，要求在薄钢板上画下料线以备制作，即求其表面展开图。

[解]　截头正圆柱展开图的具体作图步骤见图 3-82。

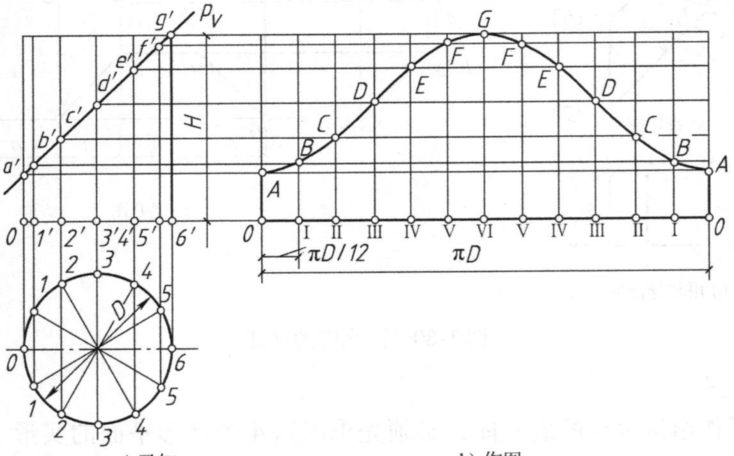

a) 已知　　b) 作图

图 3-82　截头正圆柱的展开

[例 3-14]　已知截头正圆锥的投影，要求在镀锌薄钢板上画下料线以备制作，即求其表面展开图。

[解]　截头正圆锥展开图的具体作图步骤见图 3-83。

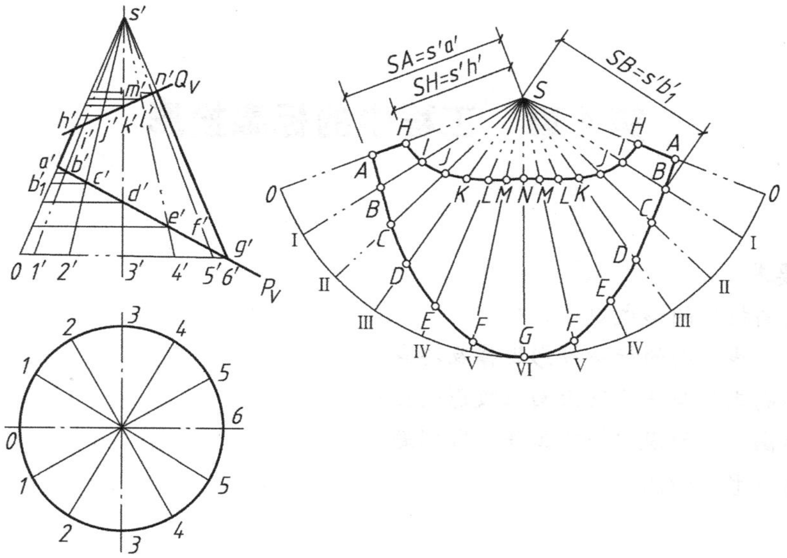

a) 已知　　　　b) 作图

图 3-83　截头正圆锥的展开

能力拓展训练题

1. 请列出本章的知识点和技能点网络图。
2. 画歇山房屋的三面投影，分析空间直线对投影面的位置。
3. 观察造型复杂的建筑物，进行形体分析。
4. 观察形式各异的楼梯，并画出三面投影图。
5. 参观居住小区，观察立体与立体相贯时相贯线的位置及形状，并想象出投影。
6. 收集柱状面、锥状面、双曲抛物面在建筑工程上应用的图片，并分析其投影。
7. 尝试画旋转楼梯模板大样。

学习自测表

层次 / 领域	初级		中级		高级	
认知	了解		运用		综合	
技能	模仿		应用		创造	
情感	激情		心境		热情	

第 4 章　工程中的标高投影

技能要求

1. 说出标高投影的形成规律。
2. 分析点、线、面的标高投影规律及特点。
3. 说出标高投影与三面及六面正投影的区别。
4. 能用标高投影的规律解决工程实际问题。
5. 能绘制地形断面图。

知识要点

标高投影、地形图、点的标高投影、直线的标高投影、平面的标高投影、曲面的标高投影、平面与地形面的交线、曲面与地形面的交线。

4.1　概述

工程建筑物总是和地面联系在一起的，它与地面形状有着密切的关系。因此，在建筑物的设计和施工中，常常需要绘出表达地面形状的地形图（图 4-1），以便在图上解决有关工程问题。但地面形状比较复杂，高低不平，没有规则，而且长度、宽度尺寸与高度尺寸相比要大得多，如仍采用多面正投影法来表达地面形状，不仅作图困难，也不易表达清楚。因此，本章将研究一种新的图示方法，即标高投影法。

标高投影法就是在物体的水平投影图上加注某些特征面、线及控制点的高程数值和比例来表示空间物体形状的一种图示方法。

在标高投影中，水平投影面 H 被称为基准面，标高就是空间点到基准面 H 的距离。一般规定：H 面的标高为零，H 面上方的点标高为正值，下方的点标高为负值。

点的标高投影就是作出点在基准面 H 上的投影，然后在其投影右下角标出该点的标高。如图 4-2a 所示，A 点在 H 面上方 4m，B 点在 H 面下方 3m，作出它们在基准面上的水平投影 a、b，并标注各点的标高即可得到标高投影，见图 4-2b。

标高投影图上必须标明比例或附有比例尺，否则无法根据投影图来确定点在空间的位置。其长度单位如图中没有注明，以 m（米）为单位。

在实际工作中，通常用黄海海平面的平均高度作为基准面，所得标高称为绝对标高。在房屋建筑中，以底层主要地面作为基准面，所得标高称为相对标高。

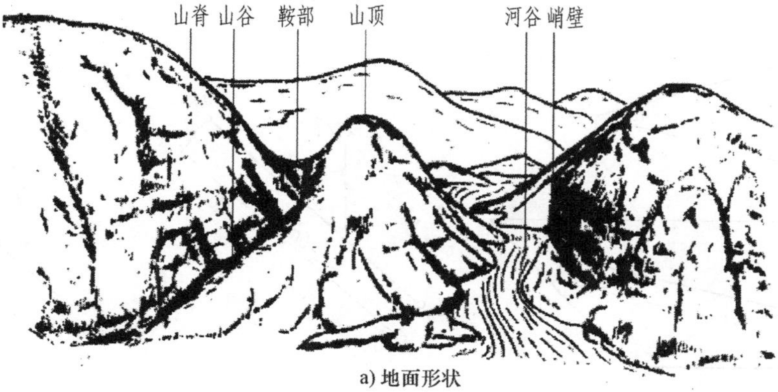

a) 地面形状

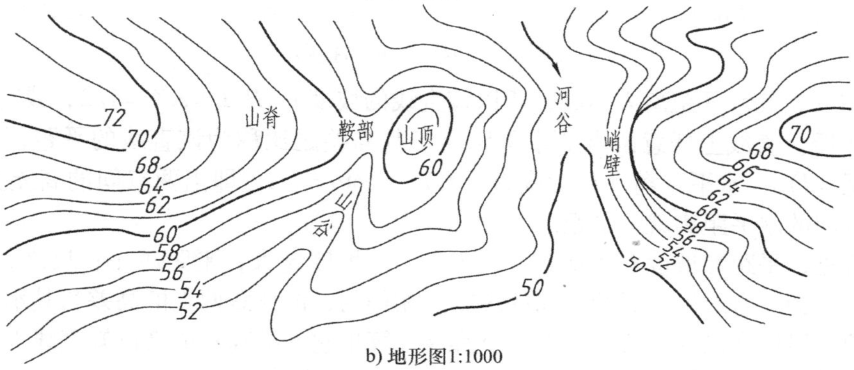

b) 地形图1:1000

图 4-1　地面形状和地形图

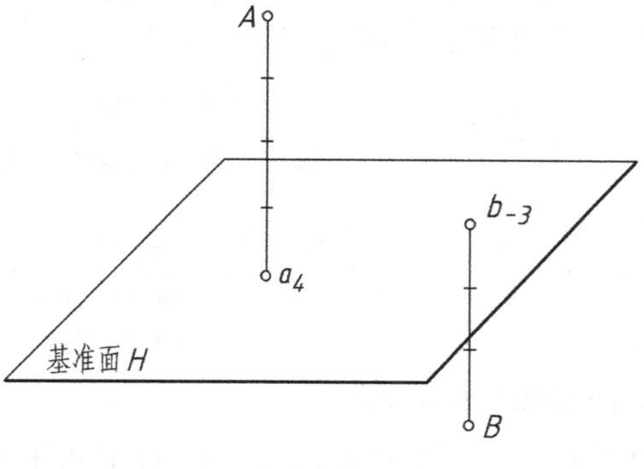

a) 立体图

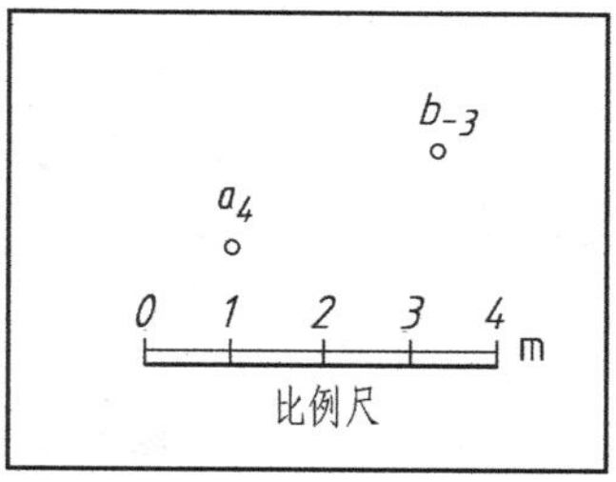

b) 标高投影图

图 4-2　点的标高投影

4.2　直线和平面的标高投影

4.2.1　直线的标高投影

1. 直线标高投影的表示方法　直线的位置可由直线上的两个点或直线上一点及该直线的方向来确定，因此在标高投影中，直线的表示方法有两种，见图 4-3。

2. 直线的坡度和平距

（1）坡度。直线上任意两点的高差与该两点的水平距离之比称为该直线的坡度，用 i 表示，即坡度（i）= 高差（H）/水平距离（L）= $\tan\alpha$。

该式表明两点间水平距离为 1 个单位时两点间的高差，即为坡度。图 4-3 中，直线 AB

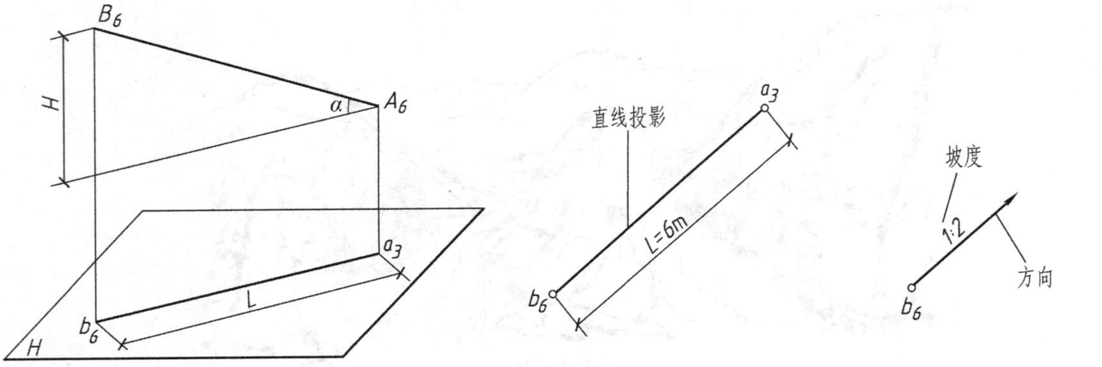

a) 立体图　　b) 直线标高投影形式一　　c) 直线标高投影形式二

图 4-3　直线的标高投影

的高差 $H=3\mathrm{m}$，其水平距离 $L=6\mathrm{m}$，所以该直线的坡度 $i=H/L=3/6=1/2$，或写成 1∶2。

(2) 平距。直线上任意两点的水平距离与其高差之比称为该直线的平距，用符号 l 表示，即平距（l）＝水平距离（L）/高差（H）$=\cot\alpha=l/i$。即当两点间的高差为 1 个单位时，该两点间的水平距离就是平距。

由此可见，平距和坡度互为倒数，即 $i=1/l$。坡度越大，平距越小；反之，坡度越小，平距越大。因为一直线上任意两点间的坡度是相等的，即任意两点的高差与其水平距离之比是一个常数，所以在已知直线上任取一点都能计算出它的标高；或者已知直线上任意一点的标高，可以确定它的投影位置。

[例 4-1]　已知直线 AB 的标高投影 $a_{24.3}b_{12.3}$，见图 4-4a，求直线的坡度及 C 点的高程。

[解]　利用标高投影求直线的坡度及 C 点高程的作图过程见图 4-4。

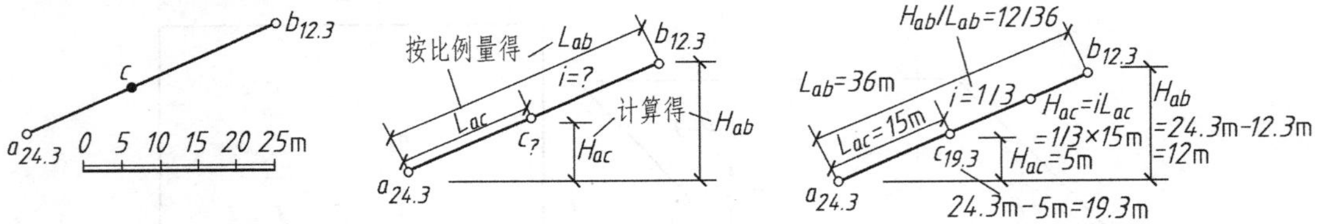

a) 已知条件　　b) 分析　　c) 作图过程

图 4-4　求直线的坡度及 C 点高程

3. 直线的实长和倾角　在标高投影中可求得直线的实长和直线对于水平面的倾角 α，见图4-5。

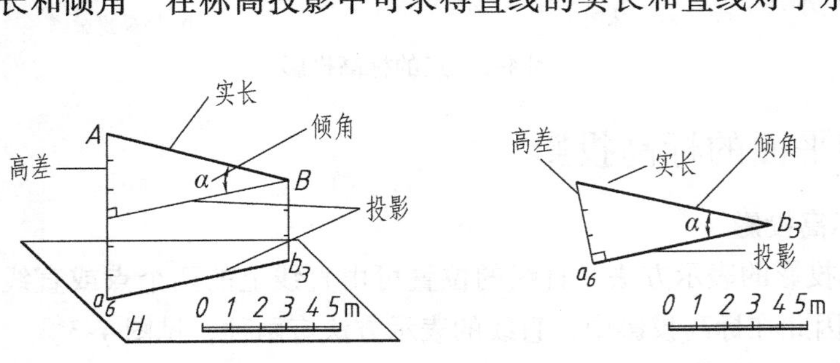

a) 立体图　　b) 投影图

图 4-5　求线段的实长与倾角

4. 直线上整数标高点的求法　在实际工作中，有时遇到线段的两端点并非整数，需要在直线的标高投影上作出各整数标高点，可利用定比分割原理作图来解决这类问题。

[例 4-2] 已知直线 AB 的标高投影 $a_{4.3}b_{7.8}$，见图 4-6a，求直线上各整数标高点。

[解] 利用标高投影求直线上整数标高点的作图过程见图 4-6。

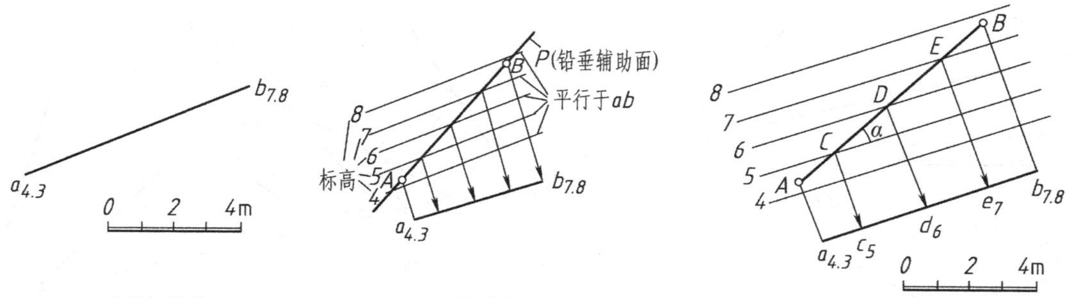

a) 已知条件 b) 分析 c) 作图过程

图 4-6 求直线上整数标高点

显然，各相邻整数标高点间的水平距离（即直线的间距）应该相等。在 P 面上所作的一组等距平行直线也可不按图中的比例尺画出，只要间距相等，其结果相同。

4.2.2 平面的标高投影

1. 平面上的等高线 平面上的水平线称为平面上的等高线，见图 4-7。在实际应用中，常取高差相等、标高为整数的等高线，并且把平面与基准面 H 的交线作为高程为零的等高线。

平面上的等高线有以下特征：

1） 等高线是直线。

2） 等高线互相平行。

3） 相邻等高线高差相等时，水平距离也相等。

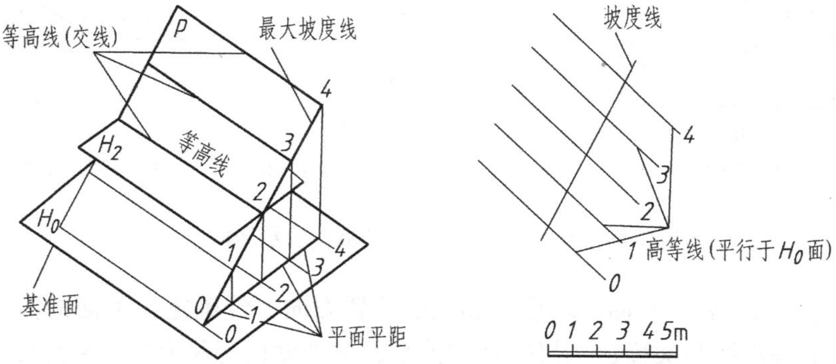

a) 立体图 b) 投影图

图 4-7 平面内的等高线和坡度线

2. 平面内的坡度线 平面内对水平面的最大斜度线就是平面内的坡度线，见图 4-7。坡度线与等高线垂直，并且坡度线对基准面的倾角就是该平面对基准面的倾角。

3. 坡度比例尺 将平面上的最大坡度线的投影附以整数标高，并画成一粗一细的双线，就成为平面的坡度比例尺。

[例 4-3] 已知一平面 ABC，其标高投影为 $a_5b_9c_4$，见图 4-8a，求该平面与 H 面的倾角。

[解] 利用标高投影求平面与 H 面倾角的作图过程见图 4-8。

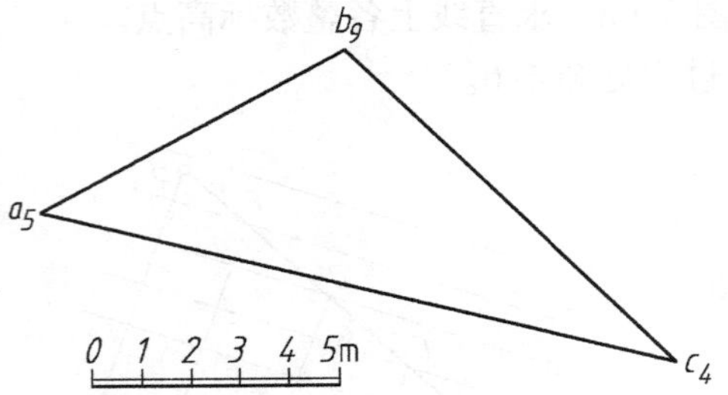

a) 已知条件

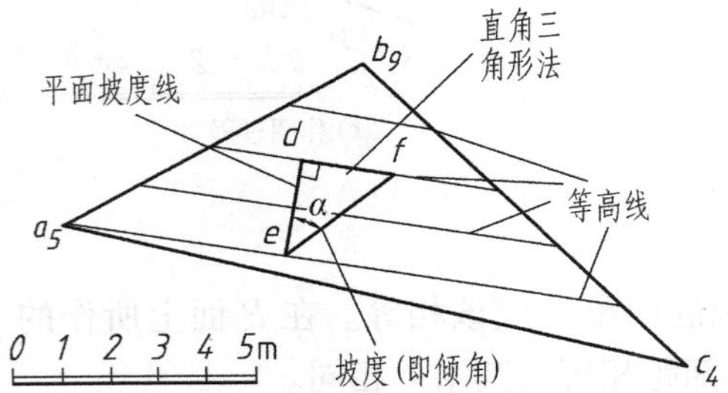

b) 分析

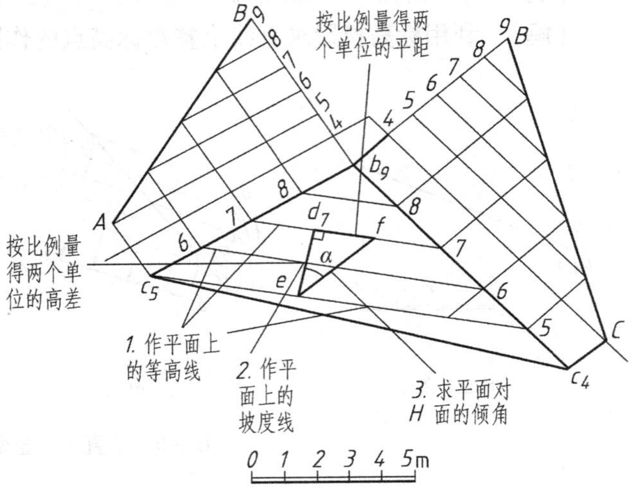

c) 作图过程

图 4-8　求平面与 *H* 面的倾角

4. 平面的表示法

1）用两条等高线表示平面。如图 4-7b 所示，图中的任两条等高线（如 3、4）均可表示平面 *P*。

2）用一条等高线加注坡度表示平面，见图 4-9b。坡度也可用等高线表示，见图 4-9c。

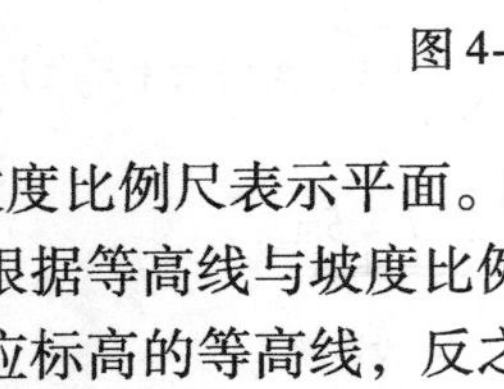

a) 立体图

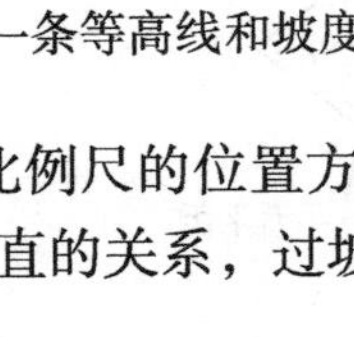

b) 一条等高线加注坡度表示平面

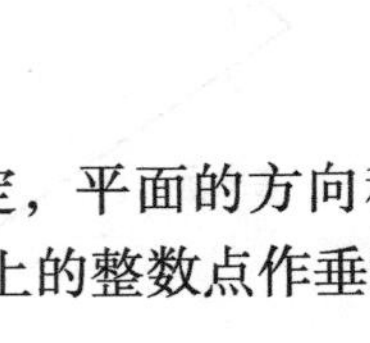

c) 用等高线表示坡度

图 4-9　用一条等高线和坡度表示平面

3）用坡度比例尺表示平面。坡度比例尺的位置方向一经确定，平面的方向和位置也就随之确定。根据等高线与坡度比例尺垂直的关系，过坡度比例尺上的整数点作垂线，则可得到平面上相应标高的等高线，反之亦然。

4）用一倾斜直线和平面的坡度表示平面。如图 4-10 中斜面 *ABC* 的表示。

5. 两平面的相对位置　两平面在空间的相对位置可分为平行与相交两种情况，见图 4-11。

（1）平行。如果两平面平行，则它们的坡度比例尺和等高线互相平行，平距相等，标高数字的增减方向一致，见图 4-11a。

（2）相交。两平面相交的标高投影见图 4-11b。在标高投影中求两平面的交线，是利用辅助平面法在相交平面上求得两个共有点，其连线即为两平面的交线。通常采用水平面作为辅助面，见例 3-4。水平辅助面与 *P*、*Q* 两平面的截交线是两条相同高程的等高线，这两条等高线的交点就是两平面的共有点，分别求出两个共有点并连接起来，即可求得交线。

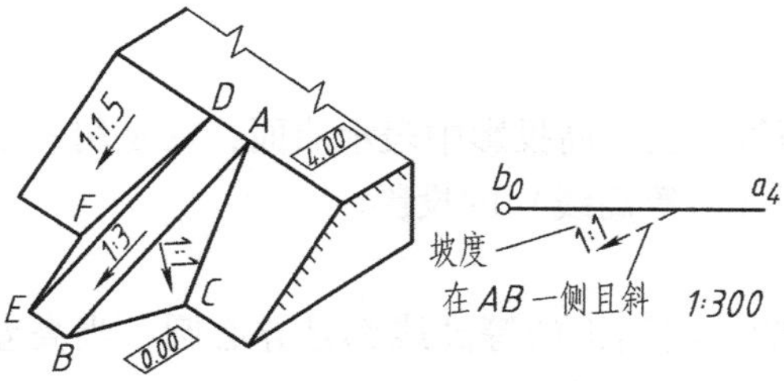

a) 立体图　　b) 平面及坡度表示

图 4-10　用一倾斜直线和坡度表示平面

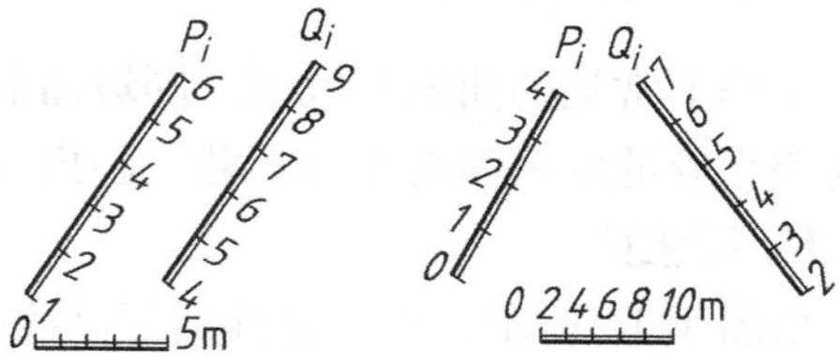

a) 平行　　b) 相交

图 4-11　两平面的相对位置

[例 4-4]　如图 4-12a 所示，求 *P*、*Q* 两平面的交线。

[解]　求两平面交线的作图过程见图 4-12。

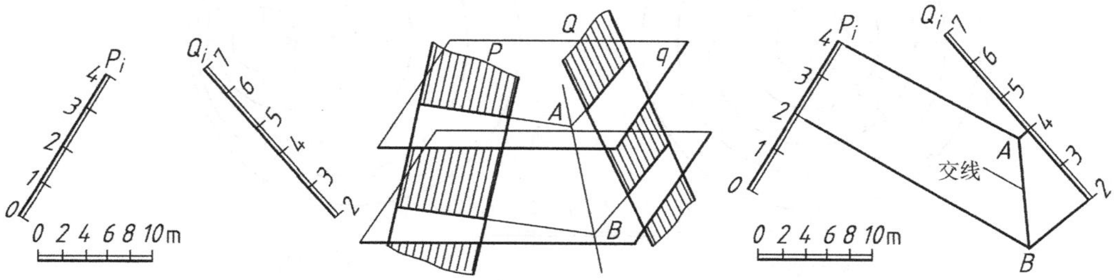

a) 已知条件　　b) 分析　　c) 作图

图 4-12　求两平面的交线

6. 坡面交线、坡脚线或开挖线　在工程中，把建筑物相邻两坡面的交线称为坡面交线，坡面与地面的交线称为坡脚线（填方）或开挖线（挖方）。坡面倾斜情况可用示坡线表示，见图 4-13c。图中长短相间的细实线称为示坡线，它与等高线垂直，用来表示坡面，并画在坡面高的一侧。

[例 4-5]　已知主堤和支堤相交，顶面标高分别为 3m 和 2m，地面标高为 ±0.00，各坡面坡度见图 4-13a，试作相交两堤的坡面交线、坡脚线或开挖线。

[解]　作相交两堤的坡面交线、坡脚线或开挖线，即画出两平面相交的标高投影图。作图过程见图 4-13。

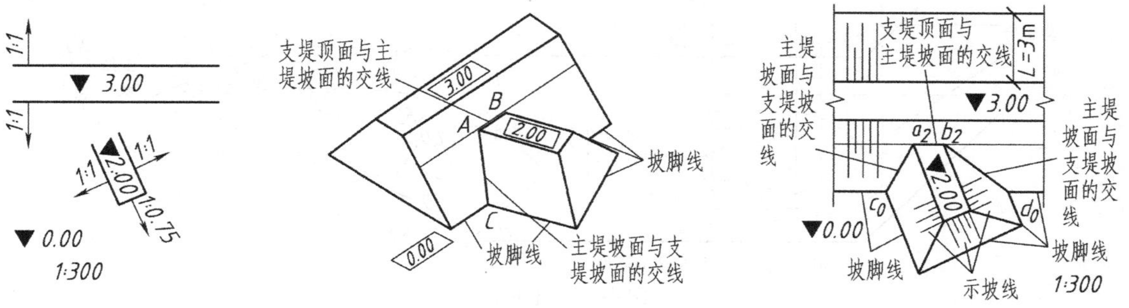

a) 已知条件　　b) 分析　　c) 作图过程

图 4-13　求两平面的交线

4.3 曲面的标高投影

工程上常见的曲面有锥面、同坡曲面和地形面等。在标高投影中表示曲面，就是用一系列高差相等的水平面与曲面相截，画出这些截交线（即等高线）的投影。

4.3.1 圆锥面

如图4-14所示，正圆锥面的等高线都是同心圆，斜圆锥的等高线都是异心圆；当高差相等时，等高线间的水平距离相等；圆锥面示坡线的方向应指向锥顶。

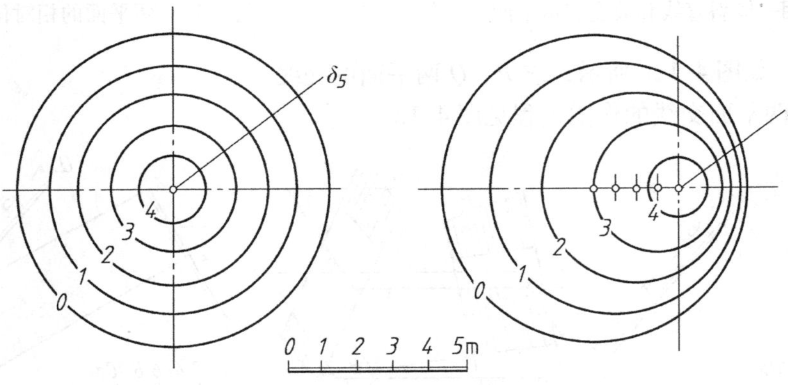

a) 正圆锥　　b) 斜圆锥

图4-14　圆锥的标高投影

图示时应注意以下几点：必须注明锥顶高程，否则无法区分圆锥与圆台；等高线在遇到标高数字时必须断开；标高字头朝向高处以区分正圆锥与倒圆锥；等高线的疏密反映了坡度的大小。

4.3.2 地形图

地形图的表示法见图4-15。地形图是通过测量方法得到的。用这种方法表示地形面，能清楚地反映出地面的形状，地势的起伏变化，以及坡向等。

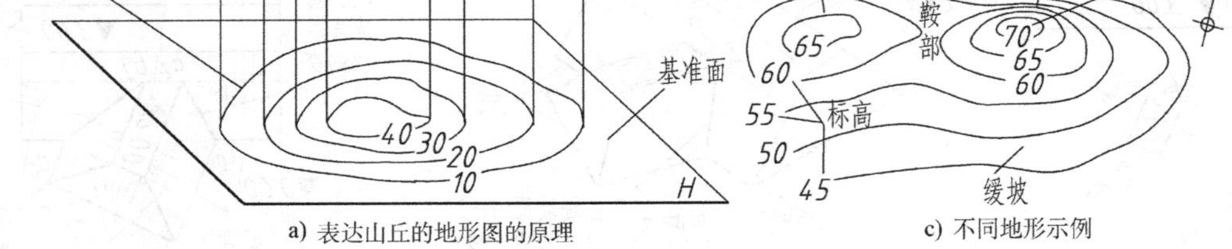

a) 表达山丘的地形图的原理　　b) 山丘标高投影图　　c) 不同地形示例

图4-15　地形图

由于地形面是不规则曲面，所以它的等高线是不规则的曲线。地形等高线有下列特征：等高线一般是封闭曲线（在有限的图形范围内可不封闭）；除悬崖、峭壁外，等高线不相交；同一地形内，等高线越密地势越陡，反之等高线越稀疏地势越平坦。为了便于看地形图，现把典型地貌在地形图上的特征归纳在图 4-16 中。

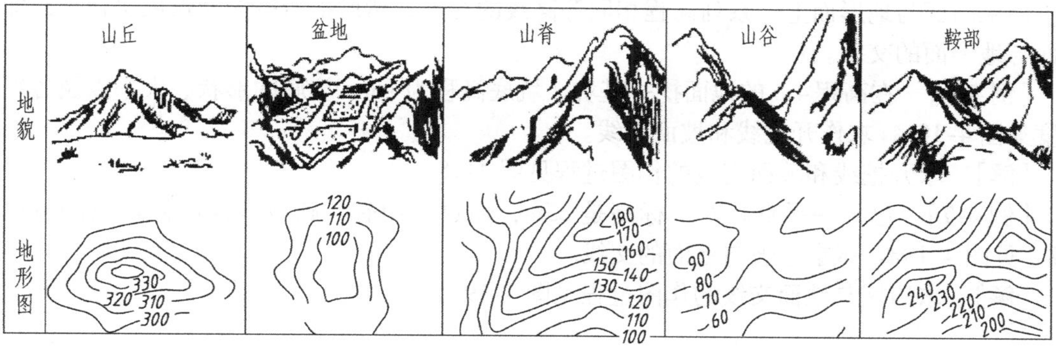

图 4-16　典型地貌在地形图上的特征

4.3.3　地形断面图

用铅垂面剖切地形面，画出剖切平面与地形面的截交线，形成断面。在断面上画出地面的材料图例，即为地形断面图。其作图方法见图 4-17。

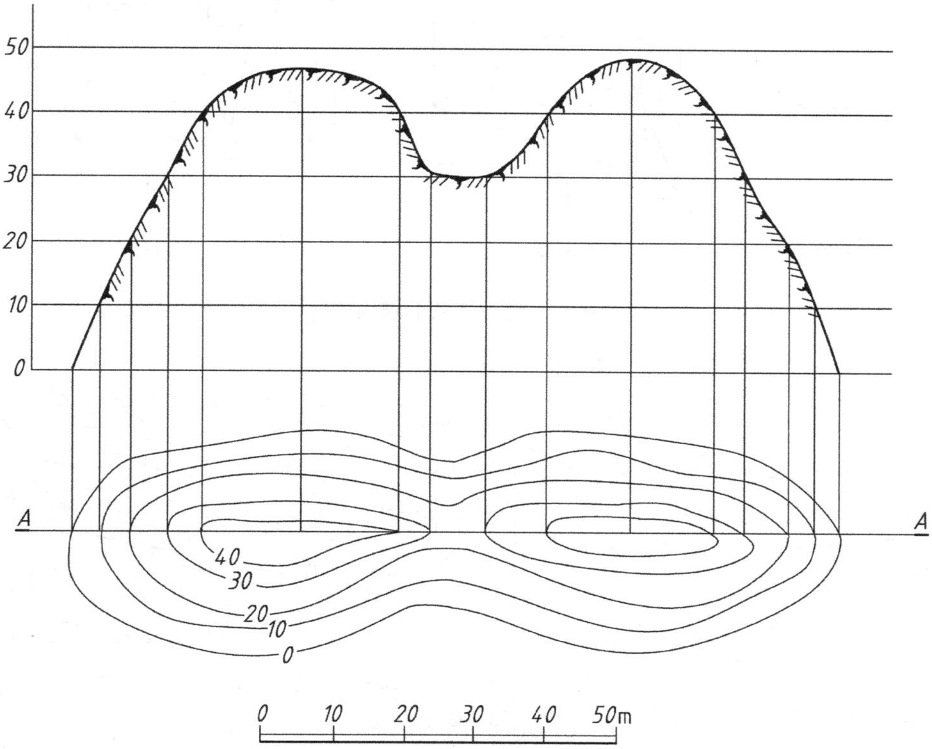

图 4-17　地形断面图

4.4　工程实例

在土建工程中，经常要应用标高投影来求解工程建筑物坡面的交线以及坡面与地面的交线，即坡脚线和开挖线。由于建筑物的表面可能是平面或曲面，地形面也可能是水平地面或是不规则地面，因此，它们的交线性质也不一样，但是求解交线的基本方法仍然是采用水平辅助平面来求两个面的共有点。如果交线是直线，只需求出两个共有点并连以直线；如果交线是曲线，则应求出一系列共有点，然后依次光滑连接，即得交线。求曲面与地形面的交线，即求曲面与地形面上一系列高程相同等高线的交点，然后把所得的交点依次相连，即为曲面与地形面的交线。

[例4-6] 在高程4m的地面挖一基坑，坑底高程为1m；坑底的形状、大小以及各坡面坡度见图4-18a，求作开挖线和坡面交线。

[解] 求开挖线和坡面交线的作图过程见图4-18。

[例4-7] 已知一平直路段，标高是25m，通过一山谷，路段南北两侧边坡的坡度为3/2，见图4-19a，试求边坡与地面的交线。

[解] 求边坡与地面交线的作图过程见图4-19。

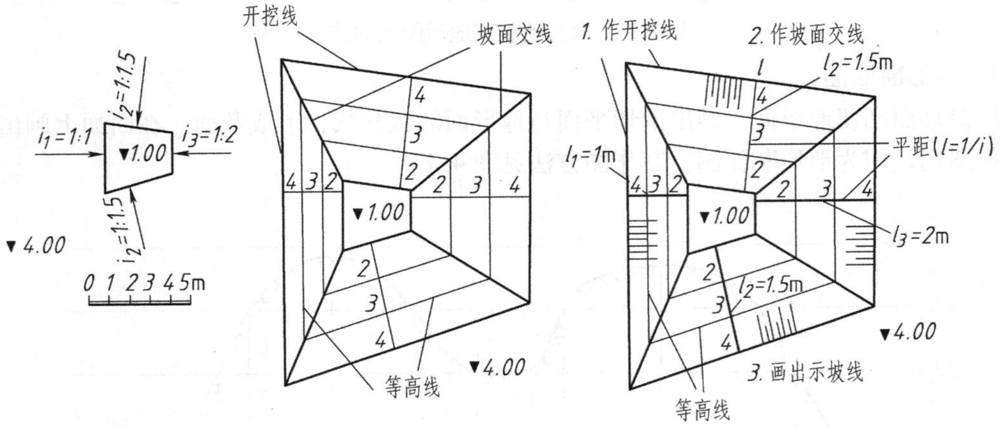

a) 已知条件　　b) 分析　　c) 作图过程

图4-18　作开挖线和坡面交线

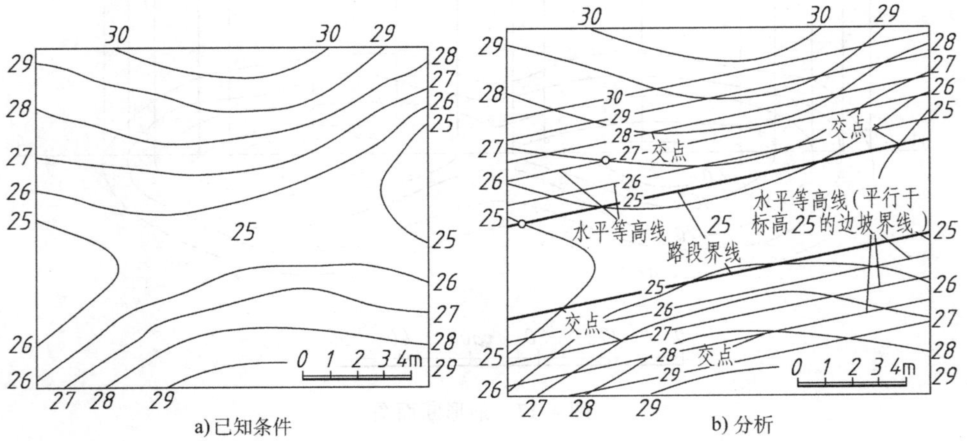

a) 已知条件　　b) 分析

图4-19　作道路边坡与地面的交线

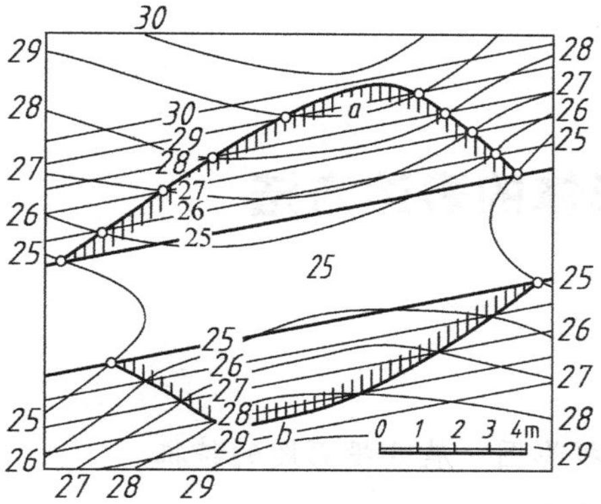

c) 作图过程

1. 求边坡间距，做出边坡上的整数标高等高线。
2. 求交点。
3. 连线，将求得的交点按标高的顺序连接起来。在连线时，要注意北坡标高为29的两点之间的交线连法。这一段曲线上转向点a至地面等高线29和30的距离之比，应等于此点至边坡上标高为29和30两等高线的距离之比。同样方法求出南坡上的点b。

图 4-19　作道路边坡与地面的交线（续）

能力拓展训练题

1. 请列出本章的知识点网络图。
2. 说出在什么情况下使用标高投影表达工程建筑物?
3. 画直线的标高投影，并练习用不同的表示方法表示。
4. 理解直线的坡度、平距的含义，并在直线的标高投影中表示出来。
5. 观察建筑形体，指出两平面在空间的相对位置。
6. 观察不同状态的地形，会用标高投影的形式表达，并简述其特征。
7. 说出以下两图的区别。

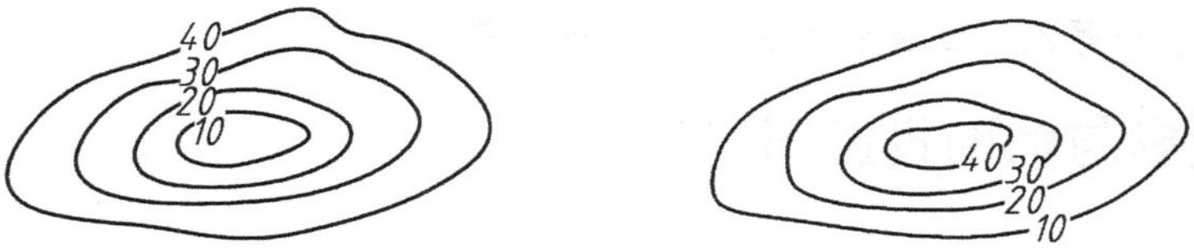

8. 说出 a_0、b_{-9}、c_7 的含义。

学习自测表

层次 / 领域	初　级		中　级		高　级	
认知	了解		运用		综合	
技能	模仿		应用		创造	
情感	激情		心境		热情	

第 5 章　建筑形体的表达方法

技能要求

1. 说出六面投影图、第三角投影图、镜像投影图、展开投影图的特征。
2. 分析剖面图的形成，说出剖面图的标注要素。
3. 画出三种剖面图并说明其适用范围。
4. 说出断面图的标注要素。
5. 画出两种断面图并说明适用范围。
6. 说出建筑制图中常用的简化画法。
7. 分析轴测投影特性。
8. 画出形体的正等测、斜二测投影图。
9. 分析轴测剖面图的画法与剖面图画法的区别。

知识要点

六面投影图、第三角投影、镜像投影图、全剖面图、半剖面图、局部剖面图、移出断面图、重合断面图、对称图形画法、折断省略画法、相同结构省略画法、构件局部不同画法、正轴测、斜轴测、正等测、正面斜二测、水平斜二测。

5.1　多面投影与辅助投影图

5.1.1　六面投影

形体的形状一般用三面投影图即可表示，但是当形体较复杂时，为了便于画图和读图，可增画投影图。

在原来三个投影面（V、H、W）的基础上，再增加与它们各自平行的三个投影面，在空间构成一个方箱式的六个投影面。把形体放在其中，向各投影面进行正投影，将各投影面展开到一个平面上，便得到形体的六面投影图，见图 5-1。

在建筑制图中，把正面投影称为正立面图，水平投影称为平面图，侧面投影称为左侧立面图。其他投影根据投射方向分别称为右侧立面图、底面图和背立面图。

当六面投影按图 5-1c 所示位置排列时，一般可不加注名称；不符合上述位置时，均要加注名称。

5.1.2　第三角投影

互相垂直的三个投影面 V、H、W 把空间分成八个分角，依次称为第一分角、第二分角、……第八分角，见图 5-2a。通常把形体放在第一分角进行正投影，所得的投影图称为第

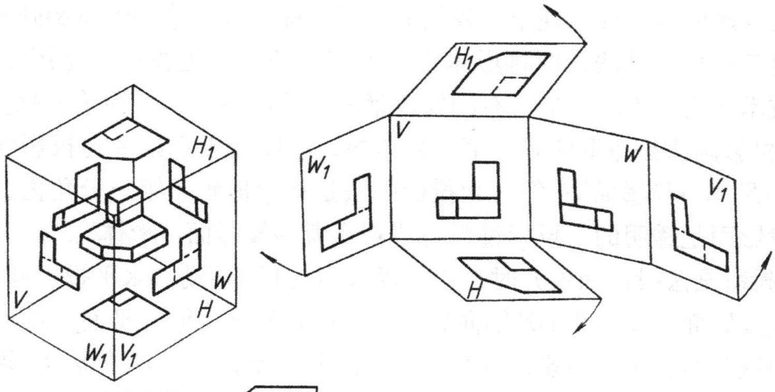

a) 立体图　　　　b) 展开方式

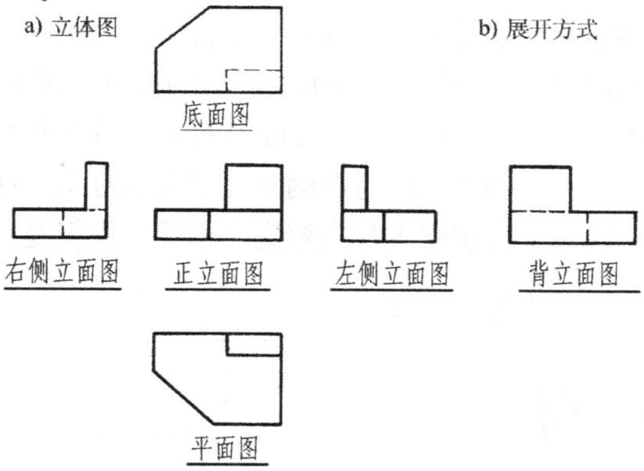

c) 六面投影图配置

图 5-1　六面基本投影图的配置

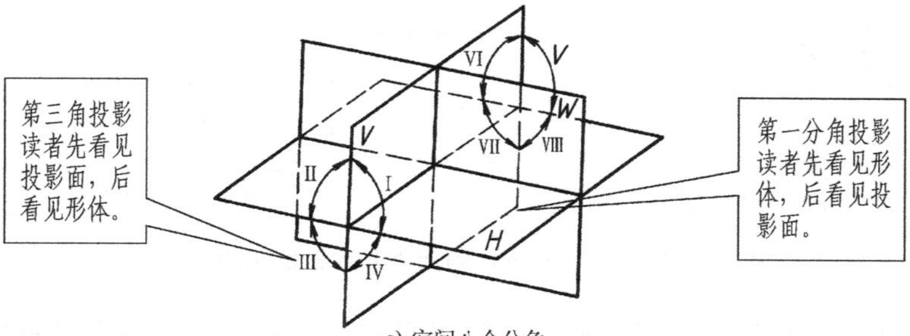

a) 空间八个分角

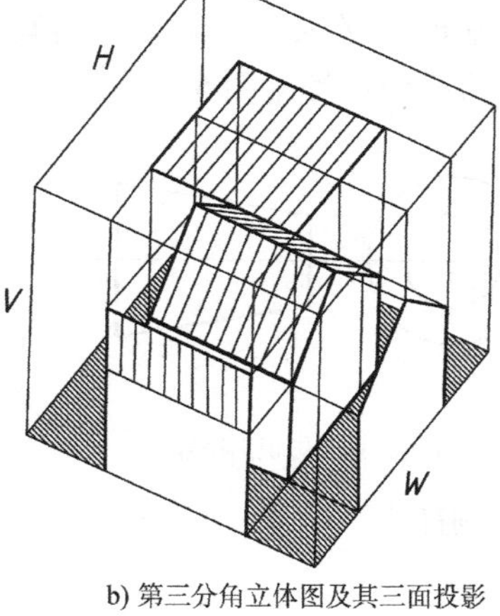

b) 第三分角立体图及其三面投影

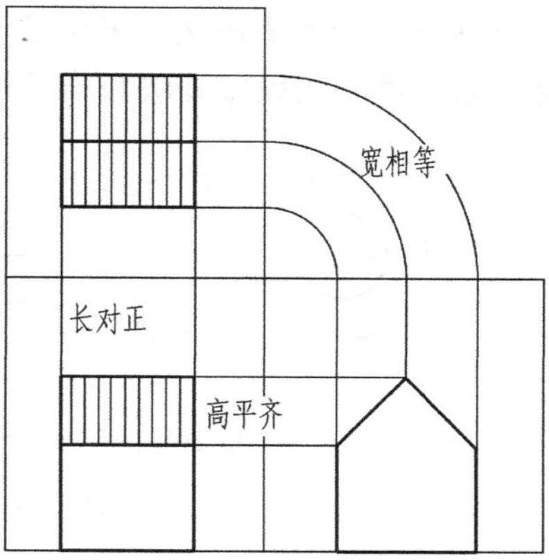

c) 第三角三面投影

图 5-2　第三角投影

一角投影。根据我国的制图标准规定，我国的工程图样均采用第一角投影画法。但世界上有的国家则采用第三角投影画法，即将形体放在第三分角进行正投影，见图 5-2b。随着国际间技术合作、技术交流的不断增加，有必要对第三角投影画法作一简单了解。

1）第一角投影画法是将形体置于第一分角内，形体处于观察者与投影面之间，投影过程为“观察者→形体→投影面”；第三角投影画法是将形体置于第三分角内，形体处于投影面之后，假定投影面是透明的，投影过程为“观察者→投影面→形体”。

2）第一角投影画法投影面展开时，正立投影面（V）不动，水平投影面（H）绕 OX 轴向下旋转，侧立投影面（W）绕 OZ 轴向后旋转，使它们处于同一平面，见图 5-1b。第三角投影画法投影面展开时，正立投影面（V）不动，水平投影面（H）绕 OX 轴向上旋转，侧立投影面（W）绕 DZ 轴向前旋转，使它们处于同一平面，见图 5-3a。

3）投影面展开后，第三角投影画法中六个基本投影图的配置情况见图 5-3b。与第一角投影画法中六个基本投影图的配置（图 5-1c）相比较可以看出：各投影图以正立面图为中心，平面图与底面图的位置上下对调，左侧立面图与右侧立面图左右对调，这是第三角投影面法与第一角投影画法的根本区别。实际上各视图本身内容完全相同，仅仅是它们的位置不同。

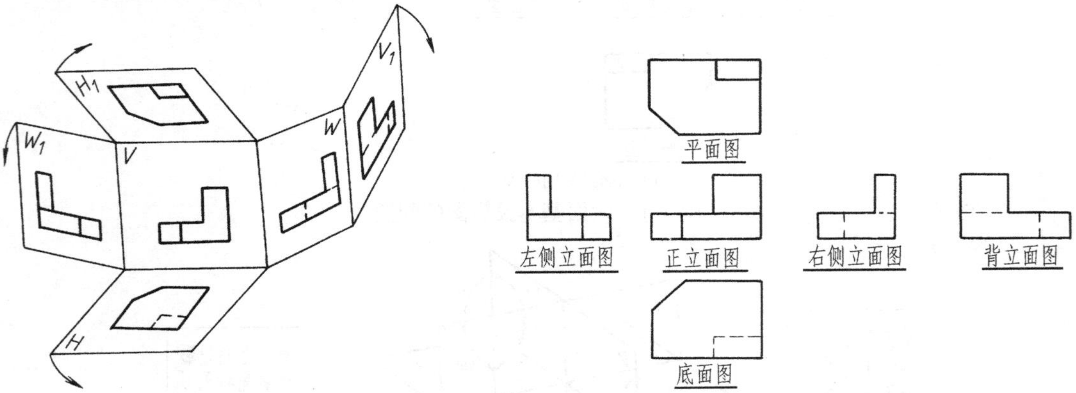

a) 第三角展开示意　　b) 第三角六面投影

图 5-3　第三角投影画法中六个基本投影图的配置

由于我国一般不采用第三角投影画法，所以只有在必要时（如按合同规定的涉外工程中）才允许使用第三角投影画法。采用第三角投影画法时，必须在图纸上画出其识别符号，以避免引起误解。第一角投影画法和第三角投影画法的识别符号见图 5-4。

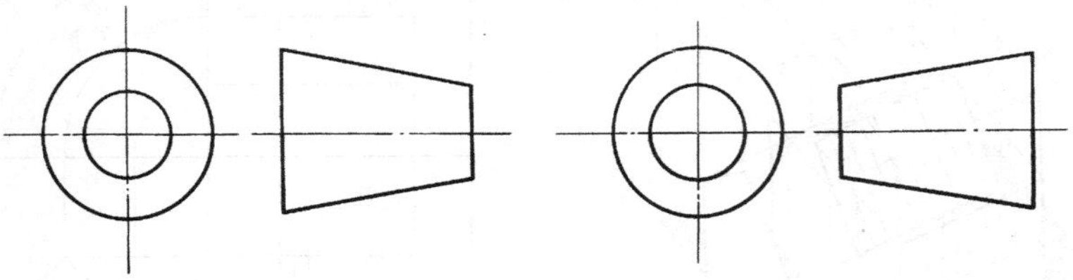

a) 第一角投影识别符号　　b) 第三角投影识别符号

图 5-4　两种投影法的识别符号

5.1.3　辅助投影图

前面介绍了以正投影原理绘制三面投影图来表达形体的方法。在生产实践中，仅用三面投影图有时难以将复杂形体的外部形状和内部结构简便、清晰地表示出来，为此，制图标准中规定了多种表达方法，画图时可根据具体情况适当选用。

1. 镜像投影图　镜像投影法属于正投影法。镜像投影是形体在镜面中的反射图形的正投影，该镜面应平行于相应的投影面，见图 5-5a。

在房屋建筑图中，常用这种镜像平面图来表示室内顶棚的装修、灯具，或古建筑中殿堂室内房顶上的藻井（图案花纹）等构造。图 5-5c 所示为用直接正投影法画出的这个物体的两个图样（平面图和底面图），以供读者与图 5-5b 中镜像平面图作对比。

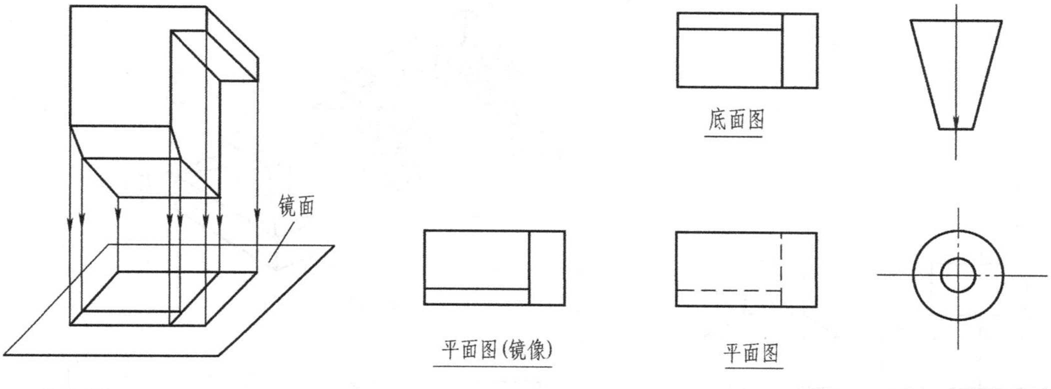

a) 镜像投影的形成　b) 所得的视图　c)与直接正投影法对比　d) 镜像投影标识

图 5-5　镜像投影图

2. 展开投影图　当形体立面的某些部分与投影面不平行（如圆形、折线形、曲线形等）时，可将该部分展至（旋转）与投影面平行后再进行正投影。这时要在图名后加注“展开”字样，见图 5-6。

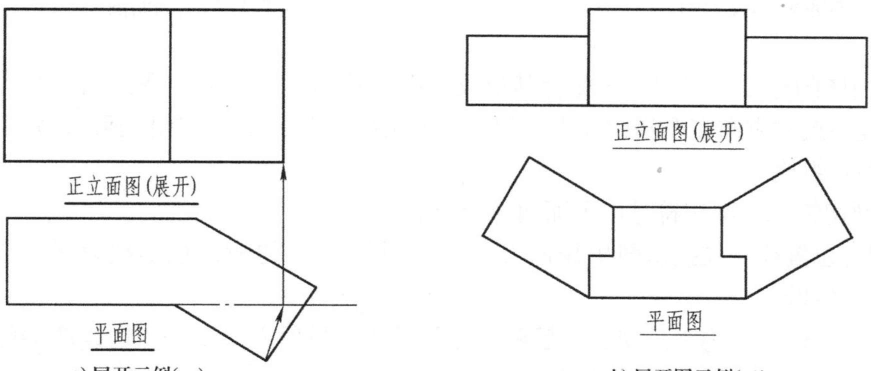

a) 展开示例(一)　b) 展开图示例(二)

图 5-6　展开投影图

5.2　剖面图

5.2.1　剖面图的形成与标注

1. 剖面图的形成　由前面的讲述可以看到，形体的三面投影图只能表明形体外形的可见部分的轮廓线，形体上不可见的轮廓线在投影图中用虚线表示。这对于内部构造比较复杂的形体来说，必然形成图中的虚、实线重叠交错，混淆不清，既不易识读，又不便于标注尺寸。要解决这一问题，必须减少和消除投影中的虚线。在工程图中采用剖视的方法，就是假想用一个剖切面将形体剖开，移去剖切面与观察者之间的那部分形体，将剩余部分向与剖切面平行的投影面做投影，并将剖切面与形体接触的部分画上剖面线或材料图例，这样得到的投影图称为剖面图。

将图 5-7 中的正立面图和图 5-8 中的剖面图比较就可以看出，基础内部的形状、大小和构造在剖面图中表示得更加清楚。

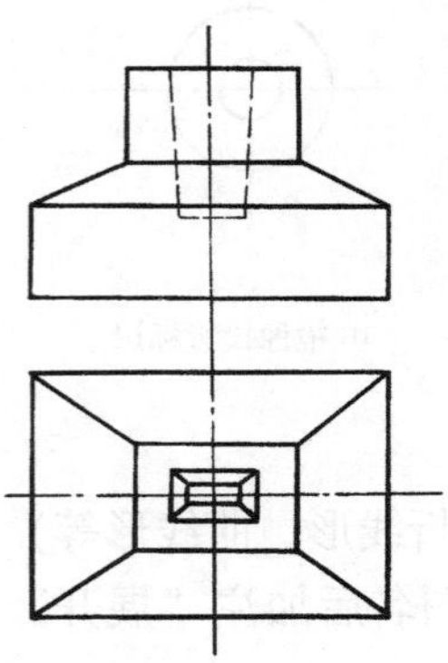

图 5-7　杯形基础投影图

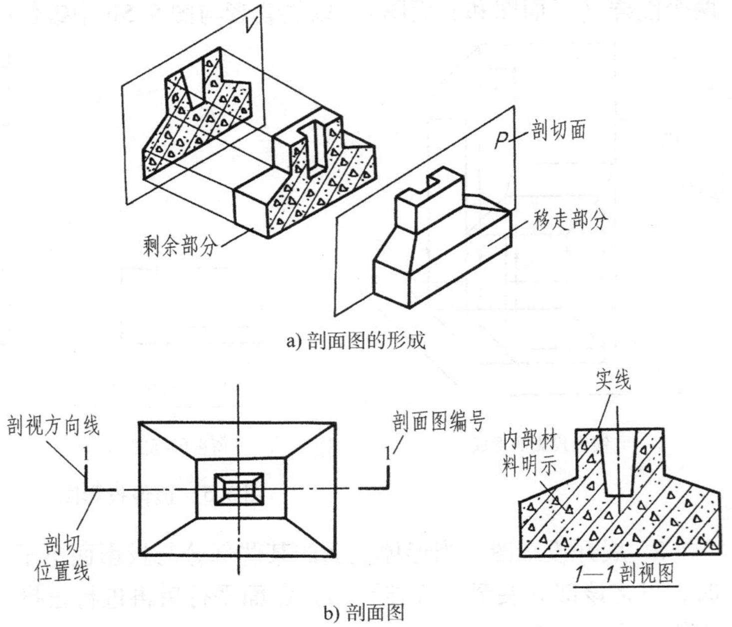

图 5-8　杯形基础剖面图

2. 剖面图的标注　用剖面图配合其他投影图表达形体时，为方便读图，要将剖面图中的剖切位置和投射方向在图样中加以说明，这就是剖面图的标注。制图标准规定，标注由剖切符号和编号组成。

（1）剖切符号。剖切符号由下面两部分组成：

1）剖切位置线。在投影图中用断开（不穿越图形）的两段粗实线表示，长度为 6 ~ 10mm，见图 5-8b。

2）剖视方向线。为了表明剖切后剩下部分形体的投射方向，在剖切线两端的同侧各画一段与之垂直的短粗实线表示投射方向，长度为 4 ~ 6mm，见图 5-8b。

（2）编号。对复杂结构的形体，可能要同时剖切几次，为了区分清楚，对每一次剖切要进行编号。规定用阿拉伯数字编号，书写在表示投射方向的短粗实线一侧，并在所得剖面图的下方写上“1—1 剖面图”作为图名，同时在图名的下方画上与之等长的粗实线，见图 5-8b。

（3）材料图例。剖面图中剖切面剖出的断面的投影必须画上表示材料类别的图例（见表 5-1）。当没有指明材料图例时，要用剖面线表示。剖面线用 45°方向等间距的平行线表示，其线型为细实线。当一个形体有多个剖出的断面时，所有图例线方向和间距应相同。

表 5-1　常用建筑材料图例

图　例	名　称	图　例	名　称
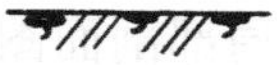	自然土壤	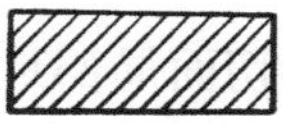	普通砖
	夯实土壤	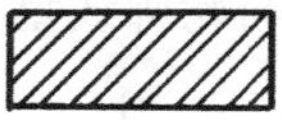	金属
	砂、灰土		多孔材料
	混凝土		木材
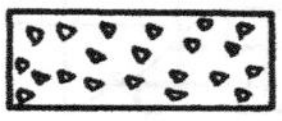	砂砾石、碎砖三合土	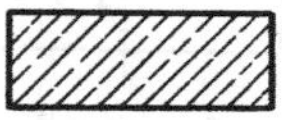	天然石材
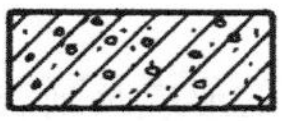	钢筋混凝土		纤维材料

5.2.2　剖面图的分类与画法

1. 剖面图的分类

（1）全剖面图。用剖切面完全地剖开形体所得到的剖面图，称为全剖面图，见图 5-9。在剖面图中，被剖切后形成断面图形的轮廓线用粗实线画出，且在断面上画出剖面线；未剖切到的但在剖视方向仍可见到轮廓线也用粗实线画出，不可见的线（虚线）一般不再画出。

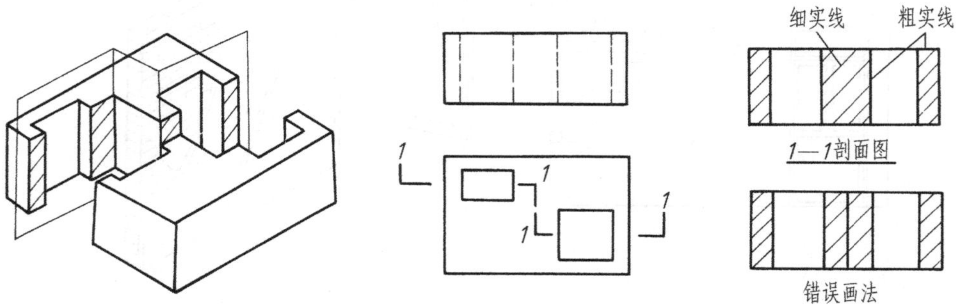

a) 形成　　b) 标注方法　　c) 全剖面图画法正误对照

图 5-9　全剖面图

（2）半剖面图。当形体内外形状均为左右或前后对称，而外形又比较复杂时，可将其投影的一半画成表示外部形状的正投影，另一半画成表示内部结构的剖面图。对称线用单点长画线表示。当对称中心线为铅竖线时，将外形投影绘在中心线左方，剖面图绘在中心线右方；当对称中心线为水平线时，将外形投影绘于水平中心线上方，剖面图绘在水平中心线下方。这种投影图和剖面图各占一半的图，称半剖面图。半剖面图的标注和全剖面图相同。剖切后在半个剖面图中已清楚表达了内部结构形状，所以在另半个视图中虚线一般不再画出，见图 5-10。

（3）局部剖面图。用剖切面局部地剖开形体后所得到的视图，称为局部剖面图。局部剖面图只是形体整个投影图中的一部分，因此不标注剖切线，但是局部剖视和外形之间要用波浪线分开，且波浪线不得与轮廓线重合，也不得超出轮廓线之外，见图 5-11。

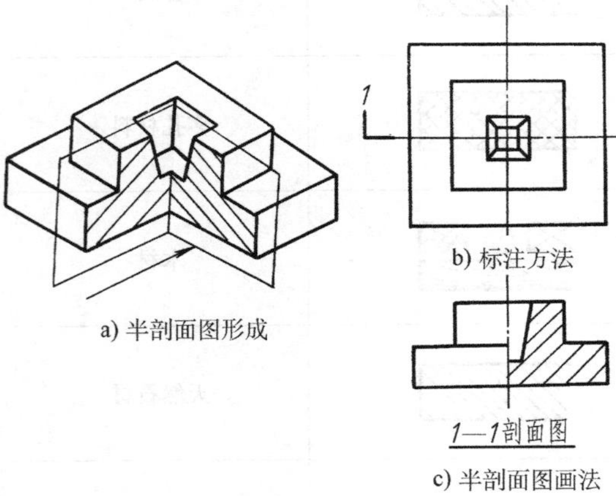

a) 半剖面图形成
b) 标注方法
c) 半剖面图画法

图 5-10　半剖面图

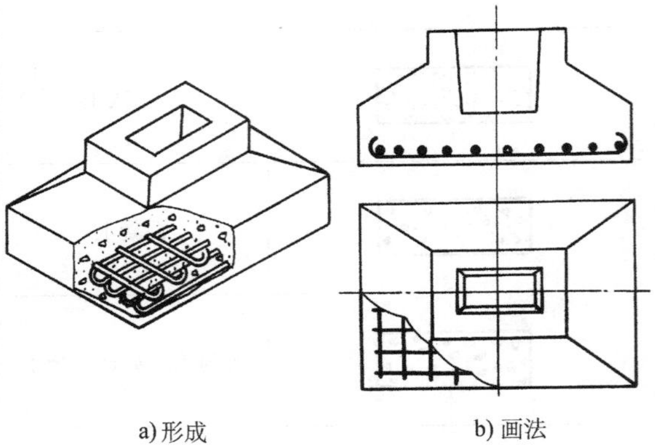
a) 形成
b) 画法

图 5-11　局部剖面图的形成及画法

在工程图中，为了表示形体局部的构造层次，用分层剖切的方法画出各构造层次的剖面图，称为局部分层剖面图，见图 5-12。

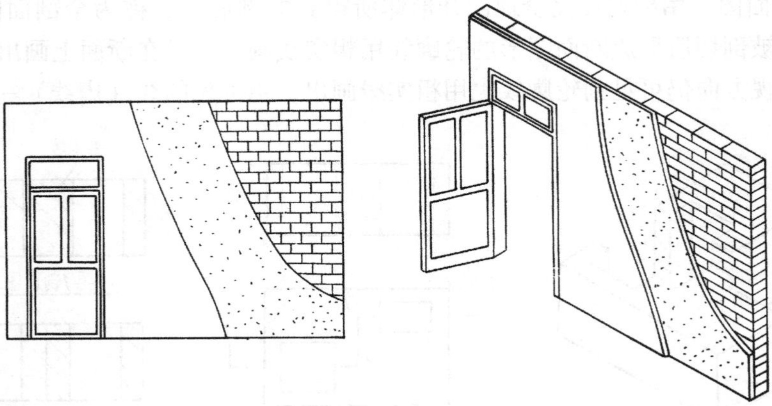

图 5-12　局部分层剖面图

2. 剖面图的画法

（1）确定剖切面的位置。画剖面图时，应将剖切面设在形体需要剖切的部位，使剖切后作出的剖面图能清楚地反映出所要表达部分的真实形状。形体在构造上有对称面的，剖切面一般应通过对称中心面或孔的轴线，并和投影面平行。

（2）画剖面图。按剖切面的剖切位置，假想移去形体的剖切面和观察者之间的部分，根据留下的部分形体作出投影图。因为剖切是假想的，因此画其他投影图时，不应受到剖切的影响，仍然按完整的形体投影图画出。

（3）画材料图例。

［例 5-1］ 绘出图 5-13 所示的预制混凝土水槽的 1—1 剖面图、2—2 剖面图。

［解］ 该水槽剖面图的具体作图步骤见图5-13。

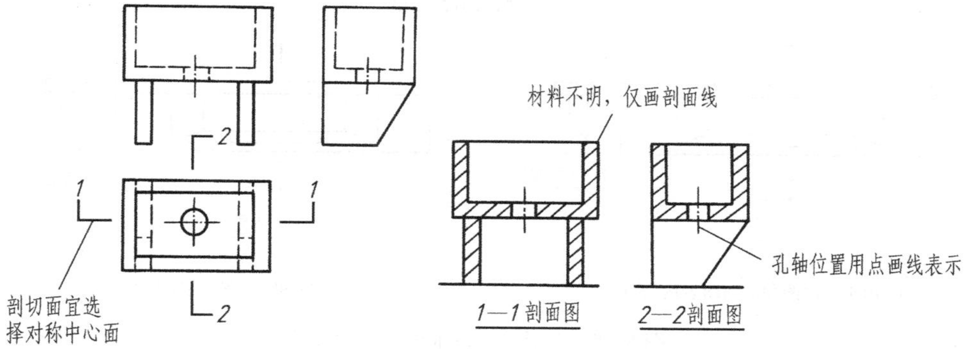

a) 根据三面投影想象空间形状　　b) 按照剖切位置的空间形状画剖面图

图 5-13　剖面图的画法示例

5.3　断面图

5.3.1　断面图的形成与标注

1. 断面图的形成　同剖面图形成的方式一样，假想用剖切面将形体剖开后，仅将剖切面切到的部分即截断面向剖切面平行的投影面作投影，所得到的图形称为断面图，又称截面图，见图 5-14、图 5-15。从中可以看出，断面图只画出剖切到部分的图形，剖面图除画出断面图形外，还应画出沿投射方向未被切到但能看到部分的投影。显然，剖面图中包含了断面图。

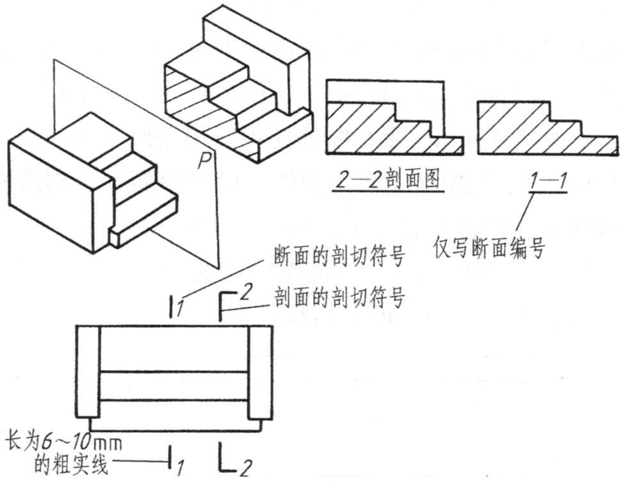

图 5-14　台阶的剖面图与断面图

2. 断面图的标注　只有画在投影图之外的断面图才需要标注，见图 5-14。断面的剖切位置线同剖面图一样，用一不穿越图形的短粗实线表示，长度一般为 6～10mm。断面图不画剖视方向线，因为截面内容往哪个方向看都相同。断面图的编号、材料图例、图线线型均与剖面图相同，图名注写时只写上编号即可，不再写“断面图”三个字。

5.3.2　断面图的分类与画法

1. 断面图的分类　根据断面图布置的位置不同分移出断面图、重合断面图。

（1）移出断面图。画在视图以外的断面称为移出断面图，见图 5-16。移出断面图应靠

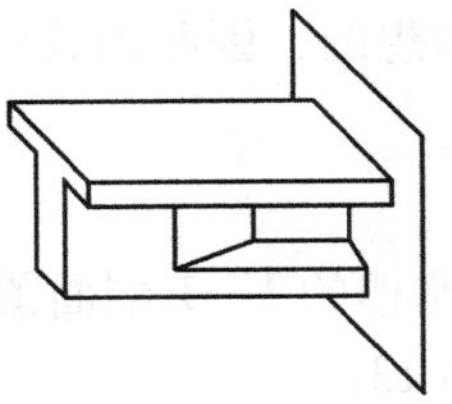

a) 用剖切平面剖切T形梁

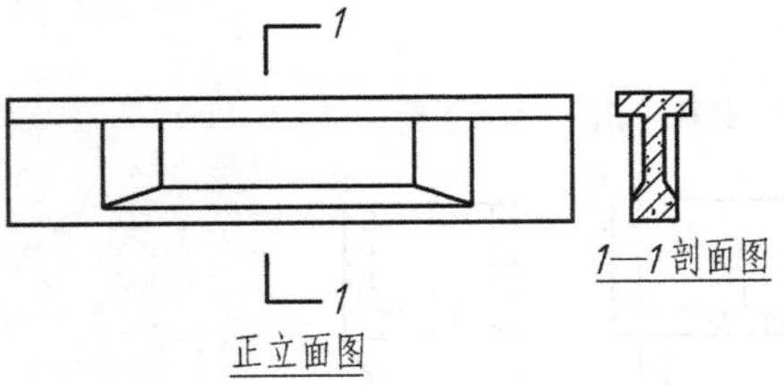

b) 用正立面图和剖面图表达T形梁

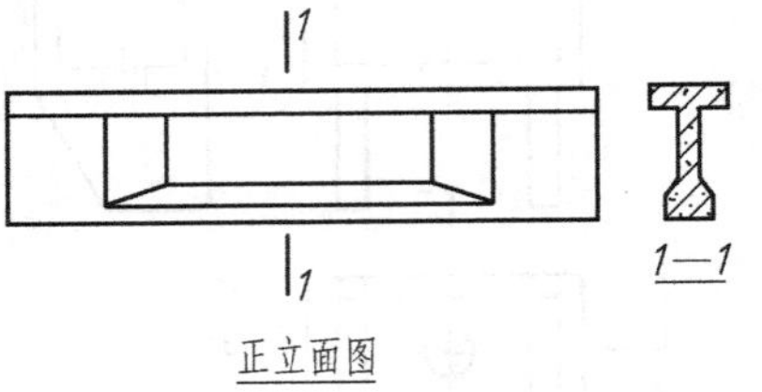

c) 用正立面图和断面图表达T形梁

图 5-15　T 形梁的剖面图与断面图

近投影图，以便于识读。移出断面图尺寸较小时，断面可涂黑表示。断面图也可用较大的比例绘出，以利于标注尺寸和清晰地显示截断面的构造。

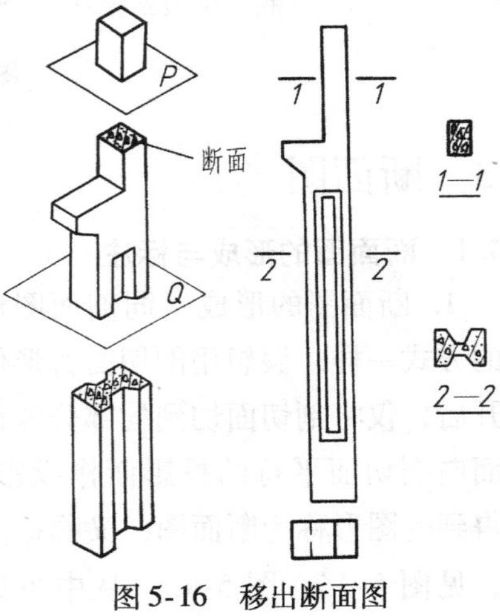

图 5-16　移出断面图

（2）重合断面图。画在视图中的断面称为重合断面图，见图 5-17。为了避免与视图的轮廓线混淆，重合断面的轮廓线用细实线画出，并且不加任何标注，视图上与断面重合的轮廓线，不应断开，仍应完整地画出，见图 5-17a。重合断面还可以用涂黑表示，见图 5-17b。表示坡屋面上弯折构件，可把屋面梁板构造断面直接画在屋面布置图上，见图 5-17c。

2. 断面图的画法　断面图的画法与步骤同剖面图的画法，下面举例来说明其画法。

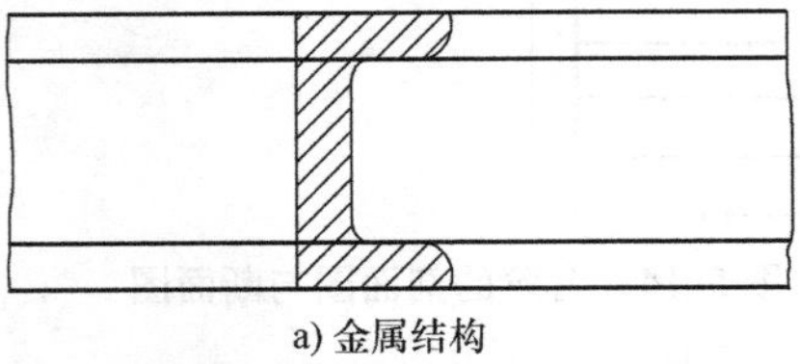

a) 金属结构

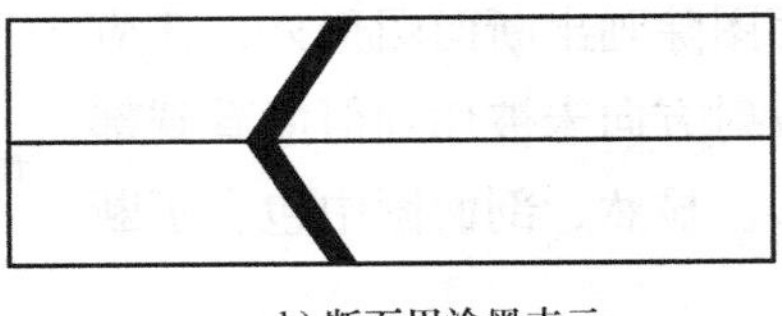

b) 断面用涂黑表示

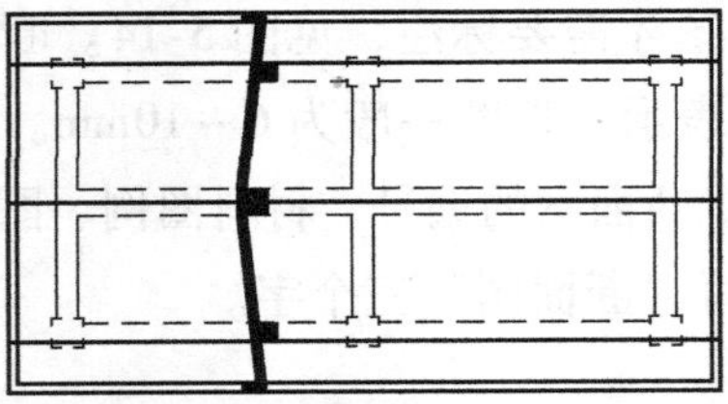

c) 断面图画在布置图上

图 5-17　重合断面图

［例 5-2］ 绘变截面钢筋混凝土梁的 1—1 断面图。

［解］ 该钢筋混凝土梁断面图的具体作图步骤见图 5-18。

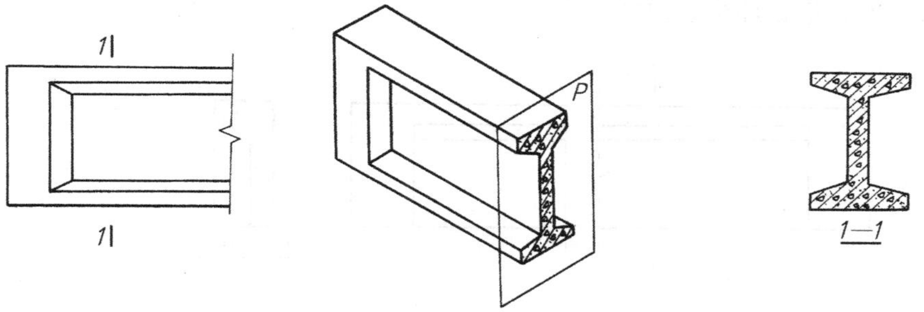

a) 根据已知条件想象空间形状　b) 局部立体图分析　c) 按照实际断面形状画出并表明材料图例

图 5-18　断面图的画法

5.4　常用的简化画法

为了节省绘图时间或图纸幅面，建筑制图国家标准提出了一些将投影图适当简化的处理方法，称为简化画法。现将常用的简化画法介绍如下：

1. 对称图形的画法　当图形对称时，可以只画一半，但应在对称中心线两端画上对称符号，见图 5-19。

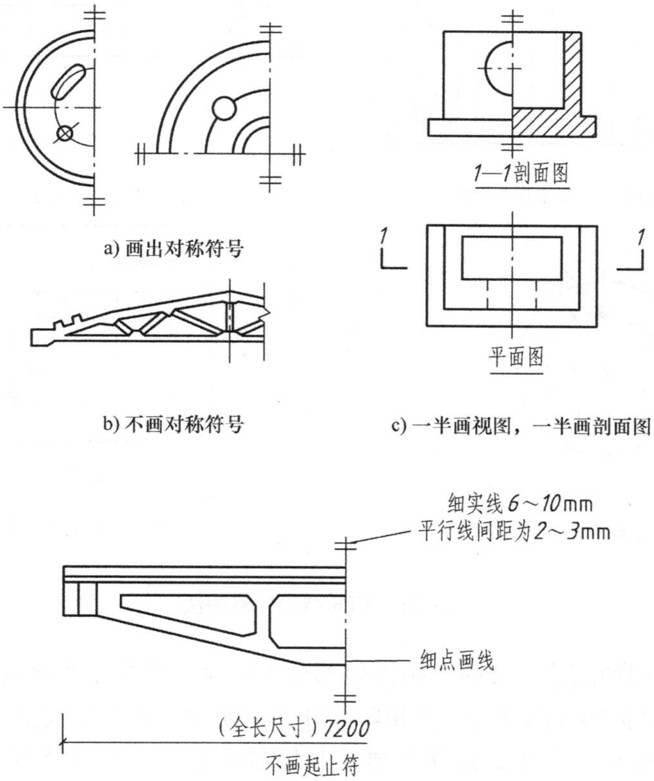

a) 画出对称符号

b) 不画对称符号

c) 一半画视图，一半画剖面图

d) 对称图形的绘制要求

图 5-19　对称图形的简化画法

2. 折断省略画法　当形体很长，而且沿长度方向断面形状相同或按一定规律变化时，可以假想将该形体折断，省略中间部分，而将两端靠拢画出，然后在断开处画上折断线，见图5-20。标注尺寸时，应标注全长尺寸。

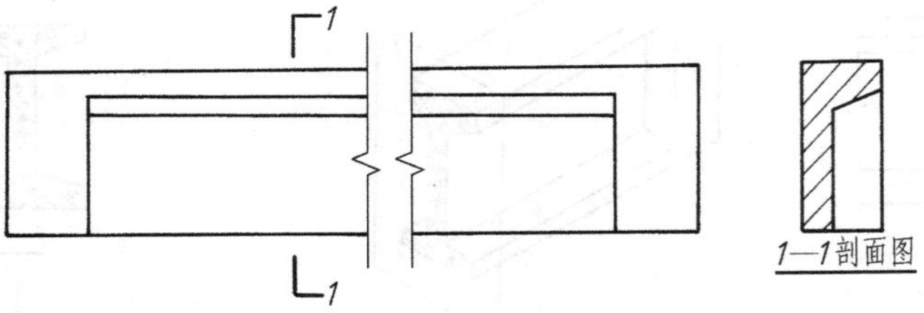

图5-20　折断省略画法

3. 相同结构省略画法　如果图上有多个完全相同的结构且按一定规律分布时，可以仅画出若干个完整的结构，然后画出其余结构的中心线或中心交点，以确定它们的位置，见图5-21。

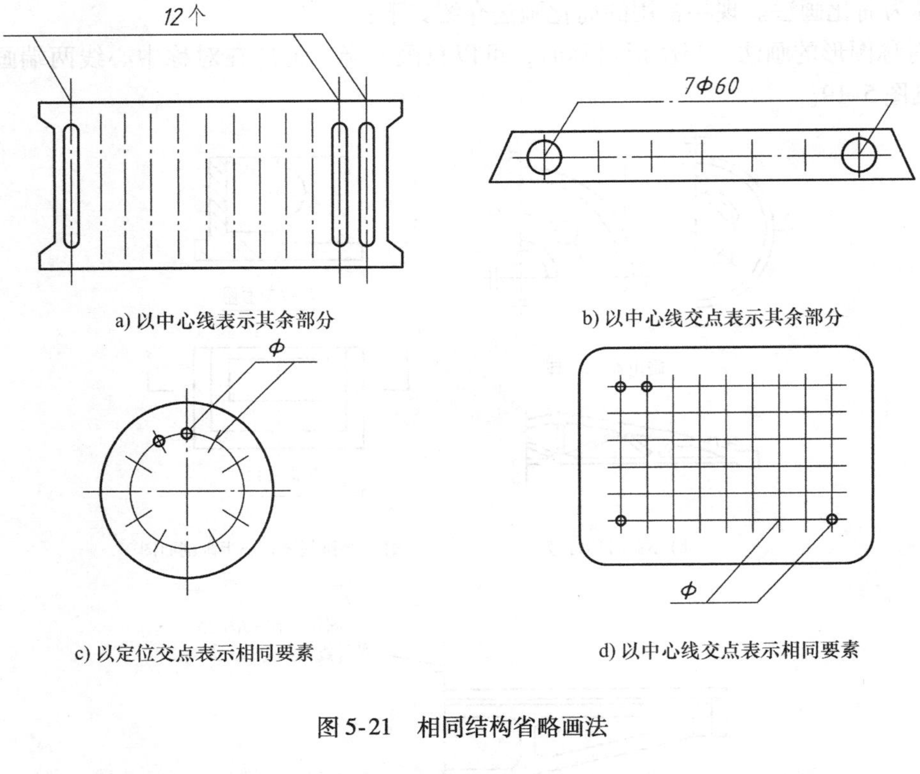

图5-21　相同结构省略画法

4. 构件局部不同的画法　当两个构件仅部分不同时，可在完整地画出一个构件后，另一个只画不同部分，但应在两个构件的相同部分与不同部分的分界线处分别画上连接符号。两个连接符号对准在同一线上，连接符号用折断线表示，并标注出相同的大写字母，见图5-22。

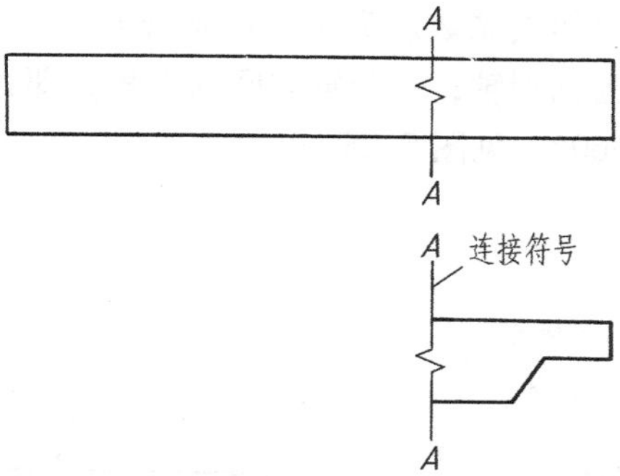

图 5-22　两构件局部不同时的简化画法

5.5　轴测图

5.5.1　概述

在工程实践中，一般采用正投影来准确表达建筑形体的形状与大小，因此它是工程设计和施工中的主要图样。但这种图样缺乏立体感（图 5-23a），在识读时必须把几个投影图结合起来看，才能想象出其空间形状的全貌。因为轴测图直观性较好（图 5-23b），工程上常把它作为辅助图样。在给水排水和采暖通风等专业图中，常用轴测图表达各种管道系统；在其他专业图中，它还可用来表达局部构造，直接用于生产。近年来产品的广告画、商品交易会上的展览画、居民区规划图等都用到轴测图。

1. 轴测投影的形成　轴测投影是将形体连同其参考直角坐标系，沿不平行于任一坐标面的方向，用平行投影法将其投射在单一投影面上所得的具有立体感的图形，见图 5-24。

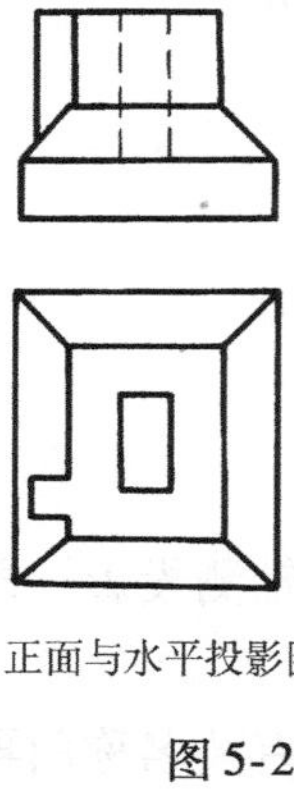

a) 正面与水平投影图

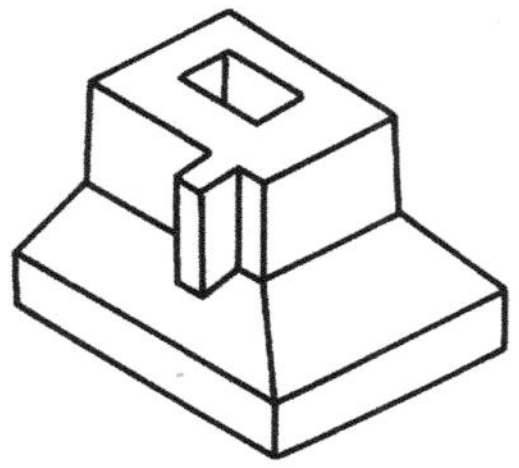

b) 轴测投影图

图 5-23　带有门框的杯形基础

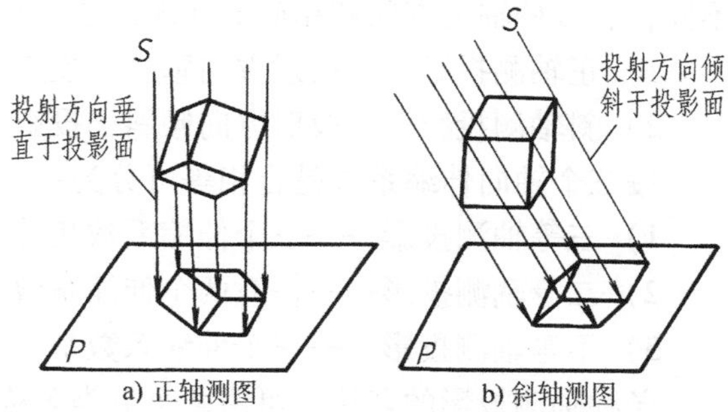

a) 正轴测图　b) 斜轴测图

图 5-24　轴测图的形成

2. 轴测投影的特性　轴测投影具有平行投影的投影特性，即：

（1）平行性。凡互相平行的直线其轴测投影仍平行。

（2）度量性。凡形体上与三个坐标轴平行的直线尺寸，在轴测图中均可沿轴的方向测量。

（3）变形性。凡形体上与坐标轴不平行的直线，其投影会缩短或变长，不能在图上直接量取，而要先定出直线的两端点的位置，再画出该直线的轴测投影。

（4）定比性。一直线的分段比例在轴测投影中比例仍不变。

3. 轴测轴、轴间角和轴向伸缩系数。表示空间形体长、宽、高三个方向的直角坐标轴的轴测投影 OX、OY、OZ 称为轴测轴；轴测轴之间的夹角，即 $\angle XOZ$、$\angle ZOY$、$\angle YOX$ 称为轴间角，三个轴间角之和为 360°，见图 5-25。

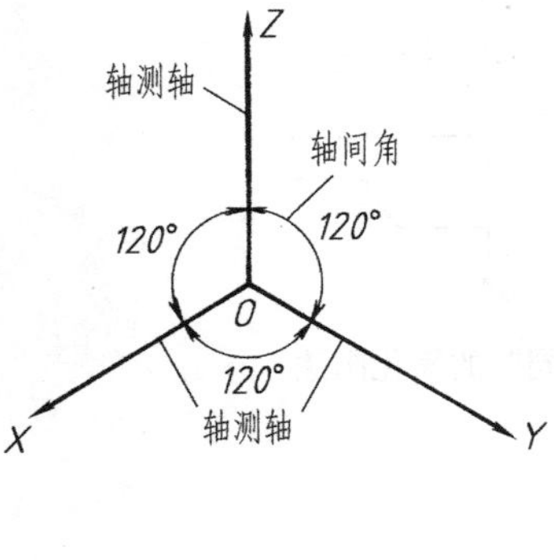

a) 正轴测

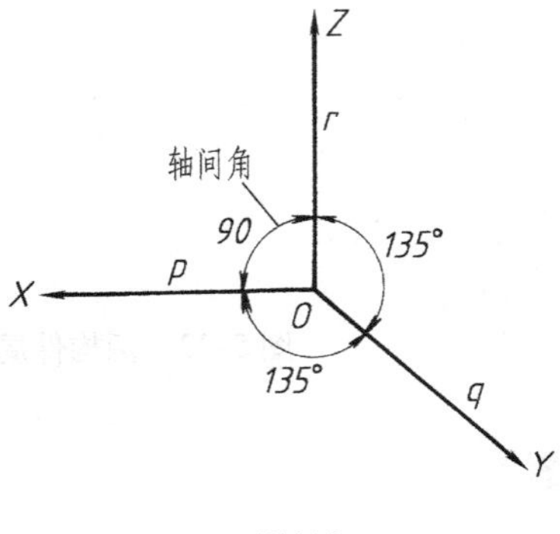

b) 斜轴测

图 5-25　轴测坐标系

轴测轴上的单位长度与相应投影轴的单位长度的比值，称为轴向伸缩系数（也称轴向变形系数）。OX、OY、OZ 轴上的伸缩因数分别用 p_1、q_1、r_1 表示，实际作图中常用简化伸缩系数 p、q、r 表示。画轴测图的三个必要条件为：①轴测轴；②轴间角；③轴向伸缩系数。

在画图时规定把 OZ 轴画成铅垂方向（图 5-25），其中轴间角大小和轴向伸缩系数取值随轴测投影的分类而定。

4. 轴测投影的分类　随着形体对投影面的相对位置以及投射线对投影面的倾斜方向的不同，有多种轴测方向和相应的伸缩系数。其中按投射线对投影面是否垂直可分为：

1）正轴测投影——投射方向垂直于投影面。

2）斜轴测投影——投射方向倾斜于投影面。

按三个轴向伸缩系数是否相等可分为：

1）三等轴测投影——三个伸缩系数相等。

2）二等轴测投影——任意两个伸缩系数相等。

3）不等轴测投影——三个伸缩系数都不相等。

各种轴测投影的名称，可由两个分类名称合并而得，如正轴投影中的三等轴测投影，即称为三等正轴测投影，简称正等测。

此外，在斜轴测投影中，当投影面平行于形体的正面或水平面时，则可在有关名称前再加上“正面”或“水平”两字。如正面三等斜轴测投影，简称正面斜等测；二等水平斜轴测投影，简称水平斜二测。

绘制轴测图，有较多的作图方法。通过画轴测投影图，可以提高对空间形体的想象力，能形象地了解正投影图所表示形体的空间形状。

5.5.2　正轴测

1. 分类　正轴测是轴测图中最常用的一种，根据轴间角和简化的轴向伸缩系数的不同，可分为正等测（有一个简化的轴向伸缩系数）、正二测（有二个简化的轴向伸缩系数）、正三测（有三个简化的轴向伸缩系数），它们的轴向坐标系及画法举例见表 5-2。

表 5-2　常用的正轴测投影

种类	轴间角和轴向伸缩系数	轴测轴定位方法和简化的轴向伸缩系数	举例：正立方体
正等测	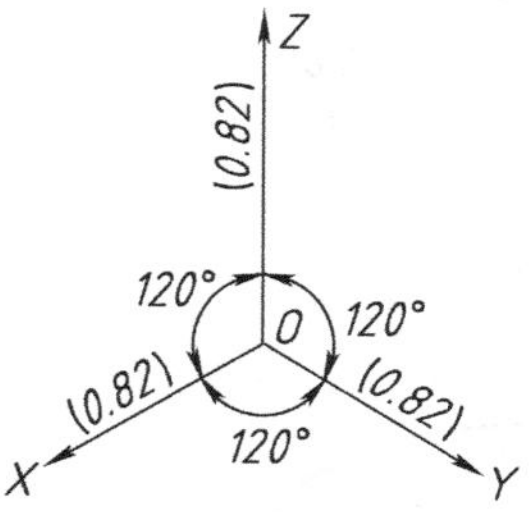	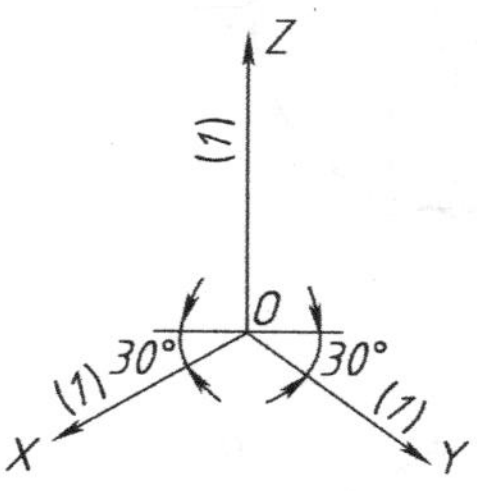	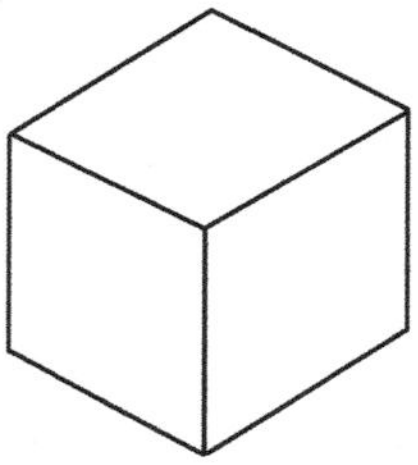
正二测	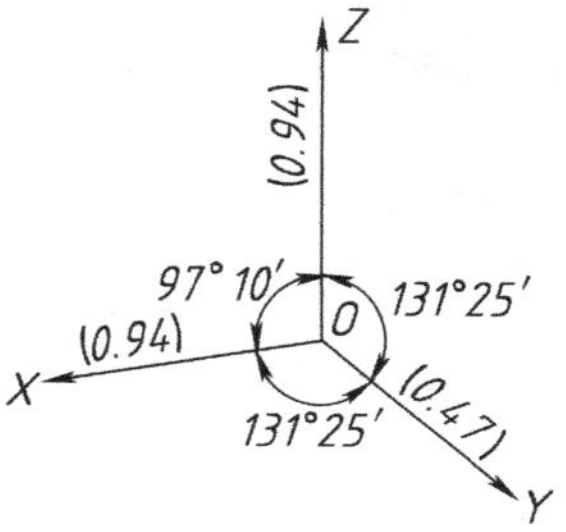	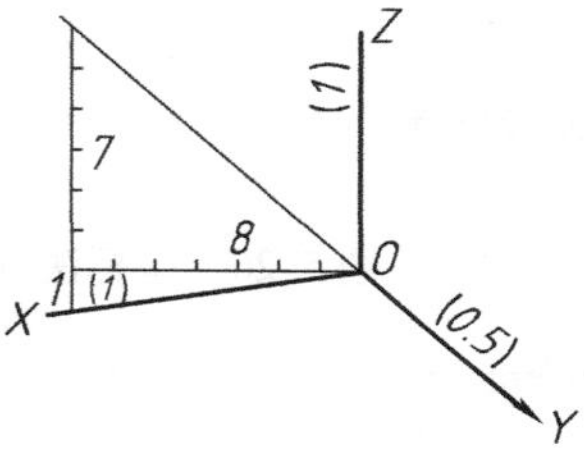	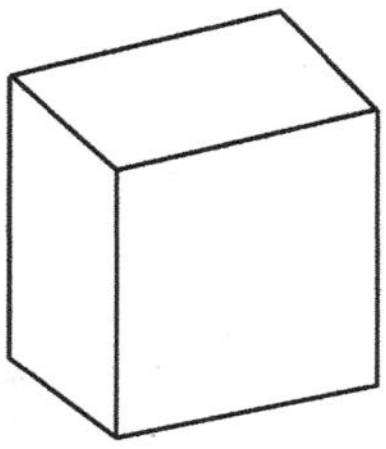
正三测	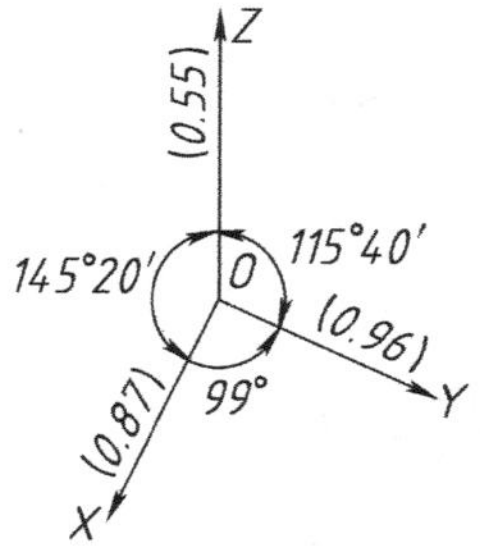	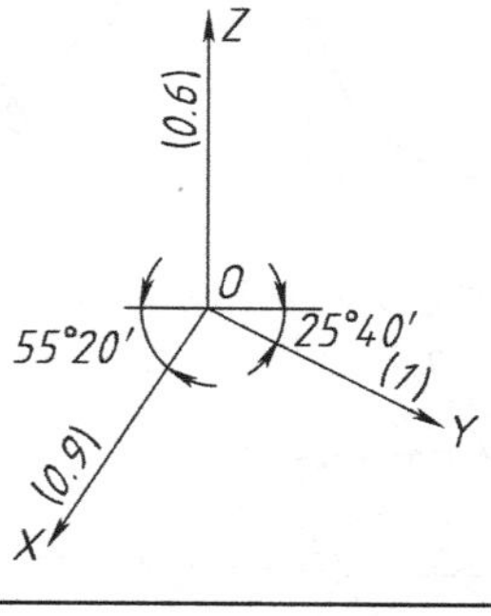	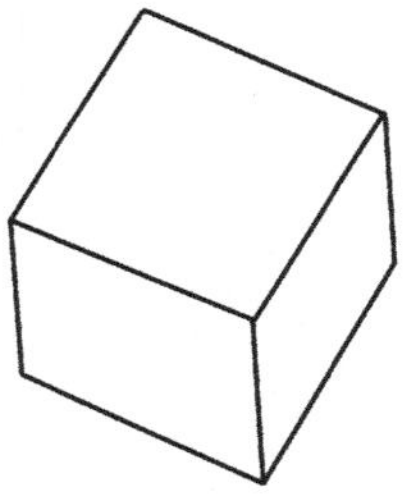

从表 5-2 中可以看出，轴测图类型的选择直接影响到轴测图的效果。选择时，一般应先考虑采用作图比较简便的正等测图。如果效果不好，再考虑用正二测图，最后才考虑用正三测图。

2. 圆的正轴测画法　在平行投影中，当圆所在的平面平行于投影面时，它的投影还是圆。而当圆所在平面倾斜于投影面时，它的投影就变成椭圆。下面介绍坐标法和四心法画圆的正轴测。

（1）坐标法。坐标法是轴测图作椭圆的真实画法。此画法适用于圆的任何轴测画法，作图步骤见图 5-26。

（2）四心法。四心法是轴测图作椭圆的近似画法，也称为菱形法作法，作图步骤见图 5-27。此画法仅适用于圆的正轴测画法。

其他两个坐标面上的圆的正等测图也可用菱形法作出，见图 5-28。

（3）圆角正等测图。以一个台阶底板转角处的圆弧为例，该圆弧为 1/4 圆，其轴测投

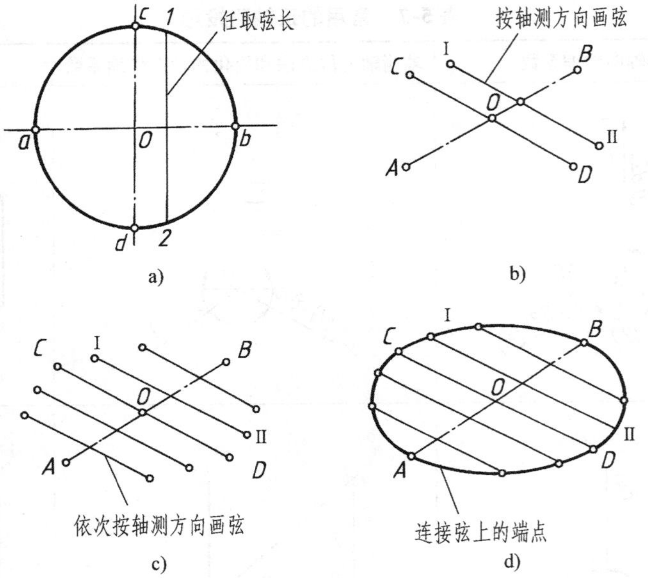

a)　　b)　　c)　　d)

图 5-26　坐标法画椭圆

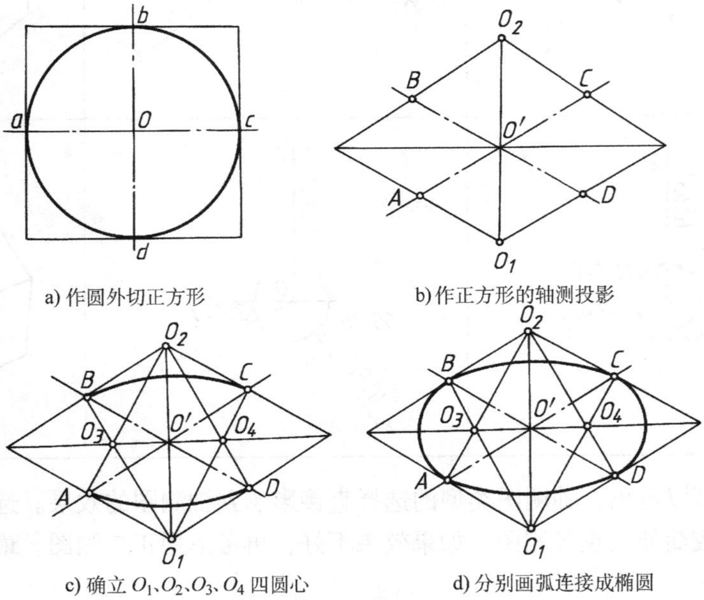

a) 作圆外切正方形　　b) 作正方形的轴测投影

c) 确立 O_1、O_2、O_3、O_4 四圆心　　d) 分别画弧连接成椭圆

图 5-27　四心法画椭圆

影为椭圆弧，具体作法见图 5-29。

3. **建筑形体的正等测**　作建筑形体的轴测图，应根据形体的特征选用不同的作图方法。平面建筑形体的轴测画法可归纳为作棱线的轴测图；曲面建筑形体的轴测画法可归纳为作圆或圆弧的轴测图。在画轴测图之前，应首先读懂三面正投影图，分析形体的组成，再选择作图方法，下面举例说明。

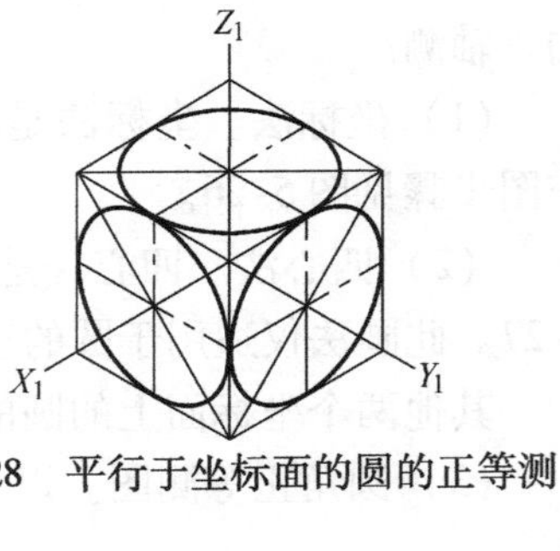

图 5-28　平行于坐标面的圆的正等测

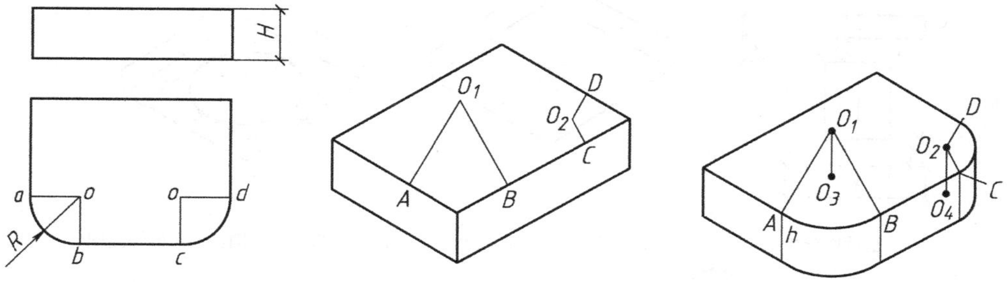

a) 确定圆角圆心　　b) 过切点作垂线交点为圆心　　c) 画圆弧并在相应切点处添画板厚 *h*

图 5-29　圆角正等测作法

［**例 5-3**］　已知台阶的投影图，求作它的正等测图。

［**解**］　台阶正等测图的读图与作图步骤见图 5-30。

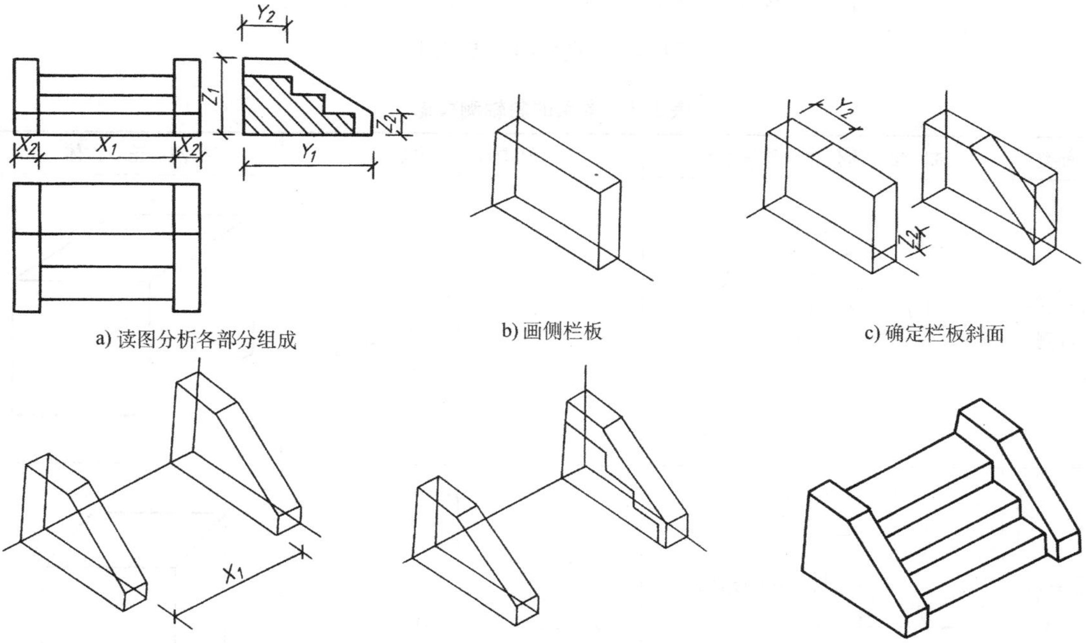

a) 读图分析各部分组成　　b) 画侧栏板　　c) 确定栏板斜面

d) 画出两侧栏板　　e) 在栏板内面上画踏步轮廓　　f) 以轴测方向引平行线，完成全图

图 5-30　台阶的正等测图

［**例 5-4**］　已知柱冠的投影图，求作其正等测图。

［**解**］　柱冠正等测图的读图与作图步骤见图 5-31。

5.5.3　斜轴测

1. 分类　根据形体倾斜角度的不同，或投射角度不同，同一形体可画出无数个不同的轴测图，最常用的有正面斜等测、正面斜二测、水平斜二测、水平斜等测，它们的轴向坐标系及画法举例见表 5-3。

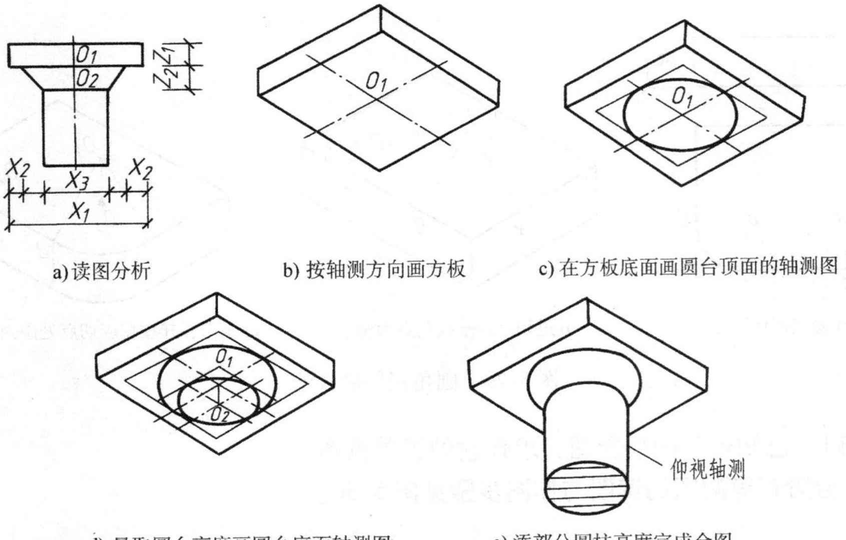

a) 读图分析　b) 按轴测方向画方板　c) 在方板底面画圆台顶面的轴测图

d) 量取圆台高度画圆台底面轴测图　e) 添部分圆柱高度完成全图

图 5-31　柱冠的正等测图

表 5-3　常用的斜轴测投影

种类	轴间角和简化轴向伸缩系数	轴测轴定位方法	举例：正立方体
正面斜等测	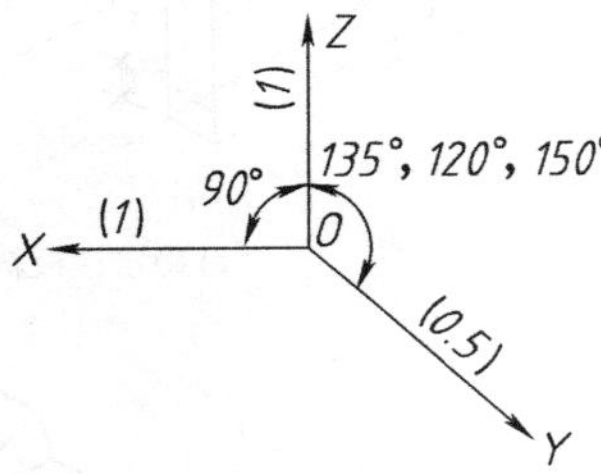	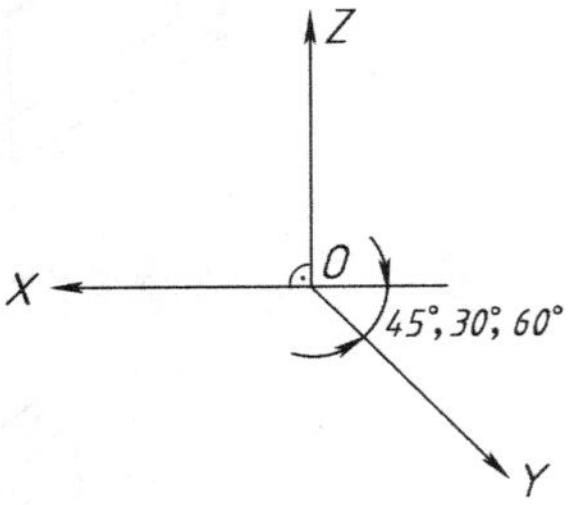	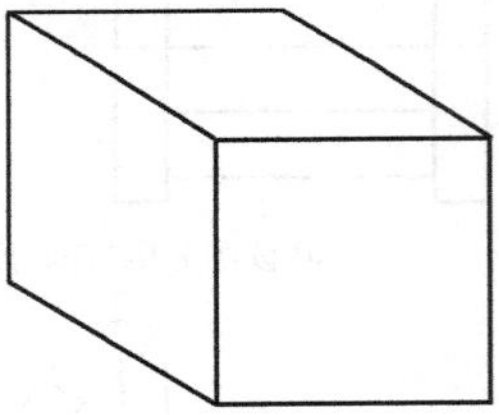
正面斜二测	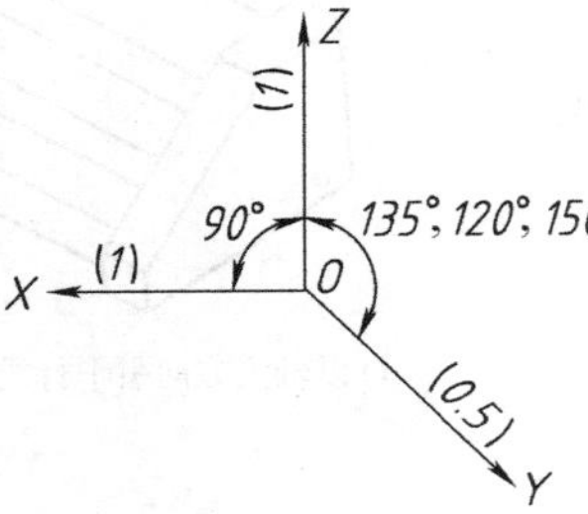	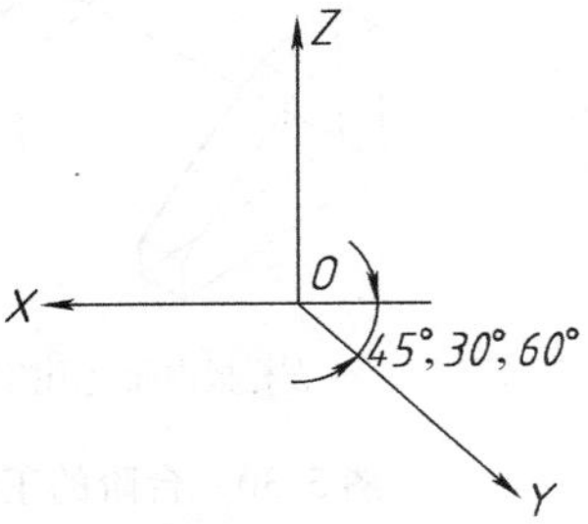	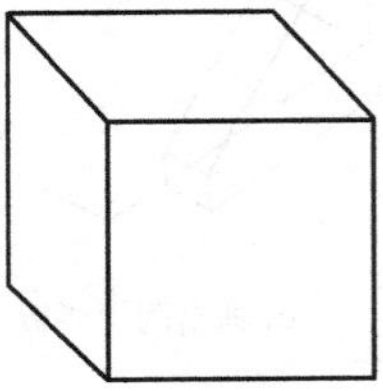
水平斜等测	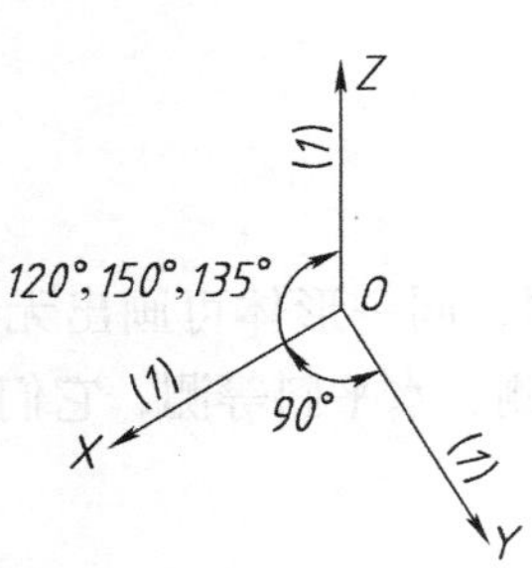	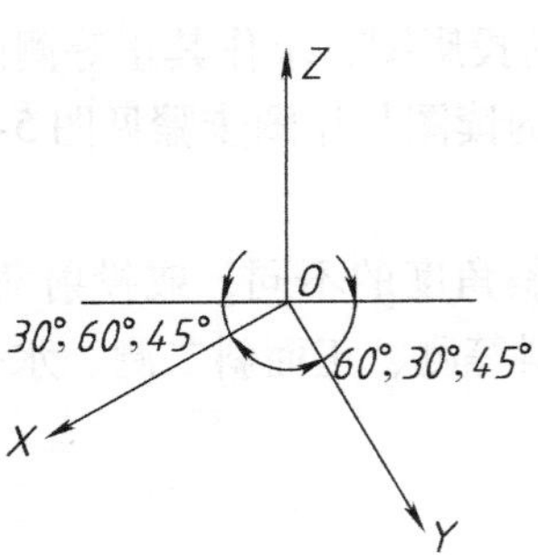	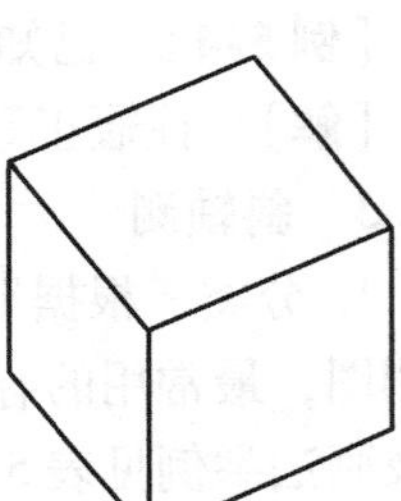

（续）

种类	轴间角和简化轴向伸缩系数	轴测轴定位方法	举例：正立方体
水平斜二测	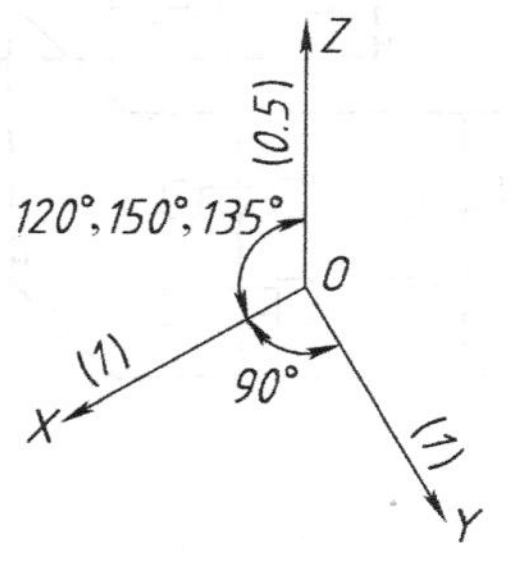	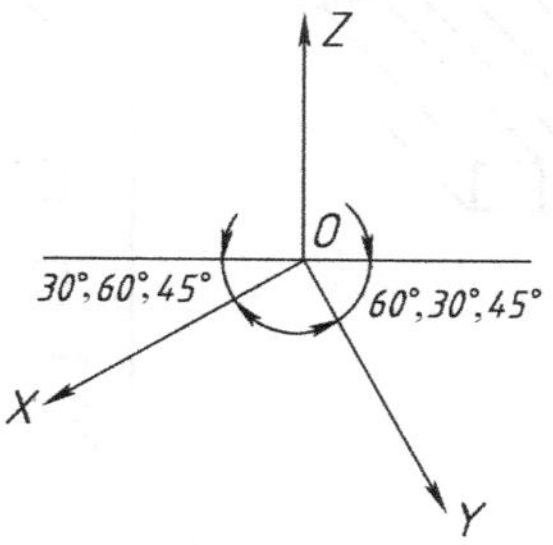	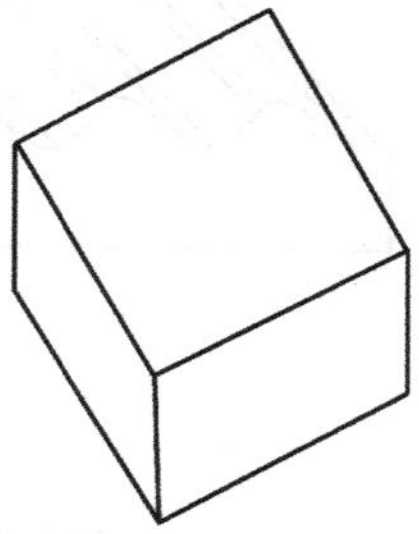

2. 圆的斜轴测画法　当圆与轴测投影面倾斜时，其轴测投影为一椭圆。现介绍八点法作椭圆步骤，见图5-32。

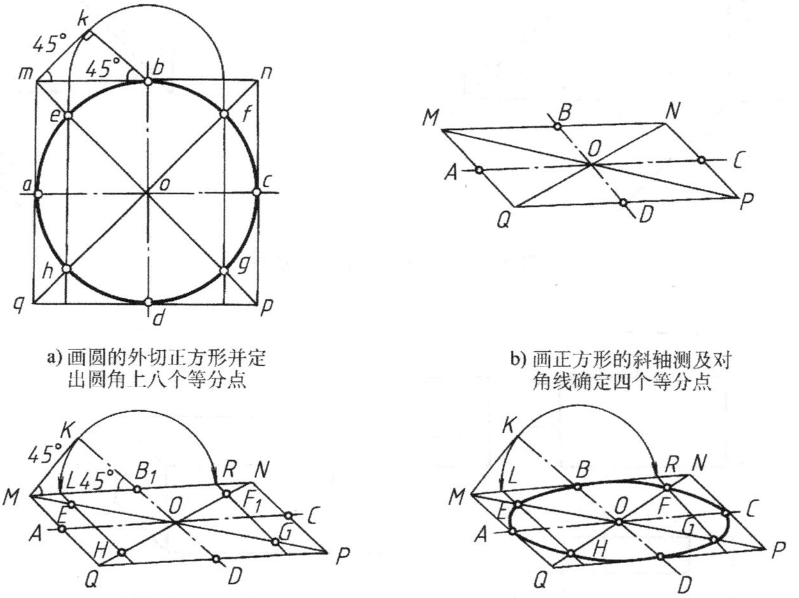

a) 画圆的外切正方形并定出圆角上八个等分点

b) 画正方形的斜轴测及对角线确定四个等分点

c) 再画辅助线定四个等分点

d) 用光滑曲线连接八个等分点实线完成全图

图5-32　用八点法作椭圆

3. 建筑形体的正面斜轴测　以 V 面或 V 面平行面作为轴测投影面，所得到的斜轴测称为正面斜轴测，常用的有正面斜等测、正面斜二测。这种图特别适用于正面形状复杂、曲线多的形体和设备系统图，见图5-33。

正面斜轴测常用的轴测坐标系有四种画法，见图5-34。

[例5-5]　已知锅炉及其管道的三面投影，作正面斜等测图。

[解]　三面投影图已把设备及管道简化为长方体及相应的线条，画图时选取好坐标系，按坐标法定位画出即可，见图5-35。

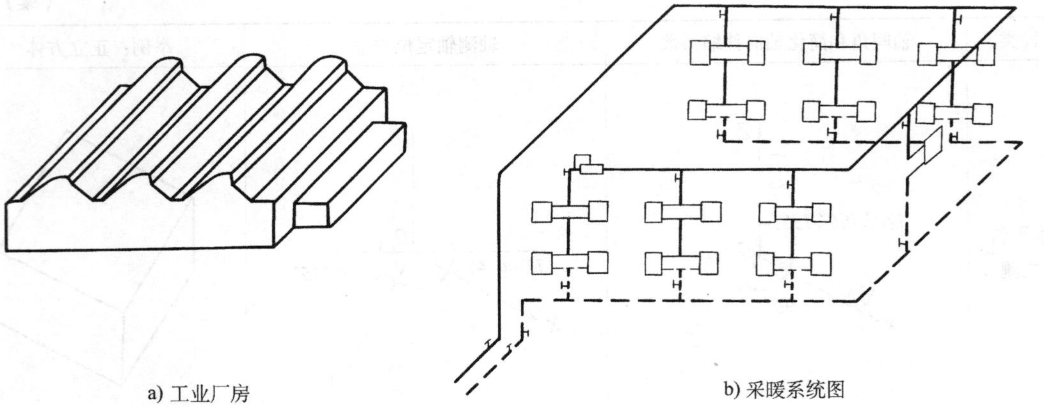

a) 工业厂房　　b) 采暖系统图

图 5-33　正面斜轴测图的应用

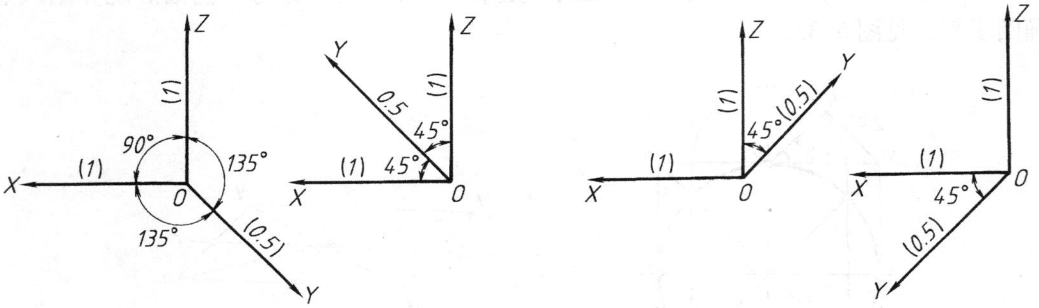

图 5-34　正面斜轴测坐标系

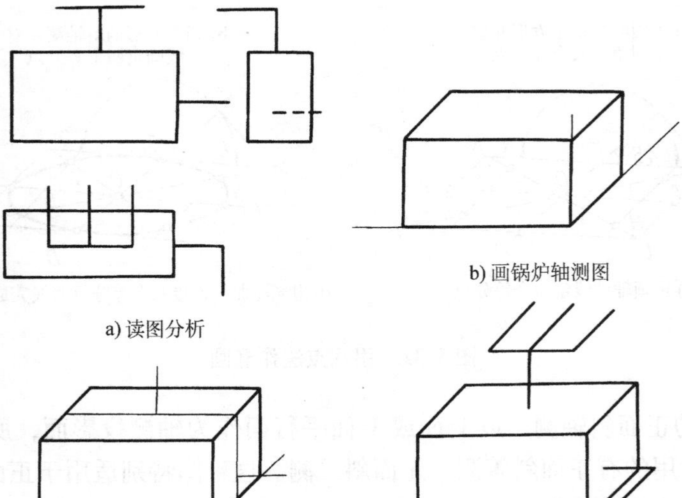

a) 读图分析　　b) 画锅炉轴测图

c) 依轴测方向画出两根管道位置　　d) 画管道完成全图

图 5-35　锅炉正面斜等测图的画法

［**例 5-6**］ 已知圆孔空心砖的两面投影，试作其正面斜二测图。

［**解**］ 该圆孔空心砖正面斜二测图的读图与作图步骤见图 5-36。

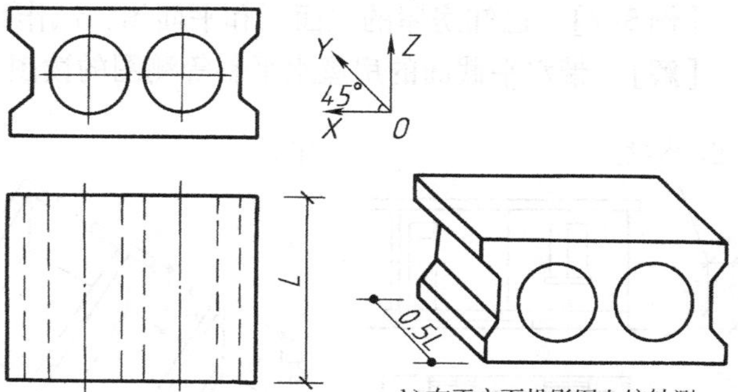

a) 读图分析，定轴测坐标　　b) 在正立面投影图上按轴测 *OY* 方向引 0.5*L* 线，完成全图

图 5-36　正面斜二测图画法

4. 水平斜轴测　若以 *H* 面或 *H* 面平行面作为轴测投影面，所得斜轴测投影，称为水平斜轴测。常用的有水平斜二测、水平斜等测。这种轴测图适宜绘制一幢房屋的水平剖面、一个区域的总平面（图 5-37）。

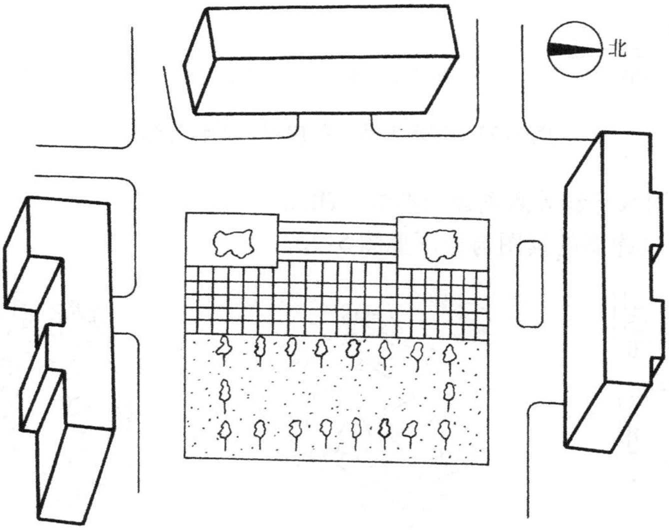

图 5-37　总平面的水平斜轴测图

画水平斜轴测图，应先确定其轴间角和轴向伸缩系数，见图 5-38。

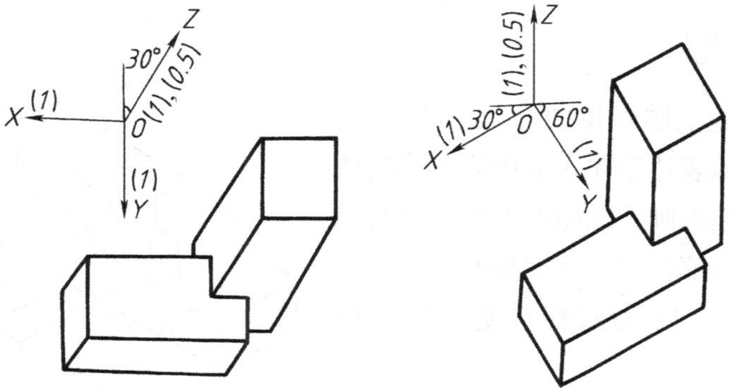

a) 高度方向倾斜　　b) 高度方向铅垂

图 5-38　水平斜轴测轴间角和轴向伸缩系数

[**例 5-7**] 已知房屋的立面图和平面图，试作其带水平截面的水平斜等测图。

[**解**] 带水平截面的房屋水平斜等测图的读图与作图步骤见图 5-39。

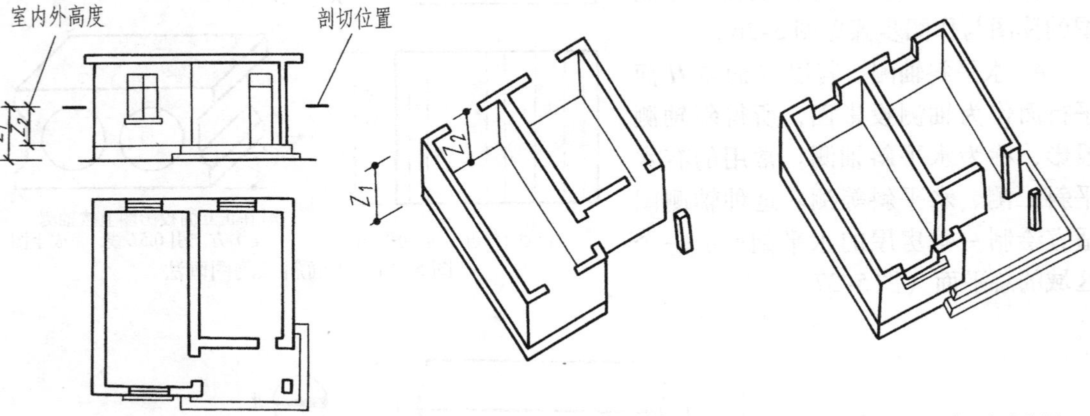

a) 读图分析　　b) 先画截面下内外墙高度　　c) 画门窗、台阶，完成全图

图 5-39　带水平截面的房屋水平斜等测图

[**例 5-8**] 试用水平斜等测画建筑群的鸟瞰图。

[**解**] 建筑群鸟瞰图的读图与作图见图 5-40。

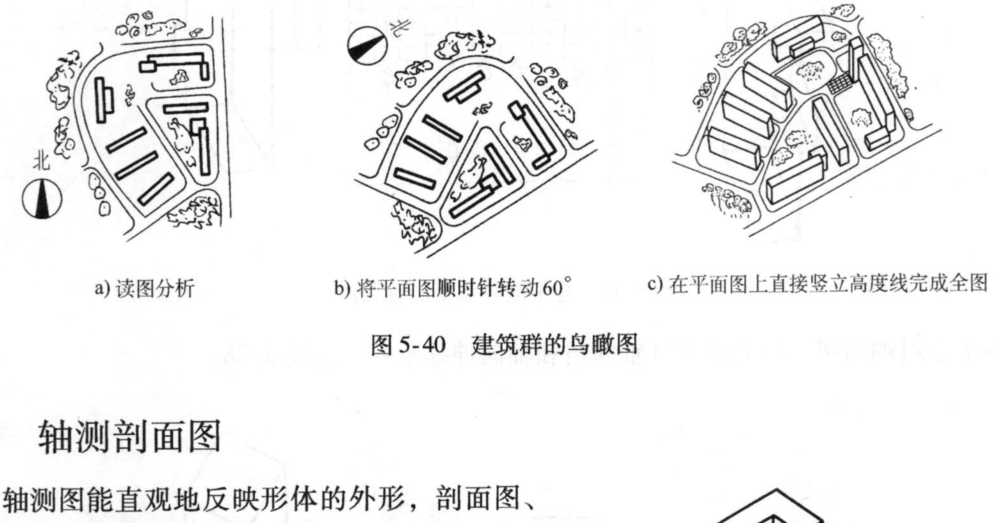

a) 读图分析　　b) 将平面图顺时针转动 60°　　c) 在平面图上直接竖立高度线完成全图

图 5-40　建筑群的鸟瞰图

5.6　轴测剖面图

轴测图能直观地反映形体的外形，剖面图、断面图能详细准确地表达形体内部构造。若把轴测图和剖面图结合起来画则既能直观表达外部形状又能准确看清楚内部构造，这就是本节要研究的轴测剖面图。图 5-41 为双杯口基础轴测剖面图。

轴测剖面图常用于介绍建筑物的内部布局与构造、建筑构配件的结构做法和装饰做法，见图 5-42 和图 5-43。

图 5-41　双杯口基础轴测剖面图

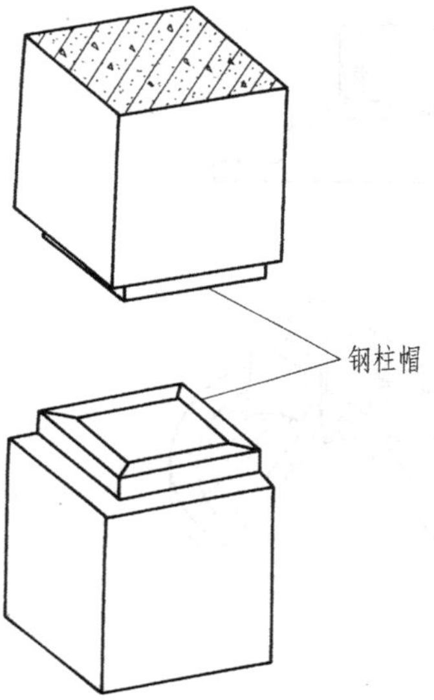

图 5-42　柱与柱的焊接接头

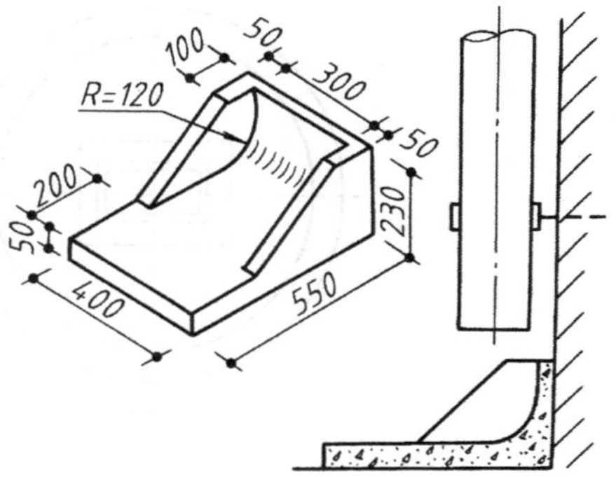

图 5-43　水簸箕构造详图

5.6.1　形成与分类

为了更清楚地表达形体的内部构造，可假想用剖切面将形体剖开，然后作其轴测图。根据需要剖切时，有时用单一剖切面剖切整个形体，得到轴测全剖面图，见图 5-44；有时用几个剖切平面剖切形体，得到轴测半剖面图，见图 5-45。

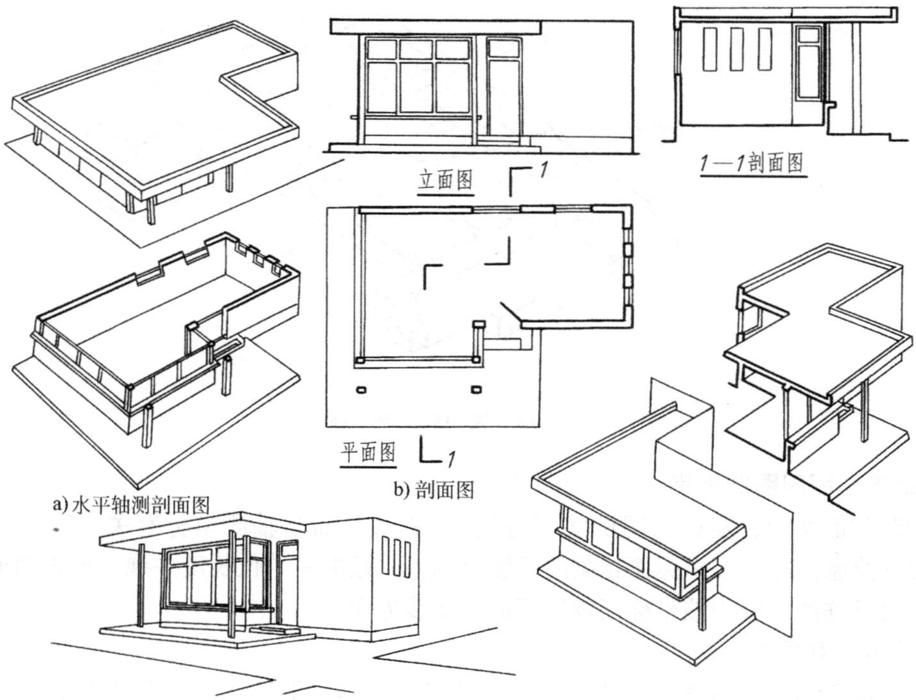

a) 水平轴测剖面图　b) 剖面图　c) 透视图　d) 垂直轴测剖面图

图 5-44　房屋的剖面图、透视图、轴测剖面图

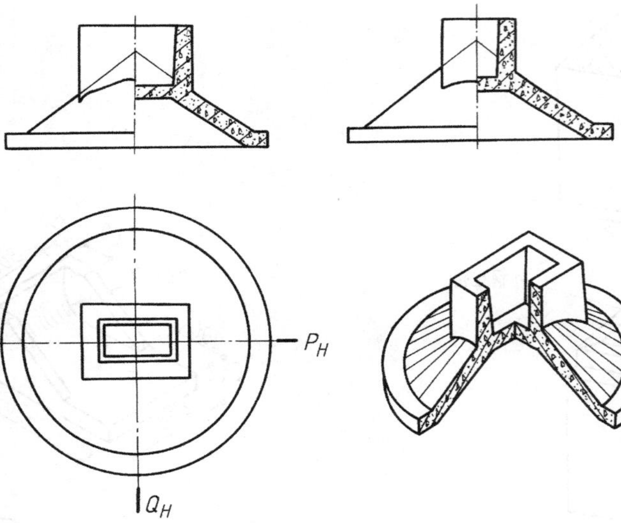

图 5-45　正锥壳基础的轴测半剖面图

有时甚至用一个或几个不规则的面局部地剖切形体，保留大部分外形，这样可得轴测局部剖面图，见图 5-46。

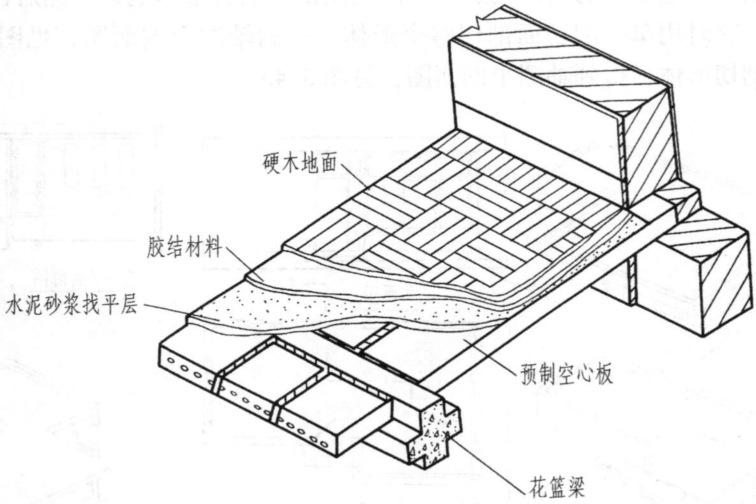

图 5-46　轴测局部剖面图

5.6.2　轴测剖面图图例规定

在轴测剖面图中，断面的图例线不再是 45°斜线，而与轴测坐标有关，其方向应按图 5-47的方法绘制。在与该坐标面相关的两轴测轴上，任取一单位长度并乘上该轴的伸缩系数后定点，然后连线，即为该坐标面轴测图的剖面线方向。

5.6.3　轴测剖面画法

画轴测剖面图时，根据具体情况，可选择“先整体后剖切”或“先剖切后整体”的方法绘制。所谓“先整体后剖切”，就是先画完整个形体的轴测图，后进行剖切，得剖切后余下部分的轴测图。而“先剖切后整体”，是先画出断面的形状，然后再画上剖切后所余部分，这种方法比前者所作图线少。下面举例说明轴测剖面图的画法。

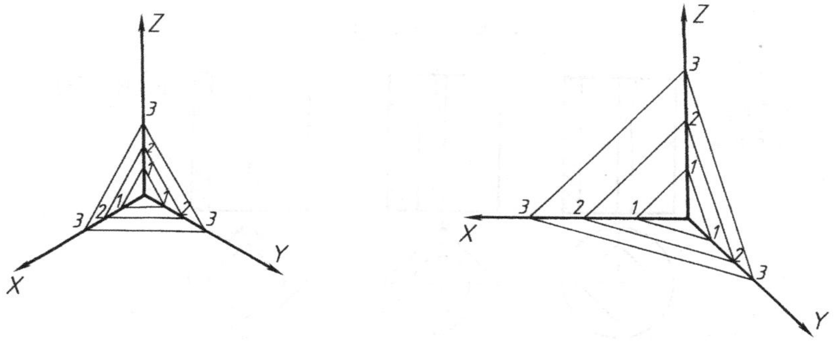

a) 三等正轴测　　b) 正面二等斜轴测

图 5-47　轴测剖面图图例线规定

［例 5-9］ 已知钢筋混凝土杯形基础的投影图，求作其轴测剖面图。

［解］ 杯形基础的轴测剖面图的读图和作图步骤见图 5-48。

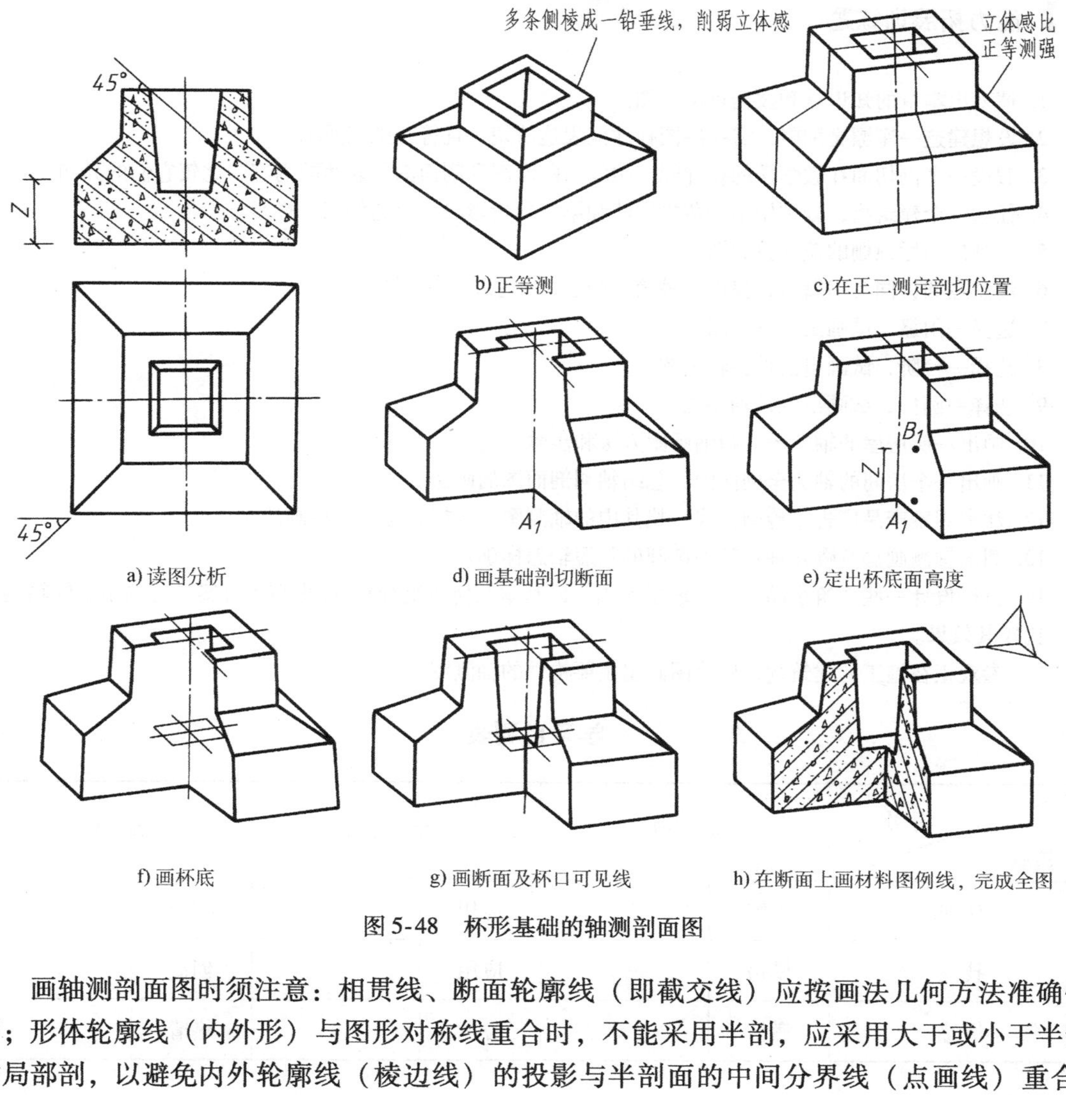

a) 读图分析　　b) 正等测　　c) 在正二测定剖切位置

d) 画基础剖切断面　　e) 定出杯底面高度

f) 画杯底　　g) 画断面及杯口可见线　　h) 在断面上画材料图例线，完成全图

图 5-48　杯形基础的轴测剖面图

画轴测剖面图时须注意：相贯线、断面轮廓线（即截交线）应按画法几何方法准确作图；形体轮廓线（内外形）与图形对称线重合时，不能采用半剖，应采用大于或小于半剖的局部剖，以避免内外轮廓线（棱边线）的投影与半剖面的中间分界线（点画线）重合，

见图 5-49。

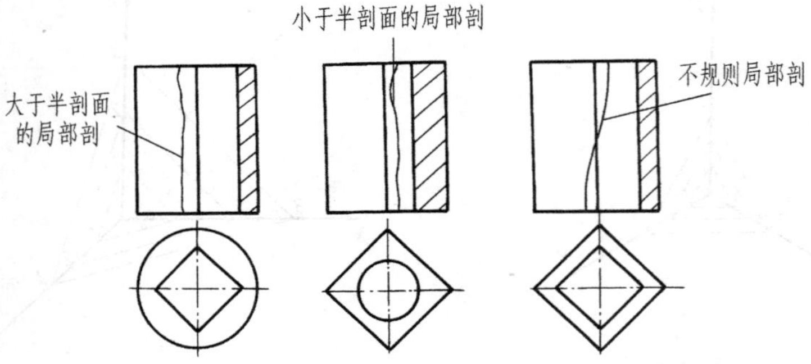

图 5-49　轮廓线与对称线重合时用局部剖面图

能力拓展训练题

1. 请列出本章的知识点和技能点网络图。
2. 设想建造一座漂亮别墅，需哪些图样才能表达清楚，且符合施工要求？
3. 假设一个剖切面在教学楼的楼梯间，想象出断面图和剖面图所表达的内容，比较它们的异同。
4. 任选一个建筑物，分别用第一角投影法和第三角投影法画出它的三面投影。
5. 试画出门厅顶棚的镜像投影图。
6. 注意在阅读同类书籍时，找出几种简化画法，并总结其适用条件。
7. 选择一雨篷，试画出正轴测图。
8. 选择一台阶，试画出三种斜轴测图。
9. 选择一圆柱，试画出五种轴测图。
10. 画出一所房屋的轴测图，归纳画图方法和步骤。
11. 画出一个房间的轴测全剖面图，总结轴测剖面图的画法。
12. 注意观察产品广告宣传画，找一找其中的轴测图，分析其运用何种画法？
13. 圆的轴测画法有哪几种？其中椭圆的长短轴怎样确定？
14. 自行设计一些建筑小品（放在教学区内，以基本几何体组合），画出多个方案，且选用不同轴测画法，比较其效果。
15. 参观正在施工的建筑物，用草图画出主要构件的轴测图。

学习自测表

层次 / 领域	初　级		中　级		高　级	
认知	了解		运用		综合	
技能	模仿		应用		创造	
情感	激情		心境		热情	

第6章 透视图的画法

技能要求

1. 说出透视图的特点。
2. 说出透视图中基本术语的作用。
3. 画出建筑形体的一点透视。
4. 画出建筑形体的两点透视。

知识要点

透视图、透视投影的基本术语、一点透视、两点透视。

6.1 透视图的特点及分类

轴测图（图6-1a）作为辅助图形来表达空间形体，与三面投影图（图6-1b）相比具有简洁直观的视觉效果。空间的形体除了可用轴测图来表达外，还可以用透视图来进行表达，见图6-1c。

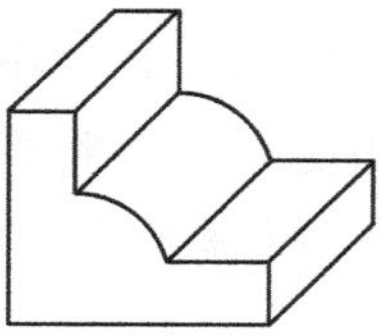

a) 轴测图

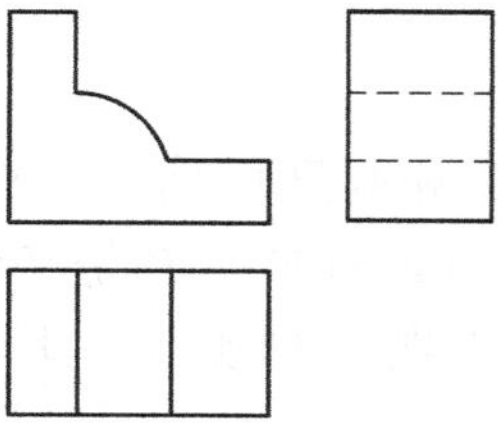

b) 正投影图

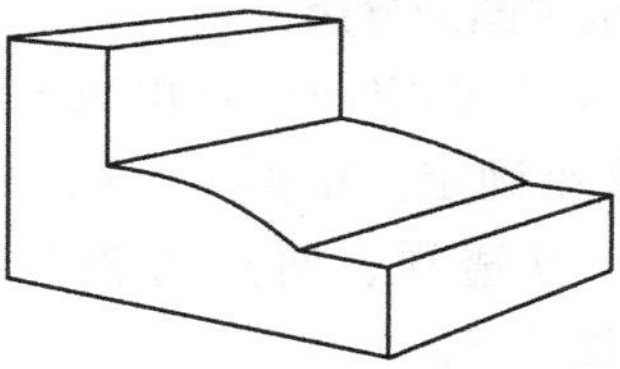

c) 透视图

d) 建筑效果图

图6-1 形体的表达方法

透视图和轴测图一样，都是一种单面投影。透视图是用中心投影的方法将形体投射到投影面上，而轴测图是用平行投影的方法将形体投射到投影面上。在建筑设计过程中，特别是在初步设计阶段，往往需要绘制所设计的建筑物的透视图，来显示将来建成后的外貌。由于透视图真实感强，能给人以实际的视觉印象，所以建筑设计和规划设计人员也常常用透视图深入表达设计意图，作为补充说明的图样，从而使人们直观地了解建筑设计和规划的意图，透视图常作为修改和完善设计方案的主要依据之一。

6.1.1 透视投影的形成

透视图就像使用照相机进行成像。如图 6-2 所示当空间形体处于观察者视线范围内某个位置时，就会在视网膜上形成图像。透视的本意可以理解为"透过而视"，透视表现为形体近大远小的现象。所作的投影图可以看成是以人的一只眼睛作为投射中心点 S，在人和建筑物之间作一平面当作投影面，用眼睛观察到建筑物上的点的视线作为投射线，视线与投影面的交点，即为该点的透视投影图。因此，中心投影又可称为透视投影。

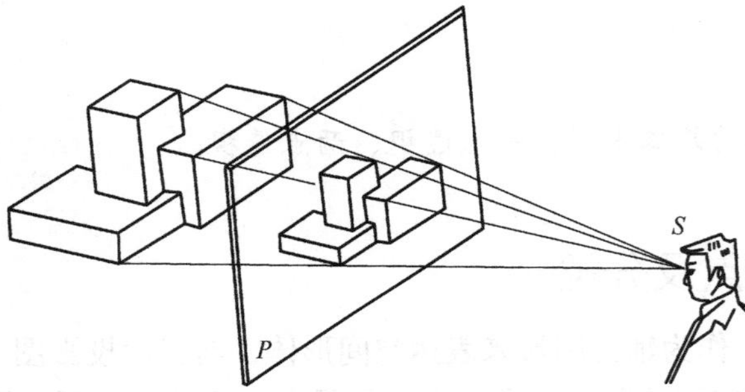

图 6-2 透视的形成

6.1.2 透视图的分类

建筑形体的空间位置由长度、宽度和高度所确定，也就是由 X、Y、Z 三个向量的位置和大小确定。根据 X、Y、Z 三个向量与画面 P 是平行还是相交，可以将形体的透视分为一点透视、两点透视和三点透视三种类型。其透视形成原理及工程实例见图6-3 ~ 图 6-5。

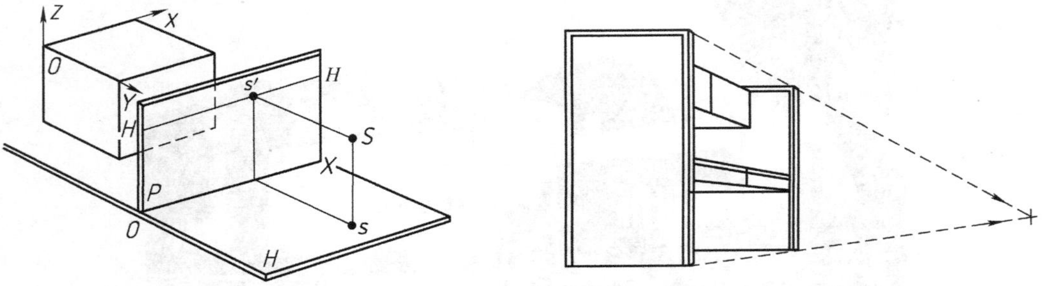

a) 一点透视的形成　　b) 一点透视实例

图 6-3 一点透视

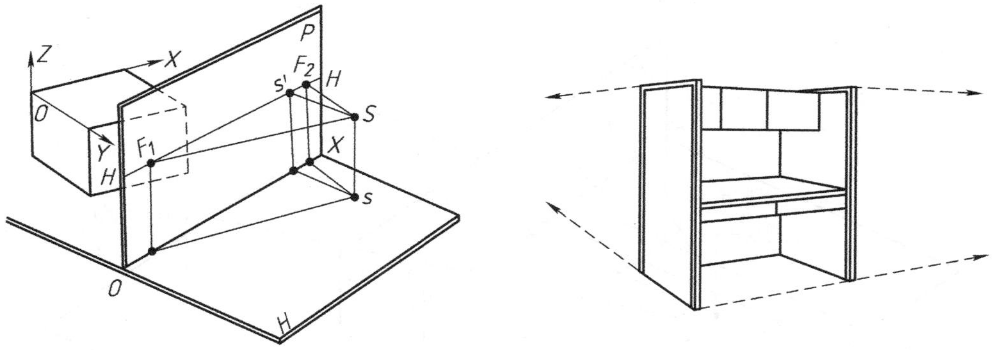

a) 两点透视的形成　　b) 两点透视实例

图6-4　两点透视

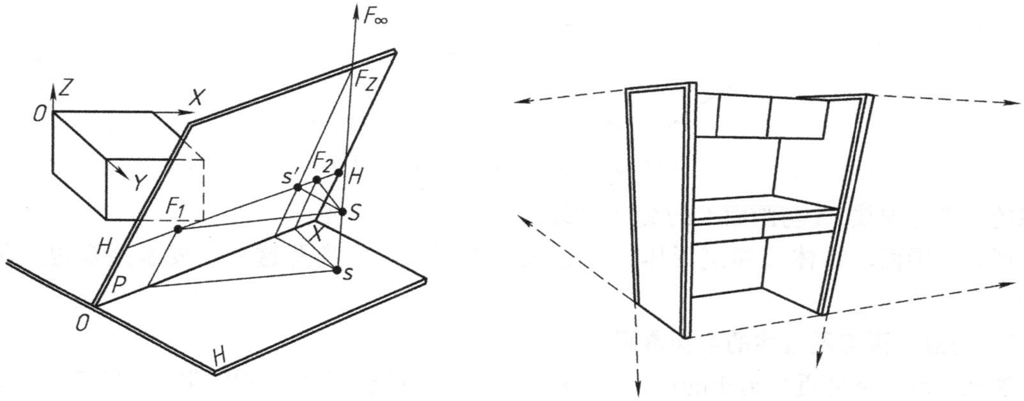

a)三点透视的形成　　b)三点透视实例

图6-5　三点透视

6.2　透视图的画法

6.2.1　透视投影中的常用术语

在学习绘制建筑透视图之前，还必须了解绘制建筑透视图的一些常用术语，见图6-6。

（1）画面：透视所在的平面，即观察者与被观察的建筑形体之间所假象的透明界面，用字母 V 表示。

（2）视点：就是观察者眼睛的位置，用字母 S 表示。

（3）基面：放置建筑物的平面，相当于三面正投影体系中的水平投影面，用字母 H 表示。

（4）站点：观察者所站的位置，实质上是视点 S 在基面 H 上的正投影 s。

（5）视高：视点 S 与站点 s 之间的高度，用 Ss 表示，视高一般与视平线同高。

（6）视线：视点与建筑形体的各个部分点连接的假设的线，如图6-6中 SA。

（7）基线：画面与地面的交界线 OX。

（8）主点：视点 S 在画面 V 上的正投影 s'，也叫心点。

（9）视平面：由视点作出的水平视线所构成的面，用字母 P 表示。

（10）视平线：视平面与画面交界线 HH。

（11）视距：视点至画面的垂直距离，在视平线上，视距等于视点至主点的距离 $S's'$。

（12）透视：图6-6中 A 是空间任意一点，SA 是引自视点 S 并过 A 点的视线，根据形成

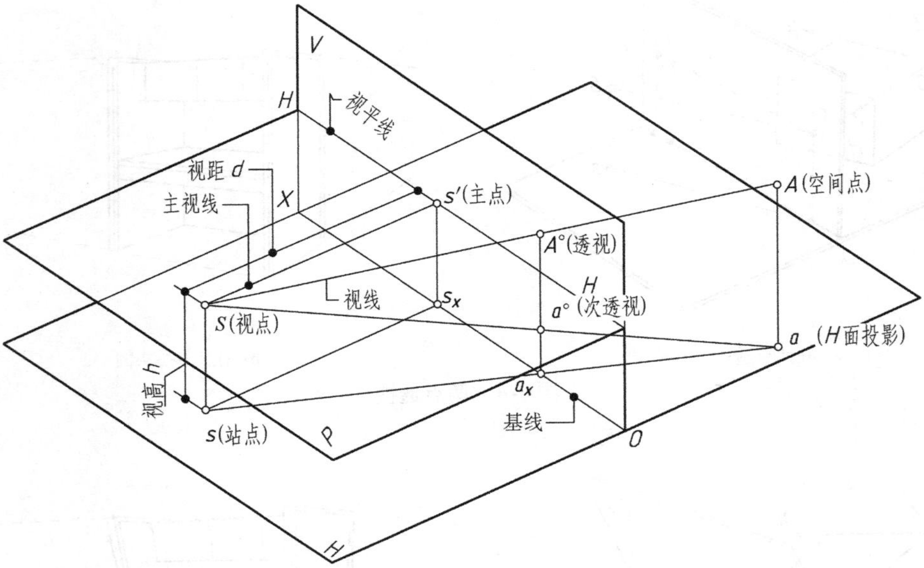

图 6-6　透视投影中的常用术语

透视的原理，视线 SA 与画面 V 的交点 A°即为空间点 A 的透视。

视点、画面、物体（建筑形体）是透视的重要因素，离开这三个要素透视也就无从谈起。

6.2.2　迹点、灭点及直线的全长透视

透视表现为形体近大远小的现象，见图 6-7，房屋中相同高度的山墙离观察者近的显得

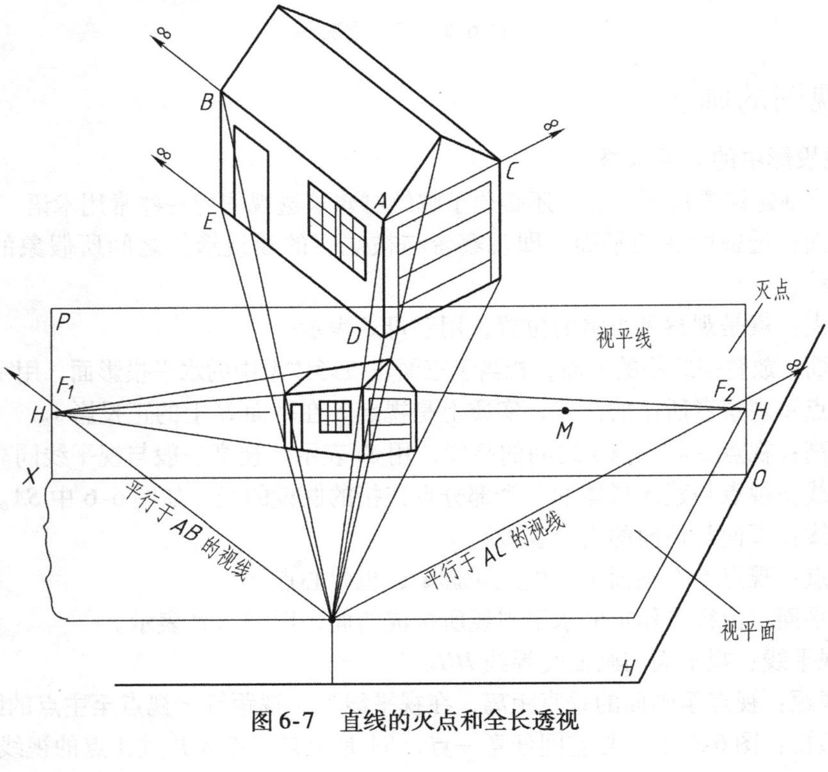

图 6-7　直线的灭点和全长透视

大，离观察者远的显得小。建筑形体上的直线与透视投影中画面的交点，称为迹点。现实中，相互平行的直线是永远不会相交的，但是在透视图中，这些平行的直线会随着距离的逐渐增加而渐渐地收敛、靠拢。当它们消失在远处时会相交于一点，这一点称为透视中的灭点。如房屋透视中平行的屋脊线、檐口线、墙面线会相交于灭点 F_1 和 F_2。

一条直线的迹点和灭点的连线称为直线的全长透视。直线上任一点的透视都在其全长透视上，见图 6-7。同时，灭点 F_1、F_2 在视平线上，且所有水平线的灭点都在视平线上，利用此特性能快速地画出透视图。

6.2.3 透视投影中的布局

在绘制透视图之前，必须根据建筑物的特点和透视图的表现要求选定好视点、画面与建筑物之间的相对位置。因为这三者相对位置的变化，会直接影响建筑物的透视效果。如果处理不当，透视图将产生畸形失真，而不能准确地反映建筑物的真实情况。为了获得良好的透视图，画透视图前应考虑突出建筑形体的哪一部分，然后灵活布局画面，选择站点和视高等要素，见图6-8。视点画面的确定步骤见图 6-9。

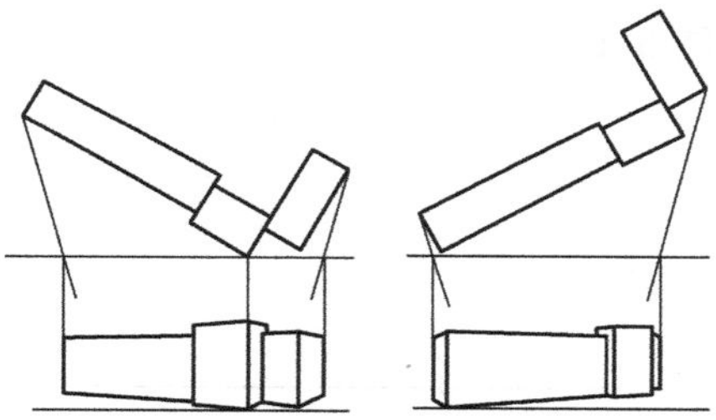

a) 应全面显示站点的位置和突出主体

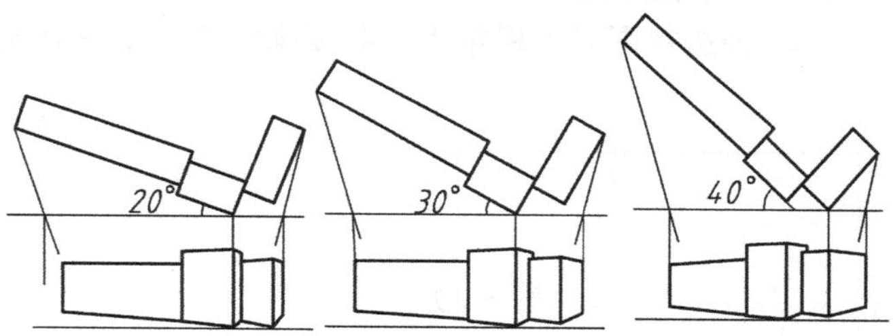

b) 画面与主立面夹角大小不同，效果不同

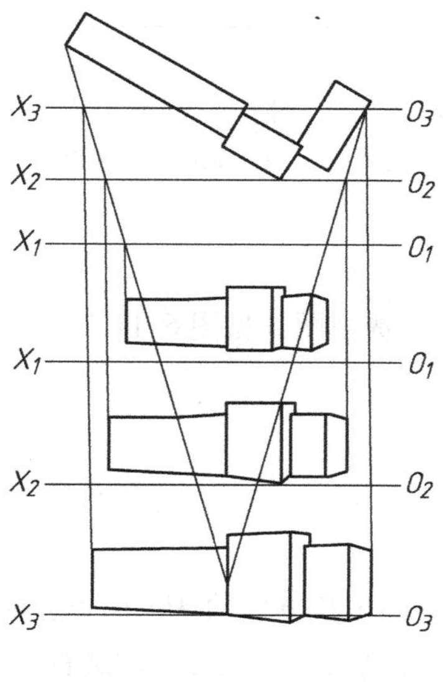

c) 透视图大小的选择与画面远近有关

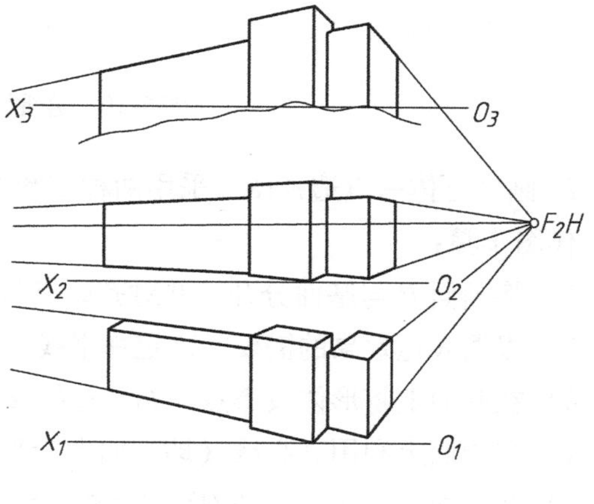

d) 视高不同可产生仰视、平视、俯视不同效果

图 6-8　透视图布局

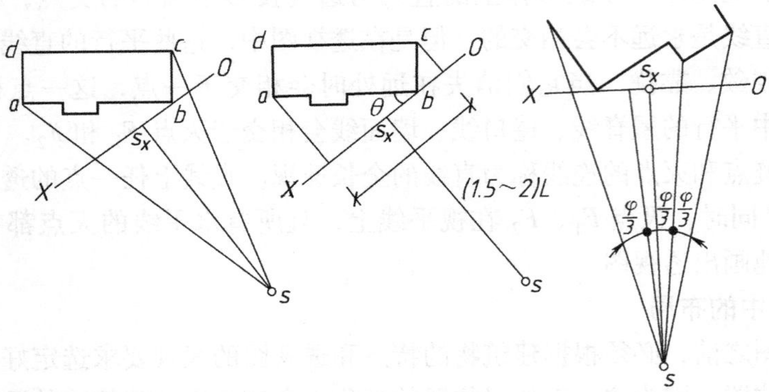

a) 由视点定画面　　b) 由画面定视点　　c) 主视线位置

图 6-9　视点画面的确定步骤

6.2.4　一点透视图和两点透视图的画法

1. 画透视图时可根据表达需要采用两种布图方式，见图 6-10。

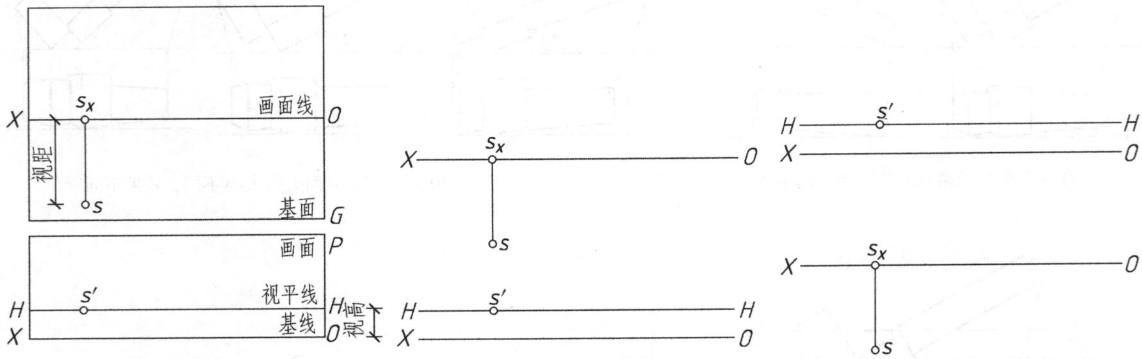

a) 将画面和基面分开　　b) 基面在上方，画面在下方　　c) 画面在上方，基面在下方

图 6-10　透视图的两种布图方式

2. 画立方体一点透视图　采用两种布图方式画立方体一点透视图，见图 6-11。

作图步骤：

1）将画面 P 与基面分开，并对齐站点与主点布图。

2）根据表达效果的需要，确定视平线。

3）在基面上将形体投影点与站点连线交 OX 定位点。

4）在画面上利用真高线（即画面上铅垂线的真实高度）画出长方体的 $ABCD$ 面透视。

5）在画面上连接主点和 OX 轴上相应定位点，配合利用真高线作出长方体的透视。

3. 画立方体的两点透视　立方体的两点透视作图步骤见图 6-12。

作图步骤：

1）根据布图要求，选择画面位置和站点。

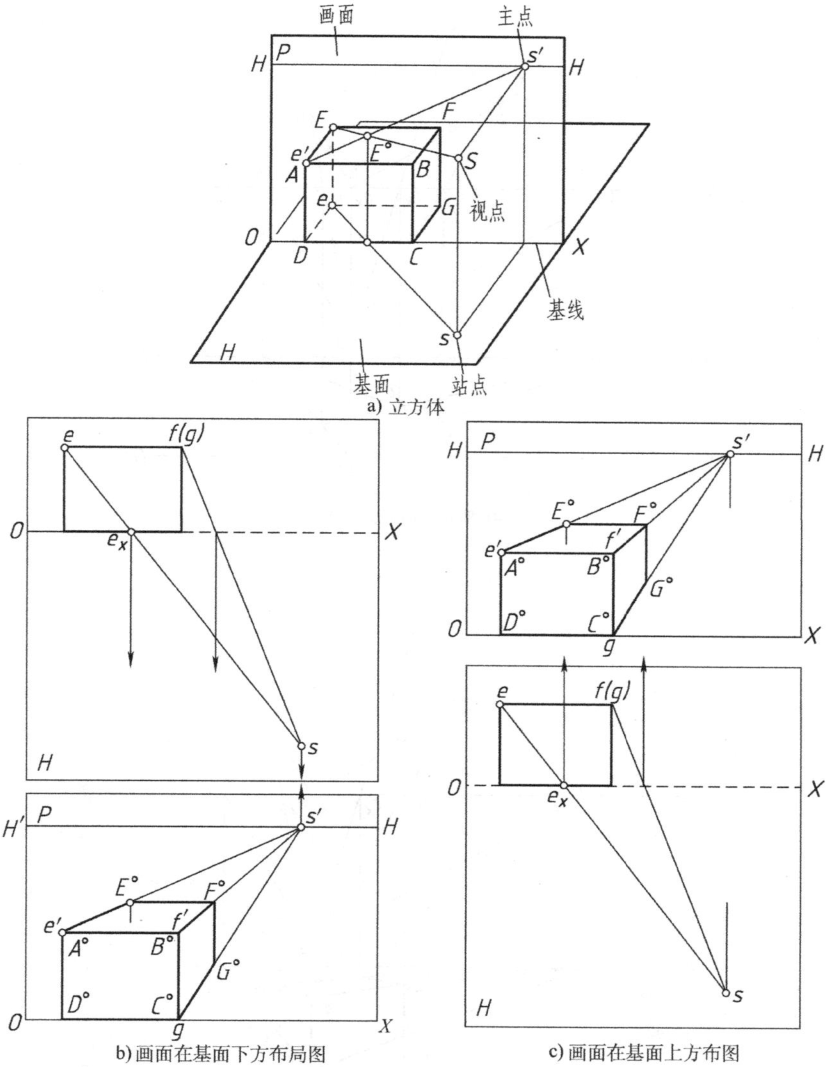

图 6-11　立方体的一点透视

2）根据表达效果需要，确定视平线。

3）分别做长度、宽度方向平行线与 OX 相交于 f_1、f_2，再平行引至视平线得灭点 F_1、F_2。

4）依据画面真高线和直线全长透视规律完成透视图。

4. 画组合体的两点透视　组合体的两点透视作图步骤见图 6-13。

5. 画方格网的一点透视　建筑透视图的绘制通常是从平面图开始的。首先将该建筑物的平面透视图画出来，在此基础上将各部分的透视高度立起来，就可以完成整个透视图。基础方格网的一点透视见图 6-14。

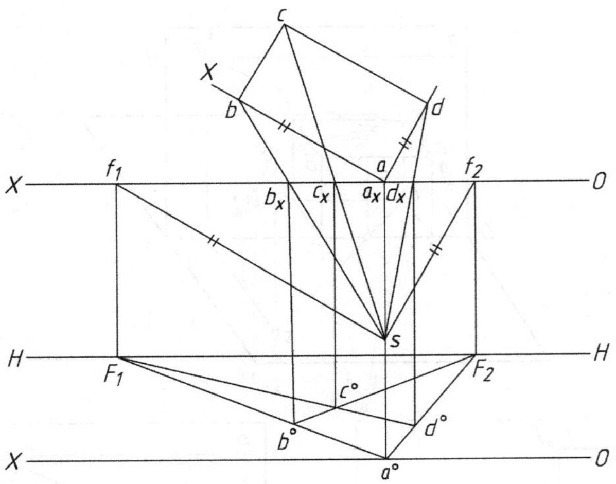

a) 画立方体底面透视

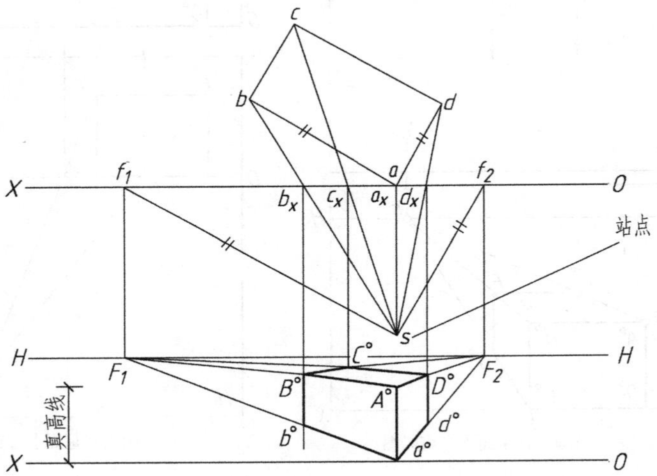

b) 确定竖立方体的高度

图 6-12　作立方体的两点透视

作图步骤:

1）首先定方格网中垂直于画面直线的灭点，即主点 s'。

2）引用对角线作辅助求另一灭点 F。

3）利用直线全长透视规律完成透视图。

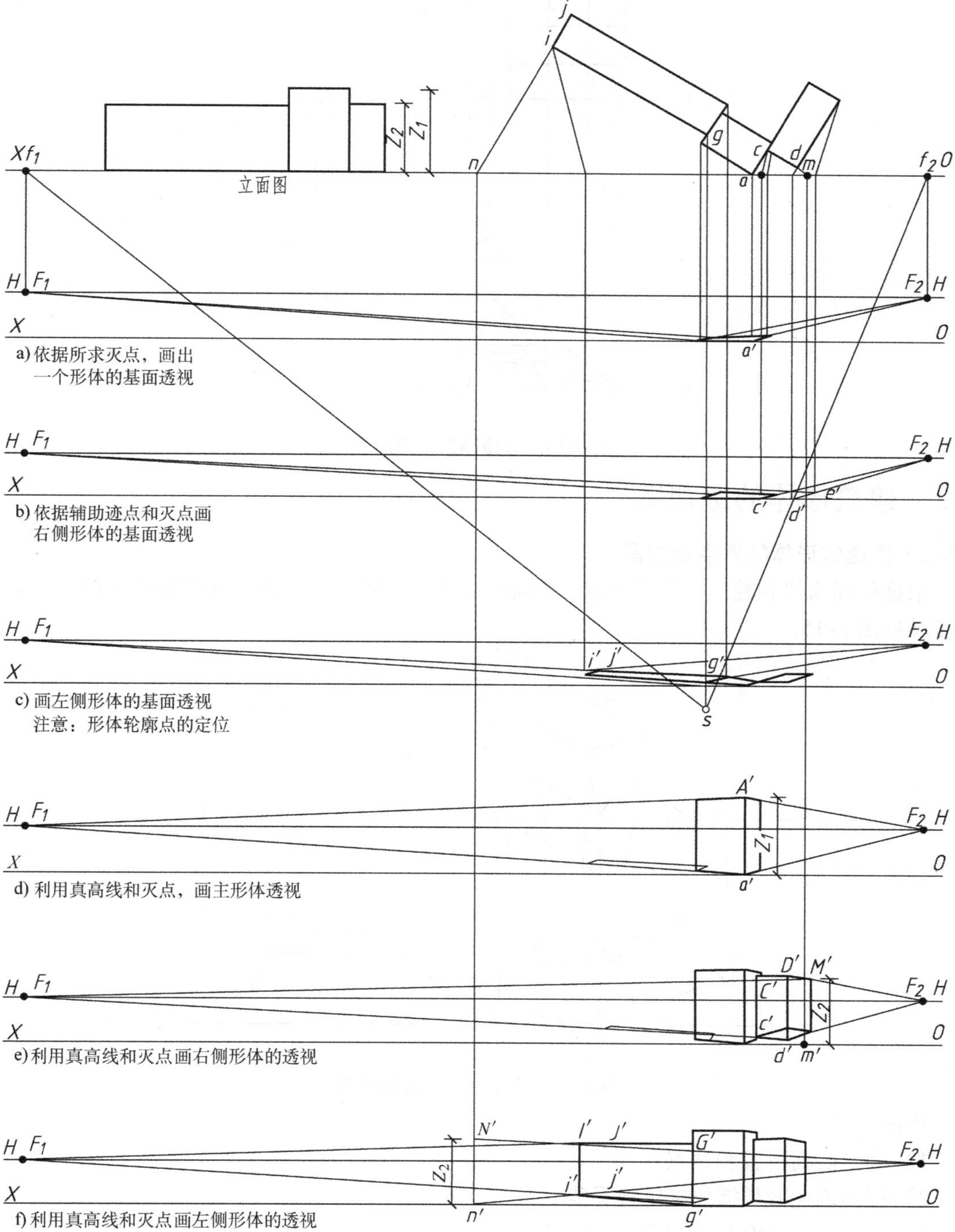

图 6-13　组合体的两点透视作图步骤

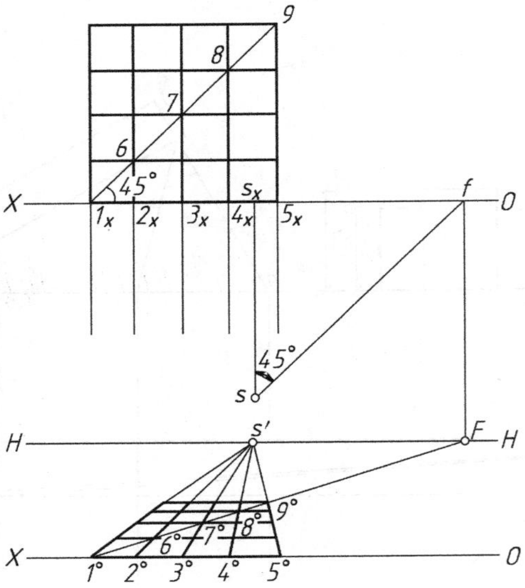

图 6-14　方格网的一点透视

6.3　建筑形体的透视图

6.3.1　作建筑形体的两点透视图

根据画面需要和建筑形象的特点，确定建筑形体外轮廓，用两点透视比较生动。具体作图步骤见图 6-15。

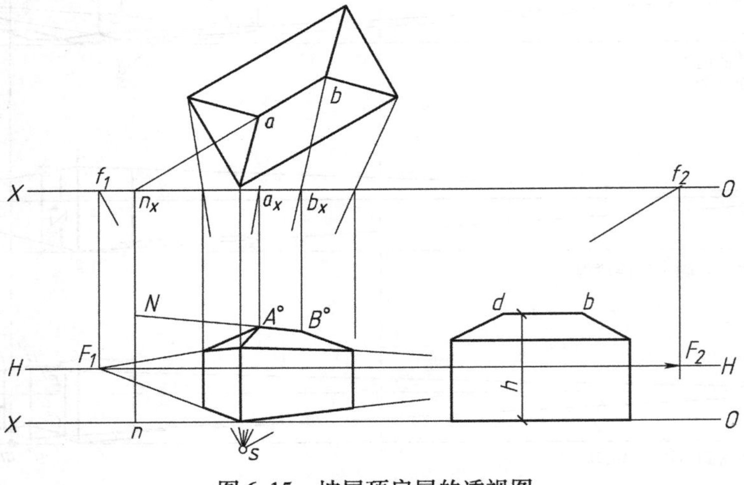

图 6-15　坡屋顶房屋的透视图

作图步骤：

1）确定画面位置和站点。

2）根据表达效果需要确定视平线。

3）配合 *OX*、*HH* 作图求灭点 F_1、F_2。

4）根据直线全长透视规律，并且利用真高线完成透视图。

6.3.2　作建筑形体的一点透视

建筑形体的室内透视常用一点透视法，而且视高线常选择 1.6m 左右，符合人们的观察高度。建筑形体的一点透视画法见图 6-16。

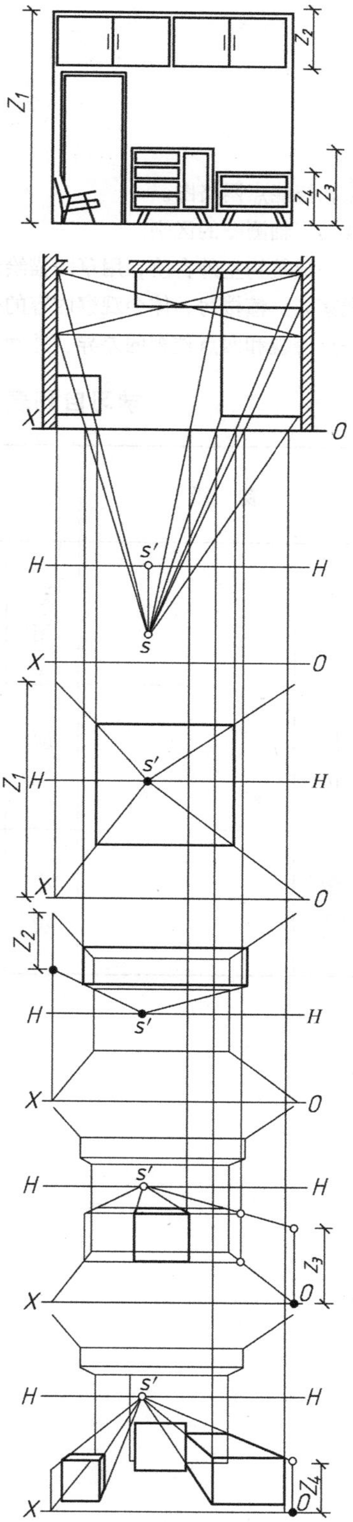

a) 立面图

b) 平面图

c) 以1.6m 左右
确定视高线

d) 依据真高线主点及
b 图定位点作出房
屋内墙面透视

e) 吊柜轮廓透视

f) 依据真高线和主点
画床头柜轮廓透视

g) 画沙发轮廓透视

图 6-16　建筑形体的一点透视

能力拓展训练题

1. 请列出本章的知识点和技能点网络图。
2. 简述透视图的特点及其与轴测图的区别。
3. 采用不同视高观察同一建筑物室外台阶，用草图描绘观察效果。
4. 选择不同观察角度观察同一幢楼房，体会观察内容的变化。
5. 比较同一幢建筑物一点透视和两点透视的差异，并确定观察者应处的合适位置。

学习自测表

层次 领域	初　级		中　级		高　级	
认知	了解		运用		综合	
技能	模仿		应用		创造	
情感	激情		心境		热情	

第7章　阴影的画法

技能要求

1. 说出阴影相关方面的术语在画阴影时的作用。
2. 分析基本立体的阴影形成规律。
3. 画出常见建筑细部的阴影。
4. 画出正投影图中的阴影。

知识要点

阴影、常用光线、阴线、基本立体的阴影、常见建筑细部的阴影。

7.1　建筑阴影的基本知识

建筑物受到阳光的照射，就会在地面或其他建筑物上落下阴影。有光线的地方就有阴影，如果在建筑物的立面图上画出阴影，可以生动地反映出建筑物的凹凸感、深浅关系、明暗效果，能使图面更加生动，富有立体感，这对研究建筑物造型是否优美、立面效果是否美观、所作方案的比例是否恰当等有很大的帮助。对比下面建筑物的两个立面图，加上阴影的比不加阴影的视觉效果明显好，见图7-1。所以，在方案图设计的过程中，设计者经常会在图纸上相应部位画出阴影。

a) 没有上阴影的立面图

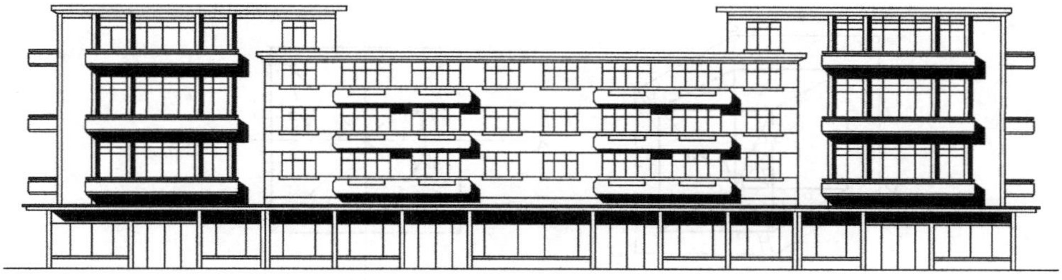

b) 上了阴影的立面图

图7-1　阴影的效果

7.1.1 建筑阴影的基本知识——常用术语

建筑物通过光的照射，可在自身表面和地面形成阳面、阴面、阴线、影子或影、影线、承影面，见图7-2。

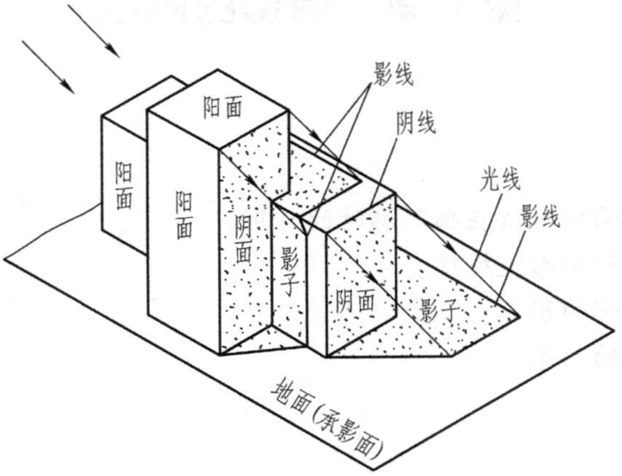

图7-2 常用术语

阴影是由于光线被形体所遮挡而产生，是阴面和影子的总称。所以产生阴影的三个要素是光线、形体、承影面。

7.1.2 建筑阴影的基本知识——常用光线

由于太阳与地球的距离遥远，画阴影时常取平行光线——阳光。可是太阳每时每刻都在变换位置，阴影也随之发生变化，从理论上讲，可以通过作图求出不同照射角度下的阴影，见图7-3。

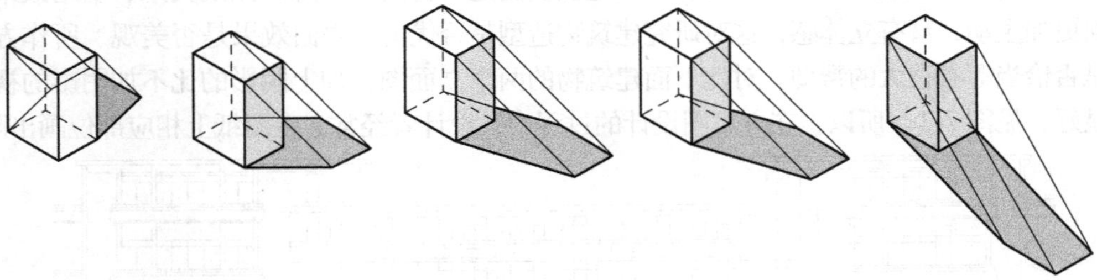

图7-3 形体的阴影

但在建筑表达中画出阴影是为了表现建筑物的空间感和真实感。因此，从方便作图和表达效果明显的角度出发，采用特殊角度的光线作图，见图7-4。

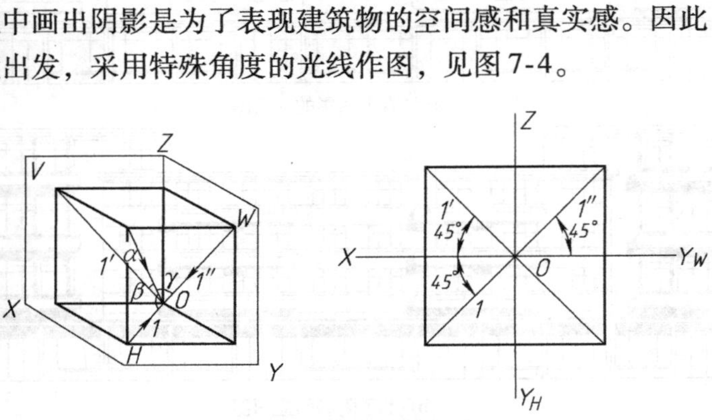

图7-4 阴影光线角度

在正投影图中作阴影的光线常用 L 来表示，且 L 是一组平行光线。

7.1.3 阴线的确定

要作出形体的阴影，一般先要分清楚形体表面的阳面和阴面，找出阴线。因为阴线确定后，即可得到阴线的影，即得到物体的影子。

阴影的确定，主要是根据形体的位置和特征进行分析的。当形体的侧面是投影面平行面或垂直面时，形体的阴影可直接在投影图中用作图法来确定，见图 7-5。

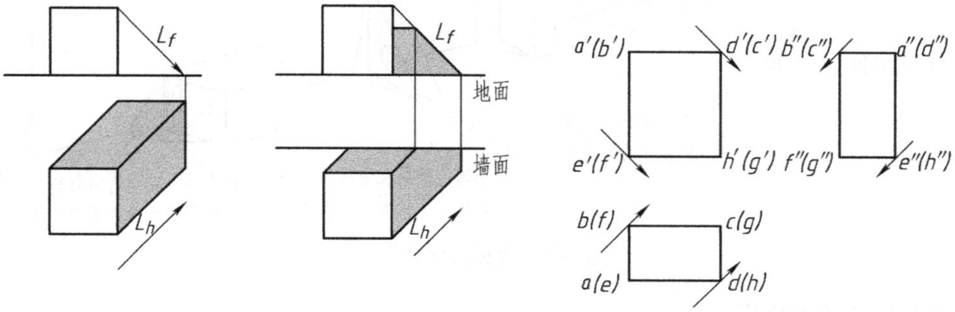

a) 阴影落在地面上　b) 阴影一部分落在地面上，一部分落在墙面上　c) 通过三面投影和常用光线确定阴线

图 7-5　长方体阴影及阴线的确定

7.1.4 落影原理

阴影的产生是由于形体阻挡了光线继续前进，见图 7-6。也可以说，若没有形体的存在，光线可以直达承影面上产生阴影的位置——光线与承影面相交处。

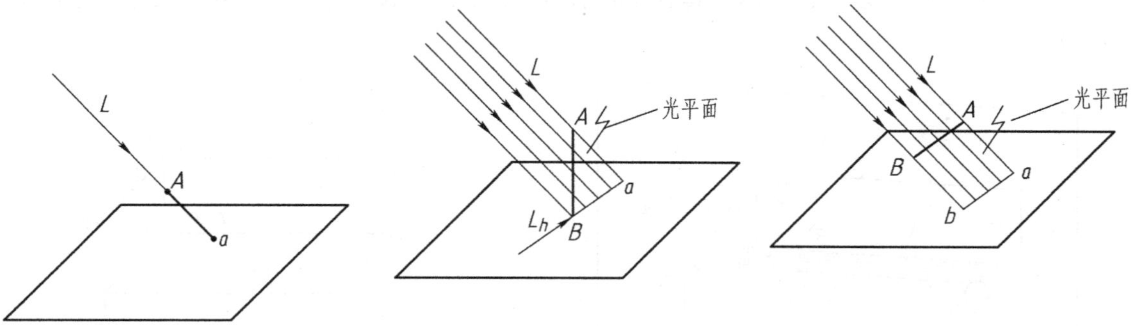

a) 点的落影　b) 垂直线的落影　c) 水平线的落影

图 7-6　落影原理

7.1.5 常见形体在垂直面上的阴影

当承影面是垂直面时，垂直线的阴影与原直线平行，也是垂直线；水平线的阴影同样与原直线平行；斜线的阴影是由它的两个端点的阴影连接而成。常见形体的阴影见图 7-7。

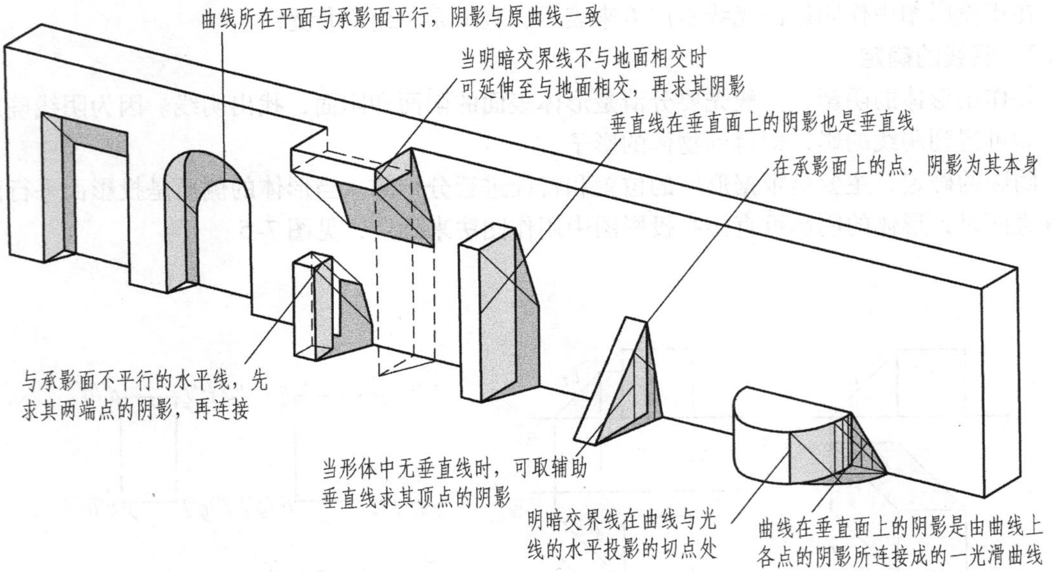

图 7-7　常见形体的阴影

7.2　基本立体的阴影

求立体阴影的一般步骤：

1）确定立体在常用光线照射下所形成的阴面和阳面，从而确定阴线。

2）求出阴线的影，即为影线。

3）确定影线在承影面上所围成的范围，即立体的阴影。

有时，也可将上述求作阴影的顺序变为3）、2）、1）。现以长方体、圆柱为例，作在正投影图中立体阴影。

7.2.1　长方体的阴影

建筑形体的阳台多是长方体，其后面的承影面为墙面。长方体的阴影效果及作图过程见图7-8。

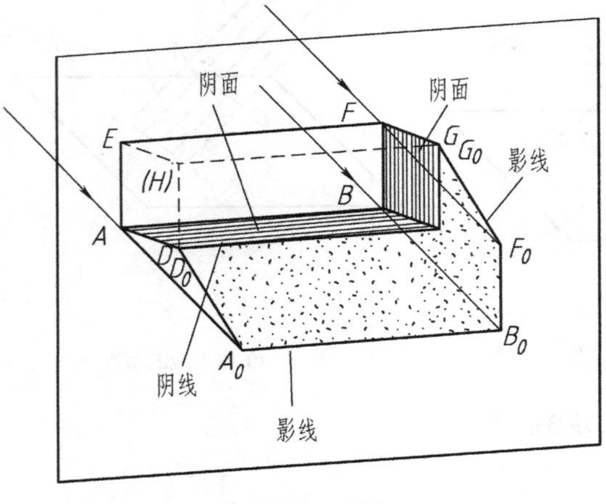

a) 立面图分析

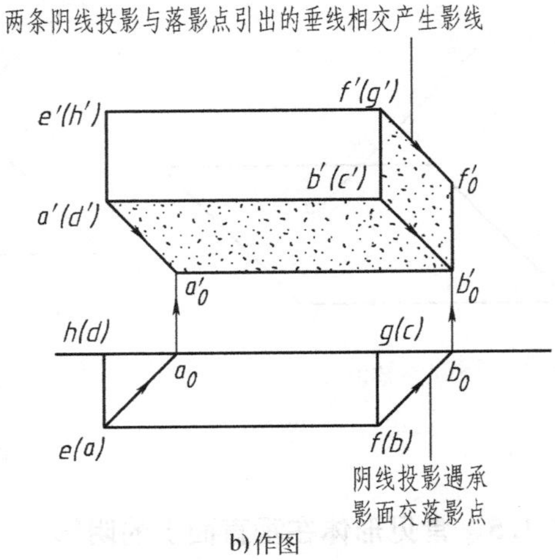

b) 作图

图 7-8　长方体的阴影

7.2.2 圆柱体的阴影

生活中许多建筑物是圆柱体，由于坐落在大地上，所以地面就是此建筑物的承影面，其落影见图 7-9。

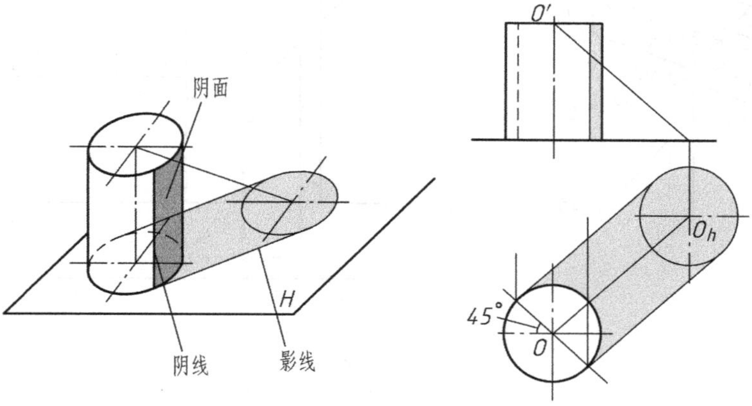

图 7-9 圆柱体的落影

7.3 常见建筑细部的阴影

7.3.1 窗洞与窗台的阴影

[**例 7-1**] 已知窗洞与窗台的两面投影，试作窗洞与窗台的 V 面阴影。

[**解**] 窗洞与窗台阴影的作图见图 7-10。

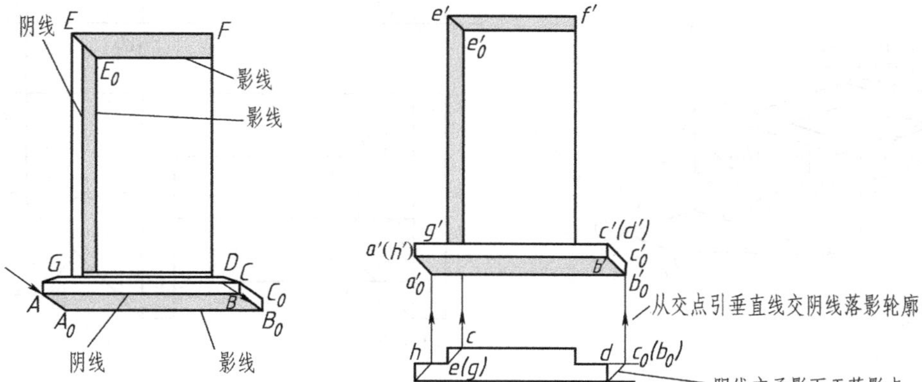

图 7-10 窗洞与窗台的阴影

7.3.2 门洞与雨篷的阴影

[**例 7-2**] 已知门洞与雨篷的两面投影，试作门洞与雨篷在立面图中的阴影。

[**解**] 门洞与雨篷阴影的作图见图 7-11。

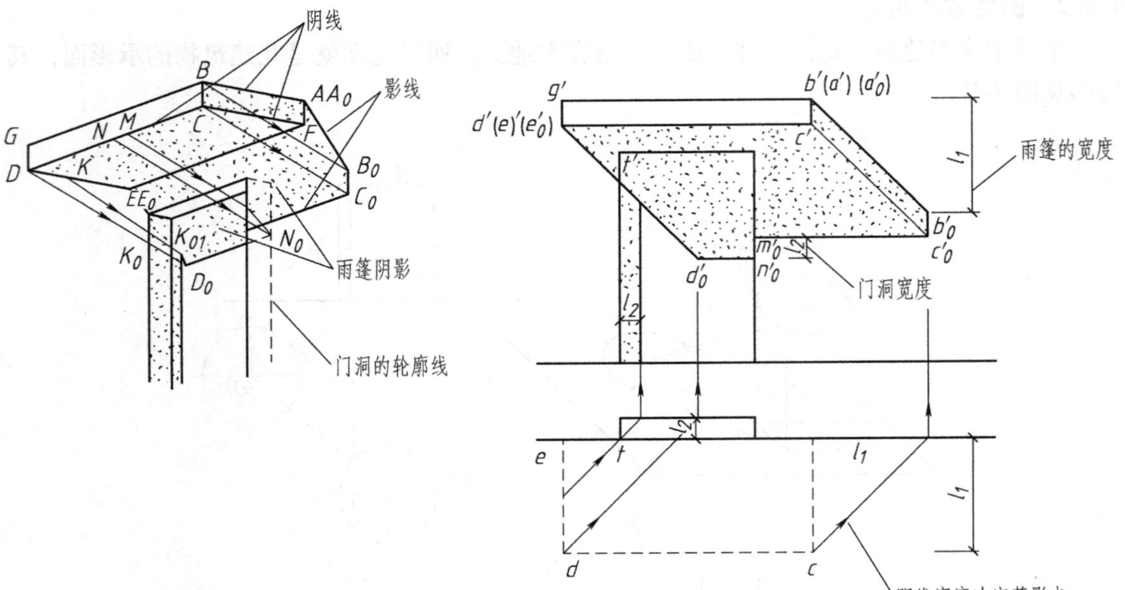

a) 立体图分析　　b) 作图

图 7-11　门洞与雨篷的阴影

7.3.3　台阶的阴影

［**例 7-3**］　求作带有长方体栏板的台阶在平面图和立面图中的阴影。

［**解**］　该台阶阴影的作图见图 7-12。

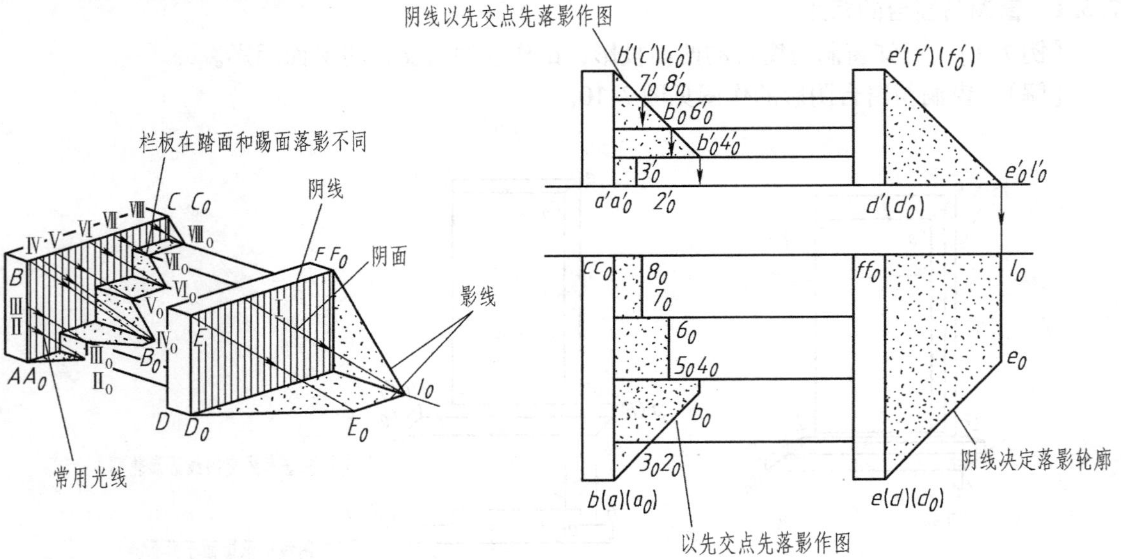

a) 立体图分析　　b) 作图

图 7-12　台阶的阴影

7.4　轴测图中的阴影

轴测图中的阴影实际上是正投影阴影的立体化，也是用平行光线绘制，其中不同之处在于光线可以根据表现的需要而灵活选定。

在轴测阴影中，同样遵循前述直线落影规律，如直线与承影面平行，其落影必平行于直线本身；直线与承影面相交，其落影必通过两者的交点；铅垂线在水平面上的落影必与光线的水平投影重合。日常生活中，常见的门洞的轴测阴影见图 7-13，台阶的轴测阴影见图 7-14，四坡房屋的轴测阴影见图7-15。

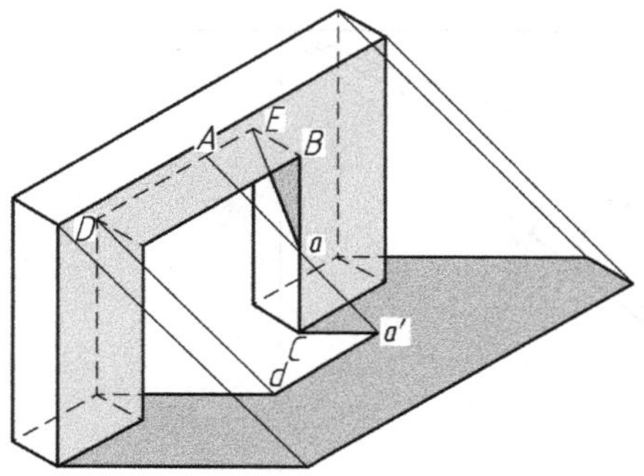

图 7-13　门洞的轴测阴影

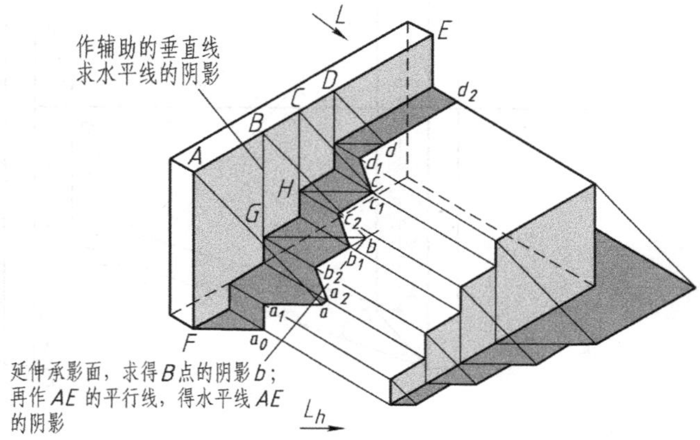

图 7-14　台阶的轴测阴影

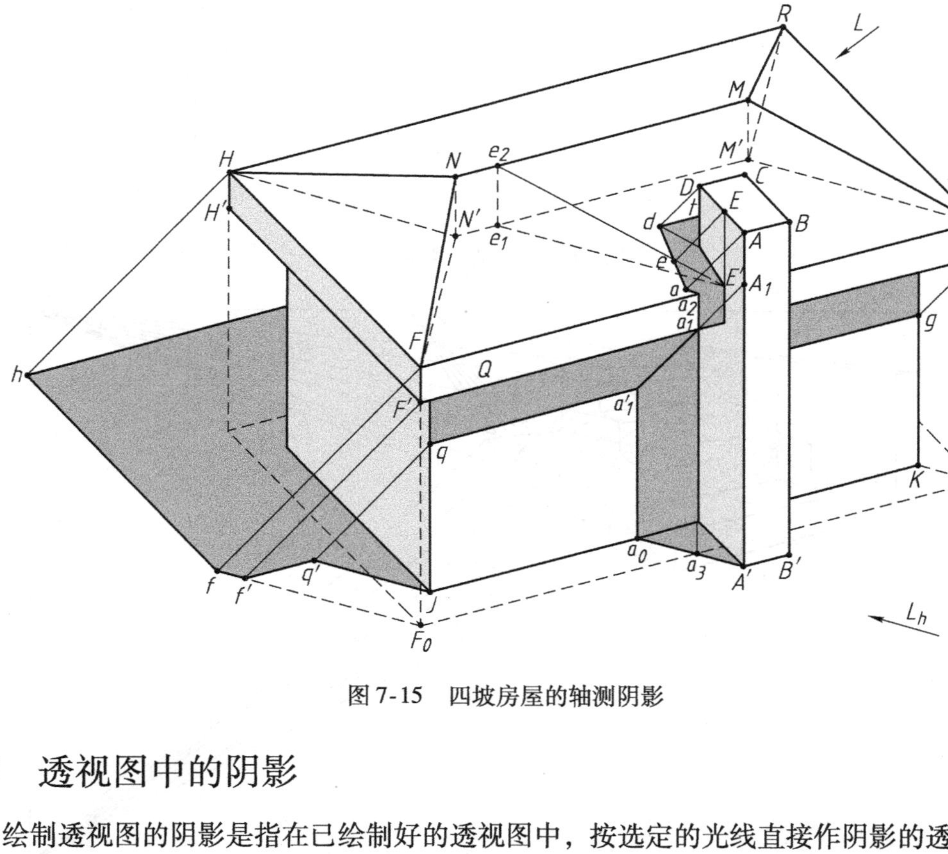

图 7-15　四坡房屋的轴测阴影

7.5　透视图中的阴影

绘制透视图的阴影是指在已绘制好的透视图中，按选定的光线直接作阴影的透视，它可以使透视形象更加逼真。在作透视阴影时，正投影图中直线落影的规律，有些可直接运用，有些应结合透视规律画影线，作图规律体现在具体的图中。门洞透视阴影见图 7-16，台阶的透视阴影见图 7-17，四坡房屋的透视阴影见图 7-18。

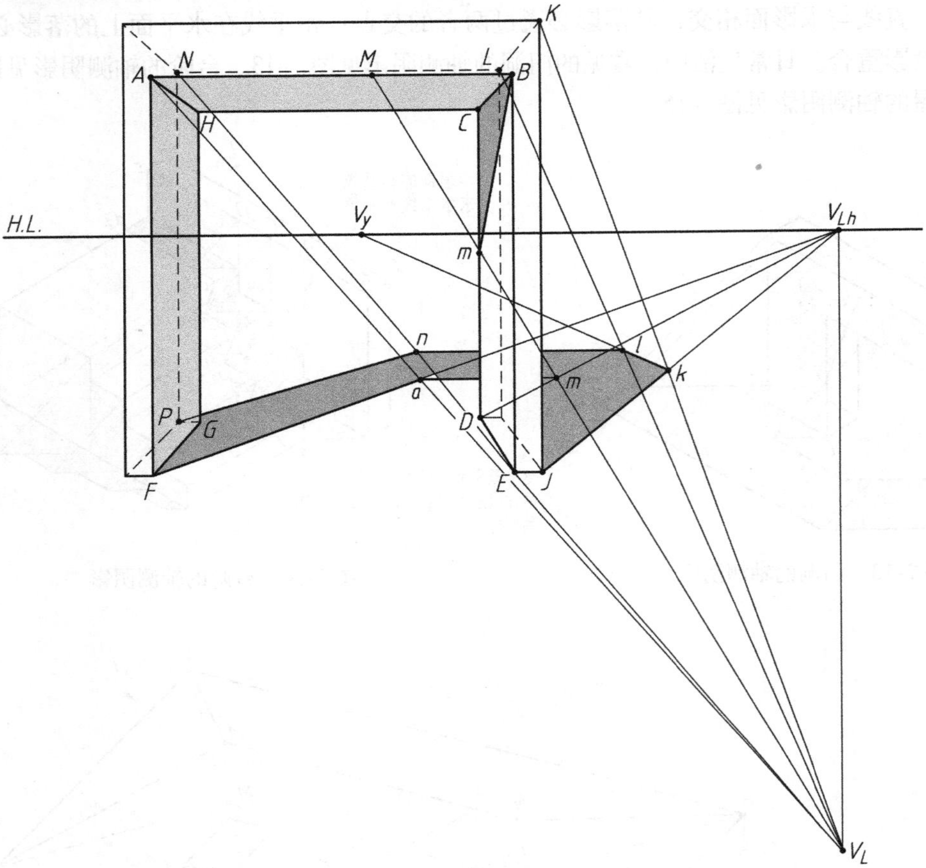

图 7-16　门洞的透视阴影

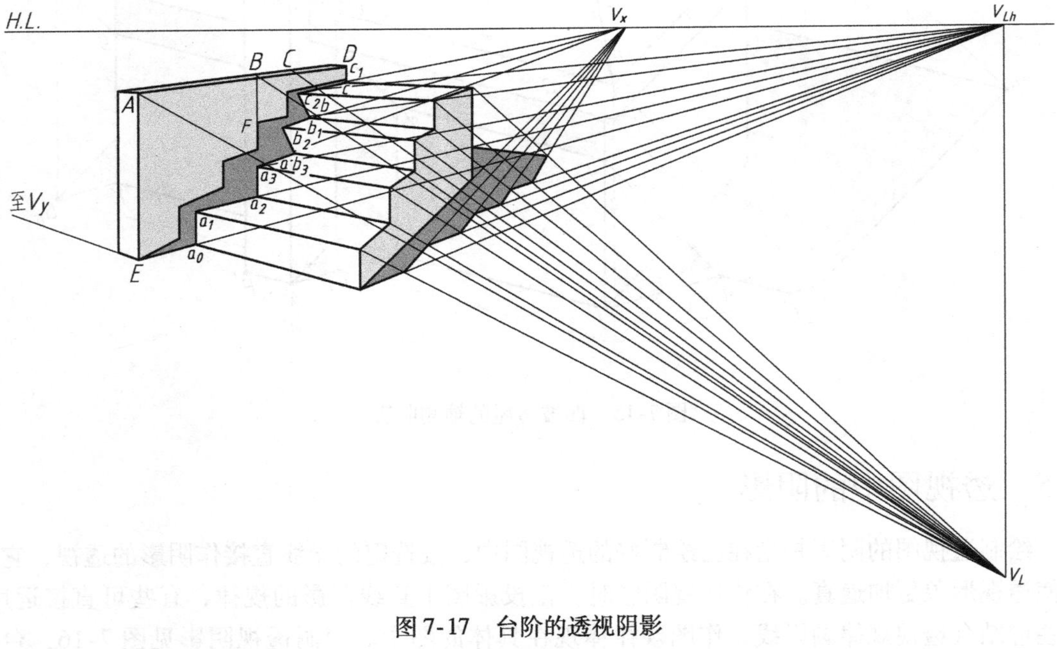

图 7-17　台阶的透视阴影

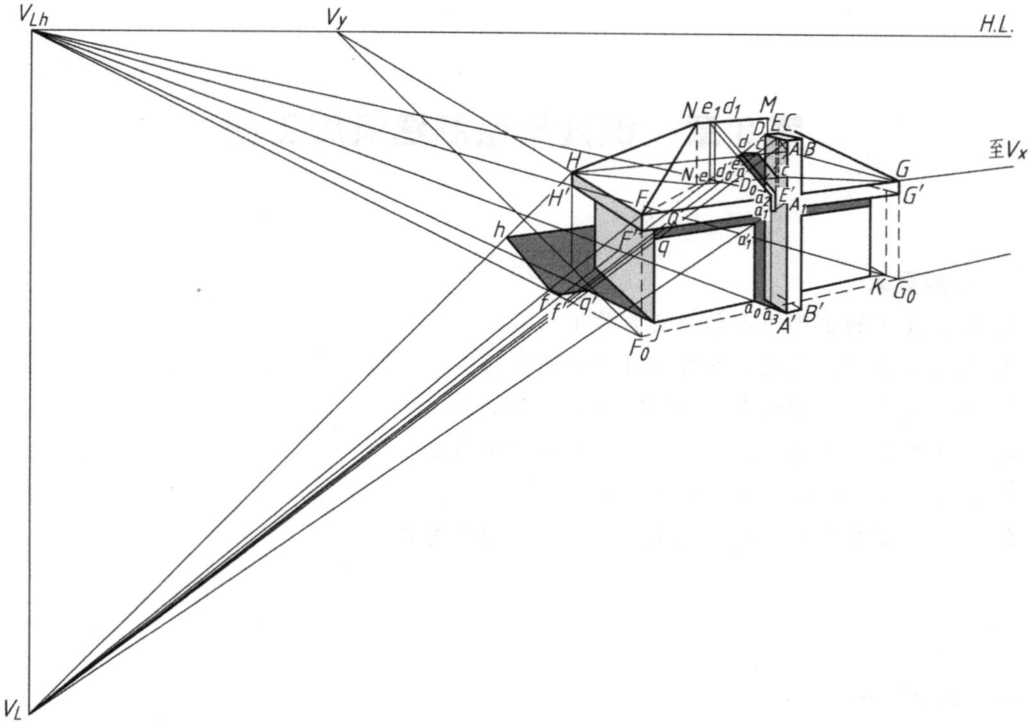

图 7-18　四坡房屋的透视阴影

能力拓展训练题

1. 请列出本章的知识点和技能点网络图。
2. 观察阳台和雨篷在早晨、中午、傍晚的落影。
3. 观察柱子在地面和墙面上的落影。
4. 观察曲面建筑形体的落影。
5. 对比分析正投影中门洞的阴影与轴测投影中门洞的阴影作图方法异同。

学习自测表

层次 领域	初　级		中　级		高　级	
认知	了解		运用		综合	
技能	模仿		应用		创造	
情感	激情		心境		热情	

第8章　识读与绘制建筑施工图

技能要求

1. 说出房屋的主要组成部分及其作用。
2. 说出房屋施工图的分类及各种图样的内容。
3. 说出建筑施工图的表达内容、分类及阅读方法。
4. 说出建筑平面图、立面图、剖面图的图示内容。
5. 说出建筑装饰施工图的表达内容。
6. 分析单层工业厂房建筑施工图的特点和图示内容。

知识要点

建筑施工图、建筑立面图、建筑剖面图、建筑详图、建筑装饰施工图、工业厂房施工图。

8.1　概述

8.1.1　房屋的设计程序

房屋的设计分为两阶段设计和三阶段设计两种。大型的、重要的、复杂的房屋，必须经过三个阶段设计，即初步设计（方案设计）、技术设计（扩大初步设计）和施工图设计；规模较小、技术简单的建筑多采用两阶段设计，即初步设计和施工图设计。

初步设计包括建筑物的总平面图，各层平面图，主要立面图、剖面图及简要说明，主要结构方案及主要技术经济指标，工程概算书等，供有关部门分析、研究、审批。技术设计是在批准的初步设计的基础上，进一步确定各专业工种之间的技术问题。施工图设计是建筑设计的最后阶段，其任务是绘制满足施工要求的全套图样，并编制工程说明书、结构计算书和工程预算书。

8.1.2　房屋的分类和组成

建筑物按其使用功能，通常分为工业建筑、农业建筑、民用建筑。其中民用建筑根据建筑物的使用功能又分为居住建筑和公共建筑。居住建筑是指供人们生活起居用的建筑物，如住宅、宿舍、公寓、旅馆等；公共建筑是指供人们进行各项社会活动的建筑物，如商场、学校、医院、办公楼、汽车站、影剧院等。

建筑物按建筑规模和数量可分为大量性建筑和大型性建筑。大量性建筑指建造数量较多、相似性大的建筑，如住宅、宿舍、商店、医院、学校等；大型性建筑指建造数量较少，但单幢建筑体量大的建筑，如大型体育馆、影剧院、航空站、火车站等。

各种不同的建筑物，尽管它们的使用要求、空间组合、外形处理、结构形式、构造方式及规模大小等方面有各自的特点，但其基本构造是相似的，见图 8-1。它们是由基础、墙或柱、楼板、地面、楼梯、屋顶、门窗等部分，以及其配件和设施，如通风道、垃圾道、阳台、雨篷、雨水管、勒脚、散水、明沟等组成。

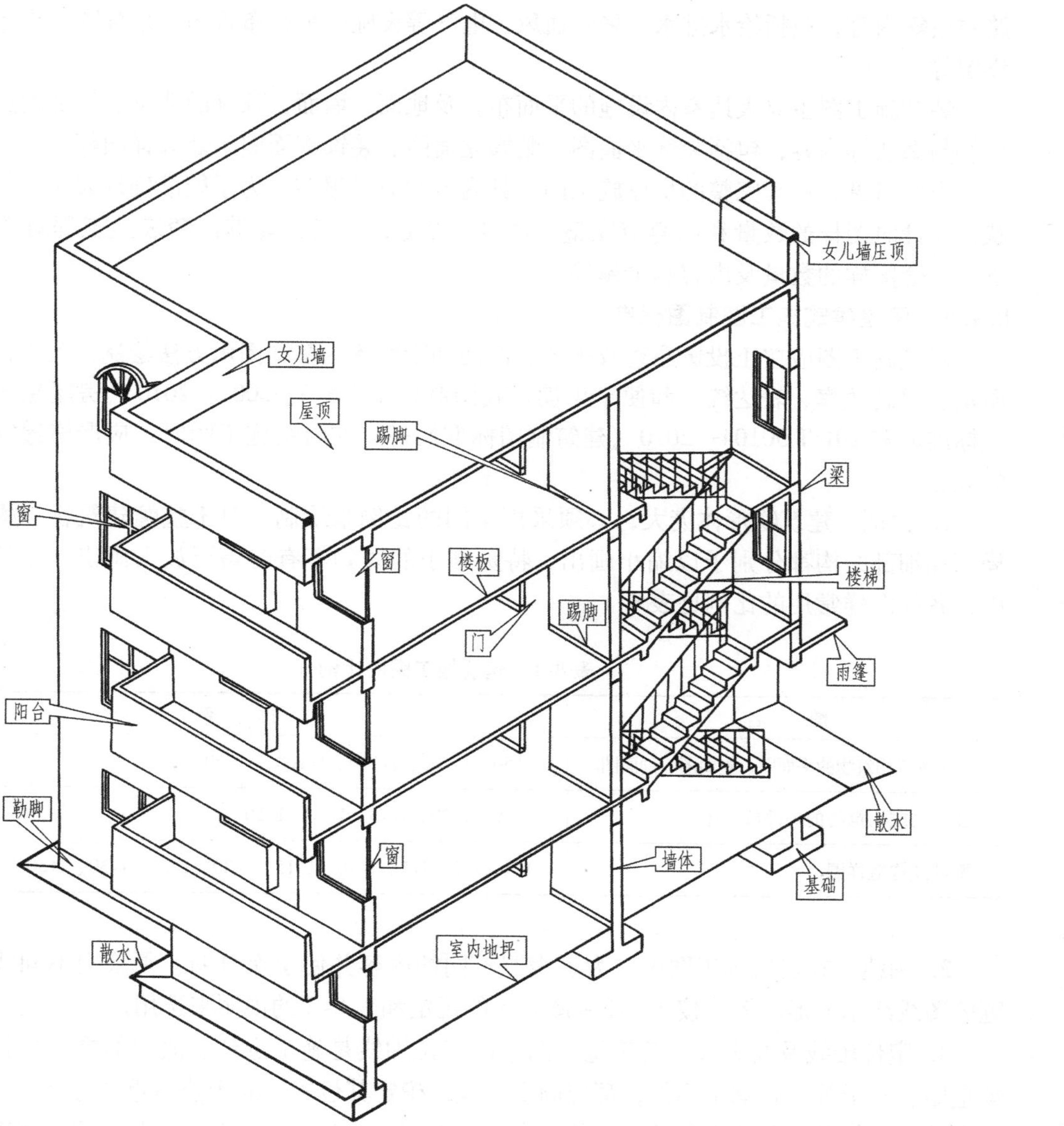

图 8-1　某房屋组成部分示意图

8.1.3　房屋施工图的内容

房屋施工图按专业不同可分为建筑施工图（简称建施）、结构施工图（简称结施）、设备施工图（简称设施）和装饰施工图（简称装施）等。

建筑施工图主要表达房屋建筑群体的总体布局，房屋的外部造型、内部布置、固定设施、构造做法和所用材料等内容，包括总平面图、建筑平面图、建筑立面图、建筑剖面图、建筑详图等。

结构施工图主要表达房屋承重构件的布置、类型、规格及其所用材料，配筋形式和施工要求等内容，包括结构布置图、构件详图、节点详图等。

设备施工图主要表达室内给水排水、采暖通风、电气照明等设备的布置、安装要求和线路敷设等内容，包括给水排水、采暖通风、电气等设施的平面布置图、系统图、构造和安装详图等。

装饰施工图主要表达室内设施的平面布置及地面、墙面、顶棚的造型、细部构造、装修材料与做法等内容，包括装饰平面图、装饰立面图、装饰剖面图、装饰详图等。

由此可见，一套完整的房屋施工图，其内容和数量很多。为了能准确地表达建筑物的形状，设计时图样的数量和内容应完整、详尽、充分，一般在能够清楚表达工程对象的前提下，一套图样的数量及内容越少越好。

8.1.4 房屋建筑施工图制图标准

建筑施工图应按正投影原理及视图、剖面和断面等的基本图示方法绘制。为了保证制图质量、提高效率、表达统一和便于识读，我国制定了 GB/T 50001—2010《房屋建筑制图统一标准》和 GB/T 50104—2010《建筑制图标准》等，在绘制施工图时，应严格遵守标准中的规定。

1. 比例　建筑物形体庞大，必须采用不同的比例来绘制。对于整幢建筑物、构筑物的局部和细部结构都分别予以缩小画出，特殊细小的线脚等有时需要放大画出。建筑施工图中，各种图样常用的比例见表 8-1。

表 8-1　建筑施工图的比例

图　　名	比　　例
建筑物或构筑物的平面图、立面图、剖面图	1:50、1:100、1:150、1:200、1:250
建筑物或构筑物的局部放大图	1:10、1:20、1:25、1:30、1:50
配件及构造详图	1:1、1:2、1:5、1:10、1:15、1:20、1:25、1:30、1:50

2. 图线　在建筑施工图中，为了表明不同的内容并使层次分明，须采用不同线型和线宽的图线绘制图形。图线按图 8-2 ~ 图 8-4 的规定和表 8-2 的说明来选用。

3. 定位轴线及其编号　建筑施工图中的定位轴线是施工定位、放线的重要依据。凡是承重墙、柱子等主要承重构件，都应画上轴线来确定其位置。对于非承重的分隔墙、次要的局部承重构件等，有时用分轴线定位，有时也可用注明其与附近轴线的相关尺寸来确定。定位轴线绘制及编号要求见图 8-5。

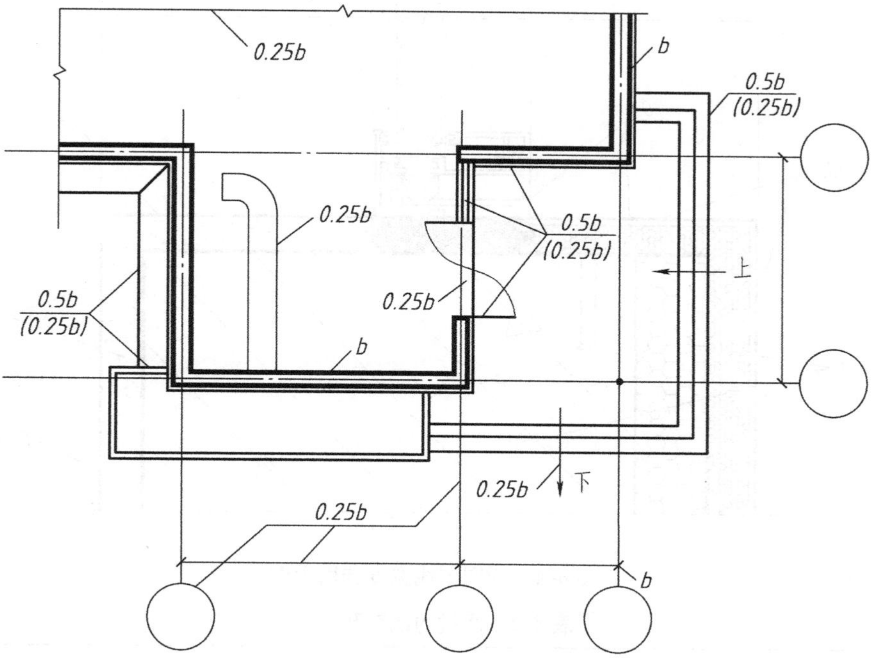

图 8-2　平面图图线宽度选用示例

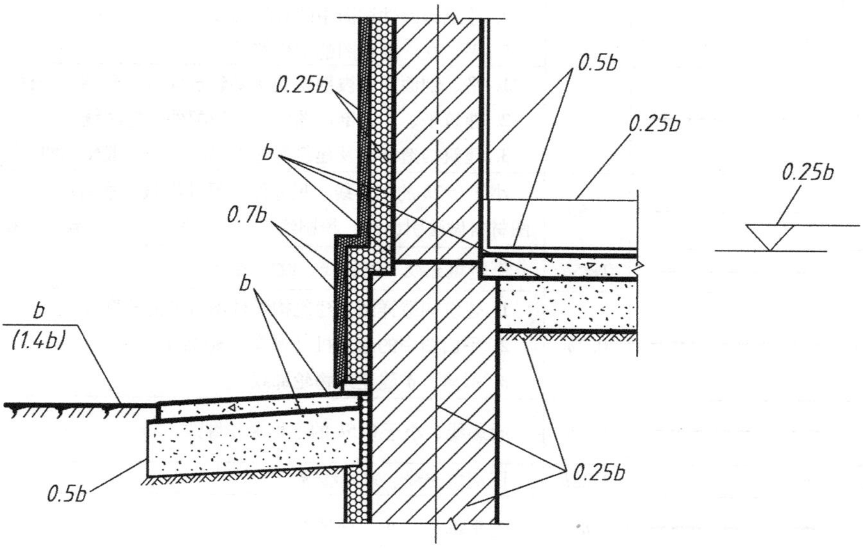

图 8-3　墙身剖面图图线宽度选用示例

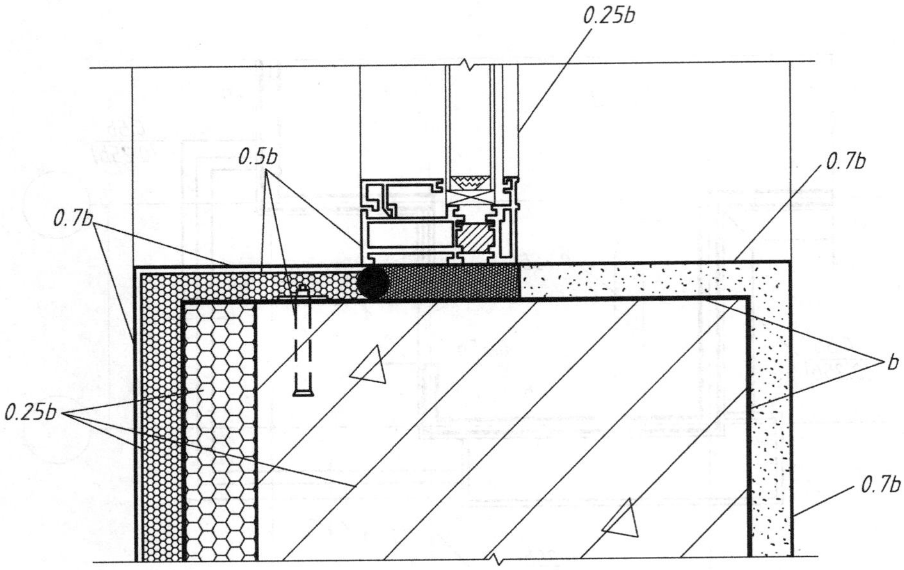

图 8-4　详图图线宽度选用示例

表 8-2　图线的线宽及用途

名称		线型	线型	用　途
实线	粗	━━━━	b	1. 平、剖面图中被剖切的主要建筑构造（包括构配件）的轮廓线 2. 建筑立面图或室内立面图的外轮廓线 3. 建筑构造详图中被剖切的主要部分的轮廓线 4. 建筑构配件详图中的外轮廓线 5. 平、立、剖面图的剖切符号
	中粗	━━━━	0.7b	1. 平、剖面图中被剖切的次要建筑构造（包括构配件）的轮廓线 2. 建筑平、立、剖面图中建筑构配件的轮廓线 3. 建筑构造详图及建筑构配件详图中的一般轮廓线
	中	────	0.5b	小于0.7b的图形线、尺寸线、尺寸界限、索引符号、标高符号、详图材料做法引出线、粉刷线、保温层线、地面、墙面的高差分界线等
	细	────	0.25b	图例填充线、家具线、纹样线等
虚线	中粗	‑ ‑ ‑ ‑ ‑	0.7b	1. 建筑构造详图及建筑构配件不可见的轮廓线 2. 平面图中的起重机（吊车）轮廓线 3. 拟建、扩建建筑物轮廓线
	中	‑ ‑ ‑ ‑ ‑	0.5b	投影线、小于0.5b的不可见轮廓线
	细	‑ ‑ ‑ ‑ ‑	0.25b	图例填充线、家具线等
单点长划线	粗	━·━·━	b	起重机（吊车）轨道线
	细	─·─·─	0.25b	中心线、对称线、定位轴线
折断线	细	──╲╱──	0.25b	部分省略表示时的断开界线
波浪线	细	∿∿∿	0.25b	部分省略表示时的断开界线，曲线形构件断开界限，构造层次的断开界限

注：地平线的线宽可用1.4b。

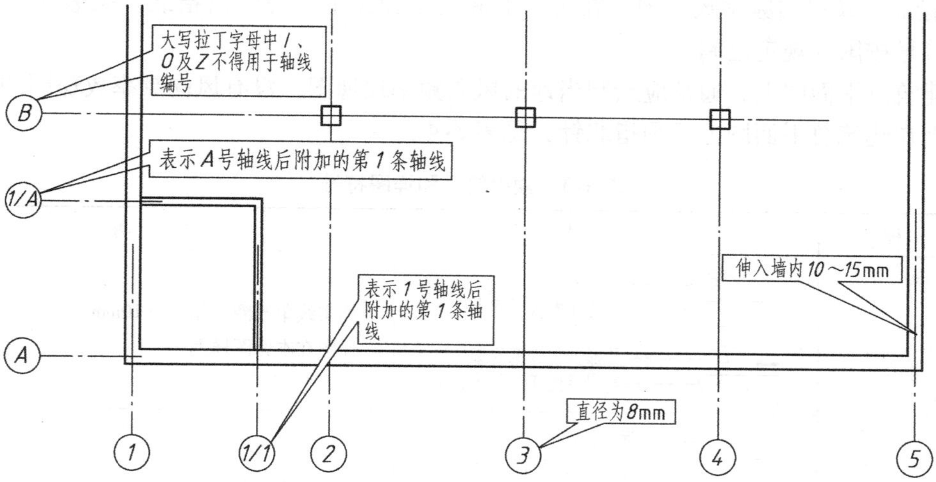

图 8-5　定位轴线及编号

4. 尺寸、标高、图名　尺寸单位除标高及建筑总平面图以 m（米）为单位外，其余一律以 mm（毫米）为单位。尺寸的基本注法见第 2 章。

标高是标注建筑物高度的一种尺寸形式。标高符号形式见图 8-6。

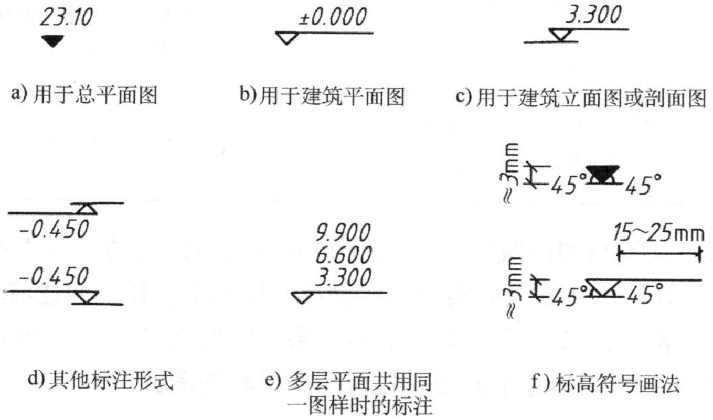

图 8-6　标高符号

标高有绝对标高和相对标高两种。

（1）绝对标高。我国把青岛附近某处黄海的平均海平面定为绝对标高的零点，其他各地标高都以它作为基准。如总平面图中（图 8-9）新建建筑物底层室外整平地面的绝对标高为 144. 30m。

（2）相对标高。在建筑物的施工图上要注明许多标高，如果全用绝对标高，不但数字繁琐，而且不容易得出各部分的高差。因此，除总平面图外，一般都采用相对标高，即把底层室内主要地坪标高定为相对标高的零点，并在建筑工程的总说明中说明相对标高和绝对标高的关系，由建筑物附近的水准点来测定拟建工程的底层地面的绝对标高。

5. 索引符号和详图符号　图样中的某一局部或某一构件和构件间的构造如需另见详图，应以索引符号索引，以便看图时查找相应的图样。索引符号和详图符号的编号方法见表 8-3。

6. 指北针及风向频率玫瑰图　在房屋的底层平面图上，应绘出指北针来表明房屋的朝向，其符号按国标规定绘制。

在建筑总平面图上，通常应绘制当地的风向频率玫瑰图，没有风向频率玫瑰图的城市和地区，则在建筑总平面图上只画指北针，见表8-4。

表8-3　索引符号和详图符号

名　称	符　号	说　明
详图的索引标志	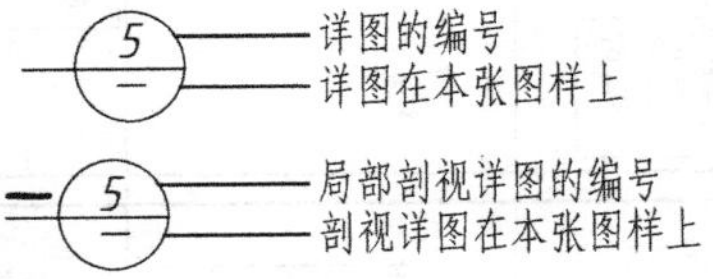	细实线单圆圈直径应为10mm 详图在本张图样上
	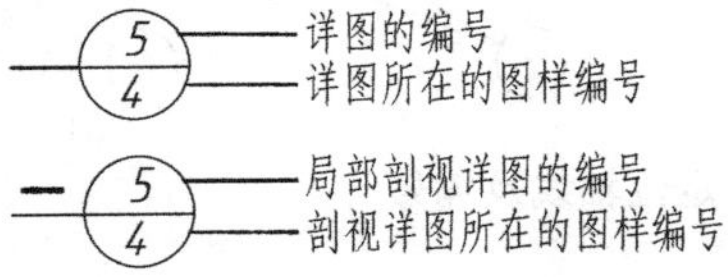	详图不在本张图样上
	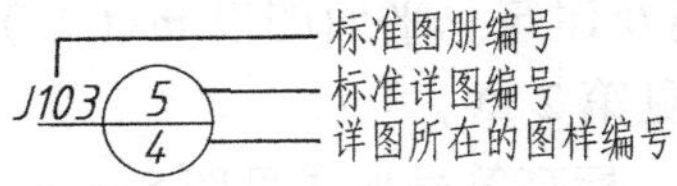	标准详图
详图的标志		粗实线单圆圈直径应为14mm 被索引在本张图样上
	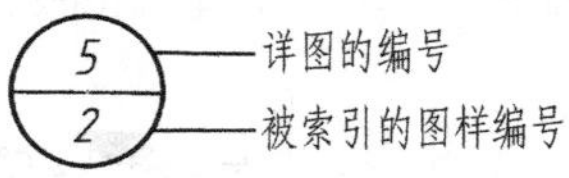	被索引的不在本张图样上

7. 图例及代号　建筑物和构筑物是按比例缩小画在图样上的，对于有些建筑细部、构件形状以及建筑材料等，往往不能如实画出，也难以用文字注释来表达清楚，所以都按统一规定的图例和代号来表示，以得到简单明了的效果。因此制图标准中规定了各种图例。表8-4～表8-6列出了一些常用的总平面图、建筑图和材料的图例。

表8-4　总平面图例

名　称	图　例	说　明	名　称	图　例	说　明
围墙及大门	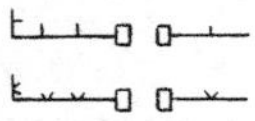	上图为砖石、混凝土或金属材料的围墙 下图为镀锌铁丝网篱笆等材料的围墙 如仅表示围墙时不画大门	室内标高	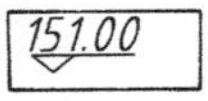	
坐标	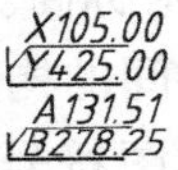	上图表示测量坐标（X轴表示南北方向）；下图表示施工坐标（A轴表示南北方向）	室外标高		

（续）

名　称	图　例	说　明	名　称	图　例	说　明
原有的道路	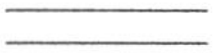	用细实线表示	计划扩建的建筑物或预留地		1. 应注明拟利用者 2. 用中虚线表示
计划扩建的道路	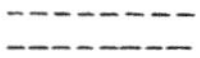	用细虚线表示	拆除的建筑物		用细实线表示
护坡	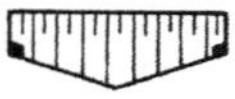	护坡较长时，可在一端或两端局部表示	地下建筑物或构筑物	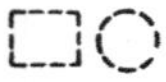	用粗虚线表示
风向频率玫瑰图	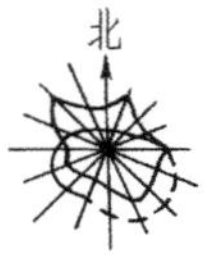	根据当地多年统计的各方向平均吹风次数绘制 实线表示全年风向频率 虚线表示夏季风向频率，按6、7、8三个月统计	散状材料露天堆场		需要时可注明材料名称
新建的建筑物	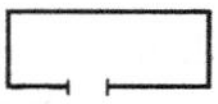	1. 用粗实线表示 2. 需要时可在图形右上角以点数或数字（高层宜用数字）表示层数	其他材料露天堆场或露天作业场	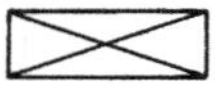	需要时可注明材料名称
原有的建筑物		1. 应注明利用者 2. 用细实线表示	指北针	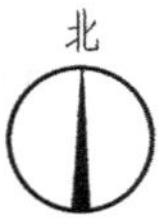	圆圈直径为24mm，指针尾部宽度为直径的1/8

表 8-5　建筑图例

名称	图　例	备　注
坡道	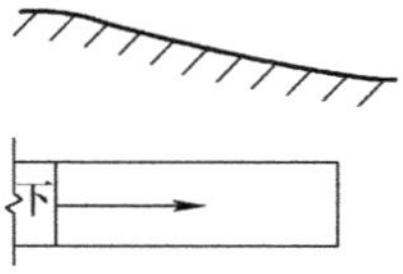	长坡道
	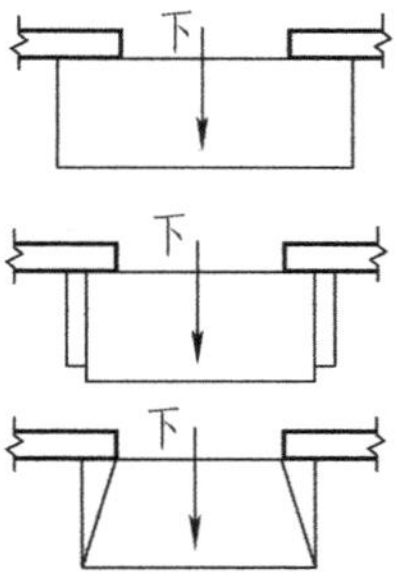	上图为两侧垂直的门口坡道，中图为门口有挡墙的门口坡道，下图为两侧找坡的门口坡道

（续）

名称	图　　例	备　　注
空门洞	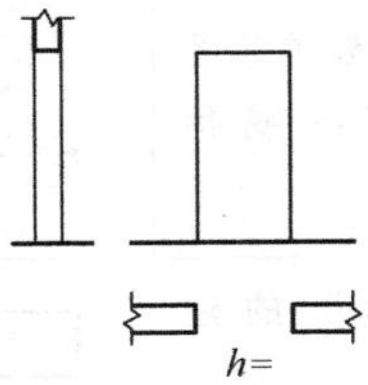	*h* 为门洞高度
单面开启单扇门（包括平开或单面弹簧）	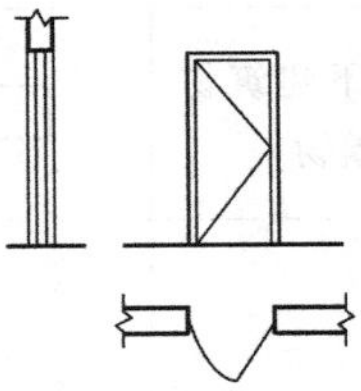	1. 门的名称代号用 M 表示 2. 平面图中下为外，上为内。门开启线为 90°、60°或 45°，开启弧线宜绘出 3. 立面图中，开启线实线为外开，虚线为内开。开启线交角的一侧为安装合页一侧。开启线在建筑立面图中可不表示，在立面大样图中可根据需要绘出 4. 剖面图中，左为外，右为内 5. 附加纱扇应以文字说明，在平、立、剖面图中均不表示 6. 立面形式应按实际情况绘制
双面开启单扇门（包括双面或双面弹簧）	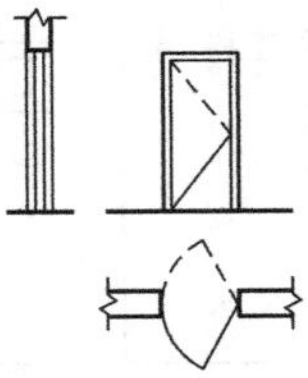	
双层单扇平开门	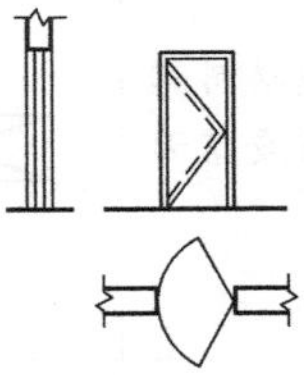	
单面开启双扇门（包括平开或单面弹簧）	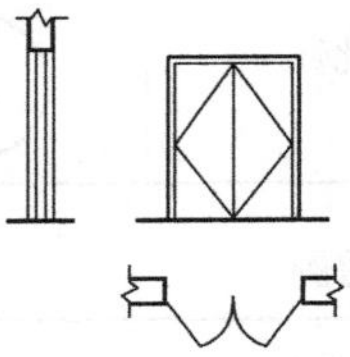	
双面开启双扇门（包括双面平开或双面弹簧）	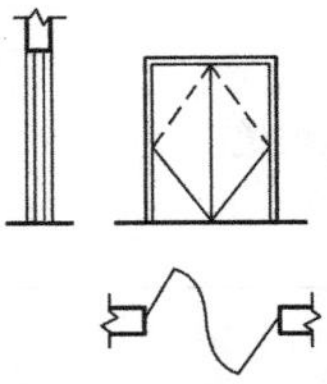	
双层双扇平开门	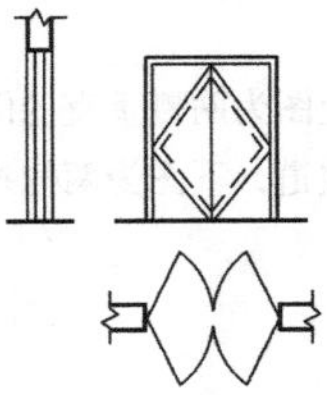	

（续）

<table>
<tr><th>名称</th><th>图　　例</th><th>备　　注</th></tr>
<tr><td>折叠门</td><td>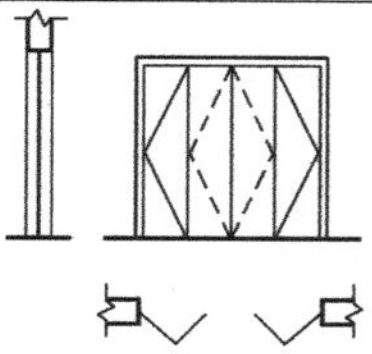</td><td rowspan="2">1. 门的名称代号用 M 表示
2. 平面图中，下为外，上为内
3. 立面图中开启线实线为外开，虚线为内开。开启线交角的一侧为安装合页一侧
4. 剖面图中，左为外，右为内
5. 立面形式应按实际情况绘制</td></tr>
<tr><td>推拉折叠门</td><td>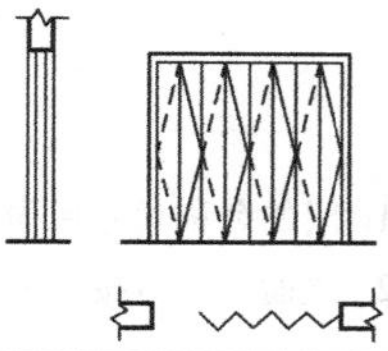</td></tr>
<tr><td>墙洞外单扇推拉门</td><td>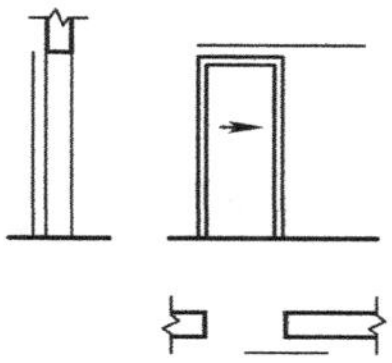</td><td>1. 门的名称代号用 M 表示
2. 平面图中，下为外，上为内
3. 剖面图中，左为外，右为内
4. 立面形式应按实际情况绘制</td></tr>
<tr><td>墙洞外双扇推拉门</td><td>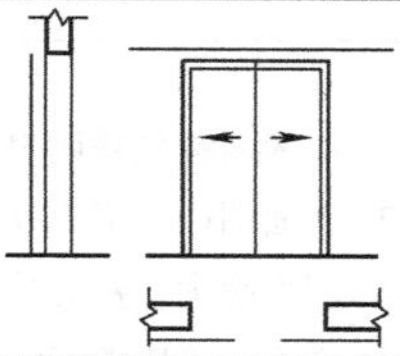</td><td>1. 门的名称代号用 M 表示
2. 平面图中，下为外，上为内
3. 剖面图中，左为外，右为内
4. 立面形式应按实际情况绘制</td></tr>
<tr><td>墙中单扇推拉门</td><td>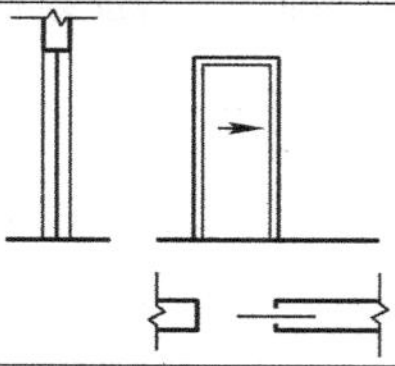</td><td rowspan="2">1. 门的名称代号用 M 表示
2. 立面形式应按实际情况绘制</td></tr>
<tr><td>墙中双扇推拉门</td><td>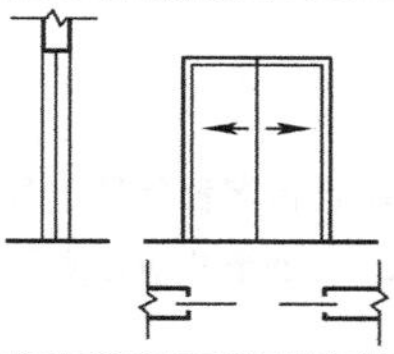</td></tr>
<tr><td>推杠门</td><td>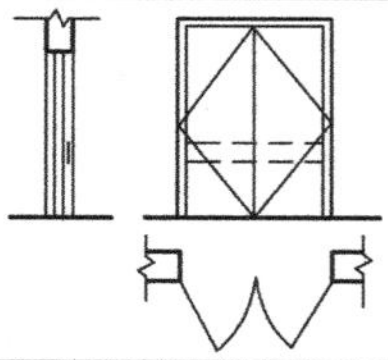</td><td rowspan="2">1. 门的名称代号用 M 表示
2. 平面图中，上为外，上为内。门开启线为 90°、60°或 45°，开启弧线宜绘出
3. 立面图中，开启线实线为外开，虚线为内开。开启线交角的一侧为安装合页一侧。开启线在建筑立面图中可不表示，在室内设计门窗立面大样图中需绘出
4. 剖面图中，左为外，右为内
5. 立面形式应按实际情况绘制</td></tr>
<tr><td>门连窗</td><td>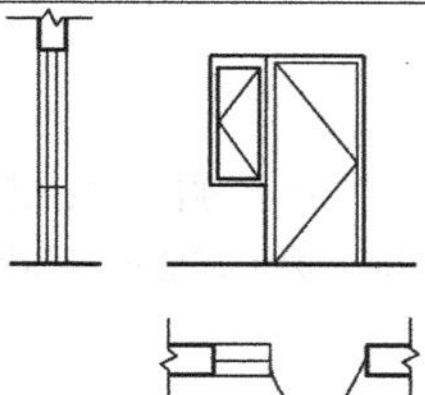</td></tr>
</table>

（续）

名称	图　　例	备　　注
旋转门	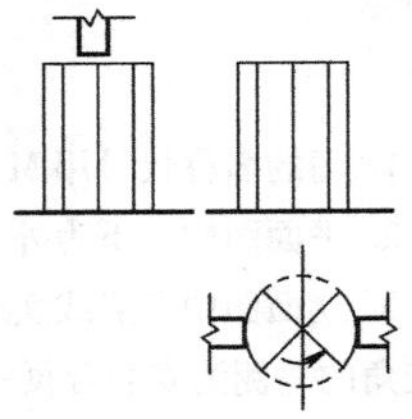	1. 门的名称代号用 M 表示 2. 立面形式应按实际情况绘制
两翼智能旋转门	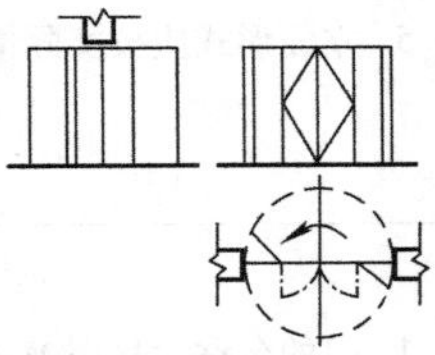	
自动门	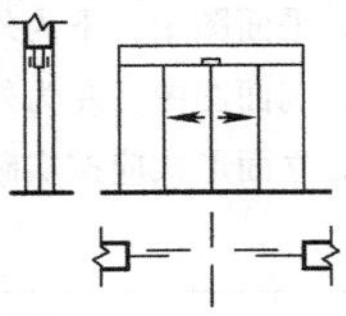	
折叠上翻门	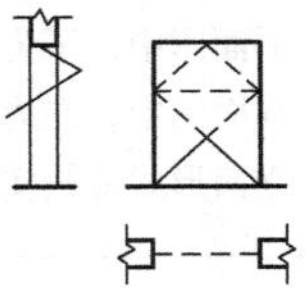	1. 门的名称代号用 M 表示 2. 平面图中，下为外，上为内 3. 剖面图中，左为外，右为内 4. 立面形式应按实际情况绘制
提升门	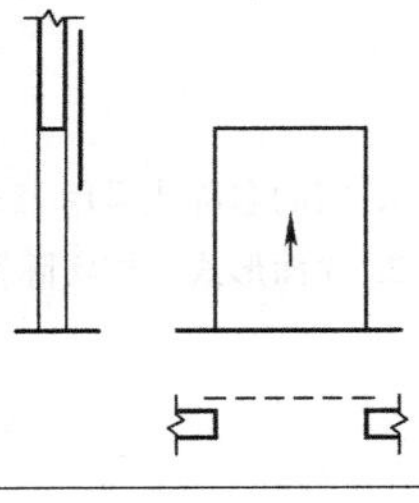	1. 门的名称代号用 M 表示 2. 立面形式应按实际情况绘制
分节提升门	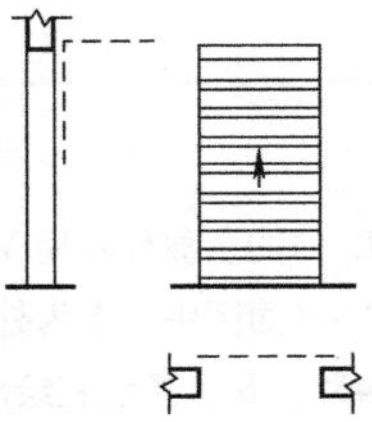	
人防单扇防护密闭门	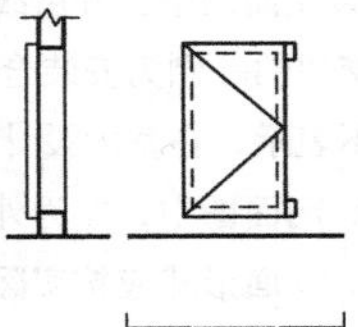	1. 门的名称代号按人防要求表示 2. 立面形式应按实际情况绘制

（续）

<table>
<tr><th>名称</th><th>图　例</th><th>备　注</th></tr>
<tr><td>人防单扇密闭门</td><td>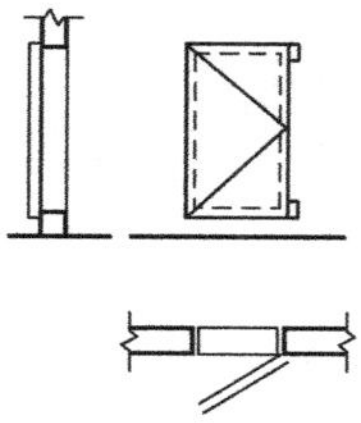</td><td rowspan="3">1. 门的名称代号按人防要求表示
2. 立面形式应按实际情况绘制</td></tr>
<tr><td>人防双扇
防护密闭门</td><td>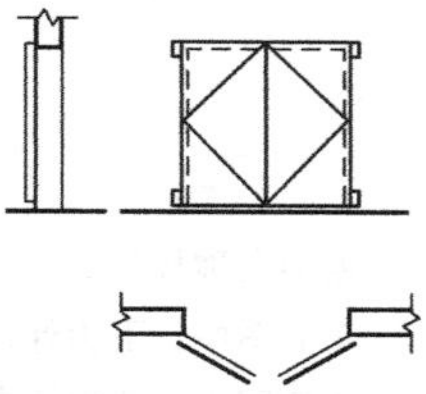</td></tr>
<tr><td>人防双扇密闭门</td><td>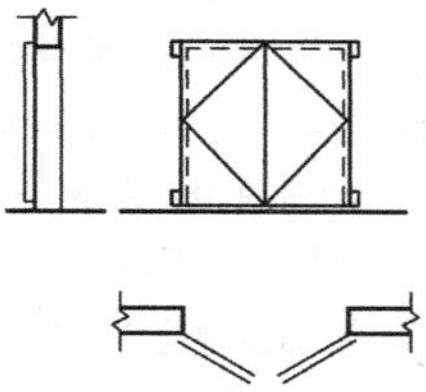</td></tr>
<tr><td>固定窗</td><td>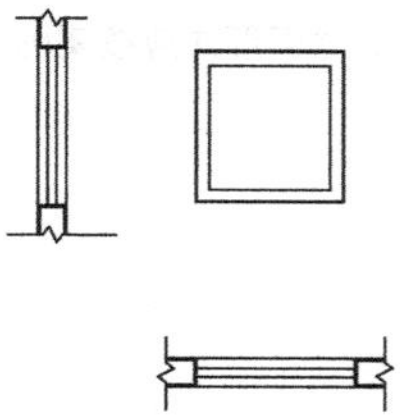</td><td rowspan="4">1. 窗的名称代号用 C 表示
2. 平面图中，下为外，上为内
3. 立面图中，开启线实线为外开，虚线为内开。开启线交角的一侧为安装合页一侧。开启线在建筑立面图中可不表示，在门窗立面大样图中需绘出
4. 剖面图中，左为外，右为内。虚线仅表示开启方向，项目设计不表示
5. 附加纱扇应以文字说明，在平、立、剖面图中均不表示
6. 立面形式应按实际情况绘制</td></tr>
<tr><td>上悬窗</td><td>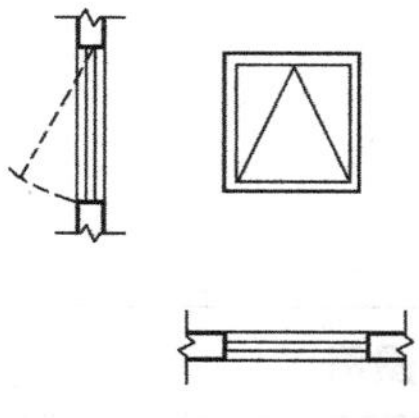</td></tr>
<tr><td>中悬窗</td><td>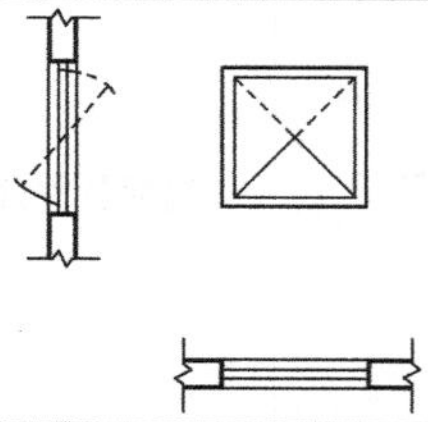</td></tr>
<tr><td>下悬窗</td><td>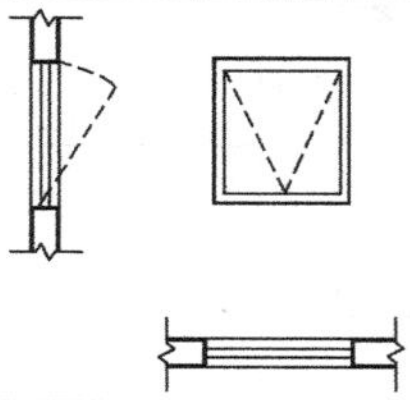</td></tr>
</table>

（续）

名称	图　　例	备　　注
立转窗	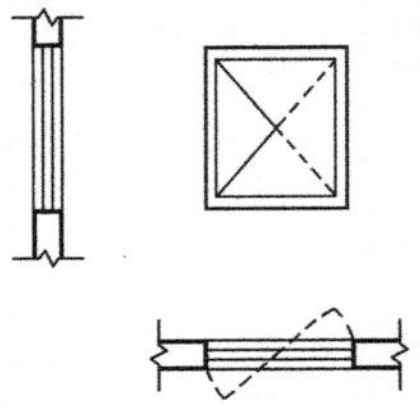	1. 窗的名称代号用C表示 2. 平面图中，下为外，上为内 3. 立面图中，开启线实线为外开，虚线为内开。开启线交角的一侧为安装合页一侧。开启线在建筑立面图中可不表示，在门窗立面大样图中需绘出 4. 剖面图中，左为外，右为内。虚线仅表示开启方向，项目设计不表示 5. 附加纱扇应以文字说明，在平、立、剖面图中均不表示 6. 立面形式应按实际情况绘制
内开平开内倾窗	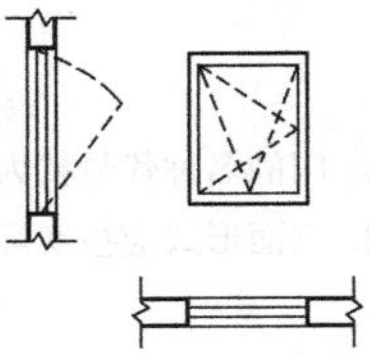	
单层外开平开窗	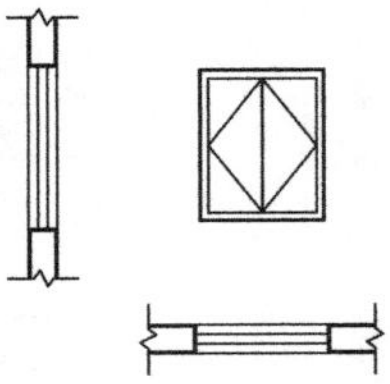	
单层内开平开窗	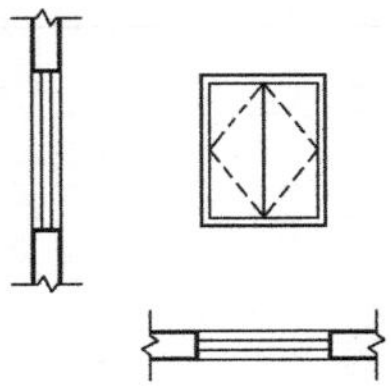	
双层内外开平开窗	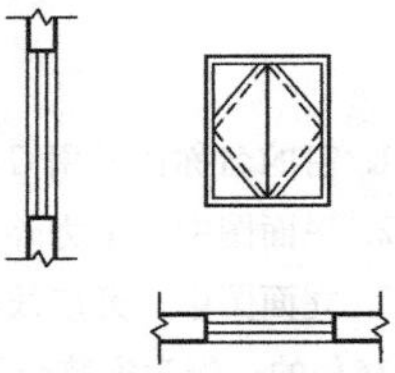	

表8-6　材料图例

序号	名　　称	图　　例	说　　明
1	自然土壤		包括各种自然土壤
2	夯实土壤	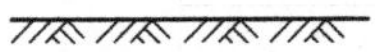	
3	砂、灰土	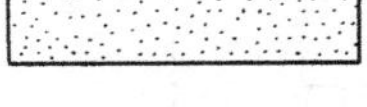	

（续）

序号	名　　称	图　　例	说　　明
4	砂砾石、碎砖、三合土	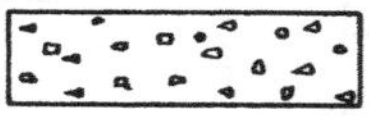	
5	混凝土	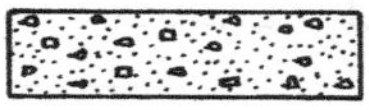	1. 本图例仅适用于能承重的混凝土及钢筋混凝土 2. 包括各种等级、骨料、添加剂的混凝土 3. 在剖视图上画出钢筋时不画图例线 4. 断面图形小，不易画出图例线时，可涂黑
6	钢筋混凝土		
7	石材	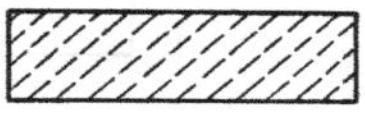	
8	毛石	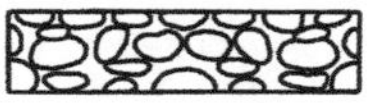	
9	木材	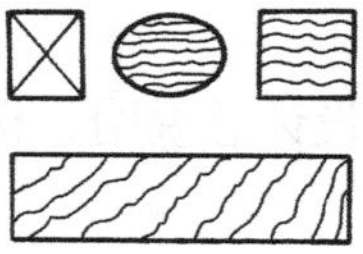	1. 上图为横断面，左上图为垫木、木砖或木龙骨 2. 下图为纵断面
10	普通砖	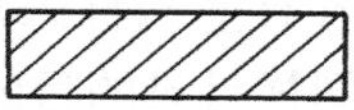	1. 包括实心砖、多孔砖、砌块等砌体 2. 断面较窄，不易画出图例线时，可涂红

8.1.5　阅读房屋施工图的方法

1. 阅读房屋施工图应具备的基本知识

1）熟练掌握正投影原理及其在建筑工程中的应用。

2）对于要阅读的一套图样应该有一个全面的了解。如了解设计过程，掌握工程概况、图样的数量、类别等，以便按照先整体后局部，先基本图后详图的顺序逐张阅读。

3）熟悉图例、索引符号等的规定及画法。

4）了解本工程所采用的标准图集。在施工中有些构配件和构造做法，经常直接采用标准图集，因此阅读施工图前要查阅有关的标准图集。

2. 阅读房屋施工图的方法　阅读房屋施工图的步骤见图 8-7，当然这些步骤并不是孤立的，而是要经常相互联系进行，反复阅读才能看懂房屋施工图。

图样设计完毕后，建设单位的建筑目的和使用要求或投资限价等发生改变，在施工过程中发现地质水文数据与设计依据数据存在差异，或发现基地的给水排水管线、电缆及暗穴影

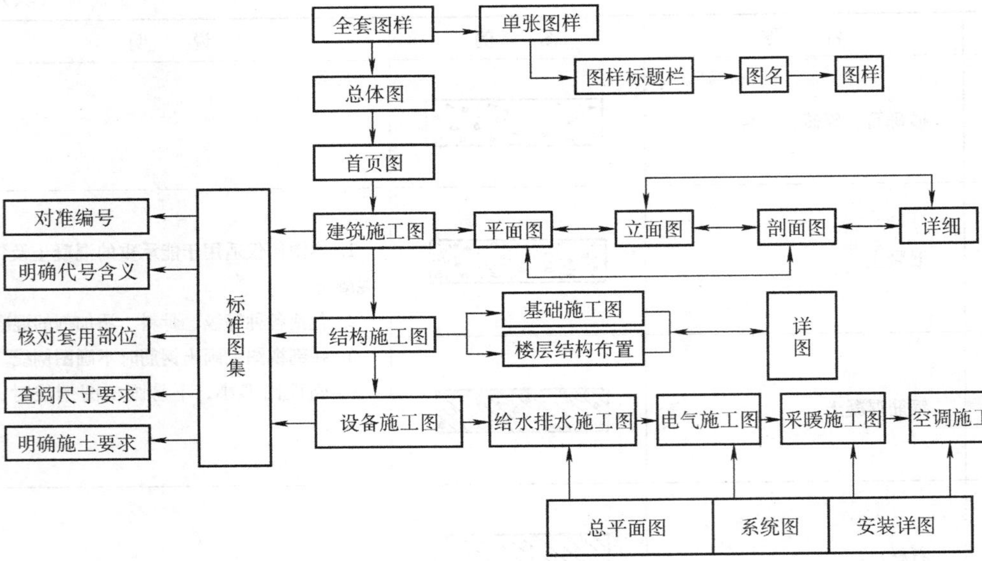

图 8-7　阅读房屋施工图的步骤

响施工等，都会导致图样的变更。在阅读图样时应该注意设计变更图以及变更说明，以防发生差错。

8.2　首页图及建筑总平面图

8.2.1　首页图

首页图的内容一般包括图样目录、设计总说明、楼地面、内外墙和散水台阶等处的构造做法和装修做法，用表格或文字说明。

1. 图样目录　列表说明该工程有哪几个专业的图样，各类图样分别有几张，每张图样的图号、图名、图幅大小，见表 8-7。若有些构件采用标准图，应列出所属标准图集的名称、标准图的图名和图号或页次。编制图样目录的目的是为查找图样提供方便。

2. 设计总说明　主要说明工程的概貌和总的要求，其内容包括：

1）本工程设计依据，包括有关的地质、水文、气象资料等。

2）设计标准，如建筑标准、结构荷载等级、抗震要求、采暖通风要求、照明标准等。

3）施工要求，如施工技术及材料的要求等。

4）技术经济指标，如建筑面积、总造价、单位造价等。

5）建筑用料说明，如砖、混凝土的强度等级等。

小型工程的总说明可以放在建筑施工图中。

3. 门窗表　为了便于订货和加工，应有门窗表，表 8-8 为某工程门窗表。

4. 屋顶、楼地面、内外墙面、散水、顶棚、女儿墙、压顶及栏杆扶手等的构造做法和装修做法　图 8-1 所示住宅楼的建筑做法说明见表 8-9。

表 8-7　设计图样目录

序号	图　名	图号	序号	图　名	图号
1	封面	建附 1	21	基础剖面图	结 2
2	目录	建附 2	22	柱表（一）	结 3
3	平面位置图	建 1	23	柱表（一）	结 4
4	一层平面图	建 2	24	基础梁表（一）	结 5
5	二层平面图	建 3	25	基础梁表（二）	结 6
6	三层平面图	建 4	26	一层结构平面图	结 7
7	四层平面图	建 5	27	二层结构平面图	结 8
8	1—8 轴立面图	建 6	28	三层结构平面图	结 9
9	8—1 轴立面图	建 7	29	四层结构平面图	结 10
10	D—A，A—D 立面图	建 8	30	楼梯间屋顶平面图	结 11
11	1—1 剖面图	建 9	31	楼梯间结构平面图	结 12
12	屋顶平面图，门窗，窗台板，内装修做法	建 10	32	TB－1～3 图，GL－1～6 图，卫生间留洞图	结 13
13	地沟详图	建 11	33	梁表（一）	结 14
14	墙身剖面图（一）	建 12	34	梁表（二）	结 15
15	墙身剖面图（二）	建 13	35	梁表（三）	结 16
16	墙身剖面图（三）	建 14	36	梁表（四）	结 17
17	楼梯间平面图，卫生间详图	建 15	37	梁表（五）	结 18
18	楼梯间 1—1 剖面图，A—A 剖面图	建 16	38	柱配筋大样示意图	构造图 G－01
19	电气留洞示意图	建 17	39	梁配筋大样示意图	构造图 G－02
20	基础平面图	结 1			

负责人：　　　　　　设计：　　　　　　审核：

表 8-8　门窗表

类别	设计编号	洞口尺寸/mm		数　量					采用标准图集及编号	备　注
		宽	高	总计	一层	二层	三层	四层		
门	M－1	1000	1800	2	2				参 04J601－1 P66 M2－185	木制空心门
	M－2	1000	2100	6		2	2	2	（甲方自定）	阻燃乙级防火门
	M－3	900	2400	18		6	6	6	参 04J601－1 P66 M2－201	木制空心门
	M－4	800	2400	6		2	2	2	参 04J601－1 P66 M2－22	木制空心门
	M－5	2700	2400	6		2	2	2	参 03J603－2 P66 M2－185	塑钢门
	M－6	965	1800	4	4					木制空心门
连门窗	MC－1	2180	2400	6		2	2	2		塑钢门窗
	MC－2	1800	1800	2	2					塑钢门窗

（续）

类别	设计编号	洞口尺寸/mm		数量					采用标准图集及编号	备注
		宽	高	总计	一层	二层	三层	四层		
窗	C－1	1200	900	4	4					塑钢窗
	C－2	1300	900	2	2					塑钢窗
	C－3	1300	1200	4		2	2			塑钢窗
	C－4	1800	1500	8		4	4			塑钢窗
	C－5	1500	1500	6		2	2	2		塑钢窗
	C－6	2300	1500	6		2	2	2		塑钢窗
	C－7	1400	1500	1		1				塑钢窗
	C－8	1800	900	4	4					塑钢窗
	C－9	1800	1500	4				4		塑钢窗
	C－10	1300	1200	2				2		塑钢窗
	C－11	1400	1500	1				1		塑钢窗

表 8-9　建筑做法说明

序号	名　称	做法说明	备　注
1	水泥散水	LJ102 散 4　用于所有散水	宽 600mm
2	水泥地面	LJ102 地 4　用于所有地面	
3	水泥楼面	LJ102 楼 2　用于卧室、阳台、楼梯、客厅楼面	
4	油毡屋顶	LJ102 屋 16　用于平屋顶	SBS 防水卷材
5	仿瓷涂料内墙	LJ102 内墙 15　用于除厨房、卫生间外的所有内墙	
6	丙烯酸涂料外墙	LJ102 外墙 5　用于外墙	
7	踢脚	随各处楼地面做法	高 200mm
8	面砖墙裙	LJ102 裙 10　用于厨房、卫生间墙裙	
9	仿瓷涂料顶棚	LJ102 棚 10　用于所有房间顶棚	
10	防锈漆	LJ102 漆 19　用于铁件表面	
11	清漆	LJ102 漆 6　用于木制表面	
12	水泥混凝土坡道	LJ105　用于所有室外坡道	
13	铸铁雨水口	LJ104　用于所有落水	PVC 落水管
14	屋顶上人孔	LJ104　用于所有上人孔	
15	女儿墙压顶	LJ104	
16	踏步	LJ10	
17	楼梯木扶手	LJ10	
18	栏杆	LJ10	
	装修及木制作等未尽事宜由甲方会同有关单位确定		

8.2.2 建筑总平面图

建筑总平面图是拟建房屋所在基地一定范围内的水平投影图，主要反映拟建房屋、原有建筑物等的平面形状、位置和朝向，室外场地、道路、绿化等的布置，地形、地貌、标高以及与原有环境的关系和邻界情况等。

建筑总平面图也是拟建房屋定位、施工放线、土方施工以绘制水、电、暖等管线总平面图和施工总平面图的依据。

1. 总平面图的图示内容

1）图名、比例。由于总平面图所包括的区域面积较大，所以常采用 1:500、1:1000、1:2000、1:5000 等比例绘制，房屋只用外围轮廓线的水平投影表示，见图 8-8。

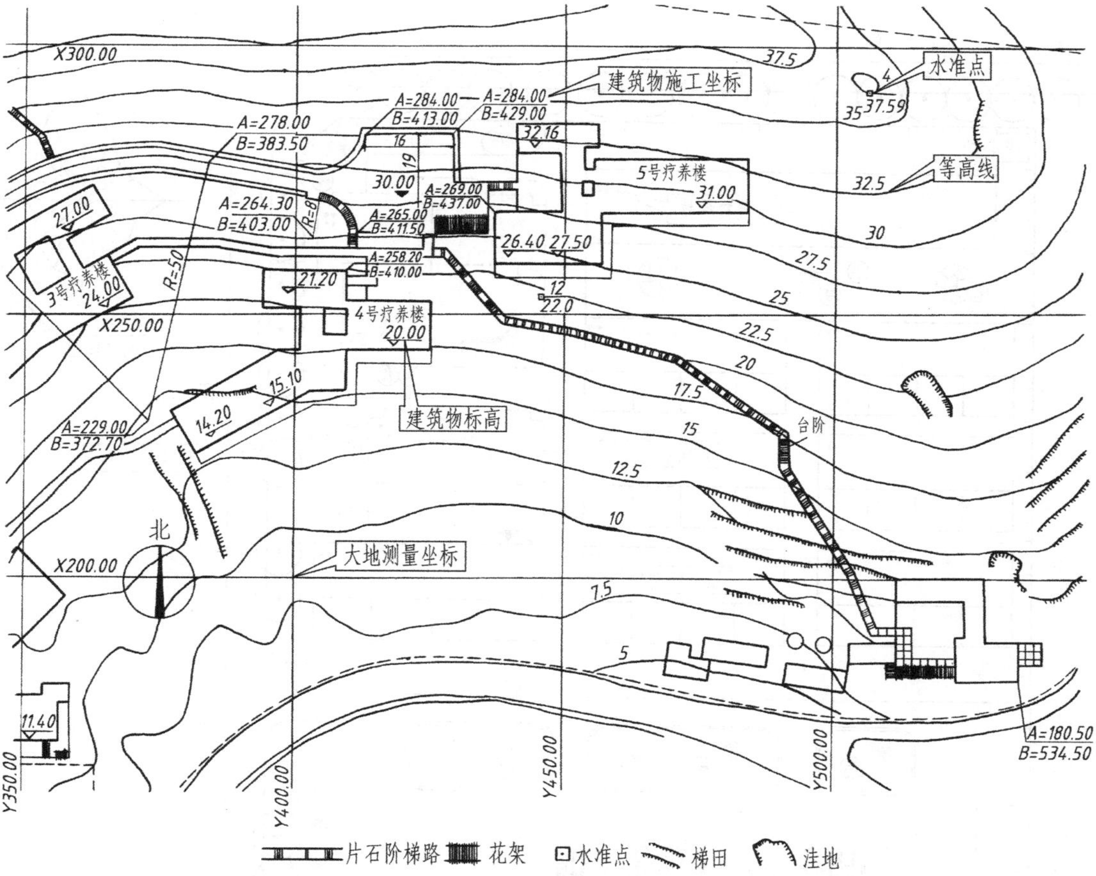

总平面图 1:500

图 8-8 总平面图（一）

2）应用图例来表明新建区、扩建区或改建区的总体布置，表明各建筑物和构筑物的位置，道路、广场、室外场地和绿化等的布置情况，以及各建筑物的层数等。在总平面图上一般应画上所采用的主要图例及其名称。此外，对于标准中缺乏规定而需要自定的图例，必须在总平面图中绘制清楚，并注明其名称。

3）确定新建、改建或扩建工程的具体位置，一般根据原有房屋或道路来定位，并以 m（米）为单位标出定位尺寸。当新建成片的建筑物和构筑物或较大的公共建筑或厂房时，往往用坐标来确定每一建筑物及道路转折点的位置；地形起伏较大的地区，还应画出地形等高线，见图 8-8。

4）注明新建房屋底层室内地面和屋外整平地面的绝对标高和层数（常用黑小圆点数表示层数）。

5）画上带有指北针的风向频率玫瑰图（即风玫瑰图）或指北针，表示该地区的常年风向频率和建筑物的朝向。

2. 建筑总平面图识图举例　某单位生活区的总平面布置见图 8-9。

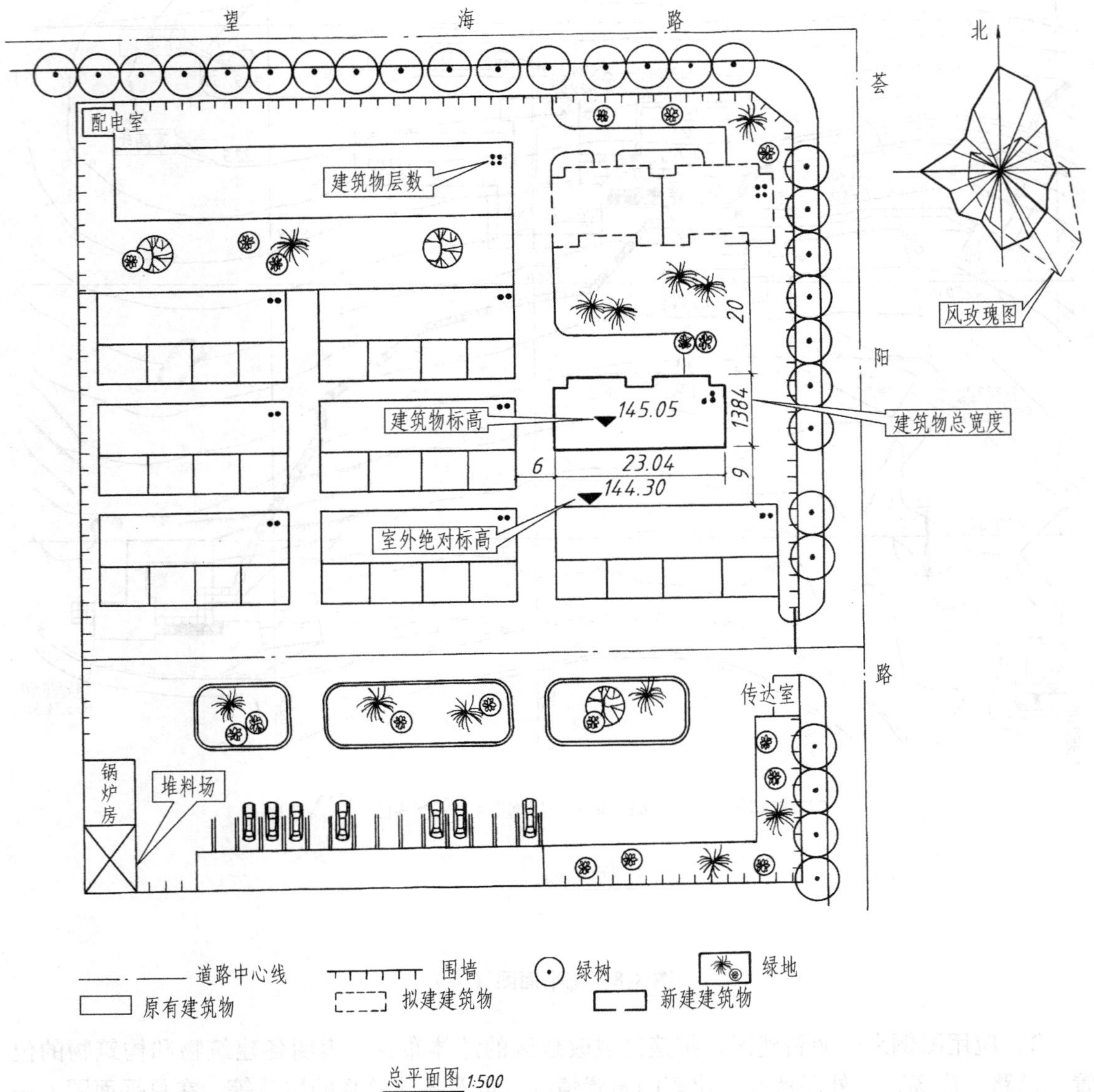

图 8-9　总平面图（二）

8.3 建筑平面图

建筑平面图是房屋的水平剖面图，也就是假想用一个水平剖切平面，沿门窗洞口的位置剖开整幢房屋，将剖切平面以下部分向水平投影面作正投影所得到的图样。

对于多层建筑，原则上应画出每一层的平面图，并在图的下方标注图名，图名通常按层次来命名，如底层平面图、二层平面图等。习惯上，如果有两层或更多层的平面布置完全相同，则可用一个平面图表示，图名为×层～×层平面图，也可称为标准层平面图；如果房屋的平面布置左右对称，则可将两层平面图合并为一个图，左边画一层的一半，右边画另一层的一半，中间用对称线分界，在对称线的两端画上对称符号，并在图的下方分别注明名称。需要注意的是，底层平面图必须单独画出。

8.3.1 平面图的图示内容

1）层次、图名、比例。

2）定位轴线及其编号。

3）各房间的组合和分隔，墙、柱的断面形状及尺寸等。

4）门窗布置及其型号。

5）楼梯的形状、走向和级数。

6）其他构件如台阶、花台、雨篷、阳台以及各种装饰的位置、形状和尺寸，厕所、盥洗室、厨房等固定设施的布置。

7）标注出平面图中尺寸和标高，以及某些坡度。

8）底层平面图中应标示出剖面图的剖切位置线和剖视方向及其编号，以及房屋朝向的指北针。

9）屋顶平面图中应标示出屋顶形状，屋面排水方向、坡度或泛水，以及构配件的位置。

10）详图索引符号。

11）各房间名称，必要时注明各房间的有效使用面积。

8.3.2 平面图识读举例

目前的住宅楼一般都将底层作为储藏间和车库使用，这样既方便居民储物，又能改善一层居民的居住条件。通过底层平面图，可以了解该住宅楼的平面形状及各层的平面布置，见图8-10～图8-13。

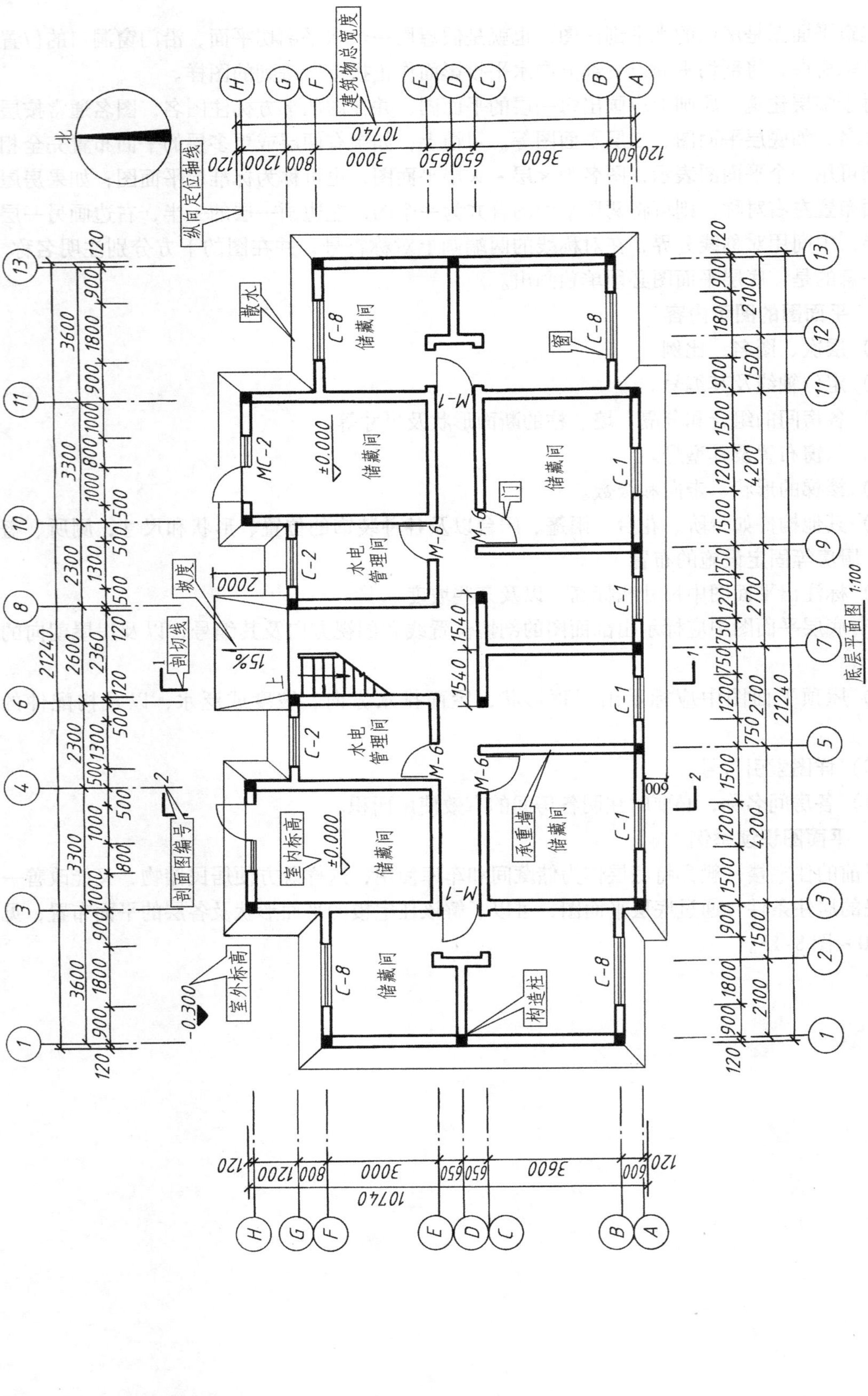
北
纵向定位轴线
建筑物总宽度
10740
散水
窗
门
储藏间
水电管理间
承重墙
构造柱
剖切线
坡度
15%
室外标高
-0.300
室内标高
±0.000
剖面图编号
21240
底层平面图 1:100

图 8-10 底层平面图

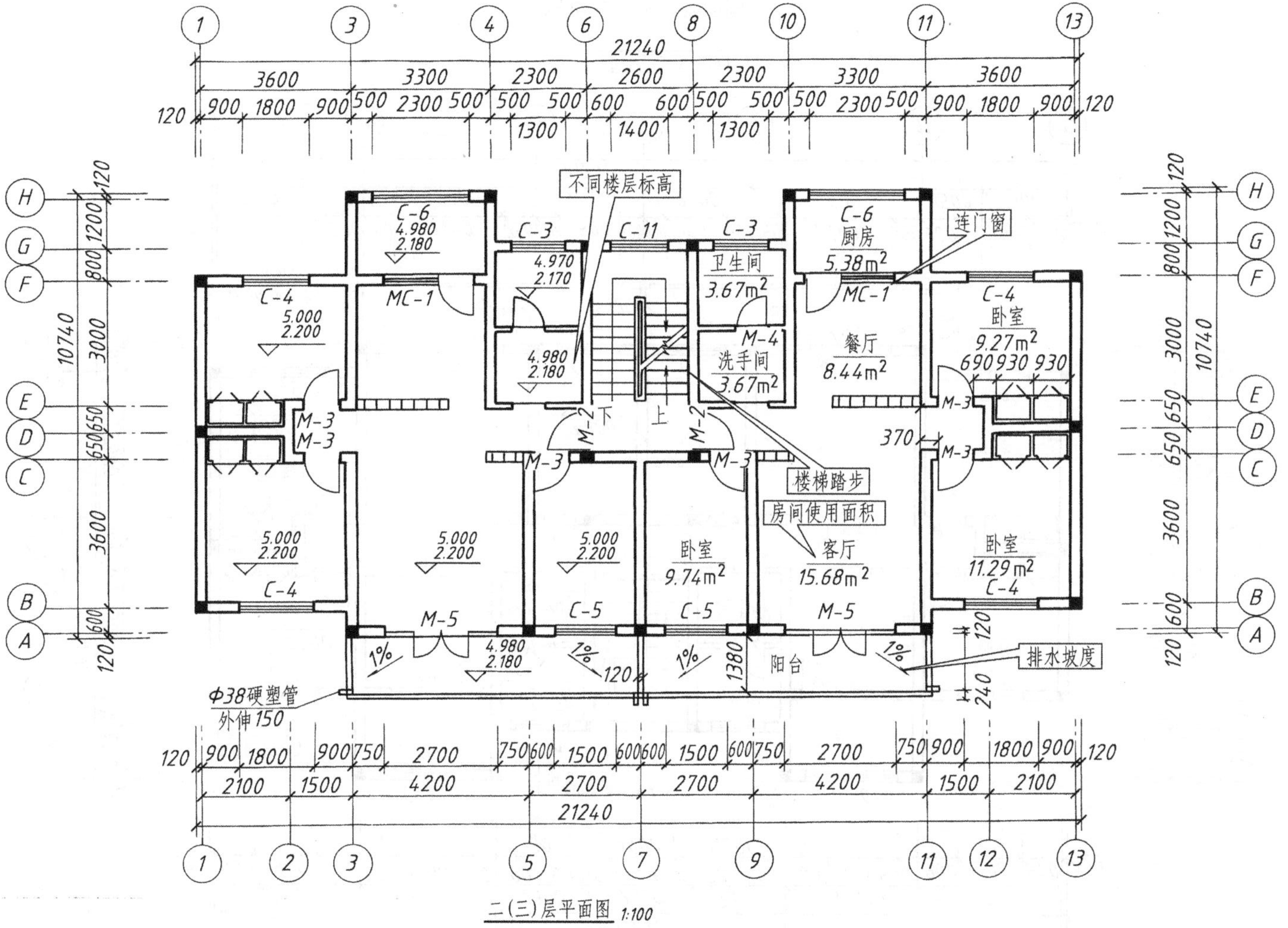
不同楼层标高
连门窗
楼梯踏步
房间使用面积
排水坡度
Φ38硬塑管
外伸150
厨房
5.38m²
卫生间
3.67m²
洗手间
3.67m²
餐厅
8.44m²
卧室
9.27m²
卧室
9.74m²
客厅
15.68m²
卧室
11.29m²
阳台
上
下
21240
10740
二(三)层平面图 1:100

图 8-11　二（三）层平面图

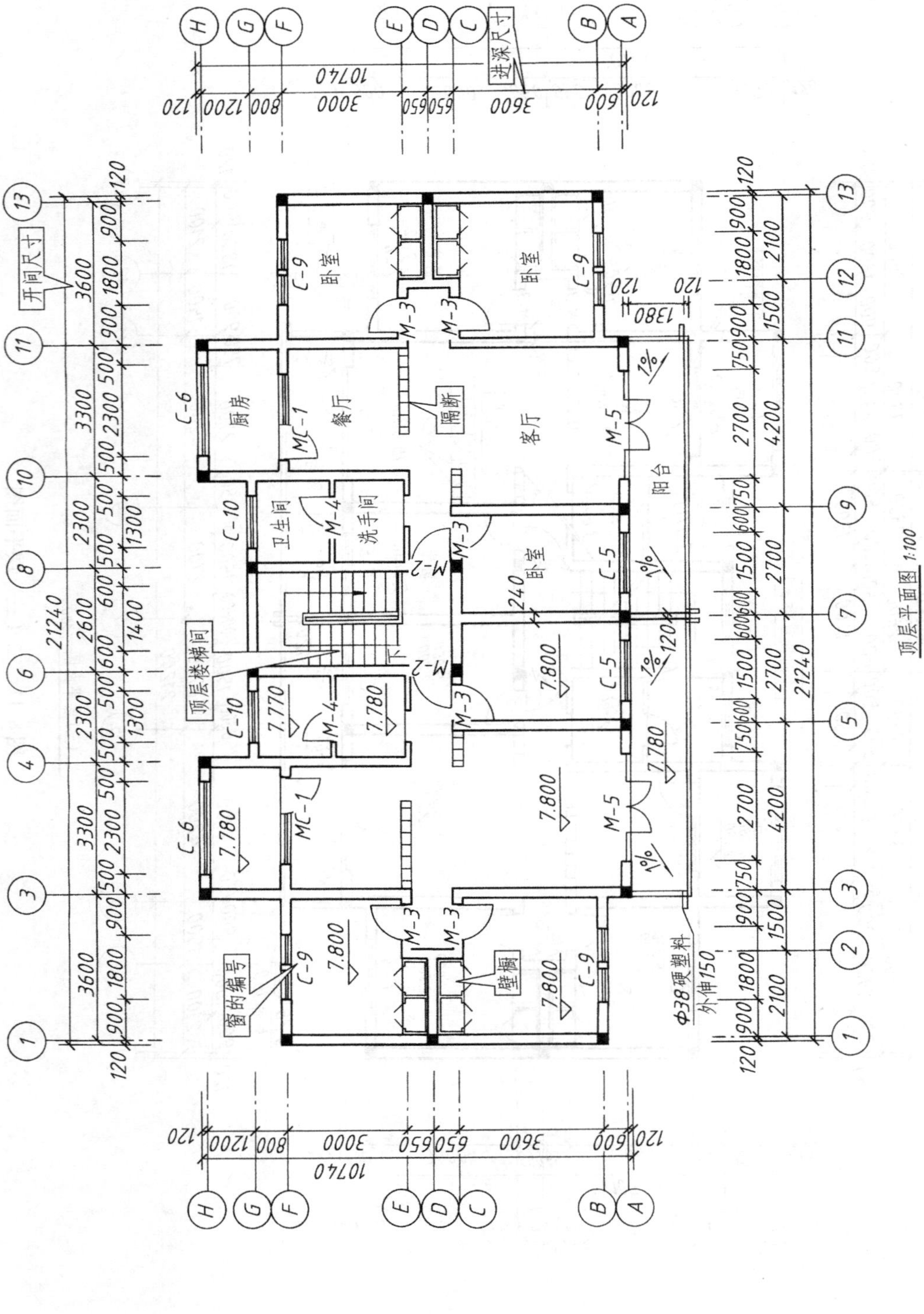

开间尺寸
进深尺寸
卧室
厨房
餐厅
客厅
隔断
卫生间
洗手间
阳台
顶层楼梯间
窗的编号
壁橱
Φ38硬塑料
外伸150
顶层平面图 1:100

图 8-12 顶层平面图

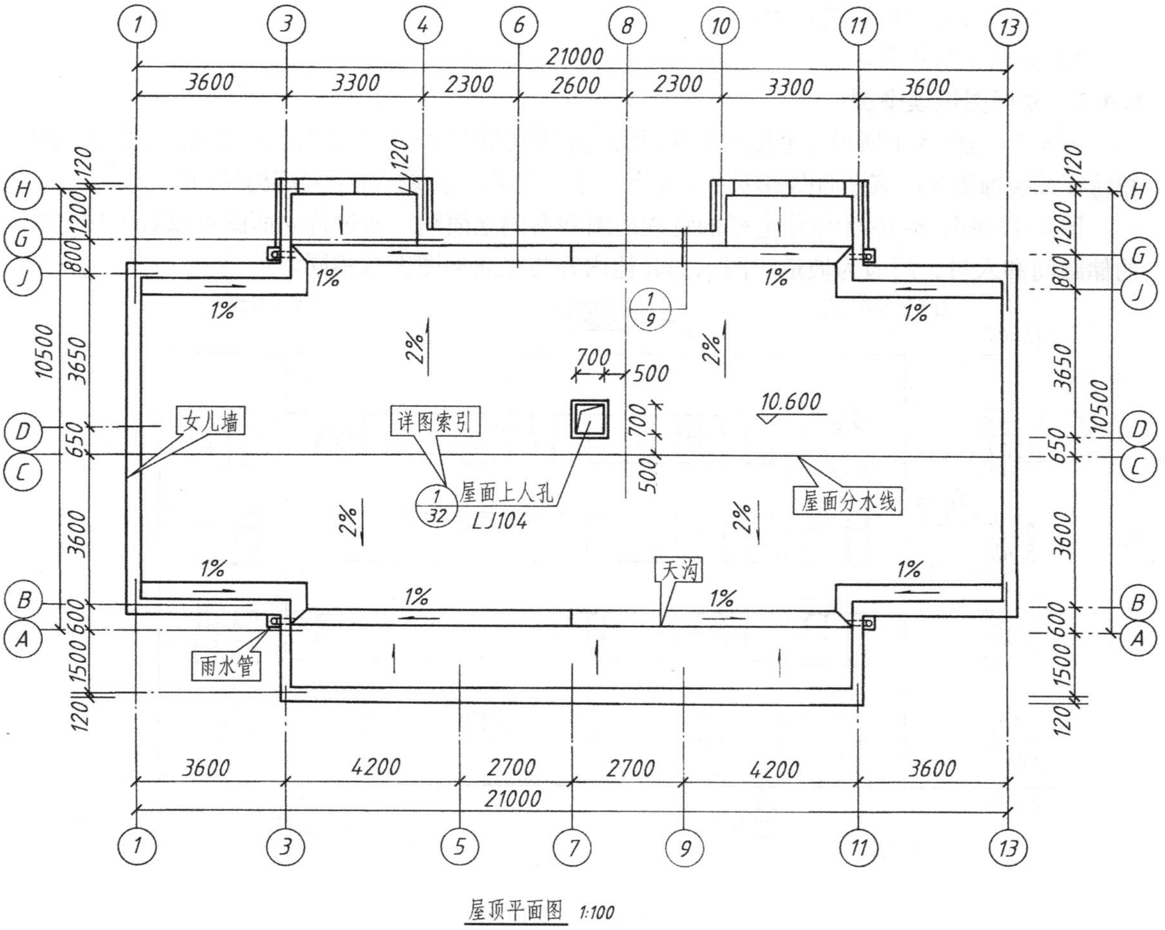

图 8-13　屋顶平面图

8.4　建筑立面图

建筑立面图是在与房屋的立面平行的投影面上所作的正投影，它主要表示房屋的外貌、外墙面装修及立面上构配件的标高和必要的尺寸。立面图可根据房屋的朝向来命名，如南立面图、北立面图、东立面图、西立面图；也可以根据主要入口来命名，通常把主要入口或反映房屋主要外貌特征的立面图称为正立面图，而其他三个图分别为背立面图和左、右侧立面图；还可以根据立面图两端轴线的编号来命名，例如图 8-14 所示住宅楼的正立面图也可称为①—⑬立面图。

8.4.1　立面图的图示内容

1）图名、比例。

2）立面图两端的定位轴线及其编号。

3）门、窗的形状、位置。

4）屋顶外形。

5）各外墙面、台阶、花台、雨篷、窗台、阳台、雨水管、水斗、外墙装饰及各种线脚等的位置、形状、用料和做法（包括颜色）等。

6）标高及必须标注的尺寸。

7）详图索引符号。

8.4.2 立面图识读举例

图 8-14 是图 8-1 所示住宅楼的正立面图，绘图比例 1∶100。正立面图主要表示建筑物的外貌特征及装饰要求。该立面图只标注了标高尺寸，并用尺寸线标注了局部构件的尺寸。

图 8-15 和图 8-16 为该住宅楼的背立面图和右侧立面图。通过背立面图可以看出住宅楼的储藏间和入口，门前为坡道。图示的其他内容与正立面图大致相同。

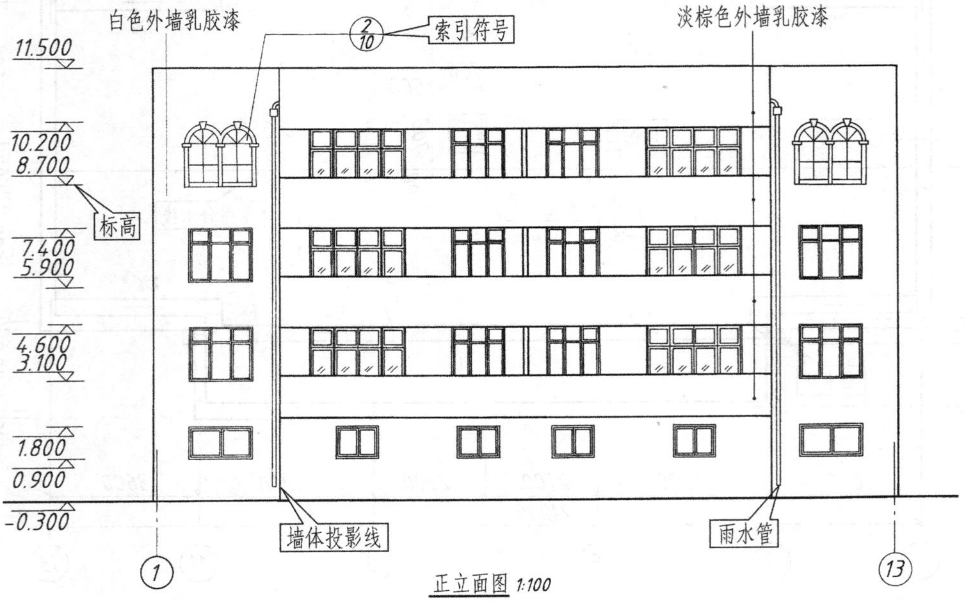

图 8-14 正立面图

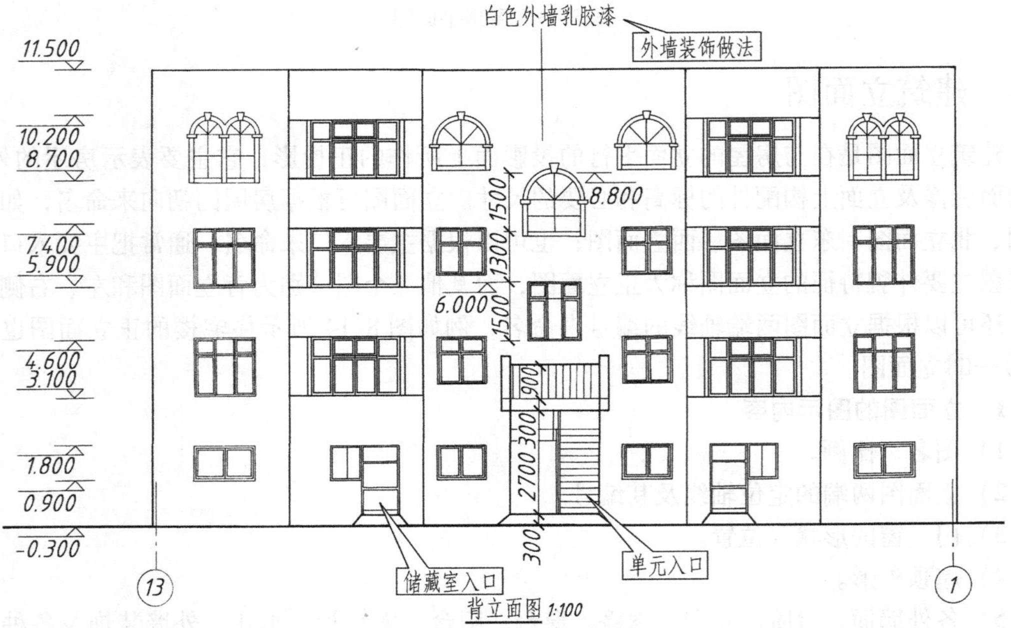

图 8-15 背立面图

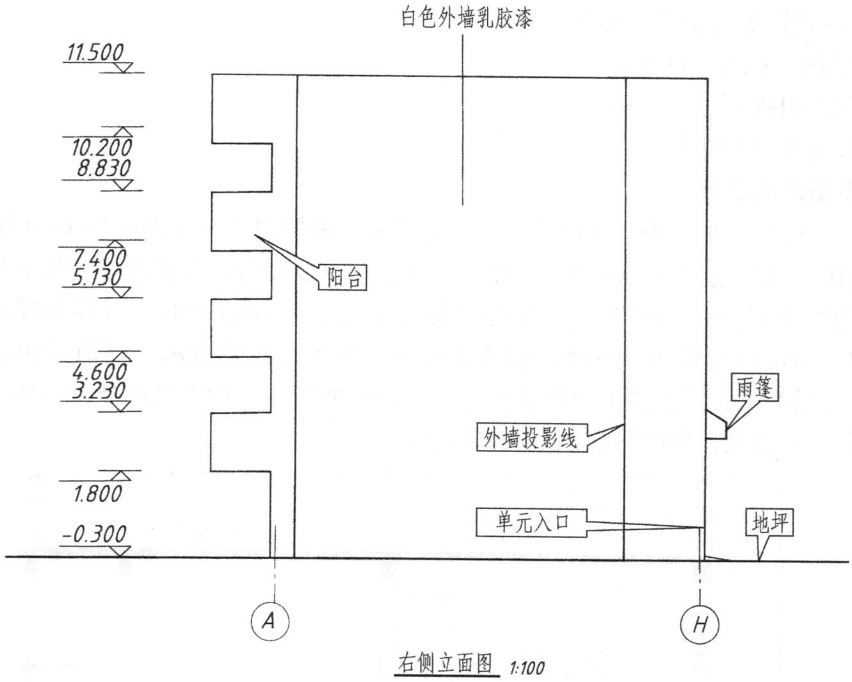

图 8-16　右侧立面图

8.5　建筑剖面图

建筑剖面图表示建筑物内部垂直方向的高度、楼层分层、垂直空间的利用以及简要的结构形式和构造方式等情况。由于剖面图表示的是建筑物内部空间在垂直方向的安排和组织，所以只有与平面图、立面图结合并辅以详图，才能清楚地识读建筑物内部构配件。故剖面图也是建筑施工中不可缺少的重要图样之一。

要想使剖面图达到较好的图示效果，必须合理选择剖切位置和剖切后的投射方向。剖切位置应根据图样的用途和设计深度，在平面图上能反映全貌、构造特征以及有代表性的部位。在设计过程中，一般选在楼梯间并通过门窗洞口的位置剖切。剖切数量视建筑物的复杂程度和实际情况而定，并用阿拉伯数字（如 1—1、2—2）或拉丁字母（如 *A—A*、*B—B*）命名。如图 8-10 底层平面图中剖切线 1—1（图 8-17）和 2—2（图 8-18）所示。剖面图习惯上不画基础，在基础的上部用折断线断开。

8.5.1　剖面图的图示内容

1）图名、比例。

2）外墙（或柱）的定位轴线及其间距尺寸。

3）剖切到的室内外地面（包括台阶、明沟及散水等）、楼面层（包括顶棚）、屋顶层（包括隔热通风层、防水层及顶棚）；剖切到的内外墙及其门、窗（包括过梁、圈梁、防潮层、女儿墙及压顶）；剖切到的各种承重梁和连系梁、楼梯梯段及楼梯平台、雨篷、阳台以及剖切到的孔道、水箱等的位置、形状及其图例。一般不画出地面以下的基础。

4）未剖切到的可见部分，如看到的墙面及其凹凸轮廓、梁、柱、阳台、雨篷、门、窗、踢脚、勒脚、台阶（包括平台踏步）、水斗和雨水管，以及看到的楼梯段（包括栏杆、扶手）和各种装饰等的位置和形状。

5）竖直方向的尺寸和标高。

6）详图索引符号。

7）某些建筑材料注释。

8.5.2 剖面图识读举例

图8-17是该住宅楼（图8-10）的1—1剖面图，是按照底层平面图中1—1剖切位置绘制的，此剖切位置通过房屋的楼梯、客厅、雨篷、门窗及阳台，具有较好的代表性。

1—1剖面图的比例为1:100，室外地坪线画加粗线，基础上部的墙体用折断线断开而不必画出基础。剖切到的楼面、屋面、楼梯平台等用两条粗实线表示，剖切到的钢筋混凝土梁、楼梯均涂黑表示。当采用1:100比例时，剖切到的墙体、构配件的断面一般不画材料图例，而采用1:50较大比例时则应画上材料图例。

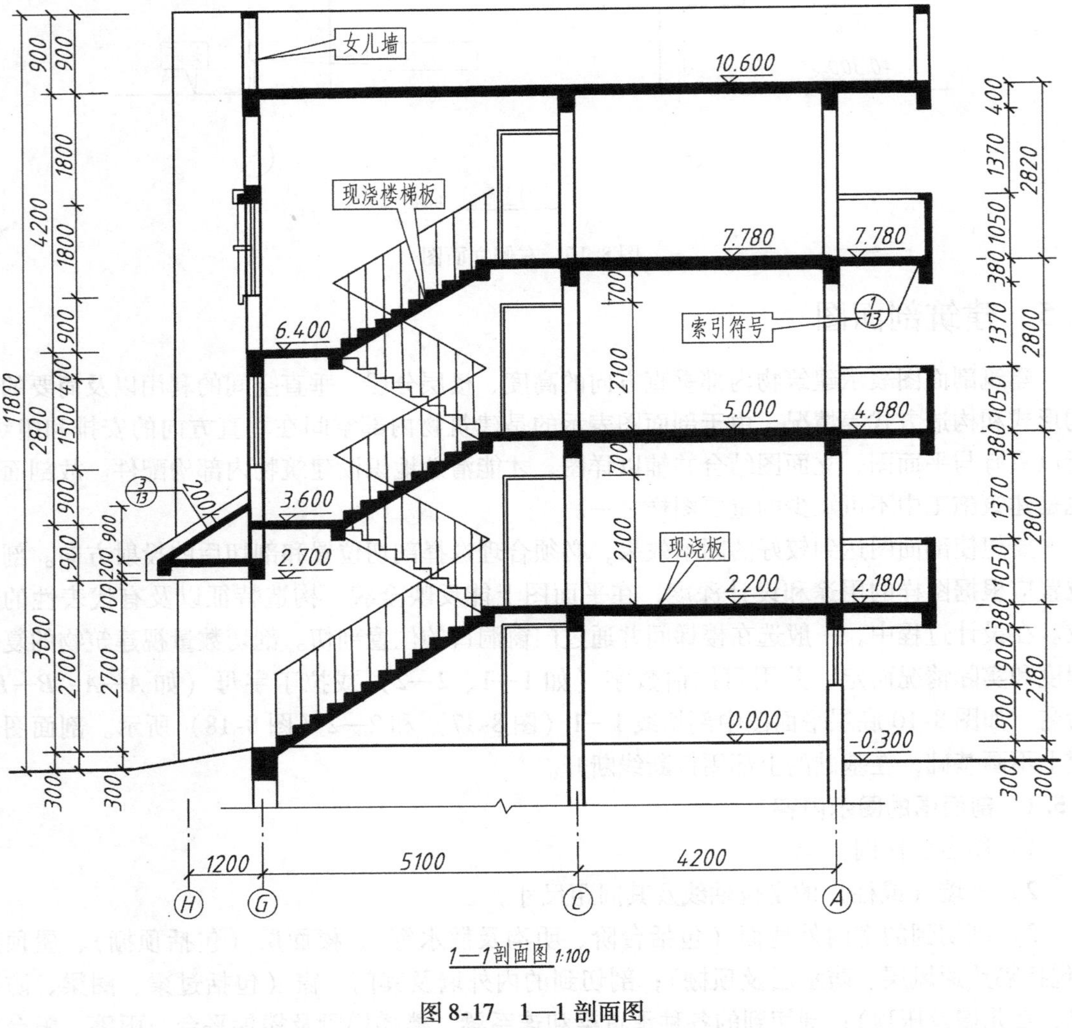

图8-17　1—1剖面图

图8-18是该住宅楼（图8-10）的2—2剖面图。2—2剖面图的剖切位置通过厨房、餐厅、起居室及阳台，和1—1剖面图一起基本能反映住宅楼在竖直方向的概貌和结构形式。

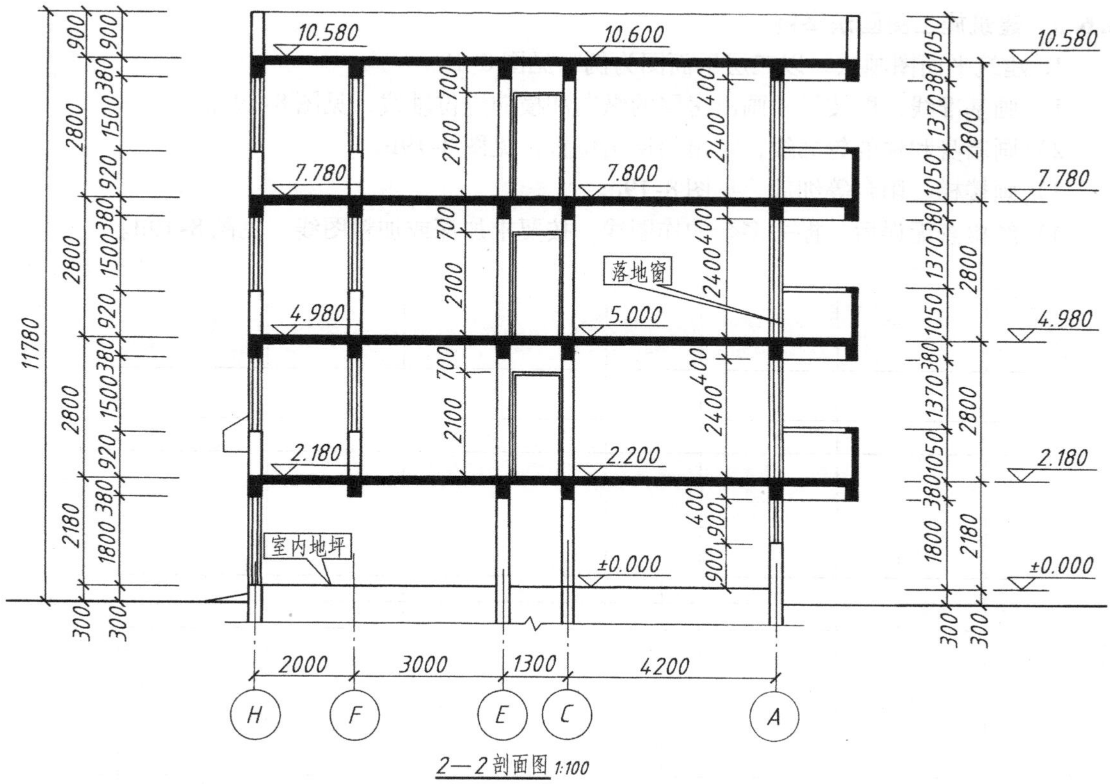

图 8-18　2—2 剖面图

8.6　建筑施工图绘制

8.6.1　绘制施工图的目的和要求

只有掌握了建筑施工图的内容、图示原理与绘制方法，才能把设计意图正确地表达出来。同时，通过施工图的绘制，可以进一步认识房屋的构造，提高读图能力。

在绘图过程中，要始终保持高度负责的工作态度和认真、耐心、细致的工作作风。所绘制的施工图，要求投影正确、技术合理、表达清楚、尺寸齐全、线型粗细分明、字体工整以及图样布置紧凑、图面整洁等，只有这样才能满足施工的需要。

8.6.2　绘制施工图的步骤

1. 确定整套建筑施工图所需绘制的图样及数量　根据房屋的外形、层数和内部构造的复杂程度，综合确定所需绘制的内容和图样数量。在满足施工需要的前提下，图样应简洁明了。

2. 选择合适的比例　在保证图样能清晰表达内容的情况下，根据各图样的具体要求和作用，选用合适的比例。

3. 图样组合与图面布置　在确定所需绘制的图样和数量之后，还应确定图幅的大小和图面布置。

4. 打底稿绘制图样　绘制施工图时，一般是按先绘制平面图，再绘制立面图，后绘剖面图，最后绘详图的顺序进行。

8.6.3 建筑施工图画法举例

1. 建筑平面图画法　以三层平面图为例，见图 8-19。

1）画基准线，即按尺寸画出房屋的纵向和横向定位轴线，见图 8-19a。

2）画墙身和柱的轮廓线，定出门窗洞位置，见图 8-19b。

3）画楼梯、阳台等细部，见图 8-19c。

4）经检查无误后，擦去多余的作图线，按要求加深或加粗图线，见图 8-19d。

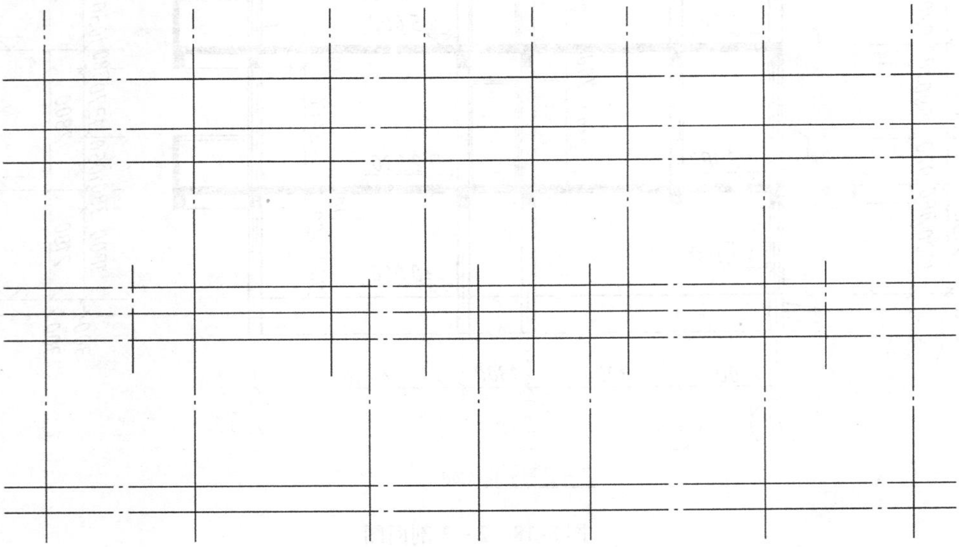

a) 画纵横定位轴线

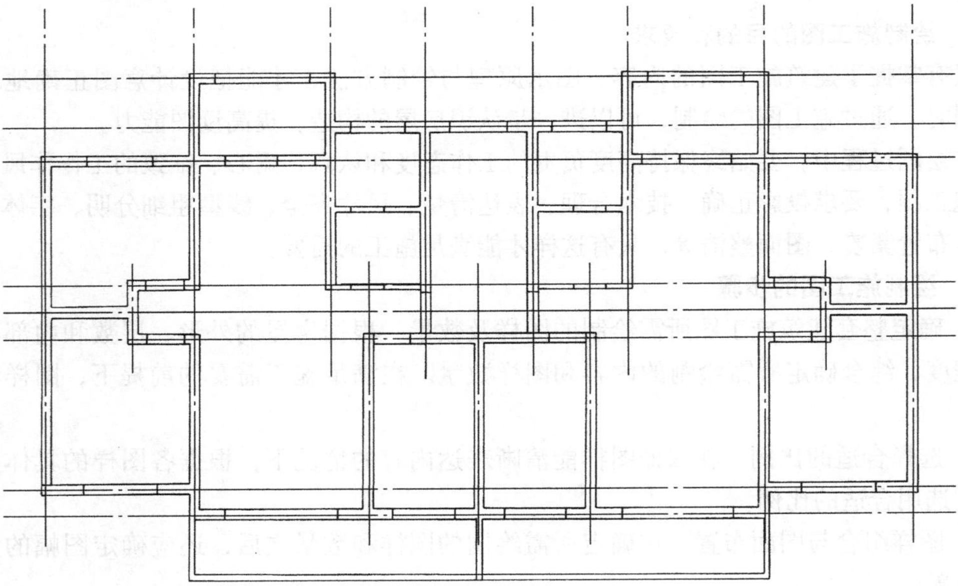

b) 画墙身、定出门窗洞

图 8-19　平面图绘制步骤

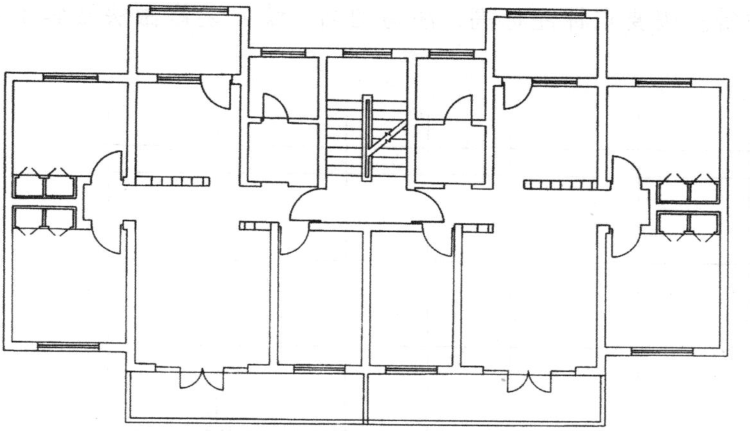

c) 画楼梯、阳台等细部

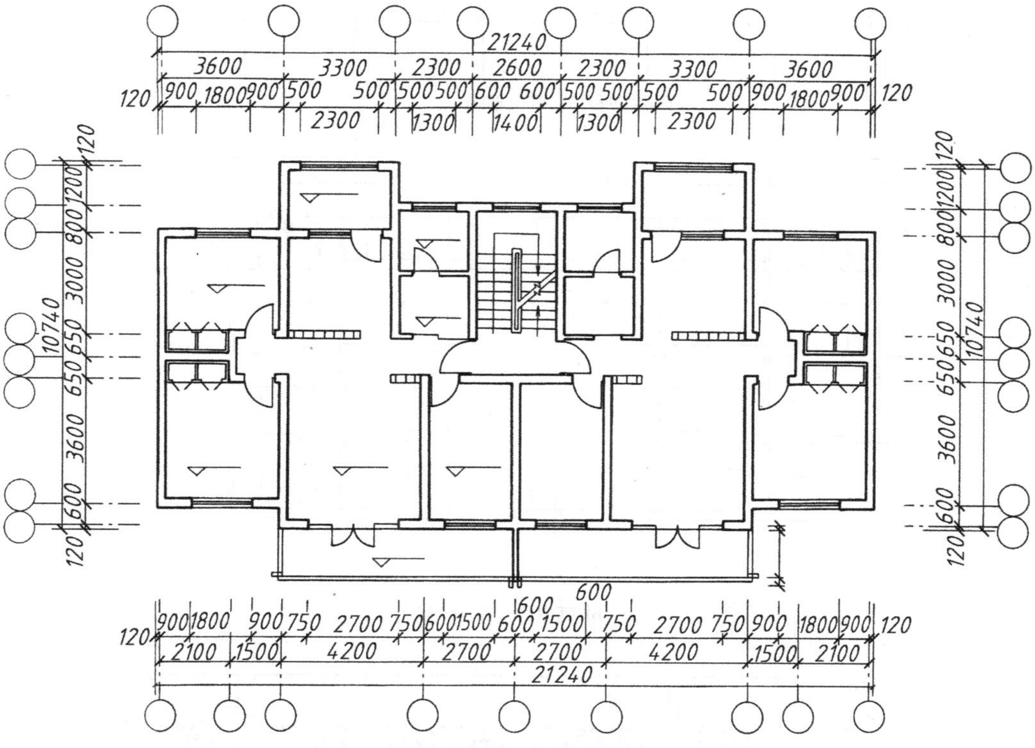

d) 加深图线、标注尺寸

图 8-19　平面图绘制步骤（续）

2. 建筑立面图画法（图 8-20）

1）画出纵向和横向定位轴线，确定室外地坪线，画出外墙轮廓线，以及突出墙面的墙垛或墙面的分界轮廓线、勒脚线等，见图 8-20a。

2）由层高、窗台高、窗洞高定出窗台线和窗顶线，再由平面图上窗洞口位置、大小确定立面图上窗（或门）的位置和洞口形状。绘制细部构造，如雨水管、外墙分格线等，见图 8-20b。

3）经检查无误后，擦去多余的作图线，按要求加深加粗图线，并完成细部作图，如少量门窗扇、饰案等。按要求标注标高，注写图名、墙面装修做法及索引符号等，见图8-20c。

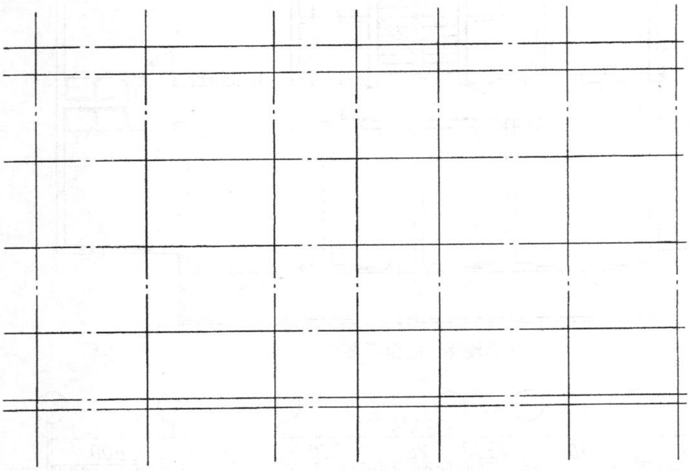

a)画纵向和横向定位轴线

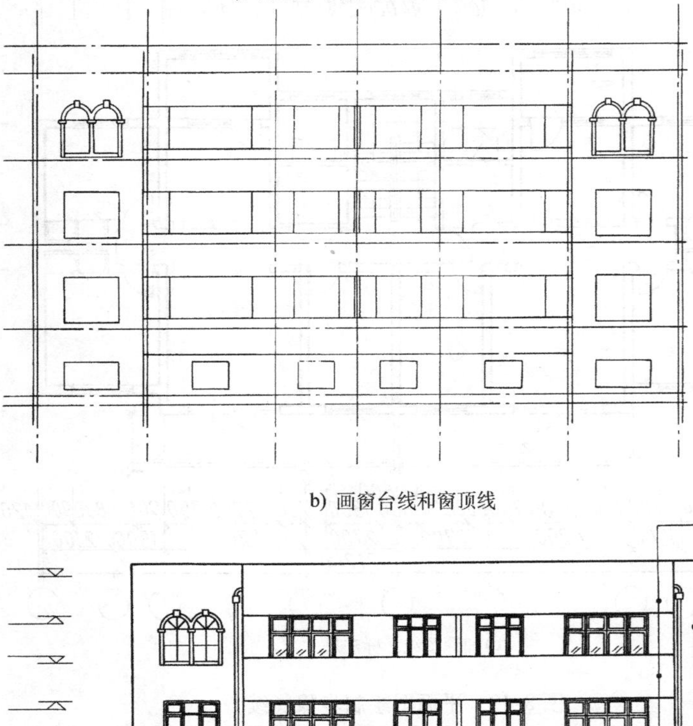

b) 画窗台线和窗顶线

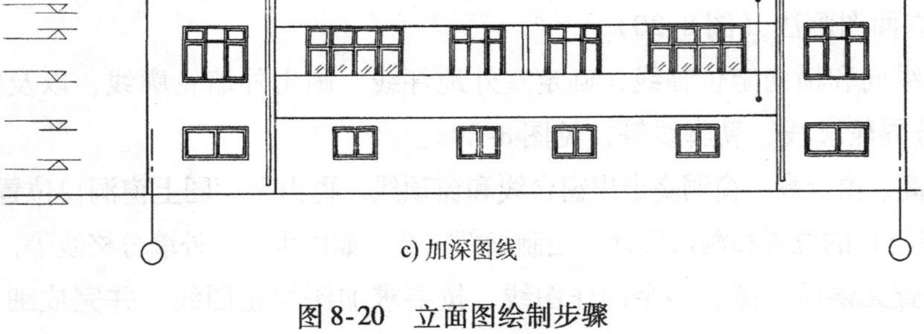

c) 加深图线

图 8-20　立面图绘制步骤

3. 建筑剖面图画法（图 8-21）

1）画定位轴线，确定室内外地坪线、层高线、女儿墙线等，见图 8-21a。

2）画出墙体、楼板轮廓线，画出顶棚、屋面坡度和屋面厚度，见图 8-21b。

3）确定门窗位置，画出门窗、阳台、梁板等细部，见图 8-21c。

4）经检查无误后，擦去多余的线条，按要求加深加粗线型，画上尺寸线，标注标高及尺寸，注写文字说明等。

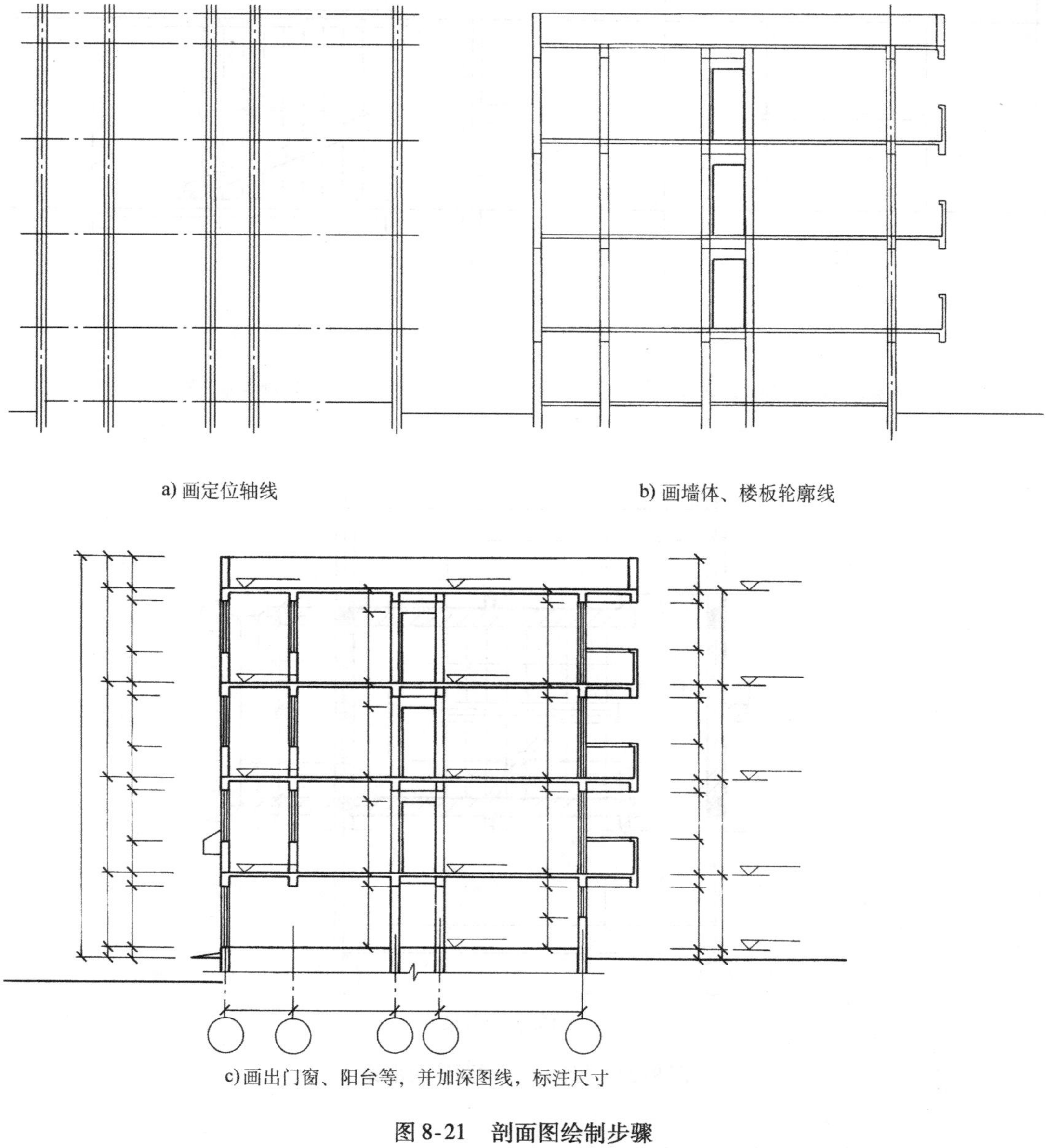

a) 画定位轴线　　b) 画墙体、楼板轮廓线

c) 画出门窗、阳台等，并加深图线，标注尺寸

图 8-21　剖面图绘制步骤

4. 楼梯详图的画法

（1）楼梯平面详图的绘图步骤

1）画定位轴线、楼梯宽度、平台宽度和梯段长，见图 8-22a。

2）画出墙厚、楼梯踏步和踏面宽度、门洞宽，见图 8-22b。

3）绘出栏杆等细部，加深加粗图线，标注尺寸、标高等，见图 8-22c。

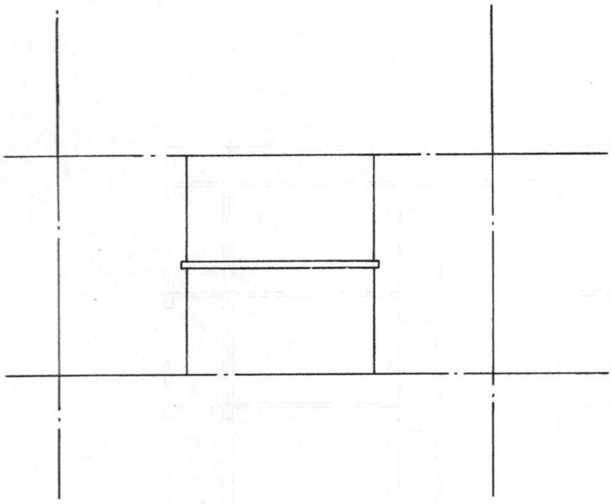

a) 画定位轴线及楼梯平台线

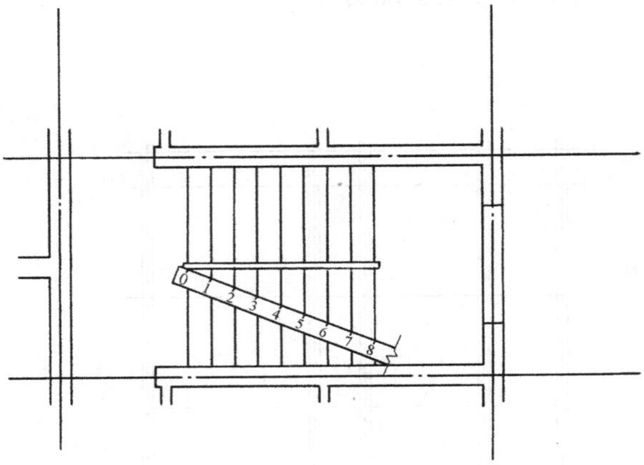

b) 画楼梯踏步

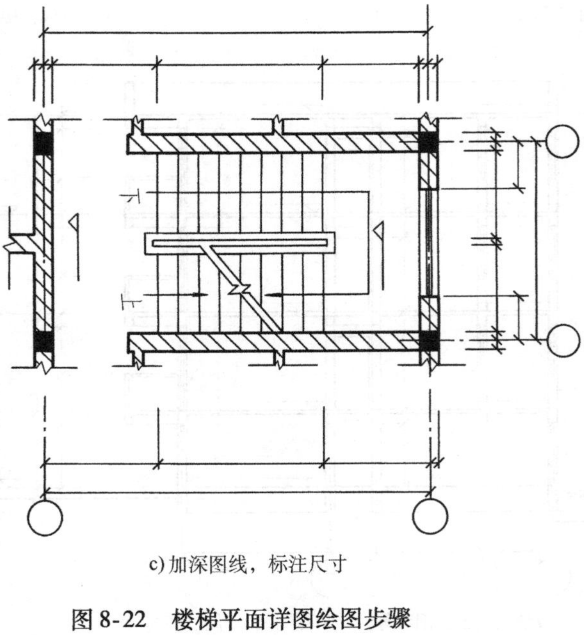

c) 加深图线，标注尺寸

图 8-22　楼梯平面详图绘图步骤

（2）楼梯剖面详图的绘图步骤

1）画出轴线、平台板、楼面、平台宽，绘出梯段坡度线、踏面宽线，见图 8-23a。

2）画出墙厚、楼板和平台板厚度、楼梯平台梁高宽和门窗洞，绘出踏步，见图 8-23b。

3）绘出栏杆扶手等细部，加深加粗图线并标注尺寸、标高等，见图 8-23c。

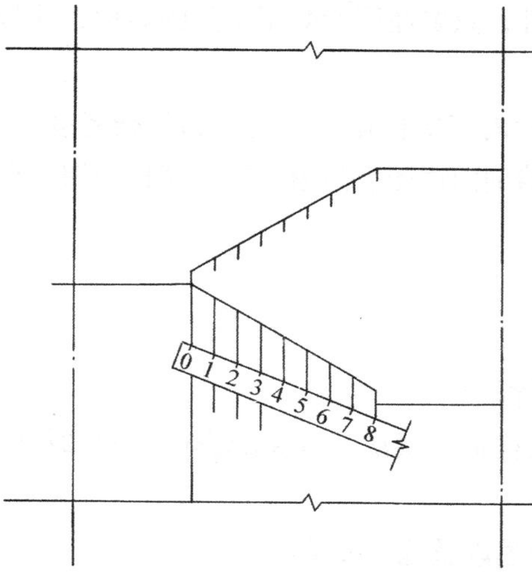

a) 画定位轴线和平台板

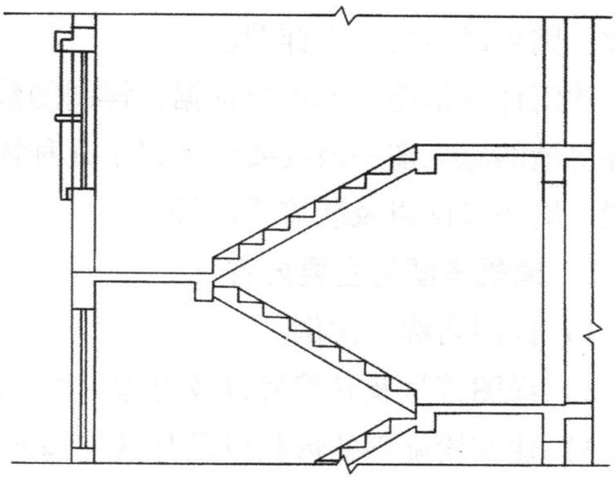

b) 画墙厚、踏步

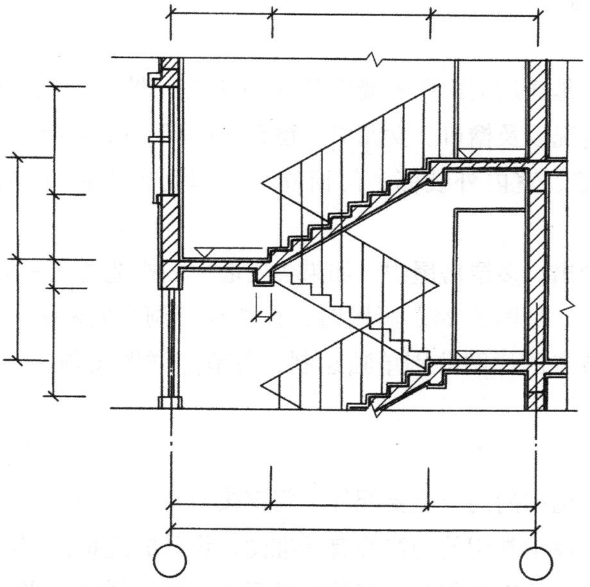

c) 绘出栏杆扶手等并加深图线、标注尺寸

图 8-23　楼梯剖面详图绘图步骤

8.7　建筑详图

建筑平面图、建筑立面图和建筑剖面图三图配合虽然表达了房屋的全貌，但由于所用的比例较小，房屋上的一些细部构造不能清楚地表示出来，因此在建筑施工图中，除了上述三种基本图样外，还应当把房屋的一些细部构造，采用较大的比例（1∶30、1∶20、1∶10、

1:5、1:2、1:1）将其形状、大小、材料和做法详细地表达出来，以满足施工的要求，这种图样称为建筑详图，又称为大样图或节点图。建筑详图是建筑平面图、立面图、剖面图的补充。对于套用标准图或通用详图的建筑细部和构配件，只要注明所套用图集的名称、编号或页数，则可以不再画出详图。

建筑详图是施工的重要依据，详图的数量和图示内容要根据房屋构造的复杂程度而定。一幢房屋的施工图一般需要绘制以下几种详图：外墙剖面详图、门窗详图、楼梯详图、台阶详图、厕浴详图以及装修详图等。

8.7.1 建筑详图的主要内容

1）详图名称、比例。

2）详图符号及其编号以及再需另画详图的索引符号。

3）建筑构配件的形状以及与其他构配件的详细构造、层次，有关的详细尺寸和材料图例等。

4）详细注明各部位和各层次的用料、做法、颜色以及施工要求等。

5）需要画上的定位轴线以及编号。

6）需要注明的标高等。

8.7.2 外墙剖面详图

外墙剖面详图实际上是建筑剖面图外墙部分的局部放大图，主要用于表达外墙与地面、楼面、屋面的构造连接情况以及檐口、女儿墙、窗台、勒脚、散水明沟等的尺寸、材料、做法等构造情况，它是砌墙、室内外装修、门窗立口、编制施工预算以及材料估算的重要依据。

详图需用较大比例画出。多层房屋中，如果各层墙体的构造情况一样，可只画底层、顶层或加一个中间层来表示，见图 8-24。画图时，往往在窗洞中间断开，有时也可不画整个墙身的详图，而把各个节点的详图分别单独绘制，各节点详图按顺序依次排在同一张图纸上，以便读图。

8.7.3 门窗详图

窗和门是房屋围护结构中的两个重要配件，门窗按所用材料分为木门窗、钢门窗、铝合金门窗、塑钢门窗等。房屋中常用的门窗都有标准图，设计时应根据实际需要优先选用标准图，届时只需说明所套用的标准图集及门窗的编号而不必另画详图。当房屋中使用自行设计的非标准门窗时，应画出相应的详图。门窗详图一般用立面图、节点详图、断面图及五金表和文字说明等来表示。按规定，在节点详图与断面图中，门窗料的断面一般应加上材料图例，见图 8-25。

8.7.4 楼梯详图

楼梯是多层房屋上下交通的主要设施，应行走方便，人流疏散畅通，还应有足够的坚固耐久性。目前多采用预制或现浇钢筋混凝土楼梯。楼梯主要由梯段、平台和栏杆扶手组成。楼梯详图主要表示楼梯的类型、结构形式、各部位的尺寸及装修做法等。楼梯详图一般由楼梯平面图（或局部）、剖面图（局部）和节点详图组成。一般楼梯的建筑详图和结构详图是

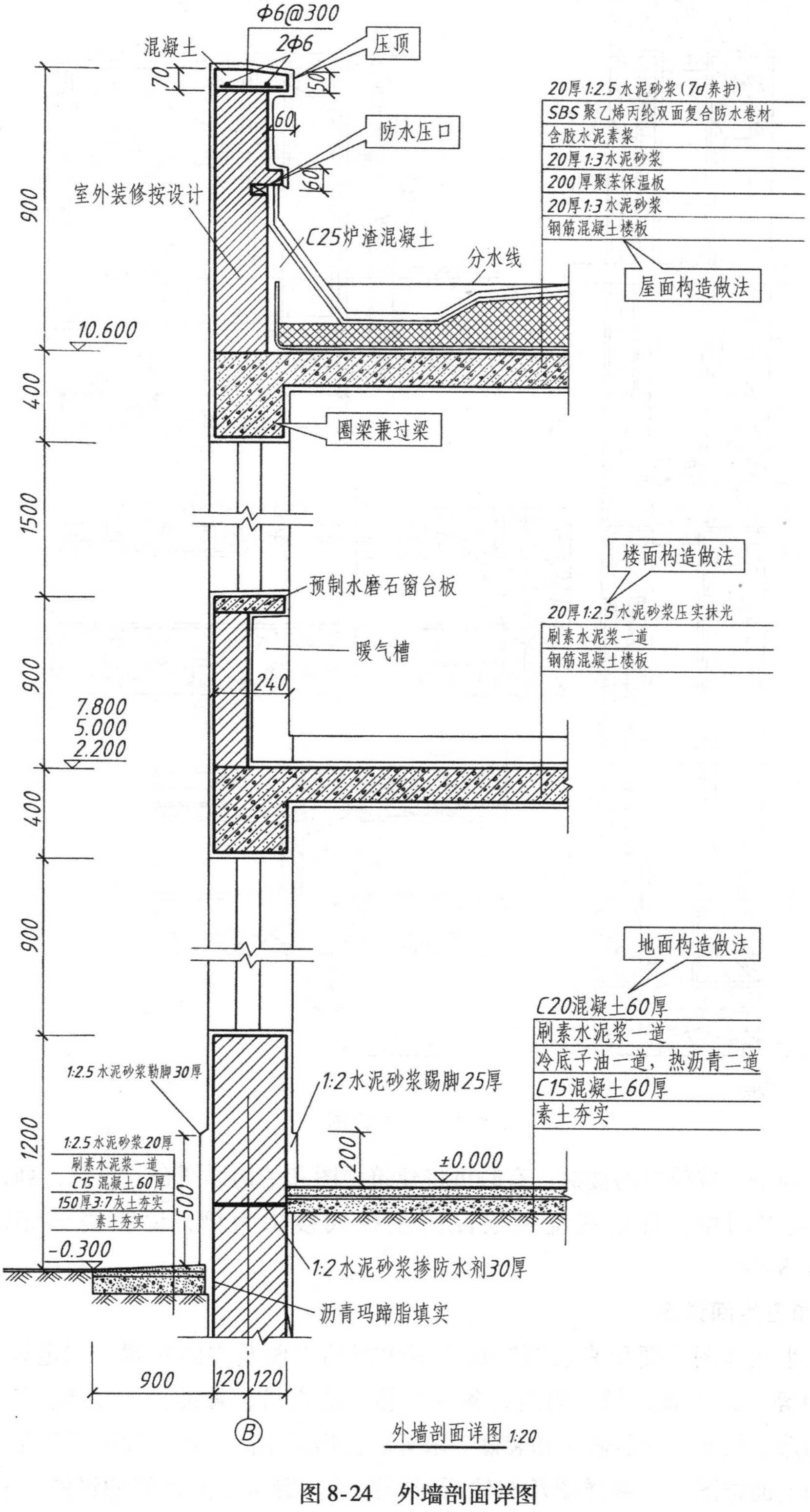
Φ6@300
混凝土
2Φ6
压顶
70
50
60
防水压口
60
900
室外装修按设计
C25炉渣混凝土
20厚1:2.5水泥砂浆(7d养护)
SBS聚乙烯丙纶双面复合防水卷材
含胶水泥素浆
20厚1:3水泥砂浆
200厚聚苯保温板
20厚1:3水泥砂浆
钢筋混凝土楼板
屋面构造做法
分水线
10.600
400
圈梁兼过梁
1500
楼面构造做法
预制水磨石窗台板
20厚1:2.5水泥砂浆压实抹光
刷素水泥浆一道
钢筋混凝土楼板
暖气槽
900
240
7.800
5.000
2.200
400
900
地面构造做法
C20混凝土60厚
刷素水泥浆一道
冷底子油一道，热沥青二道
C15混凝土60厚
素土夯实
1:2.5水泥砂浆勒脚30厚
1:2水泥砂浆踢脚25厚
1200
1:2.5水泥砂浆20厚
刷素水泥浆一道
C15混凝土60厚
150厚3:7灰土夯实
素土夯实
200
±0.000
500
-0.300
1:2水泥砂浆掺防水剂30厚
沥青玛蹄脂填实
900
120
120
B
外墙剖面详图 1:20

图 8-24　外墙剖面详图

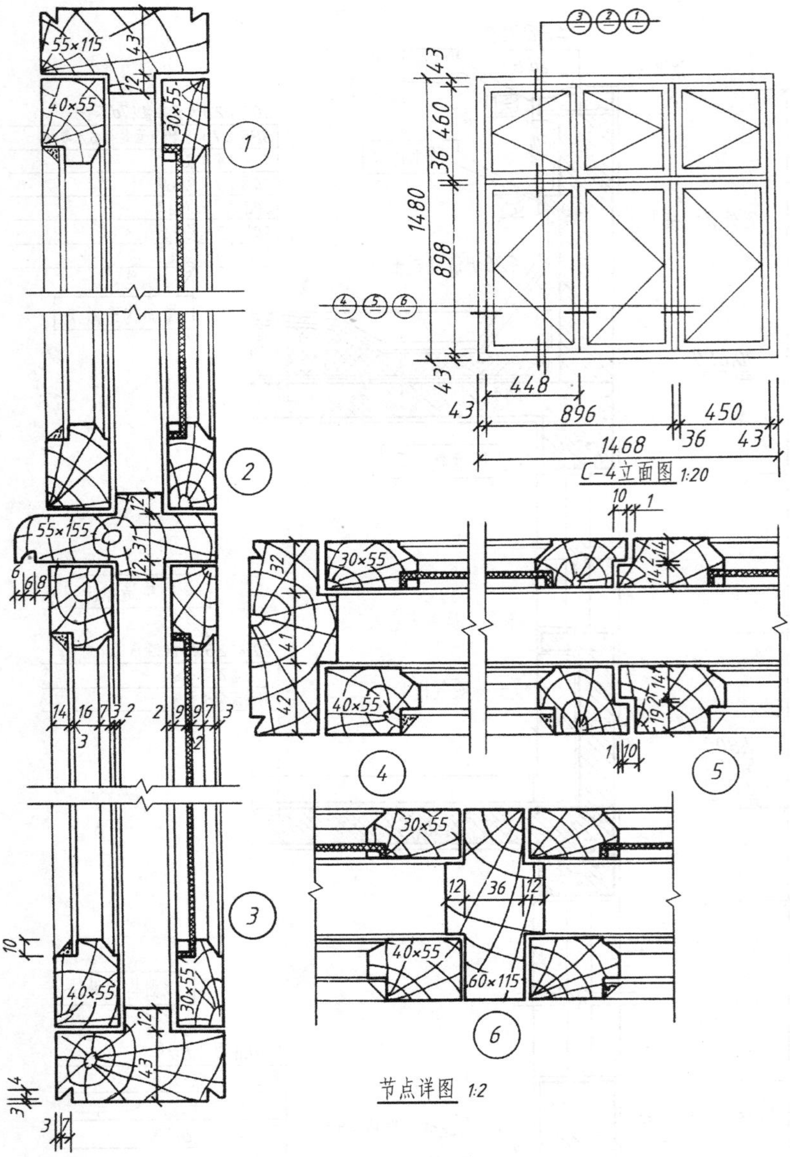

图 8-25　木窗详图

分别绘制的，但是比较简单的楼梯，有时可将建筑详图和结构详图合并绘制，列入建筑施工图或者结构施工图中。现以现浇钢筋混凝土板式楼梯为例，说明楼梯详图的内容，见图 8-26～图 8-28。

8.7.5　厨房和卫生间详图

厨房和卫生间详图主要用来表明厨房和卫生间的平面及空间布置，固定设备（灶台、洗涤盆、壁柜等）的布置，相对固定设备（冰箱、洗衣机、餐桌、吸油烟机等）的安排，以及设备的构造、尺寸、安装做法和装修要求等。厨房卫生间详图一般包括平面详图、全剖面详图、局部剖面详图、设备详图及构件断面详图等。厨房和卫生间的详图一般应分别绘制，由于本例中厨房和卫生间毗邻，故一并绘出，见图 8-29。

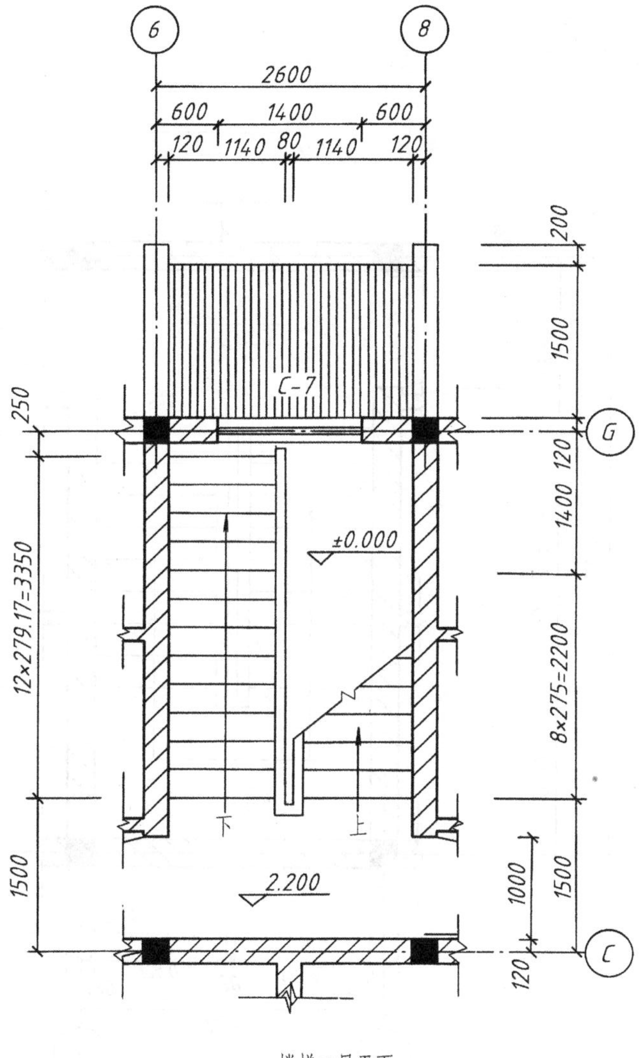

楼梯二层平面 1:50

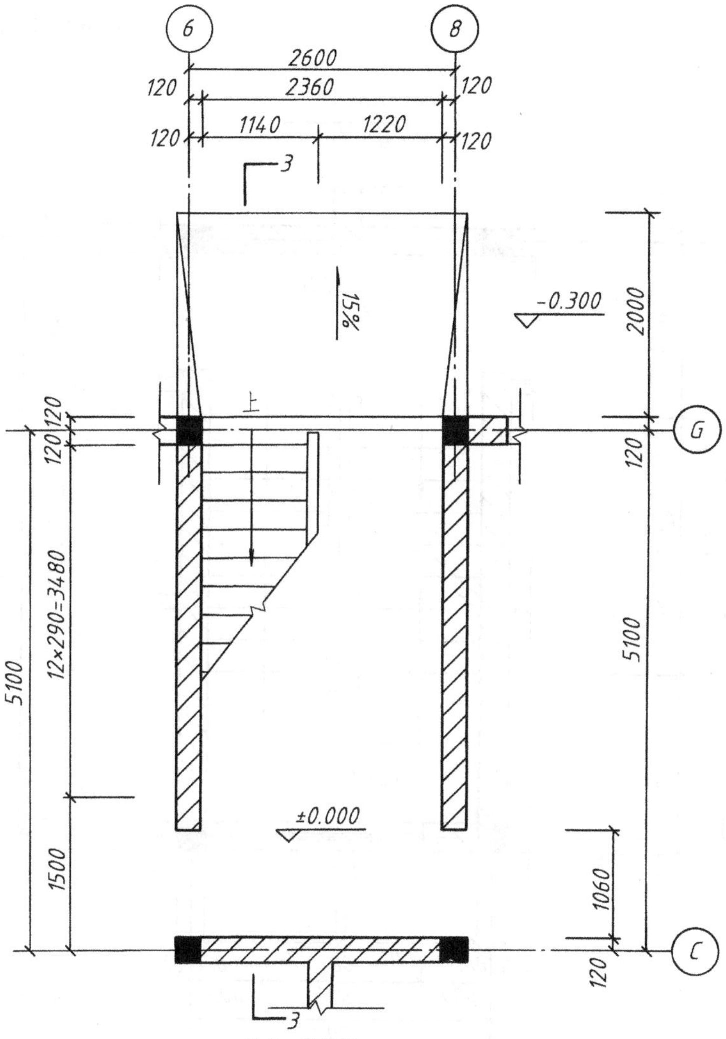

楼梯一层平面 1:50

图 8-26　楼梯间平面详图（一）

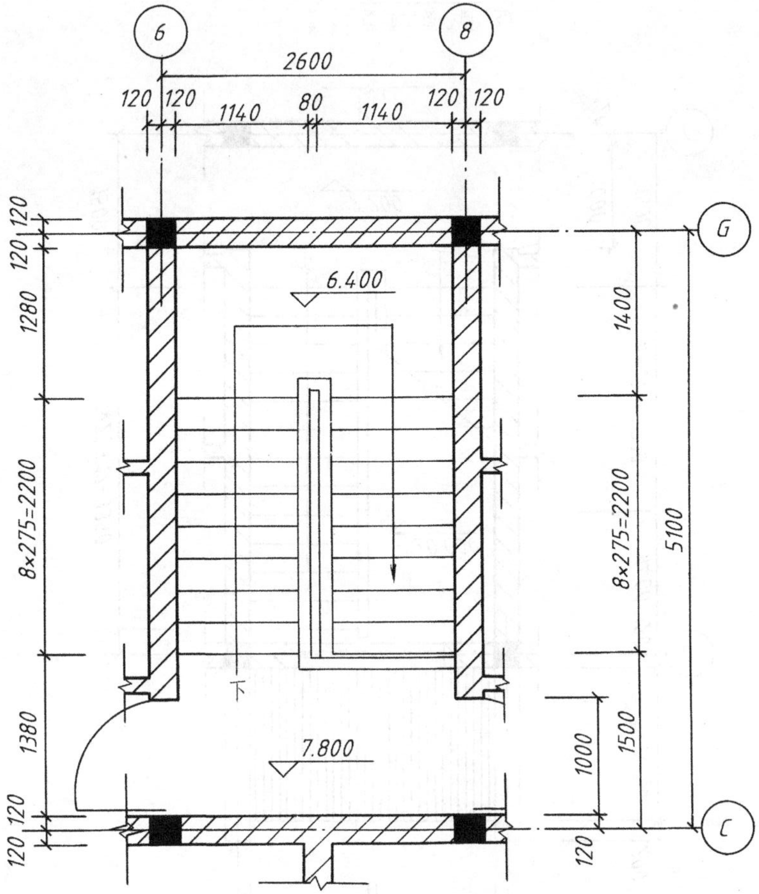

楼梯四层平面图 1:50

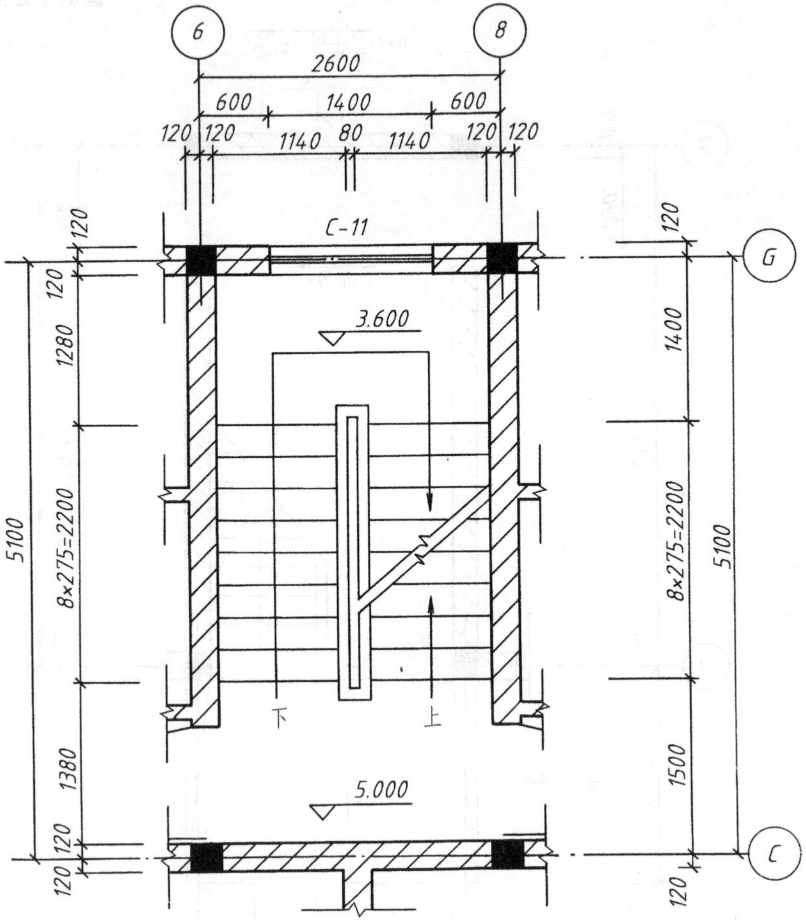

楼梯三层平面 1:50

图 8-27 楼梯间平面详图（二）

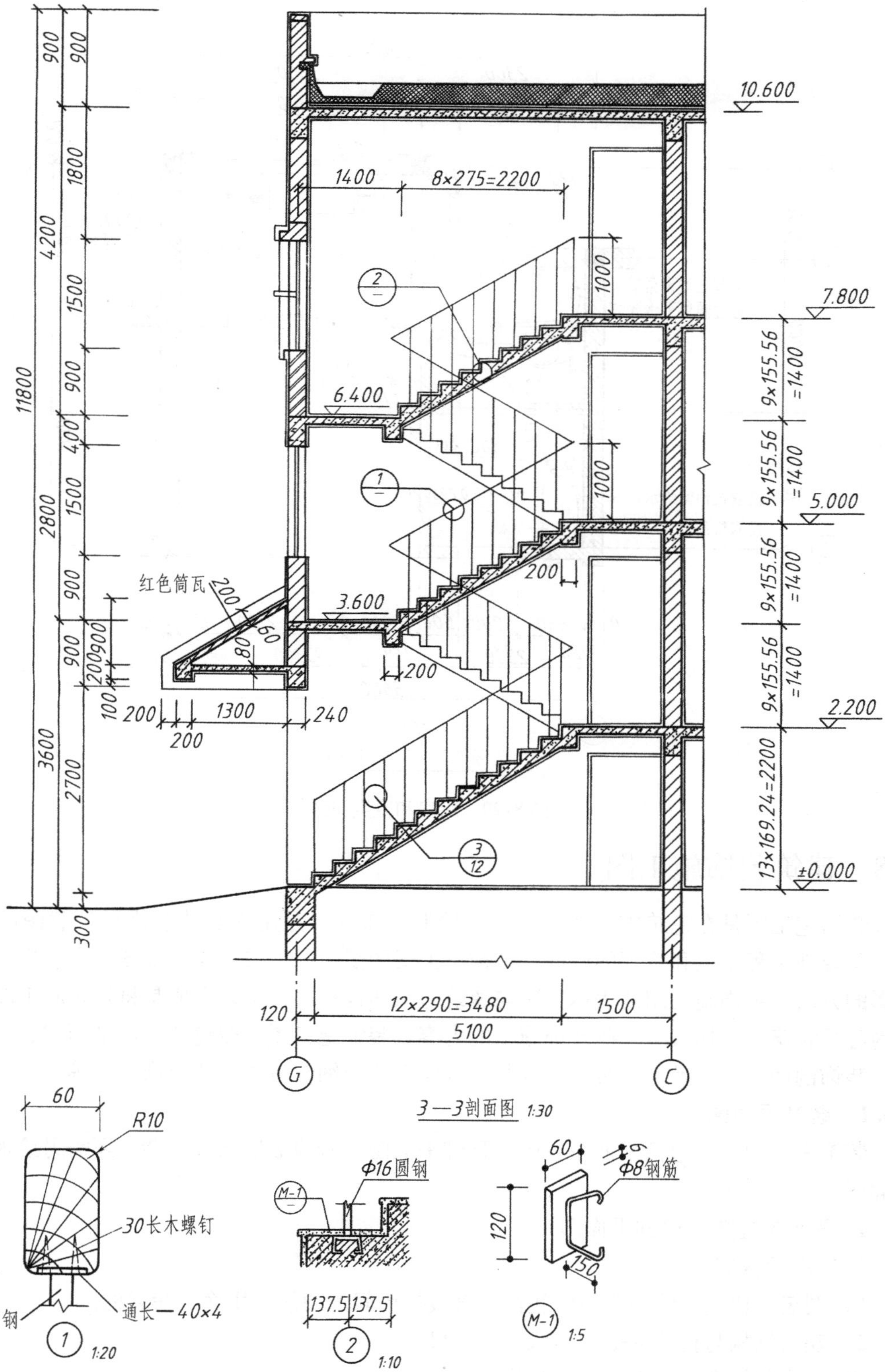

图 8-28 楼梯剖面详图与节点详图

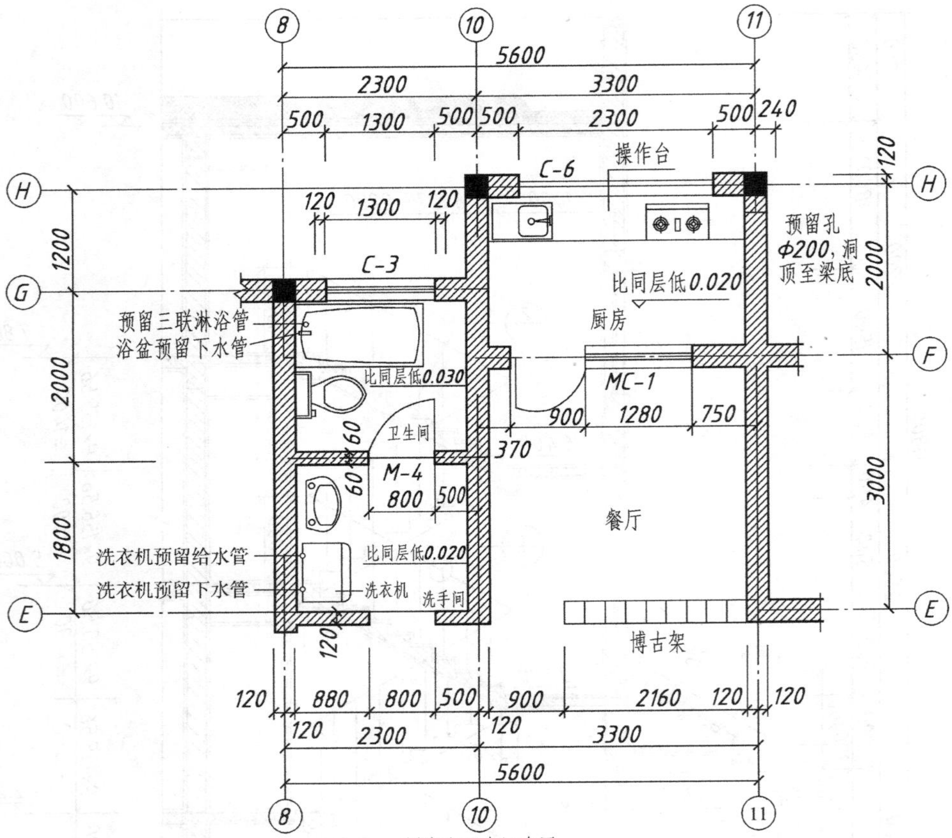

厨房和卫生间布置 1:30

图 8-29　厨房和卫生间详图

8.8　建筑装饰施工图

装饰施工图是在建筑施工图的基础上绘制出来的，是用来表达装饰设计意图的主要图样，是装饰工程施工和管理的依据。装饰施工图的图示原理与建筑施工图完全一样，是用正投影的方法。装饰施工图的表达方法与建筑施工图也相同，可以看成是将建筑施工图中的某些内容的省略，而加入了一些装饰施工的内容。装饰施工图一般包括装饰平面图、装饰立面图、装饰剖面图，以及表达装饰构件某个具体部位详细构造做法的装饰详图等。

8.8.1　装饰平面图

装饰平面图一般包括平面布置图和顶棚平面图。若地面装饰较复杂，还需另绘地面装饰平面图。

1. 平面布置图（简称平面图）

（1）图示内容

1）图名、比例。装饰平面图往往是直接按房间的功能、用途等命名的。

2）建筑结构与构造的平面形状及基本尺寸。

3）室内装饰布局的平面形式和位置。

① 地面铺装材料及其工艺要求。对于拼花造型的地面，应标注造型的尺寸，材料名称等。对于块状地面材料，应用细实线画出块材的分格线，以表示施工时的铺装方向，非整砖

应安排在较隐蔽的位置。

② 家具、设备、花卉和陈设品的摆放位置及轮廓形状。

③ 室内装饰件和装饰面的平面定形尺寸、定位尺寸。

4）各立面图视图投影关系和视图位置编号。

在平面图中，一般有表示装饰立面图投射方向的图示符号（内视符号），以便与立面图对照阅读，见图8-30。该符号是在一直径为8～12mm的细实线圆中用大写字母表示投影名称，用涂黑的箭头表示投影方向，它由两条成直角的圆的切线所围成。当多个方向均需画出立面图时，该符号也可合在一起，见图8-31及图8-32。

5）各剖面图的剖切位置、详图和通用配件等的位置和编号。

6）对材料、工艺必要的文字说明。

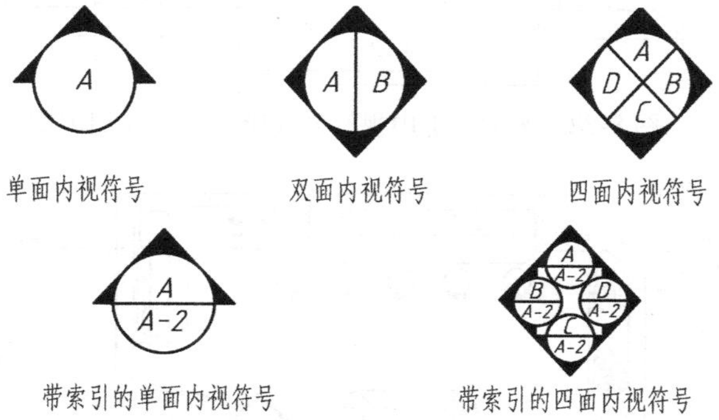

图8-30　内视符号

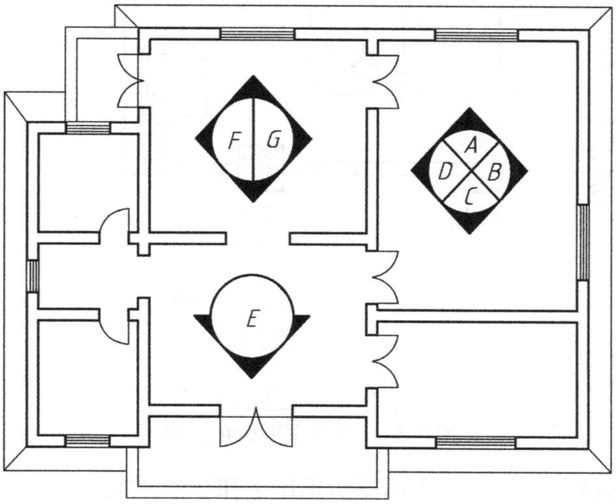

图8-31　平面图上内视符号应用示例

（2）识读举例。图8-33是台球室平面布置图，绘图比例1∶50。由于是局部空间的平面布置图，所以只有两道尺寸。可根据图中轴线编号和承重构件的布局，了解到装饰空间在整个建筑物中的位置及建筑结构类型。地面装饰是用文字说明的。

2. 顶棚平面图（又称吊顶平面图）　顶棚平面图是假想用一剖切平面，通过门、窗洞的上方将房屋剖开后，对剖切平面上方的部分作镜像投影所得的图样，用以表达顶棚造型、材料、

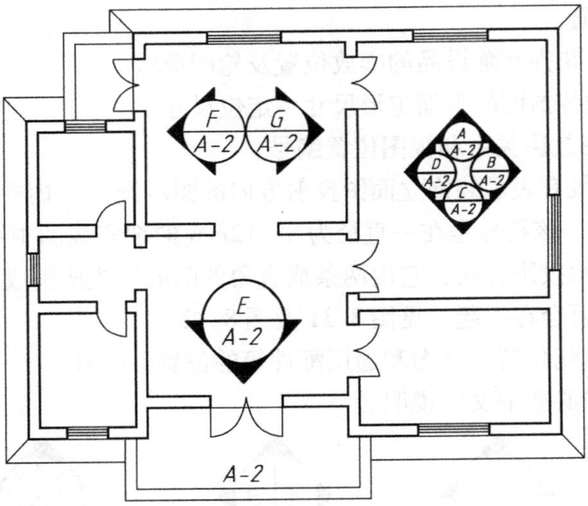

图 8-32　平面图上内视符号（带索引）应用示例

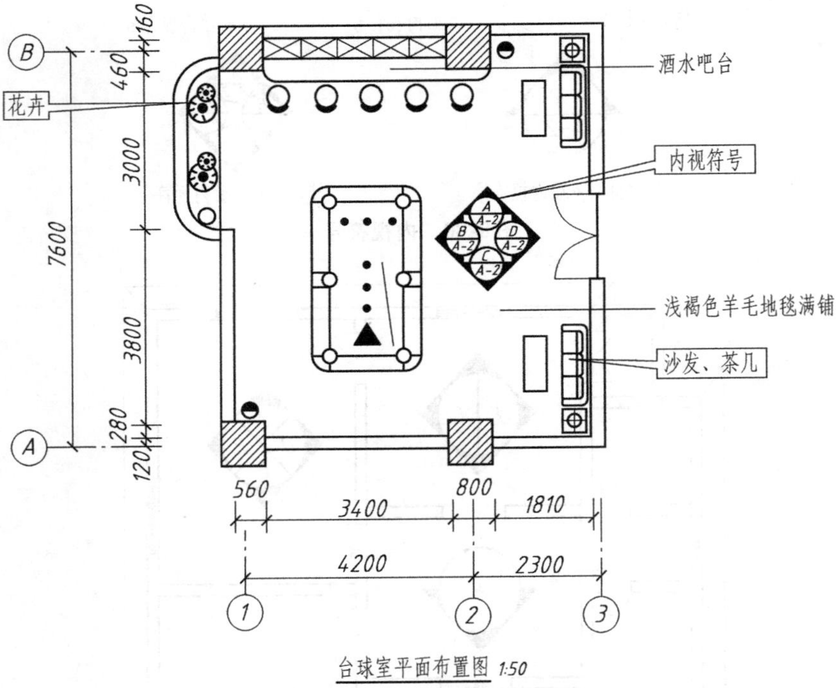

图 8-33　台球室平面布置图

灯具和消防、空调系统的位置。顶棚平面图所用比例和线型要求，一般与平面布置图相同。

（1）图示内容

1）图名、比例。顶棚平面图的图名必须与平面布置图的图名协调一致。

2）建筑结构与构造的平面形状及基本尺寸。

3）吊顶造型式样及其定形定位尺寸、各级标高、构造做法和材质要求。其中标高尺寸是以本层地面为零点的标高值，即房间的净空高度。

4）灯具式样、规格、数量及位置。吊顶的灯具不仅用作照明，更起到突出的装饰作用。

5）有关附属设施（如空调系统的风口、消防系统的烟感报警器和喷淋头、电视音响系统的有关设备）的外露件规格和定位尺寸、窗帘的图示等。

6）吊顶的凹凸情况由剖面图表示，在吊顶平面图中应注明剖切位置、剖切面编号及投射方向。

7）详图索引符号，查阅详图，进一步了解索引部位的细部构造做法。

（2）识读举例。台球室顶棚布置图见图 8-34。

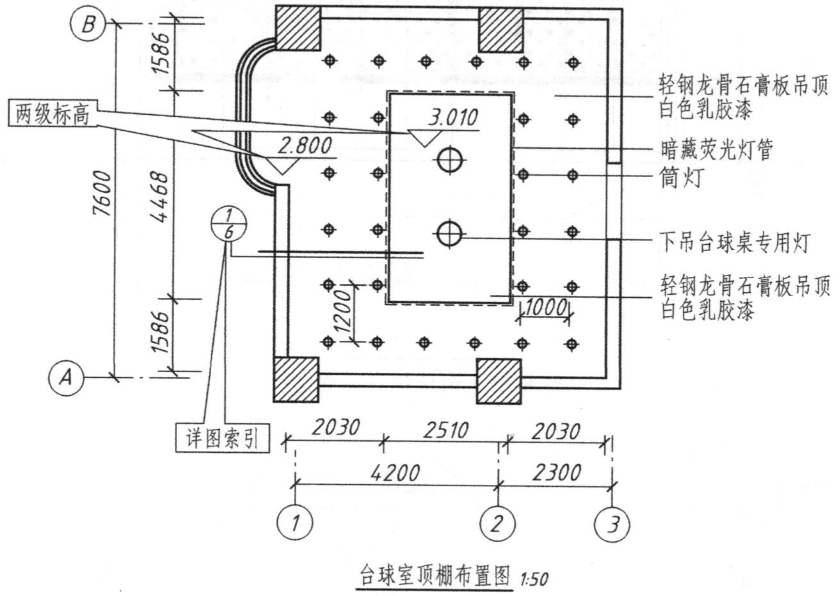

图 8-34　台球室顶棚布置图

8.8.2　装饰立面图

装饰立面图通常是指内墙的装修立面图，是人立于室内向各内墙面观看而得的正投影图，主要用来表达室内墙面的造型、所用材料及其规格、色彩与工艺要求以及装饰构件等。

室内立面图是以投射方向命名的，其投射方向编号应与平面布置图上的立面图索引符号一致。如“A 立面图”、“B 立面图”等，各向立面图应尽可能画在同一图纸上，甚至可把相邻的立面图连接起来，以便展示室内空间的整体布局。

1. 图示内容

1）室内建筑主体的立面形状和基本尺寸。

2）墙面装饰造型的式样及文字说明。

3）装饰立面的总宽、总高，各装饰件（面）的定型尺寸和定位尺寸，见图 8-35。

4）详图索引符号、剖切符号。

2. 识图举例　台球室 D 立面图，主墙面为大面积的织物软包和红榉木饰面亚光漆，无复杂造型。另有红榉木饰面亚光漆顶棚线、腰线及踢脚板，见图 8-35。

8.8.3　装饰剖面图与详图

装饰剖面图主要有墙身剖面图和吊顶剖面图两种。

1. 墙身剖面图及详图　墙身剖面图主要用来表示在内墙立面图中无法表现的各造型的厚度（即凹凸尺寸），定型、定位尺寸，各装饰构件与建筑结构之间详细的连接与固定方式，各不同面层的收口工艺等，见图 8-36。

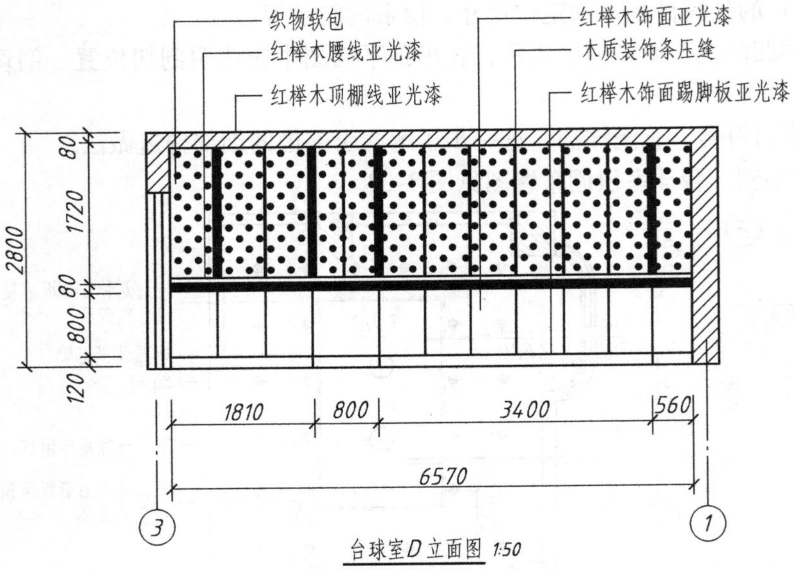

图 8-35 台球室 D 立面图

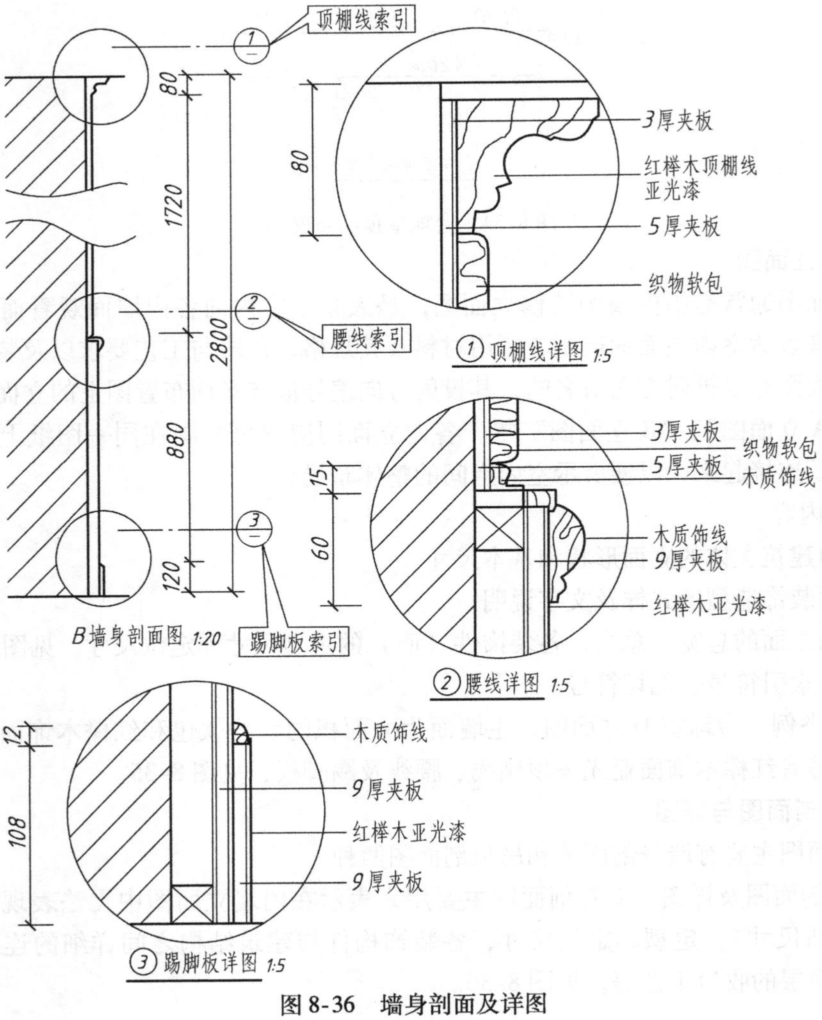

图 8-36 墙身剖面及详图

2. 吊顶剖面图　吊顶剖面图主要用来表达吊顶的叠级造型构造及吊顶各层次标高、外形尺寸、定位尺寸。图 8-37 所示吊顶剖面图为一局部剖面图，由图名可找出它在顶棚平面图中的剖切位置与投射方向。

本例中吊顶为一轻钢龙骨石膏板吊顶，两层乳胶漆饰面标高分别为 2.800m 和 3.010m。在分级吊顶高低错台处设有暗灯槽，并设置荧光灯，使灯光经上层棚面反射而出现柔和光带，提高了顶棚装饰效果。

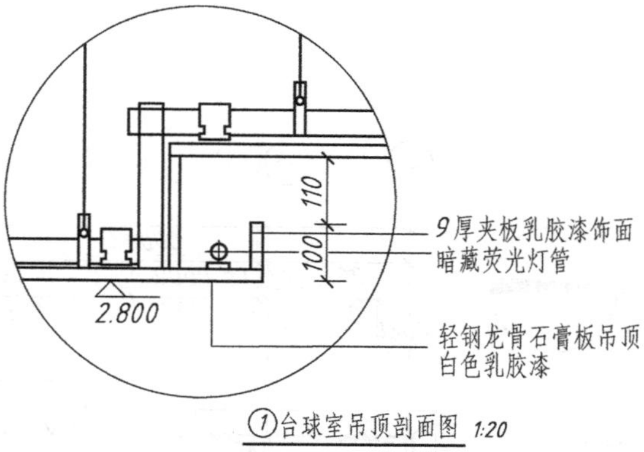

图 8-37　吊顶剖面图

8.9　工业厂房施工图

工业厂房建筑和民用建筑都具有建筑的共性，在设计原则、建筑技术和建筑材料等方面有许多共同之处，但由于工业厂房建筑是直接为工业生产服务的，因此在建筑平面布局、建筑结构、建筑构造、施工等方面与民用建筑有很大差别。

工业厂房施工图的图示原理、读图方法（图 8-38）、图样内容及其编制方法、绘图步骤与民用房屋施工图基本相同，只是由于生产工艺不同，因此在施工图上表示的图例符号及具体内容不同。工业厂房的建筑施工图的表达比民用建筑简单，数量也少，而结构施工图则复杂，数量也多。现以单层双跨的某机修车间为例说明工业厂房施工图的识读。

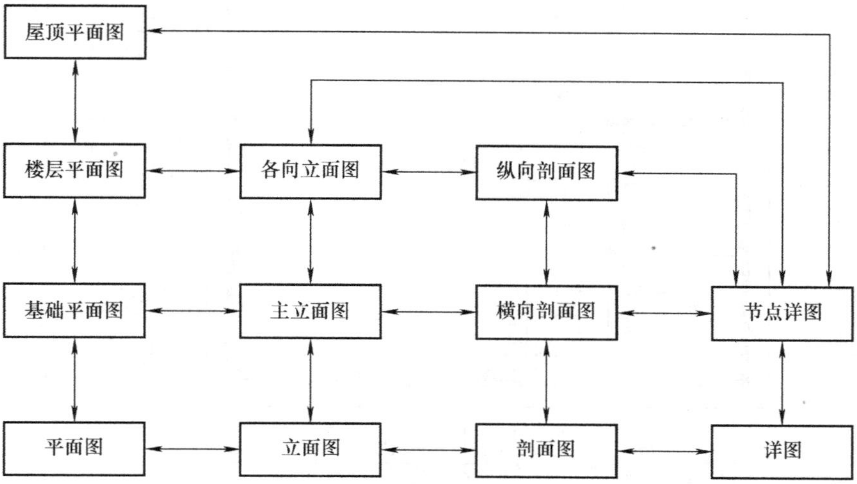

图 8-38　工业厂房施工图的读图步骤

1）从平面图（图 8-39）可知，这是单层双跨的工业厂房，主要车间跨度为 18m，辅助用房的跨度为 5.59m，横向定位轴线的距离即柱距为 6m。平面图中绘有剖切符号及指北针等图例。

2）从立面图（图 8-40）可知，本车间外墙采用面砖装饰，标注了室内外地面及窗底、

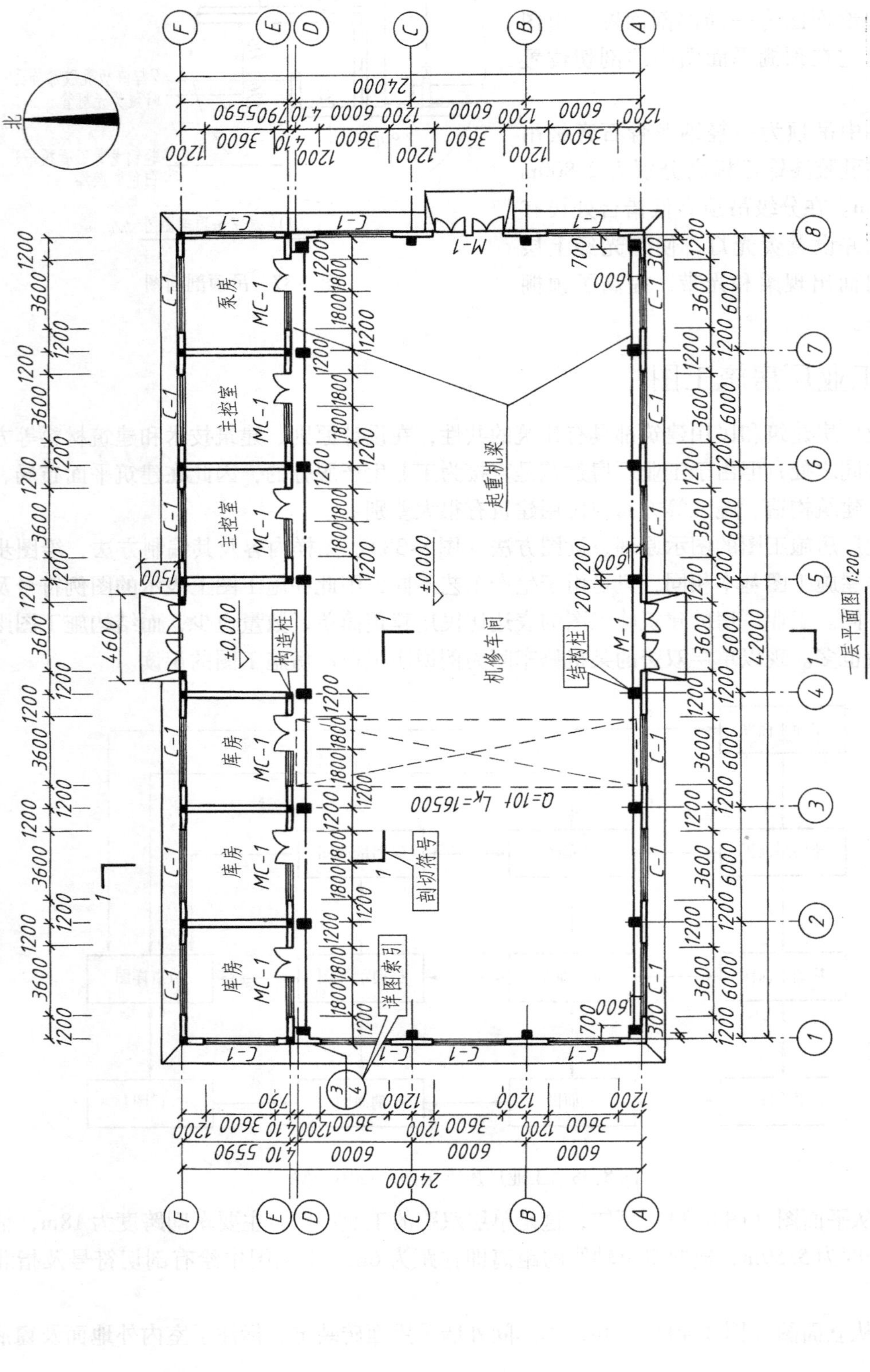

图 8-39 某机修车间平面图

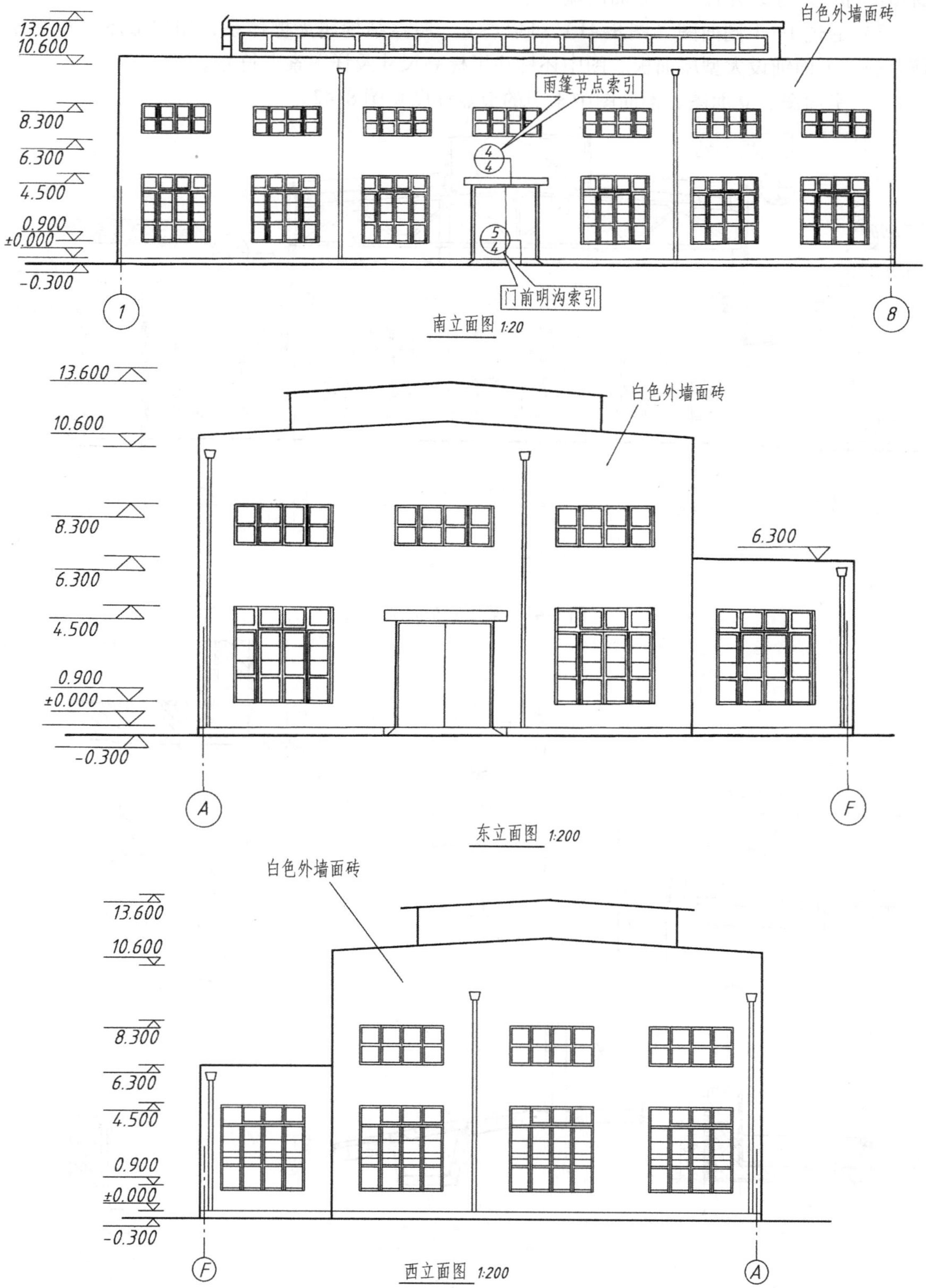

图 8-40　某机修车间立面图

窗顶的标高尺寸，并标注了立面两端的轴线及其编号。

3）通过1—1剖面图（图8-41）可以看到，屋盖结构属无檩体系，用梯形屋架承受屋顶荷载，上面铺设大型屋面板。图中还标注了标高尺寸及详图索引符号。

4）平面图、立面图、剖面图中索引的节点详图见图8-42。

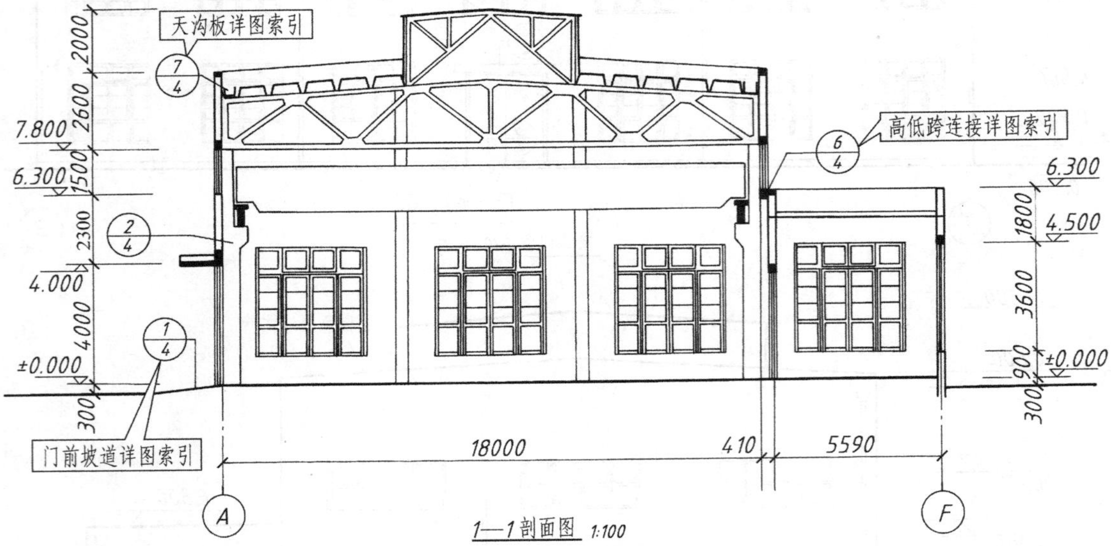

图8-41 某机修车间剖面图

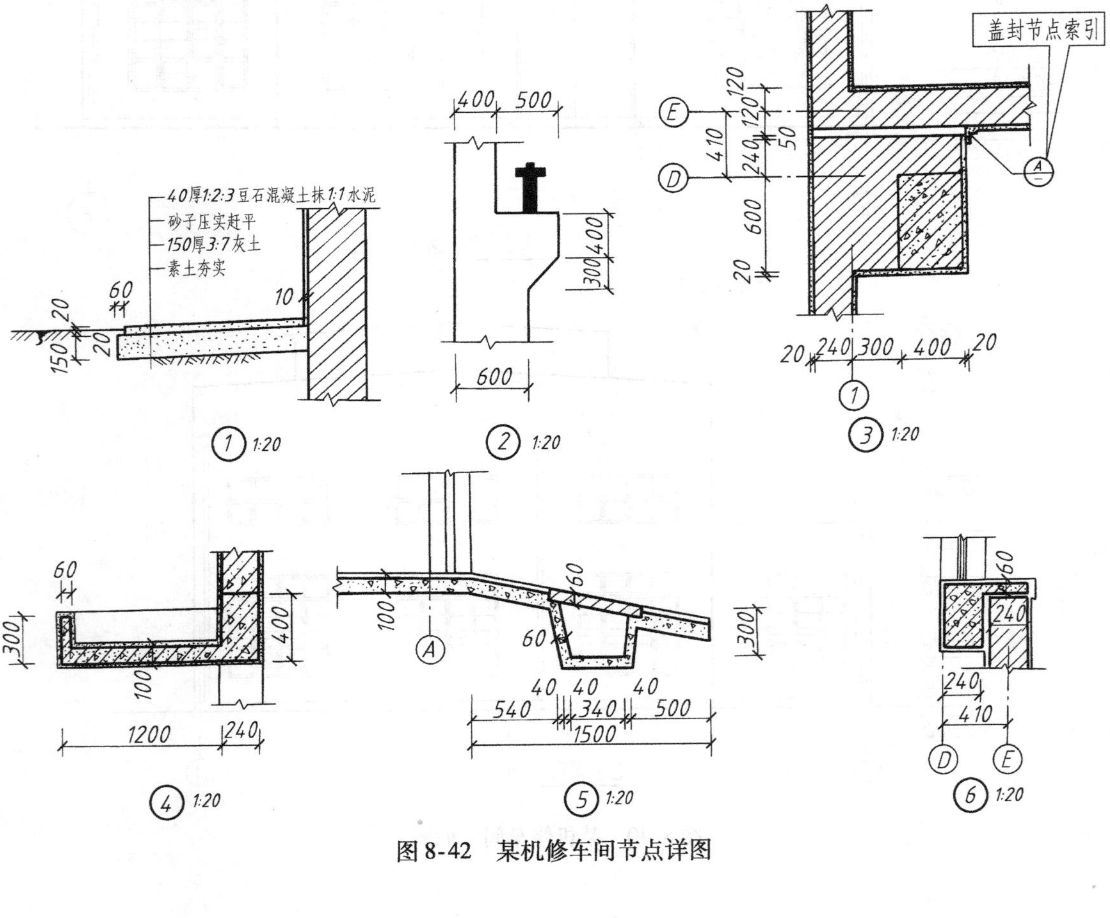

图8-42 某机修车间节点详图

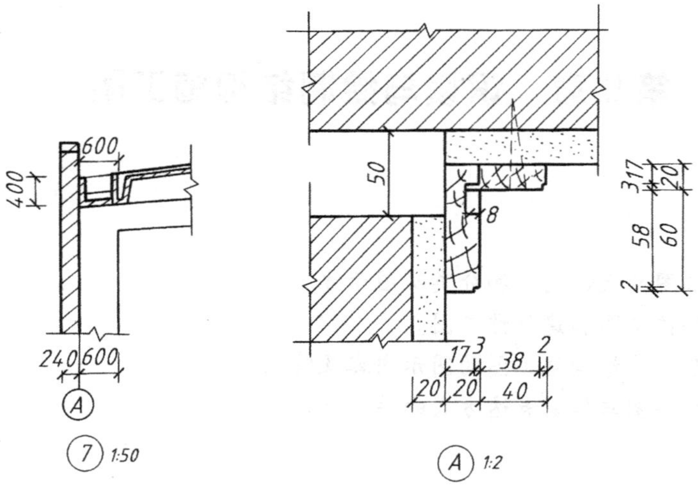

图 8-42　某机修车间节点详图（续）

能力拓展训练题

1. 观察周围的房屋，分析其组成部分和作用。
2. 画出一所学校的总平面图，思考在建筑总平面图上，用什么方法确定新建房屋的位置？
3. 阅读一套小型房屋建筑施工图，想象房屋的外形及内部布置。
4. 画出教室的水平剖面图和垂直剖面图，并比较异同点。
5. 想象并画出一张顶棚装饰图，比较其与建筑平面图的异同。
6. 试用第三角投影画两坡房屋的平面图、立面图、剖面图。

学习自测表

层次 / 领域	初　级		中　级		高　级	
认知	了解		运用		综合	
技能	模仿		应用		创造	
情感	激情		心境		热情	

第9章　识读与绘制结构施工图

技能要求

1. 说出结构施工图的表达内容和分类及图示方法。
2. 对比识读结构施工图和建筑施工图。
3. 说出单层工业厂房结构施工图的图示内容及特点。
4. 分析梁、柱配筋图与传统表达方式的异同点。

知识要点

结构施工图的图示内容及分类、钢筋混凝土构件图、结构施工图的识读。

9.1　结构施工图的识读内容

9.1.1　结构施工图的内容和分类

在建筑设计中，建筑施工图主要表达房屋的外观形式、内部平面布置、剖面构造和内外装饰等内容，而房屋的承重构件（如基础、梁、板、柱等）的布置、结构构造等内容没有表达出来。结构施工图（简称“结施”）就是表达建筑物承重构件的布置、形状、大小、材料、构造及其相互关系的图样。其主要内容包括：结构设计说明（其中包括材料、地基、施工要求等），基础、楼板、屋面等的结构平面图，基础、梁、板、柱、楼梯等的构件详图。

结构施工图主要用来作为施工放线、开挖基槽、支模板、绑扎钢筋、设置预埋件、浇捣混凝土和安装梁、板、柱等构件及编制预算与施工组织计划等的依据。

结构施工图一般有基础图、结构平面布置图和结构详图等，见图9-1。基础图包括基础平面图和基础详图；结构平面布置图表示建筑物各层各承重物件的平面布置，是建筑施工中承重构件布置与安装的主要依据，在结构平面布置图中，包括有楼层结构平面图和屋顶结构平面布置图；结构详图是表示单个构件形状、尺寸、材料、构造及工艺的图样。

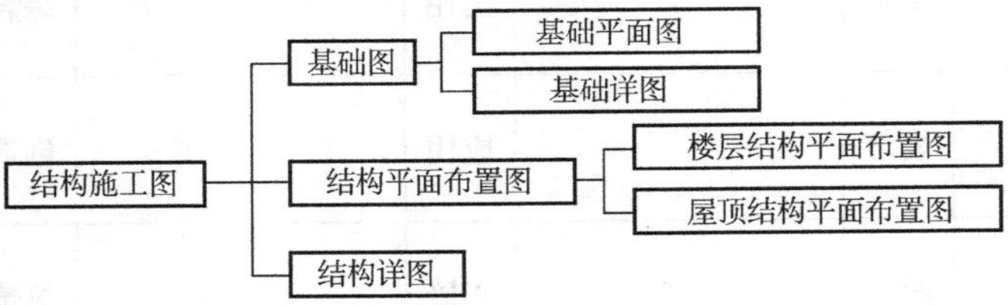

图9-1　结构施工图

结构施工图还可以按房屋结构所用的材料分类，如钢筋混凝土结构图、钢结构图、木结构图和砖石结构图等。

9.1.2 结构施工图的有关规定

绘制结构施工图，必须符合 GB/T 50001—2010《房屋建筑制图统一标准》，GB/T 50105—2010《建筑结构制图标准》及国家现行的有关规定。

1. 图线　结构施工图中各种图线的用法见表 9-1。

表 9-1　结构施工图中图线的选用

名称		线型	线宽	一般用途
实线	粗	————	b	螺栓、钢筋线、结构平面图中的单线结构构件线，钢木支撑及系杆线，图名下横线、剖切线
	中粗	————	$0.7b$	结构平面图及详图中剖到或可见的墙身轮廓线、基础轮廓线，可见的钢、木结构轮廓线，可见的钢筋线
	中	————	$0.5b$	结构平面图及详图中剖到或可见的墙身轮廓线、基础轮廓线，可见的钢筋混凝土构件轮廓线、钢筋线
	细	————	$0.25b$	标注引出线、标高符号线、索引符号线、尺寸线
虚线	粗	- - - - - - - - - -	b	不可见的钢筋线、螺栓线，结构平面图中不可见的单线结构构件线及钢、木支撑线
	中粗	- - - - - - - - - -	$0.7b$	结构平面图中的不可见构件、墙身轮廓线及不可见钢、木结构构件线，不可见的钢筋线
	中	- - - - - - - - -	$0.5b$	结构平面图中的不可见构件、墙身轮廓线及不可见钢、木结构构件线，不可见的钢筋线
	细	- - - - - - - - -	$0.25b$	基础平面图中的管沟轮廓线、不可见的钢筋混凝土构件轮廓线

2. 比例　绘制结构施工图应选用表 9-2 中的比例，在特殊情况下可选用适当的比例。

表 9-2　结构施工图的比例

图名	常用比例	可用比例
结构平面图 基础平面图	1:50　1:100　1:150	1:60　1:200
圈梁平面图，总图中管沟、地下设施等	1:200　1:500	1:300
详图	1:10　1:20　1:50	1:5　1:30　1:25

3. 构件代号　在结构施工图中，各种承重构件要用代号表示，常用构件的代号见表 9-3。

表 9-3　常用构件代号

序号	名　称	代号	序号	名　称	代号	序号	名　称	代号
1	板	B	19	圈梁	QL	37	承台	CT
2	屋面板	WB	20	过梁	GL	38	设备基础	SJ
3	空心板	KB	21	连系梁	LL	39	桩	ZH
4	槽形板	CB	22	基础梁	JL	40	挡土墙	DQ
5	折板	ZB	23	楼梯梁	TL	41	地沟	DG
6	密肋板	MB	24	框架梁	KL	42	柱间支撑	ZC
7	楼梯板	TB	25	框支梁	KZL	43	垂直支撑	CC
8	盖板或沟盖板	GB	26	屋面框架梁	WKL	44	水平支撑	SC
9	挡雨板或檐口板	YB	27	檩条	LT	45	梯	T
10	吊车安全走道板	DB	28	屋架	WJ	46	雨篷	YP
11	墙板	QB	29	托架	TJ	47	阳台	YT
12	天沟板	TGB	30	天窗架	CJ 或 GCJ	48	梁垫	LD
13	梁	L	31	框架	KJ	49	预埋件	M
14	屋面梁	WL	32	刚架	GJ	50	天窗端壁	TD
15	吊车梁	DL	33	支架	ZJ	51	钢筋网	W
16	单轨吊车梁	DDL	34	柱	Z	52	钢筋骨架	G
17	轨道连接	DGL	35	框架柱	KZ	53	基础	J
18	车挡	CD	36	构造柱	GZ	54	暗柱	AZ

注：预应钢筋混凝土构件代号，应在构件代号前注“Y-”如 Y-WB 表示预应力钢筋混凝土屋面板。

4. 定位轴线　结构施工图上的轴线及编号应与建筑施工图一致。

5. 尺寸标注　结构施工图中所注尺寸是结构的实际尺寸，即一般不包括结构表面粉刷或面层的厚度。在桁架式结构的几何尺寸及内力图中，其几何尺寸直接写在标件的一侧，而不需要画尺寸线和尺寸界线。对称桁架可在左半边标注尺寸，右半边标注内力，见图 9-2。

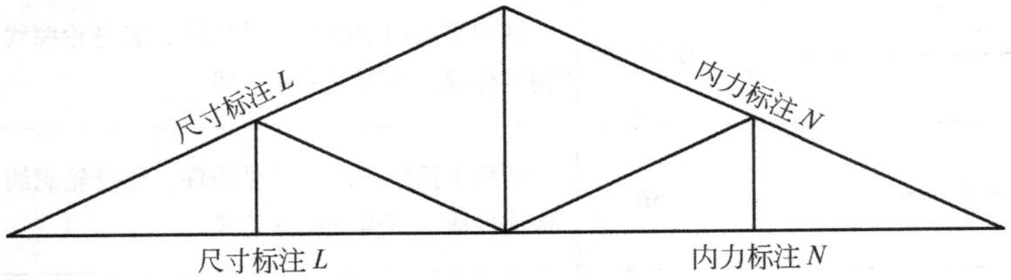

图 9-2　桁架标注

9.1.3　结构施工图的识读和绘制

1. 结构施工图的识读　识读结构施工图通常按图 9-3 所示步骤进行，并且结合建筑施工图进行读图。

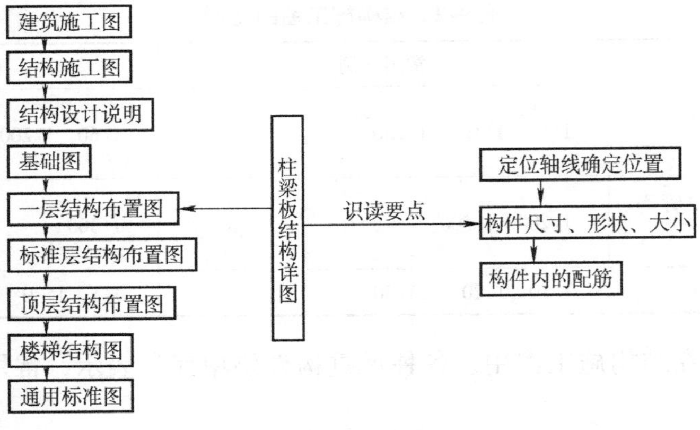

图 9-3　结构施工图识读步骤

2. 结构施工图的绘制　绘制结构施工图宜先画轴线，后画墙体轮廓线和梁、板布置以及配筋详图等，最后注写尺寸数字、文字说明。其绘制方法与建筑施工图基本相同。

9.2　钢筋混凝土构件图

9.2.1　钢筋混凝土的基本知识

1. 钢筋混凝土材料性能　混凝土是由水泥、水、砂和石子按一定比例配合后，浇筑在模板内经振捣密实和养护而制成的。凝固后的混凝土构件坚硬如石，其抗压强度较高，抗拉强度较低，容易在受拉时断裂。为了提高混凝土构件的抗拉能力，在构件受拉区内配置一定数量的钢筋，这种配有钢筋的混凝土称为钢筋混凝土。

钢筋混凝土构件分现浇钢筋混凝土构件和预制钢筋混凝土构件，即在现场浇筑制成的称现浇构件，在预制构件厂先期制作的称预制构件。此外，为了提高构件的抗拉和抗裂性能，在构件制作时，先将钢筋张拉，对混凝土预加一定的压力，这种构件称为预应力构件。

2. 混凝土的等级和钢筋直径符号　混凝土按其抗压强度分为不同的等级，混凝土分C15、C20、C25、C30、C35、C40、C45、C50、C55、C60、C65、C70、C75、C80 等 14 级，等级越高，混凝土抗压强度越高。

常用的钢筋种类、级别和代号见表 9-4。

表 9-4　钢筋的种类、级别和代号

种类	级别	图例符号	代号
冷拉钢筋	Ⅰ级钢筋	Φ^{L}	HPB300
	Ⅱ级钢筋	Φ^{L}	HRB335
	Ⅲ级钢筋	Φ^{L}	HRB400
	Ⅳ级钢筋	Φ^{L}	HRB500
钢绞线	Ⅰ级钢筋	Φ	HPB300
	Ⅱ级钢筋	Φ	HRB335
	Ⅲ级钢筋	Φ	HRB400
	Ⅳ级钢筋	Φ	HRB500
钢丝	冷拔低碳钢丝	Φ^{b}	CRB550
热轧光圆钢筋		Φ	HPB300
热轧带肋钢筋		Φ	HRB335
		Φ	HRB400
		Φ	HRB500
冷轧带肋钢筋		Φ	CRB550

3. 钢筋的种类和作用　按在构件中的作用不同，钢筋可分为：

（1）受力筋。也称主筋，承受拉力或压力，配置在梁、板、柱等各种钢筋混凝土构件中，见图 9-4a。

（2）箍筋。用以固定受力筋的位置，并承担部分剪力和扭力，多用于梁、柱内，见图 9-4a。

（3）分布筋。一般与受力筋垂直绑扎，使荷载均匀地分布到受力筋上防止混凝土开裂，并固定受力筋的位置，多配置在板中，见图9-4b。

（4）架立筋。用以固定梁内受力筋和箍筋的位置，构成梁内钢筋骨架，见图9-4a。

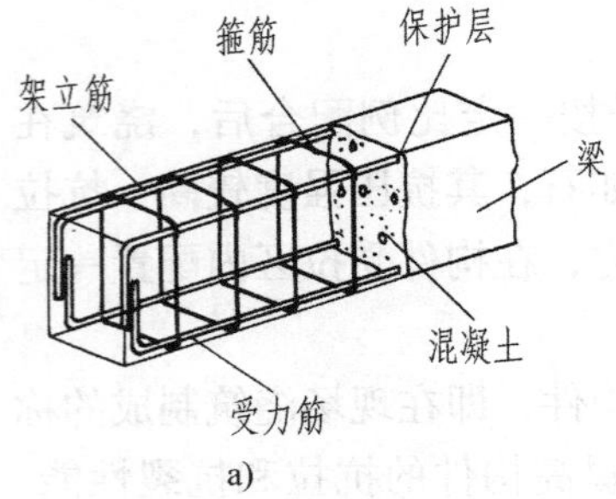

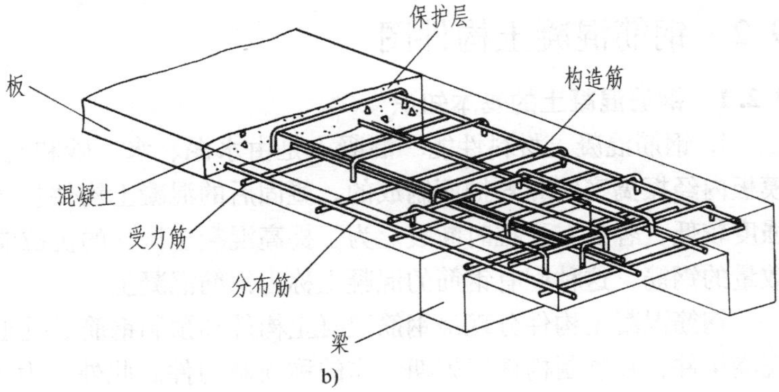

图9-4　钢筋混凝土构件的内部结构

4. 钢筋的保护层和弯钩　为了保证钢筋和混凝土的黏结力，防止钢筋锈蚀，钢筋外缘到构件表面应保持一定的厚度称为保护层，常见构件钢筋的保护层厚度见表9-5。

表9-5　受力钢筋混凝土保护层厚度　（单位：mm）

环境类别	板、墙	梁、柱
一	15	20
二 a	20	25
二 b	25	35
三 a	30	40
三 b	40	50

注：1. 表中混凝土保护层厚度指最外层钢筋外边缘至混凝土表面的距离，适用于设计使用年限为50年的混凝土结构。

2. 构件中受力钢筋的保护层厚度不应小于钢筋的公称直径。

3. 设计使用年限为100年的混凝土结构，一类环境中，最外层钢筋的保护层厚度不应小于表中数值的1. 4倍；二、三类环境中，应采取专门的有效措施。环境类别见表9-6。

4. 混凝土强度等级不大于C25时，表中保护层厚度数值应增加5mm。

5. 基础底面钢筋的保护层厚度，有混凝土垫层时应从垫层顶面算起，且不应小于40mm。

表9-6　混凝土结构的环境类别

环境类别	条件
一	室内干燥环境 无侵蚀性静水浸没环境
二 a	室内潮湿环境 非严寒和非寒冷地区的露天环境 非严寒和非寒冷地区与无侵蚀性的水或土壤直接接触的环境 严寒和寒冷地区的冰冻线以下与无侵蚀性的水或土壤直接接触的环境
二 b	干湿交替环境 水位频繁变动环境 严寒和寒冷地区的露天环境 严寒和寒冷地区冰冻线以上与无侵蚀性的水或土壤直接接触的环境

（续）

环境类别	条件
三 a	严寒和寒冷地区冬季水位变动区环境 受除冰盐影响环境 海风环境
三 b	盐渍土环境 受除冰盐作用环境 海岸环境
四	海水环境
五	受人为或自然的侵蚀性物质影响的环境

注：1. 室内潮湿环境是指构件表面经常处于结露或湿润状态的环境。

2. 严寒和寒冷地区的划分符合现行国家标准 GB 50176—1993《民用建筑热工设计规范》的有关规定。

3. 海岸环境和海风环境宜根据当地情况，考虑主导风向及结构所处迎风、背风部位等因素的影响，由调查研究和工程经验确定。

4. 受除冰盐影响环境是指受到除冰盐盐雾影响的环境；受除冰盐作用环境是指被除冰盐溶液溅射的环境以及使用除冰盐地区的洗车房、停车楼等建筑。

5. 暴露的环境是指混凝土结构表面所处的环境。

为了加强光圆钢筋与混凝土的黏结力，钢筋两端做成弯钩，弯钩的角度有 45°、90°、180°等形式，见图 9-5。带肋钢筋表面为螺旋纹（也可以为人字纹），一般不需做弯钩。

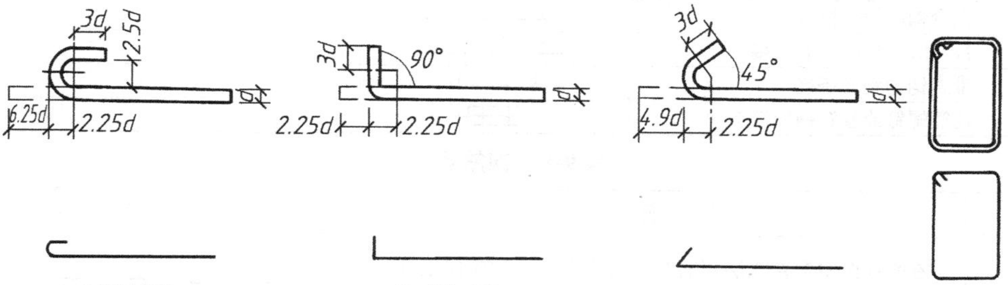

a) 半圆弯钩　　b) 直角弯钩　　c) 斜弯钩　　d) 箍筋弯钩

图 9-5　常见的钢筋弯钩形式

9.2.2　钢筋混凝土构件的图示方法

钢筋混凝土构件图由模板图、配筋图、预埋件详图及材料用量表等组成（详细内容见第 10 章“识读钢结构图与施工翻样”，本章主要介绍配筋图的相关内容）。

1. 模板图　用来表示构件的外形尺寸及预埋件、预留孔的大小和位置，一般用于复杂的构件。

2. 配筋图　假想混凝土是透明体，可透过混凝土看到构件内部的钢筋，这种能反映构件钢筋配置情况的图样称为配筋图。配筋图一般包括平面图、立面图、断面图和钢筋详图。在配筋图中，构件断面的轮廓线用细实线表示，钢筋的断面用黑圆点表示，钢筋用粗实线画出。

（1）钢筋的标注与编号，见图 9-6。

（2）钢筋的图例。钢筋的常用图例见表 9-7。其他钢筋，如预应力钢筋、焊接网、钢筋焊接接头的图例可查阅有关标准。

（3）钢筋的画法。在结构施工图中的钢筋的常规画法见表 9-8。

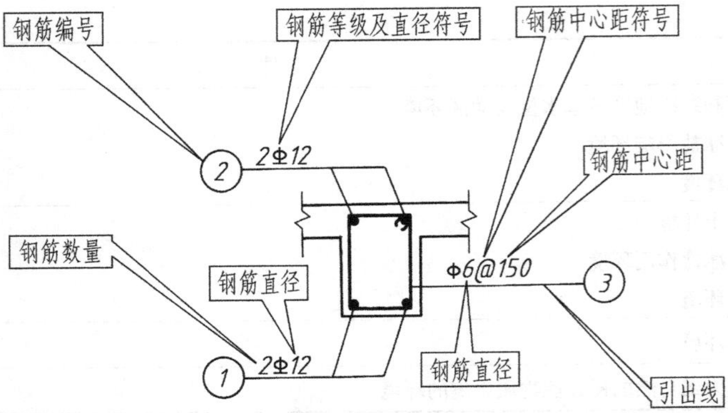

图 9-6　钢筋的标注方法

表 9-7　一般钢筋常用图例

序　号	名　　称	图　　例	说　明
1	钢筋横断面		
2	无弯钩的钢筋端部		下图表示长短钢筋投影重叠时可在短钢筋的端部用45°短画线表示
3	带半圆形弯钩的钢筋端部		
4	带直钩的钢筋端部		
5	带螺纹的钢筋端部		
6	无弯钩的钢筋搭接		
7	带半圆弯钩的钢筋搭接		
8	带直钩的钢筋搭接		
9	花篮螺钉或套管钢筋接头		

表 9-8　钢筋画法

序　号	说　　明	图　　例
1	在平面图中配置双层钢筋时，底层钢筋弯钩应向上或向左，顶层钢筋则向下或向右	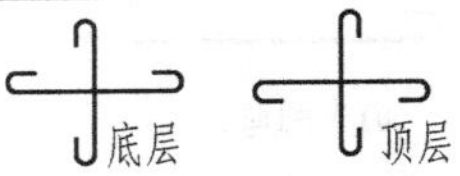
2	配双层钢筋的墙体，在配筋立面图中，远面钢筋的弯钩应向上或向左，而近面钢筋则向下或向右（GM近面，YM远面）	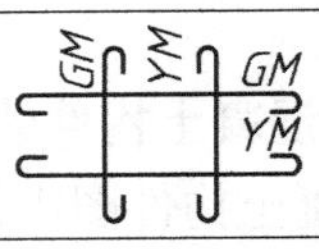
3	如在断面图中不能表示清楚钢筋布置情况，应在断面图外面增加钢筋详图	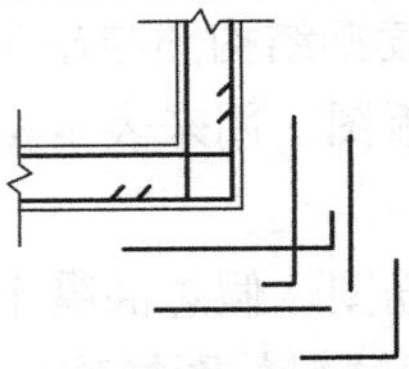
4	图中所表示的箍筋、环筋，如布置复杂，应加画钢筋详图及说明	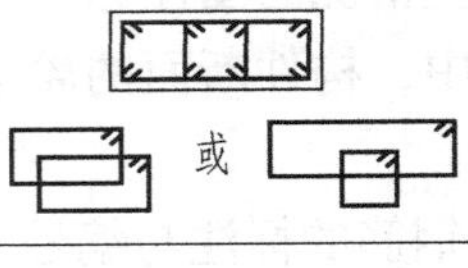
5	每组相同的钢筋、箍筋或环筋，可以用粗实线画出其中一根来表示，同时用横穿的细实线表示其余的钢筋、箍筋或环筋，横线的两端带斜短画表示该号钢筋的起止范围	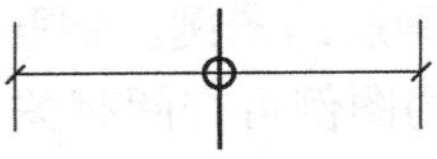

9.2.3 钢筋混凝土构件图识读举例

1. 钢筋混凝土梁　梁的结构详图包括立面图、断面图和钢筋详图、钢筋表。图 9-7 为现浇钢筋混凝土梁的结构详图。在钢筋表中画出了每种钢筋的形状，并标明了钢筋的编号、根数、等级、直径、各段长度和总长等。

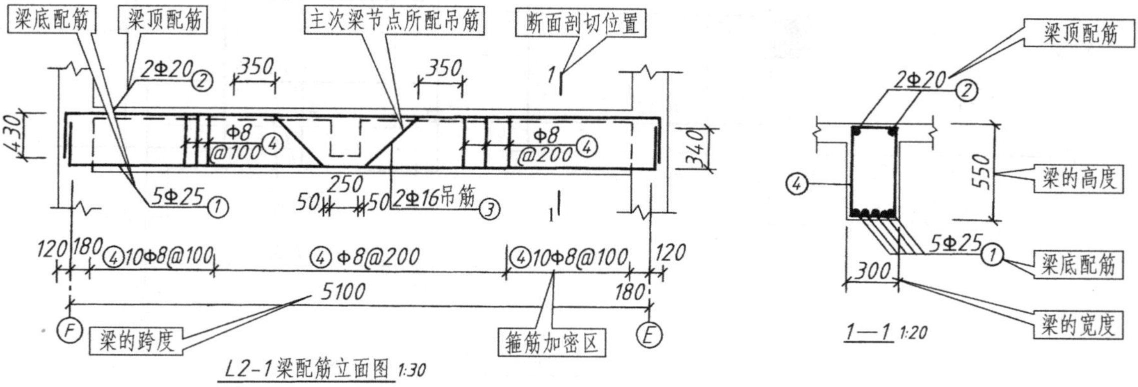

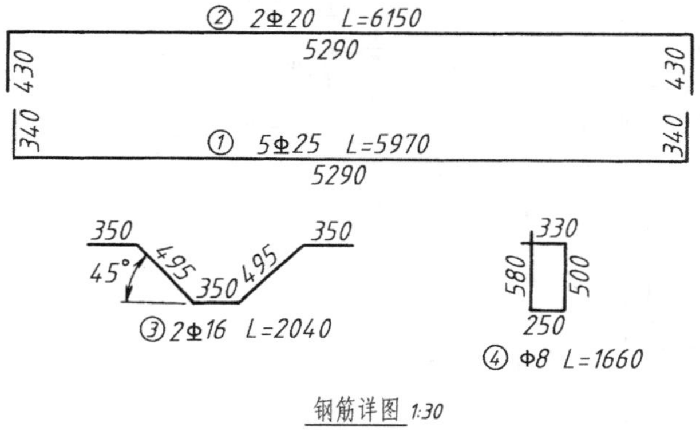

钢筋表

钢筋编号	钢筋规格	钢筋简图	单根长度	数量/根
①	Φ25	340 5290 340	5970	5
②	Φ20	430 5290 430	6150	2
③	Φ16	350 495 350 495 350	2040	2
④	Φ8	330 580 500 250	1660	34

图 9-7　钢筋混凝土梁结构详图

2. 钢筋混凝土板　现浇钢筋混凝土板的结构详图常用配筋平面图和断面图表示。配筋平面图可直接在平面图上绘制，每种规格的钢筋只需画出一根并标出其规格、间距。板的配筋有分离式和弯起式两种。如果板的上部和下部钢筋分别单独配置，称为分离式；如果支座附近的上部钢筋是由下部钢筋直接弯起的称为弯起式。

图 9-8 是某局部现浇钢筋混凝土板结构详图，绘图比例为 1∶50，配筋情况见图中所标注。

3. 钢筋混凝土柱　柱是房屋的主要承重构件，其结构详图包括立面图和断面图，若柱的外形变化复杂或有预埋件，则还应画出其模板图。模板图上预埋件只画位置示意和编号，具体细部情况另绘详图。

柱的立面图主要表示柱的高度尺寸，柱内钢筋配置、钢筋搭接区内箍筋需要加密的具体量，以及与柱有关的梁、板。柱断面图主要反映截面的尺寸、箍筋的形状和受力筋的位置、数量，断面图的剖切位置应设在截面尺寸有变化及受力筋数量、位置有变化处。

图 9-9 是某住宅楼构造柱（GZ）的详图。

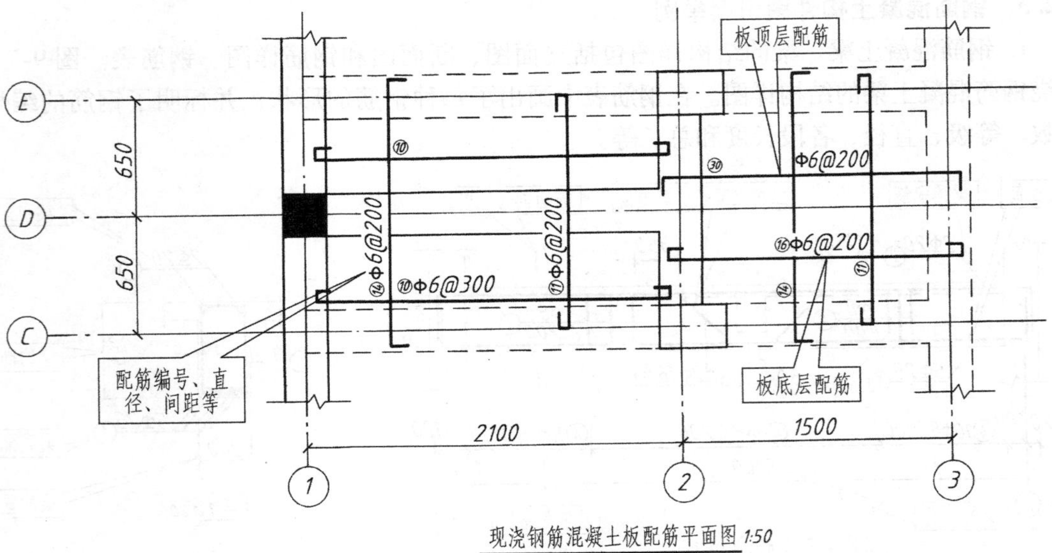

图 9-8　现浇钢筋混凝土板结构详图

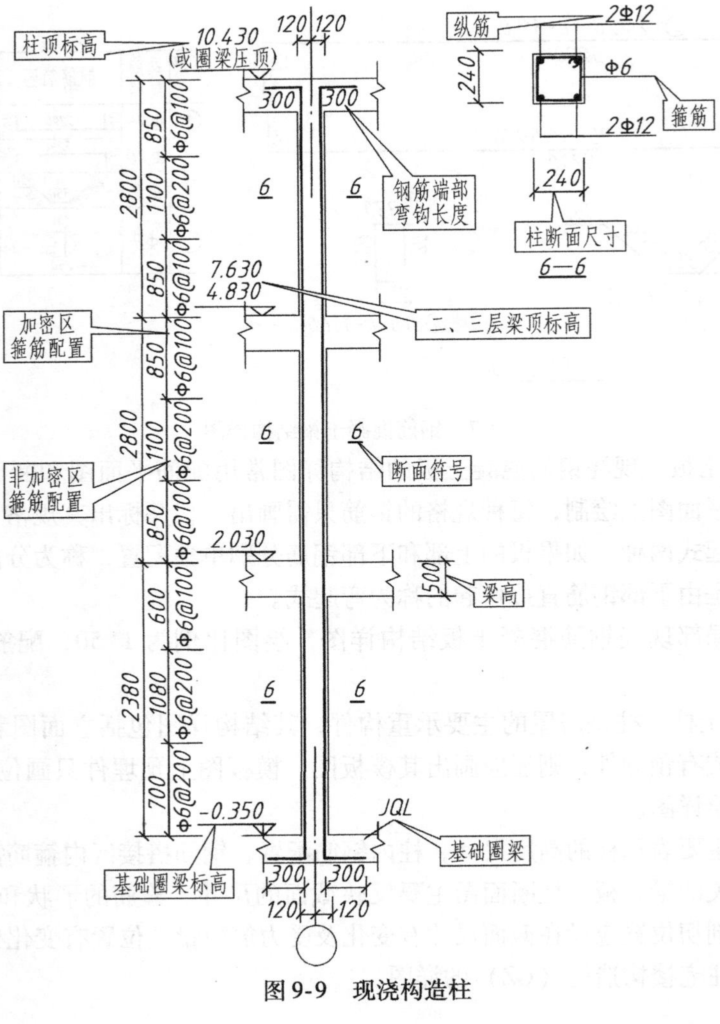

图 9-9　现浇构造柱

9.3 基础图

9.3.1 基础的有关知识

1. 基础的作用和形式　基础是建筑物地面以下承受房屋全部荷载的构件，并且把这些荷载均匀地传给地基（建筑物基础以下的持力层）。基础的形式的选择与上部结构形式、土层分布情况、地基承载力、荷载的大小、受力方向等条件有关。常见的基础类型见图 9-10。

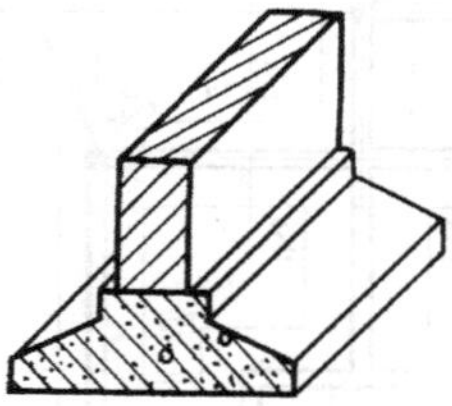

a) 条形基础

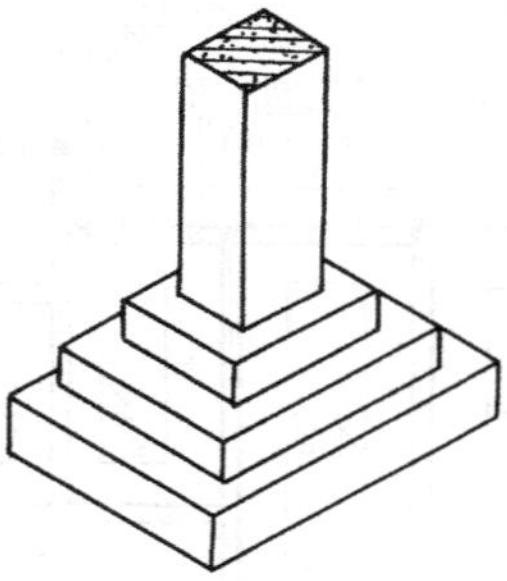

b) 单独基础

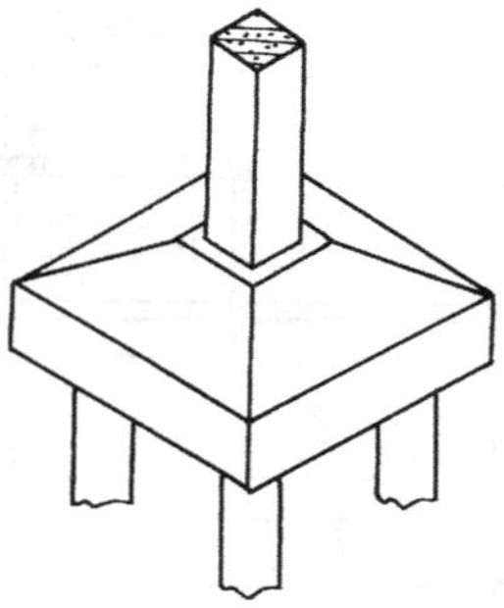

c) 桩基础

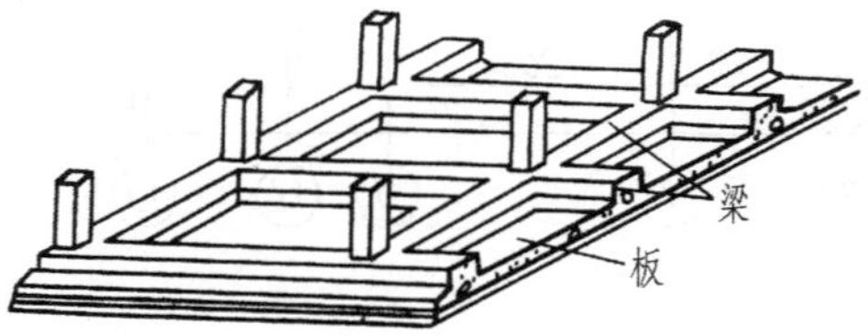

d) 筏形基础

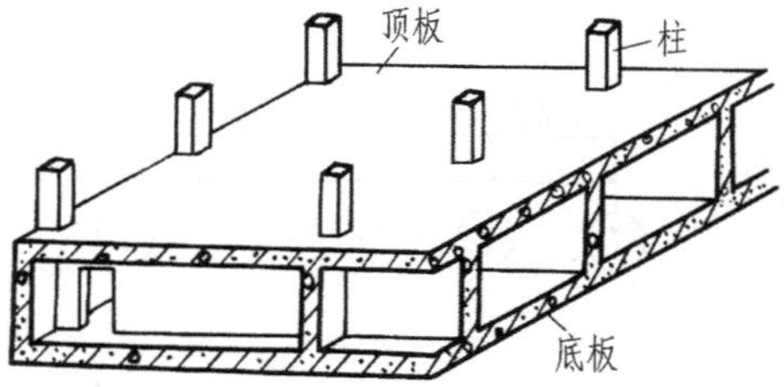

e) 箱形基础

图 9-10　常见的基础类型

2. 基础图的内容　基础图是表示基础的平面布置和详细构造的图样，它是施工放线、挖槽和砌筑基础的依据，基础图通常包括基础平面图、基础详图和说明。

9.3.2 基础平面图

1. 图示方法及内容　基础平面图是假想用一水平面沿房屋底层室内地面下方与基础之间将建筑物剖开，移去上面部分和周围土层，向下投影所得的全剖面图。基础平面图表示基础的平面布置、基础底部尺寸、轴线位置，剖切到墙、柱、基础梁及可见的基础轮廓。

2. 基础平面图识读举例　图 9-11 是某住宅楼基础平面图；图 9-12 是某教学楼基础平面图，绘图比例为 1∶100；图 9-13 是某厂房基础平面图。

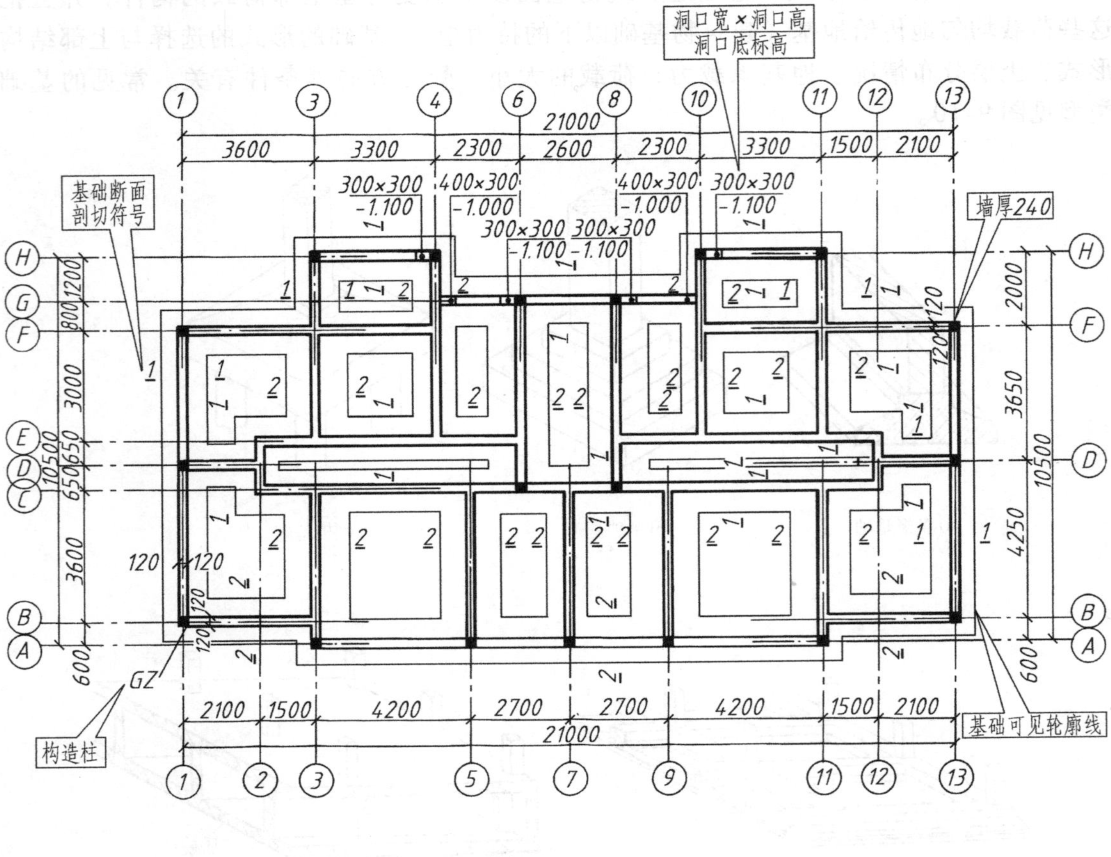

基础平面图 1:100

图 9-11　基础平面图

9.3.3　基础详图

1. 图示方法及内容　对于条形基础采用垂直剖面图，单独基础则采用垂直断面图和平面图表示。基础详图是用较大的比例画出的基础局部构造图，表达出基础形状、大小、构造及基础的埋置深度。

2. 基础详图读图举例

（1）条形基础。图 9-14 是某住宅楼的条形基础详图。

（2）单独基础。常用的单独基础有锥形单独基础和杯形单独基础。图 9-15 所示为锥形单独基础（杯形单独基础在 9.6 节“单层工业厂房结构施工图”中学习）。

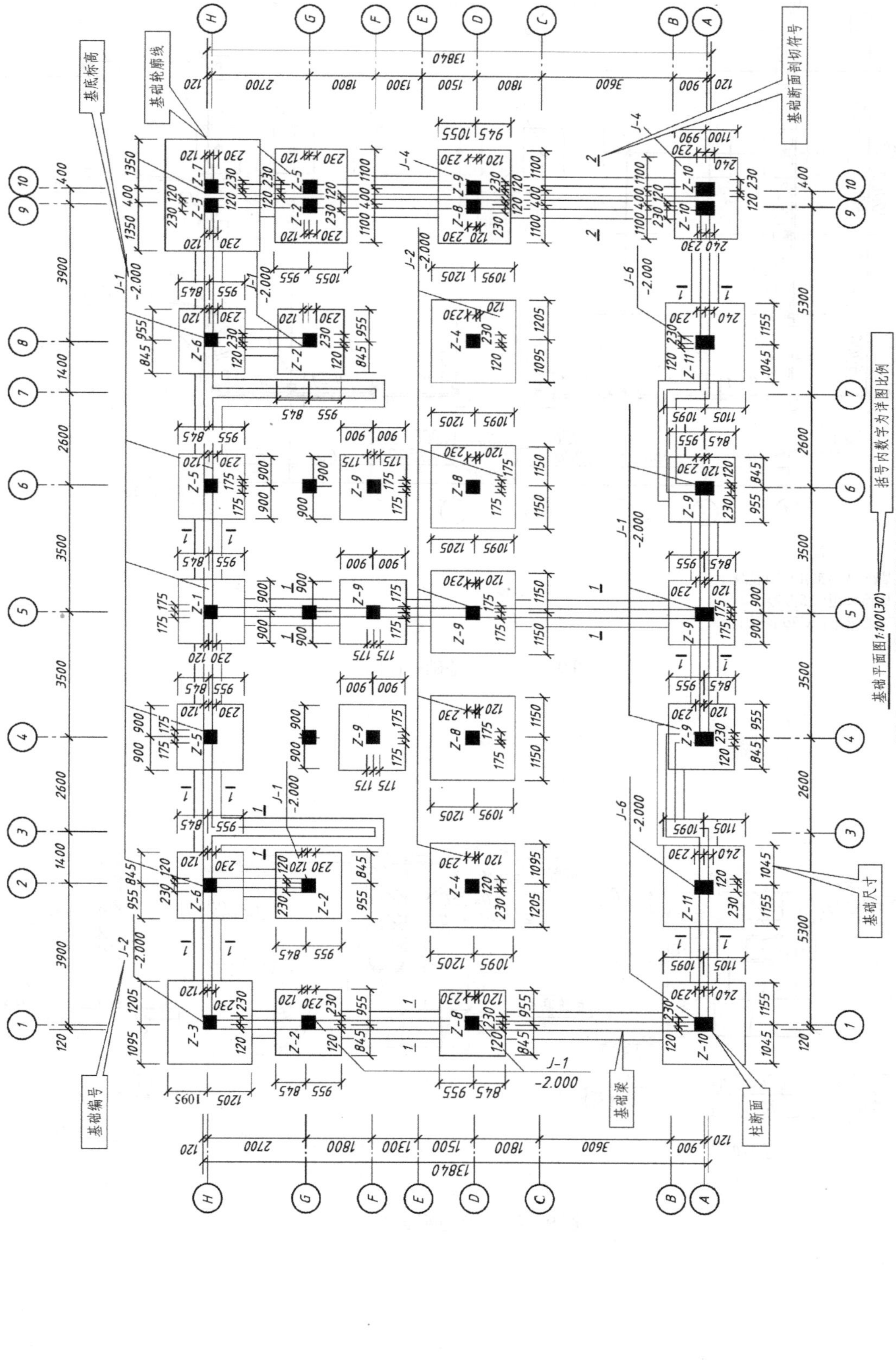

基础平面图1:100(30)

图9-12　某教学楼基础平面图

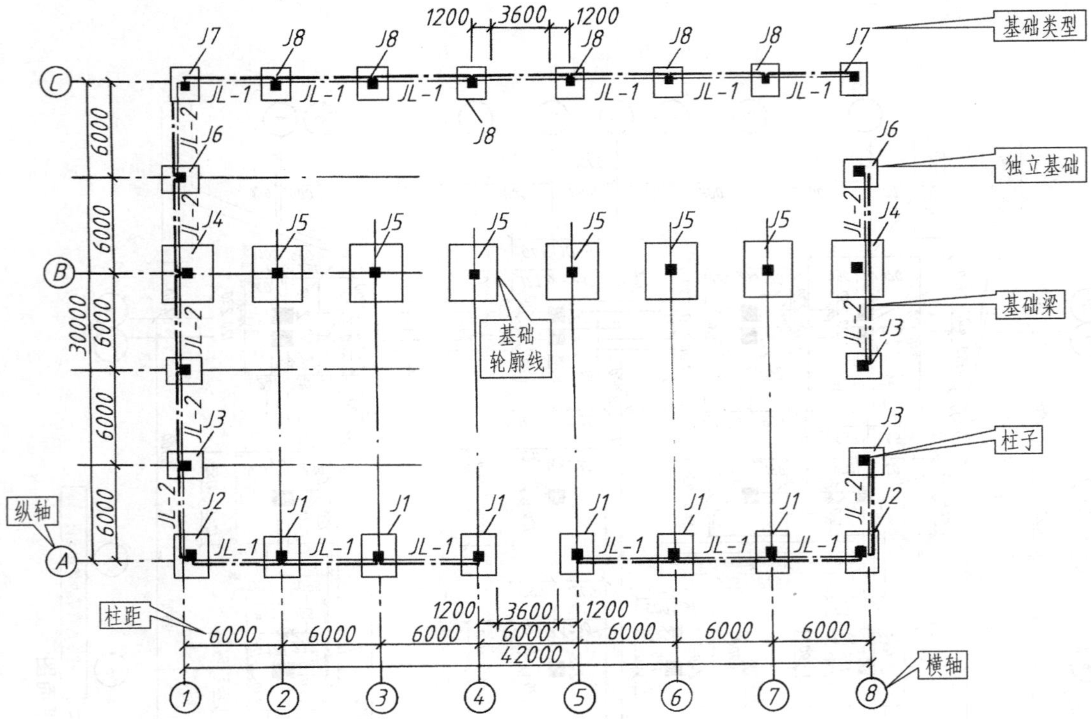

说明:
1. 基础垫层采用C10混凝土。
2. 基础采用C15混凝土。
3. 基础梁采用C20混凝土。

图 9-13 厂房基础平面图

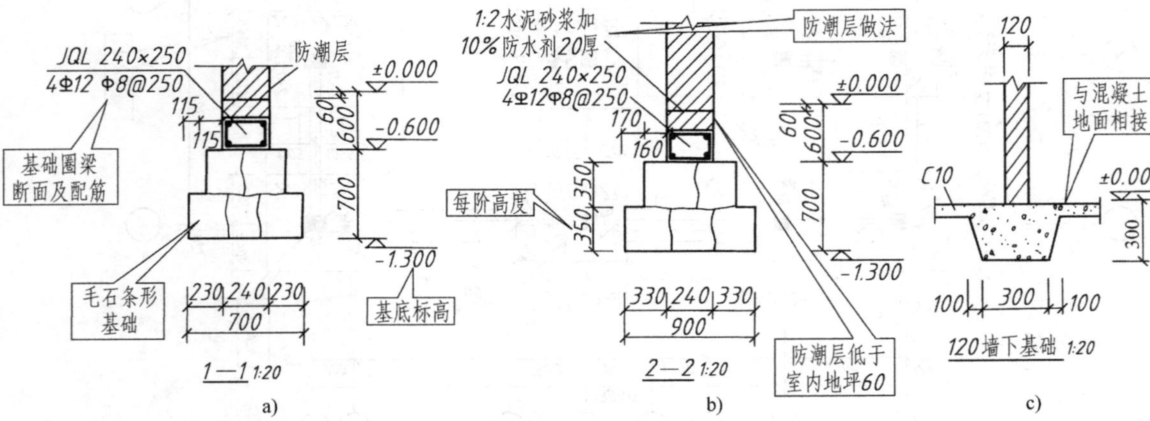

图 9-14 条形基础详图

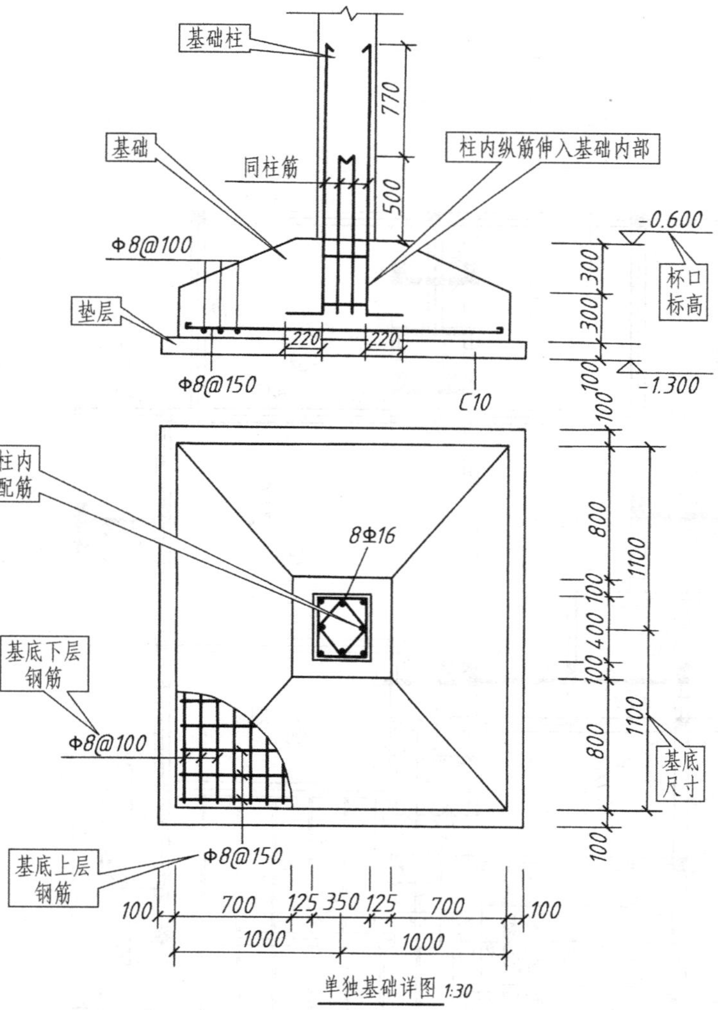

图 9-15　单独基础详图

9.4　楼层结构布置图

9.4.1　图示方法及内容

楼层结构布置图是用平面图的形式来表示每层楼房的承重构件（如楼板、梁、柱、墙等）的布置情况。楼层结构平面图是假想沿每层楼板面上方水平剖切并向下投影的全剖视图。

9.4.2　楼层结构布置识读举例

图 9-16 是某住宅楼底层结构布置平面图，图 9-17 为二～三层结构布置平面图。从图中可看出：

（1）这幢房屋属于混合结构（钢筋混凝土、砖石混合结构），砖墙承重。

（2）从①轴线到④轴线、从⑧至⑩轴线的房间即起居室和卧室部分铺设预应力钢筋混凝土空心板，空心板的编号具体见标准图集（国家标准和地方标准及行业标准），本书空心板编号示例如图 9-18 和表 9-9 所示。

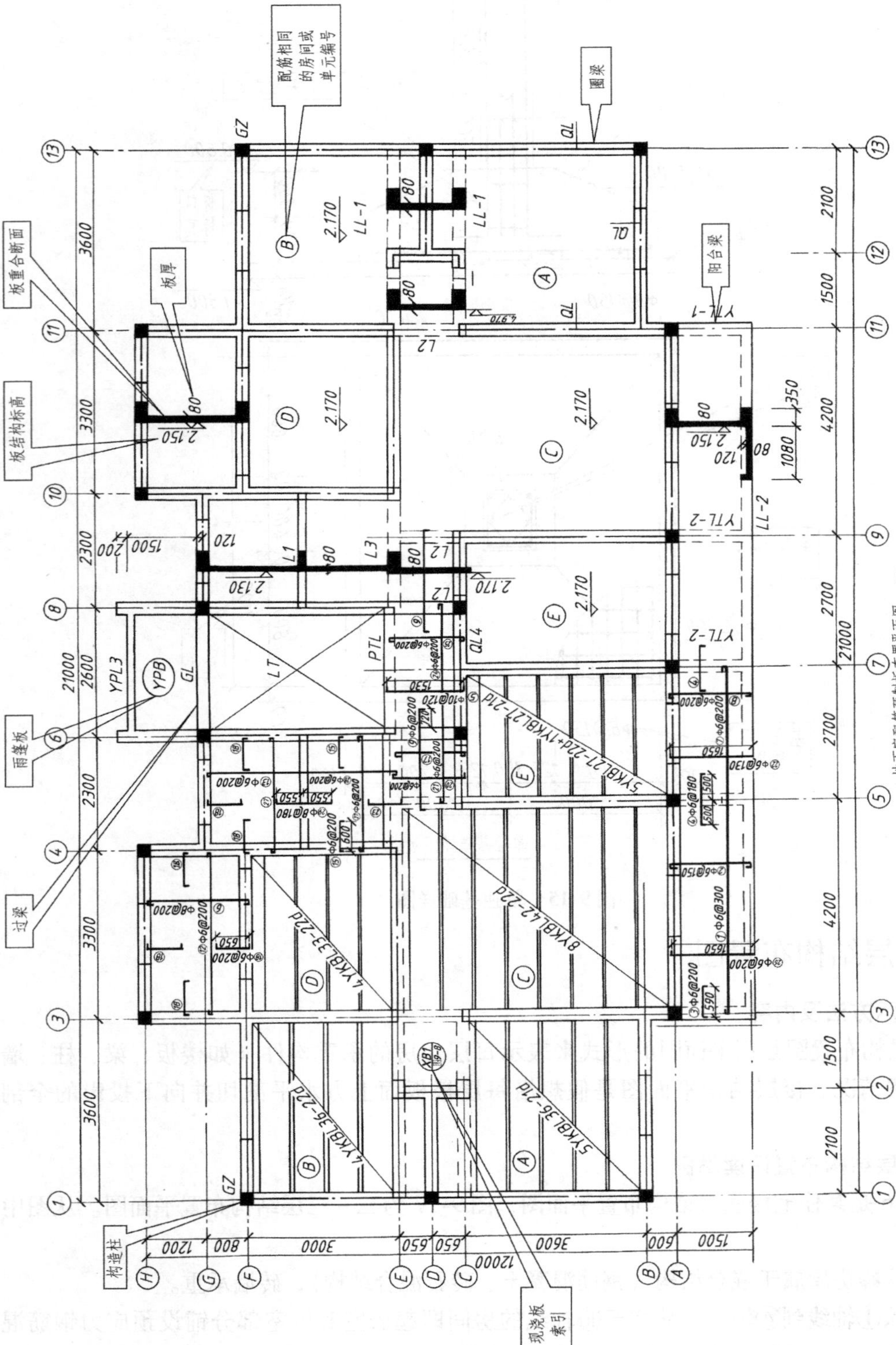

地下室配筋预制板布置平面图 1:50

注：预制楼板选用图集12ZG401
板缝配筋详见楼板图集

图 9-16 底层结构布置平面图

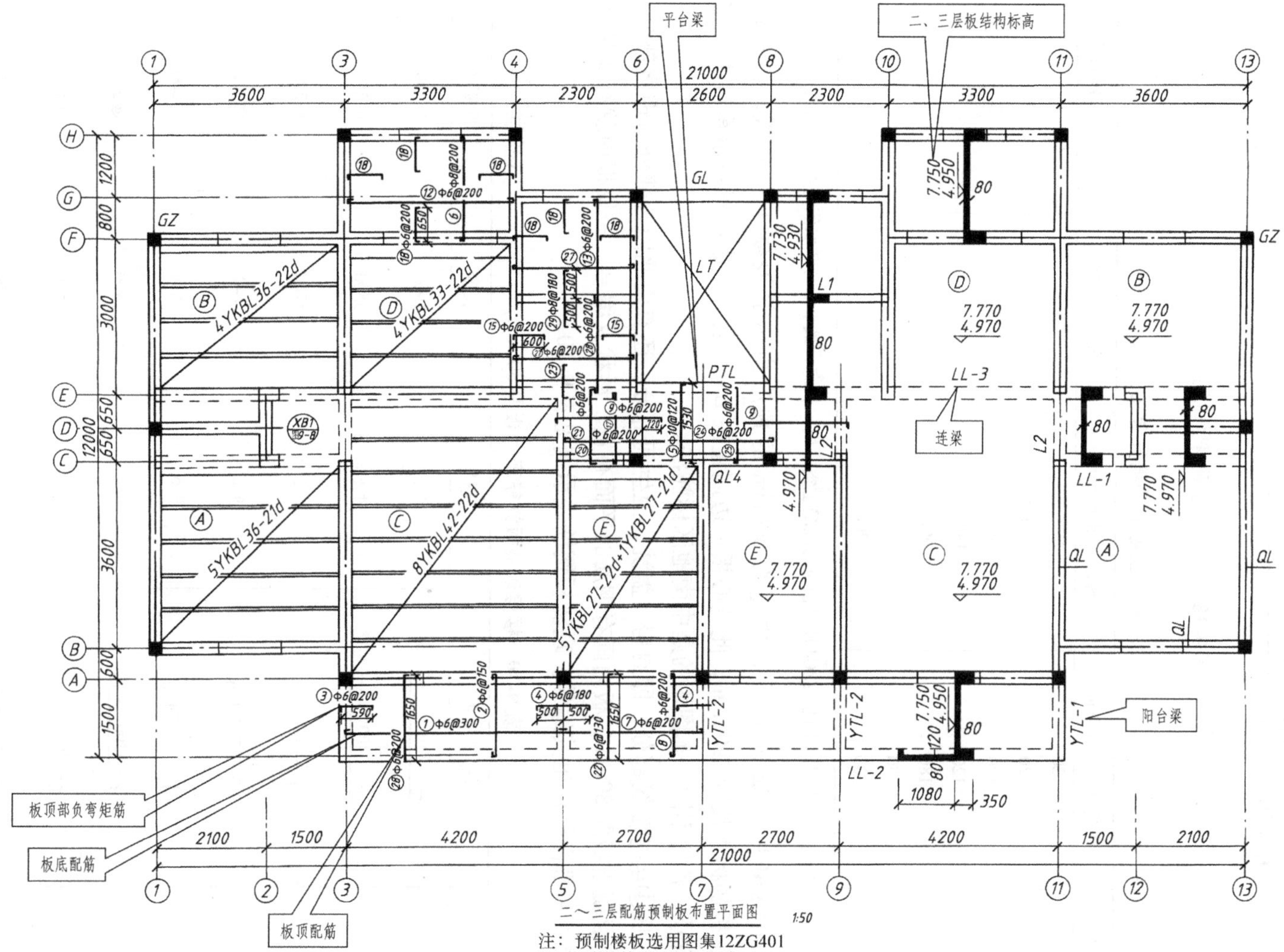

二~三层配筋预制板布置平面图 1:50

注：预制楼板选用图集12ZG401
板缝配筋详见楼板图集

图9-17 二~三层结构布置平面图

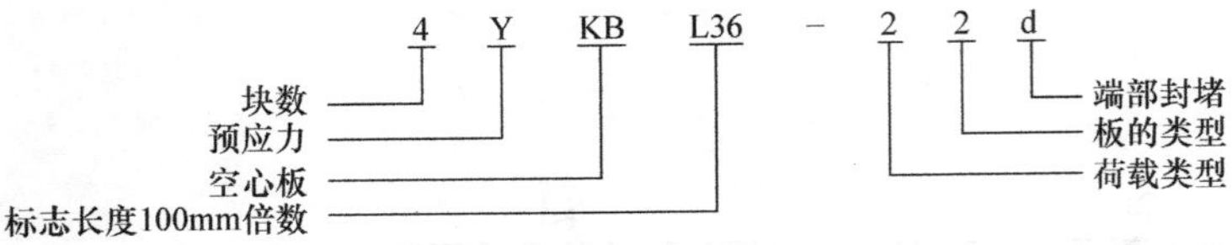

图 9-18　预制空心板编号说明

表 9-9　空心板的编号含义

板的类型	板高（厚）*H*/mm	标志宽度 *B*/mm	活荷载类型	活荷载/（kN/m^2）
1	120	500	1	1
2	120	600	2	2
3	120	900	3	3
4	120	1800		
5	180	600		
6	180	900		
7	180	1200		

注：2012 年中南地区结构图集中的 12ZG401 “预应力混凝土空心板” 规定，最小活荷载取值为 4.0kN/m^2。

例如 6YKBL39 − 22 即表示 6 块宽为 600mm 的预应力钢筋混凝土空心板，活荷载 2kN/m^2，板的标志长度 3900mm，此空心板一边搁置在 L − 1 上，一边搁置在承重墙上。空心板的编号，各地不同，本图用的是中南地区标注法。

（3）从④至⑧轴线部分，即厨房、盥洗、卫生间部分，还有南北阳台部分为现浇部分。现浇钢筋混凝土板厚 80mm，板内画有钢筋的平面布置、形状及编号，一块板内就有 8 种受力筋，每一种都需标注出其编号。现浇板钢筋表示例见表 9-10。

表 9-10　楼层现浇板钢筋表（板厚 80mm）　　（单位：mm）

编号	形状尺寸	直径	长度	间距@
①	1800	ϕ6	1900	@300
②	3400	ϕ6	3500	@250
③	1100 / 70	ϕ6	1240	@200
④	600 / 70	ϕ6	740	@200
⑤	1500 / 70	ϕ6	1640	@200
⑥	1300	ϕ6	1400	@250
⑦	3000	ϕ10	3150	@100
⑧	4600	ϕ6	4700	@200

表9-10中，编号为①的钢筋是直径为6mm的HPB300级钢筋，长度为1900mm，每条钢筋的中心距为300mm。配筋相同的现浇板，只需画出其中一块的配筋，在该板范围的对角线上可看到所标注的其他相同板的代号，如图9-16、图9-17中的板Ⓐ、Ⓑ、Ⓒ、Ⓓ、Ⓔ。

9.4.4 楼层结构布置图的绘制

（1）楼层结构平面图一般采用1∶100的比例绘制，较简单的楼层结构图可用1∶200。

（2）楼层结构平面图的绘制步骤基本上与建筑平面图相同。用中实线表示剖到或可见的构件轮廓线，用中虚线表示不可见构件的轮廓线，用粗点画线表示梁的中心位置，门窗洞一般可不画出。

（3）层构件的类型、大小、数量、布置均相同时，可只画一标准层的楼层结构平面图。如平面对称时，可采用对称画法，一半画屋面结构平面图，另一半画楼层结构平面图。楼梯间或电梯间因另有详图，可在平面图上只用一相交对角线表示。

（3）当铺设预应力钢筋混凝土空心板时，用细实线分块画出板的铺设方向，如板的数量太多时，可只画出部分，并画上一对角线，沿对角线上（或下）方写出预应力空心板的数量、代号等。如有相同的结构单元时，可简化在其上写出相同的单元编号，门窗过梁可统一说明，其余内容都可省略。

（4）结构平面图中应标注与建筑平面图相一致的轴线间尺寸及总尺寸。

9.4.4 其他结构平面图

1. 屋顶结构平面图

（1）表达内容和图示要求。屋顶结构平面图是表示屋面承重构件平面的图样，常见屋顶结构形式有平屋顶和坡屋顶两种形式，其内容和图示要求与楼层结构图基本相同。

（2）屋顶结构平面图的识读举例。图9-19是某住宅楼屋顶结构平面图。该屋顶结构为平屋顶，绘图比例为1∶50，楼板结构布置方式与楼层结构布置方式基本相同。

2. 圈梁平面布置图　圈梁是一种为了加强建筑物的整体性和减少不均匀沉降，沿墙设置成的封闭交圈状的钢筋混凝土梁。

圈梁平面布置图只是一种示意图，其配筋和连接情况在节点详图中表示。圈梁用粗点画线表示，旁边注明圈梁代号，不标注尺寸，仅表示圈梁的型号、位置及组合情况。因内容简单，常采用1∶200比例绘制。图9-20a是某住宅楼基础圈梁布置图，图9-20b是楼层圈梁布置图。

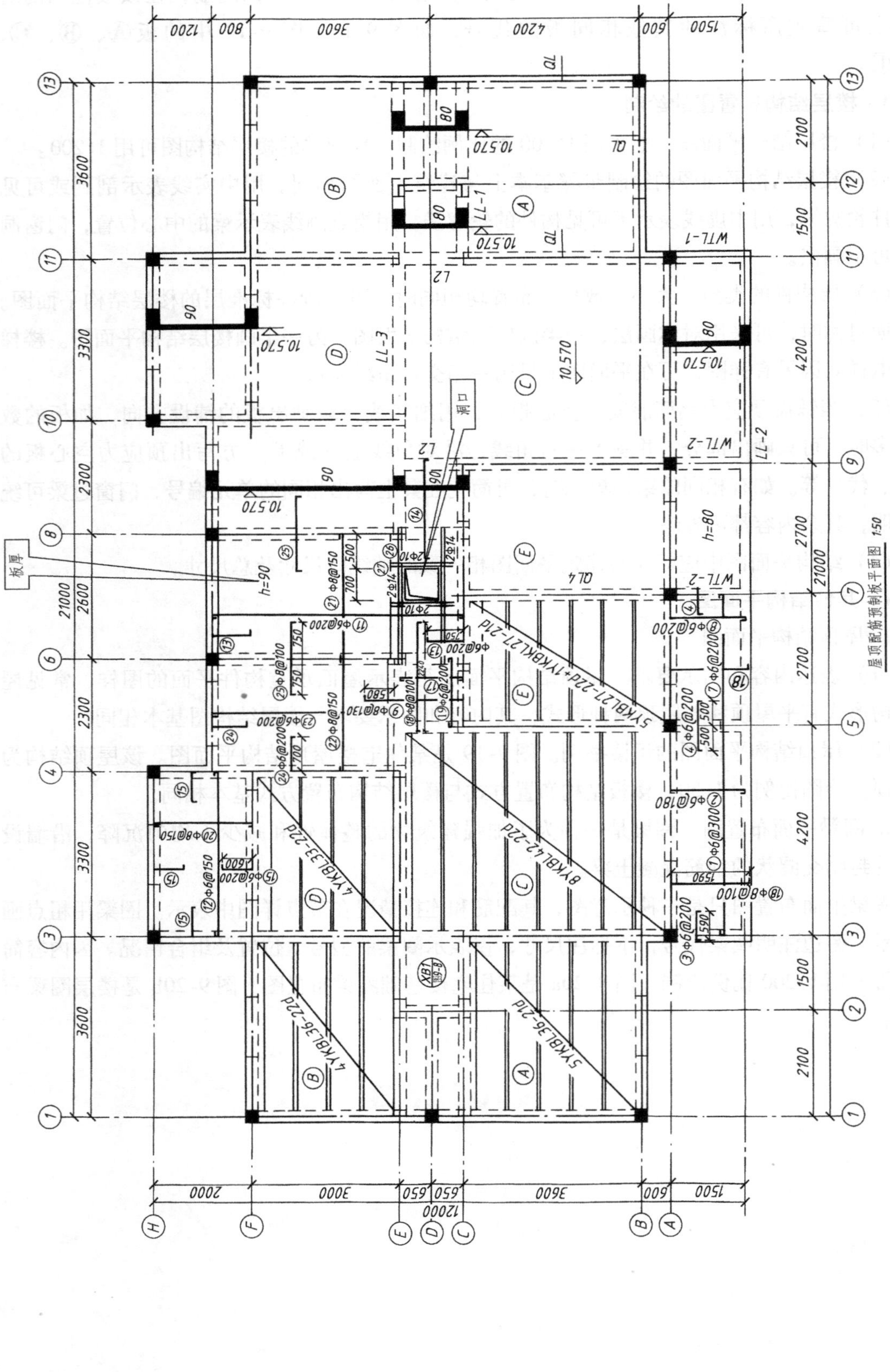

图 9-19　屋顶结构布置平面图

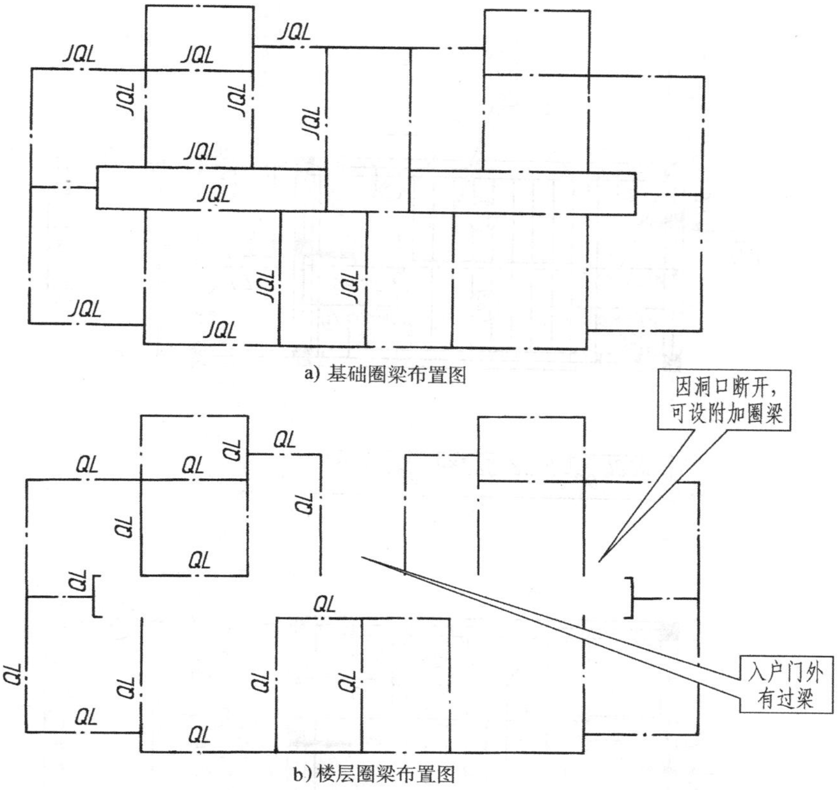

图 9-20　圈梁布置图

9.5　楼梯结构图

9.5.1　楼梯详图

楼梯结构详图由楼梯结构平面图和楼梯结构剖面图组成。

1）楼梯结构平面图是表明各楼梯构件的平面布置代号、大小和定位尺寸及它们的结构标高的图样。

楼梯结构平面图应分层画出，当中间几层的结构布置和构件类型完全相同时，只需画出一个标准层楼梯结构平面图。

楼梯结构平面图的图示要求与楼层结构平面布置图基本相同，它是用剖切在层间楼梯平台上方的一个水平剖面图来表示的。

2）楼梯结构剖面图是表明各构件的竖向布置与构造，梯段板、楼梯梁的形状和配筋的大小尺寸，以及各构件的结构标高等的图样。它是垂直剖切在楼梯段上所得到的剖面图。

9.5.2　楼梯结构图识读举例

图 9-21 是某住宅楼楼梯结构平面图。图 9-22 是某住宅楼楼梯结构剖面图。

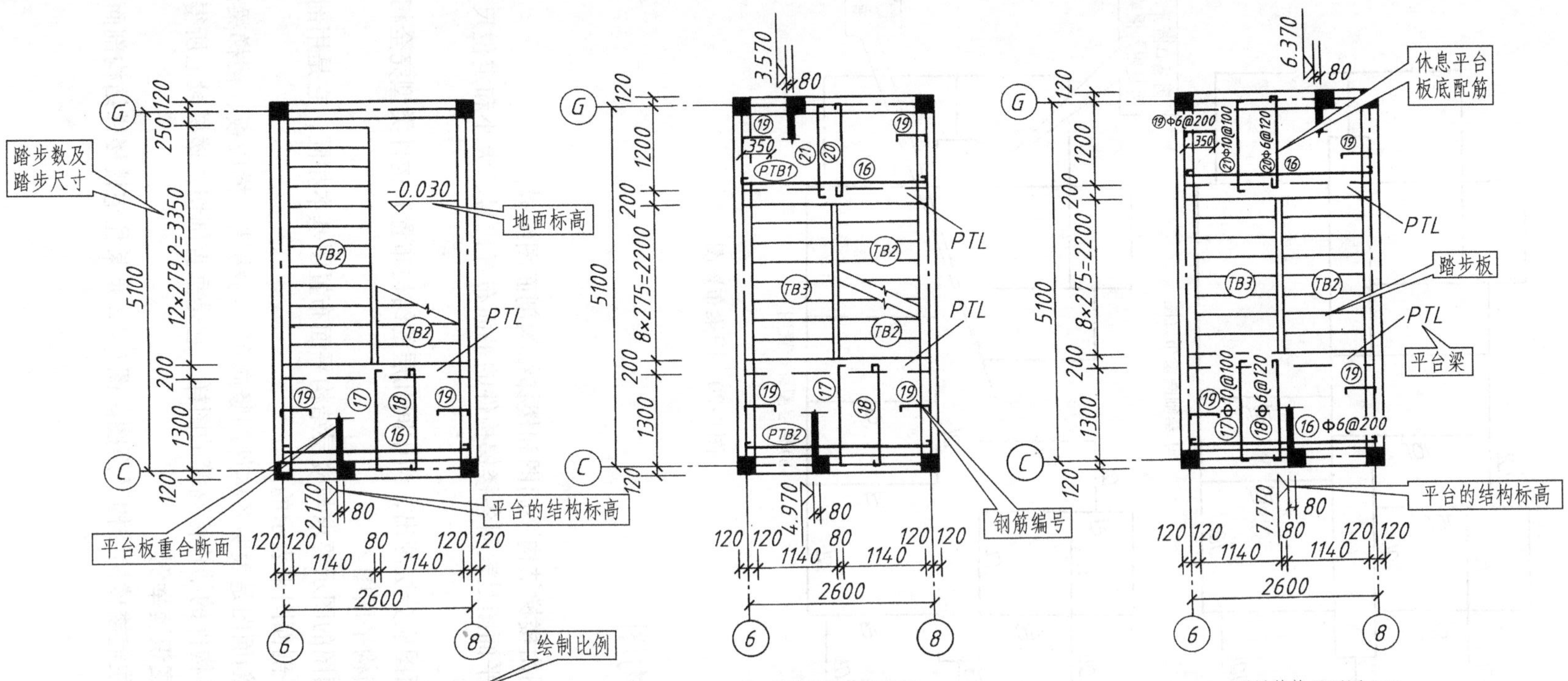

一层结构平面图 1:50

a)

标准层结构平面图 1:50

b)

顶层结构平面图 1:50

c)

图 9-21　楼梯结构平面图

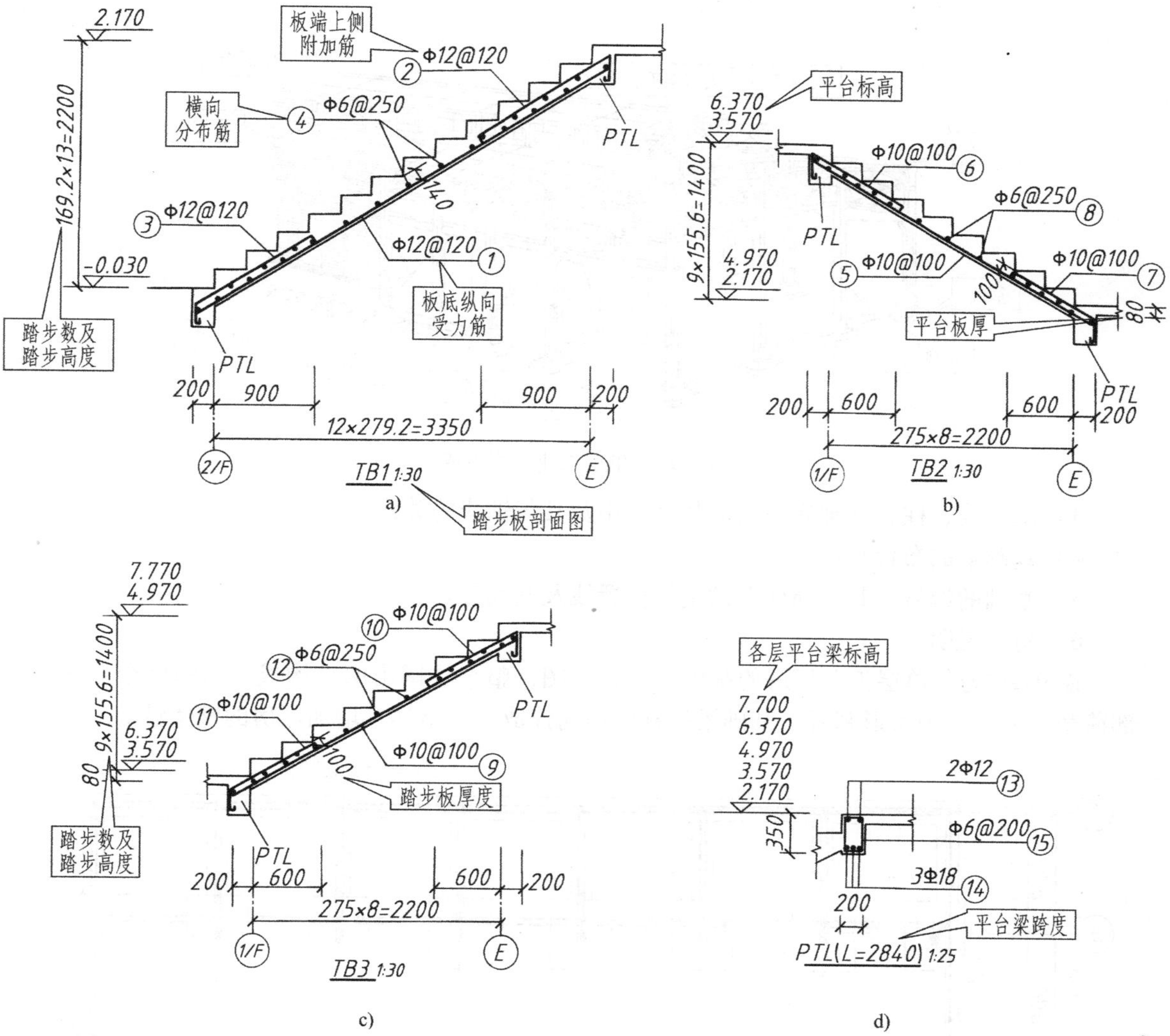

图 9-22 楼梯结构剖面图

9.6 单层工业厂房结构施工图

9.6.1 图示内容及特点

单层工业厂房的构造特点是预制构件多，主要由基础、柱子、支撑、围护结构、屋盖结构（屋面板、天窗架、屋架、托架）等构件组成，见图 9-23。预制构件形成厂房的骨架，墙体仅起围护作用。其结构施工图主要包括基础结构图、结构平面布置图、屋面结构图和节点详图等。

9.6.2 基础结构图

基础结构图一般包括基础平面图、基础详图和文字说明三部分。

1. 基础平面图　基础平面图主要内容有：

1）图名、比例。

2）定位轴线及其编号。

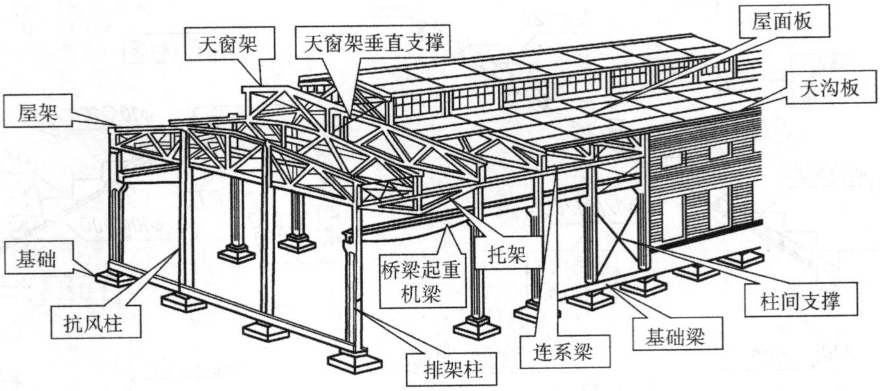

图 9-23　单层工业厂房组成

3）基础墙、柱、基础底面的形状、大小及其与轴线的关系。

4）基础梁的布置和代号。

5）基础的编号、基础断面图的剖切位置线及其编号。

6）施工说明等。

图 9-24 为某单层工业厂房的基础平面布置图，整个柱网由两排构成，承担整个厂房上部荷载，Ⓑ～Ⓒ为条形基础。基础梁把柱子横向连成一个整体，增加厂房的整体性。

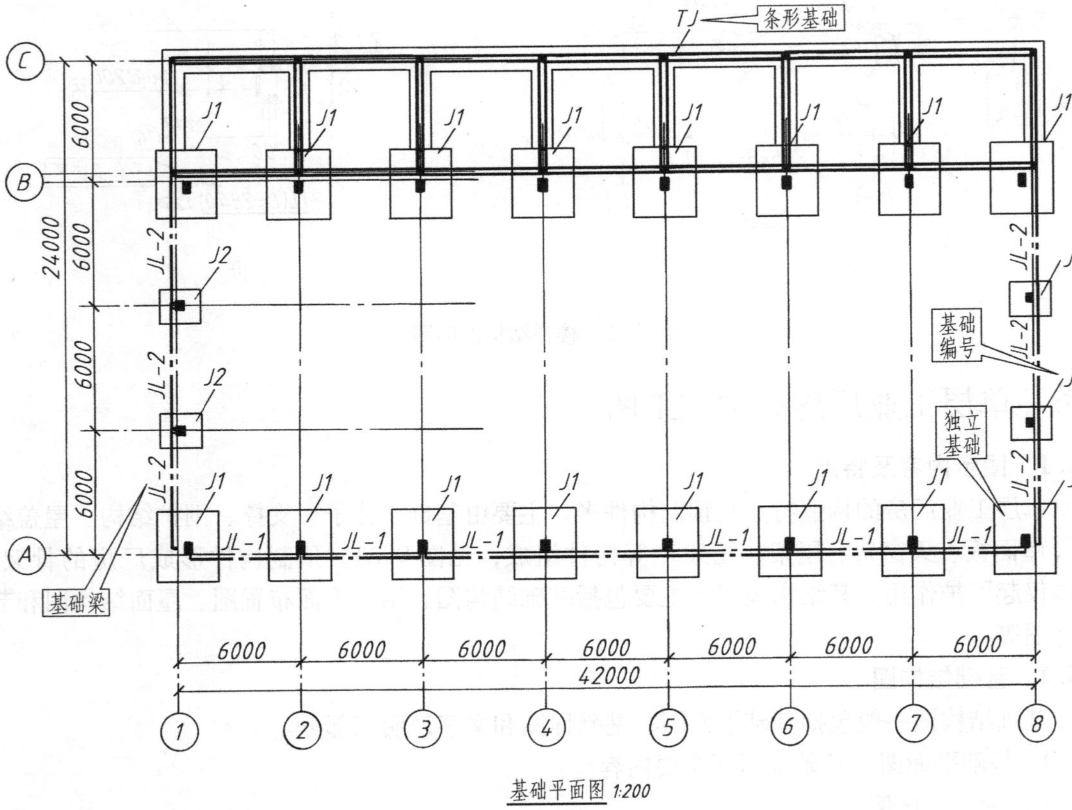

图 9-24　某单层工业厂房的基础平面布置图

2. 基础详图　图 9-25 是钢筋混凝土独立杯口基础的详图。

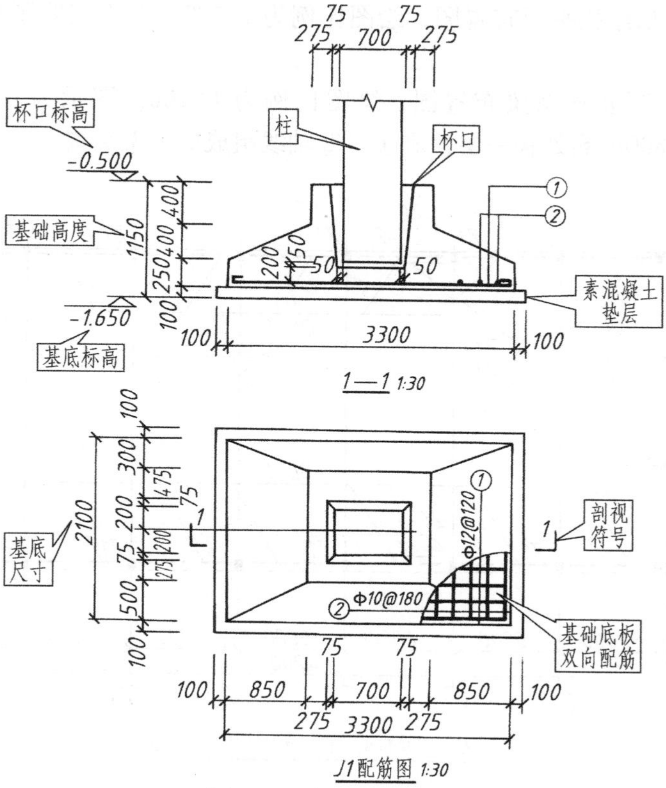

图 9-25　杯口基础详图

图 9-26a 为基础梁与柱连接详图，图中表示基础梁通过 C15 混凝土垫块坐落在杯口基础上，通过预埋件 M1、M2 和柱子焊接成一个整体。

图 9-26b 所示为条形基础，其构造形式与本章第 9.3 节讲述的条形基础相同。

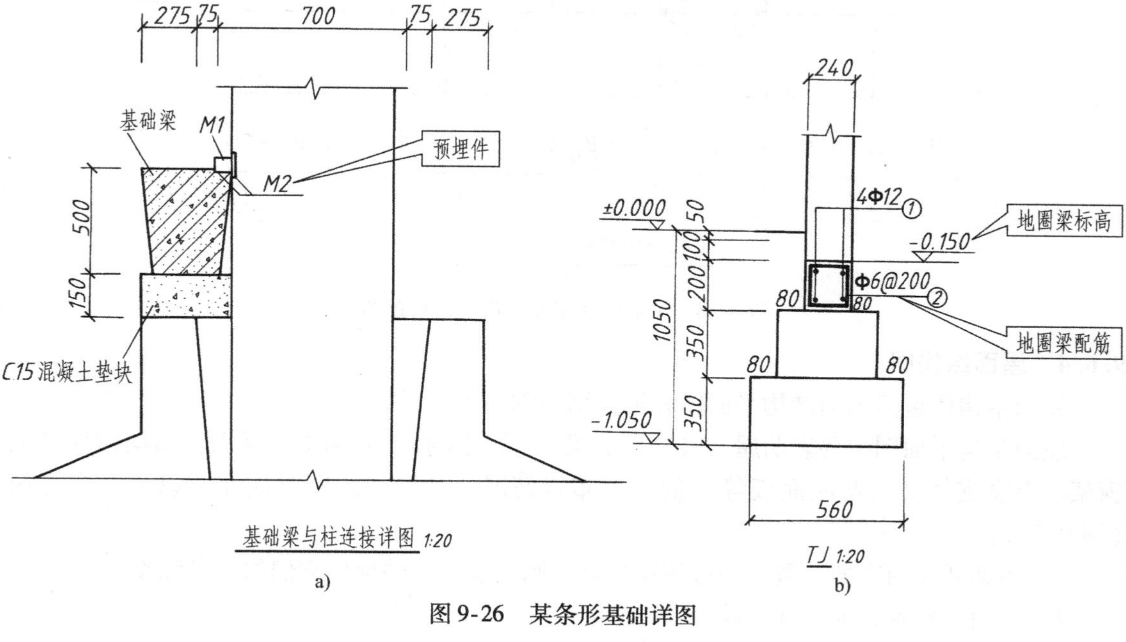

图 9-26　某条形基础详图

9.6.3 结构平面布置图

图9-27是某厂房结构平面布置图，绘图比例为1∶200。图中表明了柱、起重机梁、柱间支撑的布置情况。

图9-28是A轴列及连系梁布置图，绘图比例为1∶200。图示为A轴由两层连系梁（4.500m高处和7.800m高处各一层）和①～⑧轴线组成的框架结构。

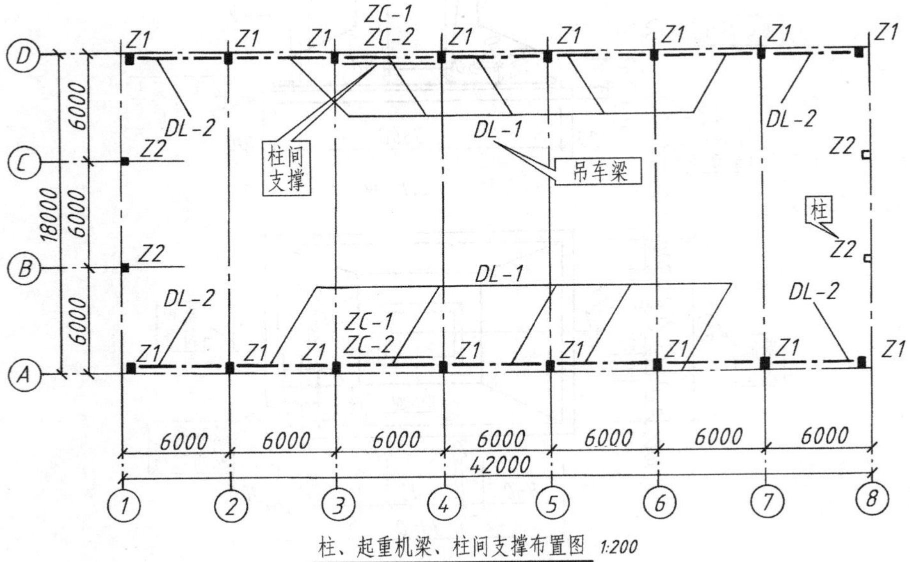

图9-27　柱、起重机梁柱间支撑布置图

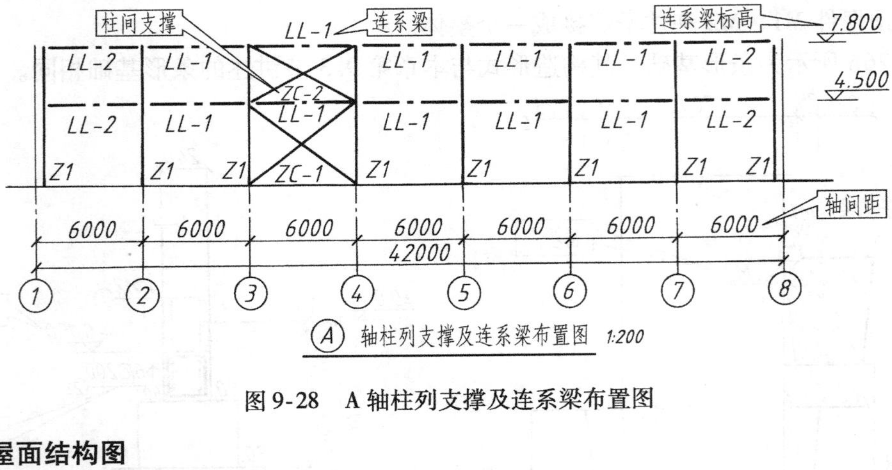

图9-28　A轴柱列支撑及连系梁布置图

9.6.4 屋面结构图

屋面结构图包括屋面结构平面图和屋面结构剖面图。

屋面结构平面图主要表明屋架（或屋面梁）、屋盖支撑、屋面板以及天窗结构构件（天窗架、天窗支撑、天窗屋面板等）的平面布置情况，识读和绘制时应注意以下几个方面（图9-29）：

1）屋架或屋面梁的布置，一般用粗单点长画线表示，并标出它们的代号和编号。

2）天窗的位置、天窗架的编号。

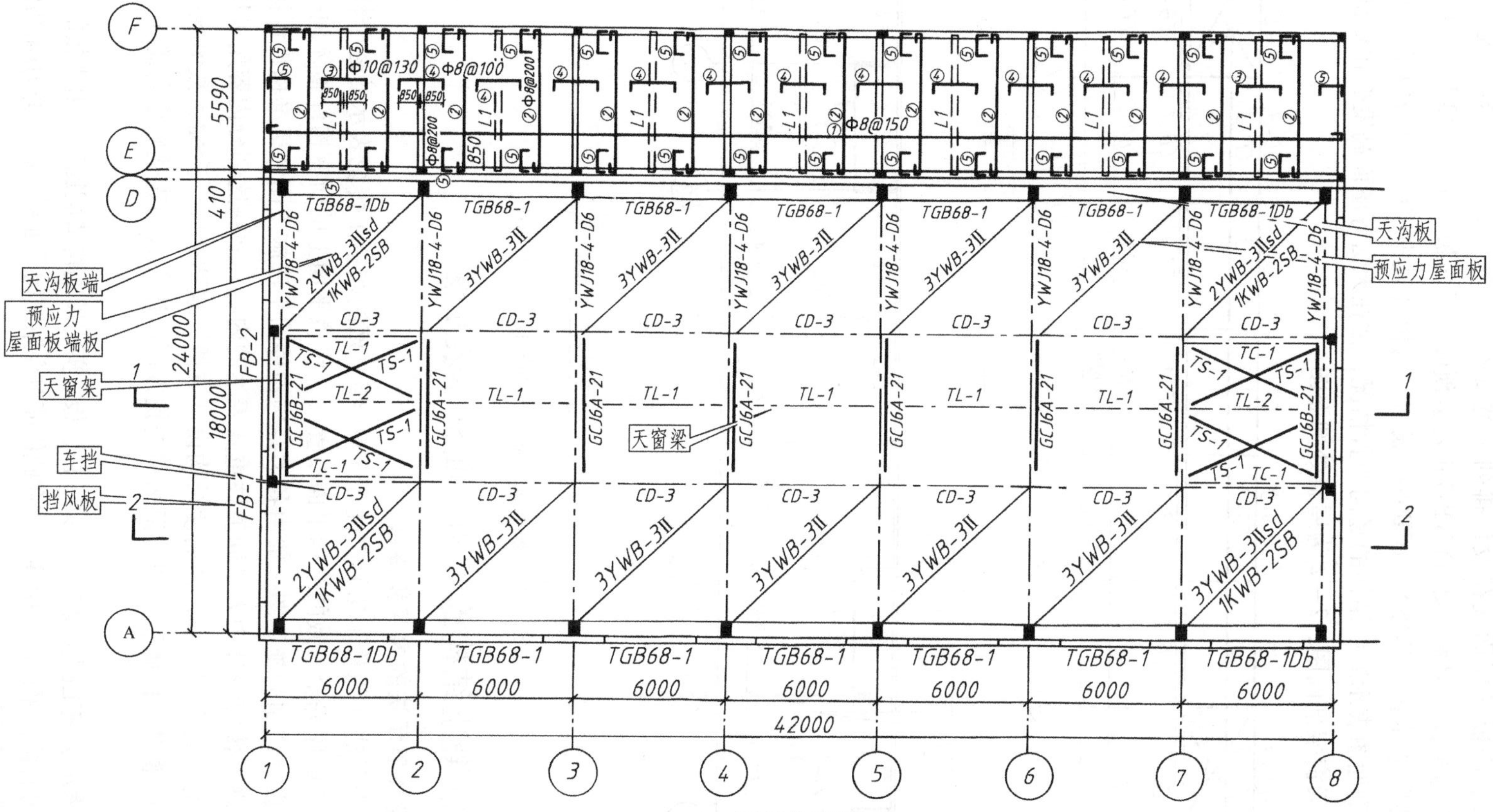

屋面结构平面图 1:200

图 9-29　某单层工业厂房的屋面结构平面图

3）屋盖支撑、系杆的布置，并标出其编号。

4）屋面板、嵌板（屋面板在设计排列中宽度不足一块时，常采用较小宽度的嵌板解决）、天沟板等的布置并编号。如3YWB-3Ⅱ表示预应力屋面板（其中“3Ⅱ”中“3”表示荷载等级，“Ⅱ”表示钢筋等级），TGB68-1表示天沟板（其中“68”表示天沟宽度）。

屋面结构剖面图表示屋面结构的竖向布置情况，常在天窗等屋面高度变化处剖切，见图9-30，1—1为天窗架剖面图，2—2为屋盖处剖面图。

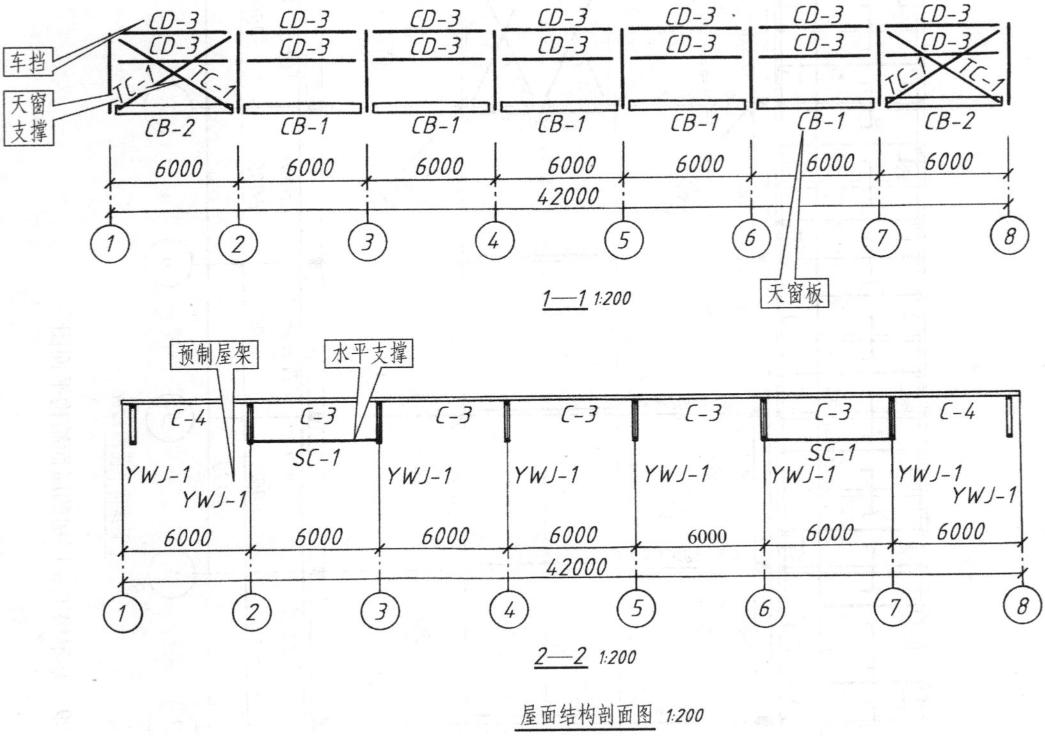

图9-30　某单层工业厂房的屋面结构剖面图

9.7　钢筋混凝土结构施工图平面整体表示法

9.7.1　平面整体表示法的内容和特点

平面整体表示法（简称平法）产生于1991年。该法改革了传统表示的逐个构件表达方式，选择与施工顺序完全一致的结构平面布置图，将该平面上的所有构件整体地一次性表达清楚。按平法设计绘制的施工图一般由各类结构构件的平法施工图和标准构件详图两大部分组成，这样可降低传统设计中大量同值性重复表达的内容，并将这部分内容用可以重复使用的通用标准图的方式固定下来，从而使结构设计方便，表达准确、全面、数值唯一，易随机修正，提高设计效率，使施工看图、记忆和查找方便。该方式的表达顺序与施工一致，利于施工质量检查。

平面整体表示法施工图主要是绘制梁、柱、板、剪力墙的构造配筋图。由于板的配筋画法与传统法相同，可直接在平面图上引注，故在此仅简单介绍结构平面梁、柱和剪力墙的配筋画法。

9.7.2　结构层平面梁配筋画法

梁平法施工图系在梁平面布置图上采用平面注写方式或截面注写方式表达。梁平面布置图，应分别按梁的不同结构层（标准层），将全部梁和与其相关联的柱、墙、板一起采用适当比例绘制，见图9-31、图9-32、图9-33。在梁平法施工图中，应当用表格或其他方式注明各结构层的顶面标高及相应的结构层号，在单项工程中其结构层楼面标高和结构层高必须统一，以保证基础，柱与墙、梁、板、楼梯等用统一标准竖向定位。

1. 梁配筋平面注写　梁配筋平面注写方式（包括集中标注与原位标注），是在梁平面布置图上，分别在不同编号的梁中各选一根梁，在其上注写截面尺寸和配筋具体数值。集中标注表达梁的通用数值，原位标注表达梁的特殊数值。施工时，原位标注优先。

（1）梁配筋平面集中标注。有五项必注值及一项选注值（集中标注可以从梁的任意一跨引出）。

1）梁编号，为必注值。梁编号由梁类型、代号、序号、跨数及有无悬挑几项组成，如框架梁KL××（××A）、非框架梁L××（××B）、框支梁KZL××、悬挑梁XL××、井字梁JZL××。其中，（××A）为一端有悬挑，（××B）为两端有悬挑，悬挑不计入跨数。例如，“KL7（5A）”表示第7号框架梁，5跨，一端有悬挑；“L9（7B）”表示第9号非框架梁，7跨，两端有悬架。

2）梁截面尺寸，为必注值。

3）梁箍筋，为必注值，包括钢筋级别、直径、加密区与非加密区间距及肢数。例如，“13Φ10@150/200（4）”表示箍筋为HPB300钢筋，直径10mm；梁的两端各有13个四肢箍，间距为150mm；梁跨中部分间距为200mm，四肢箍。

4）梁上部通长筋或架立筋配置，为必注值。通长筋可为相同或不同直径采用搭接连接、机械连接或焊接的钢筋。通长筋和架立筋所注规格与根数应根据结构受力要求及箍筋肢数等构造要求而定。当同排纵筋中既有通长筋又有架立筋时，应用加号“+”将通长筋和架立筋相联。注写时需将角部纵筋写在加号的前面，架立筋写在加号后面的括号内，以示不同直径及与通长筋的区别。当全部采用架立筋时，则将其写入括号内。例如，“2⌀22”用于双肢箍；“2⌀22+(4Φ12)”用于六肢箍，其中2⌀22为通长筋，4Φ12为架立筋。当梁的上部纵筋和下部纵筋全跨相同，且多数跨配筋相同时，此项可加注下部纵筋的配筋值，用分号“;”隔开。例如，“3⌀22；3⌀20”表示梁的上部配置3⌀22的通长筋，梁的下部配置3⌀20的通长筋。

5）梁侧面纵向构造钢筋或受扭筋配置，为必注值。

① 当梁腹板高度$h \geqslant 450$mm时，需配置纵向构造钢筋，所注规格与根数应符合规范规定。此项注写值以大写字母G打头，接续注写设置在梁两个侧面的总配筋值，且对称配置。例如，“G4Φ12”，表示梁的两个侧面共配置4Φ12的纵向构造钢筋，每侧各配置2Φ12。

② 当梁侧面需配置受扭纵向钢筋时，此项注写值以大写字母打N头，接续注写配置在梁两个侧面的总配筋值，且对称配置。受扭纵向钢筋应满足梁侧面纵向构造钢筋的间距要求，且不再重复配置纵向构造钢筋。例如，“N6⌀22”表示梁的两个侧面共配置6⌀22的受扭纵向钢筋，每侧各配置3⌀22。

6）梁顶面标高高差，该项为选定值。梁顶面标高高差，系指相对于结构层数面标高的高差值，对于位于结构夹层的梁，则指相对于结构夹层楼面标高的高差。有高差时，需将其写入括号内，无高差时不注。当某梁的顶面高于所在结构层的楼面标高时，其标高高差为正值，反之为负值。例如，某结构标准层的楼面标高为44.950m和48.250m，当某梁的梁顶面

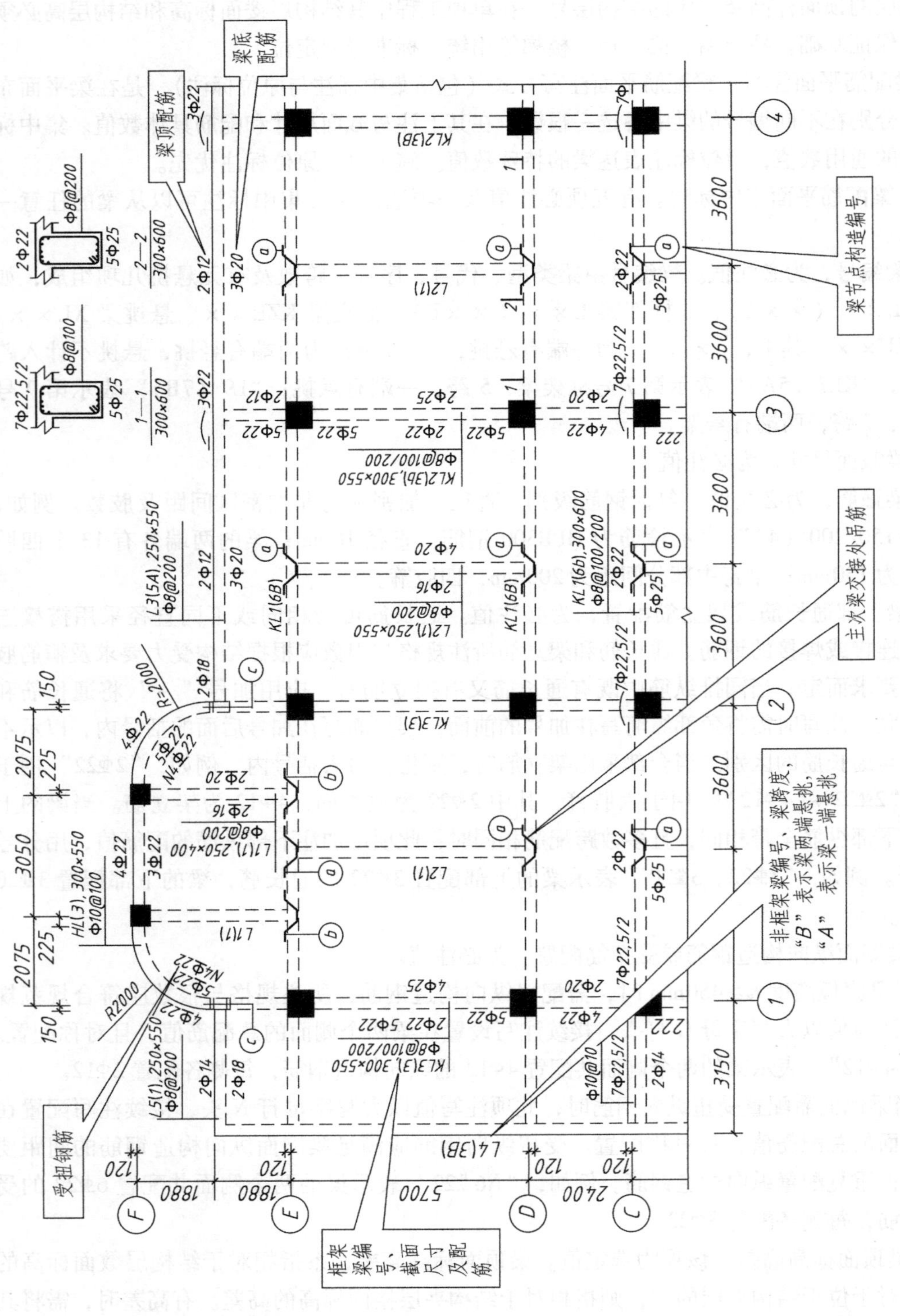

图 9-31　××层平面梁配筋图（局部）

层号	标高/m	层高/m
屋面2	65.670	
塔层2	62.370	3.30
屋面1 (塔层1)	59.070	3.30
16	55.470	3.60
15	51.870	3.60
14	48.270	3.60
13	44.670	3.60
12	41.070	3.60
11	37.470	3.60
10	33.870	3.60
9	30.270	3.60
8	26.670	3.60
7	23.070	3.60
6	19.470	3.60
5	15.870	3.60
4	12.270	3.60
3	8.670	3.60
2	4.470	4.20
1	-0.030	4.50
-1	-4.530	4.50
-2	-9.030	4.50

结构层楼面标高
结构层高

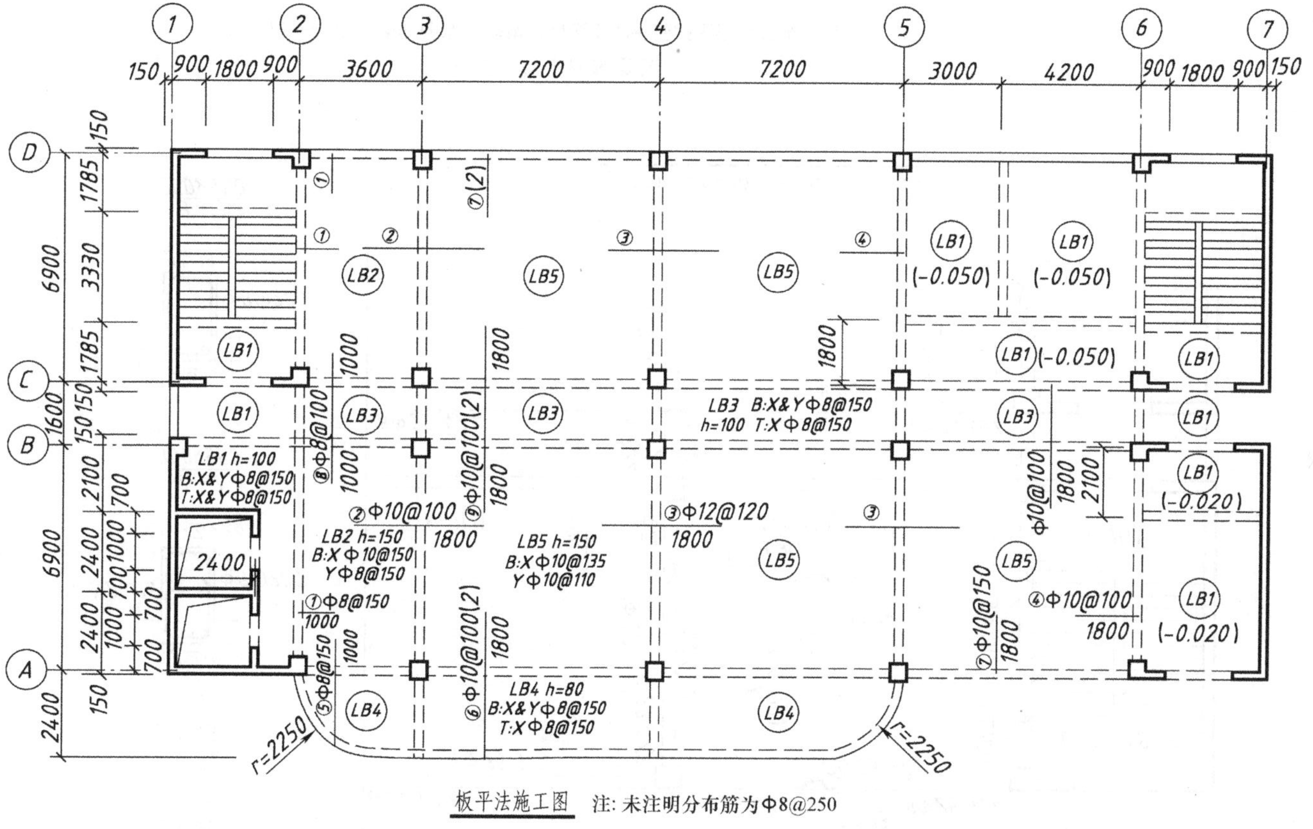

图 9-32　板平法配筋图

注：可在结构层楼面标高、结构层高表中加设混凝土强度等级栏目。

层号	标高/m	层高/m
屋面2	65.670	
塔层2	62.370	3.30
屋面1（塔层1）	59.070	3.30
16	55.470	3.60
15	51.870	3.60
14	48.270	3.60
13	44.670	3.60
12	41.070	3.60
11	37.470	3.60
10	33.870	3.60
9	30.270	3.60
8	26.670	3.60
7	23.070	3.60
6	19.470	3.60
5	15.870	3.60
4	12.270	3.60
3	8.670	3.60
2	4.470	4.20
1	-0.030	4.50
-1	-4.530	4.50
-2	-9.030	4.50

结构层楼面标高
结构层高

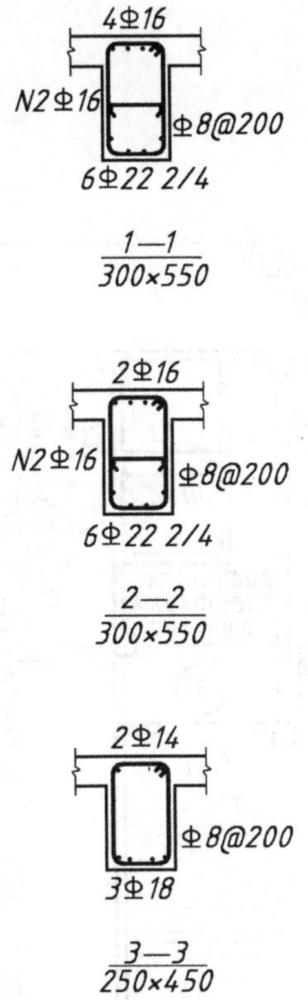

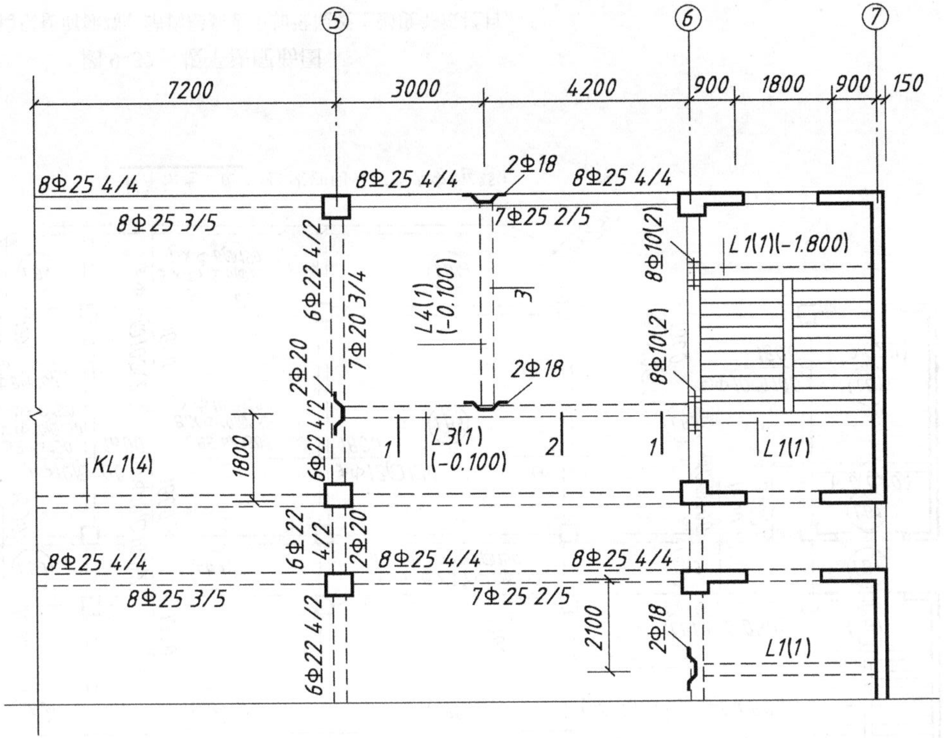

15.870—26.670梁平法施工图(局部)

图 9-33　梁平法配筋图

注：可在结构层楼面标高、结构层高表中加设混凝土强度等级栏目。

标高高差注写为（－0.050）时，即表明该梁顶面标高分别相对于44.950m和48.250m低0.05m。

（2）梁配筋原位标注。这是将梁上部受力筋（支座和跨中）、下部受力筋及侧面纵向构造筋或受扭纵向钢筋，逐跨注写在梁上和梁下等相应位置标注方式。梁原位注写内容规定如下：

1）当纵筋多于一排时，用斜线“/”将各排纵筋自上而下分开。

2）当同排纵筋有两种直径时，用加号“＋”将两种直径的纵筋相联，注写时将角部纵筋写在前面。

3）当梁中间支座两边的上部纵筋不同时，须在支座两边分别标注；当梁中间支座两边的上部纵筋相同时，可仅在支座的一边标注配筋值，另一边省去不注。

4）当梁下部纵筋不全部伸入支座时，将梁支座下部纵筋减少的数量写在括号内。

5）当在梁上集中标注的内容（即梁截面尺寸、箍筋、上部通长筋或架立筋，梁侧面纵向构造钢筋或受扭的纵向钢筋，以及梁顶面标高高差中的某一项或几项数值）不适用于某跨或某悬挑部分时，则将其不同数值原位标注在该跨或该悬挑部位，施工时应按原位标注数值取用。

2. 梁配筋截面注写　梁配筋截面注写方式是指将断面号直接画在梁平面布置上，梁配筋用断面详图画在本图或其他图上的注写方式，见图9-33中断面1—1、2—2、3—3。

主次梁相交处的附加箍筋或吊筋，将其直接画在平面图中的主梁上，用线引出注明总配筋值（附加箍筋的肢数注在托号内），见图9-33。当多数附加箍筋或吊筋相同时，可在梁平法施工图上统一注明，少数与统一标注值不同时，再原位引注。施工时应注意：附加箍筋或吊筋的几何尺寸应按照标注构造详图，结合其所在位置的主梁和次梁的截面尺寸而定。例如，图9-31平面布置图上起画有“⌣”形状，上注“2Φ22”处表示加两根直径22mm的“⌣”形钢筋。

9.7.3　柱平面配筋画法

柱平法施工图，是在柱平面布置上采用列表注写方式或截面注写方式表达的施工图。柱平面布置图，可采用适当比例单独绘制，也可与剪力墙平面布置图合并绘制。

1. 柱配筋列表注写　这是在柱平面布置图上（一般只需采用适当比例绘制一张柱平面布置图，包括框架柱KZ、框支柱KZZ、梁上柱LZ和剪力墙上柱QZ），分别从同一编号的柱中选择一个（有时需要选择几个）截面标注几何参数代号，在柱表中注写柱编号、柱段起止标高、几何尺寸（含柱截面对轴线的偏心情况）与配筋的具体数值，并配以各种柱截面形状及其箍筋类型图的注写方式，以此来表达柱的平法施工图。

柱表注写内容如下：

（1）柱编号。柱编号由类型代号和序号组成，如框架柱KZ××、框支柱KZZ××、芯柱XZ××、梁上柱LZ××、剪力墙上柱QZ××。编号时，当柱的总高、分段截面尺寸和配筋均对应相同，仅截面与轴线的关系不同时，仍可将其编为同一柱号，但应在图中注明截面与轴线的关系。

（2）柱段的起止标高。自柱根部往上以变截面位置或截面未变但配筋改变处为界分段注写标高。框架柱和框支柱的根部标高是指基础顶面标高；芯柱的根部标高是指根据结构实际需要而定的起始位置标高；梁上柱的根部标高是指梁顶面标高；剪力墙上柱的根部标高为墙顶面标高。

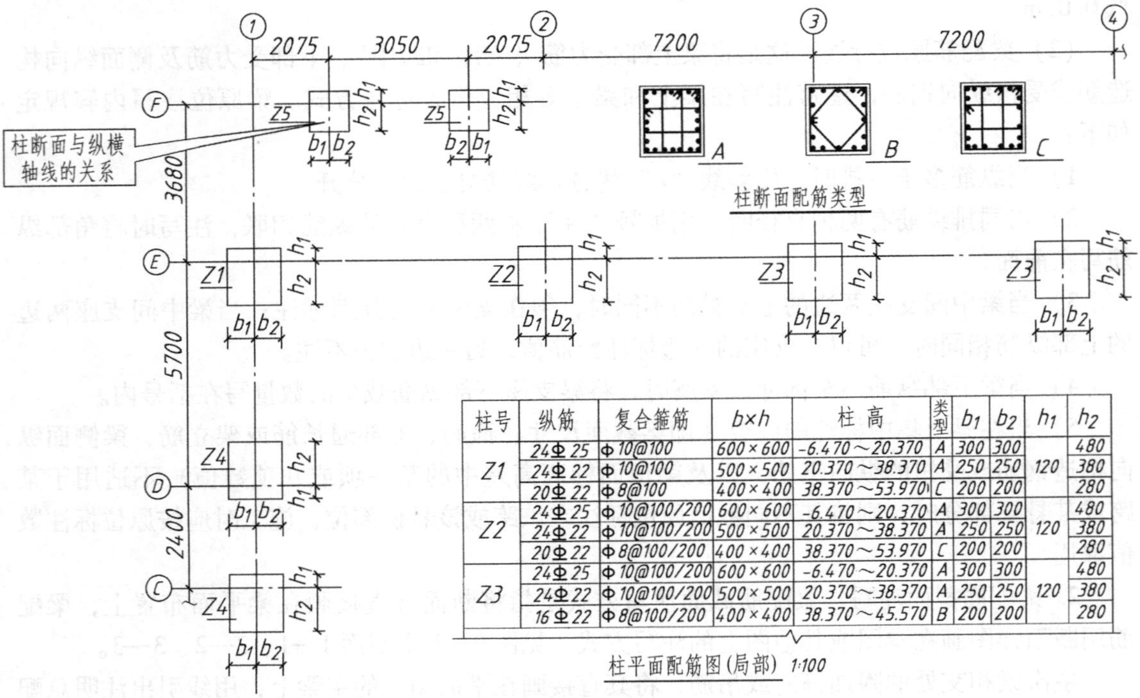

柱号	纵筋	复合箍筋	b×h	柱高	类型	b_1	b_2	h_1	h_2
Z1	24Φ25	Φ10@100	600×600	-6.470～20.370	A	300	300	120	480
	24Φ22	Φ10@100	500×500	20.370～38.370	A	250	250		380
	20Φ22	Φ8@100	400×400	38.370～53.970	C	200	200		280
Z2	24Φ25	Φ10@100/200	600×600	-6.470～20.370	A	300	300	120	480
	24Φ22	Φ10@100/200	500×500	20.370～38.370	A	250	250		380
	20Φ22	Φ8@100/200	400×400	38.370～53.970	C	200	200		280
Z3	24Φ25	Φ10@100/200	600×600	-6.470～20.370	A	300	300	120	480
	24Φ22	Φ10@100/200	500×500	20.370～38.370	A	250	250		380
	16Φ22	Φ8@100/200	400×400	38.370～45.570	B	200	200		280

图 9-34　柱平面配筋图列表注写（局部）

(3) 柱截面尺寸。对于矩形柱，柱截面尺寸 $b \times h$ 及与轴线相关的几何参数代号 b_1、b_2 和 h_1、h_2 的具体数值，需对应于各段柱分别注写，其中 $b = b_1 + b_2$，$h = h_1 + h_2$。当截面的某一边收缩变化至与轴线重合或偏到轴线的另一侧时，b_1、b_2、h_1、h_2 中的某项为零或为负值。对于圆柱，表中 $b \times h$ 一栏改用在圆柱直径数字前加 d 表示。为表达简单，圆柱截面与轴线的关系也用 b_1、b_2 和 h_1、h_2 表示，并使 $d = b_1 + b_2 = h_1 + h_2$。

(4) 柱纵筋。当柱纵筋直径相同，各边根数也相同时（包括矩形柱、圆柱和芯柱），将纵筋注写在"全部纵筋"一栏中；除此之外，柱纵筋分角筋、截面 b 边中部筋和 h 边中部筋三项分别注写。

(5) 箍筋类型号及箍筋肢数，包括钢筋级别、直径与间距。当为抗震设计时。用斜线"/"区分柱端箍筋加密区与柱身非加密区长度范围内箍筋的不同间距。施工人员需根据标注构造详图的规定，在规定的几种长度值中取其最大者作为加密区长度。具体工程所设计的各种箍筋类型图以及箍筋复合的具体方式，需画在表的上部或图中的适当位置，并在其上标注与表中相对应的 b、h 和类型号。

2. 柱配筋截面注写　柱配筋截面注写方式，是指在柱平面布置图的柱截面上，分别在同编号柱中选择一个截面，以直接注写截面尺寸和配筋具体数值的注写方式，以此来表达柱的平法施工图，见图 9-35。

在柱配筋截面注写方式中，如柱的分段截面尺寸和配筋均相同，仅截面与轴线的关系不同，可将其编为同一柱号，但此时应在为画配筋的柱截面上注写该截面与轴线关系的具体尺寸。

层号	标高/m	层高/m
屋面2	65.670	
塔层2	62.370	3.30
屋面1（塔层1）	59.070	3.30
16	55.470	3.60
15	51.870	3.60
14	48.270	3.60
13	44.670	3.60
12	41.070	3.60
11	37.470	3.60
10	33.870	3.60
9	30.270	3.60
8	26.670	3.60
7	23.070	3.60
6	19.470	3.60
5	15.870	3.60
4	12.270	3.60
3	8.670	3.60
2	4.470	4.20
1	-0.030	4.50
-1	-4.530	4.50
-2	-9.030	4.50

结构层楼面标高
结构层高

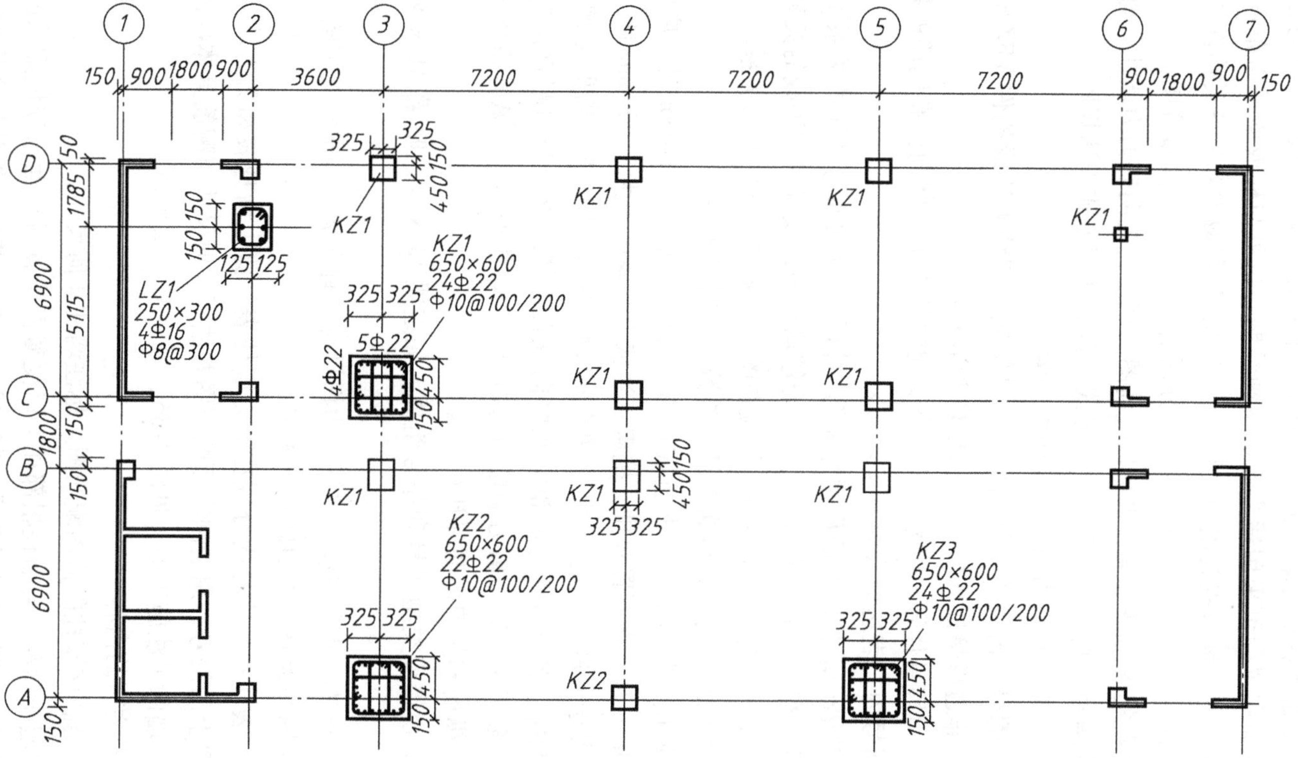

柱平法施工图

图 9-35 柱平法施工图（截面注写）

9.7.4 剪力墙配筋画法

剪力墙平法施工图是指在剪力墙平面布置图上采用列表注写方式或截面注写方式来表达的施工图。剪力墙平面布置图可采用适当比例单独绘制，也可与柱或梁平面布置图合并绘制。为表达清楚简便，剪力墙可视为由剪力墙柱、剪力墙身和剪力墙梁三类构件构成。当剪力墙较复杂或采用截面注写方式时，应按标准层分别绘制剪力墙平面布置图。

识读剪力墙平法配筋图与平法梁、平法柱配筋图同理，首先明确剪力墙柱、剪力墙身和剪力墙梁三类构件的编号，其次清楚列表注写方式或截面注写方式表达规则。

1. 剪力墙柱、剪力墙身和剪力墙梁三类构件的编号

（1）剪力墙墙体编号。由墙体类型代号和序号组成，如约束边缘构件 YBZ××、构造边缘构件 GBZ××、非边缘暗柱 AZ××、扶壁柱 FBZ××。

（2）墙身编号。由墙身代号、序号以及墙身所配置的水平与竖向分布钢筋的排数组成，其中，排数注写在括号内，表达形式为 Q××（×排）。

1）在编号中：当若干墙柱的截面尺寸与配筋均相同，仅截面与轴线的关系不同时，可将其编为同一墙柱号；当若干墙身的厚度尺寸和配筋均相同，仅墙厚与轴线的关系不同或墙身长度不同时，也可将其编为同一墙身号，但应在图中注明与轴线的几何关系。

2）当墙身所设置的水平与竖向分布钢筋的排数为 2 时可不注。

3）对于分布钢筋网的排数规定。非抗震：当剪力墙厚度大于 160mm 时，应配置双排；当其厚度不大于 160mm 时，宜配置双排。抗震：当剪力墙厚度不大于 400mm 时，应配置双排；当剪力墙厚度大于 400mm，但不大于 700mm 时，宜配置三排；当剪力墙厚度大于 700mm 时，宜配置四排。各排水平分布钢筋和竖向分布钢筋的直径与间距宜保持一致。剪力墙配置的分布钢筋多于两排时，剪力墙拉筋两端应同时勾住外排水平纵筋和竖向纵筋，还应与剪力墙内排水平纵筋和竖向纵筋绑扎在一起。

（3）墙梁编号。由墙梁类型代号和序号组成，如连梁 LL××、暗梁 AL××、边框梁 BKL××。

在具体工程中，当某些墙身需设置暗梁或边框梁时，宜在剪力墙平法施工图中绘制暗梁或边框梁的平面布置图并编号，以明确其具体位置。

2. 剪力墙配筋列表注写　这是指分别在剪力墙柱表、剪力墙身表和剪力墙梁表中，对应于剪力墙平面布置上的编号，用绘制截面配筋图并注写几何尺寸与配筋具体数值的注写方式，以此来表达剪力墙的平法施工图，见图 9-36、图 9-37、图 9-38。

（1）剪力墙柱表注写的内容

1）墙柱编号，绘制该墙柱的截面配筋图，标注墙柱几何尺寸。

2）各段墙柱的起止标高，自墙柱根部往上以变截面位置或截面未变但配筋改变处为界分段注写。框架柱和框支柱的根部标高是指基础顶面标高；芯柱的根部标高是指根据结构实际需要而定的起始位置标高；梁上柱的根部标高是指梁顶面标高；剪力墙上柱的根部标高为墙顶面标高。

3）各段墙柱的纵向钢筋和箍筋，注写值应与在表中绘制的截面配筋图对应一致。纵向钢筋注总配筋值；墙柱箍筋的注写方式与柱箍筋相同。

（2）剪力墙身表注写的内容

1）墙身编号，含水平与竖向分布钢筋的排数，排数注写在括号内，如 Q××（×排）。

2）各段墙身起止标高，自墙身根部往上以变截面位置或截面未变但配筋改变处为界分段注写。墙身根部标高一般指基础顶面标高（部分框支剪力墙结构则为框支梁的顶面标高）。

3）水平分布钢筋、竖向分布钢筋和拉筋的具体数值。注写数值为一排水平分布钢筋和竖向分布钢筋的规格与间距，具体设置几排在墙身编号后面表达。

（3）剪力墙梁表注写的内容

1）墙梁编号。

2）墙梁所在楼层号。

3）墙梁顶面标高高差。这是指相对于墙梁所在结构层楼面标高的高差值。高于者为正值，低于者为负值，当无高差时不注。

4）墙梁截面尺寸 $b \times h$、上部纵筋、下部纵筋和箍筋的具体数值。

5）当连梁设有对角暗撑时［代号为 LL（JC）××］，注写暗撑的截面尺寸（箍筋外皮尺寸）；注写一根暗撑的全部纵筋，并标注 ×2 表明有两根暗撑相互交叉；注写暗撑箍筋的具体数值。

6）当连梁设有交叉斜筋时［代号为 LL（JX）××］，注写连梁一侧对角斜筋的配筋值，并标注 ×2 表明对称设置；注写对角斜筋在连梁端部设置的拉筋根数、规格及直径，并标注 ×4 表示四个角都设置；注写连梁一侧折线筋配筋值，并标注 ×2 表明对称设置。

7）当连梁设有集中对角斜筋时［代号为 LL（DX）××］，注写一条对角线上的对角斜筋，并标注 ×2 表明对称设置。

8）墙梁侧面纵筋的配置。当墙身水平分布钢筋满足连梁、暗梁及边框梁的梁侧面纵向构造钢筋的要求时，该筋配置同墙身水平分布钢筋，表中不注，施工按标准构造详图的要求即可；当不满足时，应在表中补充注明梁侧面纵筋的具体数值（其在支座内的锚固要求同连梁中受力钢筋）。

3. 剪力墙配筋截面注写　这是在分标准层绘制的剪力墙平面布置图上，以直接在墙柱、墙身、墙梁上注写截面尺寸和配筋具体数值的注写方式，以此来表达剪力墙的平法施工图，见图 9-39。选用适当比例原位放大绘制剪力墙平面布置图，其中对墙柱绘制配筋截面图；对所有墙柱、墙身、墙梁分别按规定编号，并在相同编号的墙柱、墙身、墙梁中选择一根墙柱、一道墙身、一根墙梁进行注写，其注写方式按以下规定进行。

（1）从同编号墙柱中选择一个截面，注明几何尺寸，标注全部纵筋及箍筋的具体数值。

（2）从同编号墙身中选择一道墙身，按顺序引注的内容为：墙身编号（应包括注写在括号内墙身所配置的水平与竖向分布钢筋的排数）、墙厚尺寸，水平分布钢筋、竖向分布钢筋和拉筋的具体数值。

（3）从同编号墙梁中选择一根墙梁，按顺序引注的内容为：

1）注写墙梁编号、墙梁截面尺寸 $b \times h$、墙梁箍筋、上部纵筋、下部纵筋和墙梁顶面标高高差的具体数值。

2）当墙身水平分布钢筋不能满足连梁、暗梁及边框梁的梁侧面纵向构造钢筋的要求时，应补充注明梁侧面纵筋的具体数值；注写时，以大写字母 N 打头，接续注写直径与间距。其在支座内的锚固要求同连梁中受力钢筋。

层号	标高/m	层高/m
屋面2	65.670	
塔层2	62.370	3.30
屋面1（塔层1）	59.070	3.30
16	55.470	3.60
15	51.870	3.60
14	48.270	3.60
13	44.670	3.60
12	41.070	3.60
11	37.470	3.60
10	33.870	3.60
9	30.270	3.60
8	26.670	3.60
7	23.070	3.60
6	19.470	3.60
5	15.870	3.60
4	12.270	3.60
3	8.670	3.60
2	4.470	4.20
1	-0.030	4.50
-1	-4.530	4.50
-2	-9.030	4.50

结构层楼面标高
结构层高

上部结构嵌固部位:
-0.030

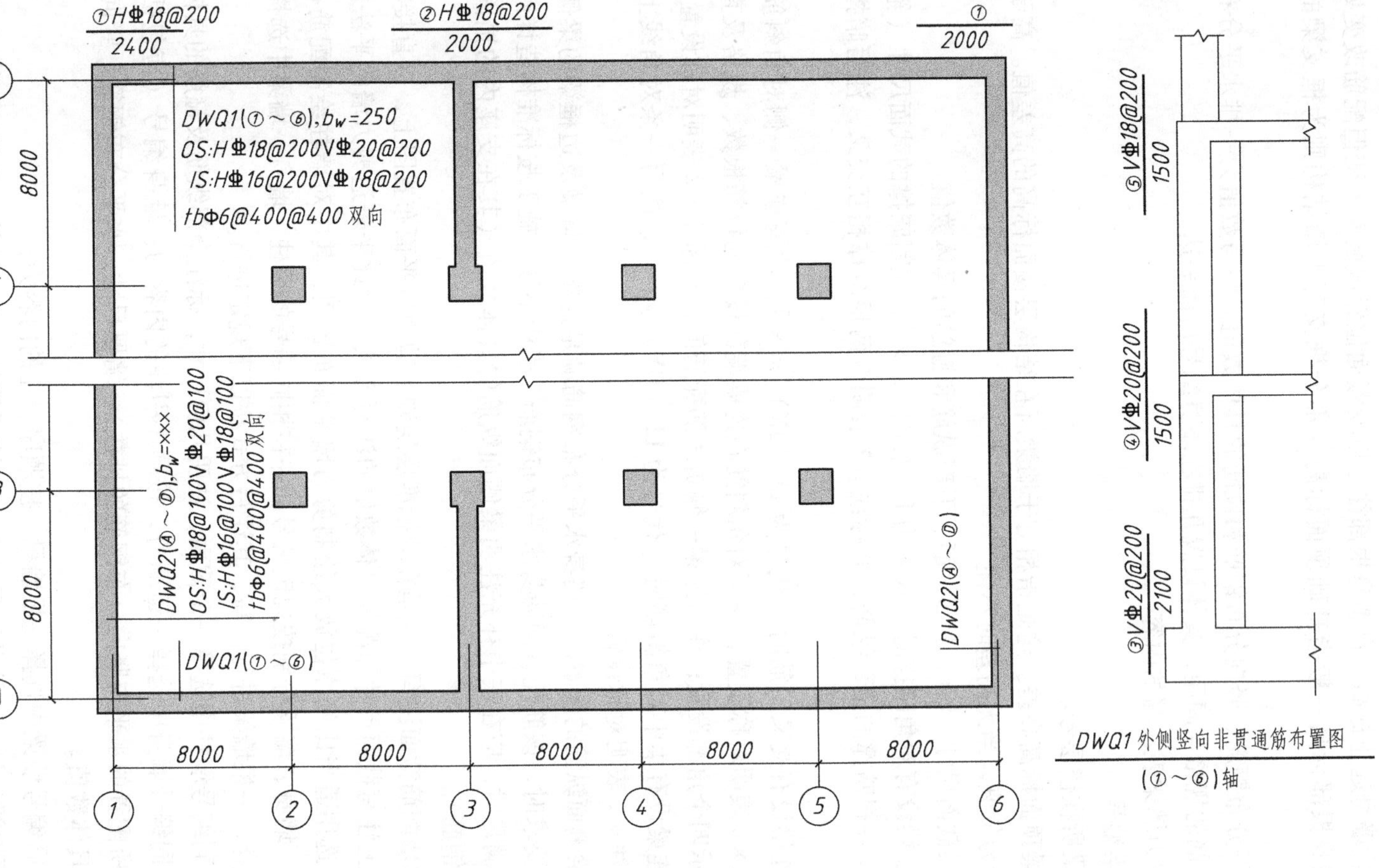

-9.030～-4.500地下室外墙平法施工图

图9-36　剪力墙配筋示例

层号	标高/m	层高/m
屋面2	65.670	
塔层2	62.370	3.30
屋面1(塔层1)	59.070	3.30
16	55.470	3.60
15	51.870	3.60
14	48.270	3.60
13	44.670	3.60
12	41.070	3.60
11	37.470	3.60
10	33.870	3.60
9	30.270	3.60
8	26.670	3.60
7	23.070	3.60
6	19.470	3.60
5	15.870	3.60
4	12.270	3.60
3	8.670	3.60
2	4.470	4.20
1	-0.030	4.50
-1	-4.530	4.50
-2	-9.030	4.50

底部加强部位：2、1

结构层楼面标高
结构层高

上部结构嵌固部位：
-0.030

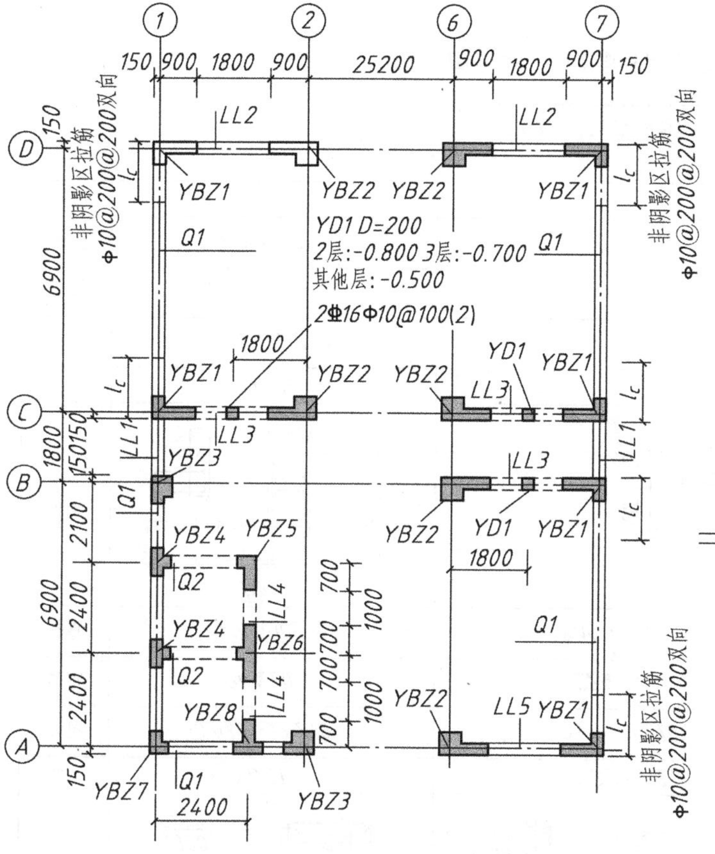

-0.030~12.270剪力墙平法施工图

剪力墙梁表

编号	所在楼层号	梁顶相对标高高差	梁截面 b×h	上部纵筋	下部纵筋	箍筋
LL1	2~9	0.800	300×2000	4⌀22	4⌀22	⌀10@100(2)
	10~16	0.800	250×2000	4⌀20	4⌀20	⌀10@100(2)
	屋面1		250×1200	4⌀20	4⌀20	⌀10@100(2)
LL2	3	-1.200	300×2520	4⌀22	4⌀22	⌀10@150(2)
	4	-0.900	300×2070	4⌀22	4⌀22	⌀10@150(2)
	5~9	-0.900	300×1770	4⌀22	4⌀22	⌀10@150(2)
	10~屋面1	-0.900	250×1770	3⌀22	3⌀22	⌀10@150(2)
LL3	2		300×2070	4⌀22	4⌀22	⌀10@100(2)
	3		300×1770	4⌀22	4⌀22	⌀10@100(2)
	4~9		300×1170	4⌀22	4⌀22	⌀10@100(2)
	10~屋面1		250×1170	3⌀20	3⌀20	⌀10@100(2)
LL4	2		250×2070	3⌀20	3⌀20	⌀10@120(2)
	3		250×1770	3⌀20	3⌀20	⌀10@120(2)
	4~屋面1		250×1170	3⌀20	3⌀20	⌀10@120(2)
AL1	2~9		300×600	3⌀20	3⌀20	⌀8@150(2)
	10~16		250×500	3⌀18	3⌀18	⌀8@150(2)
BKL1	屋面1		500×750	4⌀22	4⌀22	⌀8@150(2)

剪力墙身表

编号	标高	墙厚	水平分布筋	垂直分布筋	拉筋(双向)
Q1	-0.030~30.270	300	⌀12@200	⌀12@200	⌀6@600@600
	30.270~59.070	250	⌀10@200	⌀10@200	⌀6@600@600
Q2	-0.030~30.270	250	⌀10@200	⌀10@200	⌀6@600@600
	30.270~59.070	200	⌀10@200	⌀10@200	⌀6@600@600

图 9-37　剪力墙配筋图

注：1. 可在结构层楼面标高、结构层高表中加设混凝土强度等级等栏目。

2. 本示例中 l_c 为约束边缘构件沿墙肢的伸长长度（实际工程中应注明具体值），约束边缘构件非阴影区拉筋（除图中有标注外）：竖向与水平钢筋交点处均设置，直径 8mm。

屋面2	65.670	
塔层2	62.370	3.30
屋面1 (塔层1)	59.070	3.60
16	55.470	3.60
15	51.870	3.60
14	48.270	3.60
13	44.670	3.60
12	41.070	3.60
11	37.470	3.60
10	33.870	3.60
9	30.270	3.60
8	26.670	3.60
7	23.070	3.60
6	19.470	3.60
5	15.870	3.60
4	12.270	3.60
3	8.670	3.60
2	4.470	4.20
1	-0.030	4.50
-1	-4.530	4.50
-2	-9.030	4.50
层号	标高/m	层高/m

底部加强部位（2、1层）

结构层楼面标高
结构层面

上部结构嵌固部位:
-0.030

剪力墙柱表

截面	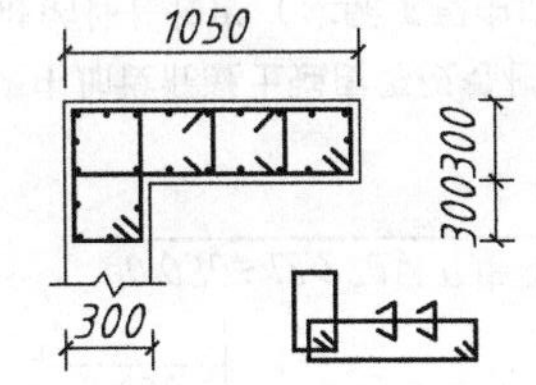	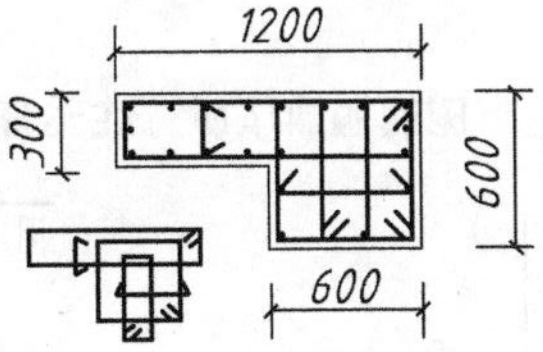	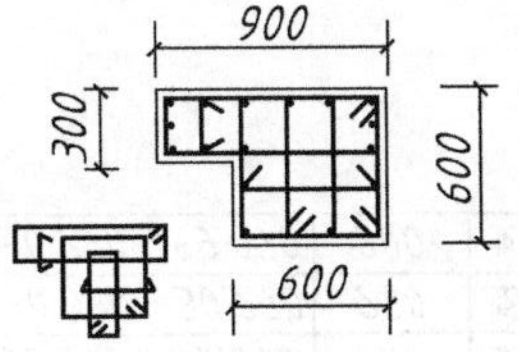	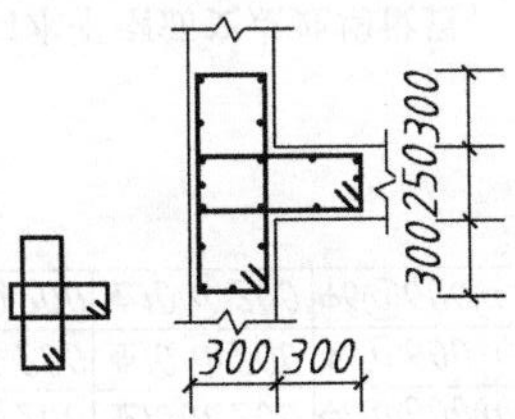
编号	YBZ1	YBZ2	YBZ3	YBZ4
标高	-0.030～12.270	-0.030～12.270	-0.030～12.270	-0.030～12.270
纵筋	24⌀20	22⌀20	18⌀20	20⌀20
箍筋	ϕ10@100	ϕ10@100	ϕ10@100	ϕ10@100
截面	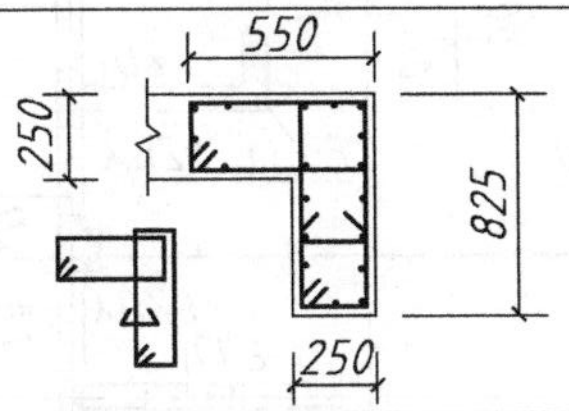	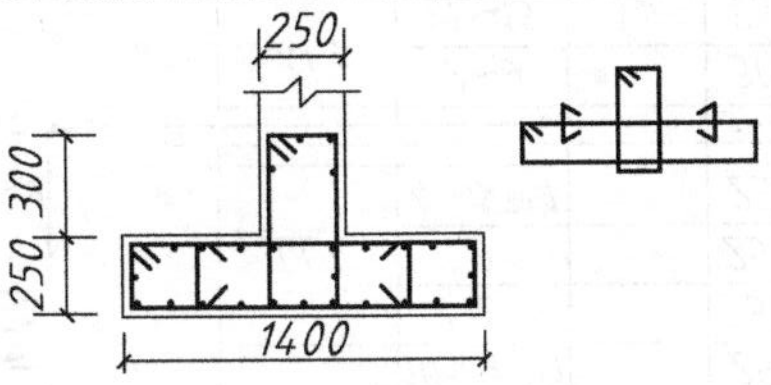		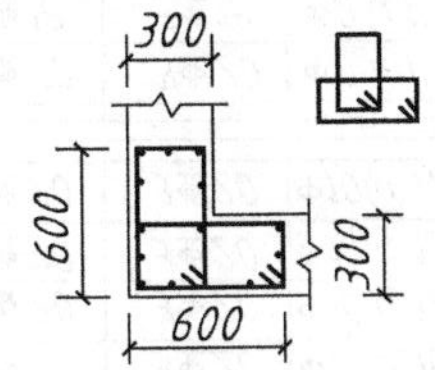
编号	YBZ5	YBZ6		YBZ7
标高	-0.030～12.270	-0.030～12.270		-0.030～12.270
纵筋	20⌀20	23⌀20		16⌀20
箍筋	ϕ10@100	ϕ10@100		ϕ10@100

-0.030～12.270剪力墙平法施工图(部分剪力墙柱表)

图9-38　剪力墙柱配筋图

层号	标高/m	层高/m
屋面2	65.670	
塔层2	62.370	3.30
屋面1（塔层1）	59.070	3.30
16	55.470	3.60
15	51.870	3.60
14	48.270	3.60
13	44.670	3.60
12	41.070	3.60
11	37.470	3.60
10	33.870	3.60
9	30.270	3.60
8	26.670	3.60
7	23.070	3.60
6	19.470	3.60
5	15.870	3.60
4	12.270	3.60
3	8.670	3.60
2	4.470	4.20
1	-0.030	4.50
-1	-4.530	4.50
-2	-9.030	4.50

底部加强部位（2、1层）

结构层楼面标高
结构层高

上部结构嵌固部位：
-0.030

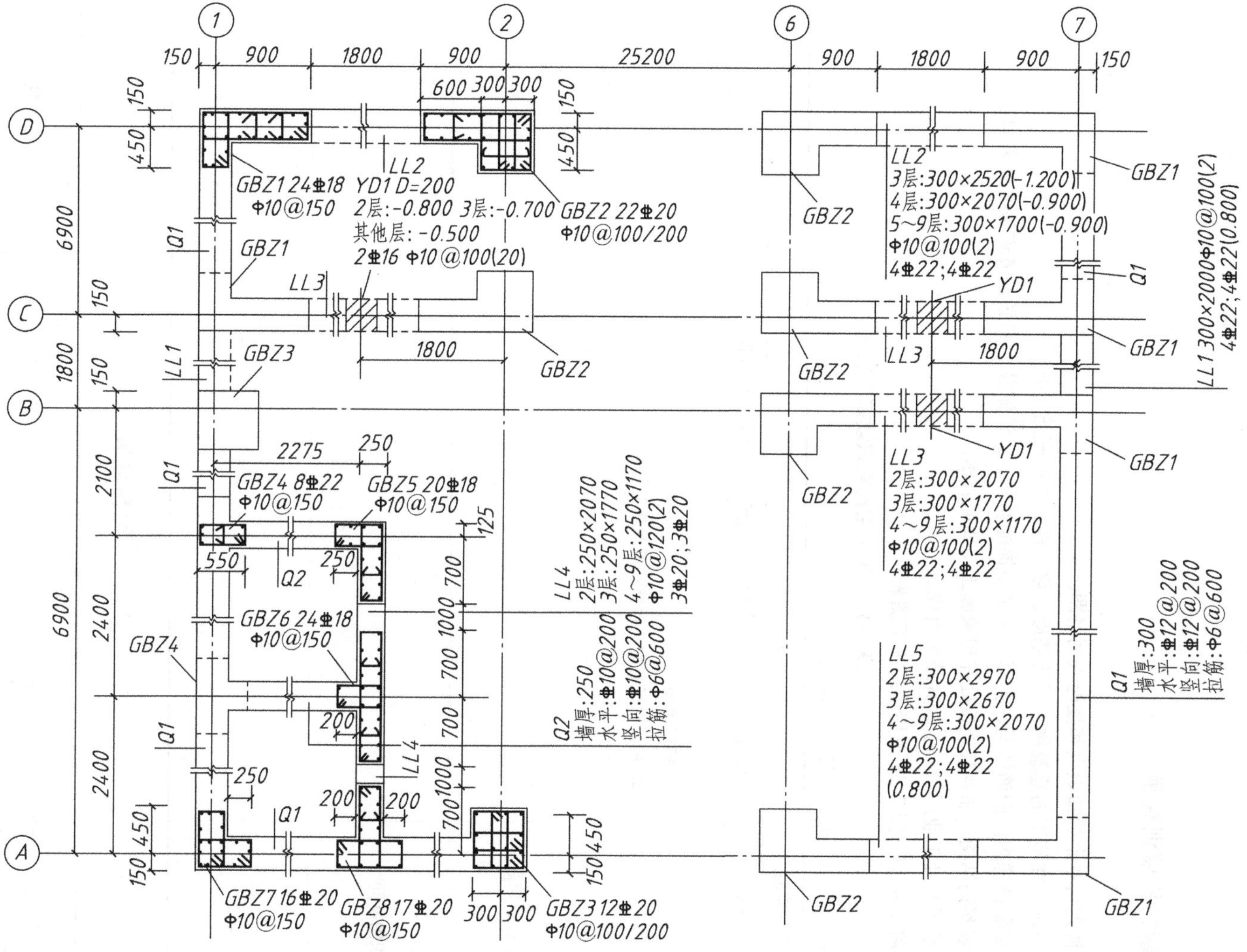

图 9-39　剪力墙柱截面配筋图

能力拓展训练题

1. 请列出本章的知识点和技能点网络图。
2. 参观正在施工的建筑物，了解基础、梁、柱、板的配筋情况。
3. 想象楼梯内的配筋情况，再阅读一张楼梯配筋图。尝试做技术交底，格式参考表9-11。
4. 观察钢结构，注意其连接处并想象施工图如何表示。
5. 参观几处工业厂房，了解其结构组成。
6. 将图9-37、图9-38改用传统施工图表示。

表9-11　施工结构图识读技术交底

时间：　　　年　　月　　日　　时

图名及图样编点	
识图用途	□测量　□监理　□造价　□安全　□材料　□模板
识图要素	1. 结构类型 2. 主要构件名称、形状示意及相应尺寸
施工技术信息	
识图疑问	
备注	

学习自测表

层次 领域	初　级		中　级		高　级	
认知	了解		运用		综合	
技能	模仿		应用		创造	
情感	激情		心境		热情	

第 10 章　识读钢结构图与施工翻样

技能要求

1. 说出钢结构图的特点和应用范围。
2. 说出钢结构图的有关制图标准。
3. 识读钢结构示意图和节点详图。
4. 说出施工翻样图的分类及翻样要求。
5. 说出模板翻样图技能要求。
6. 说出墙体砌块排列翻样图技能要求。
7. 画出梁、板、基础配筋翻样图。
8. 画出钢结构工业厂房牛腿柱上金属件翻样图。

知识要点

钢结构、钢结构示意图、施工翻样、模板翻样图、砌块翻样图、钢筋翻样图、金属件翻样图。

10.1　钢结构图的特点和应用

钢结构构件较小，质量较轻，便于运输和安装，具有强度高、耐高温、易锈蚀等特点。钢结构广泛应用于跨度大、高度高、承载重的结构以及可移动、易装拆的结构。常见的大跨结构有大会堂、体育馆、展览厅、影剧院等。上海文化广场、上海万人体育馆、北京朝阳体育馆都采用了钢网架结构（图 10-1）。

轻型钢建筑特点：

（1）自重轻，约为砖混结构的 1/30，基础处理费用低。

（2）构件截面小，刚度好；使用面积和空间利用率高，尤其适用于低层大跨建筑。

（3）施工周期短，施工占地小。

（4）可多次拆装，重复使用，回收率达 70%。

（5）抗腐蚀性强，耐久性好，可靠性高，适用于厂房、仓库等，使用寿命为 15～25 年，最高可超过 35 年。

（6）保温隔热、隔声性能好，可供选择的不同型号屋面板、墙板、导热系数仅为 0.0175～0.035kW/(m^2·℃)，隔热效果可超过同等厚度砖墙的 15 倍，隔声效果达 30～40dB。

（7）屋面及墙面采用轻质复合板或彩色压型钢板，整体性好，抗风、抗震能力强，轻巧，大方，色彩多样。

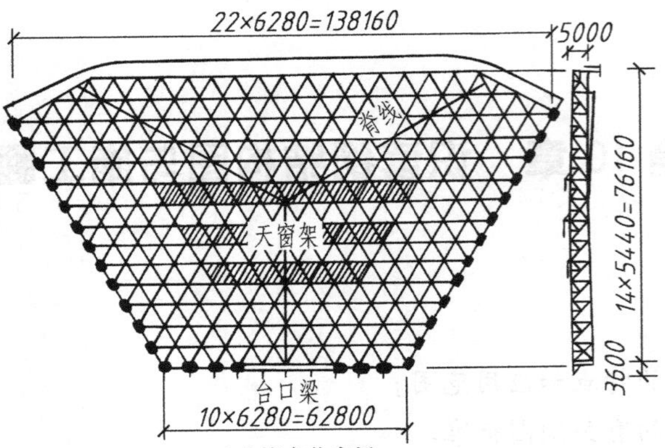

a) 上海文化广场

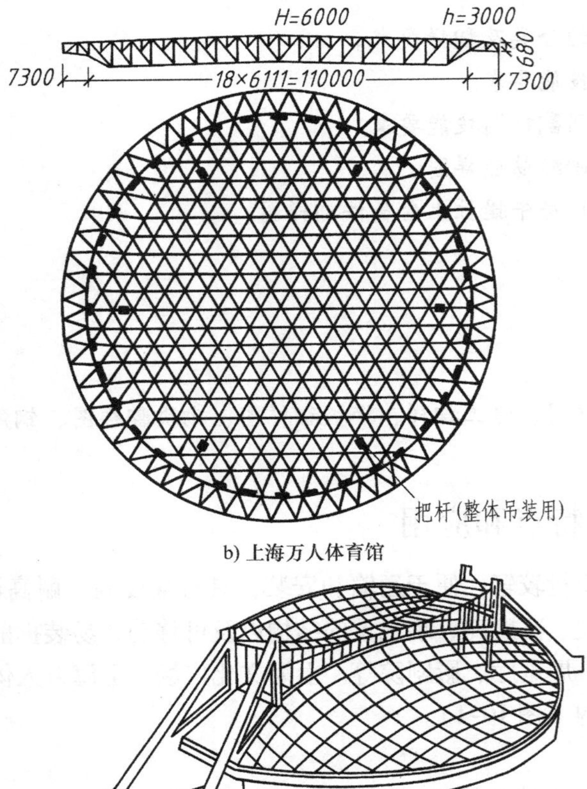

b) 上海万人体育馆

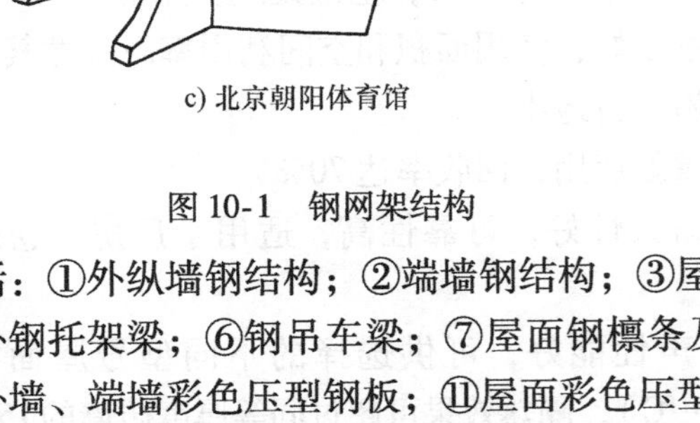

c) 北京朝阳体育馆

图 10-1　钢网架结构

轻型钢结构体系，包括：①外纵墙钢结构；②端墙钢结构；③屋面钢结构；④屋面支撑及柱间支撑钢结构；⑤内外钢托架梁；⑥钢吊车梁；⑦屋面钢檩条及雨篷；⑧钢结构楼板；⑨钢楼梯及检修梯；⑩内外墙、端墙彩色压型钢板；⑪屋面彩色压型钢板；⑫屋面檐沟、天沟、水落管；⑬屋面通风天窗及采光透明瓦。轻型钢结构体系组成示意见图 10-2。

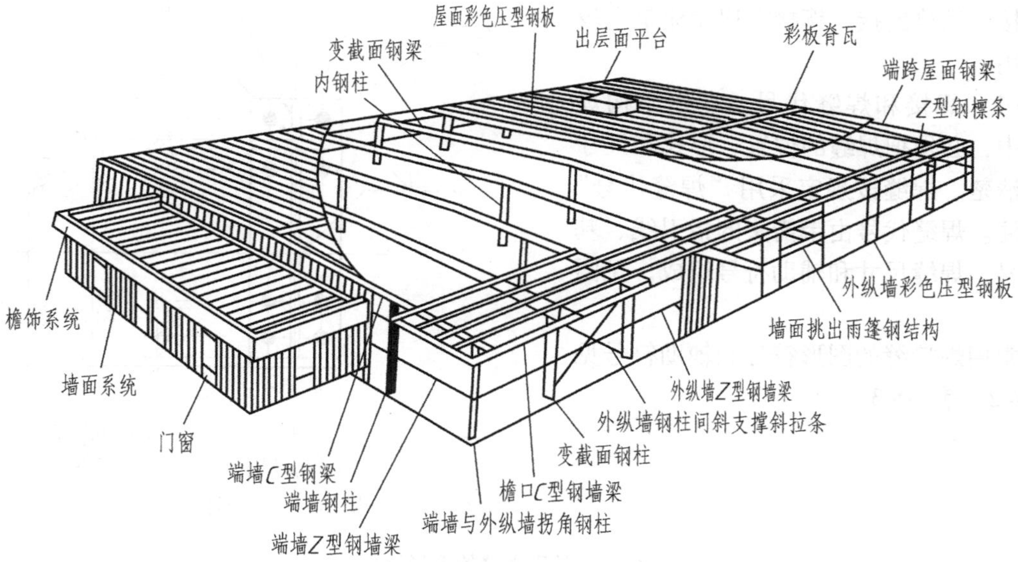

图 10-2 轻型钢结构组成示意

10.2 钢结构图的有关知识

1. 型钢的图例及标注方法 常用型钢的图例及标注方法见表 10-1。

表 10-1 常用型钢的图例及标注方法

序号	名称	截面	标注	说明
1	等边角钢	∟	$\llcorner_{b\times t}$	b 为肢宽 t 为肢厚
2	不等边角钢	B ∟	$\llcorner_{B\times b\times t}$	B 为长肢宽 b 为短肢宽 t 为肢厚
3	工字钢	I	I N　Q I N	轻型工字钢加注 Q 字
4	槽钢	[	[N　Q [N	轻型槽钢加注 Q 字
5	方钢	▨ b	□ b	—
6	扁钢	b	— $b\times t$	—
7	钢板	——	$-\frac{-b\times t}{L}$	$\frac{宽\times厚}{板长}$
8	圆钢	⊘	ϕd	—

2. 型钢的连接　钢结构中的构件常用焊接、螺栓连接，铆接在房屋建筑中较少采用。

（1）焊接和焊缝代号。在钢结构焊接图中，必须把焊缝的位置、形式和尺寸标注清楚。焊缝按规定采用“焊缝代号”来标注。焊缝代号由带箭头的指引线、基本符号、焊缝尺寸和辅助符号组成，见图10-3。

常用焊接缝的图形符号和辅助符号见表10-2、表10-3。

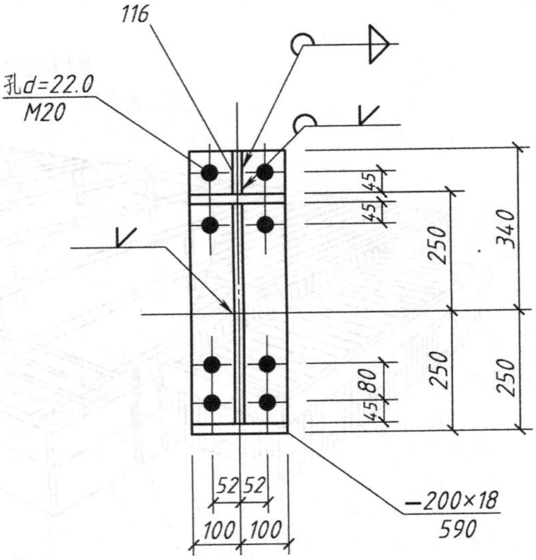

图10-3　焊缝代号

表10-2　常用焊缝的图形符号

焊缝名称	焊缝形式	图形符号
V形焊缝		V
I形焊缝		‖
角焊缝	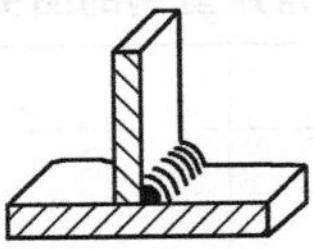	◺
塞焊缝或槽焊缝	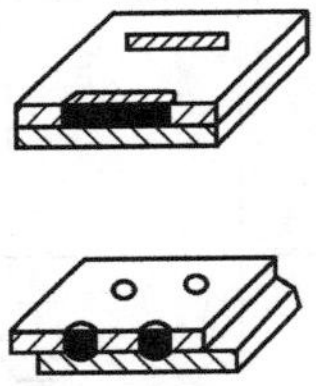	⊓

表10-3　常用焊缝的辅助符号

符号名称	焊缝形式	辅助符号	标注方式
三面焊缝符号	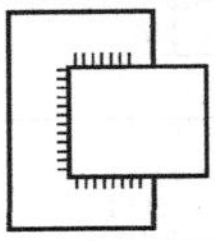	⊏	
周围焊缝符号	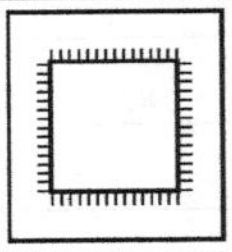	○	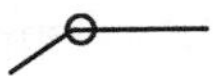
现场安装焊缝符号			

（2）螺栓连接。螺栓连接装拆方便，操作简单，其连接形式可用简化图例表示，见表10-4。

表 10-4　螺栓、孔、电焊铆钉的表示方法

序号	名　称	图　例	说　明
1	永久螺栓	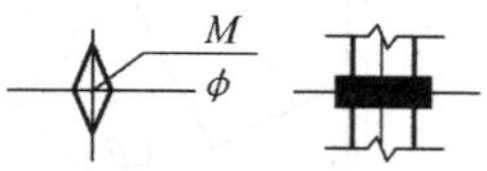	1. 细“+”线表示定位线； 2. M 表示螺栓型号； 3. ϕ 表示螺栓孔直径； 4. d 表示膨胀螺栓、电焊铆钉直径； 5. 采用引出线标注螺栓时，横线上标注螺栓规格，横线下标注螺栓孔直径
2	高强螺栓	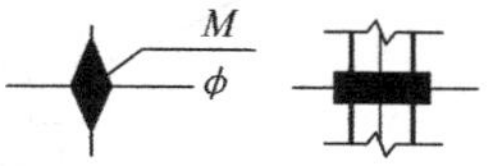	
3	安装螺栓	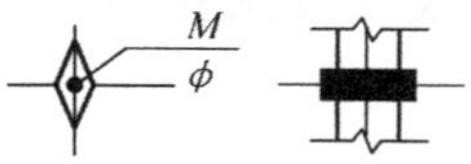	
4	膨胀螺栓	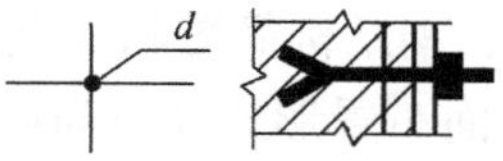	
5	圆形螺栓孔	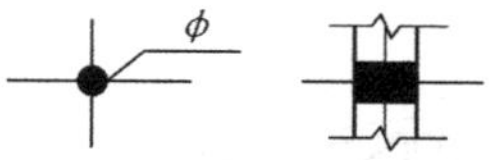	
6	长圆形螺栓孔	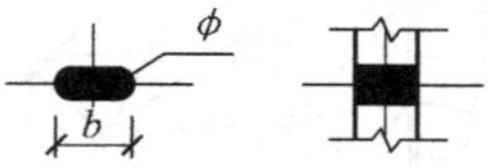	
7	电焊铆钉	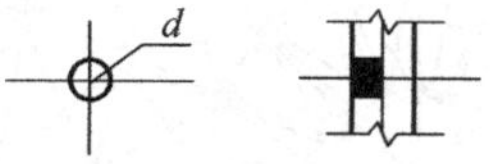	

钢结构连接都是型钢的连接，常常是焊接和螺栓连接共同使用。梁的连接见图10-4、图10-5。

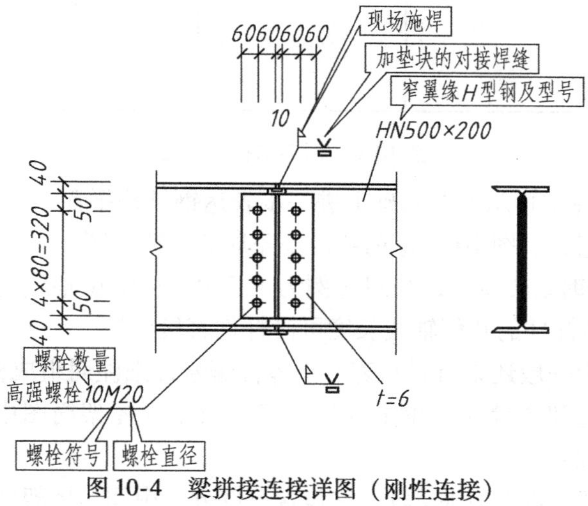

图 10-4　梁拼接连接详图（刚性连接）

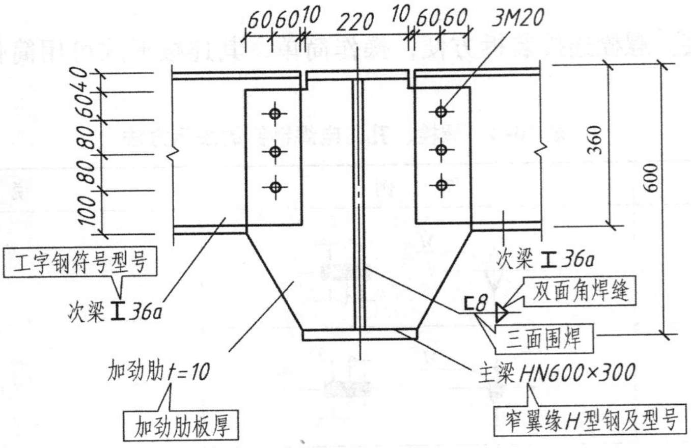

图 10-5　主次梁侧向连接详图

10.3　钢结构图识读举例

钢结构图常用的有钢结构组合示意图、钢结构简图和节点详图几种类型。

1. 组合示意图　表示整个钢结构的平面布置形式和空间组合形式。

图 10-6 是框架结构示意图，图 10-7 是悬索结构示意图。

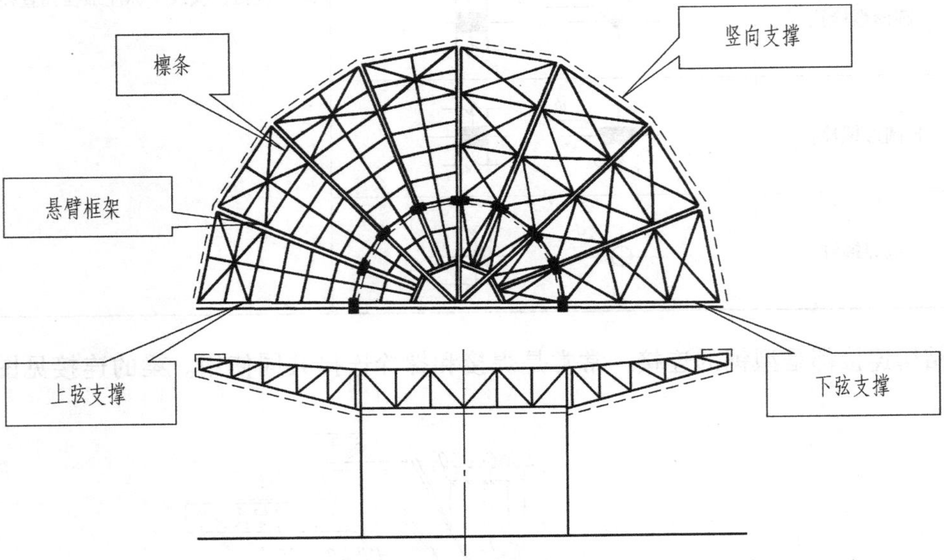

图 10-6　框架结构示意图

2. 结构简图　它在结构示意图基础上进一步表达钢结构平面、立面、剖面的结构组成，或者表达局部的构造组成。图 10-8 是钢结构楼盖局部构造简图。

图 10-9 是某仓库钢屋架简图，绘图比例为 1∶200。从定位轴线的编号可以知道屋架位于 A ~ C 轴线之间，各杆件的几何轴线长度可沿杆件直接标注。

在钢屋架结构图中一般还附有材料表，按零件编号详细注明组成杆件的各种型钢的截面规格尺寸、尺度、数量和质量（或重量）等内容。所以在屋架简图中可以不标注各杆件的截面尺寸，而只标注编号。

图 10-10 是钢屋架立面图（局部），它包含三部分，中间是屋架立面图，屋架上、下弦

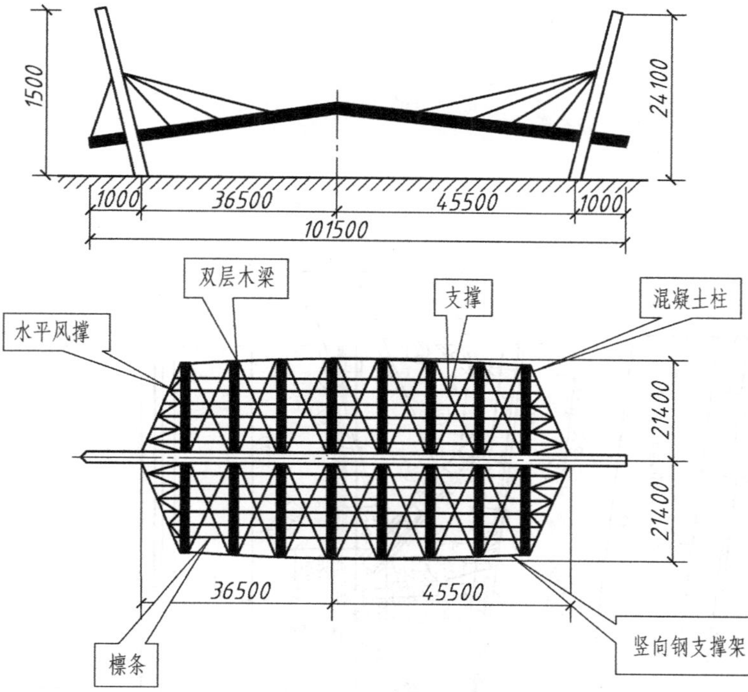

图 10-7 悬索结构示意图

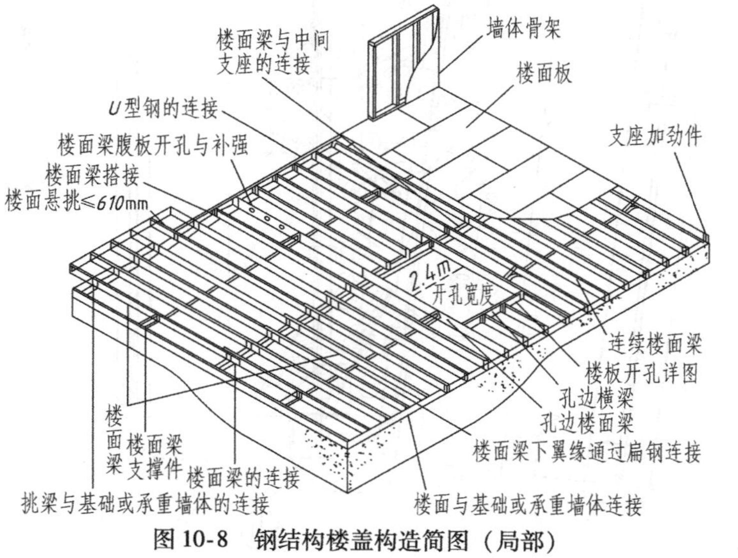

图 10-8 钢结构楼盖构造简图（局部）

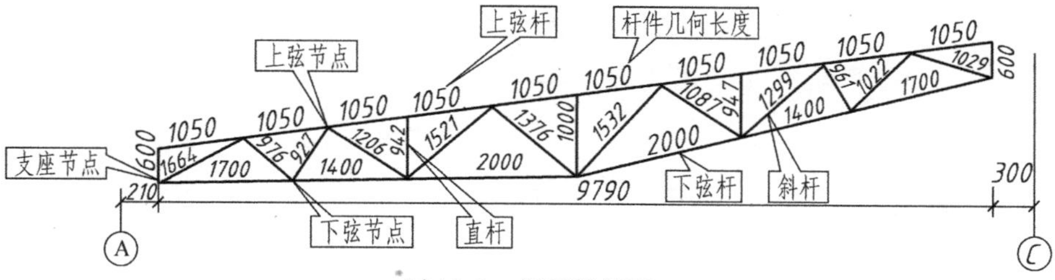

图 10-9 钢屋架简图

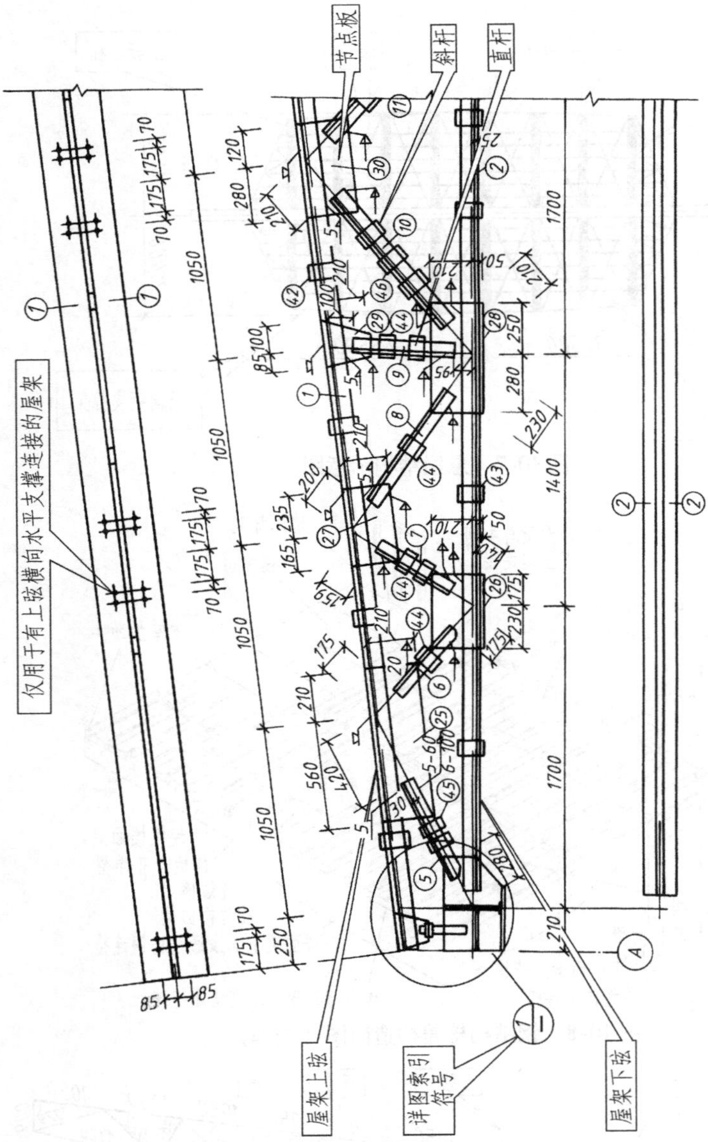

图 10-10　钢屋架立面图

实形投影图位于屋架立面图的上下两侧。

从立面图可以看出，屋架的上、下弦分别由若干根杆件、节点板焊接而成，再用一些直杆和斜杆经节点板将上、下弦相连构成屋架。杆件、节点板应编号并标注定位尺寸。支座节点图因为比例小，杆件和节点板的形状、尺寸及连接形式都无法表达清楚，需要另绘详图用索引符号表示。

3. 节点详图　钢结构是由若干钢构件组合而成，所以节点构造详图是安装施工的依据。节点详图能准确表达节点板形状、尺寸及连接方式。

图 10-11 是钢屋架支座节点详图，绘图比例为 1∶20，1—1 断面显示支座垫板的相关情况，2—2 断面显示杆件的相关情况。

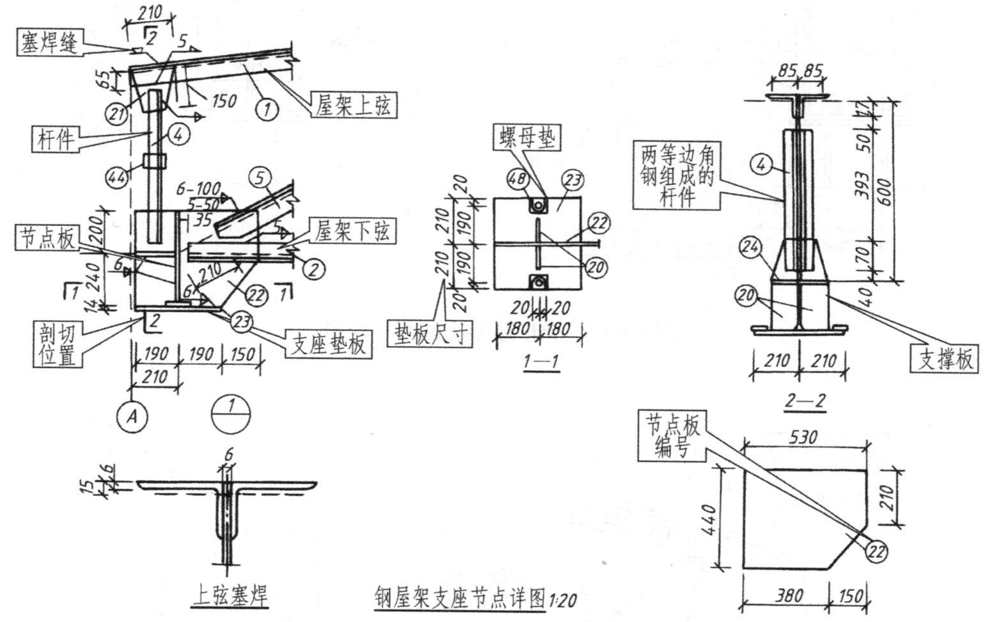

图 10-11　钢屋架支座节点详图

钢屋架结构图中节点详图常包括屋架支座节点、屋脊节点、腹杆节点等连接详图。连接方式常用焊接和螺栓连接，识读详图时应辨识各种符号和数值含义，见图 10-12 ~ 图 10-15。

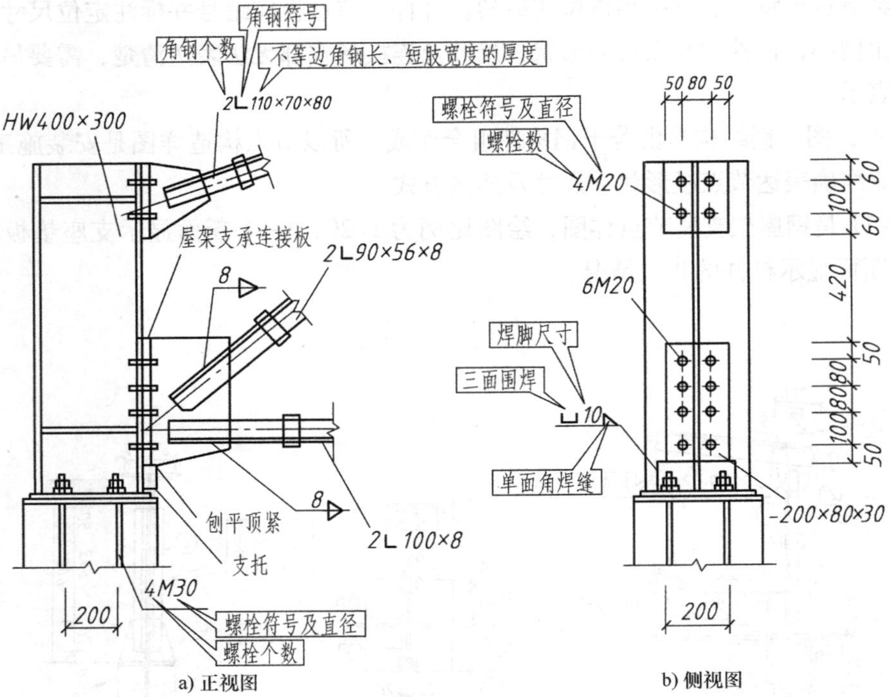

图 10-12　梯形屋架支座节点详图

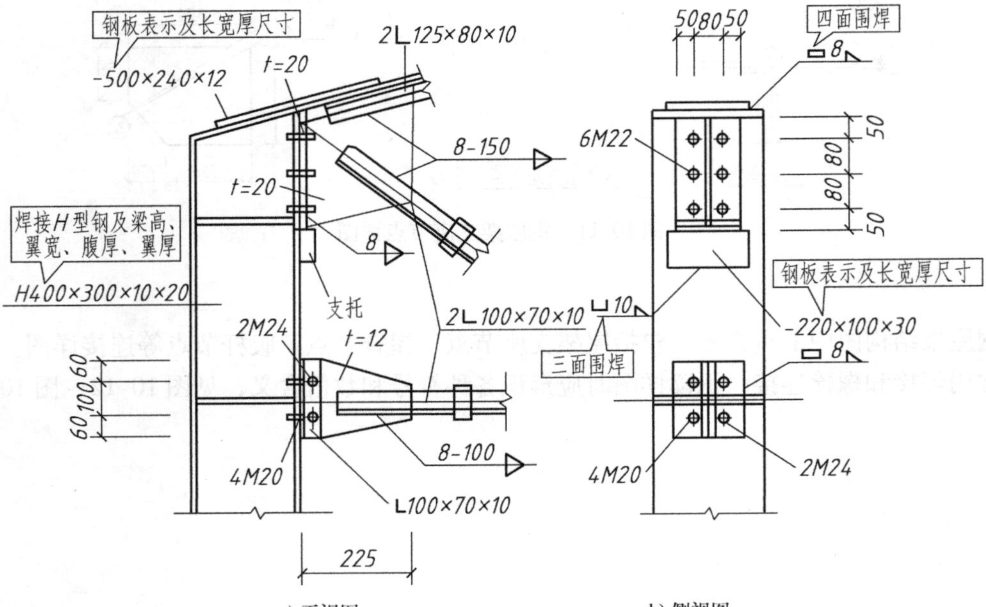

图 10-13　梯形屋架（上腹杆）节点详图

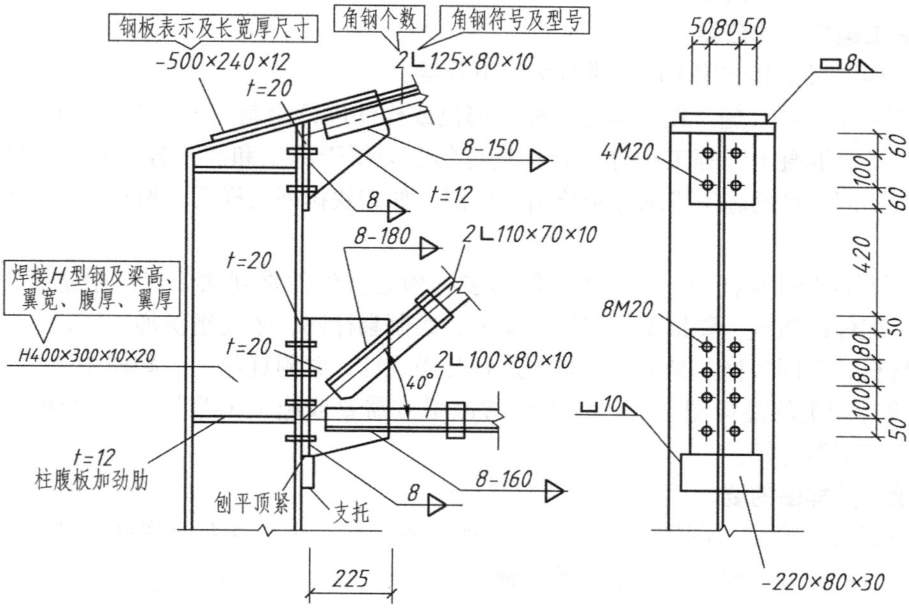

a) 正视图　　　　b) 侧视图

图 10-14　梯形屋架（下腹杆）节点详图

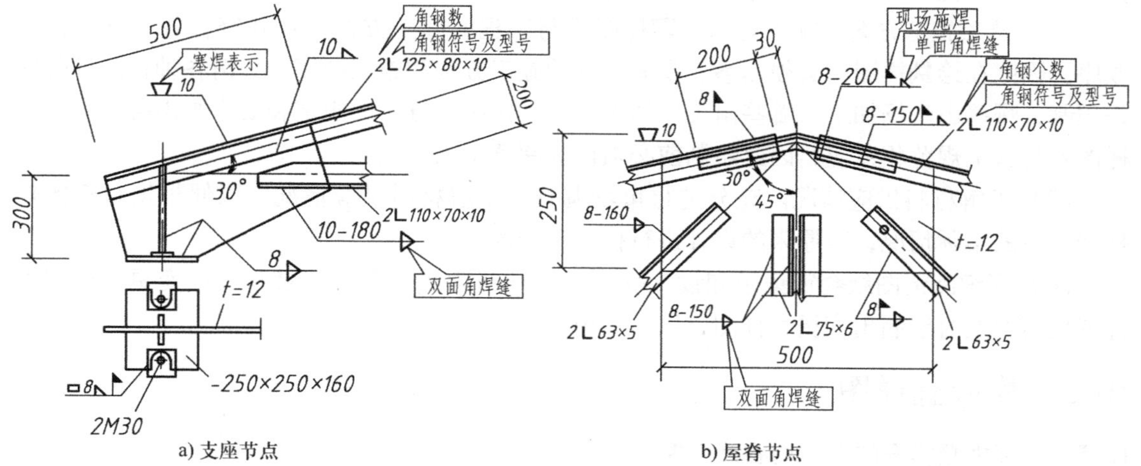

a) 支座节点　　　　b) 屋脊节点

图 10-15　三角形屋架支座及屋脊节点详图

10.4　施工翻样图的分类和要求

10.4.1　翻样图

施工图应做到技术合理，图面表示清楚，方便施工。但是由于它所表明的内容较多，涉及专业工种面广，有的节点构造、构配件常采用标准图集表明，因此如将图样直接交给各专业工种施工和申请加工订货，会给工作带来困难。为了便于施工，还需要进行翻样工作。在实际工作中针对某些节点构件、预制构配件画出比施工图更详细、更符合各施工工种需要的补充图样即施工翻样图。施工翻样图又称放样图，由工程技术人员根据施工现场情况绘制，常列入施工技术交底资料中，分发到各专业班组以便指导施工。因此，作为一名好的施工技术人员必须掌握施工图的翻样技能。

10.4.2 施工翻样图的分类

施工翻样图根据其作用不同，常分为以下几类：

（1）工种翻样图。施工图一般是按建筑部位或构件进行绘制的，但施工过程是由瓦工、木工、钢筋工、混凝土工等工种分工合作进行的。为便于施工和简化各工种所需的图样内容，就要按不同工种的施工需求分别绘出翻样图，如砌块排列大样图、模板翻样图、钢筋翻样图等。

（2）预制构配件翻样图。施工中所需的多种预制构配件常到加工工厂中定做，为保证这些构件、配件的质量，要根据施工图的要求，绘制翻样图，依此组织加工订货，按不同工厂、不同材料、不同规格、品种、数量等进行分类统计，并附详细加工翻样图。

（3）设计变更的翻样图。工程施工中常因甲方需要或施工困难等对原设计进行变更，需绘制设计变更翻样图。

10.4.3 绘制翻样图的要求

（1）熟悉和审阅施工图样。在绘制施工翻样图以前，应将各专业图样全部审阅，对每一个节点、每一结构、配件都要很熟悉，做到对整个工程心中有数。看图过程中应着重抓住水、电、暖等工程与土建之间的关系。例如各种管道穿墙留洞的大小及标高。在结构施工图或建筑施工图中是否标出，标注尺寸是否相符，土建与安装之间前后是否有矛盾，特别是门窗洞口、梁、柱等的轴线、编号、数量是否对应。

（2）熟悉施工方案、施工规范。翻样图要与工程的施工方案一致并符合各工种的搭接顺序，因此在绘翻样图前必须熟悉、掌握工程的施工方法和施工顺序，分清各种构配件哪些是预制，哪些由现场加工，哪些由工厂加工，然后按施工方案的规定和要求画出翻样图。翻样图要与施工规范相适应，因此绘制前必须认真阅读施工规范。

（3）了解材料供应情况。充分进行市场调查，了解材料供应情况，以便根据材料的规格和供应的实际情况，对原来的设计进行核对和修改。

（4）仔细阅读图纸会审记录和设计变更。仔细阅读图纸会审记录和设计变更，根据设计变更情况及时绘制出变更大样图，以指导施工。

10.5 模板翻样图

10.5.1 模板翻样图的图示内容及绘制

模板翻样图是供木工制作和安装模板及计算工程材料用量的图样。图中只画出构件外形的全貌，注明外形尺寸、关键部位的标高，特别要注明梁、板的底面标高，以及预留孔洞、预埋件、插筋等情况，构件中的钢筋配置一律不画出。模板翻样图应以图示为主，尽量减少文字说明。

10.5.2 模板翻样图举例

几种常用模板翻样图介绍如下：

1. 基础结构模板翻样图　将图画在同一张图纸上，使它清楚地表明基础的形状、尺寸、标高、构造情况及基础与定位轴线的位置关系。对于基础砖墙和首层墙、柱、楼梯下的小基础，在模板图中均应画出。

2. 楼层结构模板翻样图　翻样图包括平面图、立面图和断面详图。图 10-16 是某工程楼层结构模板翻样图。

1）模板结构平面图中，下层梁的轮廓线用中粗虚线表示，本层楼面轮廓线用粗实线表示，被剖切到柱子涂成黑色。

2）为表明现浇钢筋混凝土结构梁、板、柱的连接情况及其断面形状和尺寸，常画出断面详图，如图 10-16 中框架的断面图。对于框架结构一般采用沿横向作剖切，画出梁、板、柱的横向框架立面图，同时画出其他断面详图。

3）在模板翻样图中，应标注各结构构件的型号、断面尺寸和断面的剖切符号等。

4）为便于配制模板和安装，在结构平面图中要标注梁、柱与定位轴线的位置尺寸和梁与梁之间的净尺寸，圈梁、过梁下门窗洞口的长、宽尺寸应用虚线表示。

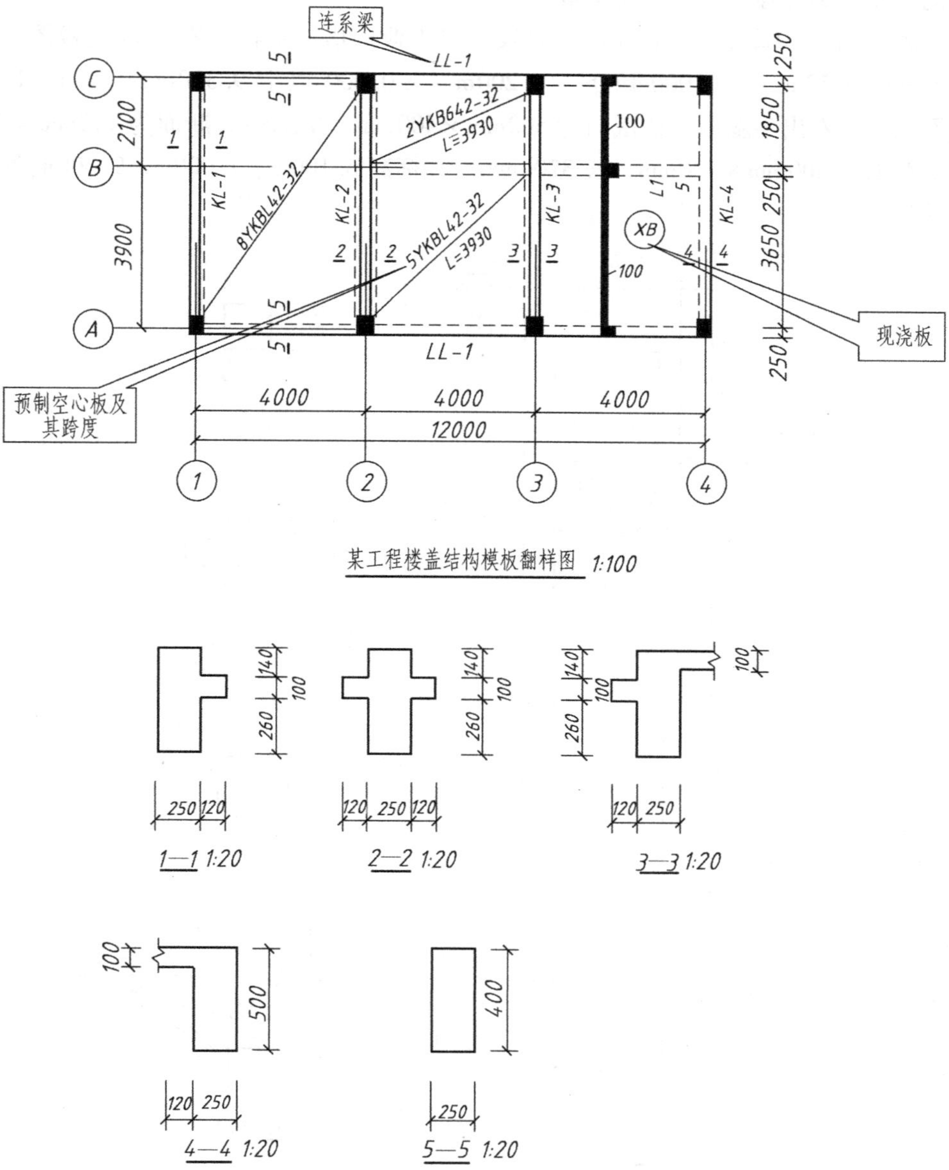

图 10-16　某工程楼层结构模板翻样图

3. 钢筋混凝土构件模板翻样图　建筑结构的钢筋混凝土构件分现浇和预制两种，现以预制柱为例说明其模板的翻样。

1）预制柱的模板翻样图一般有立面图和断面图两种。在立面图中标注柱的总长、分段长和柱表面的预埋件、插筋、孔洞等位置尺寸，牛腿细部尺寸，并标注柱的顶部、牛腿面、室内地面、柱底等处的标高。在断面图中标注柱的宽度和厚度，对变截面柱，每一截面均应画出断面图。

2）预制柱中的预埋件、孔洞、插筋等在图中的定位尺寸，应注在它们的中心位置，而不应注在外形边缘处，以免在加工和安装时造成尺寸误差。

3）当构件采用钢模板施工时，其翻样图应详细画出模板的排列和组合详图，并列出各种规格的钢模板和螺栓等配件的使用量。

4. 模板翻样图识读举例　图 10-17 是某单层工业厂房牛腿柱（Z1）的模板图，比例为 1∶30，柱高 10.50m（±0.000 以下 -1.200m，±0.000 以上 9.300m）。从 1—1、2—2、3—3断面图中可看出牛腿以下柱截面为 600mm×400mm，牛腿最大断面为 950mm×400mm；牛腿以上截面为 400mm×400mm，长 3200mm。在标高 6.100m、7.000m、9.300m 处共有三种预埋铁件。

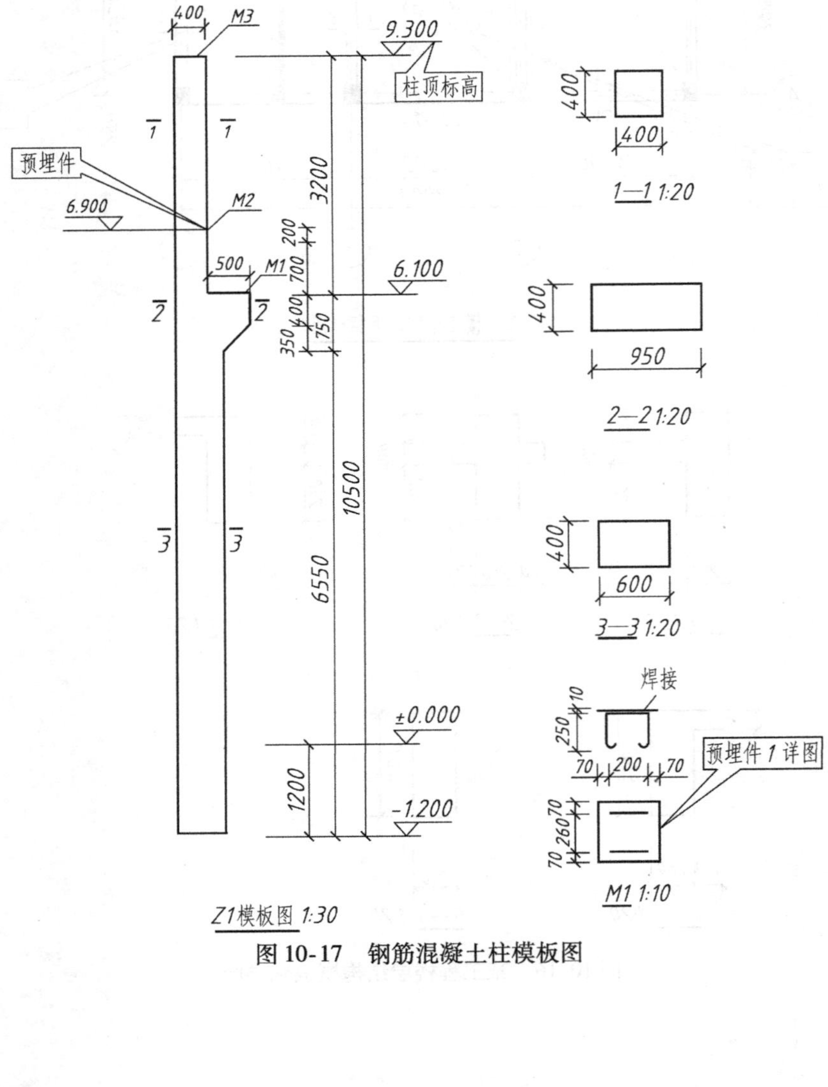

图 10-17　钢筋混凝土柱模板图

图 10-18 是牛腿柱预埋件 M2 详图，比例为 1∶10，为一块厚 10mm、长 400mm、宽 400mm 的钢板，按图示要求有 9 根Φ14 的钢筋和钢板焊接并伸入柱中和柱相连，每根钢筋长 250mm。

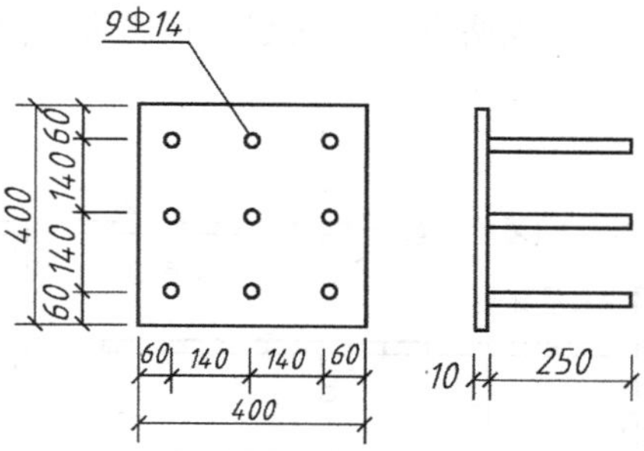

图 10-18　牛腿柱预埋件 M2 详图

10.6　墙体砌块排列翻样图

10.6.1　砌块翻样的图示内容和绘制

砌块结构中常用的砌块有黏土砖、粉煤灰硅酸盐砌块、加气混凝土砌块、空心砌块等，由于砌体部位不同、砌块规格各异，故在施工前应绘制砌块排列大样图即砌块排列翻样图。

1. 砌块排列原则

1）尽量采用主规格砌块，以减少砌块规格。

2）应错缝搭接，避免竖向垂直通缝。搭接长度不小于砌块长度的 1/3，也不宜小于 150mm，外墙转角处及纵横墙交接处应交错搭砌，见图 10-19。

3）应尽量少嵌砖，局部必须嵌砖时，应尽可能分散布置。

4）对于空心砌块，上下皮砌块的壁、肋、孔应垂直对齐，以提高墙体的整体性能。

5）进墙梁应搁置在砌块长度的中间，梁四周的空隙部分应浇筑混凝土，而不得镶砖。

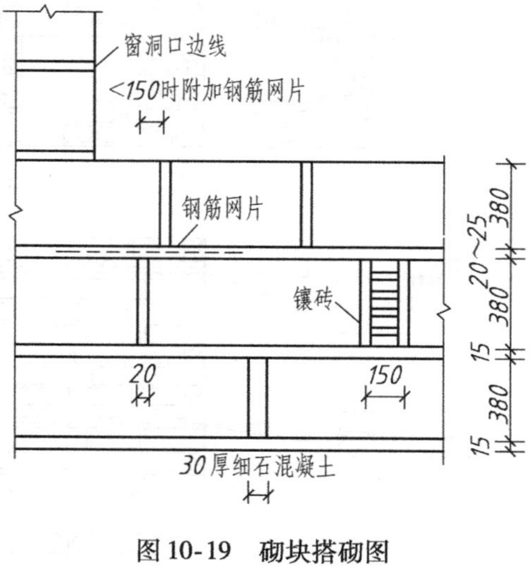

图 10-19　砌块搭砌图

2. 砌块翻样图的绘制

1）画出建筑的墙体平面布置示意图，标注定位轴线和门窗孔洞的位置、尺寸。

2）分别画出各墙体的立面轮廓图，并在图中画出门窗、孔洞、过梁、圈梁和伸进墙内的梁、板等的形状，标注尺寸、标高和定位轴线。

3）用单线画出砌块水平灰缝线，每皮中砌块的排列可先排规格大的砌块，再排规格小的砌块，最后便可得出砌块的竖向灰缝线。

4）在图中标出砌块的规格，型号用数字表示，并标注不同规格砌块的材料图例。

10.6.2 砌块翻样图识读举例

图10-20是砌块排列图。其中，图10-20a是二层（底层）第一皮砌块排列平面图，表明砌块的水平排列情况，根据轴线尺寸，空出门洞位置，然后排列砌块，又称摆底摆样。图10-20b是外墙A轴砌块排列立面图，图10-20c是外墙1轴砌块排列立面图。图中把圈梁、门窗洞口、楼板、镶砖位置、各种规格砌块排列都表示出来，这样就可以安排好各种砌块的进料数量，指导施工。

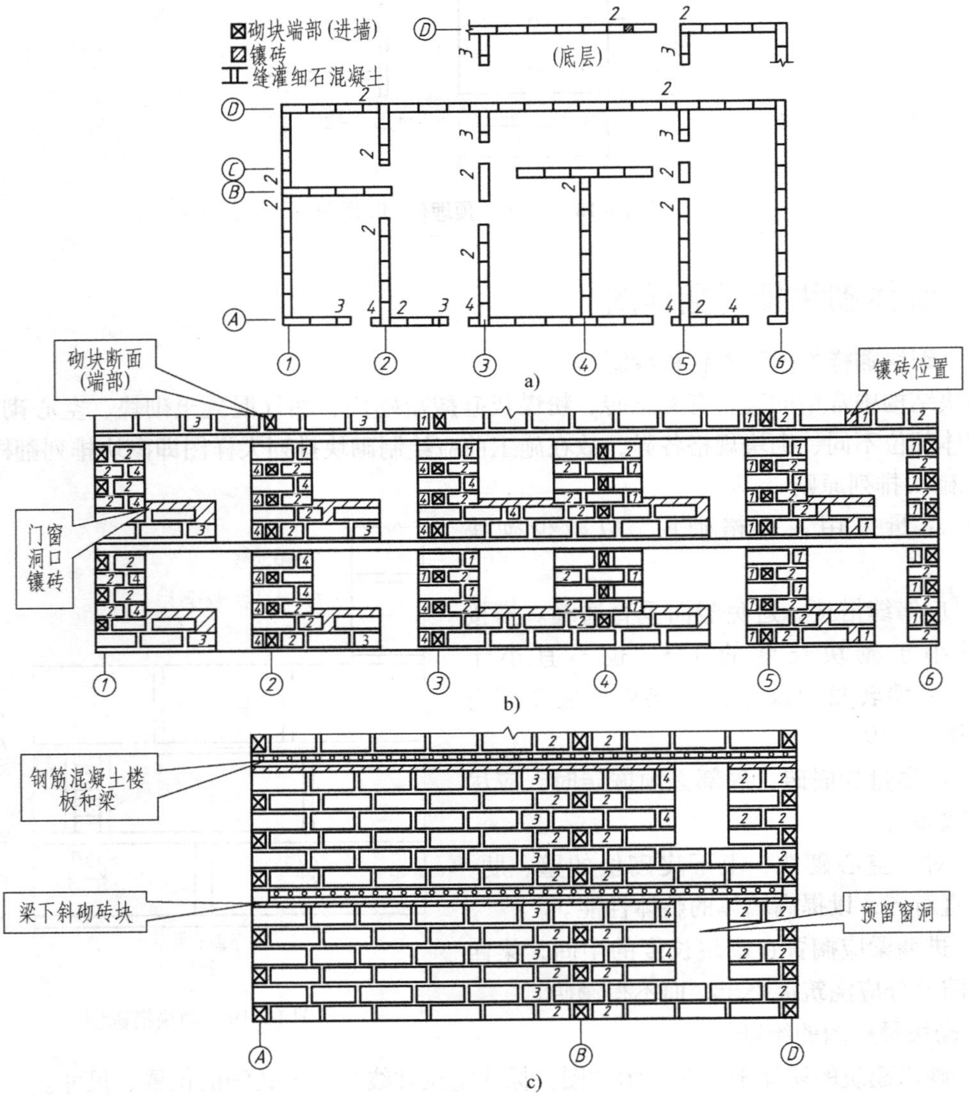

图10-20 砌块排列图

注：空号砌块（1180×380×240），1号砌块（880×380×240），
2号砌块（580×380×240），3号砌块（430×380×240），
4号砌块（280×380×240）。

10.7 钢筋翻样图

10.7.1 钢筋翻样的图示内容和绘制

1. 钢筋的配料 钢筋的配料就是根据施工图分别标出构件的各根钢筋的直线长度，然后据此汇总成钢筋配料单，作为备料、加工和结算的依据。

2. 钢筋翻样图的绘制 钢筋的实际形状和尺寸均以简图表示，一般用单线示意图表示，钢筋的图线以粗实线绘出。钢筋图的形状应和设计图中配筋的形状、方向一致，尺寸以实际尺寸为准，设计图样起示意作用。钢筋的尺寸标注是钢筋配料的主要依据，简图中注明的尺寸均为外包尺寸，尺寸数字可直接标注在简图上。

（1）钢筋翻样的步骤

1）钢筋配料单的编制是一件细致的工作，为避免遗漏和差错，应按照工程施工顺序逐一进行，每一构件可按受力筋、构造筋、箍筋等不同类别进行编制。

2）绘出每根钢筋的简图并标注尺寸，填写钢筋的规格、根数，计算钢筋的下料长度，最后对钢筋的总重量按分部分项进行汇总。

3）钢筋配料单完成后，要认真、细致地复核检查，以免出现差错。

（2）注意事项

1）凡设计图中对钢筋配置的细节没有具体表明时，可按规范中的构造规定处理。

2）翻样时，在符合设计要求的前提下，钢筋的形状和尺寸要考虑便于加工和安装。

3）对形状复杂的钢筋，用数字计算较困难时，一般采用按比例放大样的方法。

4）除了按设计图配料外，还要考虑因施工需要而增设的附加钢筋。

10.7.2 钢筋翻样图识读举例

图 10-21 是钢筋混凝土简支梁的结构详图，比例为 1∶20。从立面图和 1—1、2—2 断面图中可以看出①号筋 2Φ12 为受力筋，②号筋 1Φ12 为弯起筋，③号筋 2Φ6 为架立筋，④号筋Φ6 为箍筋。立面图下为各编号钢筋的大样图。

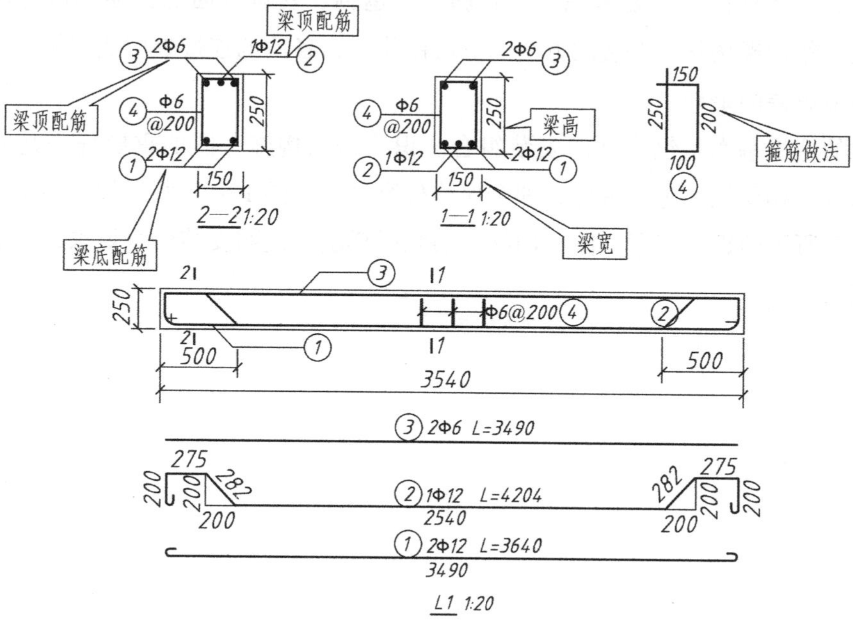

图 10-21 钢筋混凝土梁结构详图

为便于编制施工预算，统计用料，对配筋复杂的梁还要列出钢筋表。钢筋表的内容见表10-5。

表 10-5　钢筋表

构件名称	构件数	钢筋编号	钢筋规格	简图	长度/mm	每件支数	总支数	质量累计/kg
L1	1	1	Φ12		3640	2	2	6.47
		2	Φ12		4204	1	1	3.73
		3	Φ6		3490	2	2	1.55
		4	Φ6		700	18	18	2.80

10.8　金属件翻样图

建筑中的金属件有建筑装饰配件（如金属栏杆、雨水管铁箍、搁板铁脚等）和金属结构（如钢屋架、钢柱、钢支撑、钢吊车梁和预埋铁件等）。

金属件的翻样图应按照施工前后次序和阶段，分期分批进行，在图中要详细表明金属件的名称、型号、规格、尺寸、形状和材料的连接方式及加工、安装要求等。对外形较大的金属件（如屋架、楼梯栏等）要考虑它们在施工、运输、安装方面的方便和可行性，采取诸如工作分段制作、现场整体拼装的方法。分段制作时，各段的连接处应适当放长，以便安装拼接时有调节偏差的余地。

钢结构的施工基本是钢构件的安装组合。识读钢结构施工图的重要任务是做钢梁、钢柱、型钢基础、钢屋架的施工翻样，即金属构件翻样图。图10-22所示的工字型钢抗风柱详图和图10-23所示的钢吊车梁详图，用材料表和图样配合说明安装组合要求，就是金属件翻样图一种形式。

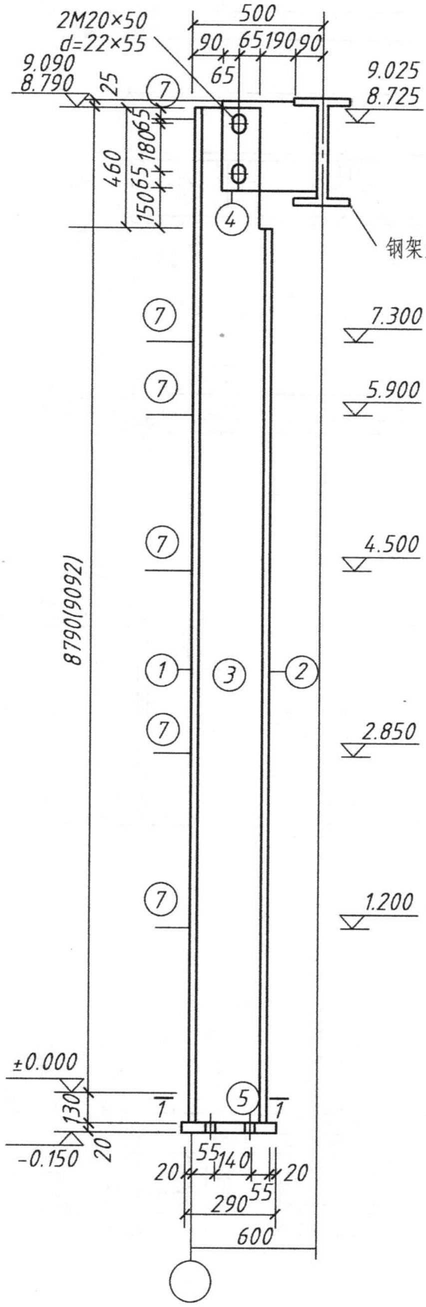

EC-1(EC-2)

材料表						
构件名称	构件编号	规格	长度/mm	数量		备注
				正	反	
EC-1	1	-200×8	8920	1		
	2	-200×8	8460	1		
	3	-284×6	8920	1		
	4	-335×8	407	1		
	5	-240×20	290	1		
	6	-80×16	80	4		
	7	-140×6	160	5		现场焊接
EC-2	1	-200×8	9222			
	2	-200×8	8762	1		
	3	-284×6	9222	1		
	4	-335×8	407	1		
	5	-240×20	290	1		
	6	-80×16	80	4		
	7	-140×6	160	6		现场焊接

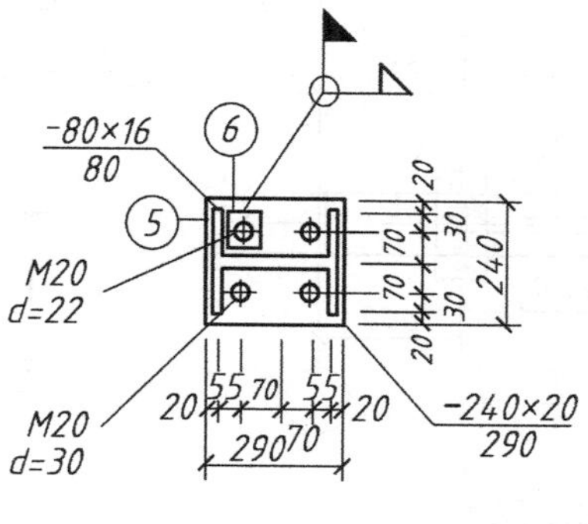

1—1

图 10-22 抗风柱详图

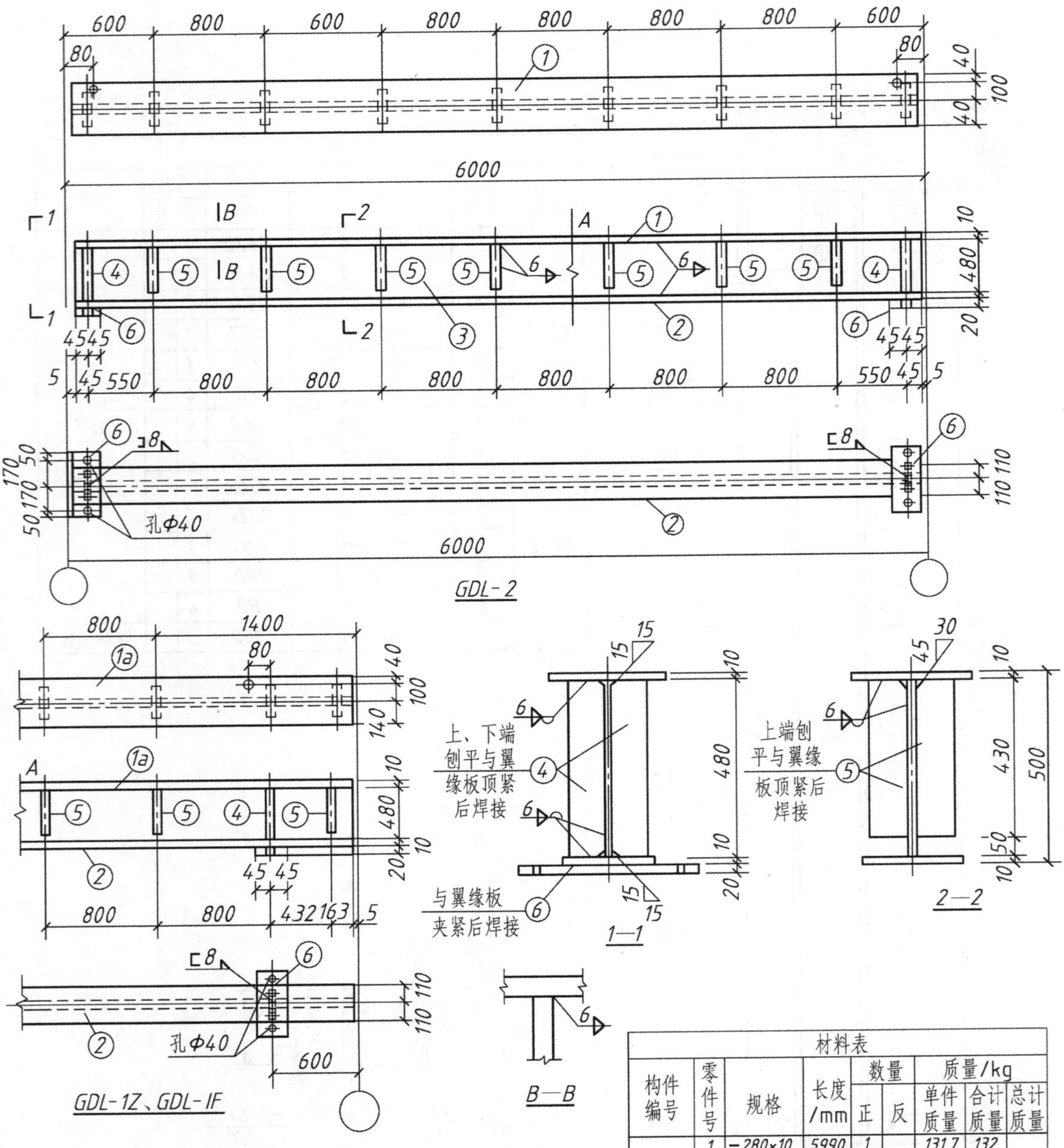

材料表								
构件编号	零件号	规格	长度/mm	数量		质量/kg		
				正	反	单件质量	合计质量	总计质量
GDL-1、GDL-2	1	−280×10	5990	1		131.7	132	412
	2	−220×10	5990	1		103.4	103	
	3	−480×6	5990	1		135.4	135	
	4	−90×6	480	4		2.0	8	
	5	−90×6	380	14		1.6	22	
	6	−90×20	440	2		6.2	12	

注：1. 未注明的孔径为ϕ21.5。

2. GDL−1、GDL−2的零件1号预留孔位置不同。

3. 吊车轨道选用CGTK38或CGQY38焊接型。

图 10-23 钢吊车梁详图

能力拓展训练题

1. 请列出本章的知识点和技能点网络图。
2. 说明在绘制梁模板翻样图前应做哪些准备？
3. 参观砌块墙体，注意其排列方式。
4. 参观施工场地钢筋加工区，观察下料与弯钩。
5. 参观施工现场，注意观察模板类型与安装。
6. 比较工程设计图与施工翻样图的区别。
7. 参观钢结构建筑施工现场并对照分析施工图与安装技术交底单的联系。

学习自测表

层次 领域	初级		中级		高级	
认知	了解		运用		综合	
技能	模仿		应用		创造	
情感	激情		心境		热情	

第11章　识读设备施工图

技能要求

1. 说出设备施工图的种类。
2. 辨识水、暖、电设备施工图的常用图例。
3. 说出设备施工图的识读要领。
4. 识读出给水排水施工图的技术要素。
5. 识读出采暖施工图的技术要素。
6. 识读出弱电与综合布线施工图的技术要素。

知识要点

设备施工图、室内给水系统图、室内排水系统图、暖通与空调施工图、电器照明施工图、弱电与综合布线系统施工图、室内给水排水平面图、室外给水排水平面图、采暖平面图、采暖系统图。

11.1　设备施工图的内容

在房屋建筑工程中，除土建施工以外还要包括给水、排水、供暖、通风、空调、电气与照明等设备的施工。表达这些配套设计、施工内容的图样称为设备施工图。设备施工图的种类很多，本章主要介绍给水排水、暖通、电气、综合布线等设备施工图的识读。

11.1.1　设备施工图的内容

给水排水、暖通、电气施工图一般由管道（线路）平面布置图（图11-1）、系统轴测图（图11-2、图11-3）、详图（图11-4）以及总说明等组成。

1. 平面布置图　用来表示给水排水、暖通、电气各种设备以及管道（线路）的平面布置情况，简称平面图。

2. 系统轴测图　管道（线路）的敷设常常是纵横交错的，在平面图上较难表明它们的空间走向，因此，用轴测图表示管道在空间的走向，这种图称为系统轴测图，简称系统图。电气系统图不必画成轴测图的形式，只用示意图表示线路系统的关系。

3. 详图　表示某些设备的详细构造与安装做法的图样称为详图。凡标准图集上有的详图都不必再画。

4. 总说明　主要说明设计意图、施工要求、可采用的设备规格及图中无法表达的内容，应用文字表达出来。

11.1.2　设备施工图的特点

1）设备施工图中所表示的设备装置和管道、线路多采用统一的图例符号表示，因此，

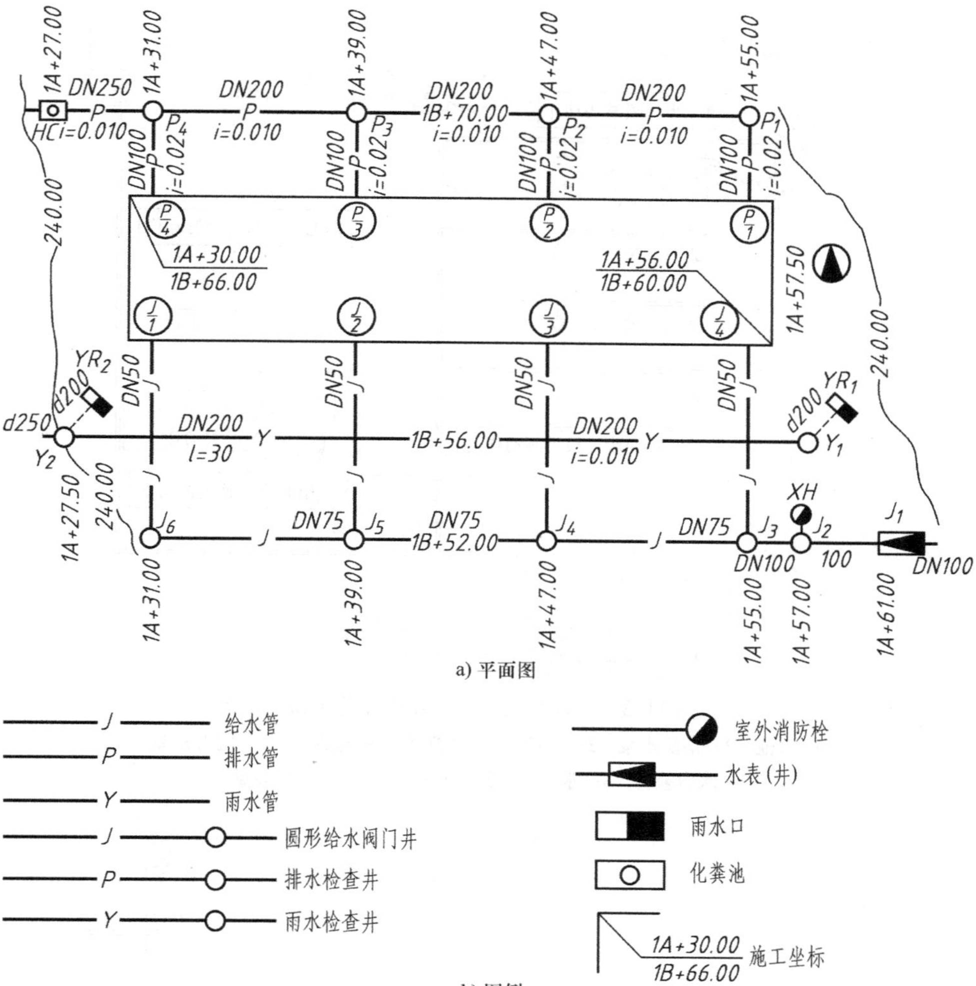

a) 平面图

b) 图例

图 11-1　某室外给水排水平面图及图例

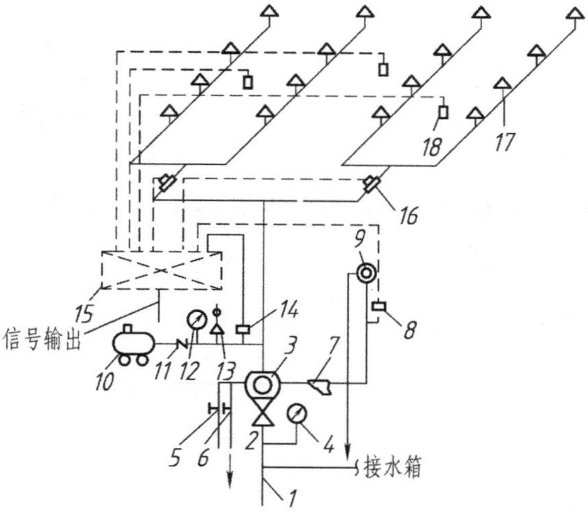

图 11-2　干式自动喷水灭火系统示意图

1—供水管　2—闸阀　3—干式阀　4、12—压力表　5、6—截止阀　7—过滤器　8、14—压力开关
9—水力警铃　10—空气压缩机　11—止回阀　13—安全阀
15—火灾报警控制箱　16—水流指示器　17—闭式喷头　18—火灾探测器

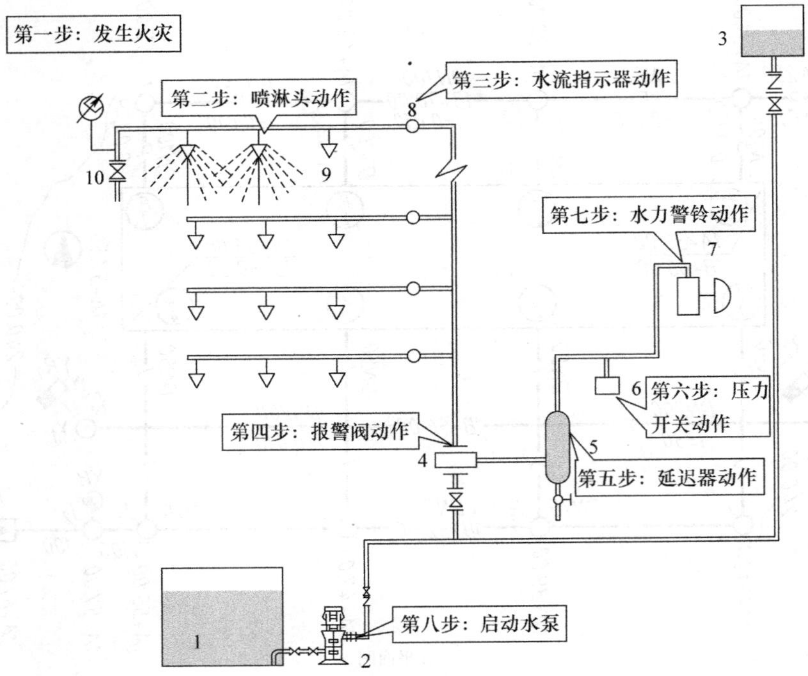

图 11-3　自动喷火灭火系统的工作原理

1—水池　2—消防水泵　3—水箱　4—报警阀　5—延迟器　6—压力开关　7—水力警铃　8—水流指示器　9—喷头　10—试验装置

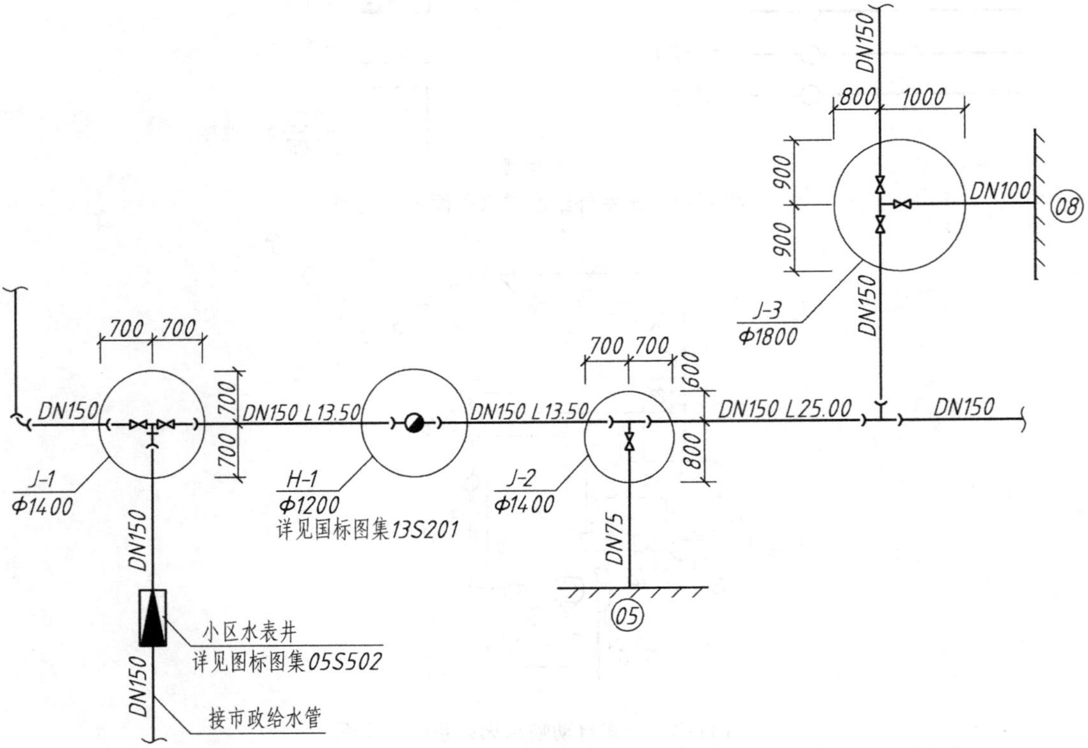

图 11-4　给水管道节点图图样

在阅读设备施工图时，一定要先了解与图样有关的图例符号及其所代表的内容。给水排水施工中常用的线型见表11-1，常用管道的图例见表11-2。

表11-1 给水排水施工中常用的线型

名称	线型	线宽	用途
粗实线	——————	b	新设计的各种排水和其他重力流管线
粗虚线	—— —— ——	b	新设计的各种排水和其他重力流管线的不可见轮廓线
中粗实线	——————	0.7b	新设计的各种给水和其他压力流管线；原有的各种排水和其他重力流管线
中粗虚线	- - - - - - - - - - -	0.7b	新设计的各种给水和其他压力流管线的不可见轮廓线；原有的各种排水和其他重力流管线的不可见轮廓线
中实线	——————	0.5b	给水排水设备、零（附）件的可见轮廓线；总图中新建的建筑物和构筑物的可见轮廓线；原有的各种给水和其他压力流管线
中虚线	- - - - - - - - - - -	0.5b	给水排水设备、零（附）件的不可见轮廓线；总图中新建的建筑物和构筑物的不可见轮廓线；原有的各种给水和其他压力流管线的不可见轮廓线
细实线	——————	0.25b	建筑的可见轮廓线；总图中原有的建筑物和构筑物的可见轮廓线；制图中的各种标注线
细虚线	- - - - - - - - - - -	0.25b	建筑中的不可见轮廓线；总图中原有的建筑物和构筑物的不可见轮廓线
单点长画线	——·——·——	0.25b	中心线、定位轴线
折断线		0.25b	断开界线
波浪线		0.25b	平面图中水面线；局部构造层次范围线；保温范围示意线

表11-2 给水排水施工中常用管道的图例

名称	图例	备注	名称	图例	备注
生活给水管	—— J ——		热媒给水管	——RM——	
热水给水管	—— RJ ——		热媒回水管	—— RMH ——	
热水回水管	——RH——		蒸汽管	—— Z ——	
中水给水管	—— ZJ ——		凝结水管	—— N ——	
循环冷却给水管	—— XJ——		废水管	—— F ——	可与中水原水管合用
循环冷却回水管	—— XH ——		压力废水管	——YF——	

（续）

名称	图例	备注
通气管	—— T ——	
污水管	—— W ——	
压力污水管	—— YW ——	
雨水管	—— Y ——	
压力雨水管	—— YY ——	
虹吸雨水管	—— HY ——	
膨胀管	—— PZ ——	
保温管		也可用文字说明保温范围
伴热管		也可用文字说明保温范围
多孔管		
地沟管		
防护套管		
管道立管	XL-1 平面　XL-1 系统	X为管道类别；L为立管；1为编号
空调凝结水管	—— KN ——	
排水明沟	坡向 →	
排水暗沟	坡向 →	

2）在设备施工图中，无论是管道中的水流、气流还是线路中的电流都按一定方向流动，最后和各种设备连接。例如在一幢房屋内：

给水系统：引入管→水表节点→干管→立管→支管→用水设备。

供暖系统：供暖干管→立管→支管→散热设备→回水干管。

电气系统：进户线→配电盘→干线→分配电盘→支线→用电设备。

因此，在读设备施工图时，把握这一特点，按一定顺序去读管线图，就会很快读懂图样所表达的内容。

3）设备施工图的设备安装、管道（线路）的敷设需要与土建工程相互配合（如管沟、预留孔等）。

11.2　室内给水排水施工图

给水排水工程是为了解决人们的生活、生产及消防的用水和排出废水、处理污水的城市建设工程，它包括室外给水工程、室外排水工程以及室内给水排水工程三个方面。

给水排水施工图是表达室外给水、室外排水及室内给水排水工程设施的结构形状、大小、位置、材料及有关技术要求的图样，以供设计和施工人员按图施工。给水排水施工图一般是由管道平面布置图、管道系统轴测图、设备及构件详图组成。

11.2.1　常用图例

给水排水施工图中的常用管道附件图例见表11-3。

表11-3　给水排水施工图常用管道附件图例

名称	图例	备注	名称	图例	备注
管道伸缩器			圆形地漏	 平面　系统	通用。如无水封，地漏应加存水弯
方形伸缩器			方形地漏	 平面　系统	
刚性防水套管	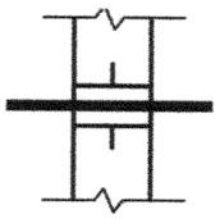		自动冲洗水箱	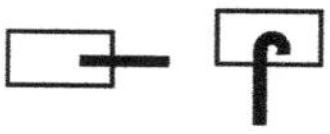	
柔性防水套管	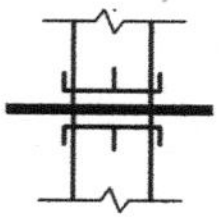		挡墩		
波纹管			减压孔板		
可曲挠橡胶接头	 单球　双球		Y形除污器		
管道固定支架			毛发聚集器	 平面　系统	
立管检查口			倒流防止器		
清扫口	 平面　系统		吸气阀		
通气帽	 成品　蘑菇形		真空破坏器		
雨水斗	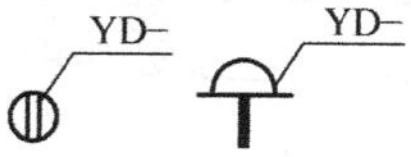 平面　系统		防虫网罩		
排水漏斗	 平面　系统		金属软管		

11.2.2　室内给水排水系统

室内给水排水系统是两个独立的管道系统。在施工图中也常常分别表达。

1. 室内给水系统

(1) 室内给水系统的组成。室内给水系统主要是管道的布置和管道上配件的布置。包括引入管、水表节点、室内配水管网、配水附件和控制附件、升压设备等，见图 11-5。

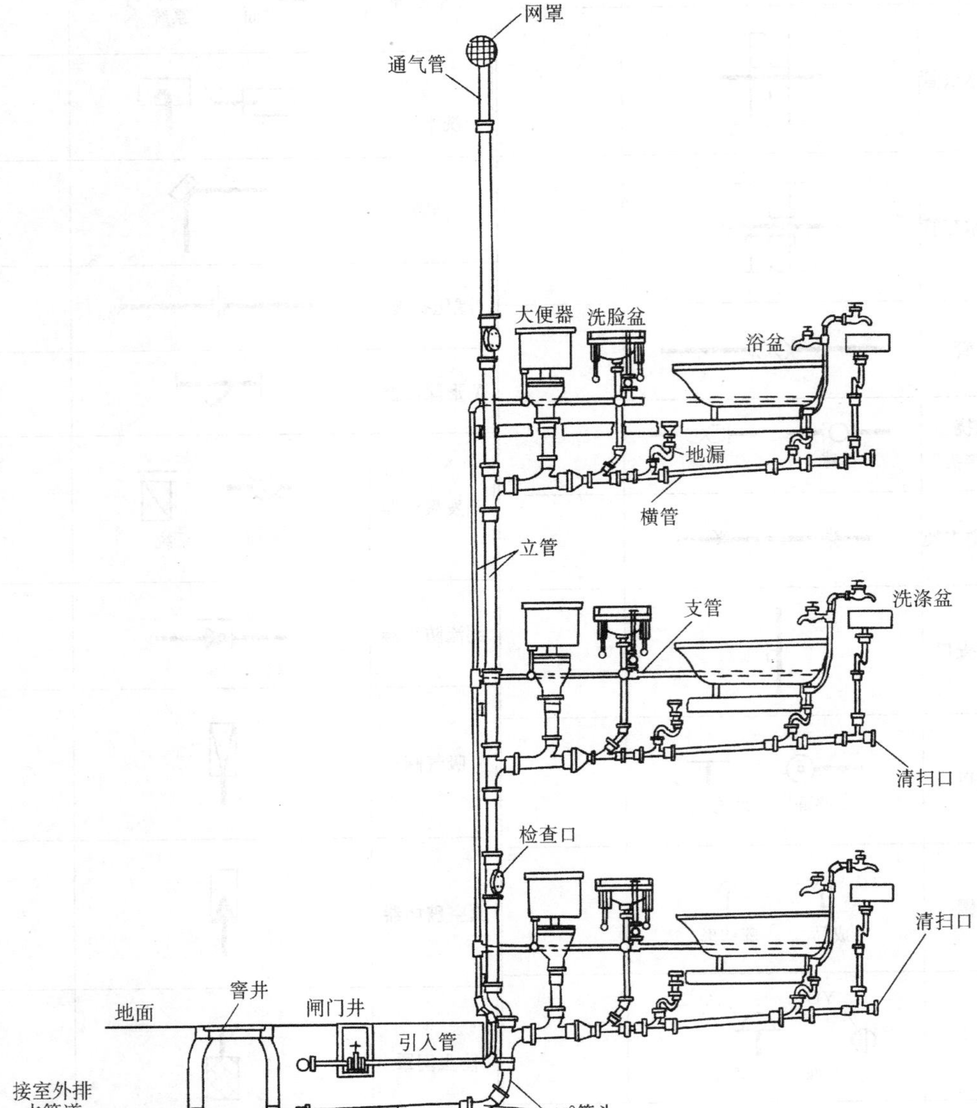

图 11-5　室内给水排水系统的组成

（2）室内给水系统的分类

1）生活给水系统。包括供民用住宅、公共建筑以及工业企业建筑内饮用、烹调、盥洗、洗涤、淋浴等生活用水。

2）生产给水系统。这是为了满足生产工艺要求设置的用水系统，包括供给生产设备冷却、原料和产品洗涤，以及各类产品制造过程中所需的生产用水。

3）消防给水系统。这是供民用建筑、公共建筑以及工业企业建筑中的各种消防设备的用水。一般高层住宅、大型公共建筑、车间都需要设消防供水系统。

以上三种给水系统，可以单独设置，也可以联合共用，根据建筑内部用水所需要的水质、水压、水量等情况，以及室外供水系统情况，通过技术、经济、安全等方面的综合分析，可以组成不同的共用系统。例如：生活和生产共用给水系统；生活和消防共用给水系统；生产和消防共用给水系统；生活、生产和消防共用给水系统。

（3）室内给水系统布置方式。室内给水系统布置方式有多种，包括枝状式、环状式、上行下给式和下行上给式等，见图 11-6 和图 11-7。

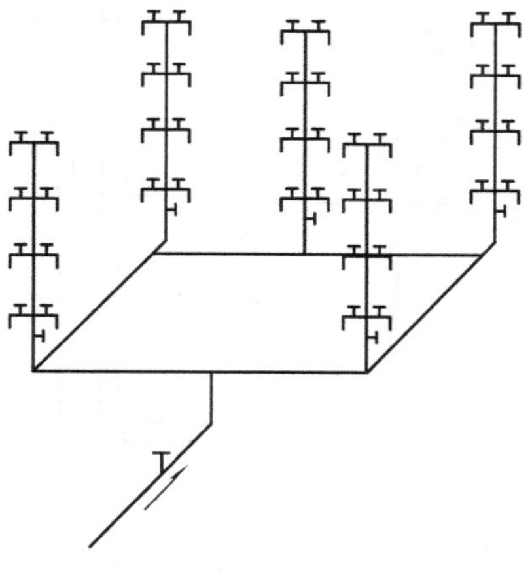

图 11-6　直接供水的水平环形下行上给式

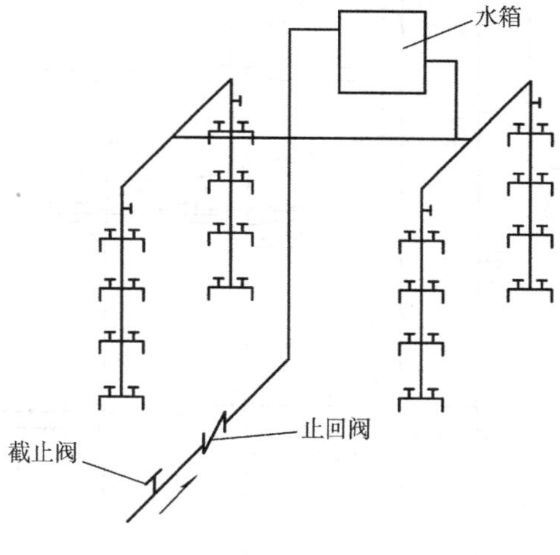

图 11-7　设水箱的上行下给式

2. 室内排水系统

（1）室内排水系统的组成。一般情况下，室内排水系统由以下几个基本部分组成：

1）卫生器具和生产设备的受水器。

2）排水管道。

3）提升设备。

4）清通设备。

5）污水局部处理构筑物等。

（2）室内排水系统的分类

1）按污废水性质分类，有生活污水排水系统、屋面雨水排水系统、工业废水排水系统。

2）按水力状态分类，有重力流排水系统、压力流排水系统。

11.2.3　室内给水排水平面图

室内给水排水平面图是表示室内卫生器具、阀门、管道即附件等相对于该建筑物内部的平面布置情况，它是室内给水排水工程最基本的图样，主要内容见图 11-8。

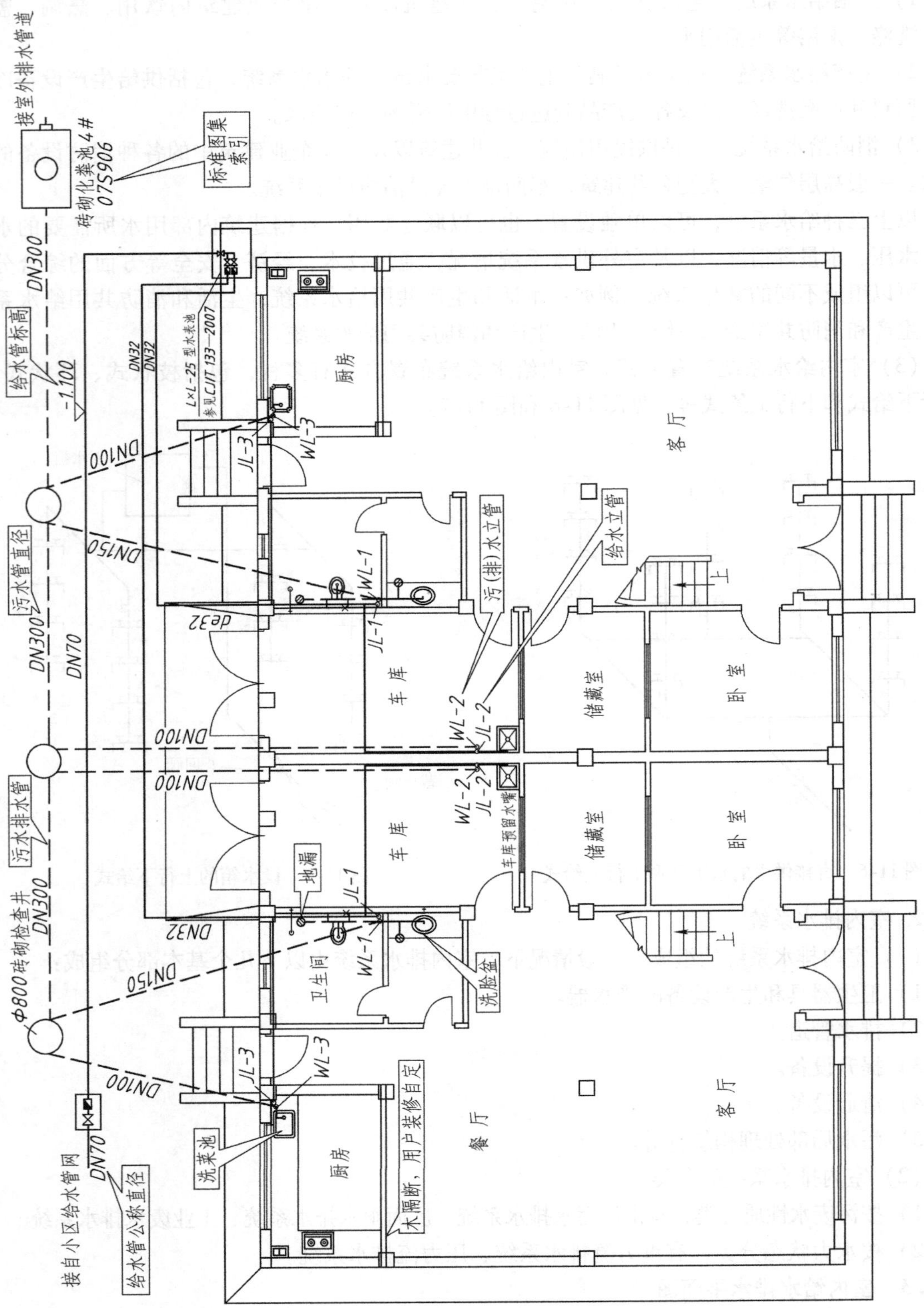

图 11-8　某住宅楼一层给排水平面图

11.2.4 室内给水排水系统图

由于给水排水平面图难以表达管道之间的空间几何关系，因此工程上常用系统轴测图表达管道的空间关系，各管段的管径、坡度、标高以及管道附件位置等。

1. 室内给水排水系统图的图示特点及尺寸标注　给水排水系统轴测图的尺寸标注包括管径标注和标高标注，见图 11-9、图 11-10。

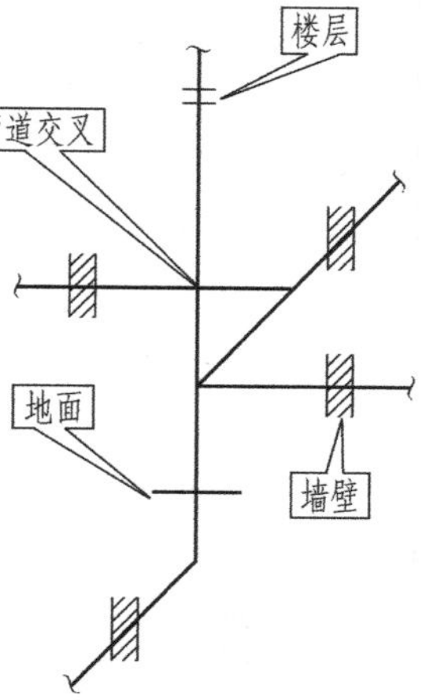

图 11-9　给水系统轴测图的图示方法

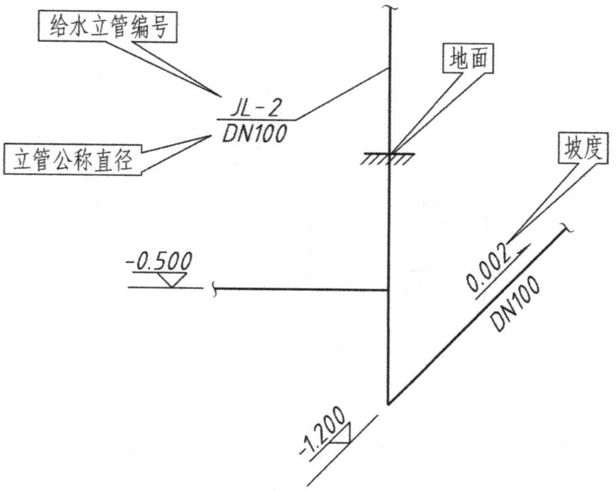

图 11-10　给水系统轴测图的尺寸标注

2. 室内给水排水系统图的识读　室内给水排水系统图应该以室内给水排水平面图为基础，并相互补充共同表达室内给水排水管网、卫生设施、管道设备等的形状、大小及室内位置。读图时应对照平面图，首先找到平面图与轴测图的对应编号，然后分别识读室内给水和排水系统轴测图。

1）识读室内给水系统图：室外引入给水管→水表节点→给水立管→给水支管→ 连接管→用水设备，见图 11-11。

2）识读室内排水系统图：受水设备（卫生器具、地漏）连接管→水平支管→排水立管→室内排出污水管→室外检查井，见图 11-12。

11.2.5 室内给水排水详图

室内给水排水平面图、室内给水排水系统轴测图表达了卫生设施、各种管道及构配件的规格和位置。而水池、卫生器具的安装、管道的连接与跃层过墙等做法，还需要有施工详图作为依据。详图的特点是图形表达准确、尺寸标注齐全、文字说明详尽。安装详图一般均有标准图可供选择，不需要再单独绘制。在识读详图时，应结合给水排水平面图、给水排水系统图对照进行。管道穿室内承重墙和给水管沿墙和埋地暗敷做法详图见图 11-13。

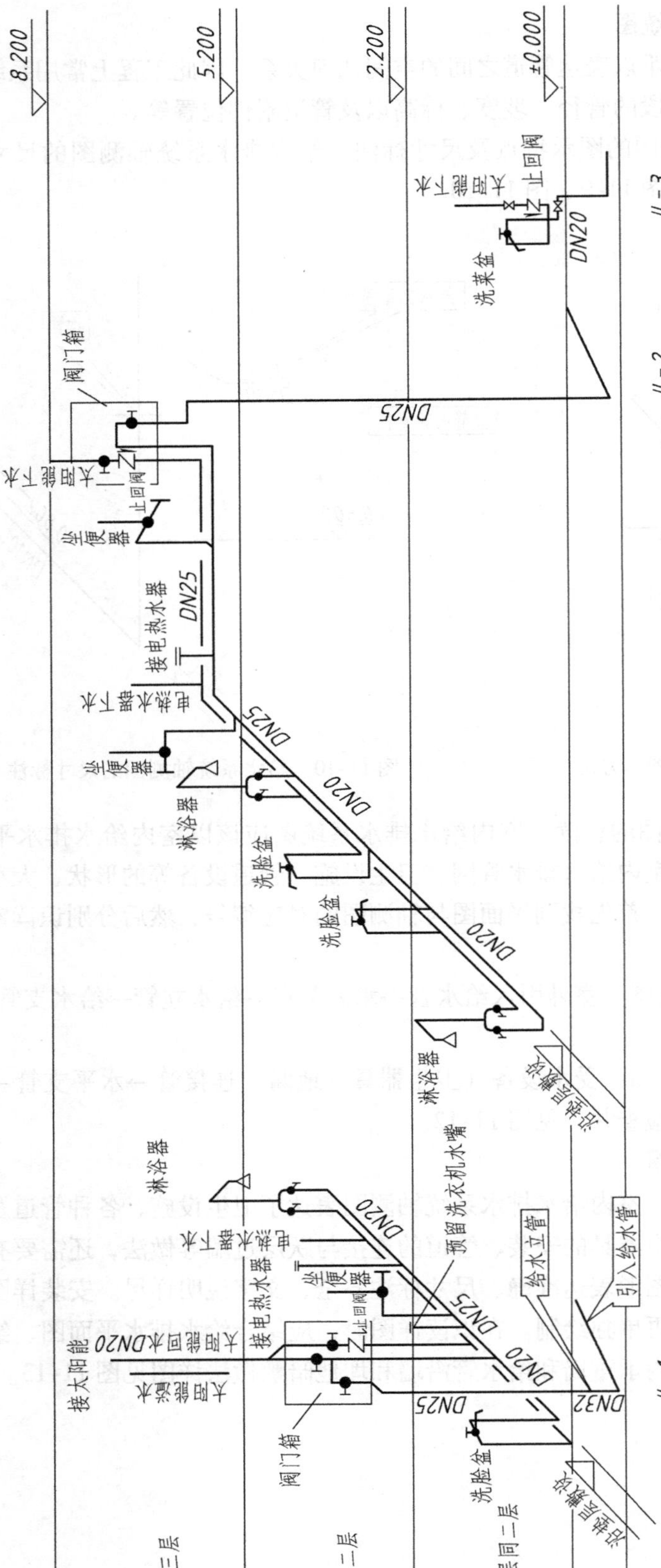

图 11-11 某住宅楼室内给水系统图

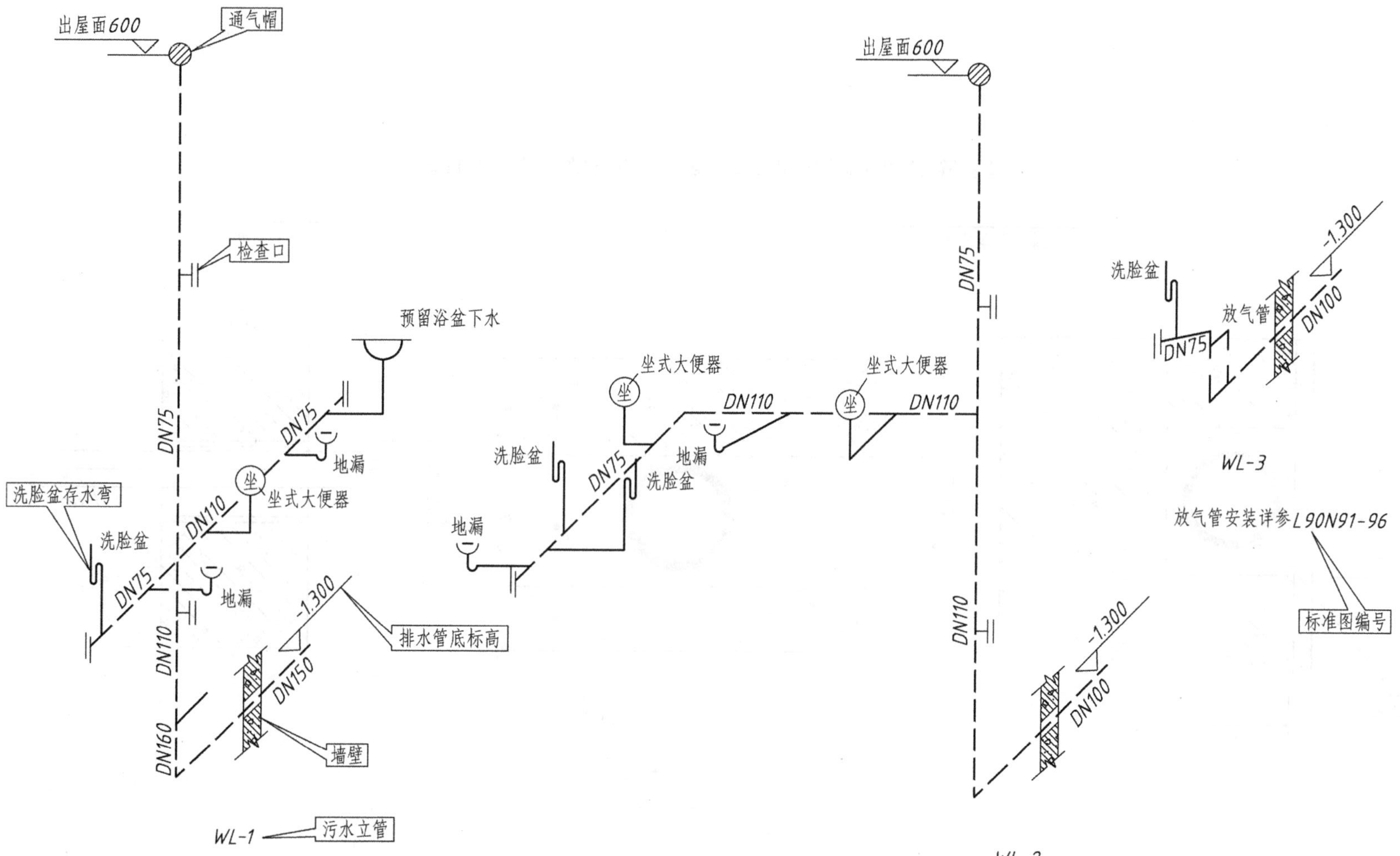

图 11-12　某住宅楼室内排水系统图

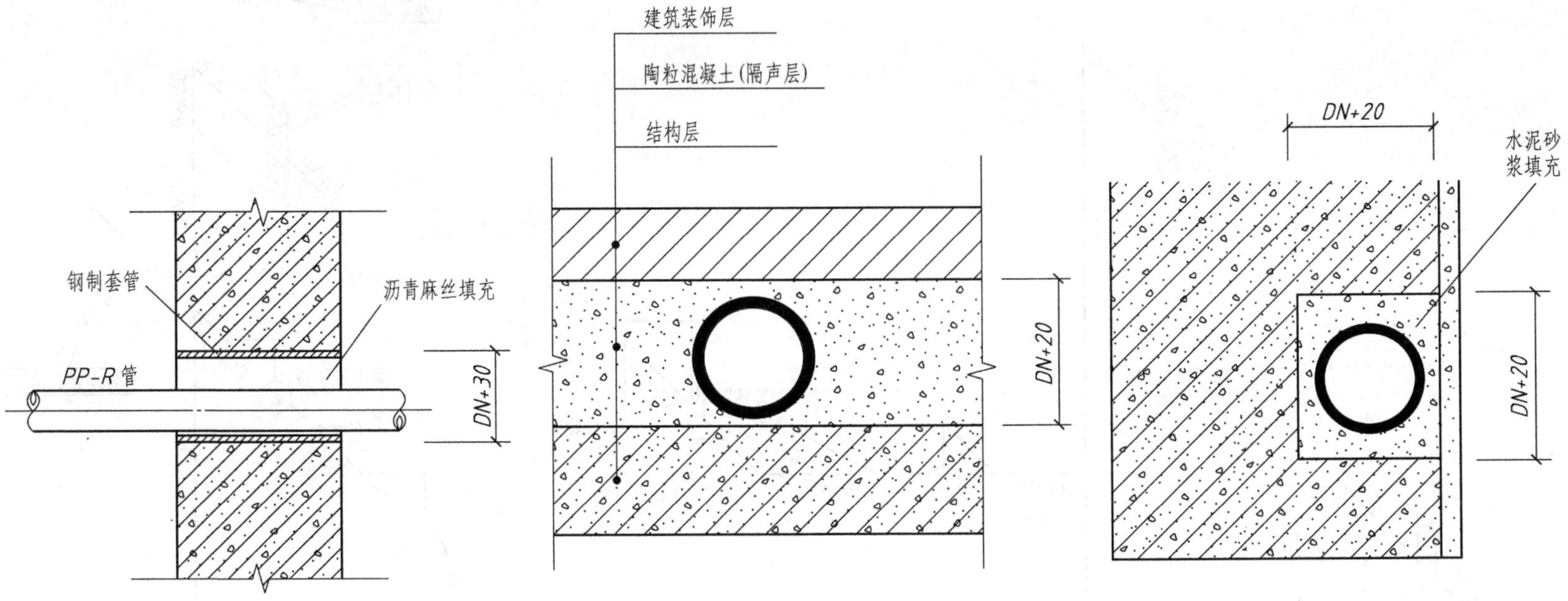

管道穿室内承重墙

给水管沿墙及埋地暗敷做法

图 11-13　管道穿室内承重墙和给水管沿墙及埋地暗敷做法详图

11.3 室外给水排水施工图

室外给水排水施工图主要表示小区范围内的各种室外给水排水管道的布置，与室内管道的引出管、排出管之间的连接以及管道敷设的坡度、交接情况、检查井位置和深度。室外给水排水施工图包括给水排水平面图、给水排水管道断面图及其详图等。

11.3.1 室外给水排水平面图

室外给水排水平面图所表示的内容包括：建筑物和构筑物的平面位置、道路等，并标出主要定位尺寸或坐标、标高，指北针（或风玫瑰图）；给水、排水管道平面位置，标注出干管的管径、流水方向、闸门井、消火栓井、水表井、检查井、化粪池等和其他排水构筑物位置；场地内给水、排水管道与城市管道系统连接点的控制标高和位置。某建筑物室外给水排水平面图见图 11-14。

11.3.2 室外给水排水管道纵断面

对地形复杂的排水管道以及管道交叉较多的给水排水管道，应绘制管道纵断面图，见图 11-15。图中应表示出设计地面标高、管道标高（给水管道标注管中心，排水管道标注管内底）、管径、坡度、检查井井距、检查井编号、检查井井深，并标出交叉管的管径、位置、标高。

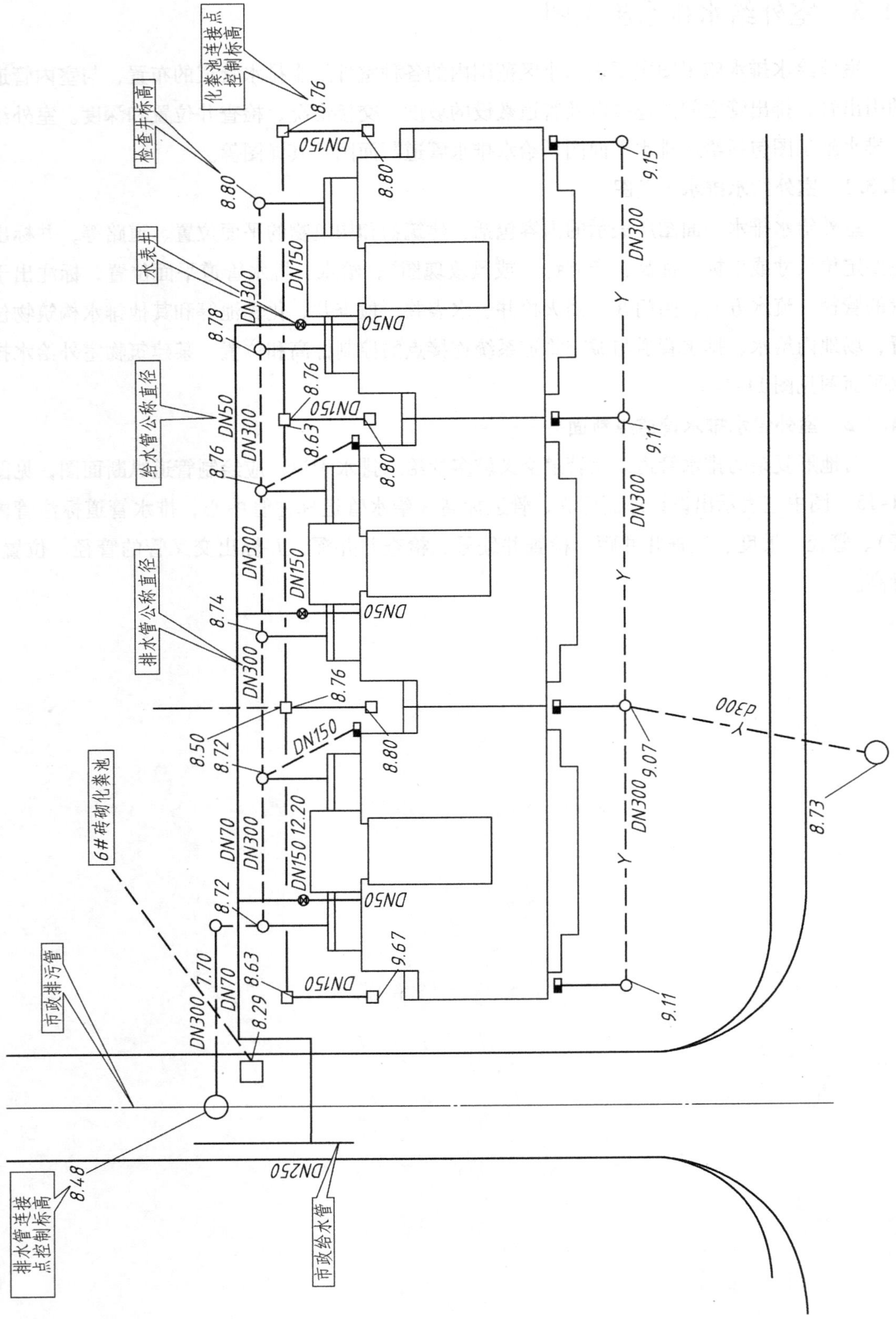

图 11-14 某建筑物室外给排水平面图

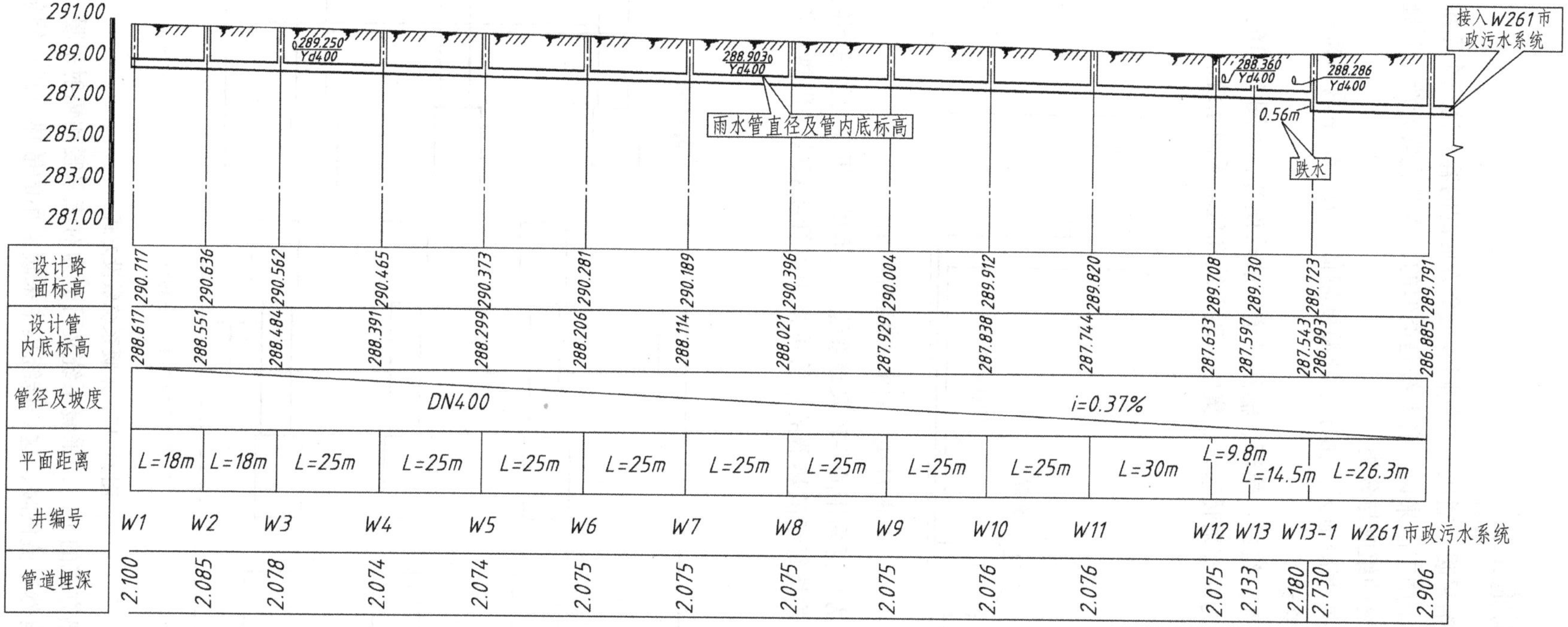

图 11-15　污水管道纵断面

11.4 暖通与空调施工图

暖通与空调系统包括采暖、通风、空气调节三个方面的内容，这三个系统的组成和工作原理各不相同，但是对于施工图来说，各系统是类似的，本节主要介绍采暖施工图的识读。

11.4.1 暖通与空调系统的组成与分类

1. 采暖系统　在冬季寒冷地区，由于室外温度较低，为了使室内保持一定的温度，需要在建筑物内设置采暖系统。

采暖系统主要由三部分组成：热源、输热管道、散热设备，见图 11-16。根据采暖范围的不同，采暖系统可分为局部采暖系统、集中采暖系统和区域采暖系统。

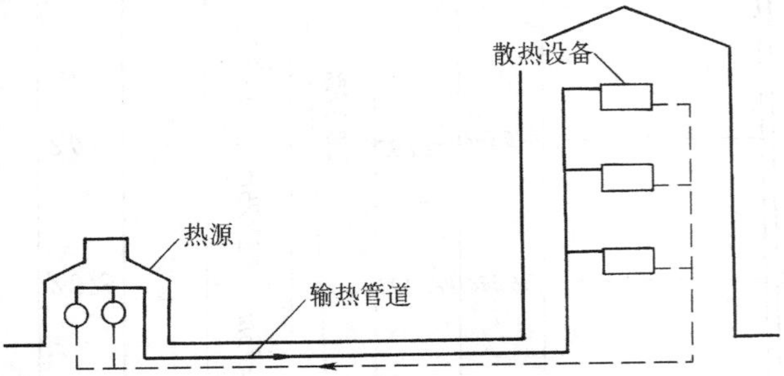

图 11-16　集中采暖系统示意图

集中采暖系统是北方广泛采用的一种采暖系统，根据供水干管的位置不同，可分为上供下回式和下供上回式。连接每组散热器的立管可采用单管或双管（供热立管和回水立管分设），见图 11-17。

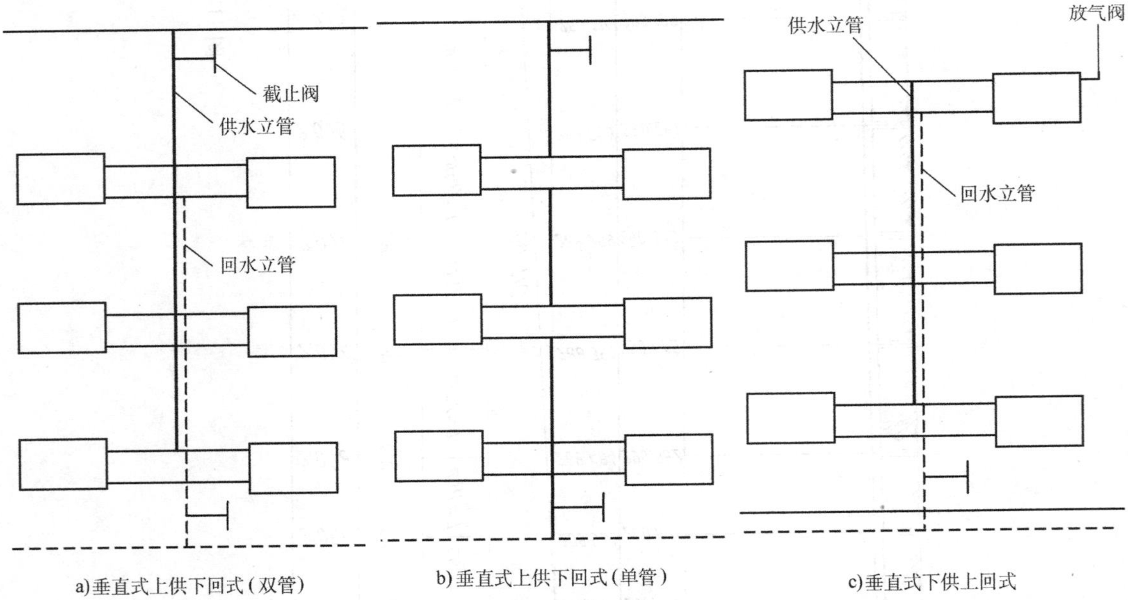

图 11-17　采暖系统敷设方式

根据散热设备散热方式的不同，采暖系统又可分为对流采暖和辐射采暖。如果散热设备是暖气片，便是通过自然对流供暖，这是传统集中采暖常用的散热方式；辐射采暖包括电热膜、电缆以及地板采暖。

其中低温热水地板辐射采暖系统，是近几年来逐步兴起的一种采暖方式，其主要原理是将加热盘管敷设于地板下，通过以低温热水均匀加热地板，实现大面积的以辐射传热为主，辅以对流换热来达到加热室内空气，造就一种符合人体舒适卫生要求的室内热环境。与传统的对流散热采暖相比，这种采暖方式具有绿色环保、节约能源、使用寿命长、节地、保健舒适、热源选择范围宽、可实现分户计量、分室控温等优点。低温热水地板辐射采暖系统的管道敷设方式见图 11-18。

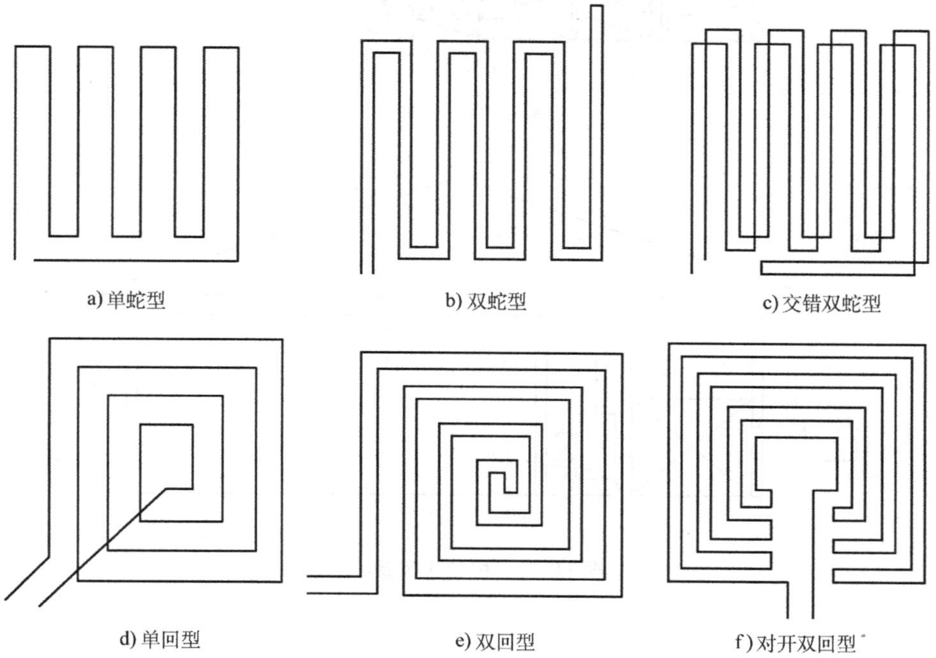

图 11-18　低温热水地板辐射采暖系统的管道敷设方式

2. 通风系统　为了创造良好的空气环境条件，在建筑物内还需要设置通风系统。通风系统包括排风和送风两部分，即把室内被污染的空气直接或净化后排出室外，把新鲜的空气补充进来，从而保证室内的空气环境符合卫生标准和满足生产工艺的要求。机械送风系统见图 11-19，机械排风系统见图 11-20。

按工作动力不同，通风系统又可分为自然通风和机械通风。自然通风不需要消耗动力，民用建筑和公共建筑以自然通风作为全面换气可满足一般室内空气环境要求，见图 11-21。

3. 空调系统　由空气处理、空气输送、空气分配及调节系统四个基本部分组成。按空气处理设备的集中程度，空调系统可分为局部空调系统和中央空调系统。局部空调系统就是空调机组直接安装在需要空调的房间或临近室内的位置，就地处理空气。具有配套设备简单、安装方便、因地制宜等优点，但不便管理维护、效率较低。中央空调系统是指空调系统的空气处理设备、风机和水泵等都集中设在专用的机房内，空气集中处理后再送到各个空调房间。中央空调系统具有服务面大、处理空气多、便于集中管理等优点，但难以满足不同的要求，只是适宜于满负荷的大型场所。中央空调系统示意见图 11-22。

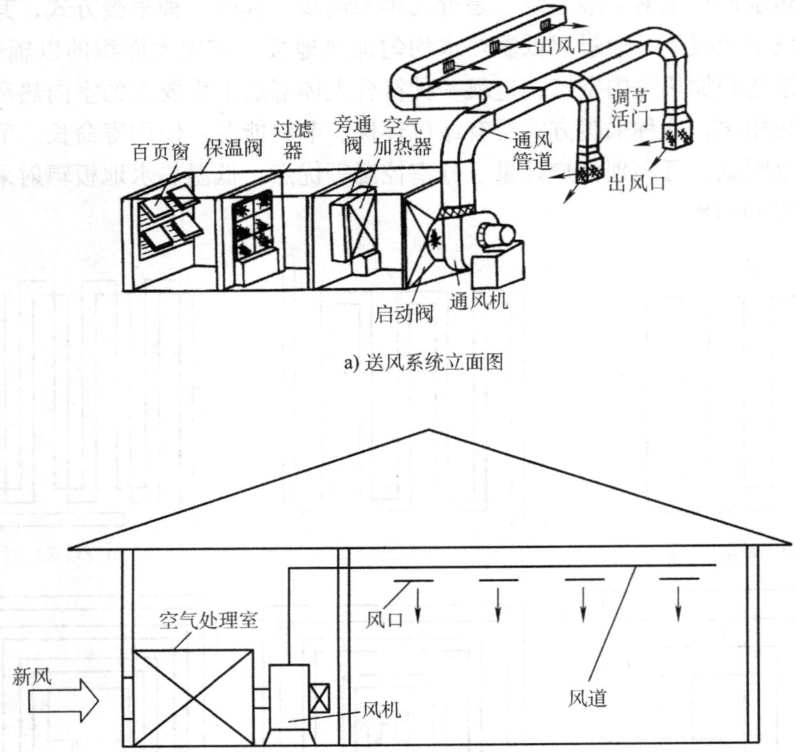

a) 送风系统立面图

b) 送风系统平面图

图 11-19　机械送风系统

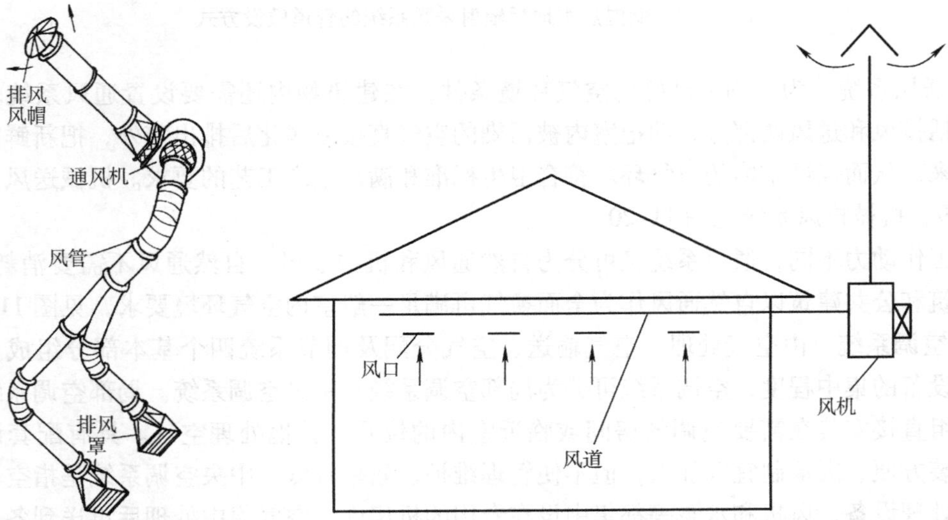

a) 排风系统立体图

b) 系统平面图

图 11-20　机械排风系统

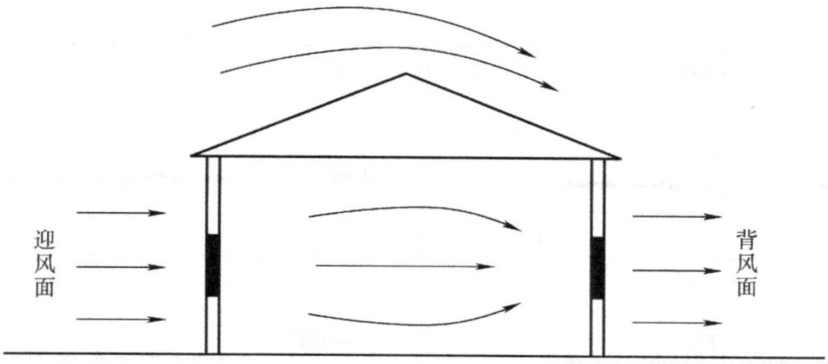

图 11-21　自然通风

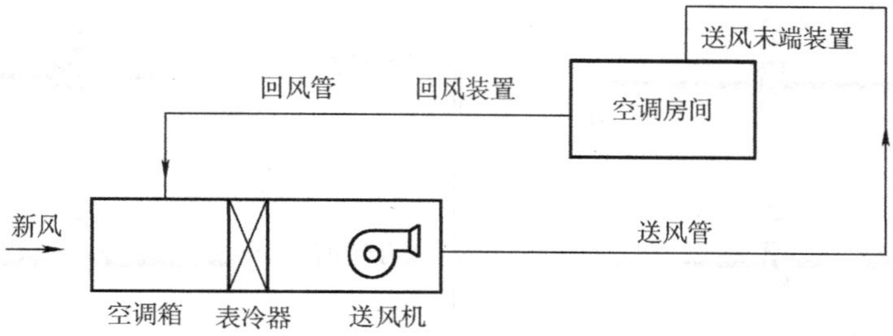

图 11-22　中央空调系统示意图

11.4.2　采暖施工图的有关制图规定

采暖施工图除了要遵循 GB/T 50001—2010《房屋建筑制图统一标准》中的规定外，还应遵守 GB/T 50114—2010《暖通空调制图标准》中的规定。采暖施工图包括管道平面布置图、剖面图、系统轴测图、详图以及文字说明。

1）由于采暖施工图一般采用较小比例，所以管道、散热器、阀门及附属设备用规定的图例表示。采用的采暖施工图水、气管道、阀门和附件图例见表 11-4。

表 11-4　采暖施工图水、气管道、阀门和附件图例

名称	图例	备注	名称	图例	备注
闸阀			截止阀		
角阀			蝶阀	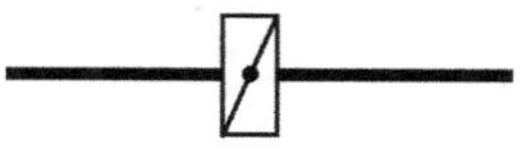	
三通阀			电动闸阀		
四通阀	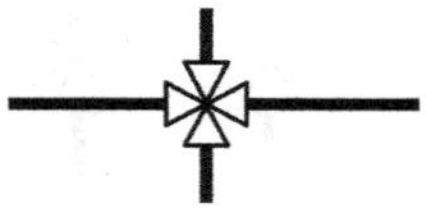		液动闸阀	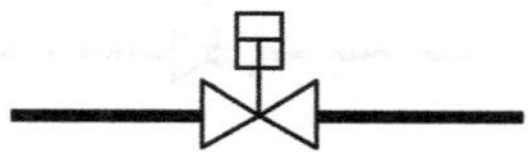	

（续）

名称	图例	备注	名称	图例	备注
气动闸阀			气闭隔膜阀		
电动蝶阀			电动隔膜阀		
液动蝶阀	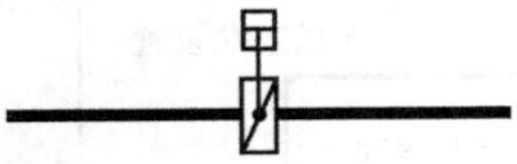		温度调节阀		
气动蝶阀	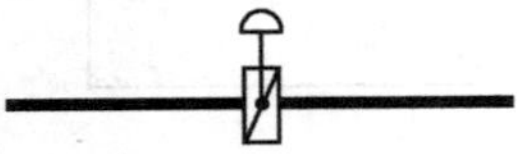		压力调节阀	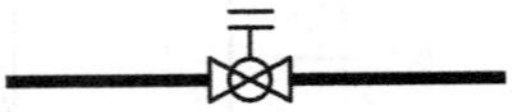	
减压阀		左侧为高压端	电磁阀		
旋塞阀	 平面　系统		止回阀		
底阀	 平面　系统		消声止回阀		
球阀			持压阀		
隔膜阀			泄压阀		
气开隔膜阀	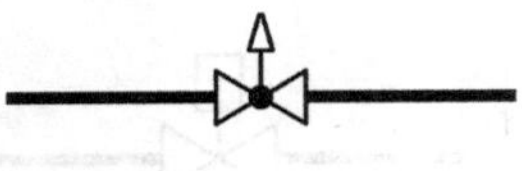		弹簧安全阀	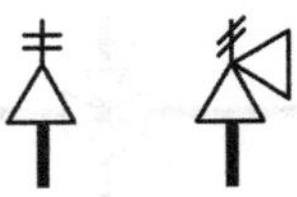	左侧为通用

（续）

名称	图例	备注
平衡锤安全阀		
自动排气阀	 平面 系统	
浮球阀	 平面 系统	
水力液位控制阀	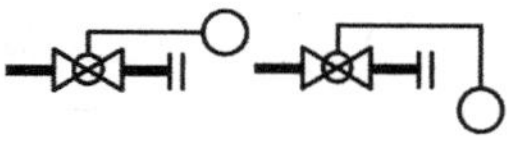	
延时自闭冲洗阀		
感应式冲洗阀		
吸水喇叭口	 平面 系统	
疏水器		
球阀转心阀		
节流阀		
手动调节阀		
平衡阀		
膨胀阀	 或 	
快放阀		
水泵		
法兰	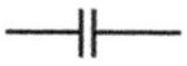	
流向	 或 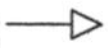	
除污器（过滤器）	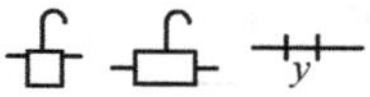	左为立式除污器，中为卧式除污器，右为 Y 型过滤器
补偿器	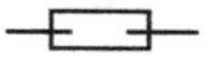	
套管补偿器		
矩形补偿器	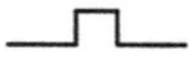	
弧形补偿器		
波纹管补偿器	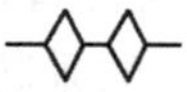	
球形补偿器	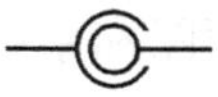	

2）一个工程设计中同时有供暖、通风、空调等两个及以上的不同系统时，应进行系统编号。暖通空调系统编号、入口编号，应由系统代号和顺序号组成。暖通空调系统编号见表11-5。

表 11-5　暖通空调系统编号

序号	字母代号	系统名称	序号	字母代号	系统名称
1	N（暖）	（室内）供暖系统	9	XF	新风系统
2	L（冷）	制冷系统	10	HF	回风系统
3	R（热）	热力系统	11	PF	排风系统
4	K（空调）	空调系统	12	JY	加压送风系统
5	T（通风）	通风系统	13	PY	排烟系统
6	J（净化）	净化系统	14	P（PY）	排风兼排烟系统
7	C（除尘）	除尘系统	15	RS	人防送风系统
8	SF（送风）	送风系统	16	RP	人防排风系统

采暖施工图中的管径标注与给水排水施工图类似。

11.4.3　采暖平面图

采暖平面图是在建筑平面图的基础上，绘制一栋房屋的整个采暖系统管路及设备的平面布置情况。

某住宅楼（1）一层采暖平面布置图见图11-23。该住宅楼采用的是低温热水地板辐射采暖，集中供暖、分户计量。

某住宅楼（2）采用传统集中对流式采暖，该住宅楼地下室采暖平面布置图和一至五层采暖平面布置见图11-24和图11-25。

11.4.4　采暖系统图

采暖系统图是用正面斜等测投影法画出的采暖系统的立体图。采暖系统图能清楚的表达采暖管道、散热器、主要附件等的空间位置和相互关系，具有很强的立体感。在识读采暖系统图时应对照平面图查明管道系统的管径、管道标高、立管编号、水平支管的敷设方式、散热器的连接方式以及各管道设备、附件的安装位置等。

某住宅楼（1）的采暖系统布置见图11-26，某住宅楼（2）的采暖系统布置见图11-27（见文后插页）。

11.4.5　采暖详图

由于采暖平面图和系统图所用的比例较小，管路及设备均采用图例画出，不能清楚地表达其构造及安装情况，因此须绘制详图。详图常用的比例有1:5、1:10、1:20。采暖详图包括管道连接详图、设备构造详图、安装详图等。地板辐射采暖详图见图11-28。

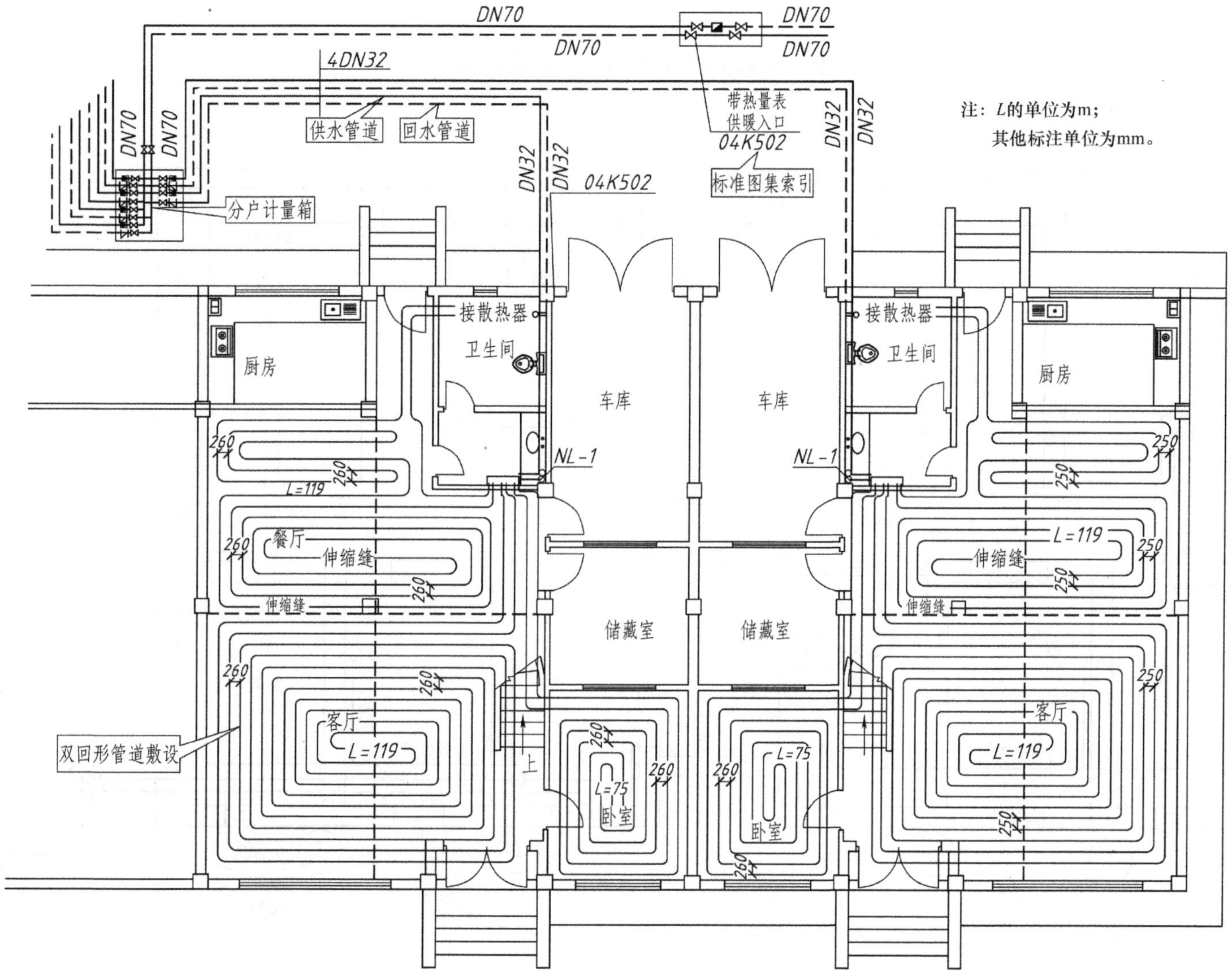

注：L的单位为m；
其他标注单位为mm。

图 11-23　某住宅楼（1）一层采暖平面图

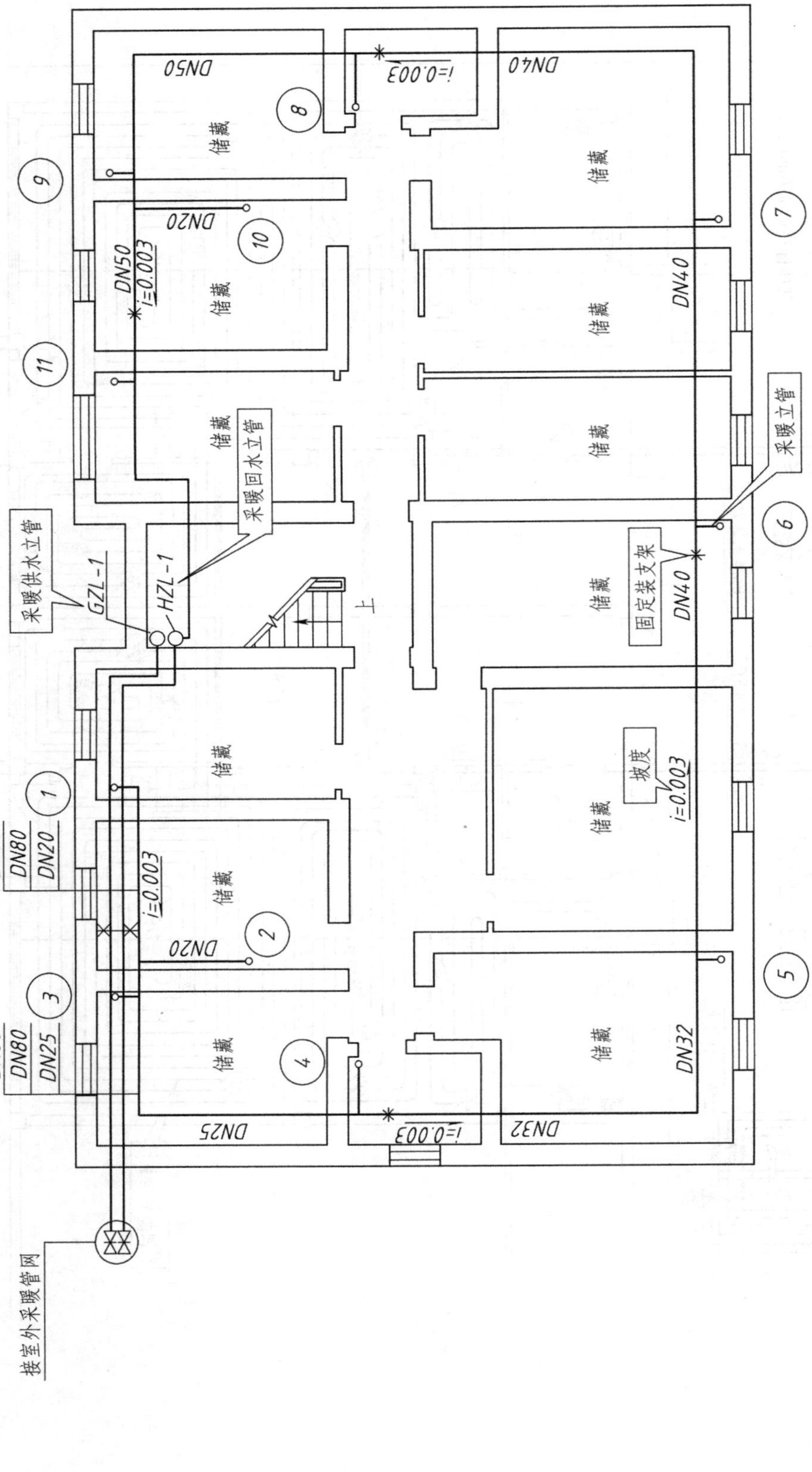

图11-24 某住宅楼（2）地下室采暖平面布置图

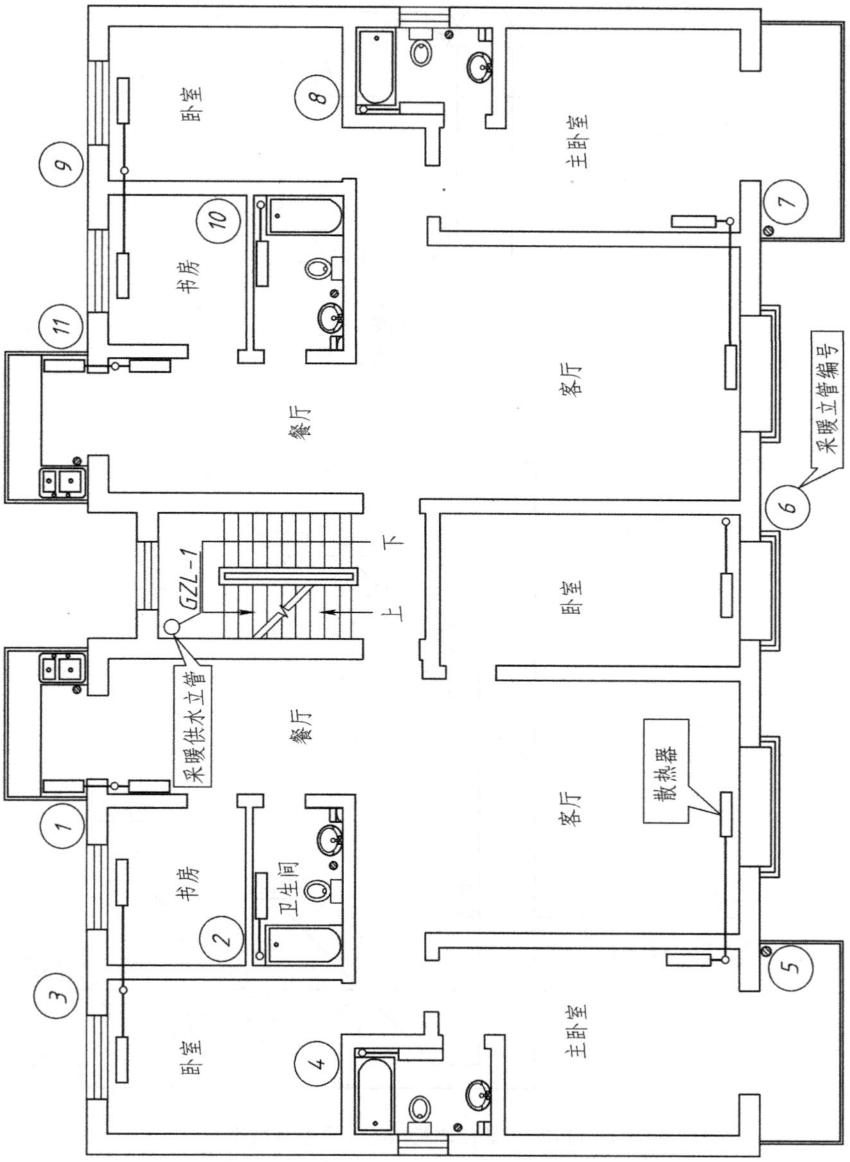

图 11-25　某住宅楼（2）一至五层采暖平面图

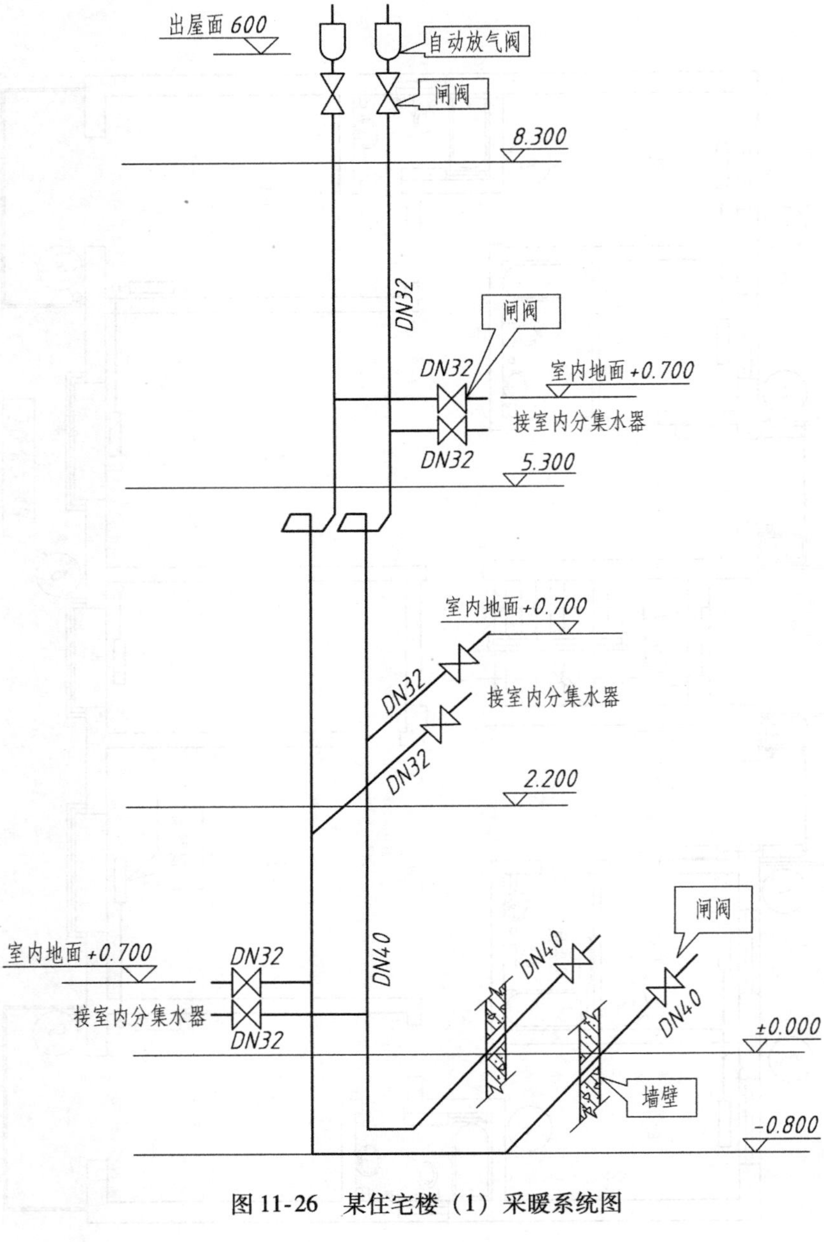

图 11-26 某住宅楼（1）采暖系统图

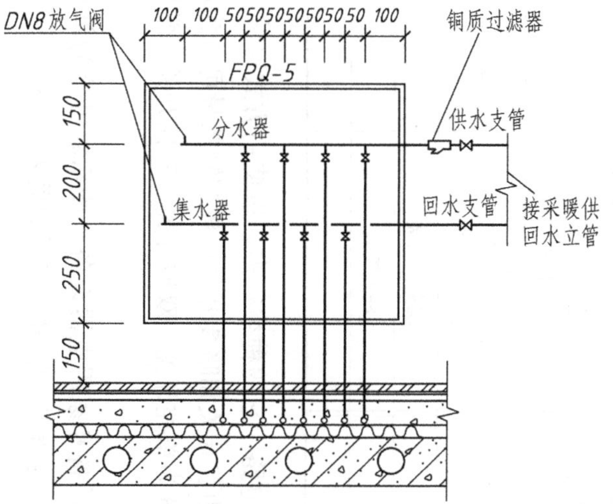

标准层地面做法及分集水器详图

注：分水器路数按实际情况确定　**参见标准图集05K232**

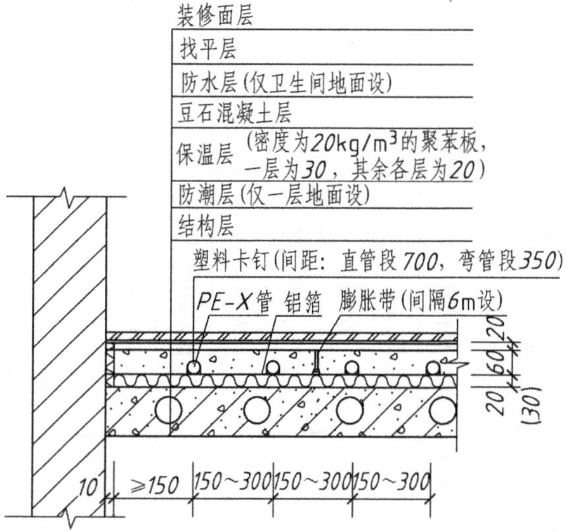

地板辐射采暖剖面图

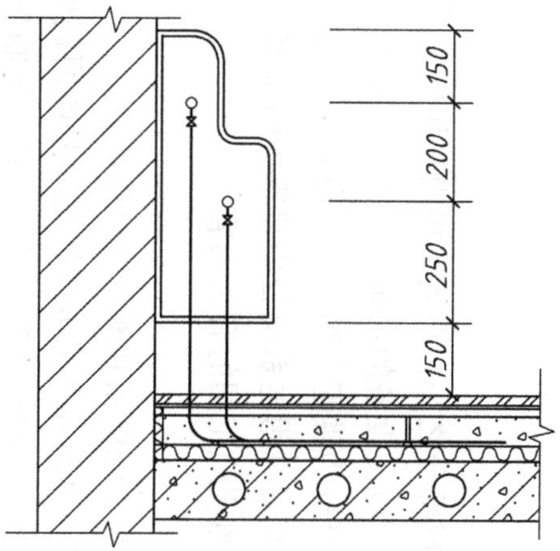

分集水器大样图(侧视)

图 11-28　采暖详图

11.5 电气照明施工图

建筑电气设备是建筑工程中的重要组成部分之一，是建筑物内利用电工技术和电子技术实现某些功能以满足人们需求的一切电工、电子设备的系统。从电能的供入、分配、输送和消耗使用的观点来看，全部建筑电气系统可分为供配电系统和用电系统两大类。而根据用电设备的特点和系统中所传送能量的类型，又可将用电系统分为建筑照明系统，建筑动力系统和建筑弱电系统。本节主要介绍室内电气照明施工图的有关内容。

11.5.1 室内电气照明系统的组成

室内电气照明系统由灯具、开关、插座、配电箱和配电线路组成。

1. 灯具　由电光源和控照器组合而成。电光源是将电能转化为光能而提供光源的器具，如白炽灯泡、荧光灯管等。控照器俗称灯罩，是光源的配套设备，用来控制和改变光源的光学性能并起到美化装饰和安全保护作用。常用灯具代号见表 11-6，灯具安装方式代号见表 11-7，常用灯具图例见表 11-8。

表 11-6　常用灯具代号

灯具类型	代号	灯具类型	代号
普通吊灯	P	投光灯	T
壁灯	B	工厂灯、防爆灯	G
花灯	H	荧光灯	Y
吸顶灯	D	防水防尘灯	F
柱灯	Z	搪瓷伞形罩灯	S
卤钨探照灯	L		

表 11-7　灯具安装方式代号

安装方式	文字符号	安装方式	文字符号
线吊式	SW	吸顶式	C
链吊式	CS	嵌入式	R
管吊式	DS	吊顶内安装	CR
壁装式	W	墙壁内安装	WR
支架上安装	S	柱上安装	CL
座装	HM		

2. 开关　用来控制电气照明器的电路。它的种类很多，按使用方式可分为拉线式开关和按钮式开关等；按安装方式可分为明装开关和暗装开关；按控制数量可分为单联开关、双联开关、三联开关等；按控制方式可分为单控开关、双控开关、三控开关。常用开关图例见表 11-8。

3. 插座　主要用来插接移动电气设备和家用电器设备。按相数可分为单相插座、三相插座；按安装方式可分为明装插座和暗装插座。常用插座图例见表 11-8。

表 11-8　室内电气常用开关、插座、灯具图例

图　例	名　称	图　例	名　称
	单相插座		单极开关
	单相插座（暗装）		单极开关（暗装）
	带接地插孔单相插座		双极开关
	带接地插孔单相插座（暗装）		双极开关（暗装）
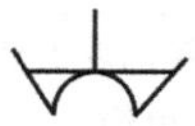	带接地插孔三相插座		三极开关
	带接地插孔三相插座（暗装）		三极开关（暗装）
	具有单极开关的插座		单极拉线开关
	带防溅盒的单相插座		延时开关
	配电箱		单极双控开关
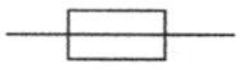	熔断器一般符号		双极双控开关
	灯的一般符号		带防溅盒的单极开关
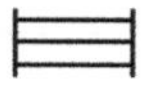	荧光灯	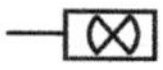	风扇的一般符号
	顶棚灯		向上配线
	壁灯	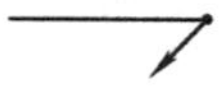	向下配线

4. 配电箱　主要用于非频繁地操作控制电气照明线路，并能对线路提供短路保护和过载保护。配电箱按安装方式可分为明装（如落地式、悬挂式）和暗装（如嵌入式）。

5. 配电线路　在照明系统中配电线路所用的导线一般是塑料绝缘电线，按敷设方式（又称配线方式）分为明线和暗线，现代建筑室内最常用的是线管配线和桥架配线。

11.5.2　室内电气照明施工图的有关规定

1. 室内电气照明中线路敷设、导线型号等图例见表 11-9。

2. 室内电器照明常用的标注方式　在照明电气施工图中，设备、元件和线路除采用图形符号绘制外，还必须在图形符号旁加文字标注，用以说明其功能和特点，如型号、规格、数量、安装方法、安装位置等，不同的设备和线路有不同的标注方法，具体见表 11-10。

表 11-9　室内电气照明施工图常用的文字符号

分类	符号	含义
线路敷设方式	E	明敷
	SC	钢管配线
	P	硬塑料管配线
	C	暗敷
	T	电线管配线
	MR	金属管配线
	CT	电缆桥架
	M	钢索配线
	F	金属软管配线
电线型号	BX（BLX）	铜（铝）芯橡胶绝缘线
	BXR	钢芯橡胶绝缘软线
	BVV	铜芯橡胶绝缘护套线
	BVR	铜芯聚氯乙烯绝缘软线
	BV（BLV）	铜（铝）芯聚氯乙烯绝缘线
	RVS	铜芯聚氯乙烯绝缘胶型软线
设备型号	XBM	嵌入式照明配电箱
	XXB	悬挂式照明配电箱
	KA	瞬时接触继电器
	FU	熔断器
	QF	断路器
	QS	隔离开关
线路敷设部位	R	嵌入式
	S	支架上

分类	符号	含义
线路敷设部位	WR	墙壁内
	SC	吊顶内
	CL	柱上
	C	吸顶式
	W	壁装式
	HM	坐装
	CS	链吊式
	VV	聚氯乙烯绝缘聚氯乙烯护套电力电缆
电缆型号	VLV	聚氯乙烯绝缘聚氯乙烯护套铝导体电力电缆
	ZR－VV	聚氯乙烯绝缘聚氯乙烯护套阻燃电力电缆
	ZR－VLV	聚氯乙烯绝缘聚氯乙烯护套铝导体阻燃电力电缆
	NH－VV	聚氯乙烯绝缘和护套耐火电力电缆
	YJV	铜芯交联聚乙烯绝缘聚氯乙烯护套电力电缆
其他辅助文字符号	E	接地
	PEN	保护接地与中性线
	PE	保护接地
	N	中性线
	AC	交流
	DC	直流

表 11-10　不同的设备和线路的标注方法

内容	标注方式	说　明	示　例	备　注
照明灯具的文字标注方式	$a—b\frac{c\times d\times L}{e}f$	a—灯具数量 b—灯具的型号或编号 c—每盏灯具的灯泡数 d—每个灯泡的容量（W） e—安装高度（m） f—灯具的安装方式 L—点光源的种类，常省略不标	$10—YG_2-2\frac{2\times40\times FL}{2.5}CS$ 表示10盏型号为YG_2-2型号的荧光灯，每盏灯有2个40W灯管，安装高度为2.5m，链吊（CS）安装	有时为了减少图画的标注量，提高图面清晰度，在平面图上往往不详细标注各线路，而只标注线路编号，另外提供一个线路管线表，根据平面图上标注的线路编号即可找出该线路的导线型号、截面、管径、长度等

（续）

内容	标注方式	说　明	示　例	备　注
开关熔断器及配电设备的文字标注方式	一般为 $a\frac{b}{c/i}$ 或 a—b—c/i 需要标注引入线时为 $a\frac{b—c/i}{d\ (e\times f)\ —g—h}$	a—设备编号 b—设备型号 c—额定电流（A）或设备功率（kW） i—整定电流（A） e—导线根数 f—导线截面（mm^2） g—配线方式和穿线管径（mm） h—导线敷设方式及部位	$2\frac{HH_3-100/3—100/80}{BX—3\times3.5—SC40—FC}$ 表示2号设备是型号为 HH_3－100/3 的三极铁壳开关，额定电流为100A，开关内熔断器的额定电流为80A，开管的进线是3根截面为 $35mm^2$ 铜芯橡胶绝缘导线（BX），穿40mm的钢管（SC40），埋地（F）暗敷（C）	有时为了减少图画的标注量，提高图面清晰度，在平面图上往往不详细标注各线路，而只标注线路编号，另外提供一个线路管线表，根据平面图上标注的线路编号即可找出该线路的导线型号、截面、管径、长度等
线路的文字标注方式	a—b—c×d—e—f	a—线路编号或线路用途 b—导线型号 c—导线根数 d—导线截面（mm^2），不同截面要分别标注 e—配线方式和穿线管径（mm） f—导线敷设方式及部位	N1—BV—2×2.5＋PE2.5—T20—CRC 表示N1回路，导线为塑料绝缘铜芯线（BV），2根截面为 $2.5mm^2$，1根截面为 $2.5mm^2$ 的接零保护线（PE），穿直径20mm的电线管（T20），吊顶内（CR），暗敷（C）	

11.5.3 室内电气照明施工图的识读

1. 识读室内电气照明施工图的方法　室内电器照明施工图描述的对象是照明设备和配电线路，识读图样时要注意了解以下几方面的内容：

1）照明配电箱的型号、数量、安装位置、安装标高以及配电箱的电气系统关系。

2）照明线路的配线方式、敷设位置，线路的走向；导线的型号、规格和根数，导线的连接方法。

3）灯具的类型、功率、安装位置、安装高度、控制方式等。

4）开关的类型、安装位置、安装高度、控制方式。

5）插座及其他电器的类型、容量、安装位置、安装高度等。

根据电器照明施工图的特点，要正确快速地识读图样，必须结合建筑、结构施工图了解房屋结构、房间功能和分布，还要熟悉各种电器设备的安装技术要求，具备一定的电气工程技术知识。对于一些常用设备的安装技术参数，施工图上一般没有明确标注，要求识图者了解相关的规范标准。例如一般开关的安装高度图样上没有标注，规范要求一般距地1.3m，距门框0.15～0.20 m。

2. 识读室内电气照明平面图　某住宅楼一层室内电气照明平面图，由于线路比较复杂，因此将灯具配电与插座配电分开绘制，见图11-29。

3. 识读室内电气照明系统图　室内电气照明系统图是以线框的形式表示室内照明系统的线路图。某住宅室内电气照明系统见图11-30，它表达了电气照明系统的电气器件的类型与型号及安装要求，线路与配线要求等。

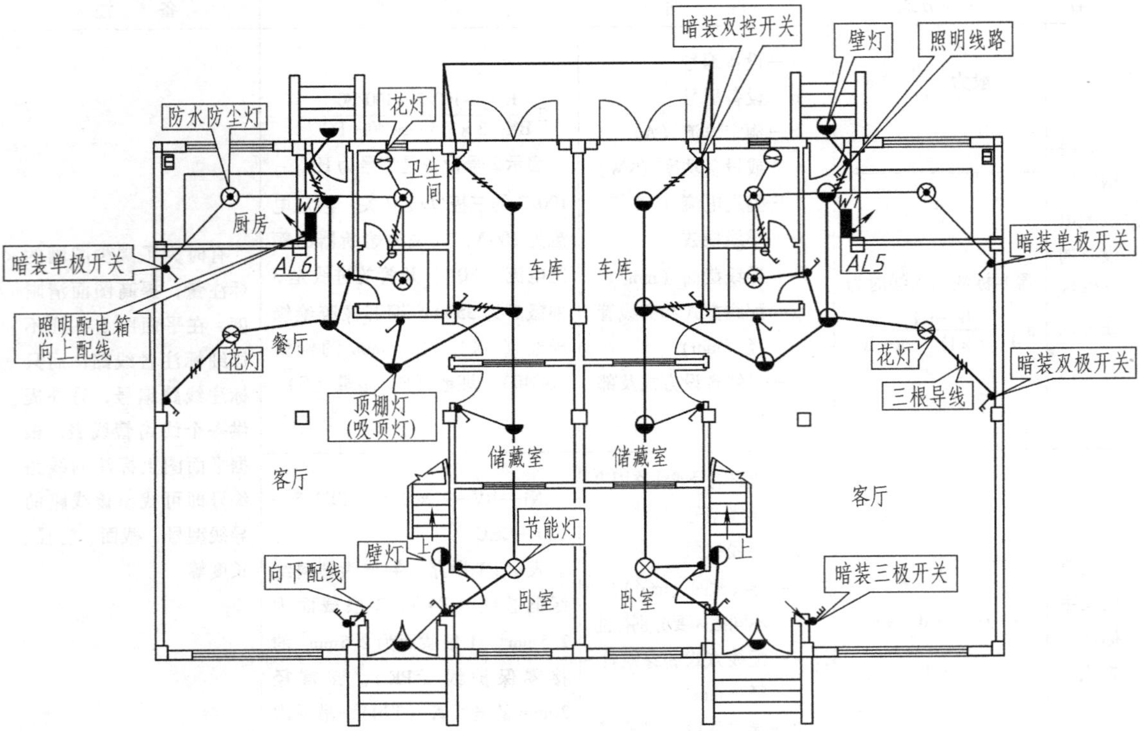

a) 灯具配电

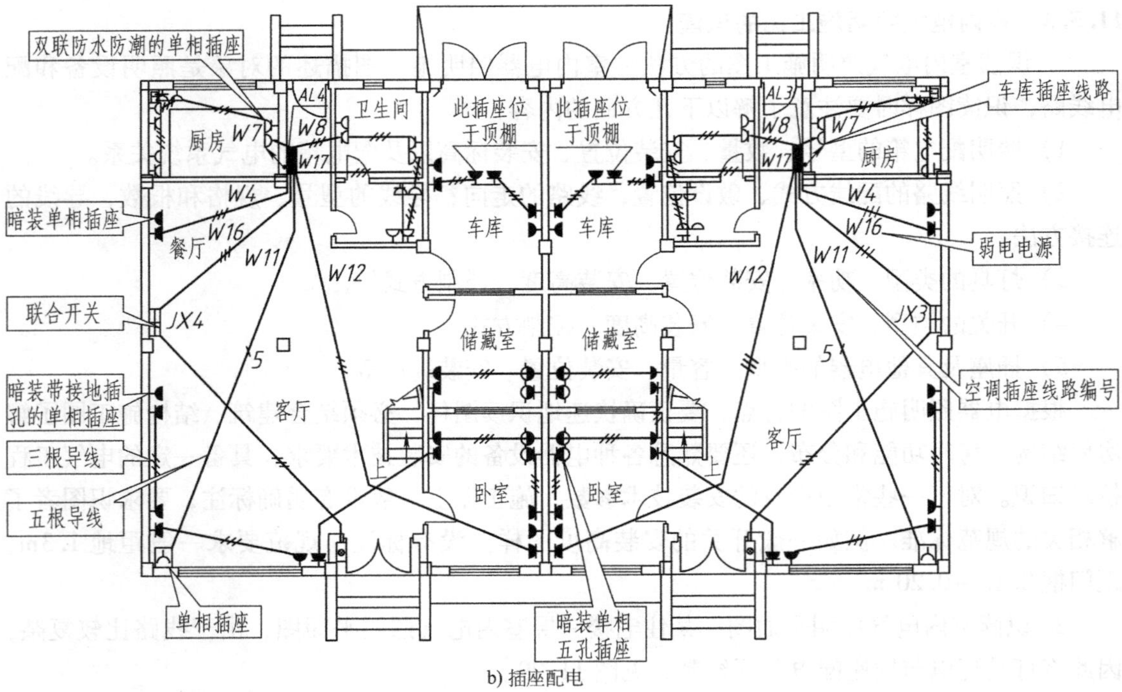

b) 插座配电

图 11-29　某住宅楼一层室内电气照明平面图

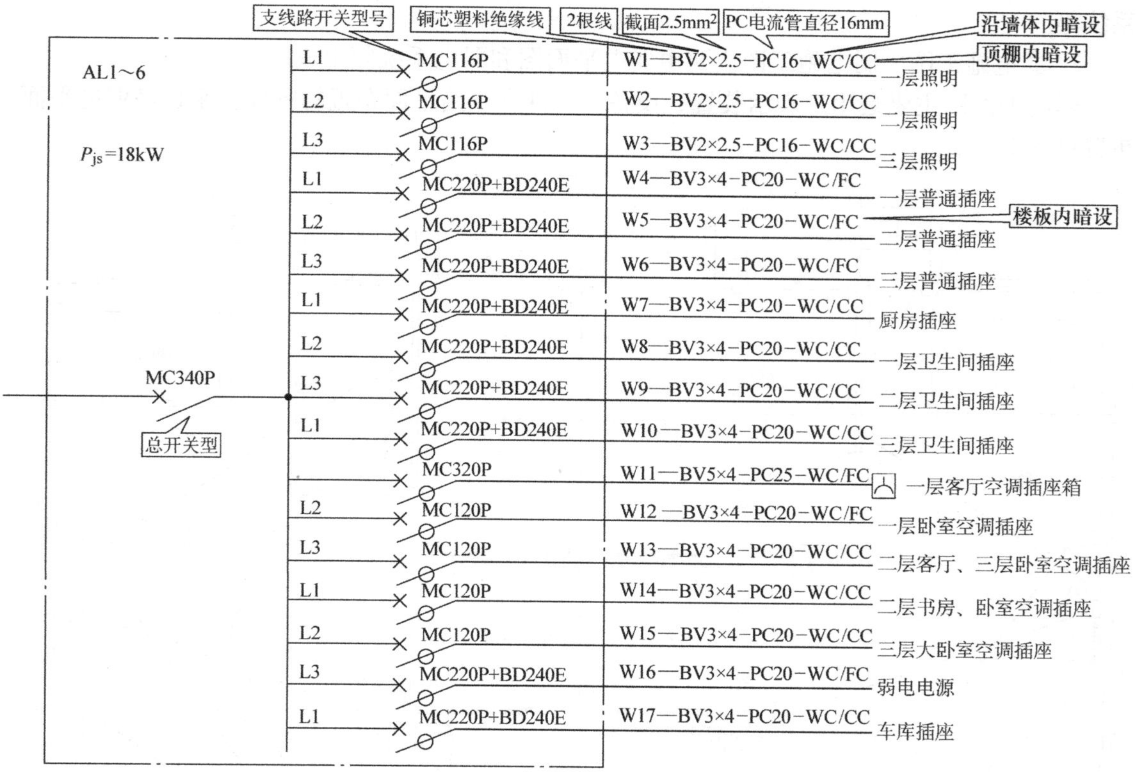

图 11-30　某住宅室内电气照明系统图

11.6　弱电与综合布线系统施工图

11.6.1　建筑弱电系统

1. 几种常见的弱电系统　建筑弱电系统是指用于一般民用建筑的有线电视系统、电话通信系统、火灾自动报警系统、有线广播音响系统以及医护信号系统、楼宇传呼对讲电控系统、保安系统，室内电控系统等。与提供电能的系统不同，由于其传输电压不高（一般在12V左右），所以被称为弱电系统。随着智能建筑的迅速兴起，弱电系统工程在建筑智能化工程建设中占据的地位越来越重要，弱电系统工程也越来越受到各方的重视。以下是几种常见的弱电系统：

（1）通信网络系统。它是建筑内的语音、数据、图像传输的基础，同时与外部通信网络（如公用电话网、综合业务数字网、计算机互联网、数据通信网及卫星通信网等）相联接，确保信息畅通。通信网络系统包括语音通信系统（电话）、音响系统（建筑电声）、影像系统（图文图像）、数据通信系统、多媒体网络通信系统等。

（2）建筑设备自动化系统。这是将建筑物或建筑群内的电力、照明、空调、防火、保安、车库管理等设备或系统，以集中监视、控制和管理为目的，构成的综合系统。

（3）办公自动化系统。这是应用计算机技术、通信技术、多媒体技术和行为科学等先进技术，使人们的部分办公业务借助于各种办公设备，并由这些办公设备与办公人员构成服务于某种办公目标的人机信息系统。

（4）消防自动化系统。主要有火灾自动报警系统、消防联动控制系统、消防设备监控系统等。

2. 弱电施工图　弱电施工图主要由弱电平面图和弱电系统等组成。

弱电平面图主要是用来表示装置、设备、元件和线路平面布置的图样。某住宅弱电平面布置见图 11-31。

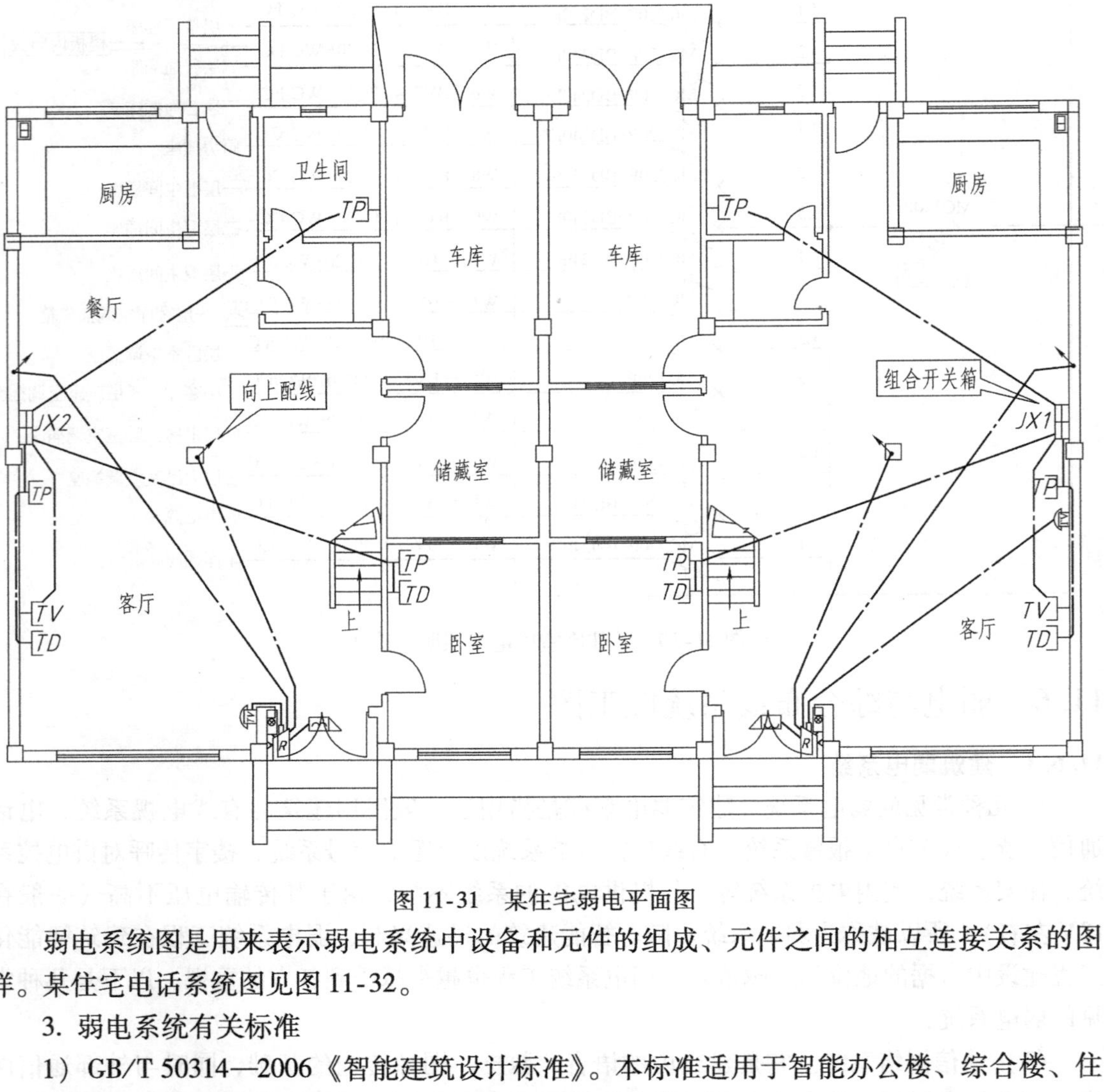

图 11-31　某住宅弱电平面图

弱电系统图是用来表示弱电系统中设备和元件的组成、元件之间的相互连接关系的图样。某住宅电话系统图见图 11-32。

3. 弱电系统有关标准

1）GB/T 50314—2006《智能建筑设计标准》。本标准适用于智能办公楼、综合楼、住宅楼的新建、扩建、改建工程，其他工程项目也可参照使用。

2）GB 50339—2013《智能建筑工程质量验收规范》。本标准以《智能建筑设计标准》为依据，主要是对通信网络系统、信息网络系统、建筑设备监控系统、火灾自动报警及消防联动系统、安全防范系统、综合布线系统、智能化系统集成、电源与接地、环境和住宅（小区）智能化等智能建筑工程的质量控制、系统检测和竣工验收作出规定。

3）《智能建筑弱电工程设计施工图集》2009 年 6 月 1 日施行。

4）《建筑智能化系统集成设计图集》。本图集由中国建筑标准设计研究所和全国工程建设标准设计弱电专业专家委员会联合编制，适用于新建，扩建和改建工程的智能化系统集成。本图集主要介绍安全防范系统、建筑设备监控系统、通信网络系统、建筑管理系统、住宅（小区）管理系统的集成。

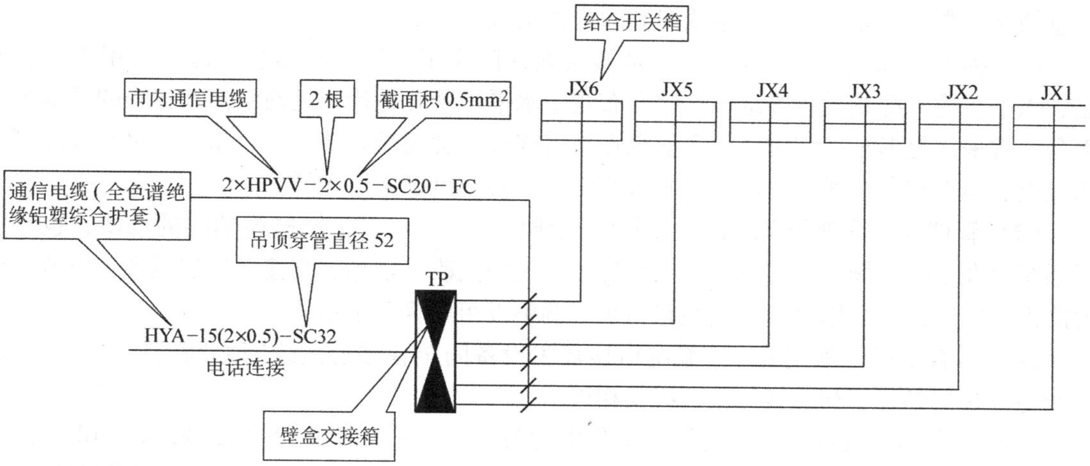

图11-32　电话系统图

11.6.2　综合布线系统

1. 概述　综合布线系统是将通信、网络、监控、广播、考勤等各方面的设备通过管理系统彼此相连，或使这些设备与外部通信网相连，构成一个模块化的、灵活性极高的建筑物内或建筑群之间的信息传输通道，是智能大厦的信息高速公路。

随着社会信息化与经济全球化的深入发展，通过综合布线系统创建智能建筑是信息时代的必然产物。应用综合布线系统，可以降低整体的实施成本，方便日后升级及维护。

综合布线系统由不同系列的部件组成，其中包括：传输介质、线路管理硬件、连接器、插座、插头、适配器、传输电子线路、电气保护设备和支持硬件。一个良好的综合布线系统对其服务的设备有一定的独立性并能互连许多不同的通信设备如数据终端、模拟式或数字式电话、个人计算机以及公共系统装置。综合布线系统的设计，要求在布线系统作出决定之前，需要全面地评估用户的需求。一个理想的布线系统可以支持综合型话音和数据的应用。

2. 综合布线系统组成　从功能上看，综合布线系统包括工作区、水平子系统、管理区、垂直干线子系统、设备间、建筑群干线子系统，见图11-33。

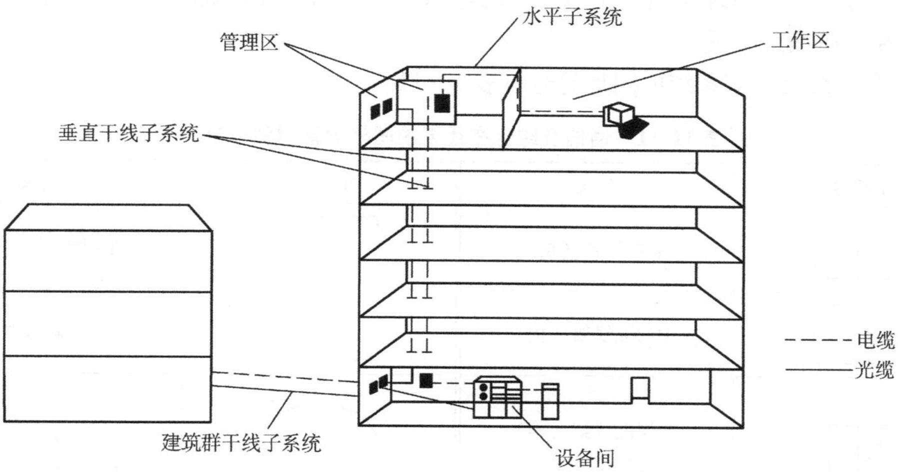

图11-33　综合布线组成示意图

（1）工作区。工作区指从由水平子系统而来的用户信息插座至数据终端设备，由用户信息插座、数据终端设备、连接线缆和适配器组成。

（2）水平子系统。水平子系统指从楼层配线间至工作区用户信息插座。由用户信息插座、水平线缆、配线设备等组成。综合布线中水平子系统是计算机网络信息传输的重要组成部分。常采用星形拓扑结构，每个信息点均需连接到管理子系统。综合布线的水平线缆可采用五类、超五类双绞线，也可采用屏蔽双绞线，甚至可以采用光纤。

（3）管理区。管理子系统设置在楼层配线房间，是水平系统电缆端接的场所，也是主干系统电缆端接的场所。用户可以在管理子系统中更改、增加、交接、扩展线缆，以改变线缆路由。管理区应采用合适的线缆路由来与调整件组成管理子系统。

（4）垂直干线。垂直干线子系统由连接主设备间至各楼层配线间之间的线缆构成。其功能主要是把各分层配线架与主配线架相连。

（5）设备间。设备间子系统是一个集中化设备区，连接系统公共设备，如 PBX、局域网（LAN）、主机、建筑自动化和保安系统，并通过垂直干线子系统连接至管理子系统。

（6）建筑群干线子系统。当建筑物之间有语音、数据、图像等需要相连时，由两个及以上建筑物的数据、电话、视频系统线缆组成建筑群子系统，包括大楼设备间子系统配线设备、室外线缆等。可能的线缆路由有架空线缆、直埋线缆、地下管道穿线缆。

3. 综合布线系统分类　应根据实际需要，可选择以下三种类型的综合布线系统：

（1）基本型。适用于综合布线系统中配置标准较低的场合，用铜芯双绞线电缆组网。基本型综合布线系统配置如下：每个工作区有一个信息插座；每个工作区的配线电缆为 1 条 4 对双绞线电缆；采用夹接式交接硬件；每个工作区的干线电缆至少有 1 对双绞线。

（2）增强型。适用于综合布线系统中中等配置标准的场合，用铜芯双绞电缆组网。增强型综合布线系统配置如下：每个工作区有 2 个或以上信息插座；每个工作区的配线电缆为 2 条 4 对双绞电缆；采用夹接式或插接交接硬件；每个工作区的干线电缆至少有 2 对双绞线。

（3）综合型。适用于综合布线系统中配置标准较高的场合，用光缆和铜芯双绞电缆混合组网。综合型综合布线系统配置应在基本型和增强型综合布线系统的基础上增设光缆系统。综合布线系统应能满足所支持的数据系统的传输速率要求，并应选用相应等级的缆线和传输设备。综合布线系统应能满足所支持的电话、数据和电视系统的传输标准要求。

11.6.3　综合布线工程图

1. 综合布线及通信系统的图形符号见表 11-11。

表 11-11　通信及综合布线系统图样的常用图形符号

图形符号	含义	图形符号	含义
MDF	总配线架（柜）	BD	建筑物配线架（柜）
IDF	中间配线架（柜）	HUB	集线器
FD	楼层配线架（柜） 有跳线连接	CP	集合点

（续）

图形符号	含义	图形符号	含义
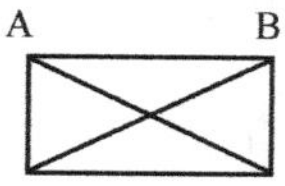 A B	架空交接箱 A：编号 B：容量	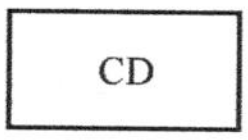 CD	建筑群配线架（柜）
 A B	落地交接箱 A：编号 B：容量	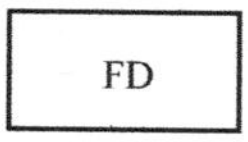 FD	楼层配线架（柜）
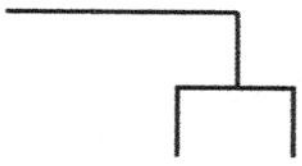	电信插座 一般符号	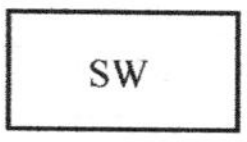 SW	交换机
	电话出线盒	 LIU	光纤连接盘
	按键式电话机	 A B	壁龛交接箱 A：编号 B：容量
 TP	电话插座	 A B	墙挂交接箱 A：编号 B：容量
 TO	信息插座	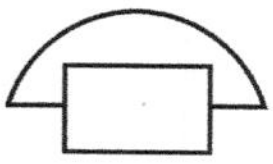	电话机
 MUTO	多用户信息插座	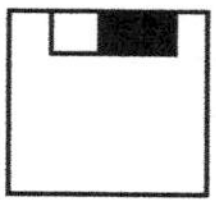	传真机
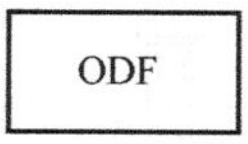 ODF	光纤配线架（柜）	 TP	数据插座
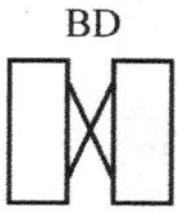 BD	建筑物配线架（柜） 有跳线连接	 nTO	n 空信息插座

2. 综合布线工程图　综合布线系统见图 11-34，电话、计算机综合布线见图 11-35。

随着通信与信息技术的发展，通过总线技术，将建筑物内的通信、安保、火灾报警等系统连在一起，使建筑物内部与外界的信息速度加快，交换能力容量增大。现代建筑实现了自动化管理，成为一个智能化大楼。综合布线系统结构和电缆、光缆最大长度见图 11-36。

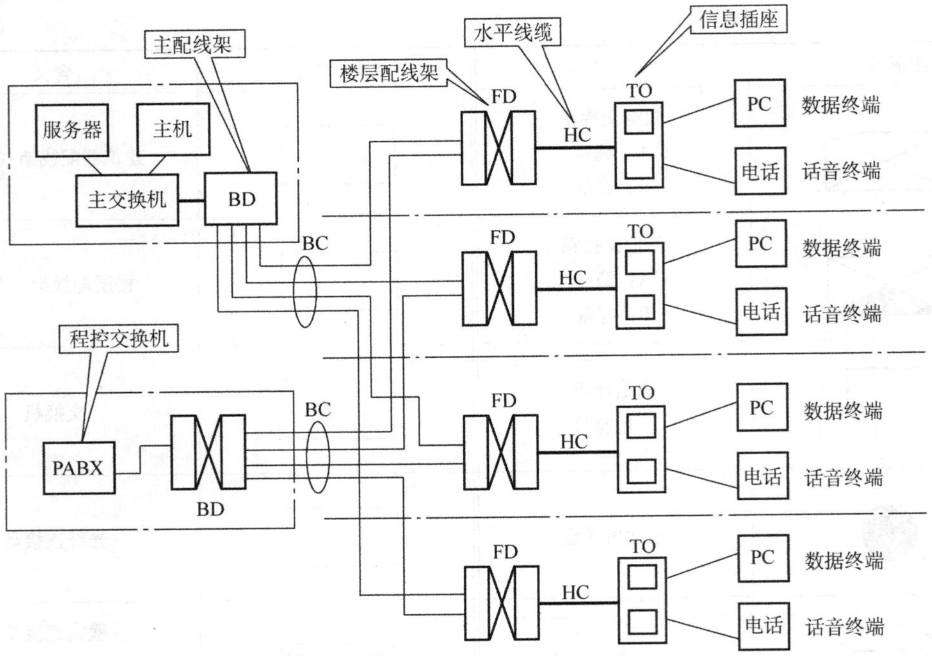

图 11-34　综合布线系统图

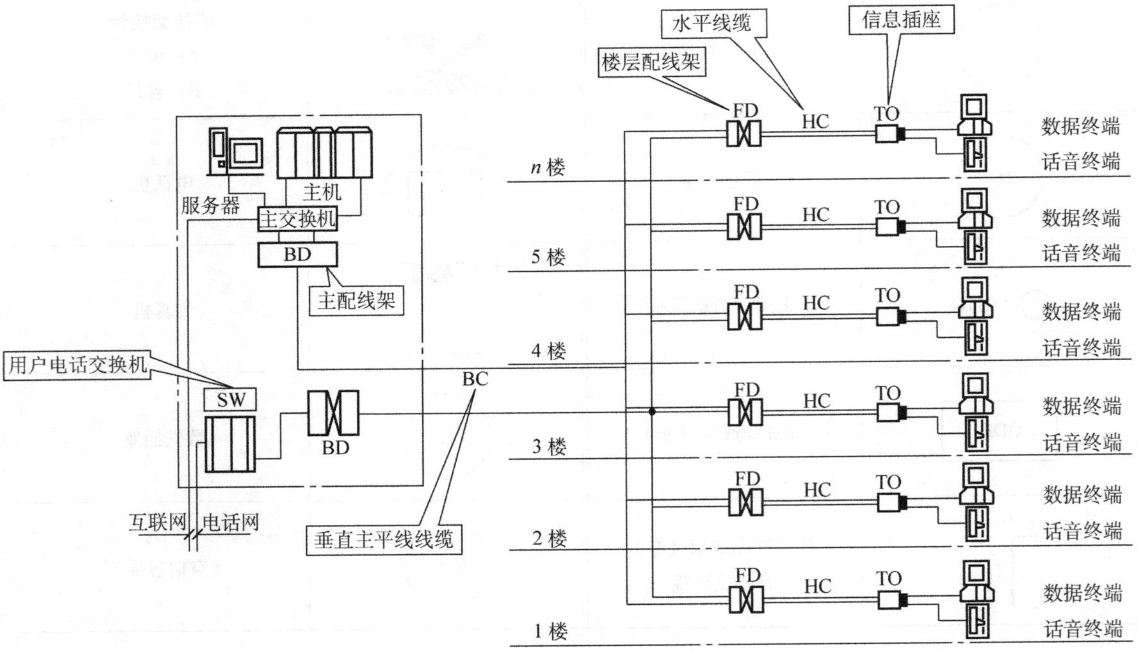

图 11-35　电话、计算机综合布线系统图

综合布线采用模块化设计，布线系统中除固定于建筑物内的水平线缆外，其余所有的接插件都是积木式的插件，易于扩充及重新配置。某大楼综合布线系统见图 11-37。

3. 综合布线系统的有关标准　综合布线系统是标准化的和开放的，这就要求综合布线系统的设计和实施必须符合有关国家标准和行业规范。下面就分别介绍几种最主要的标准。

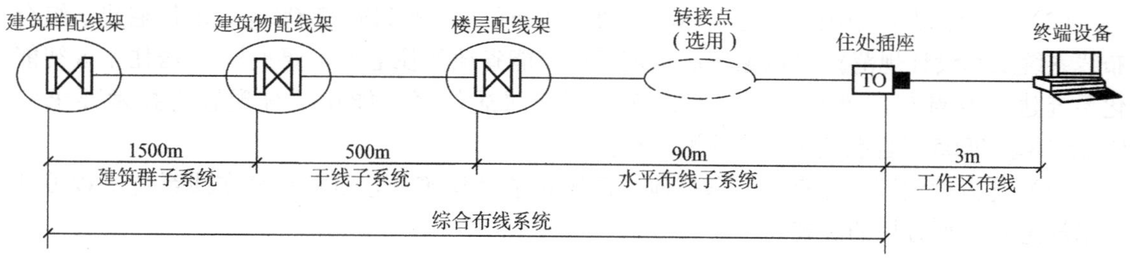

图 11-36　综合布线系统结构和电缆、光缆最大长度

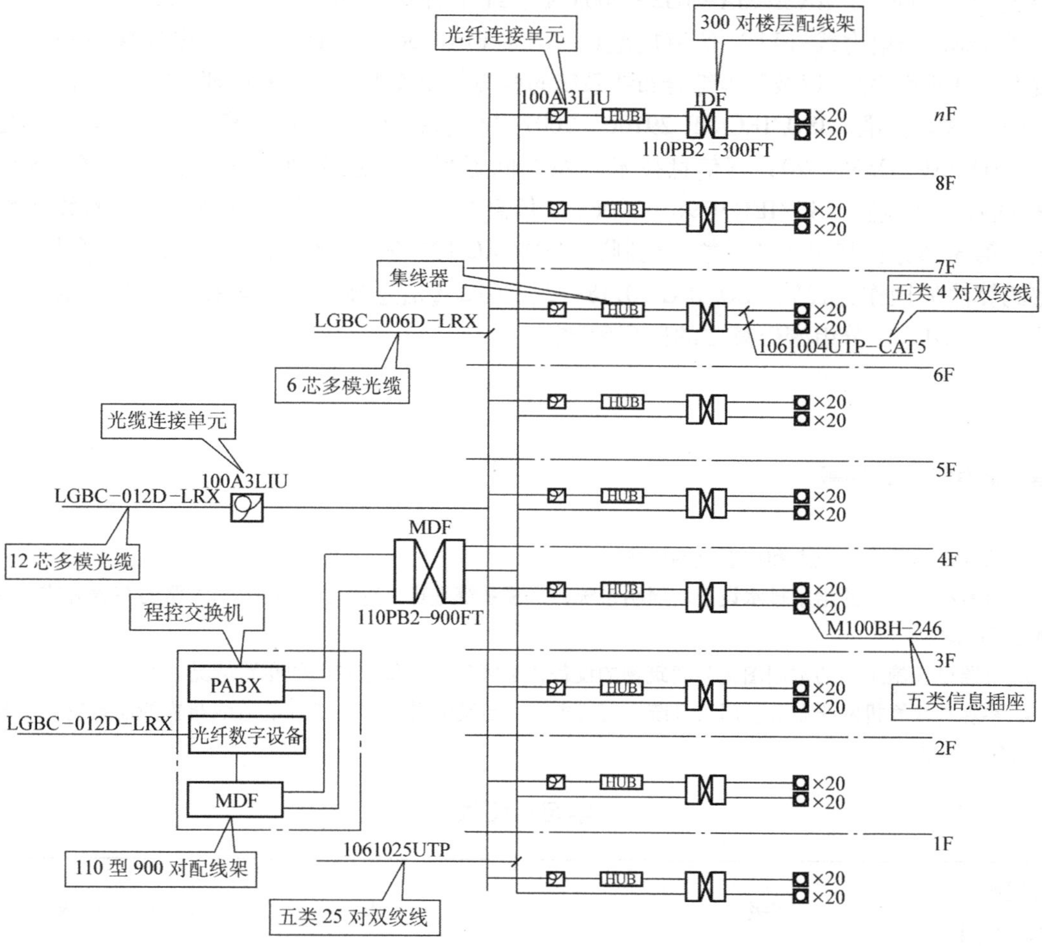

图 11-37　某大楼 POS 综合布线系统图

（1）国家标准和规范。目前我国关于综合布线系统的国家标准有 GB 50311—2007《综合布线系统工程设计规范》，GB 50312—2007《综合布线系统工程验收规范》，GB 50166—2007《火灾自动报警系统施工及验收规范》，GB 50093—2013《自动化仪表工程施工及质量验收规范》，GB 50411—2007《建筑节能工程施工质量验收规范》，GB/T 50314—2006《智能建筑设计标准》，GB/T 50525—2010《视频显示系统工程测量规范》，JGJ/T 179—2009《体育建筑智能化系统工程技术规程》，GB 50526—2010《公共广播系统工程技术规范》，GB 50524—2010《红外线同声传译系统工程技术规范》，GB 50605—2010《住宅区和住宅建筑内通信设施工程设计规范》。

（2）协会标准。中国工程建设标准化协会颁布的 CECS 119—2000《城市住宅建筑综合布线系统工程设计规范》、《国家康居示范工程节能省地型住宅技术要点》、《居住小区智能化系统建设要点与技术导则》、CJ/T 174—2003《居住区智能化系统配置与技术要求》、CECS 182—2005《智能建筑工程检测规程》。

（3）地方性法则。北京和上海等地区还颁布了《建筑和建筑群综合布线系统工程设计技术规定》等地方性的法规。

（4）美国标准。美国国家标准学会（ANSI）发布的 ANSI/EIA—622—A—2007《电连接器相关术语词汇》，ANSI/EIA—632—2003《系统工程设计方法》，ANSI/EIA—709. 2—A—2000《控制网络电力线（PL）信道规范》，ANSI/EIA—364—13D—2007《电连接器和插座间插拔力的试验程序》，以及其他综合布线系统的线缆与相关组成部件的物理和电气指标。

（5）国际标准。ISO/IEC TR 29106—2007《信息技术　通用电缆 MICE　环境分类介绍》，ISO/IEC 22535—2009《信息技术　系统间通信和信息交换　联合通信网络　SIP 上 QSIG 的隧道效应》，ISO/IEC 9796—2006，《信息技术　安全技术　带消息恢复的数字签名方案　第 3 部分：基于离散对数的机制》，ISO/IEC 10116—2006，《信息技术　安全技术　*n* 位密码算法的操作方式》，ISO/IEC 10118—2—2012《信息技术　安全技术　散列函数　第 2 部分：使用 *n* 位分组密码算法的散列函数》。

能力拓展训练题

1. 请列出本章的知识点和技能点网络图。

2. 对所在教学楼的给水排水设备、照明系统、采暖系统进行调查，想象管道和线路的布置方式，并试绘制其平面图。

3. 对照设备施工图的常用图例与建筑物的设备，了解各种设备在空间的布置情况。

4. 参观有计算机网线布置、门禁系统、有线电视、自动喷淋灭火系统、电话线布置的建筑物，了解弱电和综合布线系统。

学习自测表

层次 领域	初级		中级		高级	
认知	了解		运用		综合	
技能	模仿		应用		创造	
情感	激情		心境		热情	

第 12 章　AutoCAD 绘图技法

技能要求

1. 辨识 AutoCAD2008 绘图的工作界面中各栏目和按钮作用。
2. 说明 AutoCAD2008 的基本绘图思想。
3. 使用 AutoCAD2008 的常用绘图和编辑命令，绘制形体的三面投影图。
4. 画出建筑物门窗表。
5. 画出钢筋混凝土梁、柱的配筋图。
6. 灵活运用绘图辅助功能，绘制建筑施工图。

知识要点

CAD 绘图界面、图层、编辑命令、绘图命令、辅助绘图命令、样板文件、标注样式、图案填充、打印样式、面板、创建块、插入块

12.1　AutoCAD 绘图入门

计算机绘图是用计算机处理图形，它是计算机辅助设计（Computer Aided Design，即 CAD）的核心，主要包括图形数据输入、图形显示、绘图机输出图形等方面的内容。掌握计算机绘图的关键就是学会使用计算机图形软件。目前世界上流行的图形软件有：AutoCAD、Microstation、CAD Key 等。AutoCAD 为一通用绘图软件包，它功能强大，应用范围广，操作灵活方便，并且具有良好的结构开放性、较为完善的汉化环境等特点，在国内设计行业的应用非常普遍；而且，国内不少厂商、使用单位也都以其为基础开发出适合国内市场和本单位使用要求的二次开发软件，如 PKPM、天正、ABD 等。正因为如此，掌握 AutoCAD 绘图技术已成为各级各类工程技术人员必须具备的基本能力。一般意义上讲，AutoCAD 是一个用于工程设计的软件，广泛应用于机械、电子、土木、建筑、航空、航天、轻工、纺织等专业。AutoCAD 2008 扩展了 AutoCAD 以前版本的优势和特点，在用户界面、性能、操作、工作空间定制、三维建模、协同设计、图形管理、产品数据管理等方面进一步得到加强，AutoCAD 2008 的工作界面更具人性化，新的二维草图工作界面，可以使操作者摆脱对命令的记忆就可绘图，操作更加快捷简便。

学习 AutoCAD 绘图技术，首先要建立正确的计算机绘图思想，克服传统的手工图板绘图的思维方式，综合运用各种命令，进行绘制、修改、编辑等操作，借助软件的辅助功能，对图形进行整体处理，而不是用一个个线条去完成整幅图形。AutoCAD 是一通用绘图软件，在其功能强大的同时，由于命令太多，以至于初学者很难抓住重点和精髓，这就使得很多人在学习了该软件之后的相当长时间内，仍然不知如何着手实际的工程绘图。所以，本书从二维图形绘制开始，以实际的工程图形绘制为导向，在绘图过程中学习命令的使用方法和操作技能，主要介绍 AutoCAD 绘图的基本知识以及常用绘图命令操作方法，旨在使学习者尽快建立起对 AutoCAD 绘图的感性认识；重点讲解 AutoCAD 绘图、修改等命令的配合操作过程；通过上机操作和图样绘制，学习综合运用基本命令的技巧，有利于初学者掌握各种命令之间的内在联系，提高绘图速度，同时发挥主观能动性，积极思考问题，培养自学能力。

12.1.1 熟悉 AutoCAD 2008 工作界面

即使初次接触 AutoCAD，使用者也不会感到陌生：标准的 Windows 操作界面，良好的人机对话环境，让使用者有一见如故的感觉。

在安装了 AutoCAD 2008 之后，单击【开始】按钮，在弹出的“开始”菜单中选择“程序”/AutoDesk/AutoCAD 2008-SimplifiedChinese/AutoCAD 2008 命令；或单击桌面上的快捷图标，均可启动 AutoCAD 2008。AutoCAD 2008 的工作界面主要由标题栏、菜单栏、工具栏、面板、绘图区域、命令窗口、状态栏等部分组成，见图 12-1。

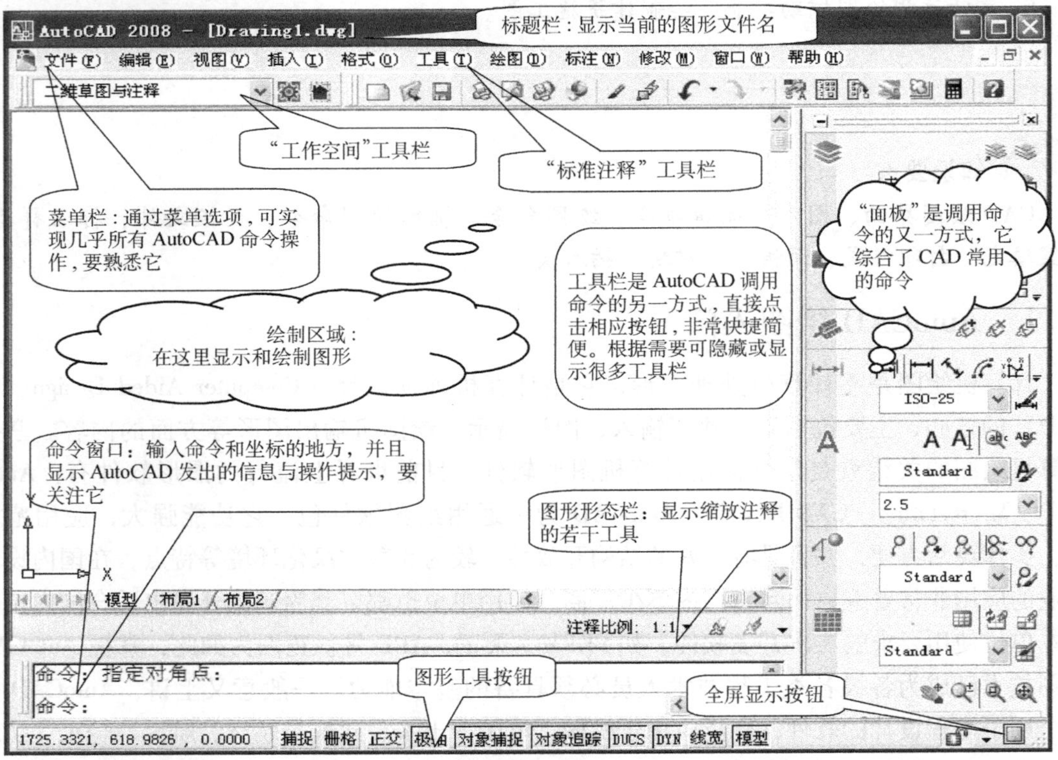

图 12-1 AutoCAD 2008 的工作界面

1. 菜单栏的使用（图 12-2） 菜单栏位于标题栏下方，菜单栏由“文件”“帮助”等 11 个菜单项组成。单击菜单栏的菜单项，可打开下拉菜单。菜单栏几乎包含了 AutoCAD 的所有命令，下拉菜单中列出了命令的名称、工具栏中显示的按钮图标和命令的省略字母键。

2. 工具栏的使用（图 12-3） 在 AutoCAD 2008 系统中，提供了 37 种已命名的工具栏。默认状态下，“工作空间”“标准注释”“样式” 3 个工具栏处于打开状态。如果要显示当前隐藏的工具栏，可在任意工具栏上单击鼠标右键，此时将弹出一个快捷菜单，工具栏名前面有“√”标记的是已经打开的工具栏，在工具栏名上双击或在方框内单击勾选，可以打开

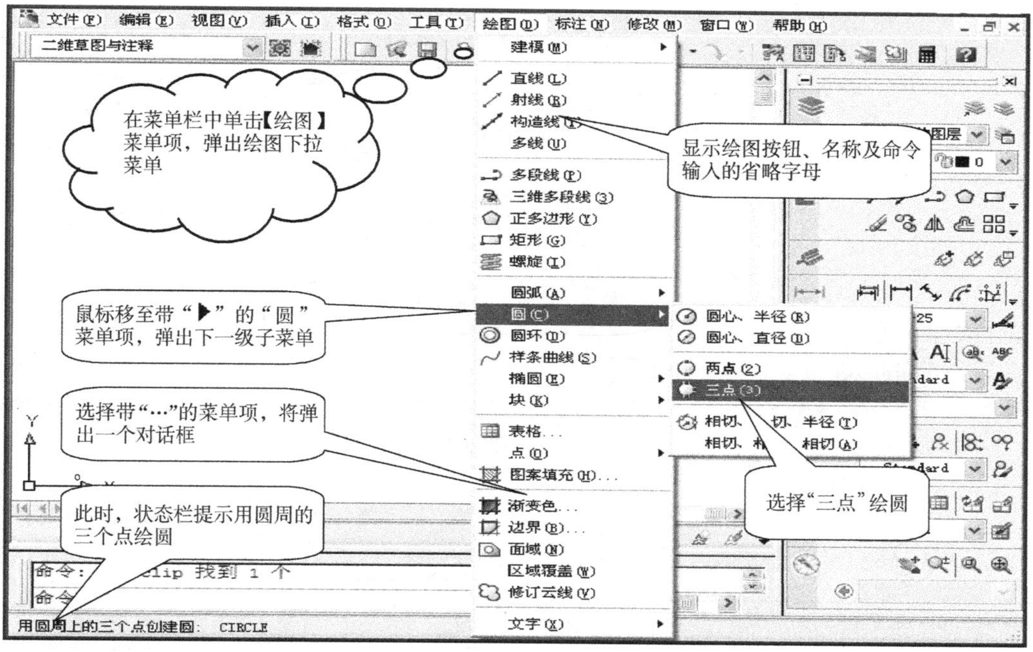

图 12-2　菜单栏选项及下拉菜单的使用

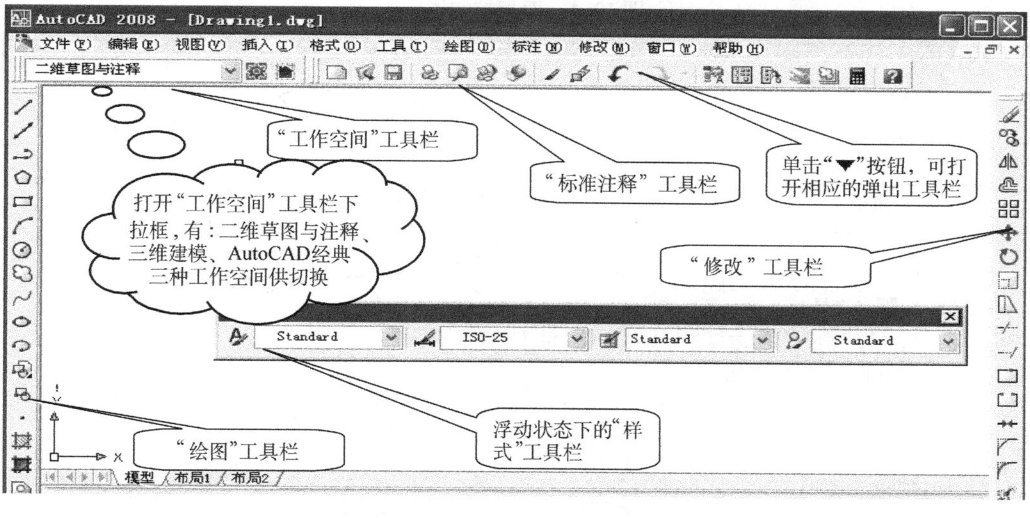

图 12-3　工具栏使用说明

处于关闭状态的工具栏。工具栏可以调整其大小，也可以浮动或将其固定。

3. 面板的使用（图 12-4）　面板是一种特殊的选项板，用于显示与基于任务的工作空间关联的按钮和控件。默认情况下，当使用二维草图与注释工作空间或三维建模工作空间时，面板将自动打开。依次单击“工具”菜单中［选项板/面板（B）］命令，可以手动打开面板。每个控制面板均可以与一个工具选项板组关联。

4. 绘图区域调整（图 12-5）　绘图区是用户绘图的工作区域，所有的绘图结果都反映在这个区域中。可以根据需要关闭不常用的工具栏以及改变高度或移动命令行窗口，调整绘图区域的大小。用全屏显示按钮，可以扩展图形显示区域以仅显示菜单栏、状态栏和命令窗口。

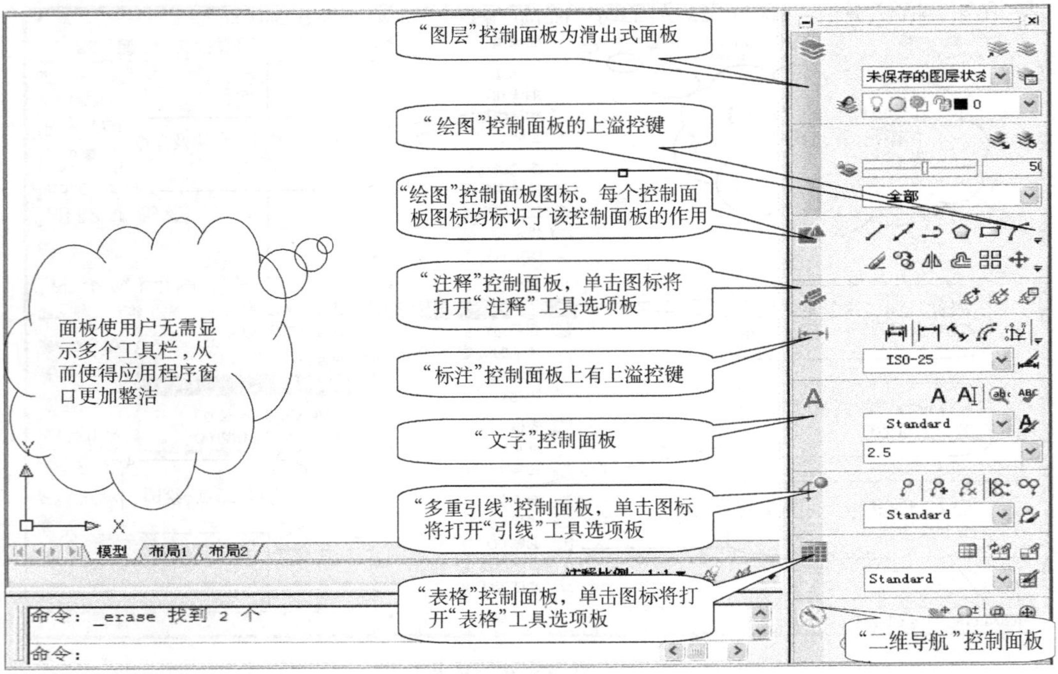

图 12-4 面板控制说明

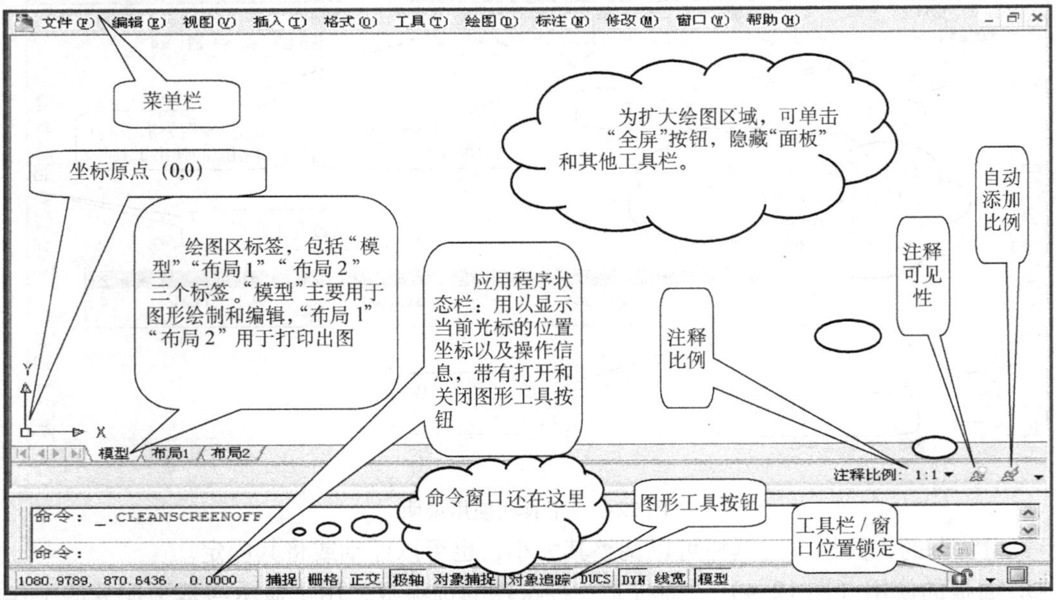

图 12-5 全屏模式下的工作界面以绘图区为主

12.1.2 AutoCAD 基本操作

前面通过对工作界面的熟悉，初步了解了 AutoCAD 的一些操作方法，下面主要介绍常用键的功能、命令的执行、点的输入、文字的输入、快捷菜单的使用方法等。

1. 常用键的功能与操作 AutoCAD 2008 的常用按键主要包括鼠标键、回车键、空格键、功能键等。

（1）鼠标键。鼠标是交互式绘图软件的输入设备之一。左键的主要功能是：选择菜单及选项；打开下拉列表或对话框；绘图区拾取点坐标和选择对象。右键的主要功能是：打开快捷菜单进行快捷操作。

（2）回车键。主要功能是：结束数据的输入或确认默认值；重复上一条命令。

（3）空格键。等同于回车键功能。

（4）【Esc】键。它是 Windows 程序用于取消操作的标准键，可以随时按【Esc】键终止执行任何命令。

（5）功能键。AutoCAD 分别为功能键【F1】~【F12】定义了它们的特殊功能，灵活使用将提高操作效率，也可以通过“帮助”菜单来了解。

2. 命令的输入和执行　在 AutoCAD 中，每一步操作、每一个绘图与编辑指令，都是通过输入命令然后执行命令进行的，命令是 CAD 运行的核心，可以用很多方法执行同一个命令。输入命令的方法主要有：用键盘输入，使用菜单栏、工具栏，使用鼠标右键和快捷键等，在 2008 版本中新增加了“面板”功能。

输入命令后，命令窗口中显示命令执行的相关信息，并提示下一步操作信息，用户可以根据提示进行操作。AutoCAD 的命令提示区通常有如下约定：

1）提示符“命令：”表示 AutoCAD 处于接受命令状态。

2）“[　]”内为可选项或子命令。

3）“<　>”内为默认项或当前值。

4）“/”为命令提示各个选项的分隔符，选项的大写字母为选项或子命令的关键字，可直接键入。

特别提示

从菜单栏输入命令的优点是不必记忆命令名，缺点是不得不经常翻菜单，很麻烦。从工具栏输入命令可以很大程度上代替菜单输入，优点是工具栏中的按钮都是用图标方式显示的，对命令的功能表达非常直观易懂，并且当光标移动到某个按钮上并稍停几秒钟后，在图标旁还会弹出其功能解释，易学易用。面板是 AutoCAD 2008 新增的功能，免得打开很多工具栏，非常实用。用鼠标动态输入命令更方便，当初学者对下一步的操作感到茫然时，不妨单击一下右键，看看会发现什么？还可以通过菜单或命令窗口对功能键和快捷键的提示说明，灵活使用功能键和快捷键。

3. 点的坐标值输入　在绘图过程中要精确定位某个对象，必须以某个坐标系作为参照，以便精确确定点的位置。AutoCAD 坐标系包括世界坐标系（WCS）和用户坐标系（UCS）。世界坐标系包括 X 轴、Y 轴和 Z 轴，在绘制二维图形时通常是在 XY 平面上，所有的位移都是相对于坐标原点（0，0）进行计算的，并且规定沿 X 轴正向及 Y 轴正向的方向为正方向，见图 12-5。世界坐标系是固定的，不能改变，用户在绘图时有时会感到不便，为此 AutoCAD 为用户提供了可以在 WCS 中任意定义的坐标系，称为用户坐标系（UCS）。UCS 的原点可以在 WCS 内的任意位置上，其坐标轴可任意旋转和倾斜。要设置用户坐标系，可以选择“工具”菜单中的【命名 UCS】、【正交 UCS】、【移动 UCS】和【新建 UCS】命令或其中的子命令，或者在命令行输入 UCS 命令。

输入点的坐标有三种方法：绝对直角坐标、绝对极坐标和相对坐标。

1）绝对直角坐标是从点（0，0）或（0，0，0）出发的位移，表示点的 X、Y、Z 坐标值。X 坐标值向右为正增加，Y 坐标值向上为正增加。当使用键盘键入点的坐标时，在输入值之间用逗号“,”隔开，不能加括号。坐标值可以为负。如（100，100）或（10，20，30）。

2）绝对极坐标也是从点（0，0）或（0，0，0）出发的位移，但它给定的是距离和角度，其中距离和角度用“<”分开，且规定“角度”方向以逆时针为正，即 X 轴正向为 0°，Y 轴正向为 90°。如（60<30°）或（100<-60°）。

3）相对坐标分为相对直角坐标和相对极坐标，是指相对于某一点的 X 轴和 Y 轴位移或距离和角度。它的表示方法是在绝对坐标表达方式前加上“@”号，如（@0，30）或（@30，0，0）。其中，相对极坐标中的角度是新点和上一点连线与 X 轴的夹角，如（@60<0°）或（@45<-90°）。

4. 文字的输入　AutoCAD 提供了“单行文字”和“多行文字”两种输入功能，西文可直接输入，汉字输入只需要使用操作平台如 Windows 的汉字输入方法。当注写较少的文字时可使用单行文字，注写较多的文字时可使用多行文字。通过“绘图”菜单、“面板”、“文字”工具栏或输入命令 Mtext（多行文字）或 Dtext（单行文字），均可执行文字输入命令。这时，还可以根据屏幕绘图区和命令行提示来进行操作。如果想要使用其他的字体来创建文字或者改变它的字体，必须对每一种字体设置一个文字样式，然后通过文字样式来达到改变字体的目的。对于初学时，暂且不去关心文字样式。

单行文字命令用于在图中注写一行或多行文字，每行文字是一个单独的对象，可对其进行重新定位、调整或进行其他修改。执行该命令，命令行提示输入文字的起点或［对正（J）/样式（S）］时，可以选择“对正（J）”选项，即输入“J”，【Enter】完成操作。

5. 放弃与重做

（1）放弃操作。取消已进行的绘图或编辑操作称为“放弃操作”。此命令可以连续取消刚刚进行了的误操作，如删除或裁减了应该保留的对象时，可以用放弃操作命令恢复图形，方法是通过“编辑”菜单/“重做”或直接单击“标准”工具栏/“放弃”按钮。

（2）重做。“重做”与“放弃”操作是相关的命令，它是放弃操作的逆过程，只有与“放弃”操作相配合使用才有效。它用来取消最近一次进行的放弃操作。方法是通过“编辑”菜单/“重做”选项，或直接单击“标准”工具栏/“重做”按钮。

6. 图形文件的管理　在 AutoCAD 中，图形文件的管理是通过图形文件管理器来操作的，包括新建图形文件、打开图形文件及保存图形文件的操作。该项命令可通过菜单栏的“文件”菜单或者“标准”工具栏的相应快捷按钮来操作，或者直接输入命令 New。图形文件的管理操作非常简单，采用了 Windows 操作系统的标准格式。

7. 帮助主题的调用方法　AutoCAD 2008 的帮助系统提供了使用 AutoCAD 的完整信息。这些信息被分为用户手册、命令参考、驱动程序和外围设备手册、安装和许可手册和自定义手册五个部分，可以通过“目录”“索引”和“搜索”选项查询，非常方便。该项命令可通过菜单栏的“帮助”菜单或者“标准”工具栏的“”按钮来操作，或者直接输入 Help 命令，还可以使用功能键【F1】。

> **特别提示**
>
> 习惯于调用 AutoCAD 的帮助系统来指导自己的学习，是掌握 Auto CAD 绘图方法的重要途径。AutoCAD 2008 还提供了“信息选项板”和“新功能专题研习”功能。“信息选项板”可以实时指导命令的使用方法步骤；“新功能专题研习”帮助用户快速学习 AutoCAD 2008 中的新功能。

要访问“信息选项板”和“新功能专题研习”，可以从“帮助”菜单中单击“信息选项板”或者“新功能专题研习”命令。

12.1.3 二维绘图操作

计算机绘图是通过输入运行命令，计算机屏幕显示操作信息，然后再输入执行命令，直到绘图任务完成来实现的。

1. 用“直线”命令绘二维图形　绘制台阶断面图，见图 12-6。重点熟悉命令、坐标点的输入方法及其操作要领，学会观察命令行提示、屏幕提示信息，养成随提示进行操作的习惯。

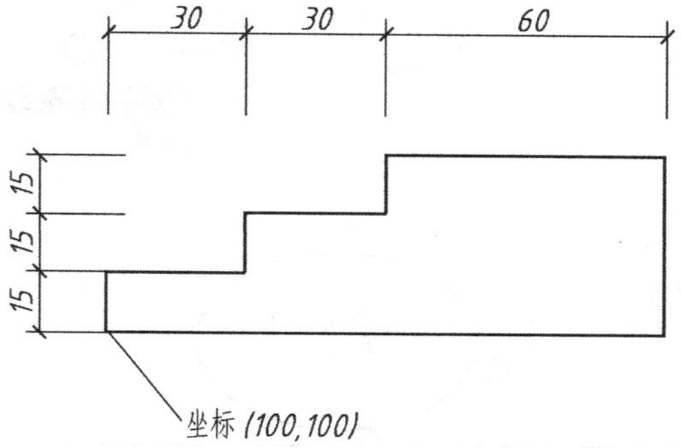

图 12-6　台阶图形绘制

该图由 8 段直线段组成，用“直线”命令自坐标点（100，100）开始，依次绘制台阶、平台，最后闭合图形。操作步骤是：

单击“绘图控制板”的“ ”图标按钮，执行绘直线命令。

——命令：Line【Enter】(输入并执行绘直线命令)；

——LINE 指定第一点：(100，100)【Enter】(绝对直角坐标，输入起点)；

——指定下一点或［放弃（U)］：@0，15【Enter】（输入下一点坐标，绘第一步台阶的垂直线)；

——指定下一点或［放弃（U)］：@30 < 0°【Enter】（绘第一步台阶的水平线)；

——指定下一点或［闭合（C）/放弃（U)］：@15 <90°【Enter】(绘第二步台阶的垂直线)；

——指定下一点或［闭合（C）/放弃（U)］：@0，30【Enter】(绘第二步台阶的水平线)；

——指定下一点或［闭合（C）/放弃（U)］：@15 <90°【Enter】(绘第三步台阶的垂直线)；

——指定下一点或［闭合（C）/放弃（U)］：@60 <0°【Enter】(绘顶部平台的水平线)；

——指定下一点或［闭合（C）/放弃（U)］：@45 < −90°【Enter】(绘右侧垂直线)；

——指定下一点或［闭合（C）/放弃（U)］：C【Enter】(画线到起点，使图形闭合)；

——命令：Zoom【Enter】(输入并执行绘图区域缩放命令)；

——全部（A）/中心（C）/动态（D）/范围（E）/上一个（P）/比例（S）/窗口（W）/对象（0）1 <实时 >：A【Enter】(将屏幕绘图区放至最大)。

操作说明：

1）绘水平和垂直线时，打开正交模式绘图最方便，当提示“输入下一点”时，控制光标在水平或垂直方向，直接输入相对距离即可。

2）可以采用“极轴追踪”和“DYN”图形工具，根据光标的提示作图，当鼠标移动出现相应的方向路径和角度提示时，直接输入线段长度即可快速完成作图。

3）灵活运用 Zoom 命令。因为不知绘图区域的大小，输入的坐标值如果过大或者过小，都会看不到图形，所以有时要进行绘图区的放大操作。在作绘图练习时，要注意这一问题。

2. 信息提示与交互操作　AutoCAD 提供了多种显示操作信息的方法。输入执行命令后，命令窗口、程序状态栏和光标动态显示坐标及命令操作信息，根据这些信息提示，进行人机交互操作是 AutoCAD 绘图的显著特点，也是学习掌握 AutoCAD 绘图技术的好方法。用“直线”绘斜线段时的交互操作信息，见图 12-7。

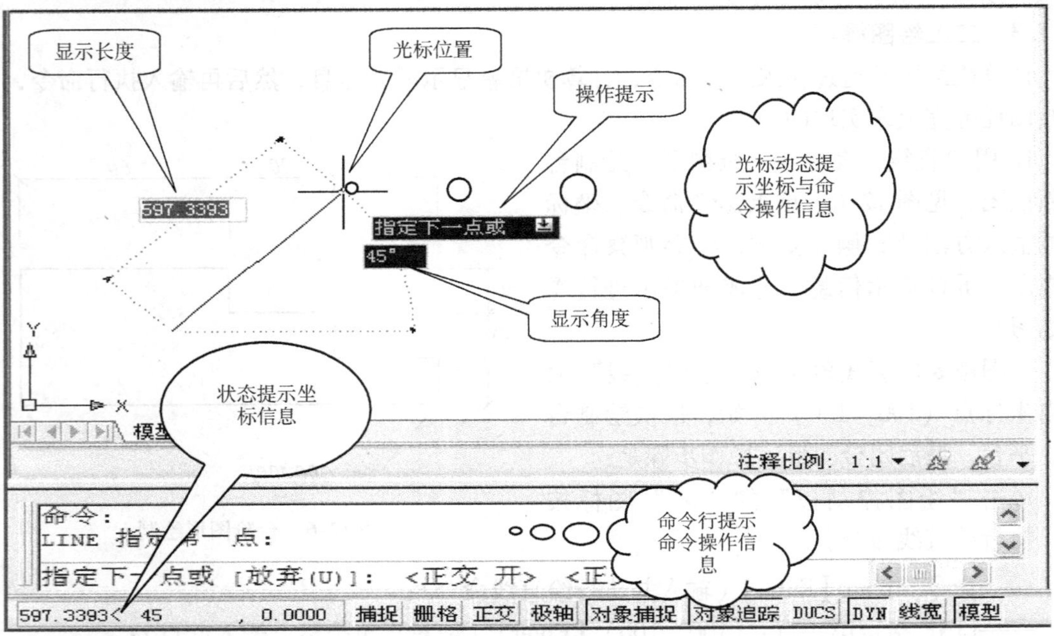

图 12-7　根据信息提示进行交互操作方法

3. 使用快捷菜单　快捷菜单又称为上下文相关菜单。在绘图区域、工具栏、状态栏、模型与布局选项卡以及一些对话框上单击鼠标右键会弹出快捷菜单。该菜单中的命令与 AutoCAD 的当前状态相关，使用它可以在不必启动菜单栏的情况下快速、高效地完成某些操作。如，在绘直线过程中，在绘图区单击鼠标右键会弹出绘图快捷菜单，见图 12-8。

12.1.4　图层的使用方法

图层是 AutoCAD 中一个极为重要的图形组织工具。图层类似于用叠加的方法来存放一幅图形的各种类似的信息，可以把图层想象成透明的纸，在不同的透明纸上画出一幅图形的各个不同部分，重叠起来就是一幅完整的图形。因而，图形的各个部分可以分别修改而不影响其他部分。例如，可以把门、窗、墙体、尺寸标注分别放在不同的图层里，便可以分别显示和绘制它们。

1. 图层设置与管理　通过“格式”菜单、“图层”工具栏、“图层控制面板”或输入 Layer 命令，均可执行设置图层命令。这时，屏幕弹出“图层特性管理器”对话框，见图 12-9。用户可以在此对话框中进行图层的创建、基本操作和管理。

正在作图的层称为当前层，当前层只能有一个，它的图层名会显示在屏幕的状态条上。当前层对图形编辑命令没有影响，只要其图层是打开的，都可对其上的图形进行编辑，编辑后的图形仍在原层上；但当前层对绘图命令有影响，所有绘图命令产生的图形均画在当前层

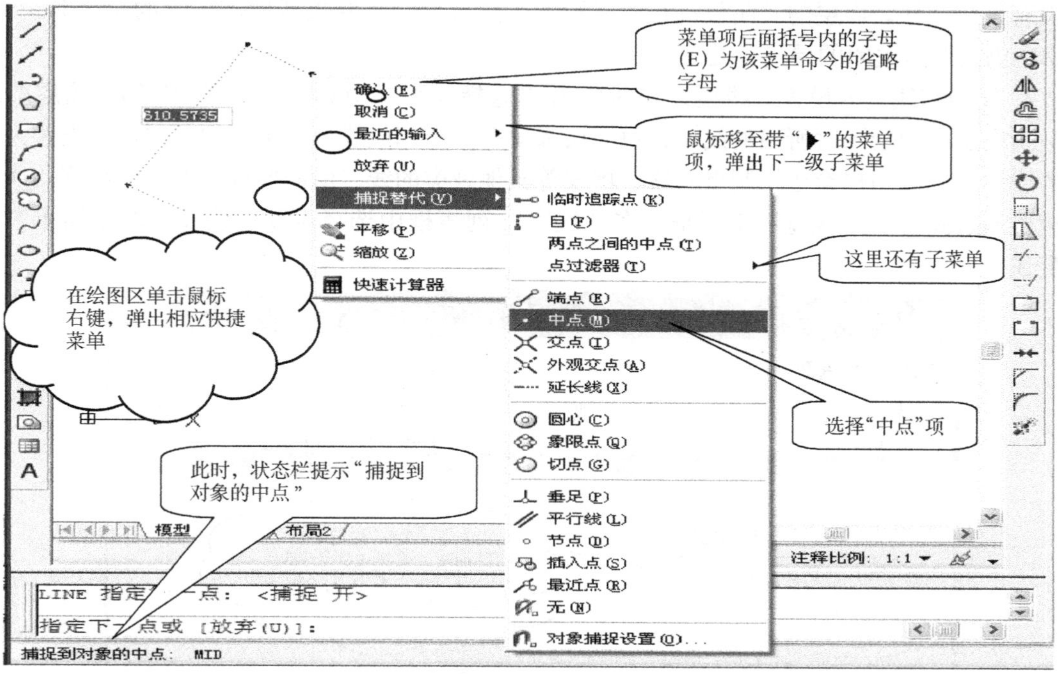

图 12-8 快捷菜单的使用

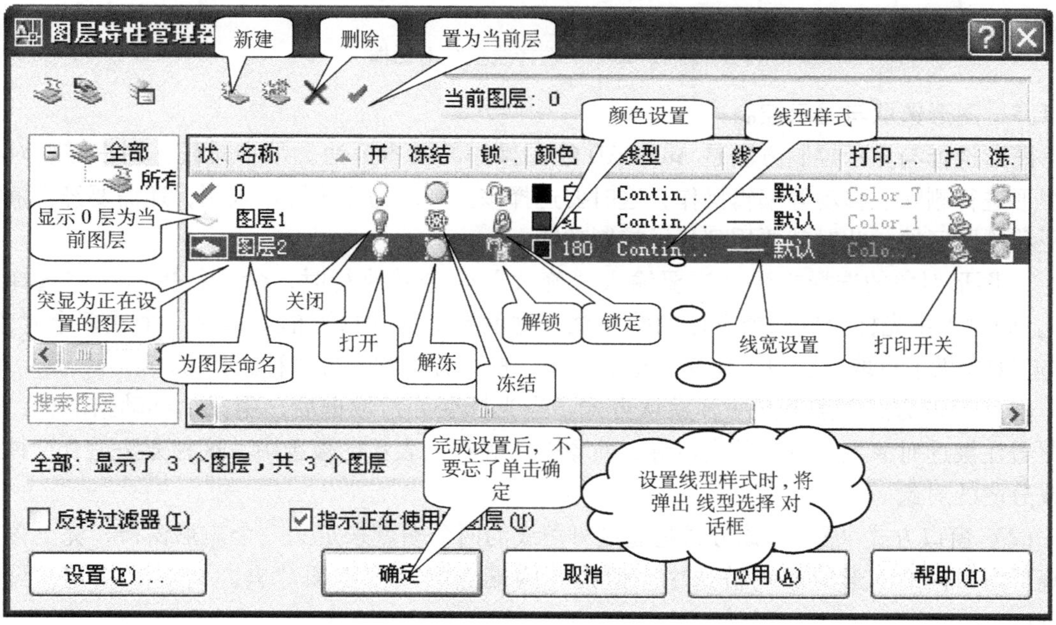

图 12-9 “图层特性管理器”对话框

上。因此，在绘图过程中，需要经常变换当前层。

图层可以赋以线型和颜色，每层只能确定一种，每一图层上的图形都将以所确定的颜色和线型画出。当然，可以改变图形的颜色和线型，使之与图层线型、颜色不一样，也就是说，同一图层上可以有很多颜色和线型，但赋予图层的颜色和线型只能有一种。

图层还可以冻结或解冻。冻结后系统对该层上的图形不再进行处理，图形也不显示，如同没有该层一样。而层的关闭仅仅是不显示，在执行一些需要重新生成图形的命令时，AutoCAD 仍然要对关闭的层进行处理。

2. 线型和线宽的设置　线型设置时弹出“选择线型”对话框，见图 12-10。图层的线型是指在图层中绘图时所用的线型，每一层都应有一个相应线型。不同的图层可以设置为不同的线型，如果用户希望绘制点画线、虚线等其他种类的线，就需要设置图层的线型。线宽的设置通过弹出的“线宽”对话框，在“线宽”列表框中选择需要的线宽，非常简单，不多赘述。

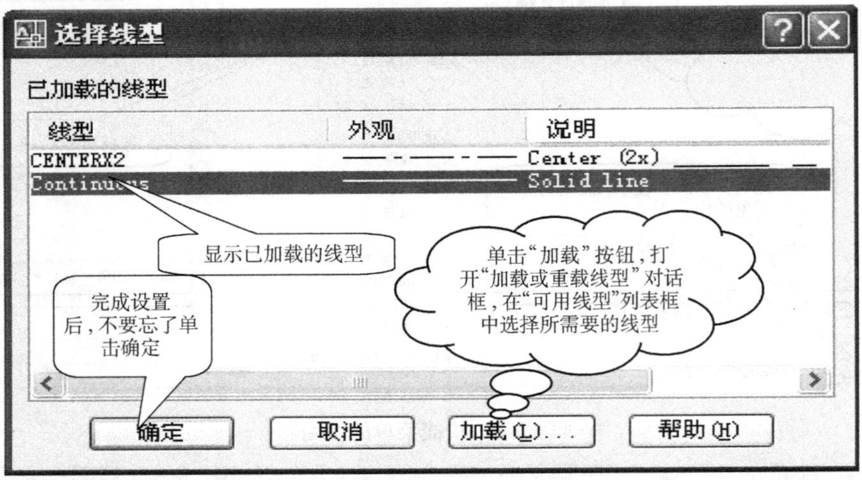

图 12-10　“选择线型”对话框

12.1.5　图形选取与显示控制

图形选择与显示控制方法是 AutoCAD 绘图操作的基本方法。很多时候，用户需要对已绘图形进行删除、移动等编辑操作，这时要选择该图形。为克服屏幕限制，还需要经常缩放或平移绘图区域，此时就要用到显示控制功能。

1. 图形对象的选择方法　当要输入“修改”命令并执行时，命令行提示：“选择对象”，同时十字光标变成一个方形的拾取框，这就要求移动拾取框来选择一个或多个对象。AutoCAD提供了点取、窗口、窗交、最后一个、前一方式和全部六种选择方法。

（1）点取方式。点取是一种默认方式，当光标变为拾取框后，用鼠标移动拾取框，使其覆盖在被选对象上，然后单击鼠标，对象变为虚线，表示已被选中。这种方法适合选择少量或分散的对象。

（2）窗口方式（W）。该方式是通过对角线的两个端点来定义一个矩形窗口，完全落在该矩形窗口内的图形对象均被选中。但指定两端点的顺序必须“自左向右”指定，见图 12-11。

（3）窗交方式（C）。该方式也是通过对角线的两个端点来定义一个矩形窗口，凡与该矩形窗口相交的图形对象均被选中。但指定两端点的顺序必须“自右向左”指定，见图 12-12。

（4）最后一个（L）。在提示符下，用“L”（last）命令响应，可将刚绘制的图形对象选中。

（5）前一方式（P）。在提示符下，用“P”（previous）命令响应，可将上一次进行对象选择操作纳入选择集的图形对象选中。

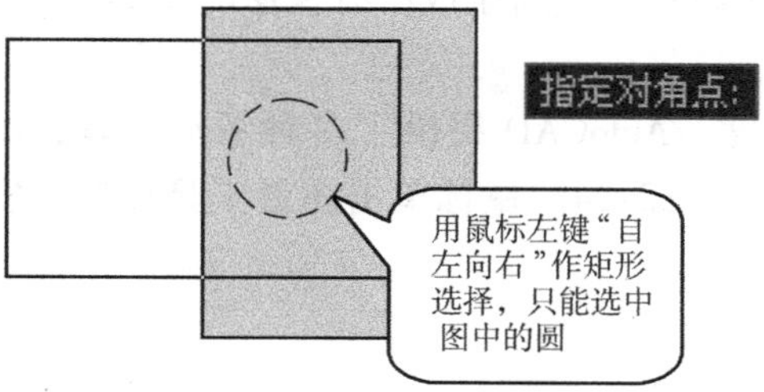

图 12-11　窗口选取模式

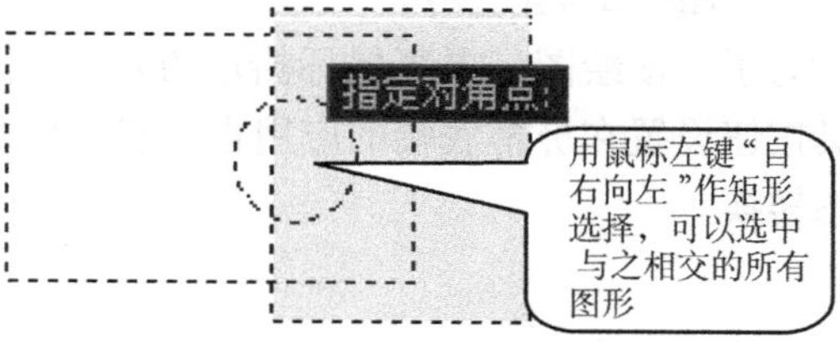

图 12-12　窗交选取模式

（6）全部方式（All）。当命令行提示选择对象时，键盘输入“All”，选择除冻结层以外的所有图形对象。

2. 图形显示控制　计算机显示屏幕的大小是有限的，也就是说绘图区域受到计算机硬件的限制，为此，AutoCAD 提供的显示命令可以进行平移和缩放图形，这样在绘制细节图样时，就可以看得很清楚了，另外也可以方便地浏览全图。

特别提示
显示控制命令只能改变图形在屏幕上的视觉效果，而不能改变图形的实际尺寸。

（1）绘图区域缩放（Zoom）。绘图区缩放，是指在绘图窗口内缩放图形，以改变其视觉大小。通过“二维导航”控制板，或者直接输入命令，都是执行该命令的便捷方法，见图 12-13。

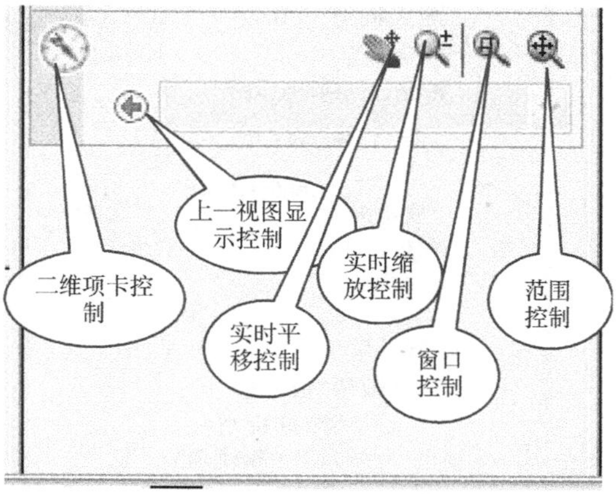

图 12-13　“二维导航”控制板操作

（2）平移（Pan）。平移，是指在不改变缩放系数的情况下，观察当前窗口中图形的不同部位，它相当于移动图样。执行该命令后，屏幕上的光标呈一小手的标记。按住鼠标左键上下左右移动，则图形将跟着上下左右移动。

（3）鼠标滚轮缩放。转动鼠标滚轮来控制图形的缩放是一种非常简便的方法，它可在任何状态下使用，建议学习者逐步习惯于这一方法。滚轮前转为放大图形，滚轮后转为缩小图形，放大与缩小的基点在光标处。

（4）鸟瞰视图（Dsvewer）。使用“Dsvewer”命令可以方便快捷地缩放或平移图形。执行 Dsvewer 命令，在屏幕上弹出“鸟瞰视图”对话框。通过选择相应的选项可以实现对“鸟瞰视图”窗口有效的放大、缩小和实时更新，而不影响绘图区内的图形显示。

（5）重画（Redraw）。该命令可以清除屏幕上的小十字形标识点，以及将当前屏幕图形进行重新显示。

（6）重生成和全部重生成（Regen 或 Regenall）。重生成是指 AutoCAD 系统重新计算图形组成部分的屏幕坐标，并重新在屏幕上显示图形的过程。如对点画线，当重新设置了新线型比例因子后，通过“重生成”才会显现出来。重生成命令用来重新生成当前视窗内全部图形并在屏幕上显示出来，而“全部重生成”命令将用来重新生成所有视窗的图形。

12.1.6 图形工具的使用

为了方便绘图，提高鼠标拾取方法定点的精度，AutoCAD 提供了多种图形工具，图形工具按钮设置在屏幕底端的应用程序状态栏中，见图 12-14。鼠标单击图形工具按钮可实现状态转换。

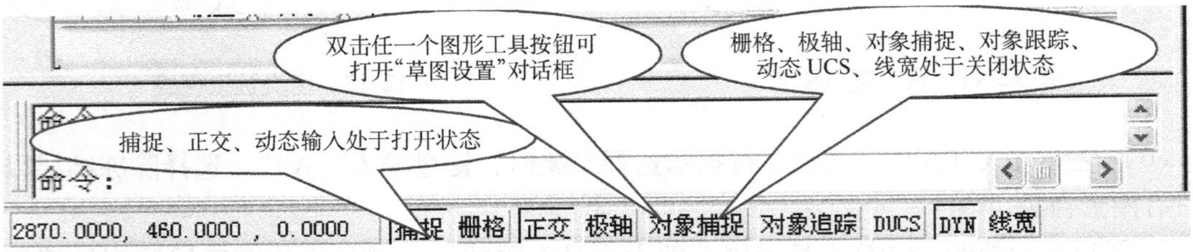

图 12-14 图形工具的使用

图形工具设置通过“草图设置”对话框来操作，见图 12-15。

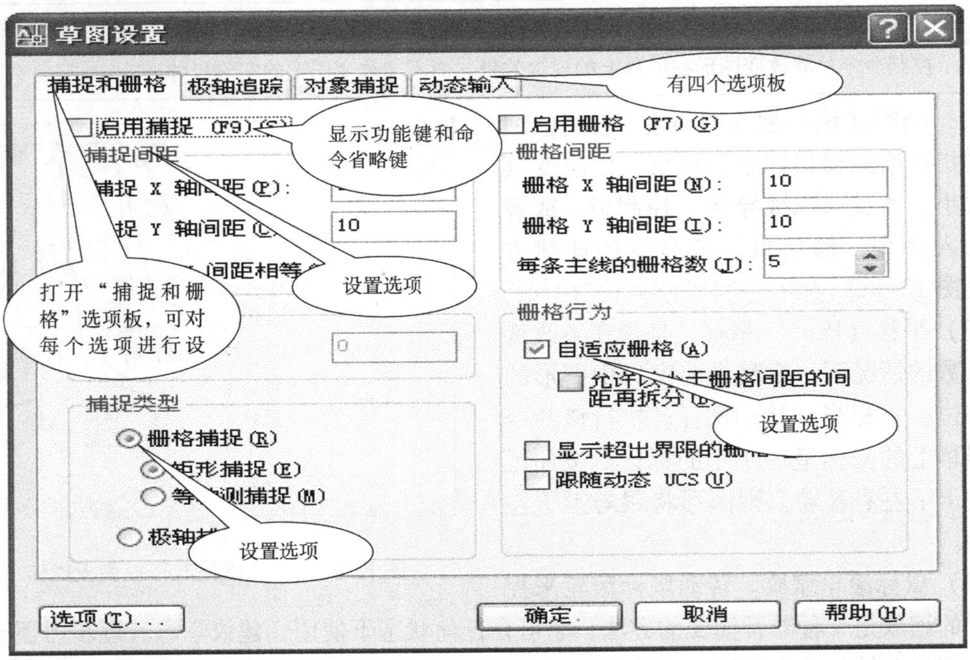

图 12-15 “草图设置”对话框

（1）栅格和捕捉设置（Grid、Snap）。栅格是显示在用户定义的图形界限内的点阵，它类似于在图形下放置一张坐标纸，使用栅格可以对齐对象并直观显示对象之间的距离，可以直观地参照栅格进行绘制。在输出图样时并不打印栅格，可以随时调整栅格的间距。栅格只在图形界限以内显示。捕捉工具的作用是准确地对准到设置的捕捉间距点上，用于准确定位和控制间距。

<table><tr><td>特别提示
捕捉和栅格的设置在同一个选项卡内，常常配合起来使用，用于捕捉绝对坐标。</td></tr></table>

（2）正交与极轴（Ortho）。正交与极轴都是为了准确地追踪到一定的角度而设置的，正交工具出现比较早，它仅仅能追踪到水平和垂直方向的角度。而极轴是后来出现的更强大的工具，可以追踪更多的角度，可以设置增量角，所有 0°和增量角的整数倍角度都会被追踪到，还可以设置附加角以追踪单独的极轴角。打开正交功能后，系统提供了类似丁字尺的绘图辅助工具“正交”，光标只能在水平方向和垂直方向上移动。

（3）对象捕捉（Autosnap）。在绘图的过程中，经常要指定一些点，而这些点是已有对象上的点，例如端点、圆心、两个对象的交点等，这时，如果只是凭用户的观察来拾取它们，无论怎样小心，都不可能非常准确地找到这些点。为此，AutoCAD 2008 提供了对象捕捉功能，即对象捕捉，可以帮助用户迅速、准确地捕捉到某些特殊点，从而能够精确地绘制图形。对象捕捉的前提是图形中必须有对象，一张空白的图纸是无法实现对象捕捉的。在“草图设置”选项卡的“自动捕捉设置”选项区域中可以设置自动捕捉方式。

（4）自动追踪（Polarang）。自动追踪是光标跟随参照线确定点位置的方法，它有两种工作方式：极轴追踪和对象捕捉追踪。将自动追踪和对象捕捉功能结合起来应用将会使图形绘制更加方便。极轴追踪是光标沿设定的角度增量显示参照线，在参照线上确定所需的点。利用对象捕捉追踪可获得对象上关键的点位，这些点即为追踪点，它们是参照线的出发点。

（5）动态输入。主要由指针输入、标注输入、动态提示三部分组成，使用动态输入功能可以在工具栏提示中输入坐标值，而不必在命令行中进行输入，光标旁边显示的工具栏提示信息将随着光标的移动而动态更新。当某个命令处于活动状态时，可以在工具栏提示中输入值。

12.2 图样绘制

本节通过介绍图样绘制的过程，来说明常用绘图和编辑命令的操作方法，以及综合运用命令的技巧。AutoCAD 中，平面图形常用的“绘图”命令都在“绘图”菜单中，见图 12-16。

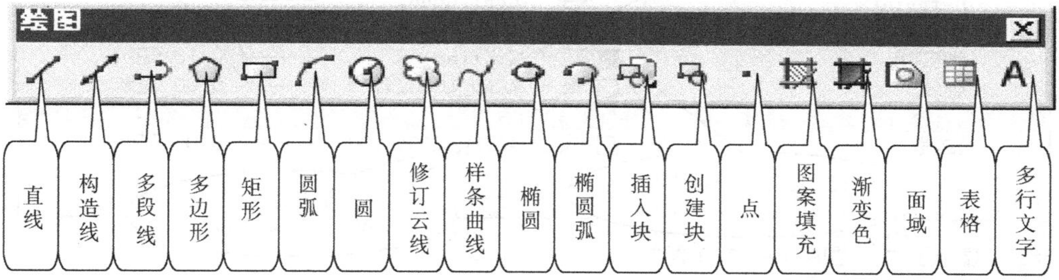

图 12-16 “绘图”命令说明

常用的编辑命令都在“修改”菜单中，见图 12-17。

12.2.1 自定义样板文件

为了方便绘图，使绘制的图形符合制图标准，通常预先设置绘图所用的环境，如单位、图层、线型、文字样式、标注样式等，并保存为样板文件，以后就不必每次重复设置。操作

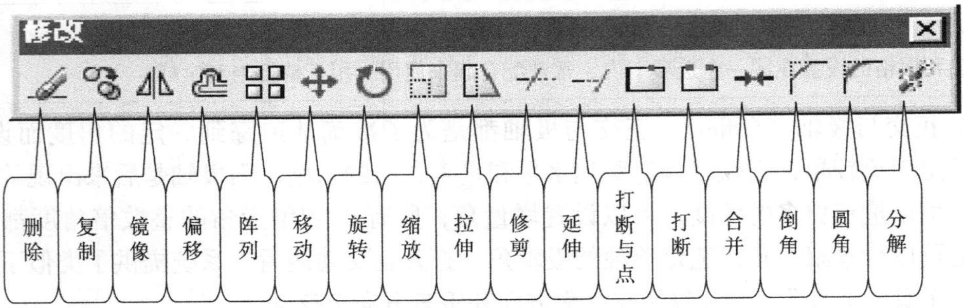

图 12-17 “编辑” 命令说明

步骤是：

1. 新建一个图形文件

◇执行“新建”命令，打开“选择样板”对话框中，选择样板图“acad. dwt”，新建一个空白图形文件。

2. 设置绘图单位和精度

◇选择“格式”菜单/“单位…”命令，屏幕弹出“图形单位”对话框。

——在“长度”区内选择单位类型为“小数”，精度为“0”；

——在“角度”区内选择角度类型为“十进制小数”，精度为“0”；

——在“用于缩放插入内容的单位”列表框中选择图形单位，默认为“毫米”。

3. 图层及线型设置

◇单击“图层控制板”的“ ”按钮，打开“图层特性管理器”对话框，新建 5 个图层，见图 12-18。

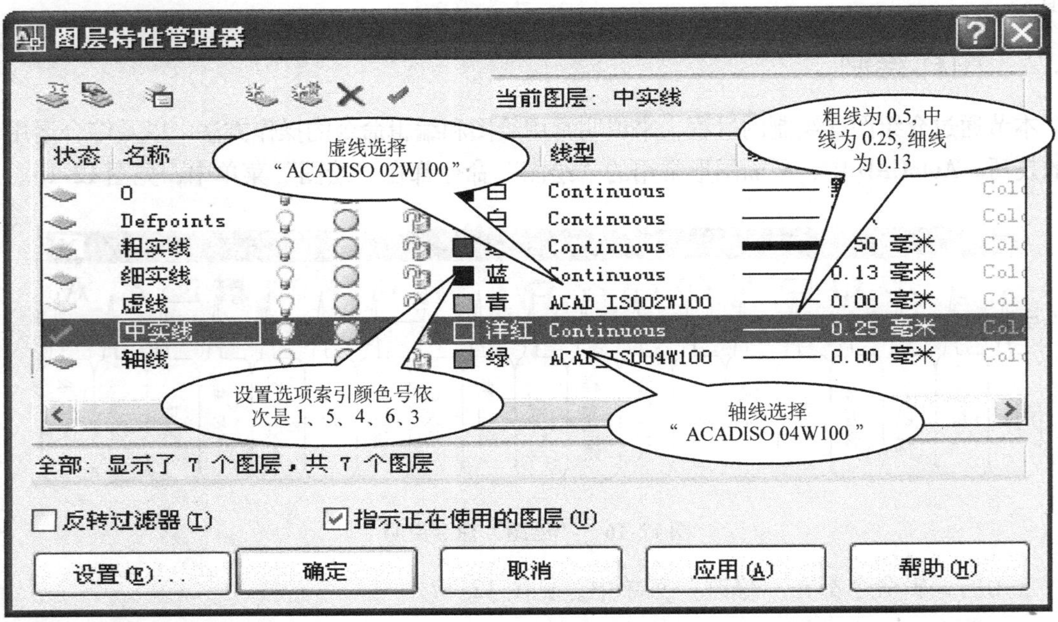

图 12-18 二维图形绘制常用的图层设置

4. 标注样式设置 按照我国最新的 GB/T 50001—2010《房屋建筑制图统一标准》来设置创建标注样式。单击“标注控制板”的“标注样式”按钮“ ”，执行 Dimstyle 命令，打开“标注样式管理器”对话框，见图 12-19。

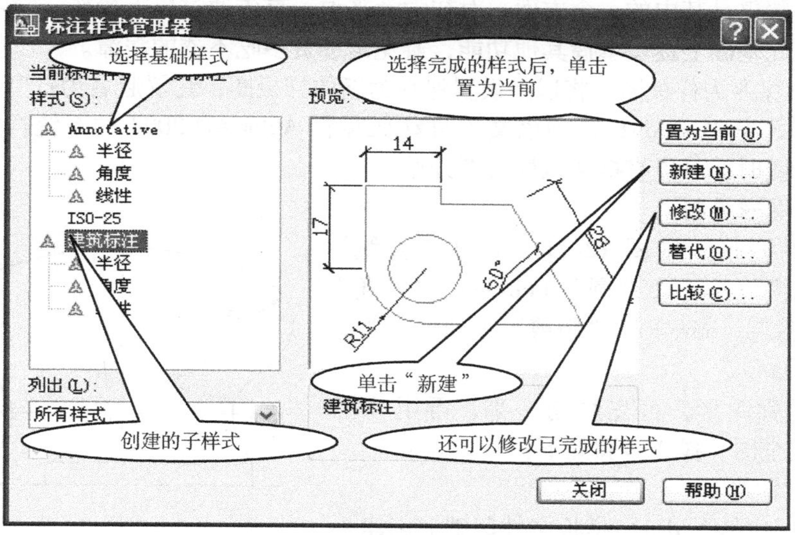

图 12-19　打开“标注样式管理器”对话框创建新的子样式

1）单击【新建】按钮，弹出“创建新标注样式”对话框。

◇在“新样式名”文本框中，设置新创建的尺寸标注样式的名称“建筑标注”；

◇在“基础样式”下拉列表框中，选择已有的样式模板为“Annotative”；

◇在“用于”下拉列表框中，指定新创建的尺寸标注样式的适应范围：“全部标注”。当选择“角度”“线性”等分类时，可创建相应的子样式。

2）单击【继续】按钮，关闭“创建新标注样式”对话框，并弹出“新建标注样式”对话框，见图 12-20。依次打开 7 个选项卡，根据提示按照国家制图标准完成设置。

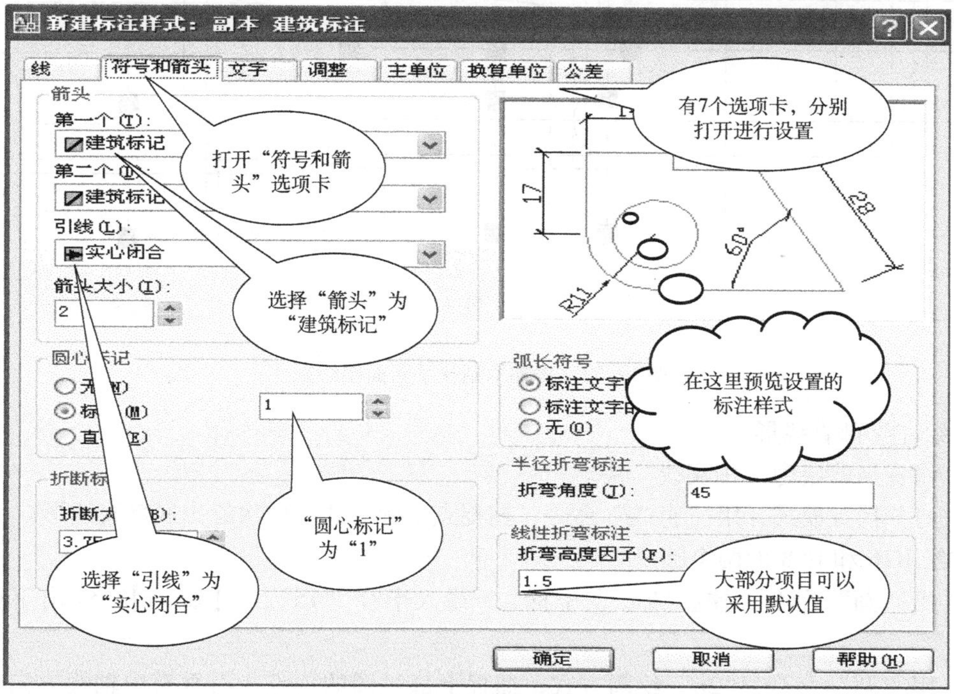

图 12-20　打开“新建标注样式”对话框

选项设置时，建议文字高度设置为“3.5”，选择“注释性”。其他选项默认即可。以上介绍的操作步骤仅是其中的一个方面。对初学者来说，首先通过以上操作，学习掌握经常用到的功能，在此基础上逐步掌握其他功能，避免走进贪多吃不透的泥潭。

5. 将图形保存为样板图　将以上设置保存为新的样板图，建议起名为：“GB 学习”，选择保存文件格式为“＊.dwt”，则该文件自动保存在 AutoCAD 2008 的系统样板文件库中，以后在创建新图时，可以直接从该样板图开始。

12.2.2　对称图形绘制

绘制扶手图形，见图 12-21。学习“直线”(line)、“复制”(copy)、“圆”(circle)、“圆角”(fillet)、“镜像”(mirror)、“修剪”(trim)、“删除”(erase) 命令。

该图为对称图形，可先绘制一半，再用“镜像”命令完成全图。操作步骤如下：

1. 绘定位轴线

1）在“GB 学习.dwt”样板文件基础上创建一个新文件。

2）设置当前层为“轴线”层，打开“正交”模式。

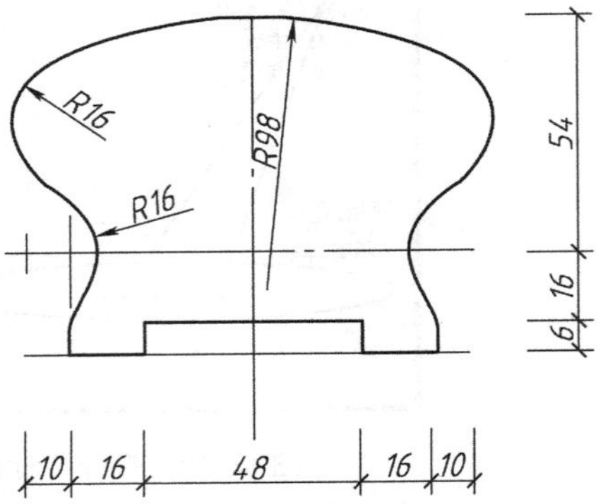

图 12-21　楼梯木制扶手断面图

3）用“直线”命令绘两条水平、垂直轴线。

4）用“复制”命令，分别选取已绘制的垂直线和水平线，按图示尺寸依次复制完成全部定位线，见图 12-22a。

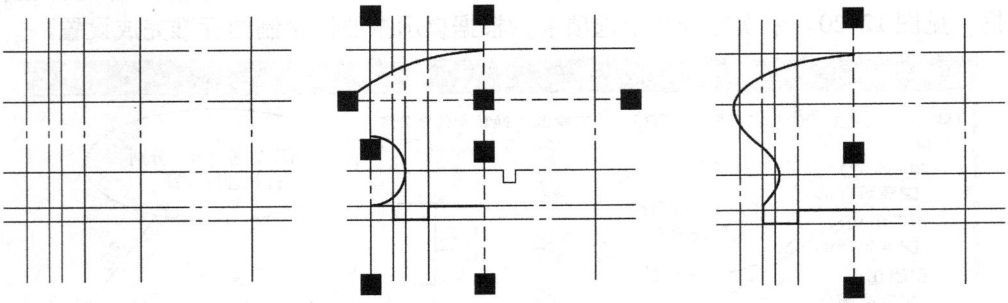

a)　b)　c)

图 12-22　楼梯木制扶手断面图绘制

2. 绘左半部直线形

1）设置当前层为“中实线”层。

2）打开捕捉模式，用“直线”命令，捕捉点坐标方式，依次绘出底部直线形。

3. 绘 R16 和 R98 的两个圆

1）用“圆”命令，捕捉圆心点坐标，输入半径“16”，【Enter】，绘出下面 R16 的圆。

2）用“圆”命令，“2p”绘圆方式，捕捉上部过圆的顶点，沿垂直中轴线方向，输入圆直径另一端点的相对坐标“@0，-196”，或者“@196<-90”，绘 R98 的圆。

4. 修剪圆成为圆弧　用“修剪”命令，选择修剪边界（图中显虚的线段），➤依次修剪两个圆成为圆弧，见图 12-22b。

5. 绘底部小圆弧和上部另一 R16 的圆弧

1）执行“圆角”命令，➤“R”【enter】，➤“16”【enter】，鼠标点取下部小垂直线段和 R16 圆弧，➤【enter】，绘出小圆弧。

2）执行“圆角”命令，➤【enter】，➤鼠标点取 R16 圆弧和 R19 圆弧，【enter】，绘出上部圆弧，见图 12-22c。

6. 绘对称图形的另一半　执行“镜像”命令，选取左侧全部图形对象，➤【enter】，依次点取中轴线上的两点为镜像基线（图中显虚的线段），➤【enter】，绘出图形的另一半。

7. 整理保存图形

1）用“删除”命令，选择作图辅助用的多余轴线，完成图形。

2）为文件起一个名字，保存图形。

12.2.3　规则排列图形的绘制

绘制花饰图形，见图 12-23a。学习“旋转”（rotate）、“构造线”（xline）、“阵列”（array）命令。

分析该图形，它是由 6 个相同的图形组成，可有一个图形围绕中心旋转形成，见图 12-23b。因此可先绘制一个，再用“阵列”命令完成全图。操作步骤如下（图 12-24）：

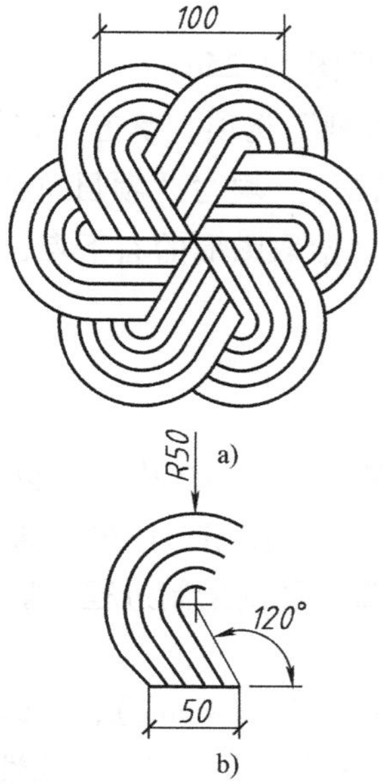

图 12-23　花饰图形

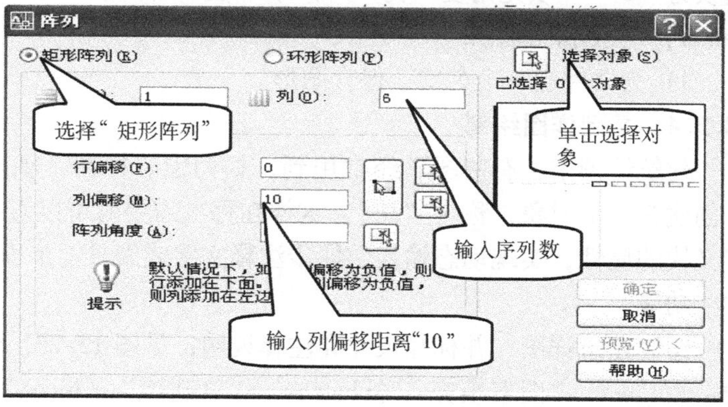

图 12-24　使用“阵列”对话框

1. 绘 50 长的直线段　在“GB 学习 .dwt”样板文件基础上创建一个新文件，➤设置当前层为“中实线”层，➤打开“正交”模式，➤用“直线”命令绘一条 50 长的水平直线段。

2. 旋转复制已绘线段得到 50 长的斜线段　执行“旋转”命令，选择已绘直线，【enter】➤“C”【enter】，➤“120”【enter】，旋转复制绘出 50 长的斜线段。

3. 矩形阵列6列斜线　执行“阵列”命令，打开“阵列”对话框，设置选项，➤单击“选择对象”按钮，➤选择阵列斜线段，➤回到对话框后单击【确定】按钮，完成图形。

4. 绘5个同心圆　打开“捕捉”模式，执行“圆”命令。用“拾取圆心，拾取过圆交点”方法，分别绘出5个圆，见图12-25a。

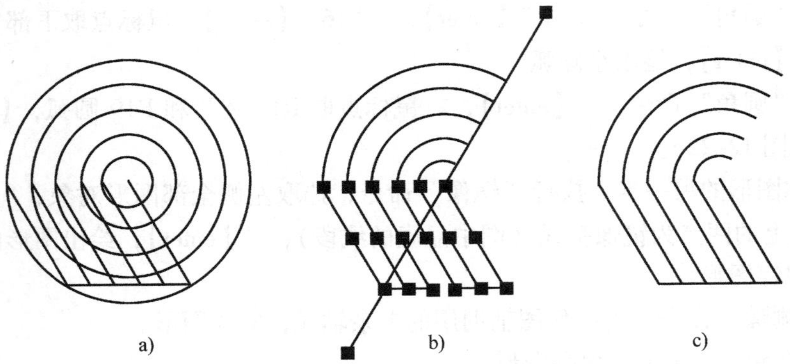

图12-25　花饰图形绘制

5. 修剪图形

1）执行“构造线”命令，拾取圆心和水平线段的右端点绘出构造线。

2）执行“修剪”命令，选择修剪边界（图中显虚的线段），➤依次选择修剪对象，修剪5个圆成为圆弧，见图12-25b。

6. 整理和环形阵列图形

1）执行“删除”命令，选择构造线，➤【enter】，完成图形，见图12-25c。

2）执行“阵列”命令，打开“阵列”对话框，➤选择“环形阵列”选项，单击“选择对象”按钮，➤选择阵列图形对象，➤【enter】，打开“阵列”对话框，➤填写“项目总数”选项为“6”，“填充角度”为“360”，单击“中心点”拾取按钮，➤拾取图形的右下点，➤【enter】，完成全部图形。

3）为文件起一个名字，保存图形。

12.2.4　基础详图绘制

建筑绘图中，有些图形经常用到，如门窗、标高、轴圈符号等，AutoCAD中，可以将其创建为一个对象，称为“块”。这样在每次需要时可以直接插入，重复使用，还可以通过定义块的属性，实现动态输入，同步注释文字或编号。下面通过基础详图的绘制过程，学习这些功能。

绘制建筑详图，并标注尺寸和注释说明，见图12-26。学习“矩形”（rectang）、“多段线”（pline）、“图案填充”（bhatch）、“创建块”（block）、“插入块”（insert）、“线性”（dimlinear）、“连续”（dimcontinue）、“引线”（mleader）尺寸标注命令，以及注释比例等。

操作步骤是：

1. 绘定位轴线　同前例，创建一个新文件，➤用“直线”命令绘中心垂直轴线和底部水平线，见图12-27中的虚线。➤用“复制”命令，分别选取已绘垂直线和水平线，按图示尺寸依次复制完成全部定位线。

2. 绘图形轮廓线

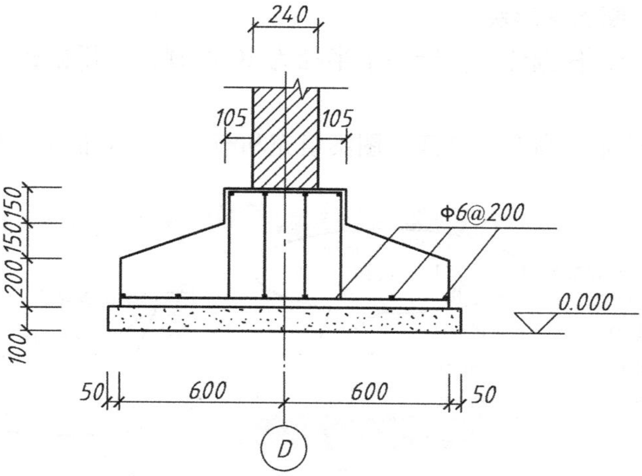

图 12-26　基础详图 1:20

1）设置当前层为“中实线”层，打开捕捉模式。

2）执行“矩形”命令，捕捉对角线方式绘制垫层的外轮廓线。

3）执行“多段线”命令，采用鼠标捕捉坐标点方式，自左至右依次捕捉轴线交点绘制基础的外轮廓线。

4）用“直线”命令绘制墙体的外轮廓线。

5）用“多段线”命令绘制墙体截断线。

6）选择刚绘墙体的截断线，➤在“图层控制板”中打开图层下拉列表，➤点取“细实线”层，修改该线条为细实线，见图 12-28。

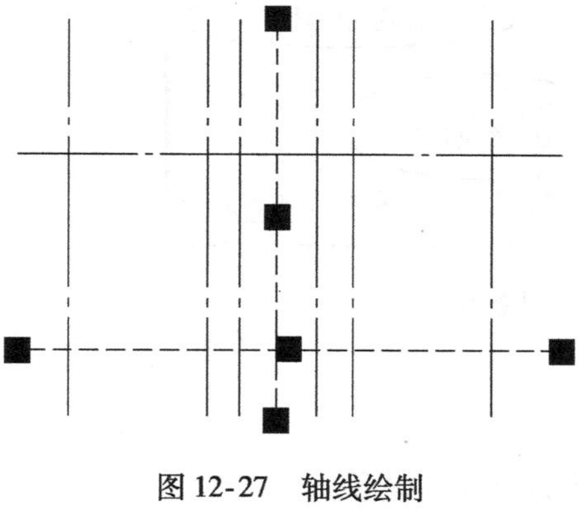

图 12-27　轴线绘制

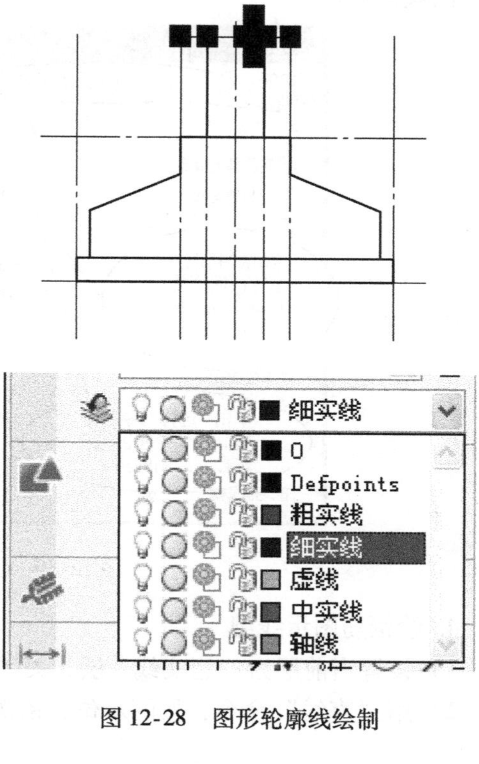

图 12-28　图形轮廓线绘制

3. 创建“钢筋”断面图形块

1）用“圆”命令，任选位置，绘一个半径为 10 的圆，并用鼠标控制方式，放大绘图显示区域。

2）执行“图案填充”命令，打开“图案填充和渐变色”对话框，见图 12-29。

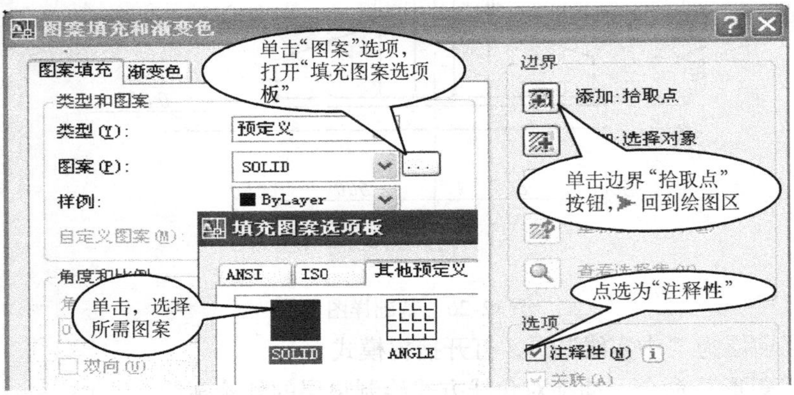

图 12-29　图案填充操作

根据提示完成选项操作，➤单击边界“拾取点”按钮，回到绘图区域，➤在刚绘制的圆内任取一点，➤【enter】，返回到“图案填充和渐变色”对话框，➤单击【确定】关闭该窗口，完成“钢筋”断面图填充。

3）执行“创建块”命令，打开“块定义”对话框，见图 12-30。根据提示完成“钢筋”图块制作。

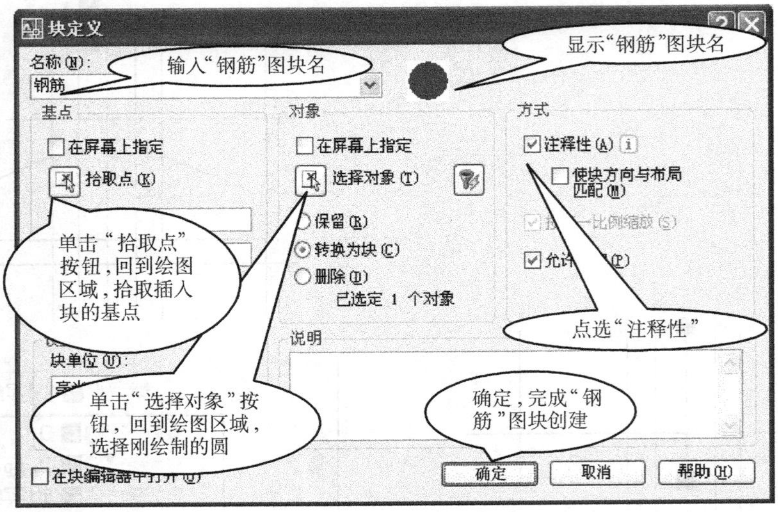

图 12-30　创建“钢筋”块操作

4. 绘钢筋图示线型

1）设置当前层为“粗实线”层，关闭捕捉模式。

2）用“直线”命令，按图示位置依次绘制钢筋的图示直线形。

3）执行“插入块”命令，打开“插入”对话框，见图 12-31。按照图示插入点的位置，依次插入“钢筋”的图示块，见图 12-32a。

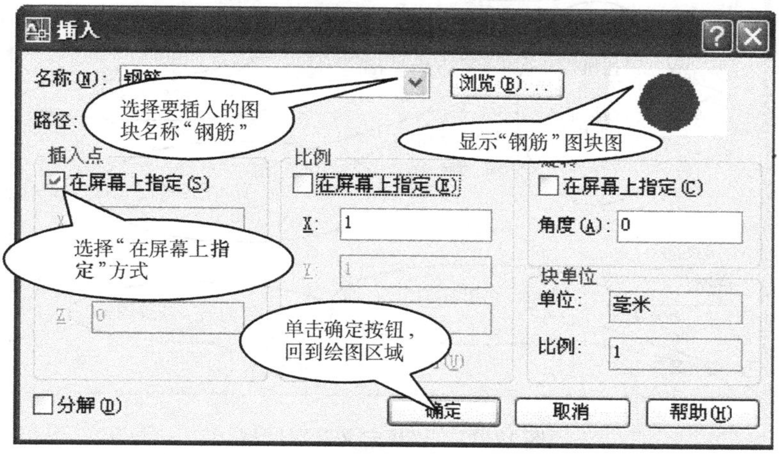

图 12-31　“插入”对话框

5. 填充垫层和墙体图例

1）设置当前层为“细实线”层。

2）用“图案填充”命令，分别选择相应的图例，采用边界“拾取点”方式，完成图案填充，见图 12-32b 所示。

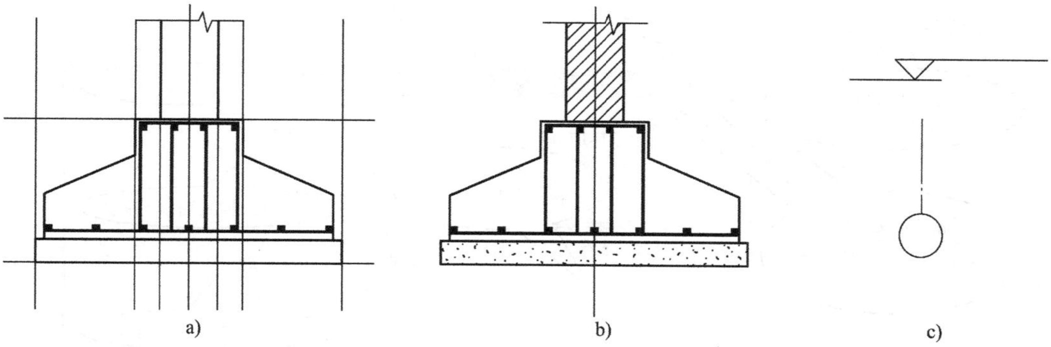

图 12-32　建筑详图绘制

6. 创建带动态输入编号的“轴线标注”块

1）用“圆”命令，任选位置，绘一个半径为 80 的圆和一段轴线。

2）用“创建块”命令，打开“块定义”对话框，见图 12-33。根据提示完成选项设置，单击“确定”按钮后，打开“块编辑器”。

3）在“块编辑器”中，➤单击“定义属性”按钮，打开“属性定义”对话框，见图 12-34。根据提示完成选项设置，➤单击“确定”按钮，在轴圈内捕捉圆心，➤【enter】，关闭“块编辑器”，完成操作。

4）同样步骤，创建带动态输入标高的“标高符号”块，见图 12-32c 所示。

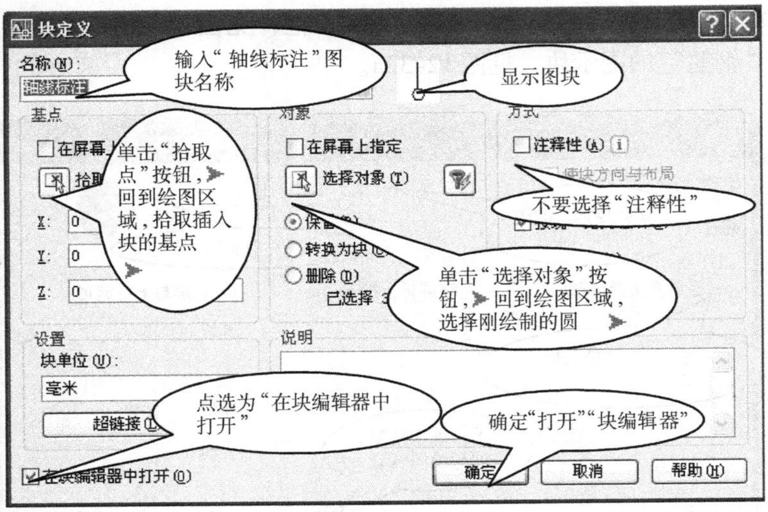

图 12-33　“块定义”对话框

7. 标注尺寸

1）选择状态栏中“注释比例”为“1:20”。

2）执行“线性标注”命令，捕捉标注图形尺寸的两个端点，确认完成第一段尺寸标注。

3）执行“连续标注”命令，选择线性标注完成的尺寸为基线，继续完成同一方向的尺寸标注，通过快捷菜单调整文字位置适合于绘图标准。

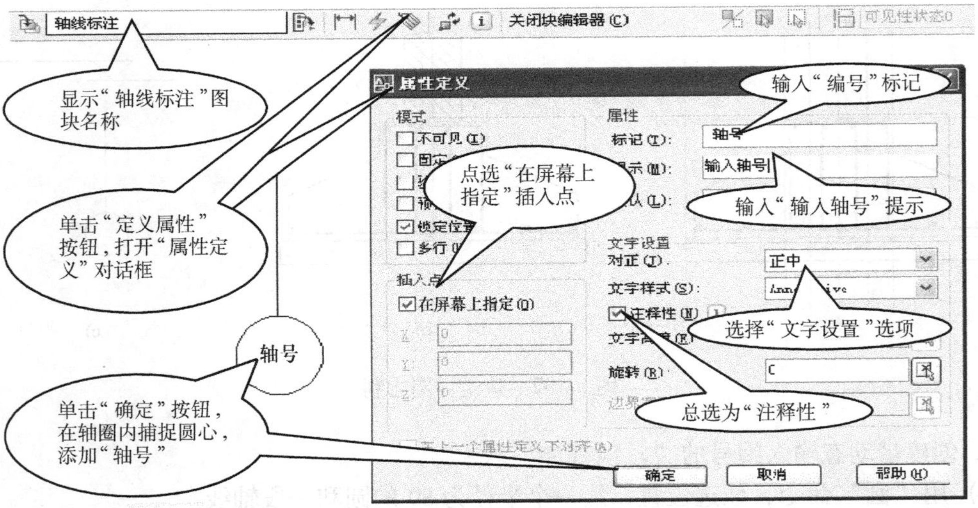

图 12-34　在“块编辑器”中定义“轴线标注”块的动态输入轴线编号属性

4）执行“引线”标注命令，注释配筋说明。

5）执行“插入块”命令，捕捉插入标高的位置，输入标高值，标注标高。

6）执行“插入块”命令，捕捉插入轴圈的位置，输入轴线编号“D”，标注轴线。

8. 整理图形

1）删除多余的线，整理完成图形。

2）保存文件。

3）将图中所有图形删除，然后将带有图层设置、文字、尺寸样式、图块等特性信息的空白文件另存为“GB 建筑 . dwt”。该文件可以作为建筑工程图形绘制的样板文件。

12. 2. 5　门窗表的绘制

绘制门窗表，见图 12-35。学习“表格样式”（tablestyle）、“表格”（table）命令及其操作。

门窗表							
类别	设计编号	洞口尺寸		数量	采用标准图集及编号		备注
		宽	高		门窗代号	编号	
门	M－1	2000	1750	6			防盗门
	M－2	1000	1750	6			防盗门
	M－3	2500	1750	6			防盗门
	M－4	900	1650	17	LJ21		夹板门
	M－5	700	1750	14	LJ21		夹板门
	M－6	900	2400	34	LJ21		夹板门
窗	C－1	3500	1150	6	L99J605－49		塑钢推拉门
	C－2	2000	1150	6	L99J605－49		塑钢推拉门
	C－3	2400	1150	6	L99J605－49		塑钢推拉门
	C－4	560	250	6	L99J605－49		塑钢推拉门
	C－5	1700	400	12	L99J605－49		塑钢推拉门
	C－6	3500	1650	6	L99J605－49		塑钢推拉门
	C－7	1600	1650	10	L99J605－49		塑钢推拉门

图 12-35　门窗表

1. 定义表的样式

1）用“New”命令创建一个新文件。

2）执行“表格样式”命令，打开“表格样式”对话框，见图 12-36。根据提示输入新定义的表格样式名“门窗表”。

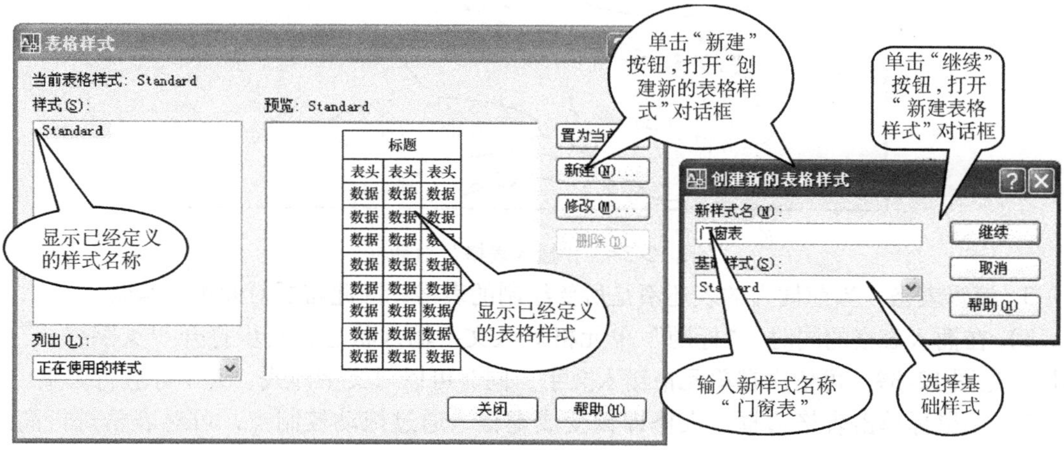

图 12-36　定义新的表格样式操作（一）

在打开的“新建表格样式”对话框中，设置单元样式及其“文字”、“表格”特性，见图 12-37。

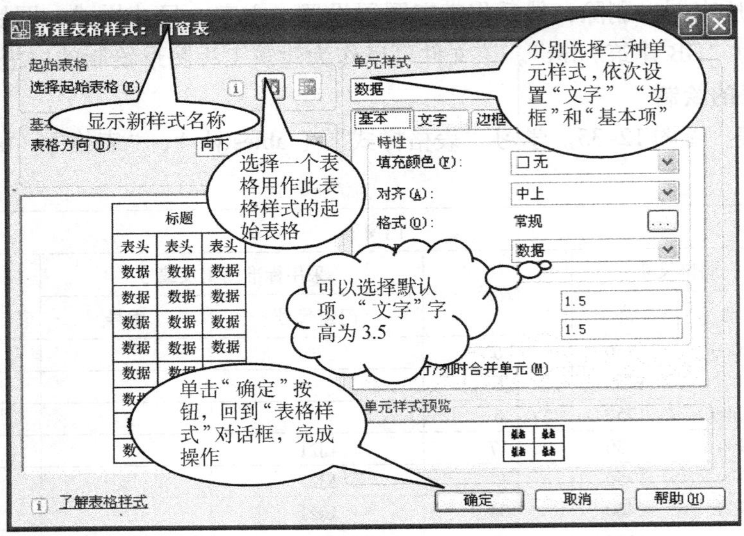

图 12-37　定义新的表格样式操作（二）

2. 插入表格　执行“表格”命令，打开“插入表格”对话框，见图 12-38。根据提示设置门窗表的插入方式、行列等信息选项。➤单击“确定”按钮，➤回到屏幕绘图区，➤点取插入表的位置，➤【enter】。

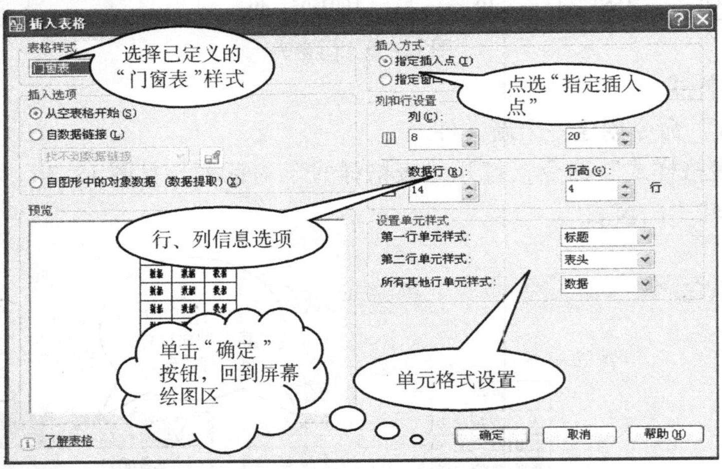

图 12-38　“插入表格”对话框

3. 编辑表格　当前插入的表还不是所要绘制的表格，因此需要对此进行编辑。

1）在插入表格的同时，“标题”单元格进入文字输入状态，同步打开“文字格式”工具栏，见图 12-39。可依次在单元格输入文字，同时可以对文字样式、大小等进行调整。

2）用鼠标单击表格边框，表格即刻变成虚框，通过拖动控制点，可对表格进行高度、长度以及行宽和列宽的调整，见图 12-40。

3）用鼠标单击单元格，则打开“表格”工具栏，见图 12-41。按照门窗表的格式，依次对该表头进行编辑。

4）双击单元格，或者在表格编辑状态下，继续单击单元格，则打开“文字格式”工具栏。按照门窗表的要求，依次完成单元格编辑和文字输入，见图12-42。

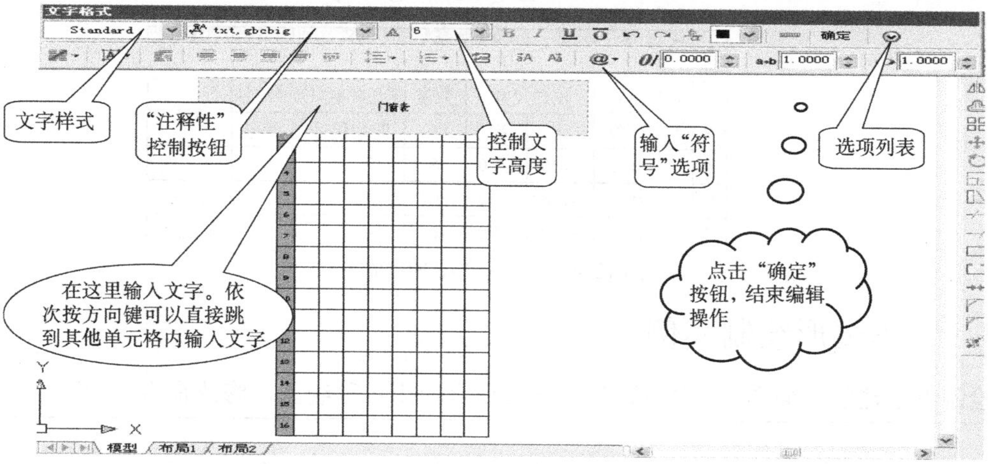

图12-39　插入表格并编辑文字操作

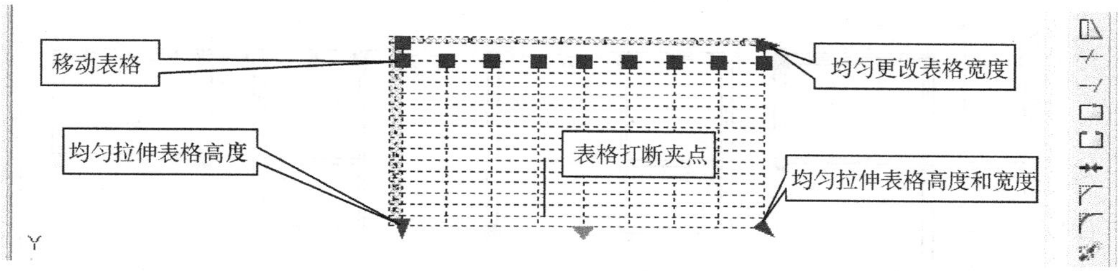

图12-40　整体编辑表格的操作

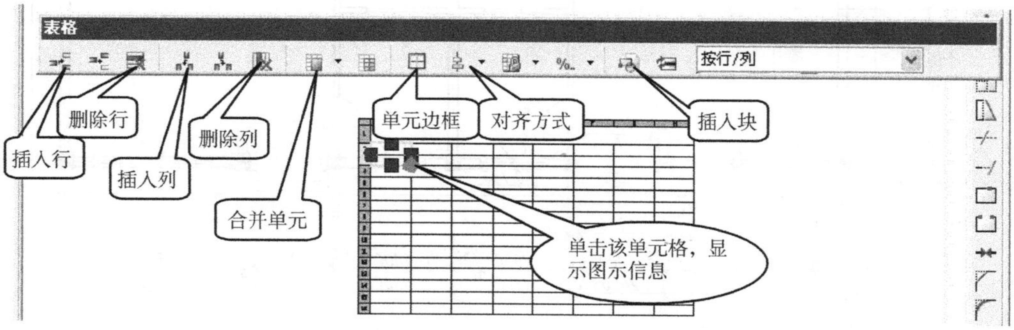

图12-41　单元格编辑操作

4. 二次定义表的样式　用“表格样式”命令，将刚才编辑完成的门窗表作为表格样式的起始表格，定义一个新的表格样式“建筑门窗表”。这样在绘门窗表时就可以直接插入，修改一下文字即可。当然，也可以在样板文件中提前做好表格定义，免得每次重复操作。

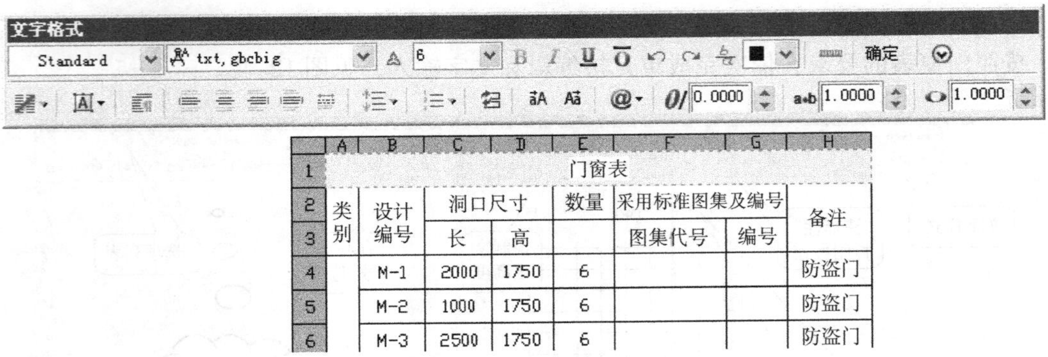

	A	B	C	D	E	F	G	H
1	门窗表							
2	类别	设计编号	洞口尺寸		数量	采用标准图集及编号		备注
3			长	高		图集代号	编号	
4		M-1	2000	1750	6			防盗门
5		M-2	1000	1750	6			防盗门
6		M-3	2500	1750	6			防盗门

图 12-42　依次输入表中文字

12.3　工程图形绘制实例

绘制首层建筑平面图，见图 12-43。学习综合使用各种绘图、修改命令的方法技巧，以

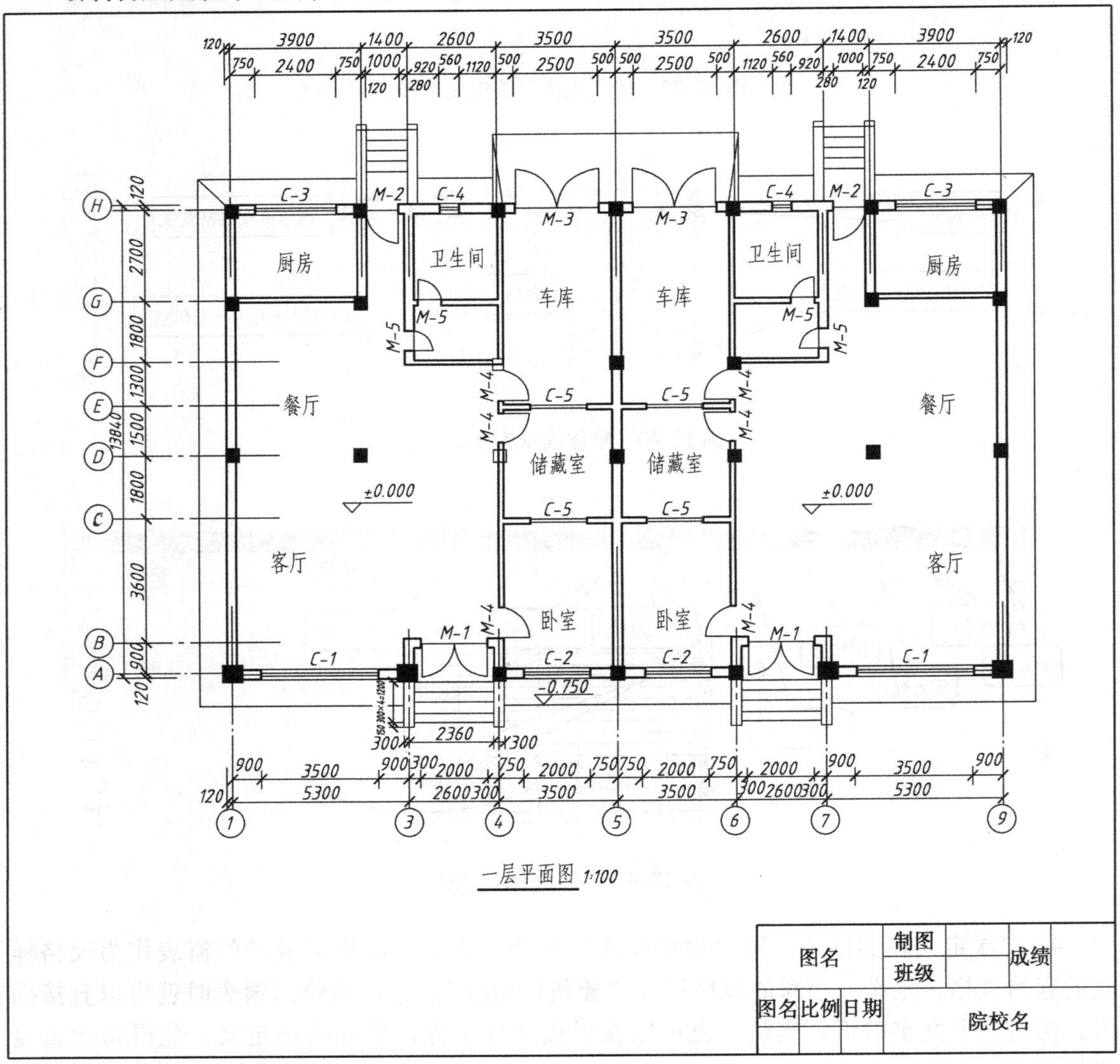

图 12-43　一层建筑平面图

及建筑工程图形绘制的操作步骤。

12.3.1 从样板图开始

执行“新建”命令，打开“选择样板”对话框中，选择样板图“GB 建筑 . dwt”，新建一个空白图形文件。该样板文件包含了前面设置的图层、文字、尺寸样式以及图块等特性信息。可以直接在此基础上作图，提高绘图效率。

12.3.2 图形绘制

1. 绘轴线

1）设置当前层为“轴线”层，打开“正交”模式。

2）用“直线”命令，绘长度为 27000mm 的水平线和长度为 21000mm 的垂直线（根据建筑实际尺寸大小，按照 1∶1 比例绘图确定直线的长度）。

3）用“复制”命令，分别选取已绘垂直线和水平线，按图示尺寸依次复制完成全部定位线，见图12-44。

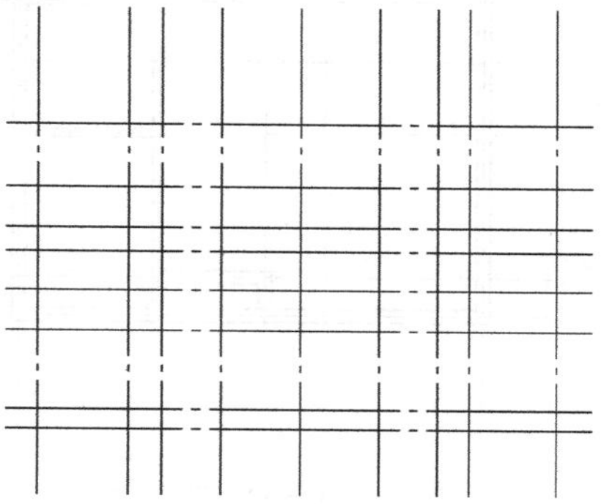

图 12-44 绘轴线

2. 绘墙线　本平面图为对称图形，因此只绘左侧部分即可。

1）执行“多线样式”（mlstyle）命令，打开“多线样式”对话框，分别以“240”、“120”名称新建两种多线样式，在“新建多线样式”对话框中设置“图元”的偏移量分别为“+120、-120”和“+60、-60”。

2）设置当前层为“粗实线”层。打开捕捉功能。

3）执行“多线”（mline）命令，命令行中更改当前设置：“对正 = 无，比例 = 1.00，样式 =240”。➤【Enter】，依次拾取轴线交点绘外墙线。

4）重复执行“多线”命令，命令行中更改当前设置：“对正 = 无，比例 = 1.00，样式 =120”。➤【Enter】，依次拾取轴线交点绘内墙线。

5）执行“多线编辑”（mledit）命令，根据“多线编辑工具”对话框提示，对相应墙线相交处进行修改，见图 12-45。

3. 绘门窗图线

1）用“分解”命令，将前面绘制的墙线分解为独立的对象，便于编辑。

2）按照门窗洞口的尺寸位置，用“直线”命令绘垂直于墙线的短线，配合使用“复制”“修剪”“移动”命令，依次绘制门窗洞口图形。

3）设置当前层为“细实线”层。再用“直线”，配合使用“偏移”命令绘出窗玻线。

4）用“直线”、“圆弧”命令绘制一个半圆图形，配合使用“复制”“旋转”“缩放”“移动”命令，绘出门窗线，见图 12-46。

4. 插入柱子

1）设置当前层为“中实线”层。

2）用“多边形”“矩形”命令，任选位置，绘一个边长为350mm的正方形和350mm×600mm的长方形；再用“图案填充”命令填充颜色。

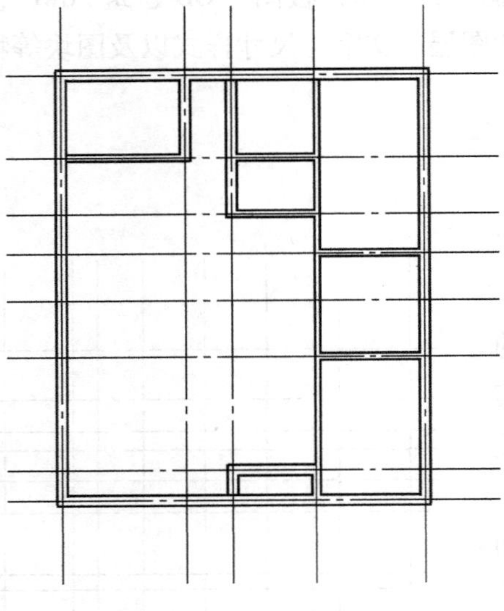

图 12-45　绘墙线

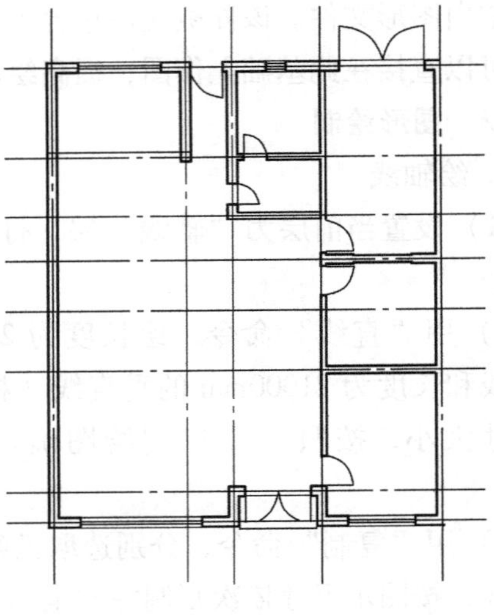

图 12-46　绘门窗线

3）用“创建块”命令，创建“柱子1”和“柱子2”图块。

4）用“插入块”命令，依次捕捉墙线、轴线交点，插入柱子图块，见图12-47。

5. 整理图形

1）设置当前层为“细实线”层。

2）配合使用“直线”“复制”“修剪”“移动”等命令，完成前后台阶、散水等图形绘制。

3）用“镜像”命令，以轴线5为对称轴镜像完成图形，见图12-48。

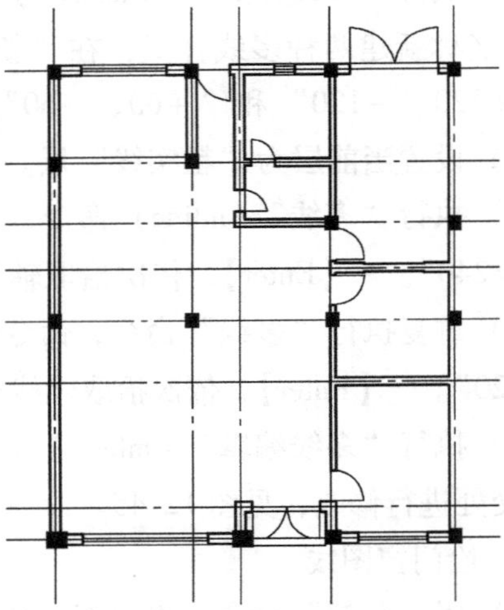

图 12-47　插入柱子图块

12.3.3　注释图形

设置注释比例为“1∶100”。

1. 注释房间名称及门窗编号

1）设置当前层为“细实线”层。

2）用“单行文字”命令，设置文字高度为“4”，依次标注房间名称。

3）用“单行文字”命令，设置文字高度为“3.5”，依次标注门窗编号。

2. 标注尺寸

1）执行“线性标注”命令，依次捕捉轴线1和轴线2的下端点，完成第一段尺寸标注。

2）执行“连续标注”命令，选择刚标注的尺寸为基线，连续完成第一条尺寸标注，通过快捷菜单调整文字位置适合绘图标准。

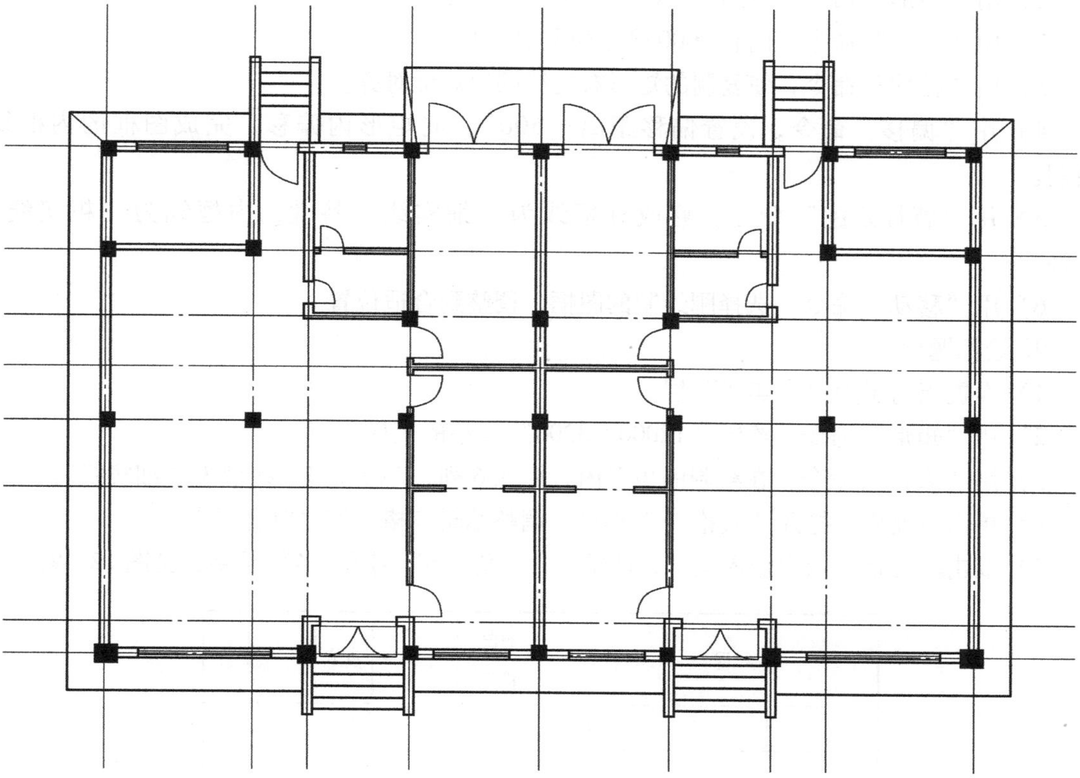

图 12-48　完成图形的右半部

3）反复采用以上方法，标注平面图的外围尺寸线。

4）标注其他的尺寸线。

3. 标注轴线及标高

1）执行“插入块”命令，选择“轴线标注”图块，➤捕捉插入轴圈的位置，➤输入要插入的轴线编号，➤重复执行该命令，依次标注垂直轴线。

2）同上，在插入水平轴线的编号时，要根据命令行提示，输入旋转角度“90”，其他相同。

3）执行“插入块”命令，捕捉插入标高的位置，输入标高值，标注标高。

4. 标注图名

1）用“单行文字”命令，设置文字高度为“7”，标注图名为“一层平面图”。

2）用“单行文字”命令，设置文字高度为“5”，标注比例为“1∶100”。

12.3.4　插入图框和标题栏

由于标准图纸对图框和标题栏的要求基本一样，因此，可以把常用的图框和标题栏保存为专门的文件，在需要时作为块插入到图中即可。首先打开新文件，取消各种设置，直接进入 AutoCAD 画图。画出图框和标题栏。在画图时，为了与图纸内容的单位及比例相一致，可以将虚拟图纸幅面尺寸放大 100 倍。

1. 绘制图框

1）用“矩形”命令，绘制“42000×29700”大小的矩形。

2）用“复制”命令，向右1000个单位复制图形。

3）用“拉伸”命令，使复制的矩形右边线同原矩形对齐。

4）用“偏移”命令，设置偏移距离“500”，向矩形内偏移，完成图框的内框线绘制。

5）用“特性匹配”命令，修改外框线为“细实线”特性，内框线为“粗实线”特性。

6）用“移动”命令，选择刚绘制的图框，调整到合适位置。

2. 绘标题栏

1）设置当前层为“中实线”层。

2）用“矩形”命令，绘制“12000×3200”大小的矩形。

3）用“表格”命令，在绘制的矩形内，插入6列、7行表格，线型为“细实线”。

4）单击单元格，打开“表格”工具栏，调整编辑表格，使之符合要求。

5）双击单元格，依次输入文字，调整字高，为“6”号和“4”号字，见图12-49。

<table>
<tr><td colspan="3" rowspan="2">图名</td><td>制图</td><td></td><td rowspan="2">成绩</td><td rowspan="2"></td></tr>
<tr><td>班级</td><td></td></tr>
<tr><td>图名</td><td>比例</td><td>日期</td><td colspan="4" rowspan="2">院校名</td></tr>
<tr><td></td><td></td><td></td></tr>
</table>

图12-49　标题栏绘制

3. 保存图框和标题栏文件　将画好的图框和标题栏块移动组合到一起，保存为“A3-100. dwg”文件。

4. 插入图框和标题栏　切换到所绘图面窗口，执行“插入块”命令，弹出“插入”对话框。和前面介绍的块不同的是，这儿是以外部块的方式插入图形文件。单击“名称”文本框旁边的“浏览”按钮，在随后弹出的“选择图形文件”对话框中选择上面保存的“A3-100. dwg”文件，返回到“插入”对话框，单击“确定”按钮进入到绘图区域，在屏幕上指定一点，所绘的平面图基本位于图框位置。最后填写标题栏中的内容。

12.3.5　调整图面

1. 整理图形　打开“图层管理器”对话框，关闭轴线图层。观察图面，修剪、删除多余的图线。

2. 保存图形　将图形另存为“一层平面图 . dwg”。整理完成的图形，见图12-50。

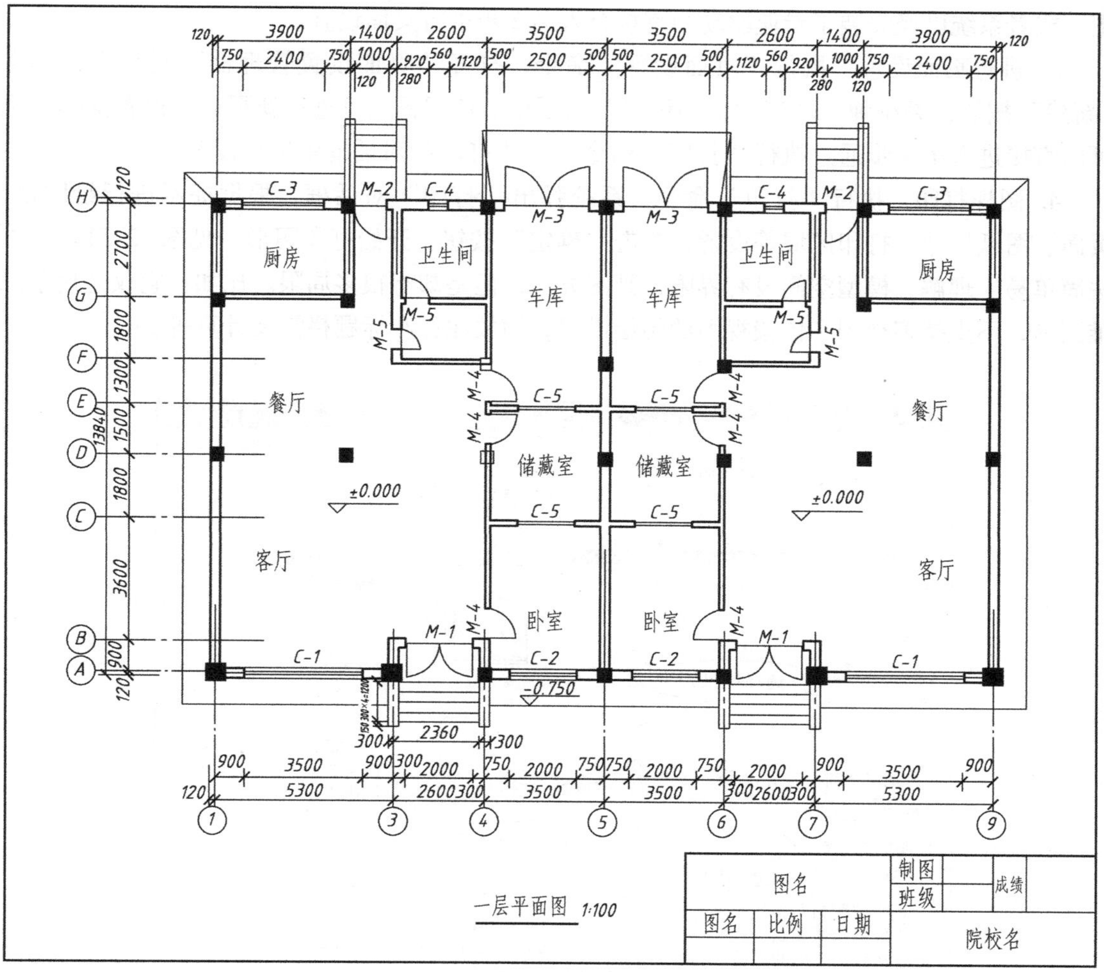

图 12-50　完成全图

12.4　图形输出

图形输出是完成工程图的最后一个环节，AutoCAD 提供了两种图形输出的模式，模型空间出图和图纸空间出图，本节通过将前面绘制的工程图实例打印输出到“A4”幅面的图纸上的操作，学习 AutoCAD 的图形输出方法。

12.4.1　模型空间出图方法

模型空间出图是一种传统方法，只要按照 Windows 操作系统的要求安装打印机，用“打印”命令，进行页面设置，用“窗口”方式选择打印图形，即可打印输出图形。操作步骤是：

1. 打开图形　执行“打开”命令，打开“选择文件”对话框中，选择已保存的“一层平面图 . dwg”文件。

2. 设置打印机　当完成绘图准备出图时，如果是第一次出图，又选择了 AutoCAD 为打印机提供的专业驱动，则须根据界面提示和打印机的型号，逐项设置。如果不是第一次出图，或者系统已经安装了专业驱动则直接介入第2步进行页面设置。

3. 进行页面设置　执行“页面设置”命令，打开“页面设置管理器”对话框；单击“新建”按钮，系统弹出“新建页面设置”对话框。依据提示可进行新页面的设置操作。也可以直接进入第4步通过执行“打印”命令，在“打印”对话框中进行设置。

4. 图样打印　执行“打印”命令，系统弹出“打印”对话框，根据提示进行绘图仪、页面、图纸尺寸、打印区域等设置，单击“确定”按钮，开始打印图形，见图12-51。此方法简单易于理解，模型空间没有界限，画图方便，但是却有很多局限。比如：它仅适用于二维图形，不支持多视图和依赖视图的图层设置，缩放注释和标题栏需要计算等。

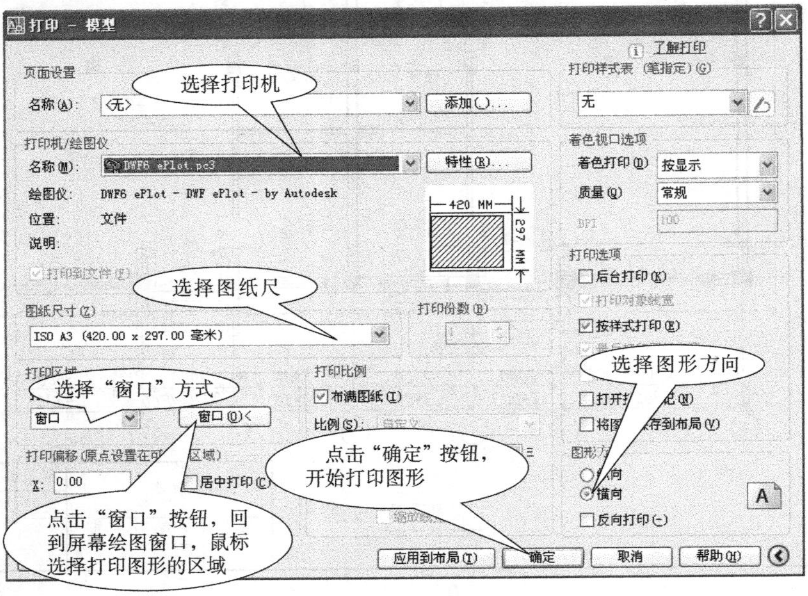

图12-51　“打印”对话框

> 特别提示
>
> 在配置普通小型打印机的情况下，模型空间出图是一种简便、快捷、实用的方法。一般用于交流、示意性的、线性比例等要求不高的图形输出，适合于单个、小型的图样打印。使用此方法，通常以实际比例（1:1）绘制图形几何对象，并用适当的比例创建文字、标注和其他注释，以在打印图形时正确显示大小。

12.4.2　布局创建与管理

布局是一个图纸的空间环境，它模拟一张图纸并提供打印预设置。可以在一张图形中创建多个布局，每个布局都可以模拟显示图形打印在图纸上的效果。在绘图窗口的底部是一个模型选项按钮和两个布局选项按钮：“布局1”和“布局2”。单击任一布局选项按钮，AutoCAD自动进入图纸空间环境，图纸上将出现一个矩形轮廓（虚显），指出了当前配置的打印设备的图纸尺寸，显示在图纸中的页边界指出了图纸的可打印区域。

当默认状态下的两个布局不能满足需要时，可创建新的布局。通过“插入”菜单/“布局”/“新建布局”或“布局向导”，或者“工具”菜单/“向导”/“布局”执行新建布局命令，在打开的“创建布局—开始”窗口中，根据提示输入新建布局名，逐步完成设置操作。

AutoCAD 对于已创建的布局可以进行复制、删除、更名、移动位置等编辑操作。在某个“布局”选项卡上右击鼠标，从弹出的快捷菜单中选择相应的选项即可实现这些操作，见图 12-52。

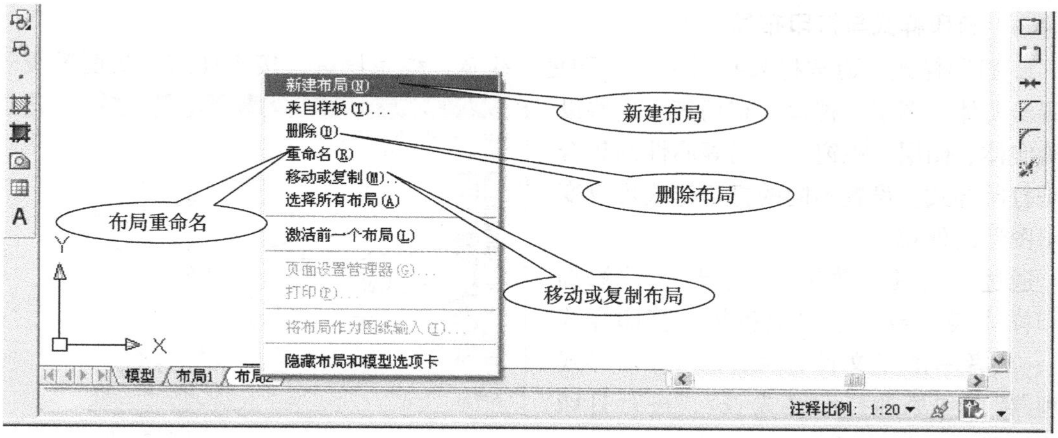

图 12-52　布局管理快捷菜单

12.4.3　图纸布局

图纸空间是一种工具，在图纸空间里用户所要考虑的是图形在整张图纸中如何布局。图纸空间的“图纸”与真实的图纸相对应，可以在这里指定图纸大小、添加标题栏、显示模型的多个视图以及创建图形标注和注释。

1. 切换到图纸空间　一个布局就是一张图纸。在模型空间中，单击布局选项卡“布局1”，或“布局 2”即可切换到相应的图纸空间中。

2. 指定布局页面设置　布局的页面设置操作同前述模型空间的页面设置一样，通过执行“页面设置”命令，在打开的“页面设置管理器”对话框中进行设置；不同之处在于：在“打印区域”下拉选项中选择“布局”，而不是“窗口”。

3. 将标题栏插入到布局中　执行“插入块”命令，在弹出的“插入”对话框中单击“浏览”按钮，打开一个前面保存的“A3-100. dwg”图表框文件，并取消“插入点”选项组中的“在屏幕上指定”复选框，其他参数使用系统的默认设置。单击“确定”按钮，完成图框的插入。如果该图框需要插入时定义属性，这时会弹出的“编辑属性”对话框，按照要求中输入各属性值即可。

4. 创建要用于布局视口的新图层　在图层选项板中，单击“图层特性管理器”按钮，在打开的“图层特性管理器”对话框中新建一个名为“视口”的图层，图层颜色为“红色”，并设置为当前层。

5. 创建布局视口并将其置于布局中　通过“视图”菜单/“视口”/一个视口，执行单个视口命令，在当前的布局中新开一个浮动视口。

6. 在每个布局视口中设置视图的方向、比例和图层可见性　单击状态栏“模型”按钮，进入模型空间，刚创建的浮动视口被自动激活。

7. 根据需要在布局中添加标注和注释　通过“视图”菜单/“缩放”/“比例”，或者根据命令行的提示，直接在命令行中输入比例值，调整图形对象的比例。

8. 关闭包含布局视口的图层　单击状态栏“布局 1”（或其他布局）按钮，返回图纸空间，关闭“视口”图层。至此，一张确定了比例并调整好位置的图纸在“布局 1”设置完成。

12.4.4　打印样式与打印布局

1. 打印样式　通常将某些属性（如颜色、线宽、线条尾端、接头样式、灰度等级等）设置给实体、图层、视口、布局等，这些设置给实体、图层、视窗、布局等属性的集合就是打印样式。设置不同的打印样式可改变输出图形的外观。

通过“工具”菜单/“向导”/“添加打印样式表”或“添加颜色相关打印样式表”；或者单击“文件”菜单/“打印样式管理器”/“添加打印样式表”，进行打印样式设置，见图 12-53。

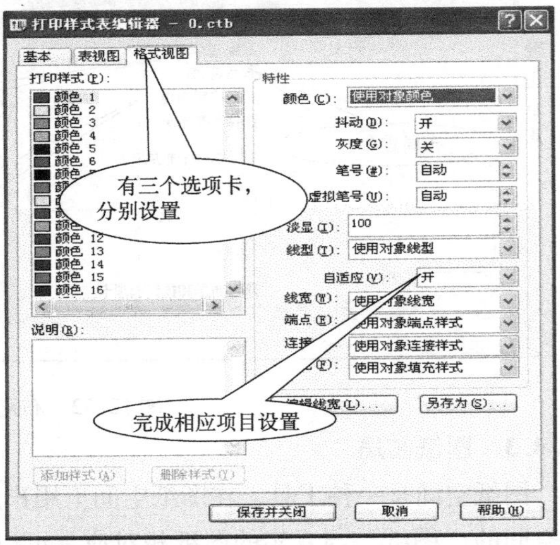

图 12-53　“添加打印样式表”对话框

2. 打印布局　从图纸空间打印出图的步骤同在模型空间中出图基本一样，执行“打印”命令，在弹出的“打印”对话框中，完成相关设置，单击“浏览”按钮，根据效果进行调整，直到合适。

比较两种打印方式，出图的效果应该是一样的。

能力拓展训练题

1. 请列出本章的知识点和技能点网络图。
2. 说出 AutoCAD 绘二维图形操作的关键是什么？
3. 结合自己对“图层”的理解，说出图层的作用有哪些？
4. 图纸幅面、图形范围、显示范围和图形大小之间有怎样的关系？它们是怎样服务于绘图操作的？
5. 分析“比例的注释性”对线宽、文字标注、尺寸标注的影响？
6. 说出模型空间和图纸空间的根本区别在哪里？在什么情况下，使用“布局”可提高效率？
7. 通过学习，总结出你认为提高绘图效率应注意的事项。
8. 分析自己的 CAD 操作习惯，并尝试养成一种高效绘图的良好习惯。

学习自测表

领域＼层次	初级		中级		高级	
认知	了解		运用		综合	
技能	模仿		应用		创造	
情感	激情		心境		热情	

第 13 章　识读公路桥隧与涵洞工程图

技能要求

1. 说出各类工程图的名称。
2. 说出路线工程图、桥梁工程图、隧道与涵洞工程图的图示内容。
3. 识读路线纵断面图、路线横断面图、隧道避车洞等工程图的图示内容及识读。

知识要点

线路工程图、桥梁工程图、隧道工程图、涵洞工程图、路线平面图、路线纵断面图、路线横断面图、隧道洞门图、避车洞图。

13.1　线路工程图相关规定

为使车辆和行人安全、顺利通行而修建的带状工程构筑物称为道路。道路分为公路和城市道路两种。位于城市郊区和城市以外的道路称为公路，位于城市范围以内的道路称为城市道路。穿入山岭或地下的道路称为隧道，跨越江河、峡谷等障碍的道路称为桥梁，涵洞是排泄路基下小量水流的工程构筑物。本章重点介绍公路路线工程图、桥梁工程图、隧道工程图和涵洞工程图的图示方法及特点。

在道路工程图中，路线的里程桩号以 km 为单位；标高、坡长和曲线要素均以 m 为单位；一般砖、石、混凝土等工程结构物及钢筋和钢材的长度以 cm 为单位；钢筋和钢材断面以 mm 为单位。图上尺寸数字之后不必注写单位，但在注解及技术要求中要注明尺寸单位。

13.2　路线工程图

路线工程图分公路路线工程图和城市道路工程图，公路路线工程图简称路线工程图。道路工程具有组成复杂、长宽高三向尺寸相差悬殊、受地形影响大的特点，所以道路路线工程的图示方法与一般工程图样不完全相同，它以地形图为平面图，以纵向展开断面图为立面图，以横断面为侧面图，并且各自画在单独的图纸上。

（1）路线平面图。这是上面绘有道路中心线的地形图。

（2）路线纵断面图。这是通过道路中心线用假想的铅垂剖切面进行纵向剖切，然后展开绘制而获得的断面图

（3）路基横断面图。这是用假想的剖切平面，垂直于道路中心线剖而得到的图形。

13.2.1　路线平面图

路线平面图的作用是表达路线水平状况（路线走向、曲直形态）以及在线路两侧一定

范围内的地形、地物情况。当所设计的路线宽度按实际尺寸无法画出时，可以在地形图上设计路线中心线画一条加粗粗实线（1.4b～2.0b）来表示设计路线的水平状况，而与设计路线进行方案比较的比较线则用加粗的粗虚线来表示。

1. 路线平面图的图示特点　在带状地形图上，用加粗粗实线画出路线中心线，以此表示路线的水平状况及长度里程，但不表示路线的宽度。

2. 画法特点和表达内容　路线平面图主要是表示路线的走向和平面线型状况，以及沿线两侧一定范围内的地形、地物等情况。以图 13-1 为例，介绍平面图的画法特点和表达内容。

路线平面图的主要内容包括地形和路线两部分。

（1）地形部分

1）比例。为使路线平面图较清晰的表达路线及地形、地貌情况，常根据地形起伏变化程度的不同，采用不同的比例。通常在城镇区为 1:500 或 1:1000，山岭区为 1:2000，丘陵区和平原区为 1:5000 或 1:10000。

2）方向。在路线平面图上应画出指北针或测量坐标网，用来指明道路在该地区的方位与走向。如图 13-1 所示，指北针箭头指向为北方；坐标网中 X 轴表示为南北方向（沿坐标值增加的方向为北），Y 轴向为东西方向。坐标值的标注应靠近被标注点，书写方向应平行网格或在网格延长线上，数值前应标注坐标轴线代号。图 13-2 中采用指北针表示法。

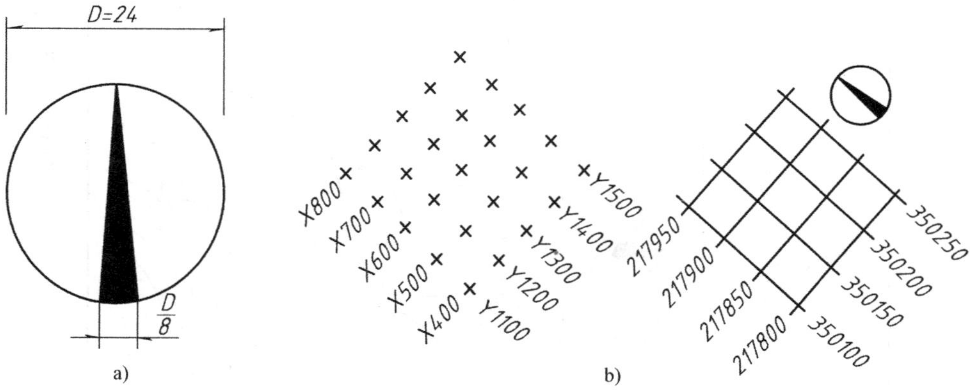

图 13-1　指北针及坐标网格的绘制

3）地形地物。在平面图中地面上的地貌地物如河流、房屋、道路、桥梁、电力线、植被等，都是按规定图例绘制的。常见道路工程地形图图例和常用结构物图例见表 13-1。对照图例可知，图 13-2 中该地区中部为水田，四周为果园，并在路中段有座桥梁。

4）地形。平面图中地形起伏情况主要是用等高线表示，等高线密集，表示地势陡峭；等高线稀疏，表示地势平缓。如图 13-2 所示，该图中相邻两根等高线之间的高差为 2m，由等高线的疏密可以看出该地区西部和东北部有山峰。

（2）路线部分

1）路线走向。由于路线平面图所采用的绘图比例较小，且公路的宽度相对于长度来说尺寸小得多，故无法按实际尺寸画出公路的宽度，因此在路线平面图中，设计路线是用加粗

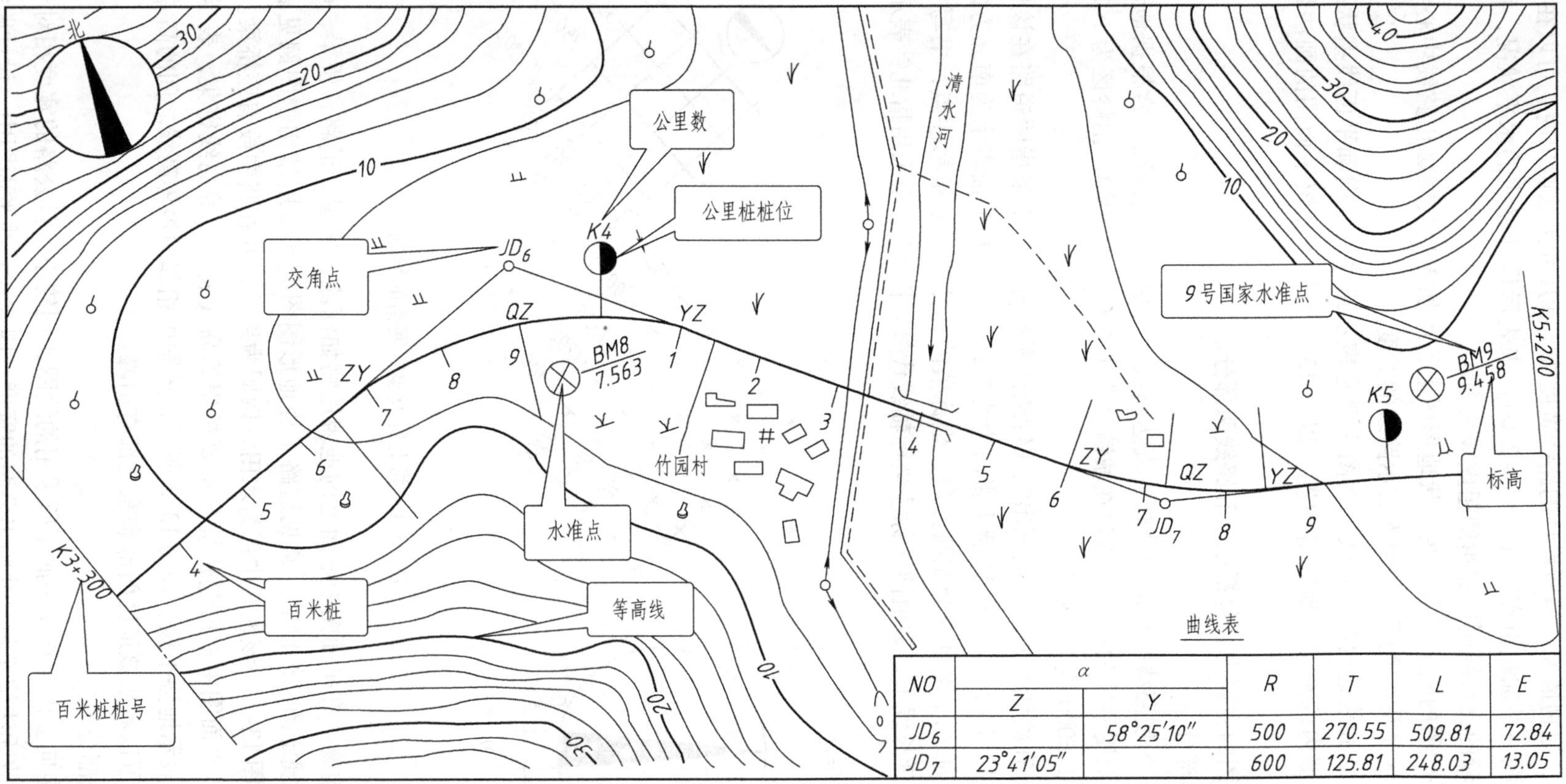

NO	α Z	α Y	R	T	L	E
JD_6		58°25′10″	500	270.55	509.81	72.84
JD_7	23°41′05″		600	125.81	248.03	13.05

图 13-2　路线平面图

表 13-1 路线平面图中常用图例

名称	符号	名称	符号	名称	符号
房屋	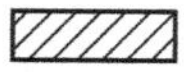	涵洞		水稻田	
大车路		桥梁		草地	
小路		渡口	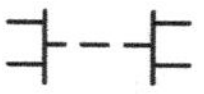	经济林	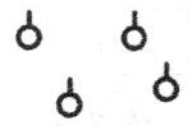
堤坝	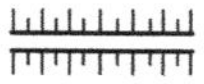	旱田		疏林	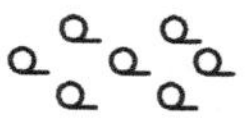
河道		沙滩		人工开挖	
铁路		菜地		高压电力线 低压电力线	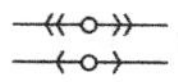

的实线表示道路中心线的。主要表示路线的水平曲直走向状况、里程及平曲线等内容。

2）里程桩。道路路线的总长度和各段之间的长度用里程桩号表示。里程桩号应从路线的起点至终点依次顺序编号，并规定在平面图中路线的前进方向总是从左向右的。里程桩分公里桩和百米桩两种，公里桩宜注在路线前进方向的左侧，用“K×××”表示其公里数，且注写在符号的上方。百米桩宜标注在路线前进方向的右侧，用垂直于路线的细短线表示桩位，用字头朝向前进方向的阿拉伯数字表示百米数，注写在短线的端部。如图 13-2 中 K3 表示距离路线起点 3km，在 K3 公里桩的前方注写的“300”表示桩号为 K3+300，说明该点距路线起点为 3300m。从图中可以看出新设计的路线是从 K3+300 处开始，由西南方地势较低处向东北方向下坡，到角交点 JD_6 处再向右转着向东南方向通过竹园村，过小清河到 K5+200 止。

3）平曲线。道路路线在平面上是由直线段和曲线段组成的，在路线的转折处应设平曲线。最常见的较简单的平曲线为圆曲线，其基本的几何要素见图 13-2 所示：JD 为交角点，是路线的两直线段的理论交点；α 为转折角，是路线前进时左或向右偏转的角度；R 为圆曲线半径；T 为切线长，是切点与交角点之间的长度；E 为外距，是曲线中点到交角点的距离；L 为曲线长，是圆曲线两切点之间的弧长。

在路线平面图中，转折处应注写交角点代号并依次编号，如 JD_2 表示第 2 个交角点。还要注出曲线段的起点 ZY（圆直）、中点 QZ（曲中）、终点 YZ（圆直）的位置。为了将路线上各段平曲线的几何要素值表示清楚，一般还应在图中的适当位置列出平曲线要素表，见图 13-3。如果设置缓和曲线，则将缓和曲线与前、后段直线的切点，分别标记为 ZH（直缓点）HZ（缓直点）；将圆曲线与前、后段缓和曲线的切点，分别标记为 HY（缓圆点）YH（圆缓点）。

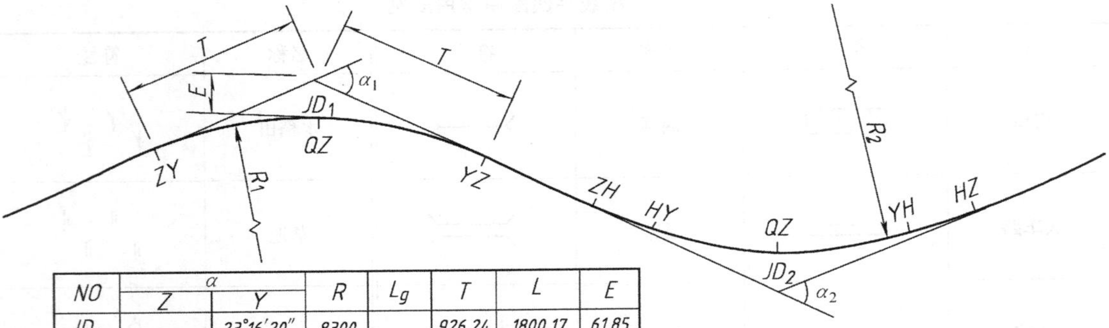

NO	α		R	L_g	T	L	E
	Z	Y					
JD_1		23°16′20″	8300		926.24	1800.17	61.85
JD_2	12°31′16″		5500	600.15	602.50	1200.35	32.91

图 13-3　平曲线几何要素

在图 13-2 中，公路在交角点 JD_6 处向右转折，转角 58°25′10″，圆曲线半径 $R=500\text{m}$；随着路线前进，又在 JD_7 处向左转折，转角 23°41′05″，圆曲线半径 $R=600\text{m}$。图中注出了 ZY、QZ、YZ 的位置并列出了平曲线要素表。

13.2.2　路线纵断面图

1. 图示方法　路线纵断面图是通过公路中心线用假想的铅垂剖切面纵向剖切，然后展开绘制后获得的，见图 13-4。由于道路中心线是由直线和曲线组合而成的，所以纵向剖切面既有平面又有曲面，为了清晰地表达路线的纵断面情况，特采用展开的方法，将此纵断面展平成一平面，并绘制在图纸上，这就形成了路线纵断面图。

图 13-4　路基断面图形成示例

2. 图示内容　路线纵断面图主要表达道路的纵向设计线形以及沿线地面的高低起伏状况、地质和沿线设置构造物的概况。路线纵断面图包括图样部分和资料表两部分，一般图样画在图纸的上部，资料表布置在图纸的下部，见图 13-5。

（1）图样部分

1）比例。纵断面图的水平方向表示路线的里程（前进方向），竖直方向表示设计线和

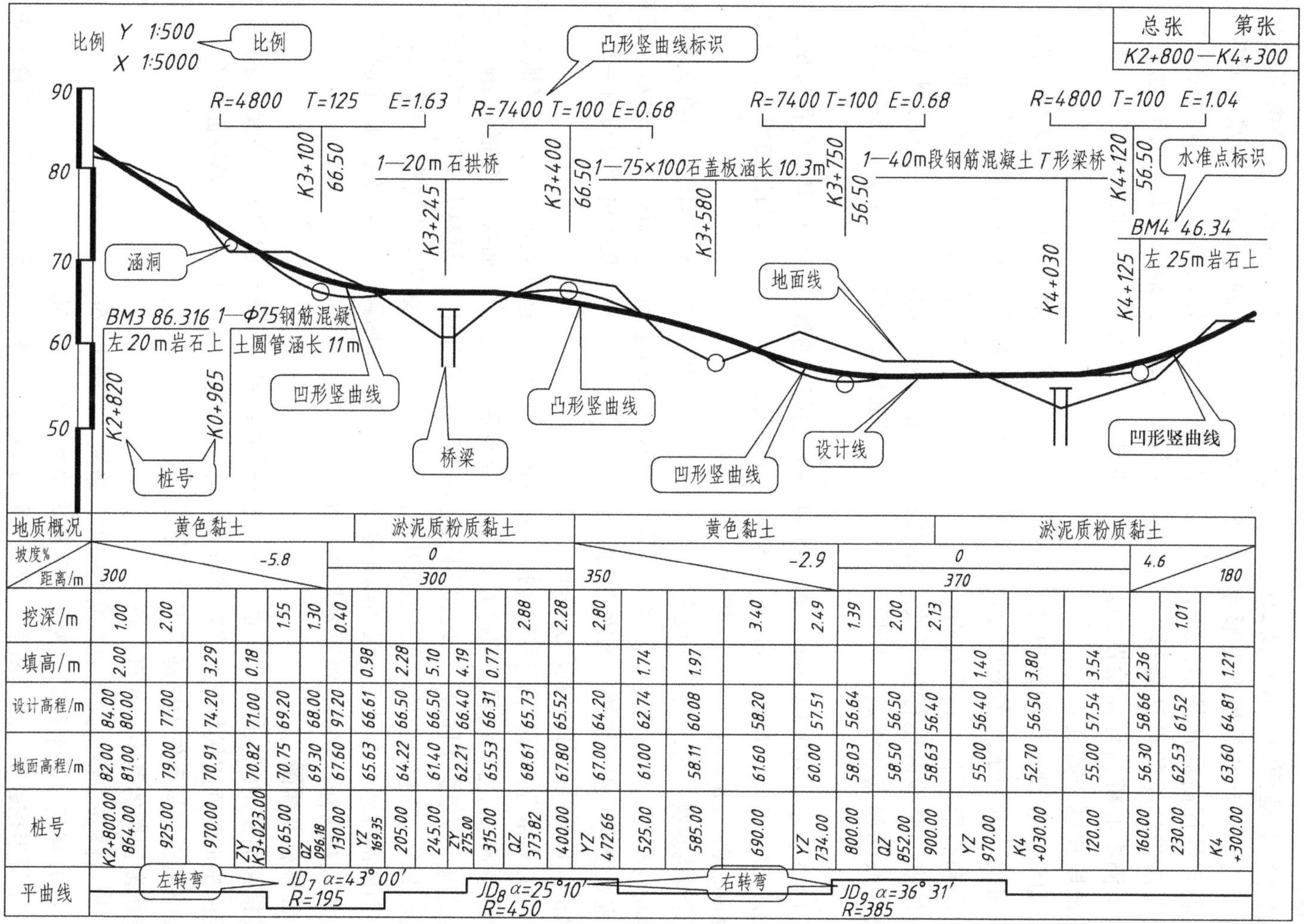

比例 Y 1:500 X 1:5000
比例
总张
第张
K2+800—K4+300
90
80
70
60
50
凸形竖曲线标识
R=4800 T=125 E=1.63
R=7400 T=100 E=0.68
R=7400 T=100 E=0.68
R=4800 T=100 E=1.04
K3+100 66.50
K3+400 66.50
K3+750 56.50
K4+120 56.50
1—20m石拱桥
K3+245
1—75×100石盖板涵长10.3m
K3+580
1—40m段钢筋混凝土T形梁桥
K4+030
水准点标识
BM4 46.34
左25m岩石上
K4+125
涵洞
BM3 86.316
左20m岩石上
1—Φ75钢筋混凝土圆管涵长11m
K2+820
K0+965
桩号
凹形竖曲线
桥梁
凸形竖曲线
地面线
设计线
凹形竖曲线
凹形竖曲线
地质概况：黄色黏土；淤泥质粉质黏土；黄色黏土；淤泥质粉质黏土
坡度%/距离/m：-5.8 / 300；0 / 300；-2.9 / 350；0 / 370；4.6 / 180
桩号：K2+800.00, 864.00, 925.00, 970.00, ZY K3+023.00, 0.65.00, QZ 096.18, 130.00, YZ 169.35, 205.00, 245.00, ZY 275.00, 315.00, QZ 373.82, 400.00, YZ 472.66, 525.00, 585.00, 690.00, YZ 734.00, 800.00, QZ 852.00, 900.00, YZ 970.00, K4 +030.00, 120.00, 160.00, 230.00, K4 +300.00
地面高程/m：82.00, 81.00, 79.00, 70.91, 70.82, 70.75, 69.30, 67.60, 65.63, 64.22, 61.40, 62.21, 65.53, 68.61, 67.80, 67.00, 61.00, 58.11, 61.60, 60.00, 58.03, 58.50, 58.63, 55.00, 52.70, 55.00, 56.30, 62.53, 63.60
设计高程/m：84.00, 80.00, 77.00, 74.20, 71.00, 69.20, 68.00, 97.20, 66.61, 66.50, 66.50, 66.40, 66.31, 65.73, 65.52, 64.20, 62.74, 60.08, 58.20, 57.51, 56.64, 56.50, 56.40, 56.40, 56.50, 57.54, 58.66, 61.52, 64.81
填高/m：2.00, 3.29, 0.18, 0.98, 2.28, 5.10, 4.19, 0.77, 1.74, 1.97, 1.40, 3.80, 3.54, 2.36, 1.21
挖深/m：1.00, 2.00, 1.55, 1.30, 0.40, 2.88, 2.28, 2.80, 3.40, 2.49, 1.39, 2.00, 2.13, 1.01
平曲线
左转弯
JD_7 α=43°00′ R=195
JD_8 α=25°10′ R=450
右转弯
JD_9 α=36°31′ R=385

图 13-5　路基纵断面图

地面的高程。由于路线的高差与路线的长度尺寸相比要小得多，所以绘制时一般竖向比例要比水平比例放大 10 倍，这样画出的路线坡度就比实际坡度大，图样看上去也较为明显，便于画图和读图。

2）设计线和地面线。在纵断面图中，道路的设计线用粗实线表示，是由直线段和竖曲线组成的。设计线是根据地形起伏和公路等级，按相应的工程技术标准而确定的。设计线上各点的标高通常是指二级以下公路路基边缘的设计高程，或一级公路及高速公路中央分隔带外缘的设计高程。原地面线用细实线表示，地面线是根据原地面上沿线各点的实测中心桩高程而绘制的。施工时通过比较设计线与地面线的相对位置，可确定填挖地段和填挖高度。

3）竖曲线。在设计线的纵向坡度变更处，即变坡点，应按公路工程技术标准的规定设置竖曲线，以利于汽车平稳行驶。竖曲线及相关要素的画法如图 13-5 所示。竖曲线分为凹形和凸形两种，在图中分别用“└┬┘”和“┌┬┐”符号表示，符号中部的竖线应对准变坡点，竖线两侧标注变坡点的里程桩号和变坡点的高程。符号的水平线两端应对准竖曲线的起点和终点，水平线上方应标注竖曲线要素值（半径 R、切线长 T、外距 E）。

如图 13-5 所示，在 K3 +100 处设有 $R=4800$m 的凹形曲线，该变坡点的高程为 66.50m（$R=4800$m，$T=125$m，$E=1.63$m）。在 K3 +400 处设有 $R=7400$m 的凸形曲线，该变坡点的高程为 66.50m（$R=7400$m，$T=100$m，$E=0.68$m）。

4）沿线构筑物。道路沿线如设有桥梁、涵洞、立交和通道等构造物时，应在其相应的设计里程和高程处，注明构造物名称、种类、大小和中心里程桩号。如图 13-5 所示，在 K3 +245 里程处设有一座石拱桥，该桥共一跨，跨度为 20m；在 K4 +030 里程处设有一座钢筋土 T 形梁桥，该桥共一跨，跨度为 40m。

（2）资料表部分。资料表应和图样按上下方向一一对正，这种表示方法，较好地反映出纵向设计线在各桩号处的高程、填挖方量、地质条件和坡度以及平曲线与竖曲线的配合关系等。资料的内容可根据不同设计阶段和不同道路等级的要求而增减。资料表通常主要包括以下内容：地质概况，高程、填挖高度、坡度及坡长、里程桩号、直线及平曲线等，见图 13-5。

纵断面图的标题栏在最后一张图或每张图的右下角，注明路线名称，纵、横比例等。每张图右上角应有角标，注明图纸序号及总张数。

13.2.3 路线横断面图

路线横断面是用假想的剖切平面，垂直于路中心线剖切而得到的图形，主要表达路线沿中心桩处的横向地面起伏状况和路基横断面形状、路基宽度、填挖高度、填挖面积等。主要用于计算路基土方量和作为路基施工时的依据。

路基横断面图的基本形式有三种：

（1）填方路基。整个路基全为填土区称为路堤，见图 13-6a。

（2）挖方路基。整个路基全为挖土区称为路堑，见图 13-6b。

（3）半填半挖路基。路基断面一部分为填土区，一部分为挖土区，是前两种路基的综合，见图 13-6c。

在同一张图纸绘制的路基横断面图，应按里程桩号顺序排列，从图纸的左下方开始，先由下而上，再自左向右排列。

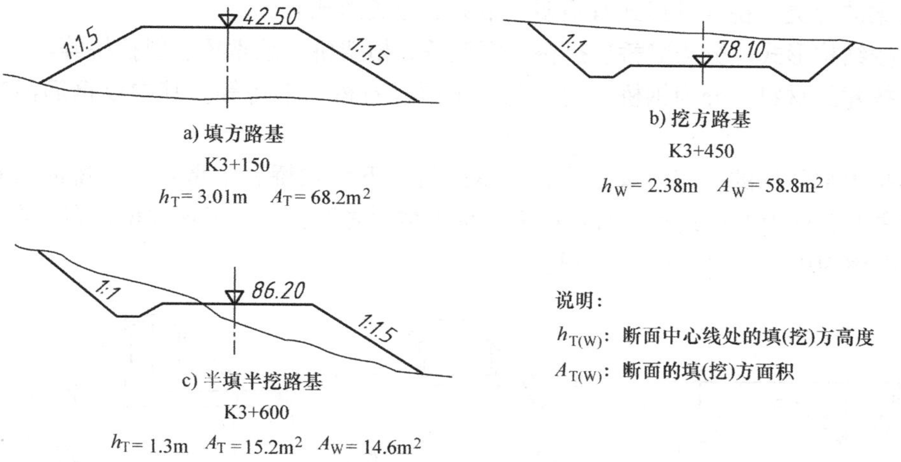

图 13-6　路基横断面的三种形式

13.3　桥梁工程图

13.3.1　桥梁概述

1. 桥梁的基本组成　桥梁由上部桥跨结构（主梁或主拱圈和桥面系）、下部结构（桥台、桥墩和基础）及附属结构（栏杆、灯柱、护岸、导流结构物等）三部分组成，见图 13-7。

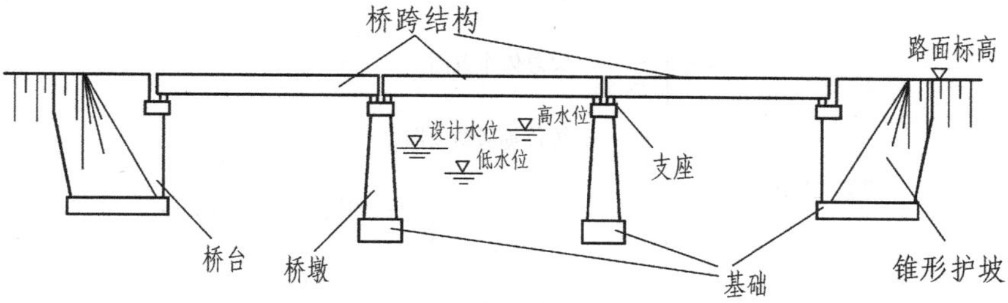

图 13-7　桥梁的基本组成

桥梁各组成部分见图 13-8。桥跨结构是在路线中断时，跨越障碍的主要承载结构，称为上部结构。桥墩和桥台是支承桥跨结构并将恒载和车辆等活载传至地基的建筑物，又称为下部结构。

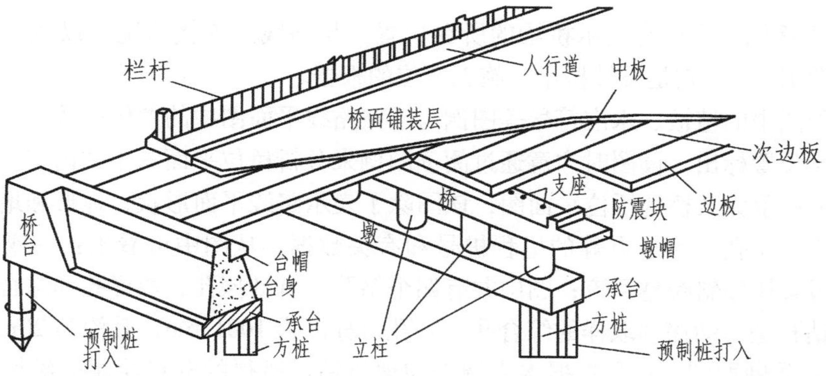

图 13-8　桥梁的组成

2. 桥梁的分类　桥梁的形式有很多，常见的分类形式有：

（1）按结构形式。分为梁桥、拱桥、钢架桥、桁架桥、悬索桥、斜拉桥等。

（2）按建筑材料。分为钢桥、钢筋混凝土桥、石桥、木桥等。其中以钢筋混凝土梁桥应用最为广泛。

（3）按上部结构的行车位置。分为上承式桥、下承式桥和中承式桥。桥面布置在主要承重结构之上者称为上承式桥，布置在主要承重结构之下者称为下承式桥，布置在主要承重结构中间的称为中承式桥，见图 13-9。

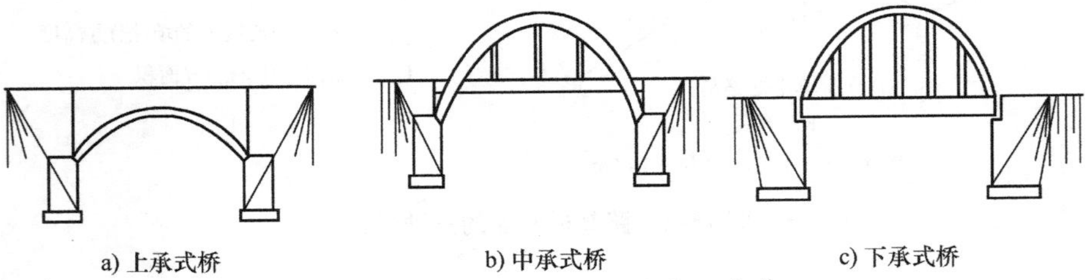

图 13-9　桥梁按上部的行车位置分类

13.3.2　桥梁工程图

表示桥梁工程有很多图样，一套完整的桥梁工程图包括图 13-10 表示的图样。

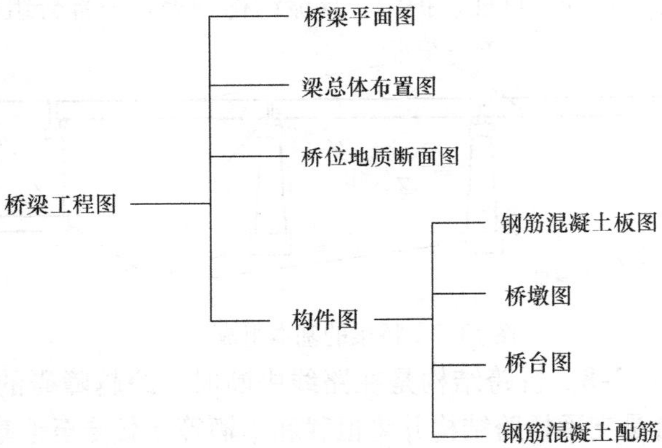

图 13-10　桥梁工程图

1. 桥位平面图　主要是表示桥梁的所在位置，与路线的连接情况，以及与地形、地物的关系，见图 13-11。它是设计桥梁、施工定位的根据。

桥位平面图中的植被、水准符号等图例与道路路线平面图中的图例一致，一些特殊的图例在图中适当位置标出，读图时注意通过阅读图例来分析桥位平面图中的内容。

图 13-11 所示为某桥的桥位平面图，该图除了表示路线平面形状、地形和地物外，主要表明桥位中心、钻孔、水准点等的里程桩号和有关数据。从图中可看出：一座六孔跨径为 20m 的空心板梁桥倾斜跨越河流；图中共有四个钻孔，有动探孔、取样孔和综合孔；桥中心位置的 3 号钻孔是一动探和取样的综合孔，其孔口标高为 1001.6m，孔深为 20m。

2. 桥位地质断面图　这是根据水文调查和地质钻探所得的资料绘制的沿桥梁中心线用假想的铅垂面纵向剖切得到的所在河床位置的地质断面图。桥位地质断面图包括河床断面

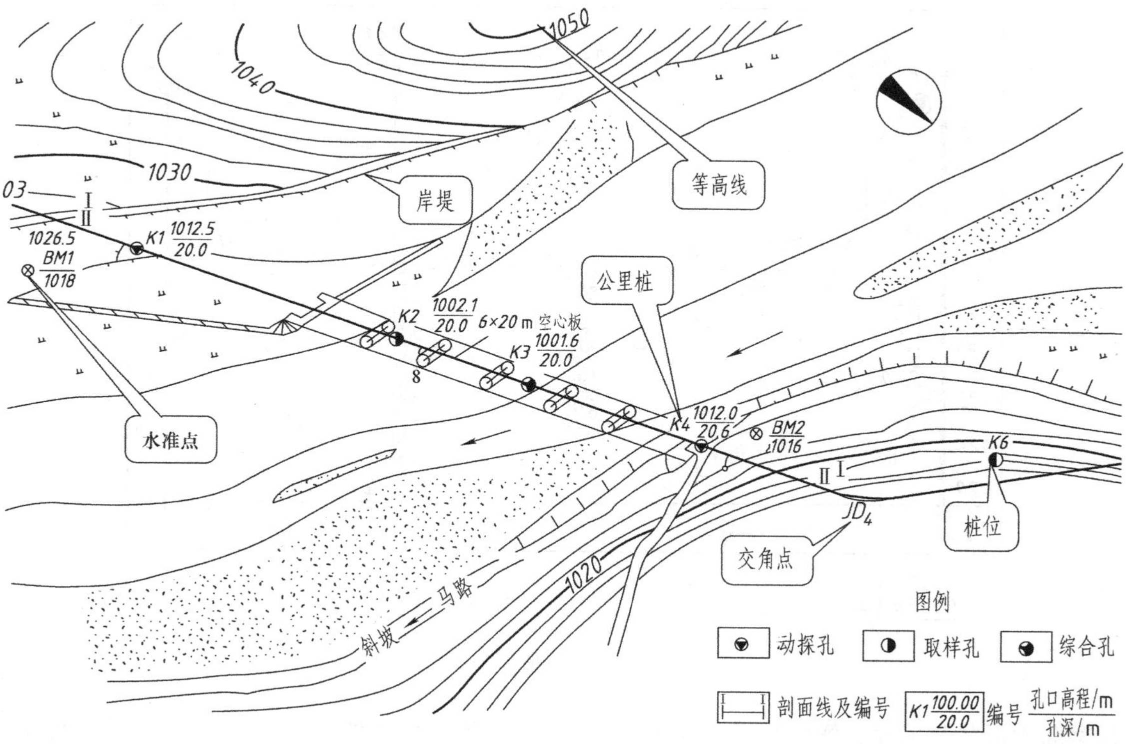

图 13-11　桥位平面图

线、钻孔位置、各地质层情况、最高水位线、常水位线和最低水位线，以便作为设计桥梁、桥台、桥墩和计算土石方数量的依据。为了显示地质和河床深度变化情况，桥梁地质断面图上特意把地形高度（标高）的比例较水平方向比例放大数倍画出。

如图 13-12 所示，图中标出了钻孔的位置、孔口标高、钻孔深度及孔与孔的间距，途中地形高度的比例采用 1∶200，水平方向比例采用 1∶500。

3. 桥梁总体布置图

（1）图示内容与特点。桥梁总体布置图和构件图是指导桥梁施工的最主要图样，一般由立面图、平面图和剖面图组成。它主要表明桥梁的形式、跨径、孔数、总体尺寸、桥道标高、桥面宽度、各主要构件的相互位置关系，桥梁各部分的标高、材料数量以及总的技术说明等，作为施工时确定墩台位置、安装构件和控制标高的依据。

1）立面图。由于桥梁左右对称，立面图一般采用半剖面图的形式表示，剖切平面通过桥梁中心线沿纵向剖切。当桥梁结构较简单时也可采用单纯的正面投影图来表示。由于桥台、桥墩基桩一般埋置较深，为了节省图幅，经常采用折断画法。

2）平面图。平面图可采用半剖图或分段揭层的画法（即局部剖面图）来表示。半剖图是指左半部分为水平投影图，右半部分为剖面图（假想将上部结构揭去后的桥墩、桥台的投影图）。分段揭层的画法指在不同的墩台处假想揭去不同高度以上部分的结构后画出投影的方法。当桥梁结构较简单时也可采用单纯的水平投影图来表示。

3）侧面图。根据需要，侧面图可采用一个或几个不同断面图来表示。如图纸空间受到限制。在工程图中侧面图也可采用两个不同位置的断面图各画一半合并而成。为了表达清楚

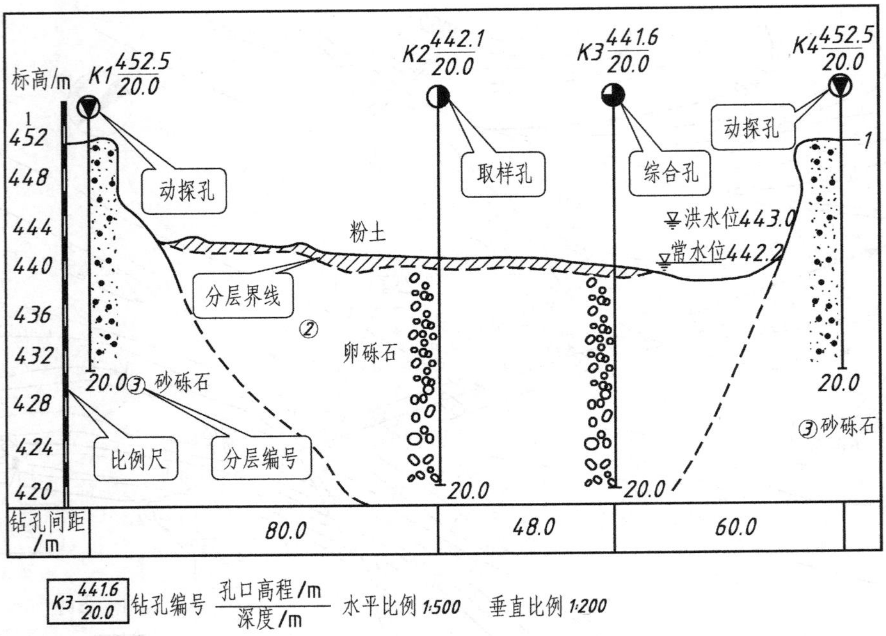

图 13-12 桥位地质断面图

桥梁断面形状与尺寸，侧面图可以采用比平面图和立面图较大的比例。在路桥专业图中，画断面图时，为了图面清晰、突出重点，只画剖切平面后距离剖切平面较近的可见部分。

根据道路工程制图国家标准规定，可将土体看成透明体，所以土中的基础部分就认为是可见的，可画成实线。

（2）识读桥型布置图。图 13-13 为一桥梁的桥型布置图。

从立面图上可以看出该桥起点的桩号为 K0 +058.50，终点桩号为 K0 +102.50，桥跨中心位于 K0 +080.50 桩号处。全桥共三跨，三孔跨径均为 13m，全长为 44m（从耳墙的后边缘算起）。立面图上标注出桥梁桩基础底面、顶面、立柱顶面各部分的标高。根据图中桥梁各部分的标高可以知道立柱的高度及混凝土钻孔桩的埋置深度等。由于桩的埋置较深，为了节省图幅采用了折断画法。

从立面图中还可以看出两边桥台为带耳墙的肋板式桥台，台下基础为钢筋混凝土扩大基础。河床中间有两个单柱式桥墩，它由盖梁、立柱、承台和桩基础共同组成。根据道路工程制图国家标准规定，可将土体看成透明体，所以埋入土中的承台、桩柱、桥台部分都认为是可见的，画成实线。

平面图采用了分段揭层的画法。左面的投影图部分主要表达了锥形护坡以及桥面的布置情况；2 号桥墩中心线右侧，揭去桥梁上部结构以表达桥墩盖梁和支座；在 3 号桥墩处揭去盖梁以上部分的结构，表达了立柱的断面形状及下面承台、桩柱分布情况；右侧桥台处是揭去桥梁上部结构得到的，主要表达桥台盖梁、耳墙及其扩大基础水平方向的形状与布置情况。为了图形清晰，图中省略了虚线。对照横断面图可以看出桥面车行道宽为 4.5m，桥面总宽 5.5m。

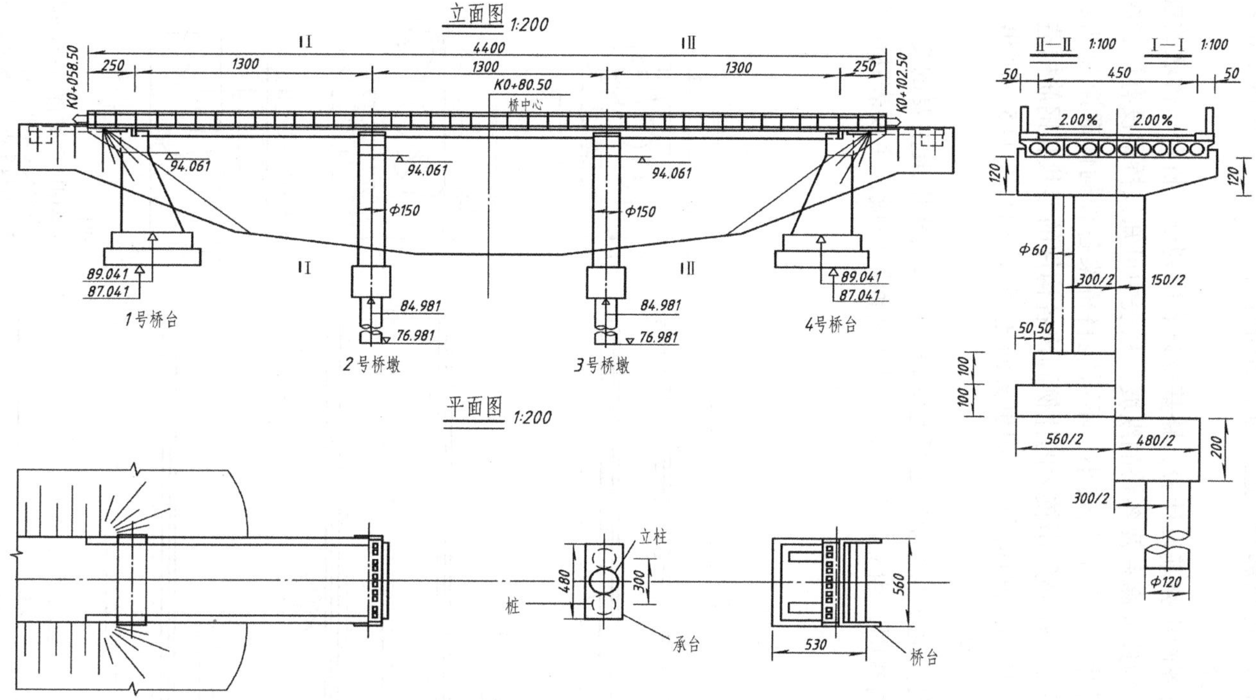

坡度(%) / 坡长/m	0.000 / 13	0.000 / 13	0.000 / 13	
设计标高	96.000	96.000	96.000	96.000
地面标高	88.000	87.000	87.000	88.000
桩号	K0+061.00	+074.00	+087.00	+100.00

说明：本图尺寸除标高以m为单位及标明的单位外，其余均以cm为单位。

图 13-13　桥型布置图

侧面图是由1/2 Ⅰ—Ⅰ断面和1/2 Ⅱ—Ⅱ断面拼接成的。为了更清楚地表达断面形状，断面图采用较大的比例。Ⅰ—Ⅰ断面是从左边跨处剖开得到的，主要表达该处桥梁的上部结构和距离剖切平面较近的桥墩侧面方向的形状与尺寸；Ⅱ—Ⅱ断面是在右边跨处剖开得到的，主要表达该处桥梁的上部结构和桥台侧面方向的形状与尺寸。在路桥专业中，画断面图时，可根据需要取舍剖切平面以后可见部分，这里为了图面清晰、突出重点只画了剖切平面后距离剖切平面较近的可见部分。

在平面图下面与平面图对齐画出路基设计表，路基设计表中列出了桥台、桥墩的桩号及各桩号处的设计高程、各测点的地面高程及各跨的纵坡。从表中可知该桥梁没有设置纵坡。

4. 构件图　在总体布置图中，由于比例较小，不可能将桥梁各种构件都详细地表示清楚。为了实际施工和制作的需要，还必须用较大的比例画出各构件的形状和钢筋构造，构件图常用的比例为1∶10～1∶50，某些局部详图可采用更大的比例，如1∶2～1∶5。画出局部放大图，这种图样称为大样图或详图。

（1）钢筋混凝土空心板图。钢筋混凝土空心板是该桥梁上部结构中最主要的受力构件。图13-14为边跨10m空心板构造图，由立面图、平面图和断面图组成，主要表达空心板的形状、构造和尺寸。

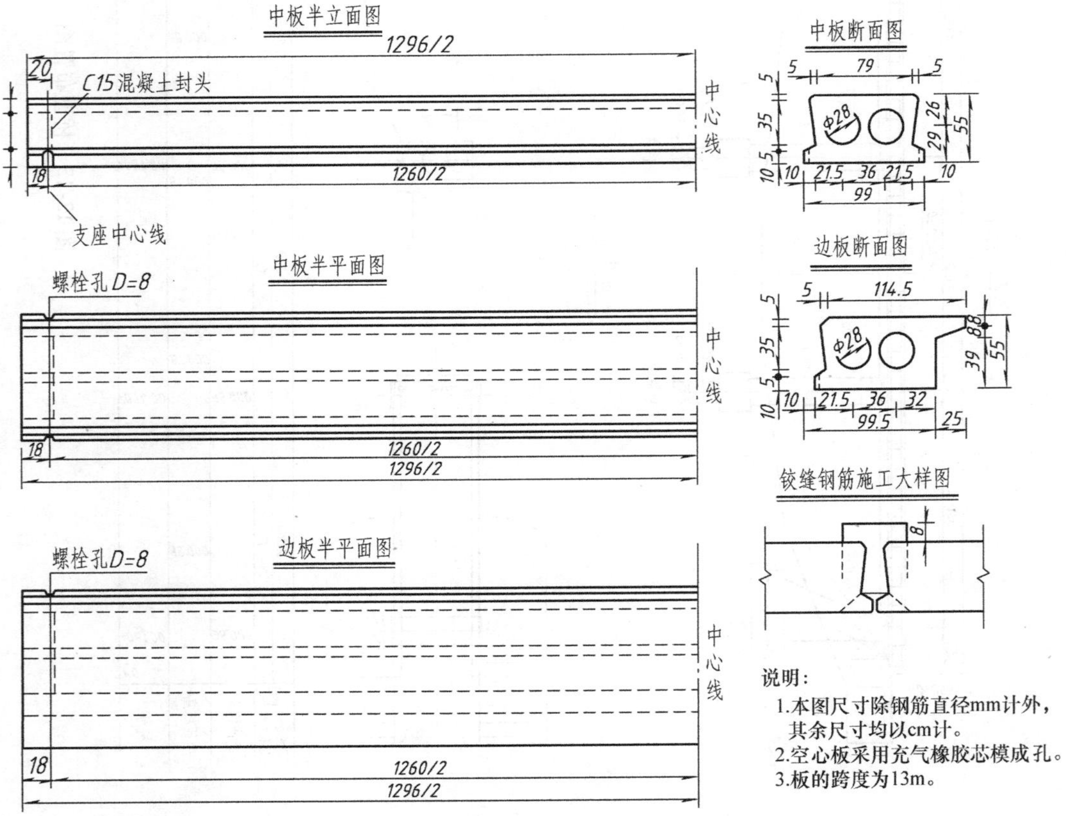

图13-14　边跨10m空心板构造图

（2）桥墩图。图13-15为桥墩构造图，主要表达桥墩各部分的形状和尺寸。

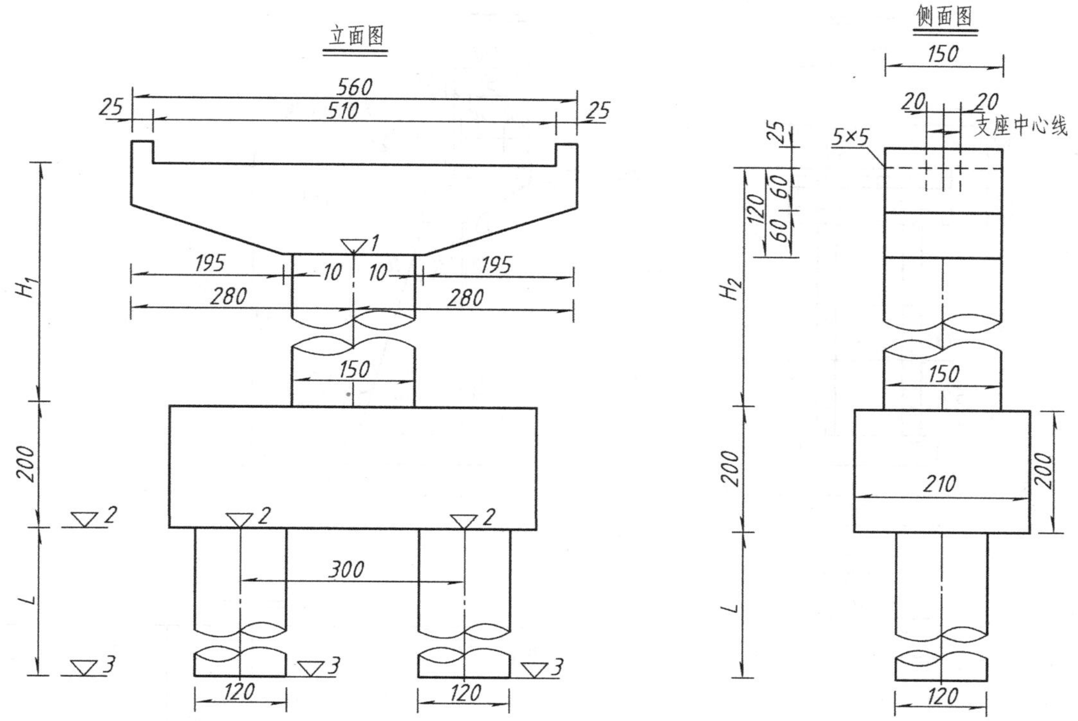

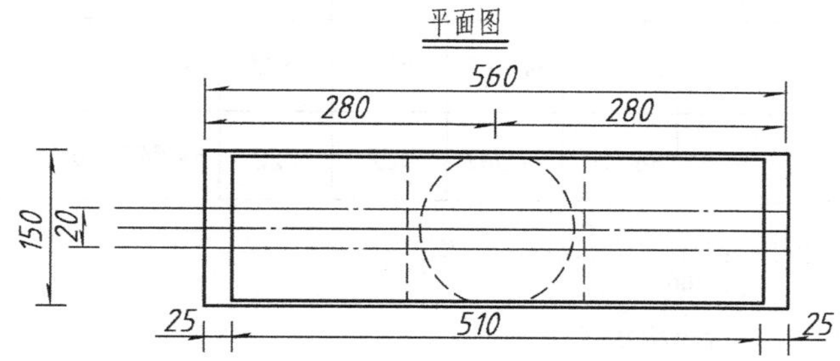

尺寸表

墩号 \ 项目	▽1 /m	▽2 /m	H_1/cm	H_2/cm	▽3 /m	L /cm
2	94.061	84.981	828	828	76.981	800
3	94.061	84.981	828	828	76.981	800

说明：1. 图中尺寸除已注明外均以 cm 为单位。
2. 图中比例 1:100。

图 13-15 桥墩构造图

(3) 桥台图。桥台属于桥梁的下部结构，主要是支承上部的板梁，并承受路堤土壤的水平推力。我国公路桥梁桥台的形式主要有重力式桥台、埋置式桥台、轻型桥台、组合式桥台等。图 13-16 为重力式混凝土桥台的构造图。

(4) 钢筋混凝土桩配筋图。配筋图主要用立面图和断面图以及钢筋详图来表达。

13.3.3 桥梁图读图步骤

读图步骤可按图 13-17 顺序进行：

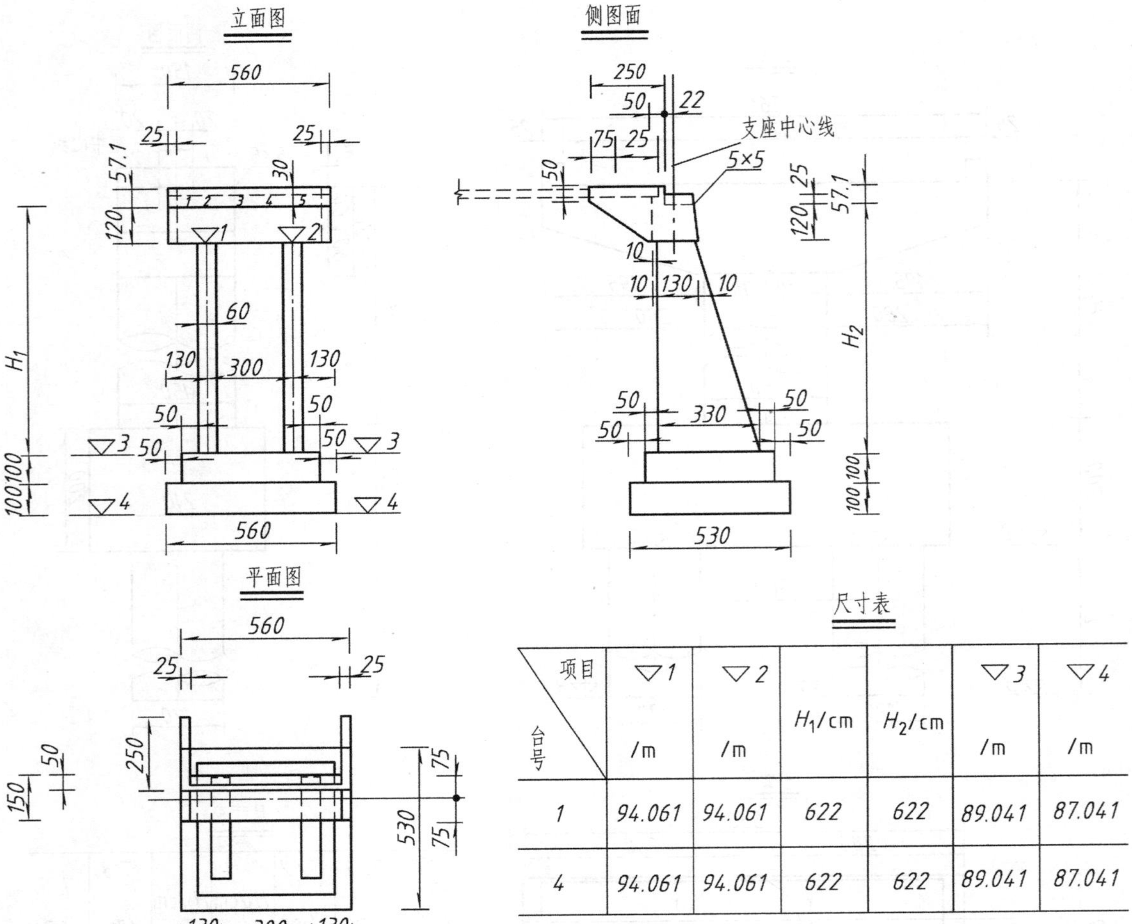

尺寸表

项目 / 台号	▽1 /m	▽2 /m	H_1/cm	H_2/cm	▽3 /m	▽4 /m
1	94.061	94.061	622	622	89.041	87.041
4	94.061	94.061	622	622	89.041	87.041

说明：1. 图中尺寸除已注明外均以 cm 为单位。
2. 图中比例 1:100。

图 13-16　桥台构造图

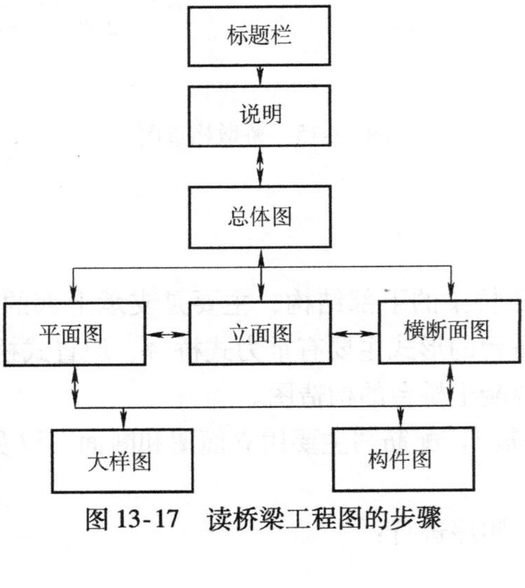

图 13-17　读桥梁工程图的步骤

13.4 隧道工程图

隧道是道路穿入地下的构筑物，隧道工程图除了用平面图表示它的位置外，还主要用隧道洞门图、横断面图（表示洞身形状和衬砌）及避车洞图等来表达它的构造。

13.4.1 隧道洞门图

隧道洞门常见的有端墙式和翼墙式两种形式，见图 13-18 。

隧道洞门通常用图 13-19 所示的正立面图、平面图、剖面图来表示。正立面图即立面图，是洞门的正立面投影。正立面图反映出洞门墙的式样，洞门墙上面高出的部分为顶帽，同时也表示出洞口衬砌断面类型；平面图仅画出洞门外露部分的投影，表示了洞门墙顶帽的

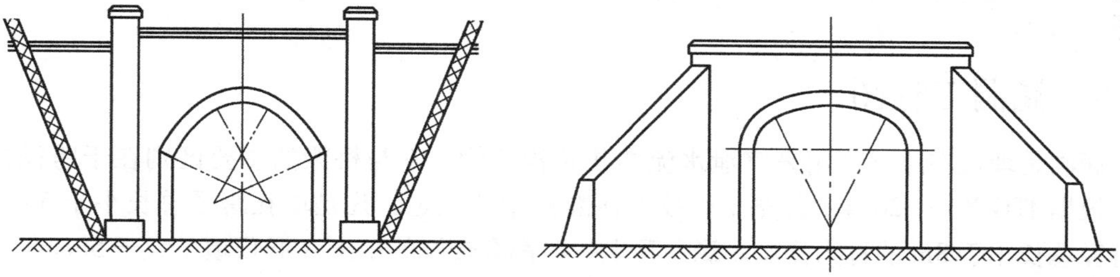

a) 端墙式　　b) 翼墙式

图 13-18　隧道洞门立体图

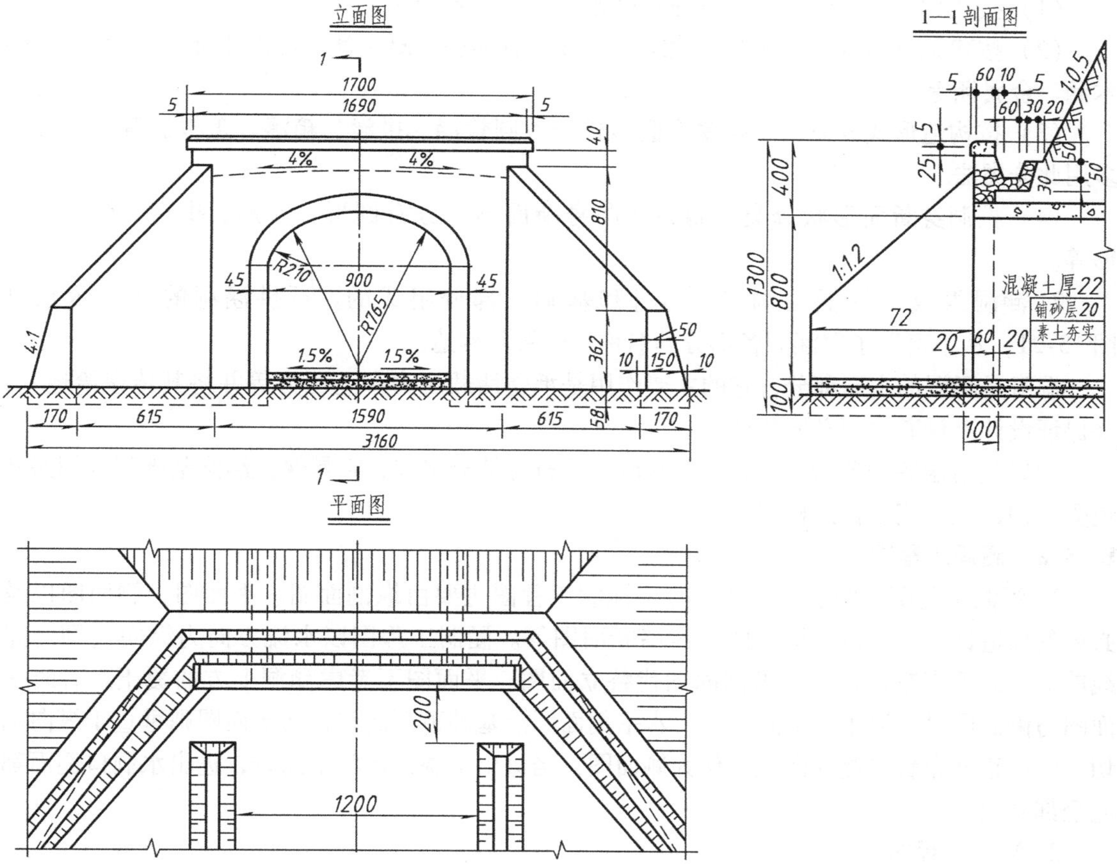

图 13-19　翼墙式隧道洞门图

宽度，洞顶排水沟的构造及洞门口外两边沟的位置；剖面图可表示出洞门墙倾斜坡度、洞门墙厚度、排水沟的断面形状、拱圈厚度及材料断面符号等。

13.4.2 避车洞

避车洞有大、小两种，是供行人和隧道维修人员及维修小车避让来往车辆而设置的。它们沿路线方向交错设置在隧道两侧的边墙上，通常每隔30m设置一个供行人利用的小避车洞，每隔150m设置一个供道路人员及其维修小车安全避让的大避车洞。大、小避车洞的相互位置见图13-20。

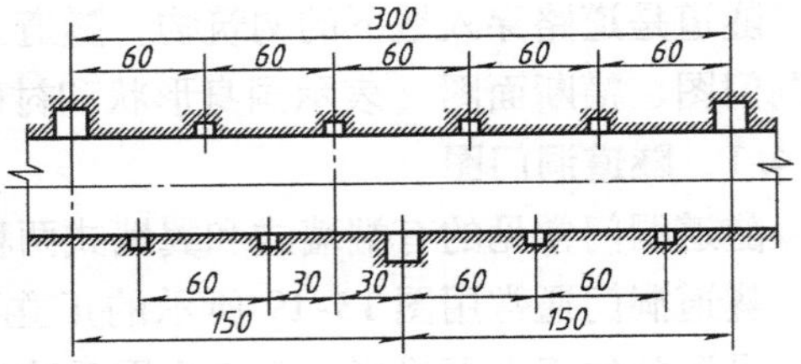

图13-20 避车洞布置图（单位：m）

13.5 涵洞工程图

涵洞是埋设在路基内用来宣泄水流的狭长构筑物，它与桥梁的主要区别在于跨径的大小。根据JTG B01—2014《公路工程技术标准》中的规定，凡是单孔跨径总长小于5m，多孔跨径总长小于8m的称为涵洞。涵洞顶上一般都有较厚的填土（洞顶填土大于50cm）。

13.5.1 涵洞的分类与组成

1. 涵洞分类

（1）按孔数分类。涵洞按孔数分有单孔、双孔、多孔等。

（2）按建筑材料分类。涵洞按建筑材料分类有钢筋混凝土涵、混凝土涵、砖涵、石涵、木涵、金属涵等。

（3）按构造形式分类。涵洞按构造形式分有圆管涵、拱涵、箱涵、盖板涵等。工程上多用此分类法。

（4）按洞身断面形状分类。涵洞按洞身断面形状分有圆形、卵形、拱形、梯形、矩形等。

2. 涵洞组成　涵洞由洞口、洞身和基础三部分组成的。石拱涵洞的立体示意见图13-21，从中可以了解涵洞各部分的名称、位置和构造。

洞身是涵洞的主要部分，它的主要作用是承受活载压力和土压力等并将其传递给地基，并保证设计流量通过的必要孔径。

洞口包括端墙、翼墙或护坡、截水墙和缘石等部分组成，它是保证涵洞基础和两侧路基免受冲刷，使水流顺畅的构造。

13.5.2 涵洞工程图

1. 涵洞工程图的图示方法及内容　涵洞工程图主要由纵剖面图、平面图、侧面图以及必要的构造详图，如钢筋构造图、翼墙断面图等。涵洞工程图以水流方向为纵向（即与路线前进方向垂直布置）并以纵剖面图代替立面图。平面图不考虑涵洞上方的覆土，有时平面图与侧面图可以以半剖形式表达，水平剖面图沿基础顶面剖切，横剖面图则垂直于纵向剖切。洞口正面布置在侧视图位置作为侧面图，当进出水洞口形状不同时，进出水洞口侧面都应全部画出。

2. 涵洞工程图

（1）石拱涵，见图13-22。

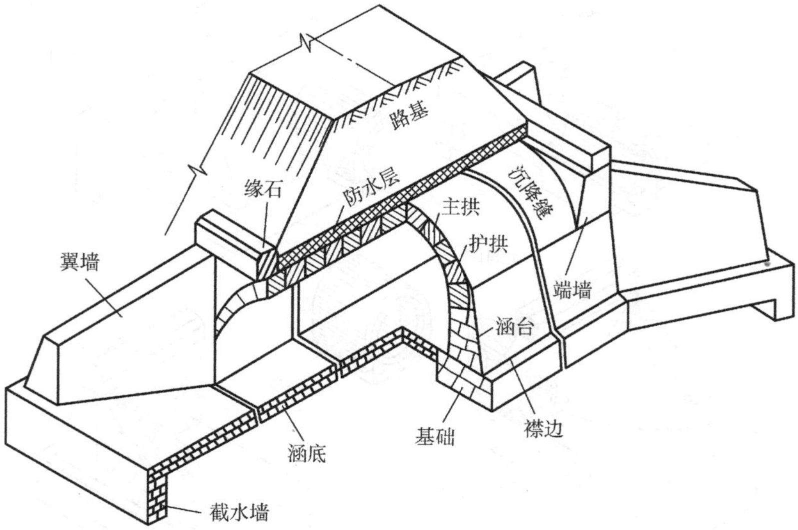

图 13-21 石拱涵洞示意图

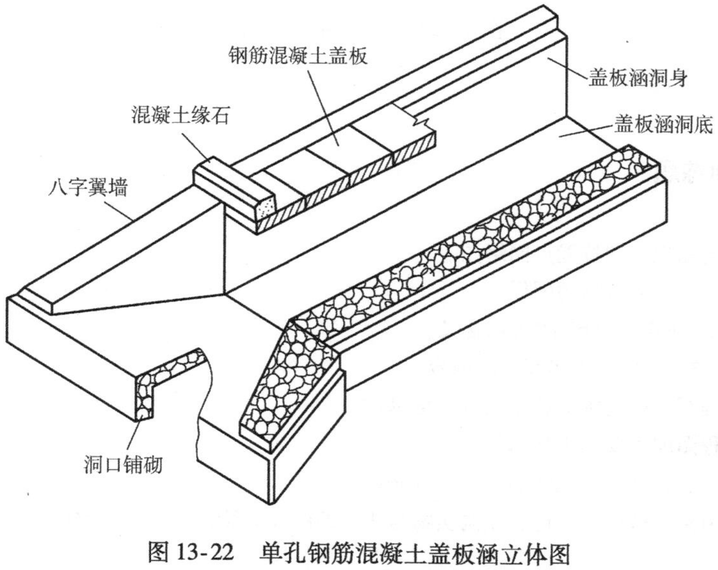

图 13-22 单孔钢筋混凝土盖板涵立体图

(2) 钢筋混凝土盖板涵。图 13-22 为单孔钢筋混凝土盖板涵立体图，其构造图可用下列图样表达：

1) 半纵剖面图。把翼墙和洞身的连接关系以及洞高、洞底、基础纵断面形状、设计流水坡度等表示出来。

2) 半平面图及半剖面图。用半平面图和半剖面图能把涵洞的墙身宽度、翼墙的位置表示得更加清楚，涵身长度、洞口的平面形状和尺寸以及墙身和翼墙的材料均在图上可以看出。

3) 侧面图。反映洞高和净跨，同时反映出缘石、盖板、翼墙、基础等的相对位置和它们的侧面形状。

(3) 圆管涵。钢筋混凝土圆管涵洞立体图见图 13-23。

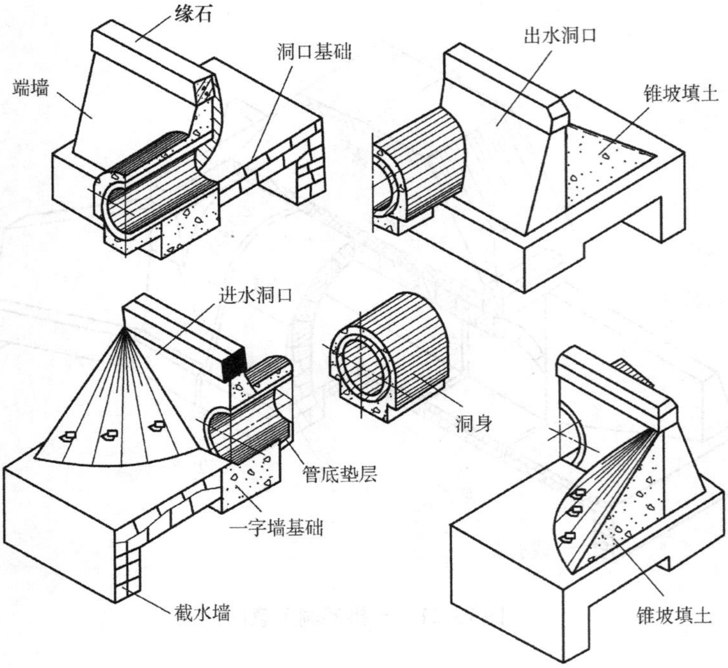

图 13-23　圆管涵洞立体图

能力拓展训练题

1. 请列出本章的知识点和技能点网络图。
2. 说出线路工程图一般包括的图样。
3. 解释 K5 +300、BM8/7.563 的实际含义。
4. 读图 13-12、图 13-13，简述其图示内容。
5. 识读隧道工程图主要的图样和相关技术信息。
6. 识读涵洞工程图的主要施工技术信息。
7. 分析桥梁工程图各种图样之间的表达内容联系。
8. 观察身边的道路、桥梁、隧道、涵洞实物与相关的图样对照，尝试学以致用。

学习自测表

层次 领域	初　级		中　级		高　级	
认知	了解		运用		综合	
技能	模仿		应用		创造	
情感	激情		心境		热情	

第 14 章　识读水利工程图

技能要求

1. 说出水利工程图分类的名称。
2. 分析水利工程图的表达方法与建筑工程图表达方法的异同。
3. 说出水利工程图的主要图示内容，列出水闸图的施工所需图样信息交底单 。
4. 能执行 SL73. 3—2013《水利水电工程制图标准勘测图》。

知识要点

水利工程图、规划图、枢纽布置图、竣工图、水闸图、码头示意图。

14. 1　水利工程图分类及特点

在水利工程中，不同功能与作用的建筑物称为水工建筑物。水工建筑物的修建需要经过设计与施工两个过程。设计时，需要把想象中将要修建的水工建筑物，包括它的平面布置、形状与大小、内部结构与构造、建筑材料、建筑物与地基的连接，以及施工过程与要求等情况，用图形表示出来。这种表达水下建筑物设计及施工过程的图样，称为水利工程图，简称水工图。

本章将研究如何运用建筑制图原理和方法，并结合水利工程与水上建筑物的实际情况，来识读水利工程图。

14. 1. 1　水利工程图的分类

水工建筑物的修建一般需要经过勘测、规划、设计、施工及验收等阶段，各个阶段都应绘制相应的图样，不同的阶段对图样有着不同的要求。勘测阶段有地形图、地质图；规划阶段有规划图；设计阶段应有枢纽布置图、建筑物结构图、地基处理图；施工阶段应有建筑物施工详图；验收阶段有竣工图等。下面介绍几种常见的水工图样。

1. 规划图　根据水利工程的规划范围不同，有流域规划图、水利综合利用规划图、灌区规划图及地区规划图等。规划图应在相应规划范围的地形图上绘制，采用图例示意的方式表达该范围内水利工程的布局、类别、具体位置、形式等各项内容。某地区水利规划图见图 14-1。

2. 枢纽布置图　水利工程中，不同的水工建筑物组成的协同工作的有机综合体，称为水利枢纽。水利枢纽根据其作用性质不同而有许多类型，如具有防洪、发电及通航等作用的综合性水利枢纽；还有水库枢纽、取水枢纽、水力发电枢纽、灌溉枢纽等。将组成水利枢纽

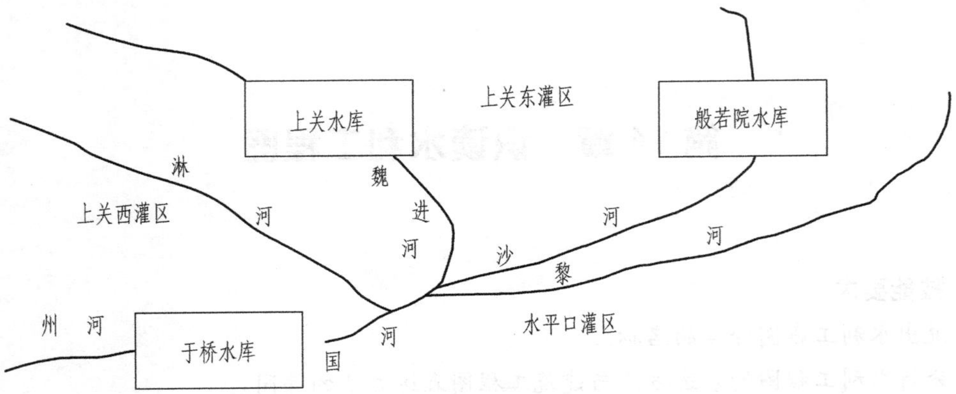

图 14-1　某地区水利规划图

的各水工建筑物平面图形绘制在地形图上，这种图称为水利枢纽布置图。枢纽布置图的主要作用是说明该水利枢纽的布置情况，以作为组成这一枢纽的各类建筑物的平面定位、施工放线、土石方施工及绘制施工总平面图的依据。其图示内容有：

1）水利枢纽所在地区的地物、地貌、水流方向、地理方位及大地坐标（或主要建筑物轴线坐标）等。

2）组成该水利枢纽的各建筑物的平面形状及其相互位置。

3）各建筑物的主要高程及尺寸等。

4）各建筑物与地面相交或建筑物之间的相交情况。

3. 建筑物结构图　其图示内容为：

1）建筑物的结构形式、尺寸、构造及组成材料。

2）建筑物内部和细部的结构形式、尺寸及构造要求。

3）相邻建筑物之间的连接情况。

4）建筑物的主要工作条件，如各特征水位、水面曲线、淤沙高度。

5）建筑物地基的地质情况及其与地基的连接方法。

6）建筑物主要附属设备形式与位置。

4. 施工图　与其他专业施工图一样，水利工程施工图也是按设计要求，用于指导水利工程与水工建筑物施工的图样。

5. 竣工图　工程验收时，根据建筑物建成后的实际情况所绘制的建筑物图样，称为竣工图。竣工图应详细记载水工建筑物在施工过程中经过修改后的有关情况，包括相应的主要视图及细部构造图等，以便于搜集资料、存档查询及总结和交流之用。

14.1.2　水工图的特点

水工图的绘制、识读的基本原理和方法与其他图基本相同。但是，由于水工建筑物本身的特点，也有许多不同之处。具体表现如下：

1）水工图中的各种图样应符合正投影的规律及投影关系，但因建筑物形体庞大，在图幅大小受限的情况下，允许将平面、立面与剖面图分别单独画出。

2）由于水工建筑物较大，相应图样均用缩小的比例，但为了表达建筑物内部或局部的结构与构造情况，常需大量的、较大比例的详图。特殊情况下，允许在同一个图样中的铅垂和水平两个方向采用不同的比例。

3）水工建筑物一般在其主要剖面图中应反映出建筑物与地基的连接形式和构造要求，在平面图中应反映出与地面的相交情况等。

4）为制图简便及清楚起见，水工图中常用图例表示相应的材料、建筑物平面、建筑配件及钢筋、地貌地质情况及仪器设备等。

5）为了表示水工建筑物的工作情况，在主要剖面图上常应表示出相应的工作条件，如水位、淤沙等。

14.1.3 水工图的表达方法

1. 基本表达方法

（1）平面图。俯视图在水工图中称为平面图，它是表达水利工程的平面布置情况和建筑物水下部分的形状与大小的，见图 14-2。平面图具有表达建筑物的平面形状结构和相互位置关系、表达建筑物的平面尺寸和平面高程、表明剖面的剖切位置和投射方向的作用。常见的平面图有单个水工建筑物的平面图和表达水利枢纽的总平面图。

（2）立面图。正视图或侧视图在水工图中称为立面图，它是表达建筑物立面外形及大小的图样。其中正立面图名称与水流方向有关，人站在上游，顺水流面向建筑物作投影所得的图样称上游立面图；人站在下游，逆水流面向建筑物作投影所得的图样称下游立面图，见图 14-2。

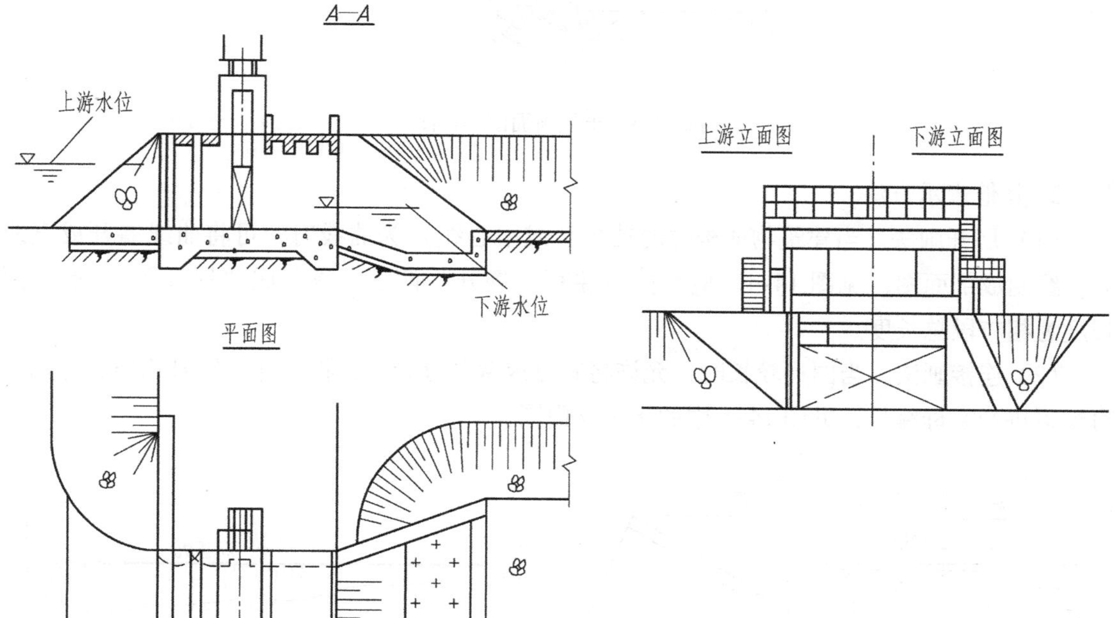

图 14-2　水闸结构布置图

（3）断面图。表示建筑物某一部位的断面形状、大小与材料等内容。断面图只画出建筑物与剖切平面相接触部分图形及建筑材料图例等，见图 14-3。

（4）剖面图。水工图中常见的剖面图有沿建筑物长度方向中心线剖切而得的纵剖面图及沿垂直于建筑物长度方向的中心线（或轴线）或河流流向剖切而得的横剖面图。剖面图主要表达建筑物内部的结构形状、各结构间相互关系、建筑材料及地形与地质情况等。

（5）详图。建筑物中部分结构由于在其他图样中难以表达完整，常用大于原图样所采用的比例画出的图样称详图，以便清晰准确地表达该部分结构的形状、大小、构造要求及建筑材料等情况，见图 14-3。

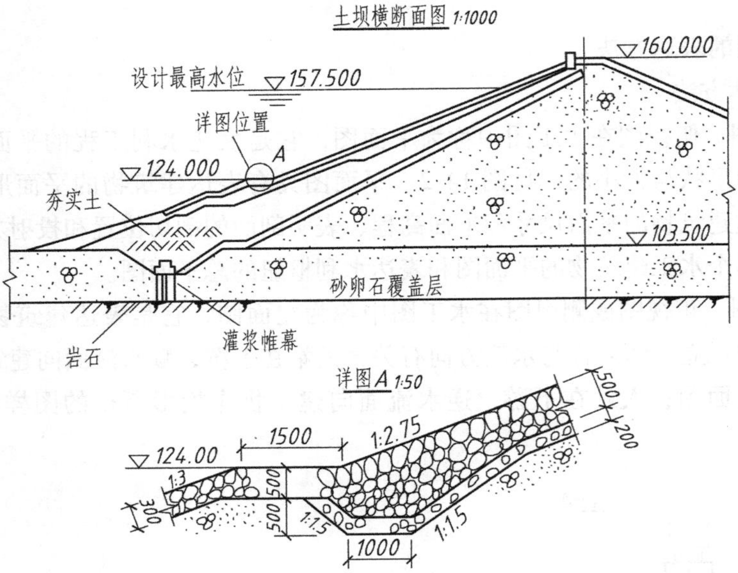

图 14-3　土坝断面图和详图

2. 其他表示方法

（1）展开画法。当建筑物或构件的轴线（或中心线）为曲线时，可将曲线展开成直线后，绘制成剖面图，见图 14-4。应在图后注写“展开”两字，或写成“展开图”。展开图长度为相应段总长度。

（2）连接画法。当图形较长时，允许将其分成两部分绘制，再用连接符号相连，并用大写汉语拼音字母编号，见图 14-5 中的土坝立面图。

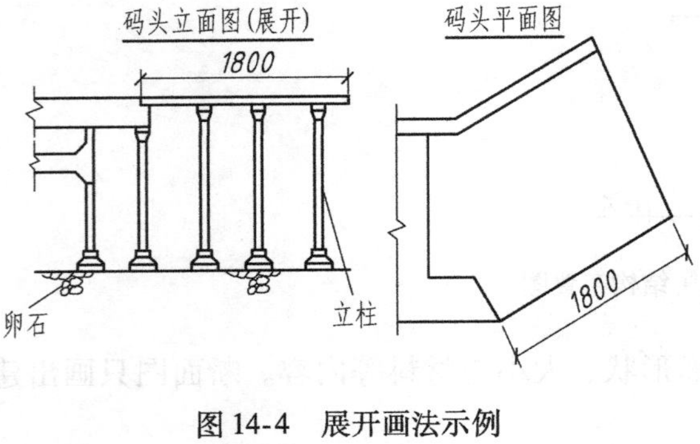

图 14-4　展开画法示例

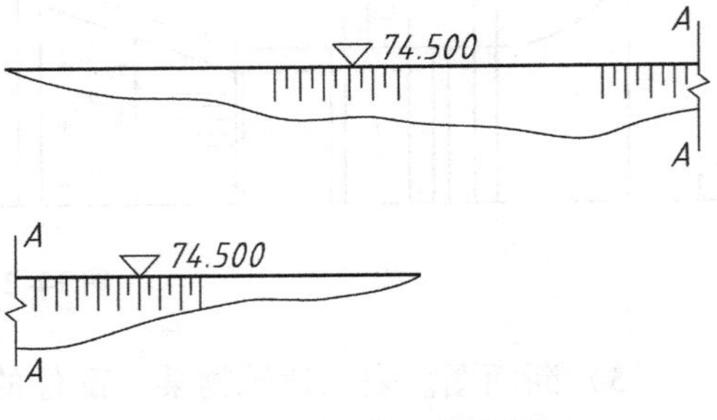

图 14-5　连接画法示例

14.2 水闸图

水工建筑物较大，结构复杂，表达水工建筑物的图样数量较多，图样也比较分散。所以阅读水利工程图的步骤一般是由枢纽布置图到建筑物结构图，再看细部构造图，然后再由局部回到整体。这样经过几次反复，直到全部看懂。读水利工程图的方法和步骤如下：概括了解、深入阅读、归纳总结。水利工程图的读图步骤见图14-6。

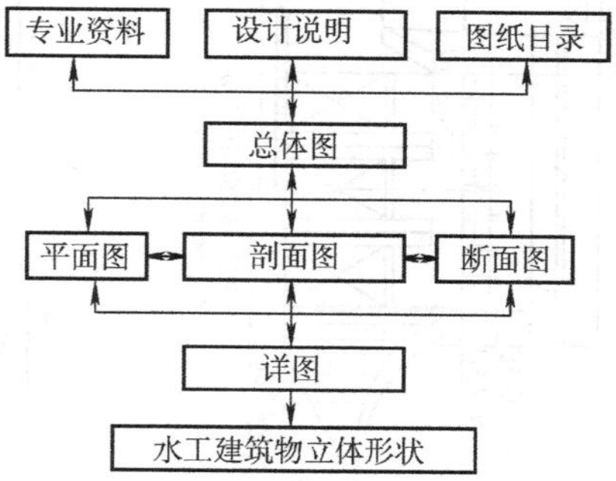

图 14-6　读水利工程图的步骤

根据读图步骤，阅读图 14-7 水闸设计图。

读图提示：

1）了解水闸的功能：水闸是防洪、排涝、灌溉等方面应用很广的一种水工建筑物。

2）了解水闸的组成：上游段、闸室段、下游段。

3）深入阅读：本图采用了三个基本图样（纵剖面图，平面图，上、下游立面图）及五个断面图。读懂各图样所表达的主要内容。

4）通过总结归纳，想出整个水闸的空间形状，对其有一个比较完整、清晰的概念。

14.3 水利枢纽平面图

水利枢纽平面图的读图步骤见图 14-6。根据读图步骤阅读图 14-8 枢纽布置图。

读图提示：

1）概括了解枢纽主体工程的组成及各组成部分的作用。

2）深入阅读该工程图各图样的表达内容。

3）总结归纳，对枢纽有一个比较完整和清晰的整体概念。

14.4 港口码头

14.4.1 码头的组成部分和分类

1. 码头的组成　码头是供船舶系靠停泊用的建筑物，在此进行货物装卸、旅客上下或其他专业性作业，是港口主要水工建筑物之一。

码头由主体结构和码头设备两部分组成，见图 14-9。主体结构包括上部结构，下部结构和基础。上部结构，如重力式码头的胸墙，板桩码头的帽梁或胸墙和高桩码头的承台或梁板及靠船构件等。

码头也是设置防冲设施、系船柱、轨道、管沟的基础。它大部分位于水位变化区，要求有足够的整体性和耐久性。下部结构和基础，如重力式码头的墙身和抛石基床，有些码头下部结构本身也是基础。

此外，有些码头为了挡土或者稳定，主体结构还包括独立的挡土结构，如高桩码头后面的挡土墙和锚碇结构（如板桩码头的拉杆及锚碇结构）。

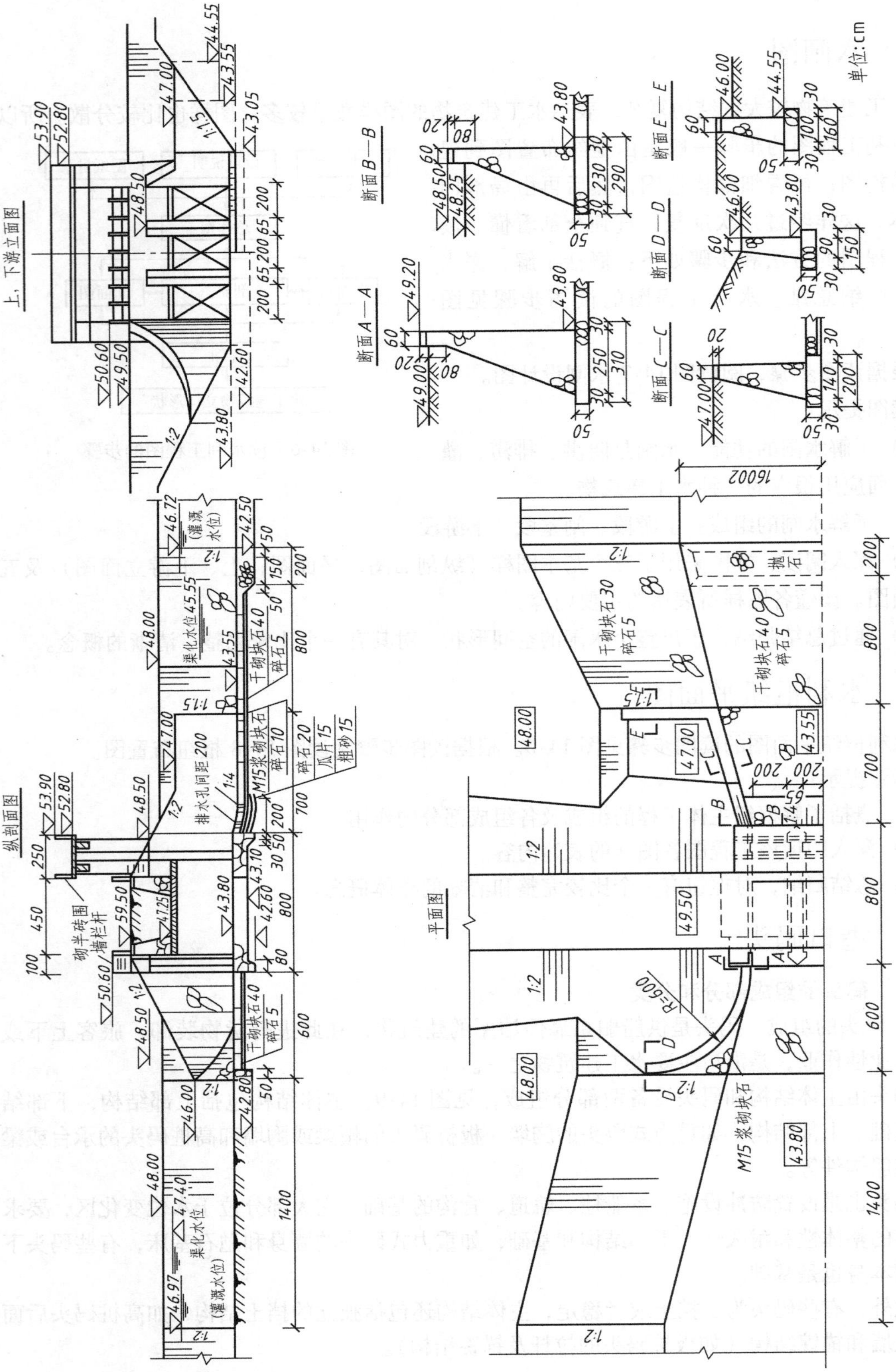
上，下游立面图
纵剖面图
平面图
断面 A—A
断面 B—B
断面 C—C
断面 D—D
断面 E—E
单位:cm
渠化水位
灌溉水位
排水孔间距 200
M15浆砌块石
干砌块石40
碎石5
干砌块石30
抛石
砌半砖围墙栏杆

图 14-7 水闸设计图

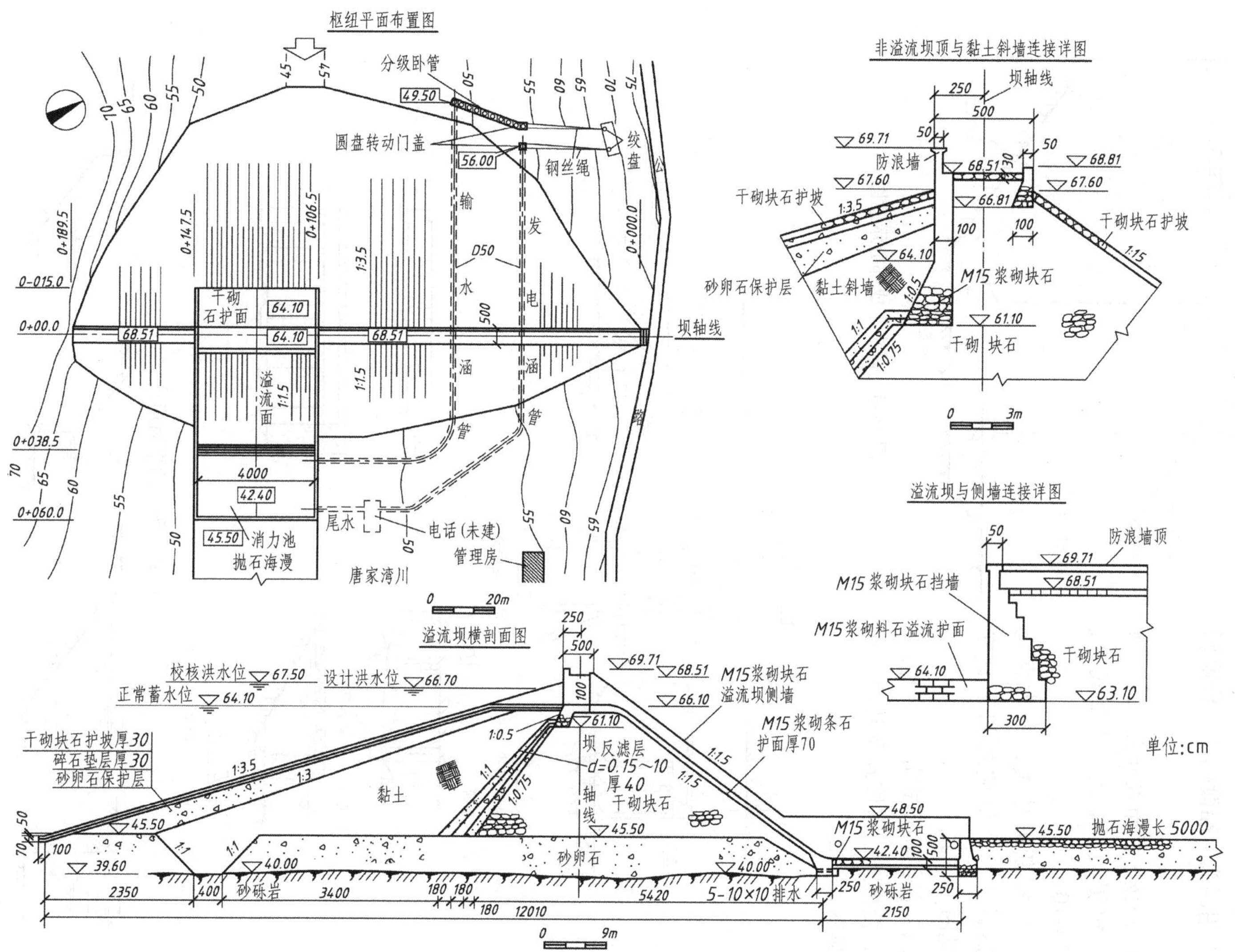

图 14-8 某水电站的枢纽布置图

2. 码头的分类

(1) 按用途分类，分为货码头、客码头、工作船码头、渔码头、军用码头、船渡码头、修船码头等。

(2) 按平面布置分类，分为顺岸式、突堤式、墩式、栈桥式等，见图14-10。

(3) 按断面分类，分为直立式、斜坡式、半斜坡式和半直立式，见图14-11。

(4) 按结构形式分类，分为重力式、板桩式、高桩式及其他形式等，见图14-12。

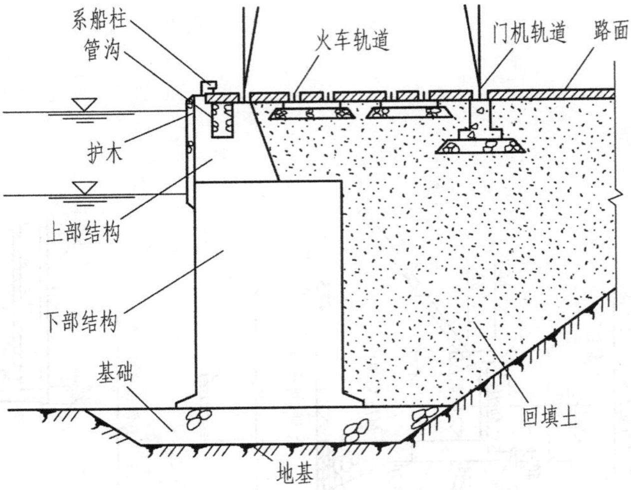

图14-9 码头组成部分示意图

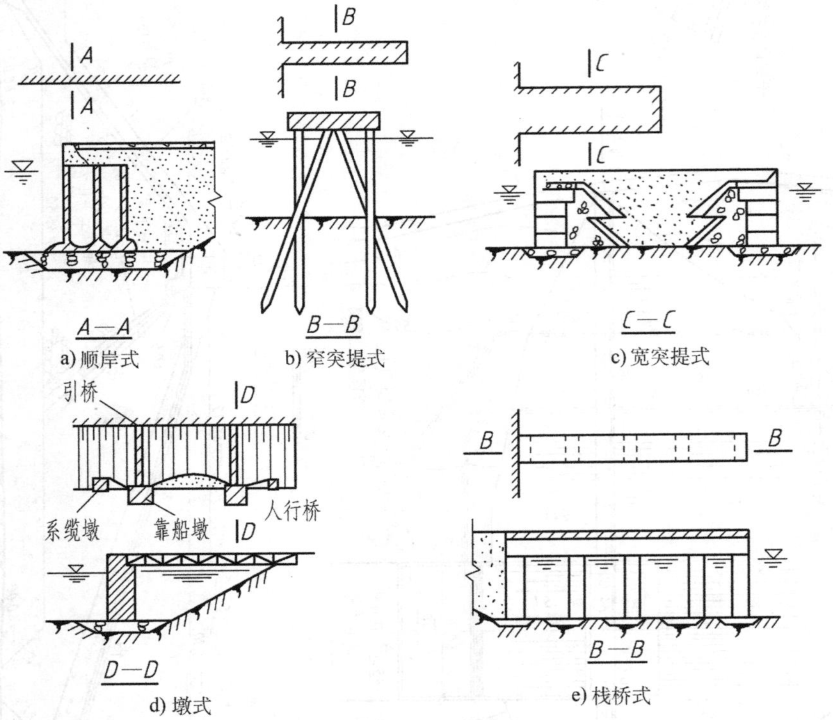

图14-10 码头的平面形式

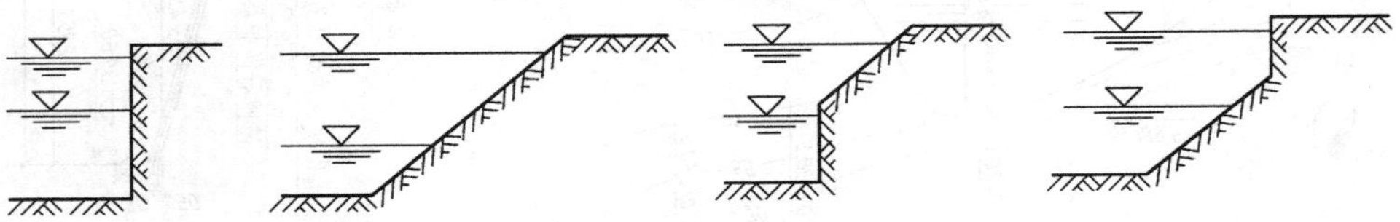

a) 直立式　b) 斜坡式　c) 半斜坡式　d) 半直立式

图14-11 码头的断面形式

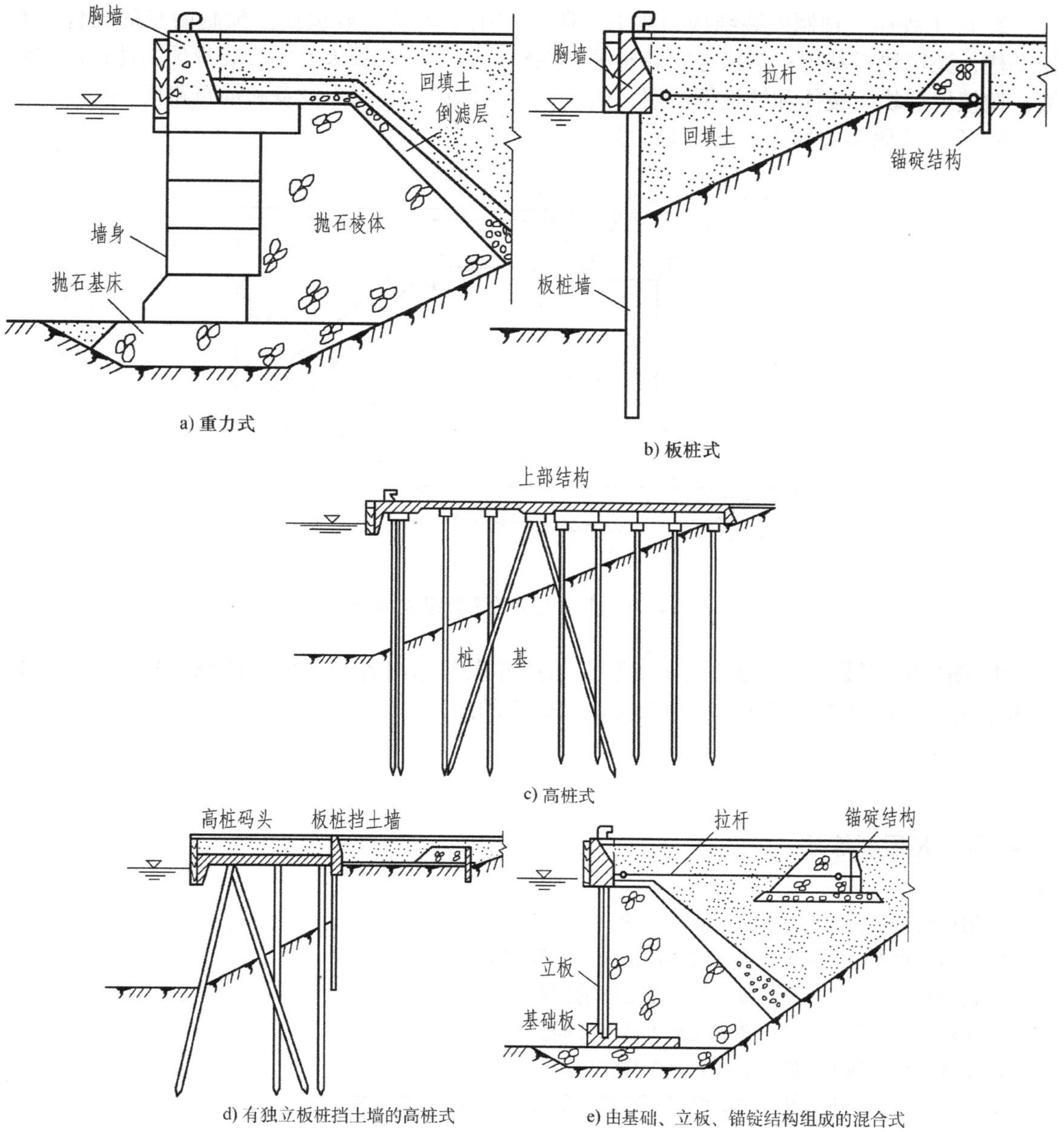

a) 重力式　b) 板桩式　c) 高桩式　d) 有独立板桩挡土墙的高桩式　e) 由基础、立板、锚锭结构组成的混合式

图 14-12　码头的结构形式

14.4.2　重力式码头

重力式码头一般适用于较好的地基，例如岩石、砂等。我国从南到北的海港多数应用了重力式结构码头。它是一种得到广泛应用的码头。

重力式码头的优点：抗冻和抗冰性能好，坚固耐久；可承受较大码头地面荷载；对码头地面超载和装卸工艺变化适应性强；施工比较简单；用钢材少，有些结构（如混凝土方块码头）基本不用钢材，造价低；设计和施工经验比较成熟，是一种常用的码头结构形式。

1. 主要组成部分

（1）墙身和胸墙。这是重力式码头的必需的主体结构。

（2）基础。这是重力式码头的重要组成部分。

（3）墙后回填。在岸壁式码头中，墙后需要进行回填，以形成码头地面。

2. 施工程序　预制安装结构的重力式码头的施工工序一般包括：预制墙身的构件，开挖基槽，抛填块石基床；基床夯实和整平；在整平好的抛石基床上安装墙身预制件；浇注胸墙；抛填墙后块石棱体和铺设倒滤层，码头后的回填；安装码头设备和铺筑路面。

3. 重力式码头的构造　见图 14-13。

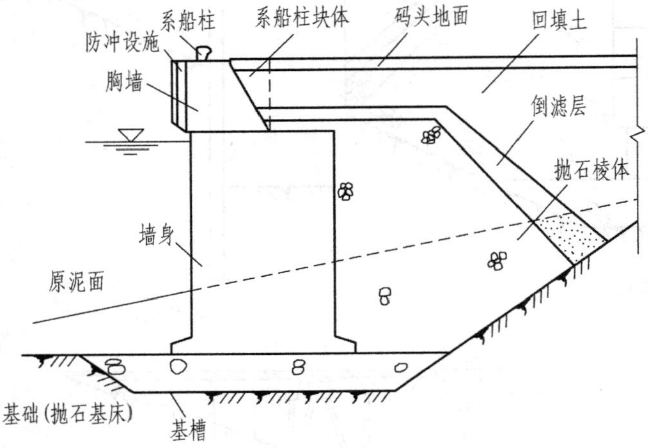

图 14-13　重力码头的主要组成部分

4. 图样的识读　鉴于港口码头工程图的图样表达的内容较多，图样幅面较大，本教材不再举例读图。建议读者注意搜集有关港口码头的图样，以便识读。

能力拓展训练题

1. 请列出本章的知识点和技能点网络图。
2. 说出在水下建筑建设的各个阶段所需要的工程图样。
3. 比较水工图和房屋施工图，简述水工图的特点。
4. 比较水工图和房屋施工图的表达方法的异同。
5. 阅读一套水利工程图，总结各种图样的图示内容。
6. 识读水电站的枢纽布置图，尝试写出施工所需的图样信息交底单。

学习自测表

层次 / 领域	初级		中级		高级	
认知	了解		运用		综合	
技能	模仿		应用		创造	
情感	激情		心境		热情	

附录
各章的知识点和技能点网络图

第1章　绘图与识图导读

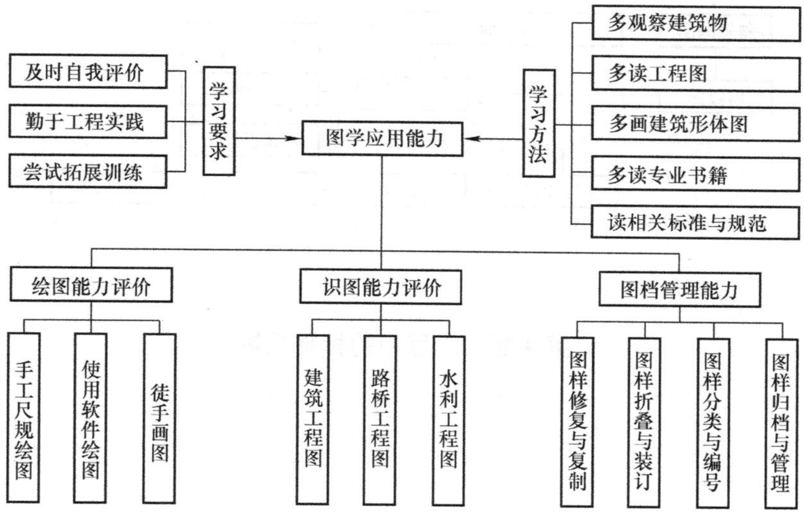

第2章　制图的基本知识与技能

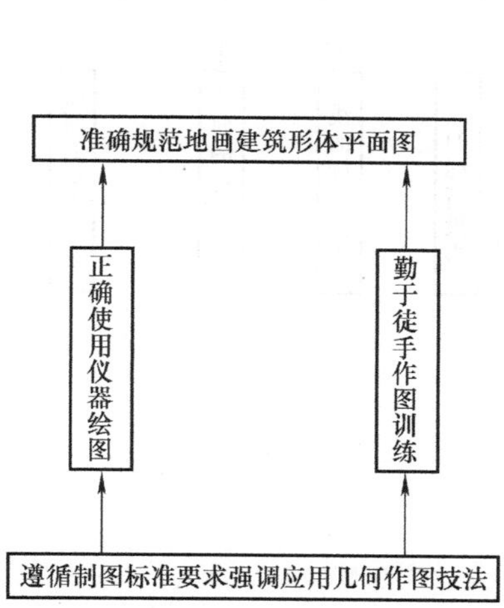

第 3 章　正投影原理及其应用

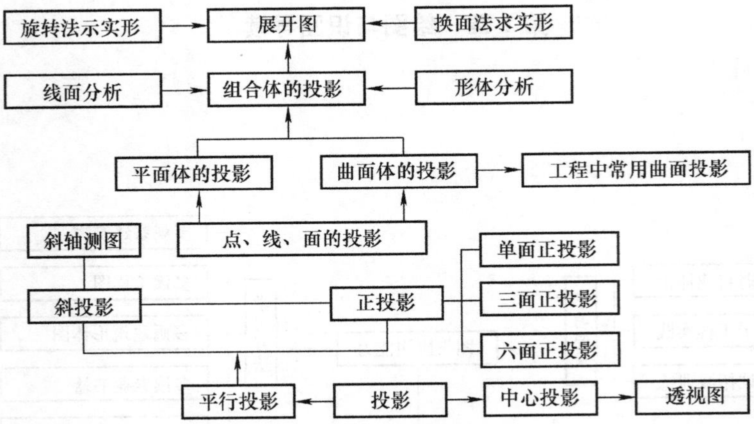

第 4 章　工程中的标高投影

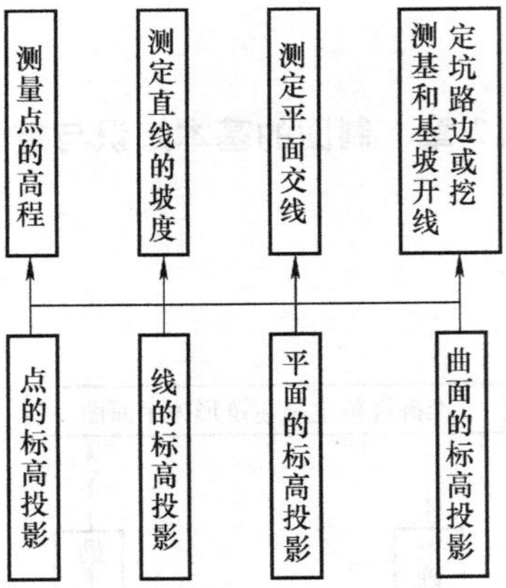

第5章　建筑形体的表达方法

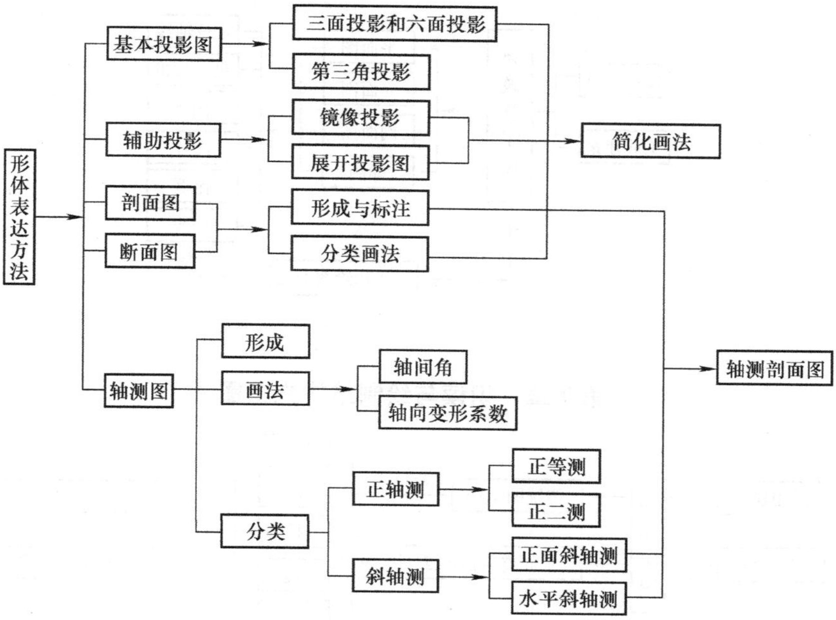

第6章　透视图的画法

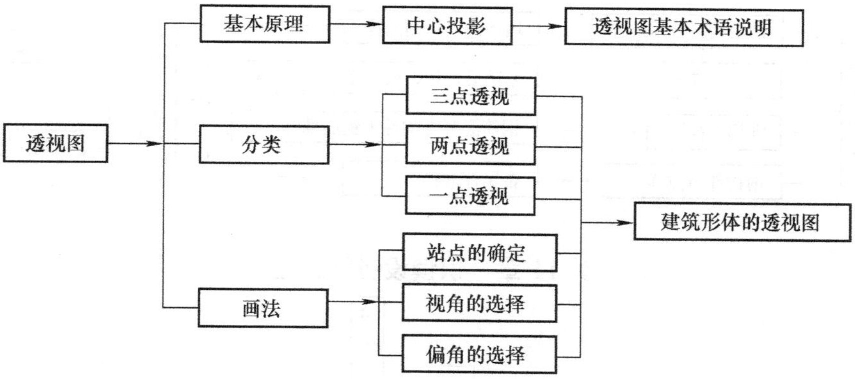

第7章　阴影的画法

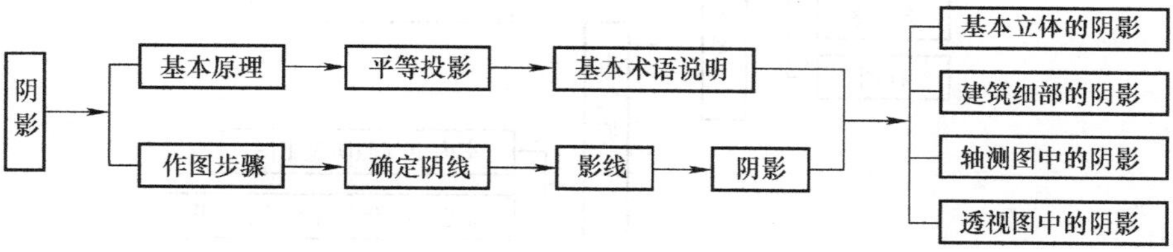

第 8 章　识读与绘制建筑施工图

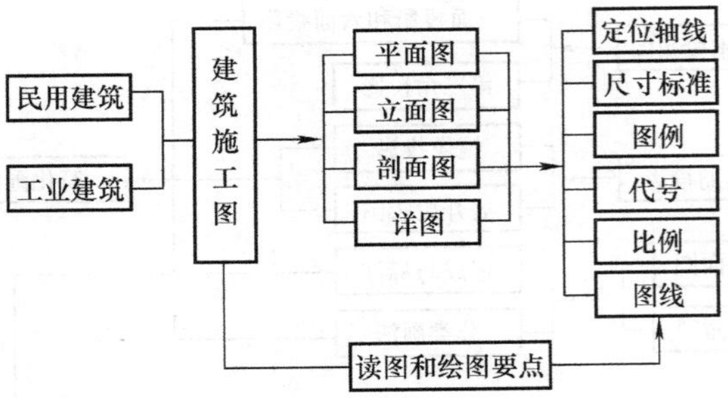

第 9 章　识读与绘制结构施工图

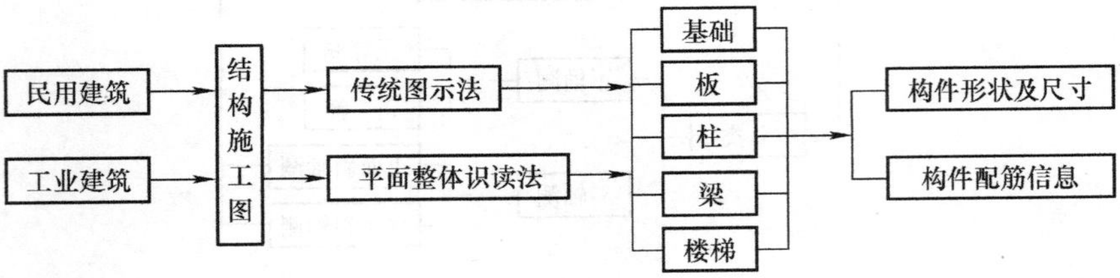

第 10 章　识读钢结构图与施工翻样

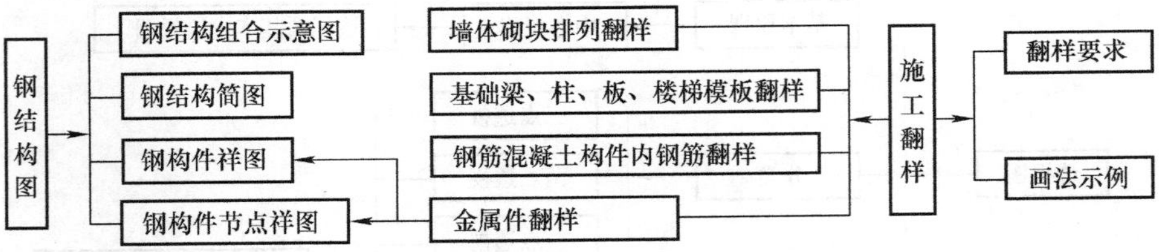

第 11 章　识读设备施工图

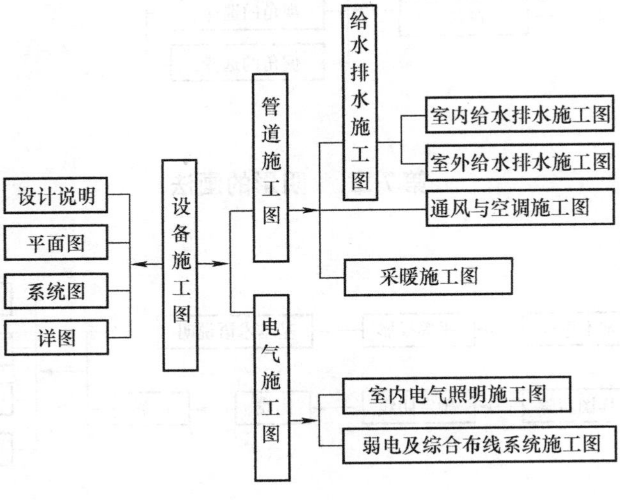

第 12 章　AutoCAD 绘图技法

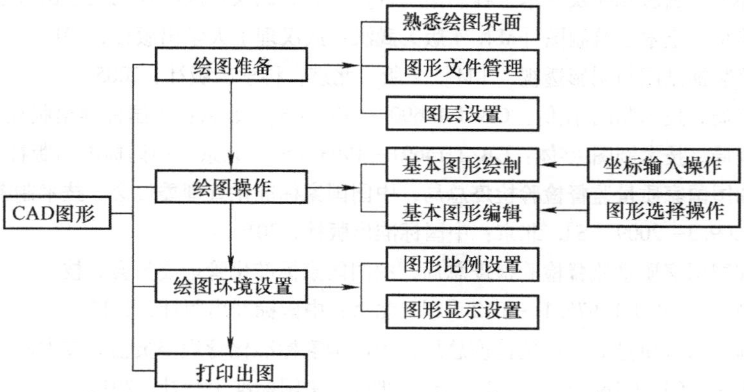

第 13 章　识读公路桥隧与涵洞工程图

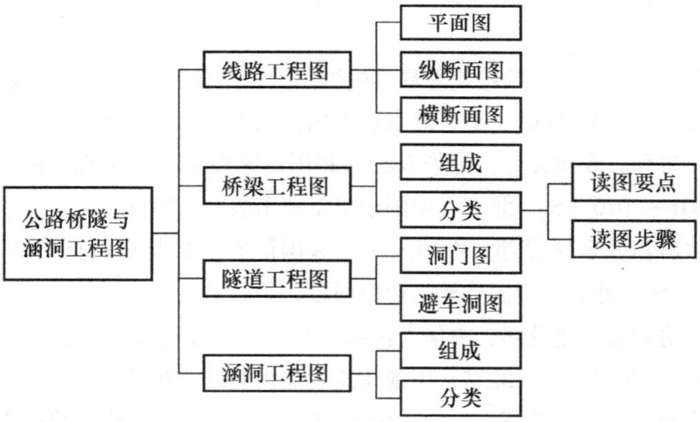

第 14 章　识读水利工程图

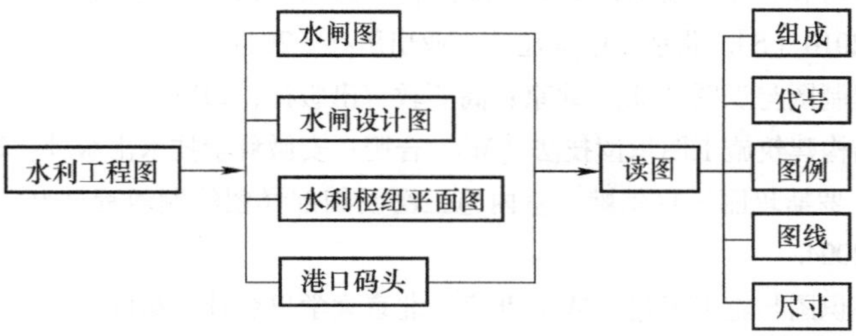

参 考 文 献

[1] 何铭新，李怀健．画法几何及土木工程制图［M］．3 版．武汉：武汉理工大学出版社，2009.

[2] 乐荷卿，陈美华．土木建筑制图［M］．4 版．武汉：武汉理工大学出版社，2011.

[3] 孙世青．建筑装饰制图与阴影透视．［M］．2 版．北京：科学出版社，2005.

[4] 国家技术监督局．技术制图 比例：GB/T 14690—1993［S］．北京：中国标准出版社，1994.

[5] 国家技术监督局．技术制图 字体：GB/T 14691—1993［S］．北京：中国标准出版社，1994.

[6] 中华人民共和国国家质量监督检验检疫总局，中国国家标准化管理委员会．技术制图 复制图的折叠方法：GB/T 10609. 3—2009［S］．北京：中国标准出版社，2010.

[7] 中华人民共和国国家质量监督检验检疫总局，中国国家标准化管理委员会．技术制图 简化表示法 第1部分：图样画法：GB/T 16675. 1—2012［S］．北京：中国标准出版社，2012.

[8] 中华人民共和国国家质量监督检验检疫总局，中国国家标准化管理委员会．技术制图 简化表示法 第2部分：尺寸注法：GB/T 16675. 2—2012［S］．北京：中国标准出版社，2012.

[9] 中国国家标准化管理委员会．技术制图 投影法：GB/T 14692—2008［S］．北京：中国标准出版社，2009.

[10] 国家质量技术监督局．技术制图 图样画法 视图：GB/T 17451—1998［S］．北京：中国标准出版社，1999.

[11] 国家质量技术监督局，技术制图 图样画法 剖视图和断面图：GB/T 17452—1998［S］．北京：中国标准出版社，1999.

[12] 中华人民共和国国家质量监督检验检疫总局，中国国家标准化管理委员会．技术制图 图样画法 剖面区域的表示法：GB/T 17453—2005［S］．北京：中国标准出版社，2005.

[13] 中华人民共和国住房和城乡建设部，中华人民共和国国家质量监督检查检疫总局．房屋建筑制图统一标准：GB/T 50001—2010［S］．北京：中国建筑工业出版社，2011.

[14] 中华人民共和国住房和城乡建设部，中华人民共和国国家质量监督检查检疫总局．总图制图标准：GB/T 50103—2010［S］．北京：中国建筑工业出版社，2011.

[15] 中华人民共和国住房和城乡建设部，中华人民共和国国家质量监督检查检疫总局．建筑给水排水制图标准：GB/T 50106—2010［S］．北京：中国建筑工业出版社，2011.

[16] 中华人民共和国住房和城乡建设部，中华人民共和国国家质量监督检查检疫总局．暖通空调制图标准：GB/T 50114—2010［S］．北京：中国建筑工业出版社，2011.

[17] 国家技术监督局，中华人民共和国建设部．道路工程制图标准：GB 50162—1992［S］．北京：中国标准出版社，1993.

[18] 中华人民共和国住房和城乡建设部，中华人民共和国国家质量监督检查检疫总局．混凝土结构设计规范：GB 50010—2010［S］．北京：中国建筑工业出版社，2011.

[19] 尚久明．道桥工程制图与识图［M］．北京：高等教育出版社，2012.

[20] 乐嘉龙，等．钢结构建筑施工图识读技法［M］．合肥：安徽科学技术出版社，2006.

[21] W 奥特·克尔默，罗斯玛丽·克尔默．室内施工图及细部详图绘制教程［M］．高松洁，译．北京：机械工业出版社，2004.

[22] 周业梅．建筑设备识图与施工工艺［M］．北京：北京大学出版社，2011.

[23] 魏明钟．钢结构［M］．2 版．武汉：武汉理工大学出版社，2002.